제2판

위험물시설론

| 이종호 송영호 공저 |

Theory of Hazardous Material Facilities

지우북스

Preface

인화성 또는 발화성 등의 성질을 갖고 있는 위험물은 화재·폭발의 사고 위험성이 매우 높기 때문에 초기대응이 중요하다. 또한 다양하고 복합적인 원인으로 발생된 화재·재난 등의 위급한 상황은 불확실성, 확산성 등으로 인하여 그 피해 규모를 예측할 수 없어 체계적인 안전관리와 함께 현장대응 능력이 요구되고 있다. 이러한 위험물의 안전성을 확보하고 위험물로 인한 재해를 예방하여 공공의 안전을 확보하고자 위험물시설에 대한 기준을 명확히 할 필요가 있다.

산업이 발전할수록 대형화, 복잡화되는 위험물의 관리환경의 변화에 적극적으로 대처하고 위험물의 특성에 맞는 효율적인 안전관리를 위해 「위험물안전관리법」을 규정함으로써 위험물로 인한 위해를 방지하여 공공의 안전을 확보하고 있다.

본 교재는 위험물의 안전성을 확보하기 위한 위험물안전관리법령상의 인적(행위기준), 물적(시설기준), 감독적(안전관리) 통제방식의 내용을 다루고 있다. 즉, 위험물 저장·취급 및 운반과 안전관리에 관한 사항, 규제 대상 및 범위, 위험물시설의 위치·구조·설비기준 및 저장·취급·운송 등의 세부기준을 다루고 있다.
또한 「위험물안전관리법 시행규칙」 내용을 쉽게 이해할 수 있고 효율적으로 학습할 수 있도록 구성하였으며, 소방관련학과 학생, 소방공무원, 위험물안전관리자 등 위험물시설에 관심이 있는 사람들에게 도움이 될 것이다.

위험물시설과 관련된 주요 내용을 다루고 있지만 다소 부족하고 미비한 부분에 대해서는 지속적인 수정과 보완을 약속드리며, 본 교재의 집필에 많은 도움을 주신 도서출판 지우북스 대표님과 관계자분에게 감사드린다.

2018. 3.

이종호, 송영호

Contents

CHAPTER 01 위험물과 위험물 제조소 등 시설 개요

1. 위험물

1.1 위험물

「위험물안전관리법」상의 위험물은 인화성 또는 발화성 등의 성질을 가지는 것으로 주로 화재와 관련된 위험성이 있는 위험물로 정의하고 있다. 많은 화학물질 중 주로 화재나 폭발을 일으키거나 촉진시키는 물질 중 제조・저장[1]・운반[2]・취급[3]・사용되는 것을 선정해 놓은 것이므로 법령에서 규제하고 있는 특정한 화학물질만이 위험물의 범주에 속한다. 이러한 위험물은 생명 및 재산상의 손실을 초래할 수 있기 때문에 지정수량 이상의 위험물을 저장 또는 취급 시 법의 제한을 받고 있다.

1.2 위험물 분류

위험물이란 화학물질의 화재와 관련한 위험성에 따라 「위험물안전관리법」 시행령 [별표1]에 정한 물질을 말하며 다음과 같이 분류 및 사용하고 있다. 또한 이와 관련된 세부적인 사항에 대해서는 위험물안전관리에 관한 세부기준(고시)에서 정하고 있다.

1.2.1 산화성 고체

고체[액체(1기압 및 20℃에서 액상인 것 또는 20℃ 초과 40℃ 이하에서 액상[4]인 것을

---

1) 위험물을 탱크에 저장하거나 용기에 수납하여 창고 또는 나대지에 저장하는 것을 말한다.
2) 위험물을 용기에 수납한 채 화물자동차 등에 적재하여 옮기는 것을 말한다.
3) 위험물을 사용 또는 소비하는 일체의 행위를 말한다.
4) 수직으로 된 시험관(안지름 30mm, 높이 120mm의 원통형 유리관)에 시료를 55ml까지 채운 다음 당해 시험관을 수평으로 하였을 때 시료액면의 선단이 30ml를 이동하는데 걸리는 시간이 90초 이내에 있는 것을 말한다.

말한다.) 또는 기체(1기압 및 20℃에서 기상인 것을 말한다)외의 것을 말한다.] 로서 산화력의 잠재적인 위험성 또는 충격에 대한 민감성을 판단하는 시험에서 고시로 정하는 성질과 상태를 나타내는 것을 말한다. 대표적인 물질에는 아염소산염류, 염소산염류, 과염소산염류, 무기과산화물, 브롬산염류, 질산염류, 요오드산염류, 과망간산염류, 중크롬산염류 등이 있다.

1.2.2 가연성 고체

고체로서 화염에 의한 발화의 위험성 또는 인화의 위험성을 판단하는 시험에서 고시로 정하는 성질과 상태를 나타내는 것을 말한다. 대표적 물질에는 황화린, 적린, 유황, 철분, 금속분, 마그네슘, 인화성 고체 등이 있다.

1.2.3 자연발화성 물질 및 금수성 물질

고체 또는 액체로서 공기 중에서 발화의 위험성이 있거나 물과 접촉하여 발화하거나 가연성 가스를 발생하는 위험성이 있는 것을 말한다. 대표적인 물질에는 칼륨, 나트륨, 알킬알루미늄, 알킬리튬, 황린, 알칼리금속 및 알칼리토금속, 유기금속화합물, 금속의 수소화물, 금속의 인화물, 칼슘 또는 알루미늄의 탄화물 등이 있다.

1.2.4 인화성 액체

액체(제3석유류, 제4석유류 및 동식물유류에 있어서는 1기압과 20℃에서 액상인 것에 한한다)로서 인화의 위험성이 있는 것을 말한다. 대표적인 물질에는 특수인화물, 제1석유류, 알코올류, 제2석유류, 제3석유류, 제4석유류, 동식물유류 등이 있다.

1.2.5 자기반응성 물질

고체 또는 액체로서 폭발의 위험성 또는 가열분해의 격렬함을 판단하는 시험에서 고시로 정하는 성질과 상태를 나타내는 것을 말한다. 대표적인 물질에는 유기과산화물, 질산에스테르류, 니트로화합물, 니트로소화합물, 아조화합물, 디아조화합물, 히드라진 유도체, 히드록실아민, 히드록실아민염류 등이 있다.

1.2.6 산화성 액체

액체로서 산화력의 잠재적인 위험성을 판단하는 시험에서 고시로 정하는 성질과 상태를 나타내는 것을 말한다. 대표적인 물질에는 과염소산, 과산화수소, 질산 등이 있다.

표 1.1 위험물에 따른 시험종류

위험물 분류	시험종류	시험항목
제1류 산화성 고체	산화성시험	연소시험 대량연소시험
	충격민감성시험	낙구식타격감도시험 철관시험
제2류 가연성 고체	착화성시험	작은불꽃착화시험
	인화성시험	인화점측정시험
제3류 자연발화성 및 금수성 물질	자연발화성시험	자연발화성시험
	금수성시험	물과의 반응성시험
제4류 인화성 액체	인화성시험	인화점측정시험 연소점측정시험 발화점측정시험 비점측정시험
제5류 자기반응성 물질	폭발성시험	열분석시험
	가열분해성시험	압력용기시험
제6류 산화성 액체	산화성시험	연소시험

1.3 위험물의 범위

하나의 위험물이 하나의 위험성을 가지는 경우도 있지만 둘 이상의 위험성을 가지는 경우를 위험물안전관리법에서는 복수성상 물질이라 하며 이러한 경우 더 위험한 위험성을 그 위험물의 성상으로 본다. 유의할 것은 복수성상의 물질이란 두 가지의 위험성을 갖는 물질이 혼합된 경우를 의미하는 것이 아니라 혼합된 후의 물질이 두 가지의 위험성을 갖는 경우를 의미한다는 것이다. 즉, 산화성 물질과 가연성 물질이 혼합되어 가연성만 가지는 경우에는 가연성 물질로 보고 복수성상 물질로 보지 않는다.

(1) 위험물이 산화성과 가연성을 동시에 가지는 경우에는 위험물이 가지는 산화성보다는 가연성이 더 위험한 성질로서 가연성의 성상을 가지는 것으로 본다.
(2) 위험물이 산화성과 자기반응성을 동시에 가지는 경우에는 위험물이 가지는 산화성보다는 자기반응성이 더 위험한 성질로서 자기반응성의 성상을 가지는 것으로 본다.
(3) 위험물이 가연성과 자연발화성 및 금수성을 동시에 가지는 경우에는 위험물이 가지는 가연성보다는 자연발화성 및 금수성이 더 위험한 성질로서 자연발화성 및 금수성

의 성상을 가지는 것으로 본다.

표 1.2 유해화학물질 관련법상의 화학물질 분류

<table>
<tr><th>법 령</th><th colspan="3">분 류</th><th>정 의</th></tr>
<tr><td rowspan="3">유해화학
물질관리법</td><td rowspan="3">화학
물질</td><td rowspan="2">유해화학
물질</td><td>유독성</td><td rowspan="2">사람의 건강 및 환경에 위해를 미칠 유해성이 있는 화학물질</td></tr>
<tr><td>관찰물질</td></tr>
<tr><td colspan="2">취급제한유독물</td><td>유독물중 사람의 건강·환경에 미치는 유해성 정도가 특히 크다고 인정되는 물질</td></tr>
<tr><td rowspan="6">소방법</td><td colspan="2" rowspan="6">위험물</td><td>1류 산화성 고체</td><td rowspan="6">대통령령이 정하는 인화성 또는 발화성등의 물품</td></tr>
<tr><td>2류 가연성 고체</td></tr>
<tr><td>3류 자연발화성 물질 및 금수성 물질</td></tr>
<tr><td>4류 인화성 액체</td></tr>
<tr><td>5류 자기반응성 물질</td></tr>
<tr><td>6류 산화성 액체</td></tr>
<tr><td rowspan="8">산업안전
보건법</td><td colspan="3">제조금지 유해물질</td><td rowspan="4">상온·상압하에서 휘발성이 있는 액체로서 다른 물질을 녹이는 성질이 있는 것</td></tr>
<tr><td colspan="3">제조허가 유해물질</td></tr>
<tr><td colspan="2" rowspan="3">유기용제</td><td>제1종</td></tr>
<tr><td>제2종</td></tr>
<tr><td>제3종</td><td rowspan="4">-</td></tr>
<tr><td colspan="2" rowspan="3">특정화학물질</td><td>제1류물질</td></tr>
<tr><td>제2류물질</td></tr>
<tr><td>제3류물질</td></tr>
<tr><td rowspan="4">고압가스
관리법</td><td colspan="2" rowspan="4">고압가스</td><td>가연성 가스</td><td>공기중에서 연소하는 가스로서 폭발한계의 하한이 10% 이하인 것과 폭발한계의 상한과 하한의 차가 20% 이상인 것</td></tr>
<tr><td>독성가스</td><td>인체에 유해한 독성을 가진 가스로서 허용농고가 100만분의 200 이하인 것</td></tr>
<tr><td>액화가스</td><td>가압·냉각 등의 방법에 의하여 액체상태로 되어있는 것으로서 대기압에서의 비점이 섭씨 40도 이하 또는 상용의 온도 이하인 것</td></tr>
<tr><td>압축가스</td><td>일정한 압력에 의하여 압축외어 있는 가스</td></tr>
<tr><td>원자력법</td><td colspan="3">방사성물질</td><td>핵연료물질·사용 후 핵연료·방사성동위원소 및 원자핵분열생성물 - 동위원소의 수량 및 농도가 과학기술처장관이 정하는 수량 및 농도를 초과하는 물질</td></tr>
</table>

(4) 위험물이 자연발화성 및 금수성과 인화성을 동시에 가지는 경우에는 위험물이 가지는 인화성보다는 자연발화성 및 금수성이 더 위험한 성질로서 자연발화성 및 금수성의 성상을 가지는 것으로 본다.

(5) 위험물이 인화성과 자기반응성을 동시에 가지는 경우에는 위험물이 가지는 인화성보다는 자기반응성이 더 위험한 성질로서 자기반응성이 있는 것으로 본다.

위험물은 「위험물안전관리법」 시행령 [별표1]에 정한 성상으로 그 여부를 판단하며, 성상을 알 수 없는 경우 시험을 실시하여 일정 기준을 충족하는지 그 여부를 판단하여 결정한다. 위험성을 갖고 있는 물질을 모두 위험물로 규제하는 것이 아니라, 그 중 일정한 기준 이상의 위험성을 갖고 있는 물질만을 위험물로 규제한다.

1.4 지정수량

지정수량이란 위험물의 종류별로 위험성을 고려하여 「위험물안전관리법」 시행령 제2조 [별표1]에서 규정된 위험물을 말하는 것으로 제조소 등의 설치허가 등에 있어서 최저의 기준이 되는 수량 즉, 허가규제를 적용하는 기준수량이다. 지정수량은 사전규제인 위험물시설[5]의 설치허가 대상의 범위를 정하는 기준이 된다.

지정수량 미만인 위험물의 저장 또는 취급에 관한 기술상의 기준은 특별시·광역시 및 도(시·도)의 조례로 정하고 있다. 이러한 지정수량 미만의 위험물의 저장 또는 취급에 관한 사항, 위험물의 임시 저장 또는 취급에 관한 사항을 규정하고 있으며 용기기준 등 운반에 관한 규제는 법이 직접 적용되고, 「소방기본법」에 의한 화재예방 조치 등 사후 감독도 가능하다.

표 1.3 위험물 및 지정수량

위험물			지정수량
유별	성질	품명	
제1류	산화성 고체	1. 아염소산염류 2. 염소산염류 3. 과염소산염류 4. 무기과산화물	50kg
		5. 브롬산염류 6. 질산염류 7. 요오드산염류	300kg

5) 위험물을 안전관리상 안전하게 제조·저장·취급하기 위한 일련의 설비 및 소방시설을 말한다.

<table>
<tr><td rowspan="2"></td><td rowspan="2"></td><td colspan="2">8. 과망간산염류
9. 중크롬산염류</td><td>1,000kg</td></tr>
<tr><td colspan="2">10. 그 밖에 행정안전부령으로 정하는 것
(과요오드산염류, 과요오드산, 크롬, 납 또는 요오드의 산화물, 아질산염류, 차아염소산염류, 염소화이소시아눌산, 퍼옥소이황산염류, 퍼옥소붕산염류)
11. 제1호 내지 제10호의 1에 해당하는 어느 하나 이상을 함유한 것</td><td>50kg, 300kg 또는 1,000kg</td></tr>
<tr><td rowspan="4">제2류</td><td rowspan="4">가연성 고체</td><td colspan="2">1. 황화린
2. 적린
3. 유황</td><td>100kg</td></tr>
<tr><td colspan="2">4. 철분
5. 금속분
6. 마그네슘</td><td>500kg</td></tr>
<tr><td colspan="2">7. 그 밖에 행정안전부령으로 정하는 것
8. 제1호 내지 제7호의 1에 해당하는 어느 하나 이상을 함유한 것</td><td>100kg 또는 500kg</td></tr>
<tr><td colspan="2">9. 인화성 고체</td><td>1,000kg</td></tr>
<tr><td rowspan="5">제3류</td><td rowspan="5">자연발화성 물질 및 금수성 물질</td><td colspan="2">1. 칼륨
2. 나트륨
3. 알킬알루미늄
4. 알킬리튬</td><td>10kg</td></tr>
<tr><td colspan="2">5. 황린</td><td>20kg</td></tr>
<tr><td colspan="2">6. 알칼리금속(칼륨 및 나트륨 제외) 및 알칼리토금속
7. 유기금속화합물(알킬알루미늄 및 알킬리튬 제외)</td><td>50kg</td></tr>
<tr><td colspan="2">8. 금속의 수소화물
9. 금속의 인화물
10. 칼슘 또는 알루미늄의 탄화물</td><td>300kg</td></tr>
<tr><td colspan="2">11. 그 밖에 행정안전부령으로 정하는 것(염소화규소화합물)
12. 제1호 내지 제11호의 1에 해당하는 어느 하나 이상을 함유한 것</td><td>10kg, 20kg, 50kg 또는 300kg</td></tr>
<tr><td rowspan="8">제4류</td><td rowspan="8">인화성 액체</td><td colspan="2">1. 특수인화물</td><td>50L</td></tr>
<tr><td rowspan="2">2. 제1석유류</td><td>비수용성액체</td><td>200L</td></tr>
<tr><td>수용성액체</td><td>400L</td></tr>
<tr><td colspan="2">3. 알코올류</td><td>400L</td></tr>
<tr><td rowspan="2">4. 제2석유류</td><td>비수용성액체</td><td>1,000L</td></tr>
<tr><td>수용성액체</td><td>2,000L</td></tr>
<tr><td rowspan="2">5. 제3석유류</td><td>비수용성액체</td><td>2,000L</td></tr>
<tr><td>수용성액체</td><td>4,000L</td></tr>
</table>

		6. 제4석유류	6,000L
		7. 동식물유류	10,000L
제5류	자기반응성 물질	1. 유기과산화물 2. 질산에스테르류	10kg
		3. 니트로화합물 4. 니트로소화합물 5. 아조화합물 6. 디아조화합물 7. 히드라진 유도체	200kg
		8. 히드록실아민 9. 히드록실아민염류	100kg
		10. 그 밖에 행정안전부령으로 정하는 것 (금속의 아지화합물, 질산구아니딘) 11. 제1호 내지 제10호의 1에 해당하는 어느 하나 이상을 함유한 것	10kg, 100kg 또는 200kg
제6류	산화성 액체	1. 과염소산 2. 과산화수소 3. 질산 4. 그 밖에 행정안전부령으로 정하는 것(할로겐간화합물) 5. 제1호 내지 제4호의 1에 해당하는 어느 하나 이상을 함유한 것	300kg

1.5 위험물의 저장 및 취급의 제한

1.5.1 위험물의 허가규제

「위험물안전관리법」에 의한 규제는 허가규제뿐만 아니라 허가규제 외의 방법에 의한 규제가 있는데 허가규제를 적용하지 않는다고 해서 「위험물안전관리법」의 규제대상에서 제외되는 것은 아니다. 예를 들어, 운반용기는 허가규제가 적용되지 않지만 운반에 관한 기술기준은 위험물안전관리법에 의하여 규제하고 있다

따라서 지정수량 미만의 위험물에 대한 시・도 위험물안전관리조례의 규제란 지정수량 미만의 위험물을 저장 또는 취급하는 시설의 기술기준과 시설에서의 저장 또는 취급의 기술기준을 규제하는 것을 의미한다.

항공기・선박・철도 및 궤도에 의한 위험물의 저장・취급 및 운반에 대해서는 「위험물안전관리법」을 적용하지 않는다.

1.5.2 위험물의 저장 및 취급의 제한

지정수량 이상의 위험물을 저장소가 아닌 장소에서 저장하거나 제조소 등이 아닌 장소에서 취급해서는 안 된다(즉, 지정수량 미만의 위험물은 제조소 등 이외의 장소에서 저장 취급이 가능하다). 그러나 다음의 어느 하나에 해당하는 경우에는 제조소 등이 아닌 장소에서 지정수량 이상의 위험물을 취급할 수 있다. 이 경우 임시로 저장 또는 취급하는 장소에서의 저장 또는 취급의 기준과 임시로 저장 또는 취급하는 장소의 위치・구조 및 설비의 기준은 시・도의 조례로 정한다.

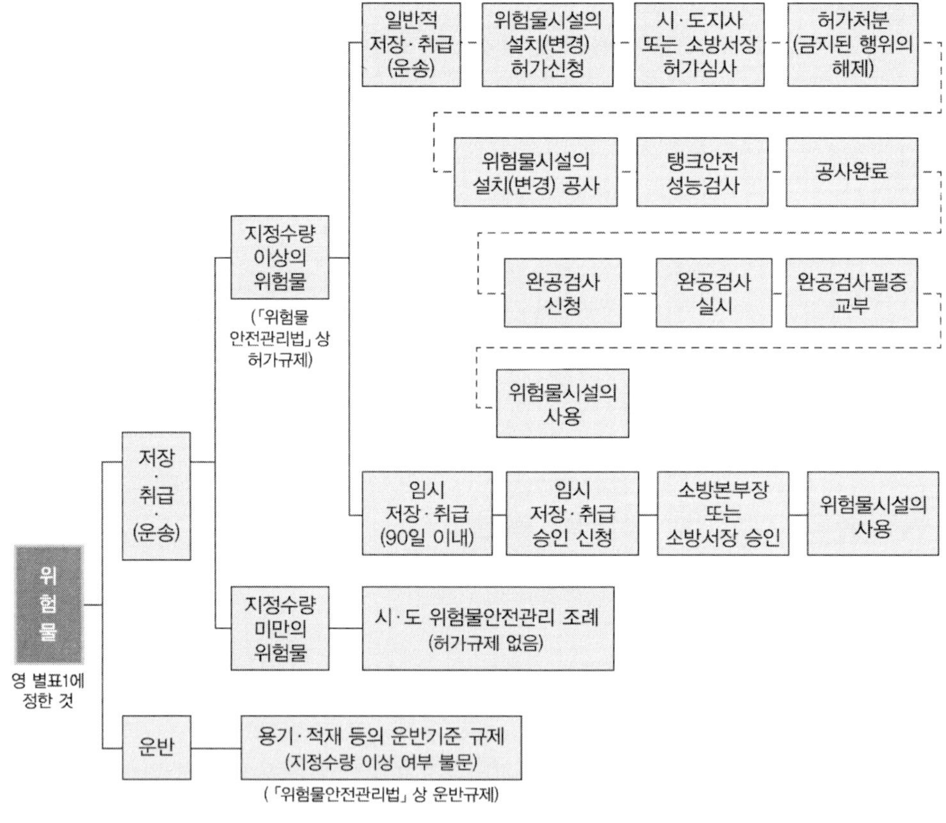

그림 1.1 ▌ 위험물 규제의 흐름도

(가) 시・도의 조례[6]가 정하는 바에 따라 관할소방서장의 승인을 받아 지정수량 이상의 위험물을 90일 이내의 기간 동안 임시로 저장 또는 취급하는 경우

(나) 군부대가 지정수량 이상의 위험물을 군사목적으로 임시로 저장 또는 취급하는

6) 특별시・광역시, 특별자치시・도 및 특별자치도

경우

제조소 등에서의 위험물의 저장 또는 취급에 관하여는 다음의 중요기준 및 세부기준을 따라야 한다.

- **중요기준** : 화재 등 위해의 예방과 응급조치에 있어서 큰 영향을 미치거나 그 기준을 위반하는 경우 직접적으로 화재를 일으킬 가능성이 큰 기준으로서 행정안전부령이 정하는 기준
- **세부기준** : 화재 등 위해의 예방과 응급조치에 있어서 중요기준보다 상대적으로 적은 영향을 미치거나 그 기준을 위반하는 경우 간접적으로 화재를 일으킬 수 있는 기준 및 위험물의 안전관리에 필요한 표시와 서류・기구 등의 비치에 관한 기준으로서 행정안전부령이 정하는 기준

지정수량 미만의 2이상의 위험물을 같은 장소에서 저장 또는 취급하는 경우에 있어서 당해 장소에서 저장 또는 취급하는 각 위험물의 수량을 그 위험물의 지정수량으로 각각 나누어 얻은 수의 합계가 1이상인 경우 당해 위험물은 지정수량 이상의 위험물로 본다.

$$\text{지정수량} = \frac{A\text{품명의 수량}}{A\text{품명의 지정수량}} + \frac{B\text{품명의 수량}}{B\text{품명의 지정수량}} + \cdots$$

- $\text{지정수량} \geq 1$: 위험물 안전관리법 규제(위험물)
- $\frac{1}{5} \leq \text{지정수량} \leq 1$: 시・도 위험물 안전관리 조례 규제(소량 위험물)
- $\frac{1}{5} > \text{지정수량}$: 개인적 안전관리(규제 없음)

✔ 지정수량 산정 예시

▸ 옥내저장소 내에 휘발유, 경유, 중유를 저장하는 경우

- 휘발유 지정수량 200L, 경유 지정수량 1,000L, 중유 지정수량 2,000L
- 지정수량 $= \frac{1000}{200} + \frac{1000}{1000} + \frac{1000}{2000} = 6.5$배

2. 위험물 제조소 등의 개념

제조소 등은 제조소·저장소 및 취급소 전체를 지칭하는 것으로, 지정수량 이상의 위험물을 저장 또는 취급하는 위험물시설을 포괄하여 지칭하고 있다. 위험물 제조소 등에 위험물의 제조, 저장 및 취급을 위해서 설치되는 건축물, 탱크, 배관, 소방시설, 공작물 등을 위험물시설이라고 한다. 이러한 위험물시설의 위치·구조 및 설비에 관한 기준은 「위험물안전관리법」 시행규칙에서 정하고 있다.

위험물시설에는 제조소, 저장소, 취급소의 저장 또는 취급에 관계된 시설과 위험물 제조소 등의 소방시설로 구분할 수 있다.

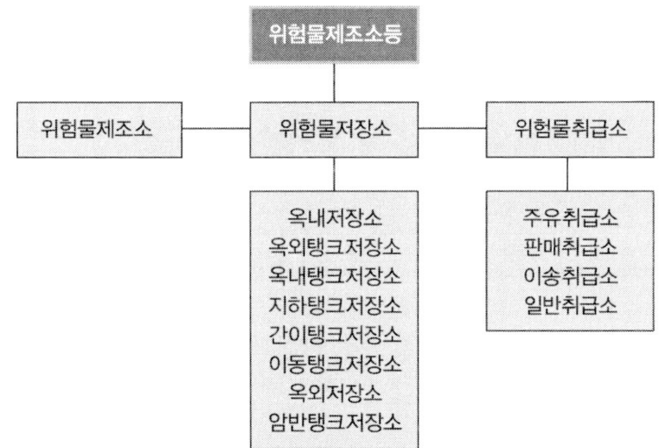

그림 1.2 위험물 제조소 등의 분류체계

2.1 제조소

위험물을 제조할 목적으로 지정수량 이상의 위험물을 취급하기 위한 시설을 설치한 장소로서 위험물시설의 설치허가를 받은 장소를 말한다.

2.2 저장소

지정수량 이상의 위험물을 저장하기 위한 시설을 설치한 장소로서 위험물시설의 설치허가를 받은 장소를 말한다.

2.2.1 옥내저장소

옥내(지붕과 기둥 또는 벽 등에 의하여 둘러싸인 곳)에서 위험물을 용기에 담아 저장(위험물을 저장하는데 따른 취급을 포함)하는 장소를 말하며, 옥내탱크저장소는 제외한다.

2.2.2 옥외탱크저장소

옥외에 있는 탱크(지하탱크, 간이탱크, 이동탱크, 암반탱크를 제외한다)에 위험물을 저장하는 장소로서 옥외의 지반 또는 가대 위에 탱크를 고정해서 설치하여 대량으로 위험물을 저장하는 곳이다.

2.2.3 옥내탱크저장소

전용의 건축물 내 또는 건축물의 전용실 내에 설치된 탱크에 위험물을 저장하는 장소이다. 탱크의 용량제한 외에 옥내탱크저장소를 설치할 수 있는 건축물의 층수 등에 관한 제한이 있다.

2.2.4 지하탱크저장소

지하(지반면 아래)에 매설된 탱크에 위험물을 저장하는 장소이다. 저장시설의 본체가 지중에 매설되므로 지상에는 탱크에 부속하는 설비만이 설치되는 특수한 시설이다.

2.2.5 간이탱크저장소

간이탱크에 위험물을 저장하는 장소로서 탱크의 용량, 탱크의 기수, 설치장소 등에 관한 제한이 있다.

2.2.6 이동탱크저장소

차량(피견인자동차에 있어서는 앞차축을 갖지 않는 것으로 당해 피견인자동차의 일부가 견인자동차에 적재되고 당해 피견인자동차와 그 적재물의 중량의 상당부분이 견인자동차에 의하여 지탱되는 구조의 것에 한한다)에 고정된 탱크에 위험물을 저장하는 장소를 말한다. 일반적으로 탱크로리라 부르는 저장소이다.

2.2.7 옥외저장소

옥외의 장소에 용기나 드럼 등에 위험물을 넣어 저장하는 장소를 말한다. 옥외에 위험물을 저장하기 때문에 비교적 위험성이 높은 저장형태라고 할 수 있으며 저장 품목에 제한을 두고 있다.

2.2.8 암반탱크저장소

지하 암반 내의 지하공간을 만들어 액체의 위험물을 저장하는 장소를 말한다. 일반적으로 원유나 석유의 대량 비축하는 데 사용되는 저장소이다.

2.3 취급소

지정수량 이상의 위험물을 제조 외의 목적으로 취급하기 위한 장소로서 위험물시설의 설치장소로서 허가를 받은 장소를 말한다.

2.3.1 주유취급소

고정된 주유설비(항공기에 주유하는 경우에는 차량에 설치된 주유설비 포함)에 의하여 자동차 또는 선박, 항공기의 연료탱크에 직접 주유하거나, 실소비자에게 판매하는 위험물(「석유 및 석유대체연료 사업법」에 의한 가짜석유제품에 해당되는 물품 제외)을 취급하는 장소로서 주유소를 말한다.

2.3.2 판매취급소

점포에서 위험물을 용기에 담아 판매하기 위하여 지정수량의 40배 이하의 위험물을 취급하는 장소로서, 저장할 수 있는 위험물의 수량에 따라 제1종 판매취급소와 제2종 판매취급소로 구분하고 있으며 위험물을 배합하는 실을 따로 두고 있다.

2.3.3 이송취급소

배관 및 이에 부속하는 설비에 의하여 위험물을 이송하는 장소이다. 다만, 다음에 해당하는 경우의 장소는 제외한다.

(가) 「송유관 안전관리법」에 의한 송유관에 의하여 위험물을 이송하는 경우

(나) 제조소 등에 관계된 시설(배관을 제외) 및 그 부지가 같은 사업소 안에 있고 당해 사업소 안에서만 위험물을 이송하는 경우

(다) 사업소와 사업소의 사이에 도로(폭 2m 이상의 일반 교통에 이용되는 도로로서 자동차의 통행이 가능한 것)만 있고 사업소와 사업소 사이의 이송배관이 그 도

로를 횡단하는 경우

(라) 사업소와 사업소 사이의 이송배관이 제3자(당해 사업소와 관련이 있거나 유사한 사업을 하는 자에 한한다)의 토지만을 통과하는 경우로서 당해 배관의 길이가 100m 이하인 경우

(마) 해상구조물에 설치된 배관(이송되는 위험물이 제4류 위험물 중 제1석유류인 경우에는 배관의 내경이 30cm 미만인 것에 한한다)으로서 당해 해상구조물에 설치된 배관이 길이가 30m 이하인 경우

(바) 사업소와 사업소 사이의 이송배관이 (다) 내지 (마)의 규정에 의한 경우 중 2이상에 해당하는 경우

(사) 「농어촌 전기공급사업 촉진법」에 따라 설치된 자가발전시설에 사용되는 위험물을 이송하는 경우

2.3.4 일반취급소

주유취급소, 판매취급소, 이송취급소에 해당하지 않는 취급소(「석유 및 석유대체연료사업법」 가짜석유제품에 해당하는 위험물을 취급하는 경우의 장소를 제외)를 말한다. 제조소와는 달리 위험물을 이용하여 최종산물이 위험물이 아닌 제품을 제조(생산)하는 경우 또는 위험물을 생산하지 않는 제반 취급소를 일반취급소라 할 수 있다. 위험물을 소비하는 보일러실, 비상 발전기실 등이 있다.

3. 위험물시설의 설치 및 변경

위험물시설의 설치는 소방서장 등 허가청의 사전 허가를 받은 후 시공하여야 하며 주요한 변경공사 또한 허가를 받아야 한다.

위험물안전을 위한 규제는 시설기준, 저장 및 취급기준, 운송운반 기준으로 분류할 수 있다. 먼저 위험물시설의 기술기준에 관한 규제로서 위치 구조 및 설비에 관한 기술기준, 저장취급의 기술기준에 관한 규제로서 위험물시설 내에서의 위험물 저장 또는 취급하는 행위에 관한 기술기준, 운송운반의 기술기준에 관한 규제로서 위험물을 위험물시설 밖으로 옮기는 행위에 관한 기술기준으로 구분된다.

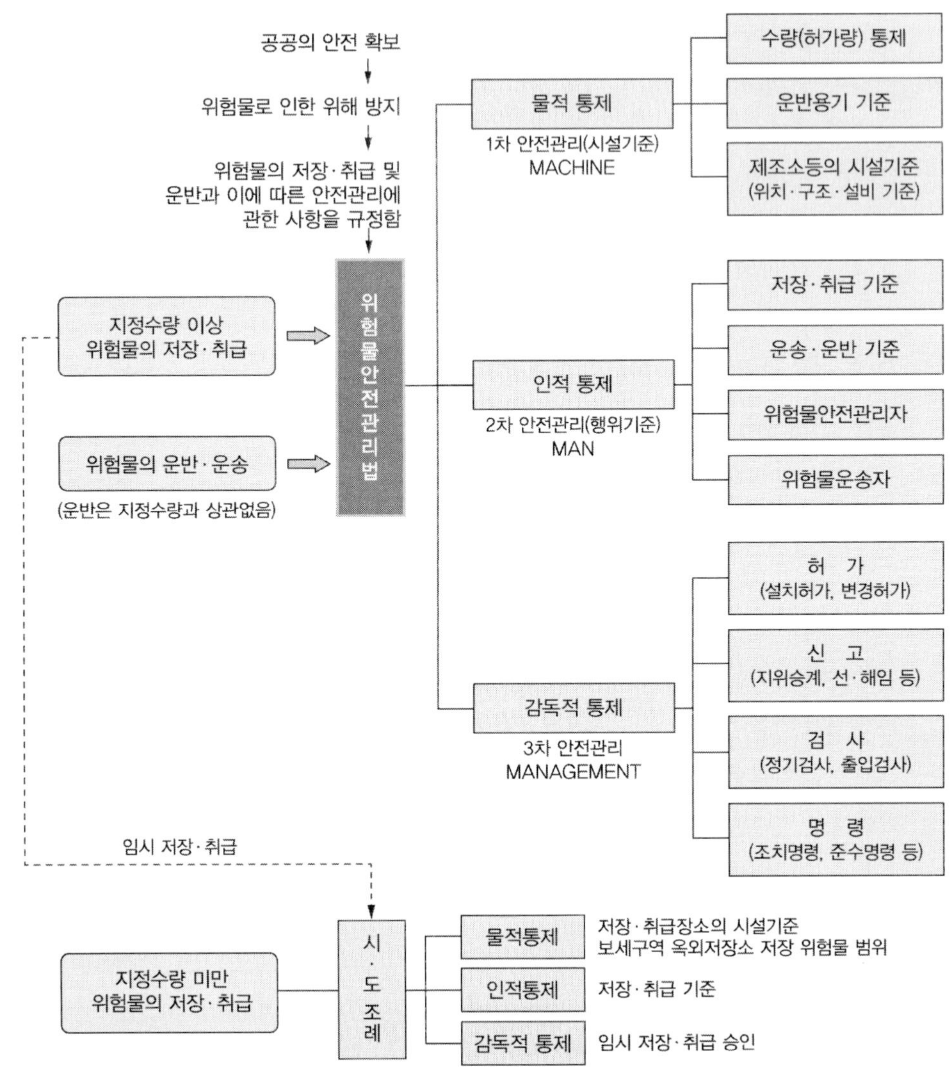

그림 1.3 ▌ 위험물 안전관리를 위한 체계

3.1 위험물시설의 설치 및 변경 등

(1) 제조소 등을 설치하고자 하는 자는 대통령령이 정하는 바에 따라 그 설치장소를 관할하는 특별시장・광역시장・특별자치시장・도지사 또는 특별자치도지사(시・도지사)의 허가를 받아야 한다. 제조소 등의 위치・구조 또는 설비 가운데 행정안전부령이 정하는 사항을 변경하고자 하는 때에도 또한 같다.

(2) 제조소 등의 위치・구조 또는 설비의 변경 없이 당해 제조소 등에서 저장하거나 취급하는 위험물의 품명・수량 또는 지정수량의 배수를 변경하고자 하는 자는 변경하

고자 하는 날의 1일 전까지 행정안전부령이 정하는 바에 따라 시・도지사에게 신고하여야 한다.

(3) 위의 사항에도 불구하고 다음의 어느 하나에 해당하는 제조소 등의 경우에는 허가를 받지 않고 당해 제조소 등을 설치하거나 그 위치・구조 또는 설비를 변경할 수 있으며, 신고를 하지않고 위험물의 품명・수량 또는 지정수량의 배수를 변경할 수 있다.
  (가) 주택의 난방시설(공동주택의 중앙난방시설을 제외)을 위한 저장소 또는 취급소
  (나) 농예용・축산용 또는 수산용으로 필요한 난방시설 또는 건조시설을 위한 지정수량 20배 이하의 저장소

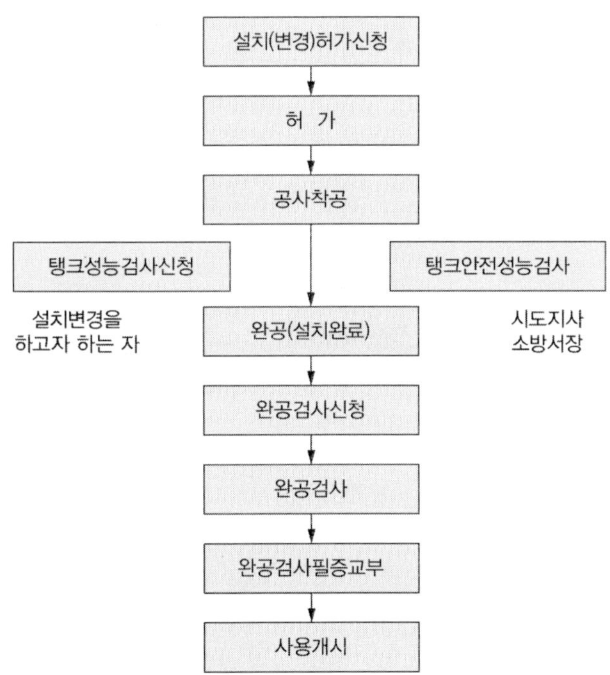

그림 1.4 위험물시설의 설치 및 변경 절차

3.2 군용 위험물시설의 설치 및 변경에 대한 특례

(1) 군사목적 또는 군부대시설을 위한 제조소 등을 설치하거나 그 위치・구조 또는 설비를 변경하고자 하는 군부대의 장은 대통령령이 정하는 바에 따라 미리 제조소 등의 소재지를 관할하는 시・도지사와 협의하여야 한다.

(2) 군부대의 장이 제조소 등의 소재지를 관할하는 시・도지사와 협의한 경우에는 허가를 받은 것으로 본다.

(3) 군부대의 장은 협의한 제조소 등에 대하여는 탱크안전성능검사와 완공검사를 자체적으로 실시할 수 있다. 이 경우 완공검사를 자체적으로 실시한 군부대의 장은 지체없이 행정안전부령이 정하는 사항을 시・도지사에게 통보하여야 한다.

3.3 탱크안전성능검사

(1) 위험물을 저장 또는 취급하는 탱크로서 대통령령이 정하는 탱크(위험물탱크)가 있는 제조소 등의 설치 또는 그 위치・구조 또는 설비의 변경에 관하여 허가를 받은 자가 위험물탱크의 설치 또는 그 위치・구조 또는 설비의 변경공사를 하는 때에는 완공검사를 받기 전에 기술기준에 적합한지의 여부를 확인하기 위하여 시・도지사가 실시하는 탱크안전성능검사를 받아야 한다.
이 경우 시・도지사는 허가를 받은 자가 탱크안전성능시험자 또는 「소방산업의 진흥에 관한 법률」 한국소방산업기술원(기술원)으로부터 탱크안전성능시험을 받은 경우에는 대통령령이 정하는 바에 따라 당해 탱크안전성능검사의 전부 또는 일부를 면제할 수 있다.

✔ 탱크안전성능검사 대상 탱크의 성능검사

1. 기초・지반검사 : 옥외탱크저장소의 액체위험물탱크 중 그 용량이 100만 L 이상인 탱크
2. 충수・수압검사 : 액체위험물을 저장 또는 취급하는 탱크. 다만, 다음 어느 하나에 해당하는 탱크는 제외한다.[시・도지사가 면제할 수 있는 탱크안전성능검사]
   가. 제조소 또는 일반취급소에 설치된 탱크로서 용량이 지정수량 미만인 것
   나. 「고압가스 안전관리법」 특정설비에 관한 검사에 합격한 탱크
   다. 「산업안전보건법」에 따른 안전인증을 받은 탱크
3. 용접부검사 : 기초・지반검사의 규정에 의한 탱크. 다만, 탱크의 저부에 관계된 변경공사(탱크의 옆판과 관련되는 공사를 포함하는 것을 제외)시에 행하여진 정기검사에 의하여 용접부에 관한 사항이 행정안전부령으로 정하는 기준에 적합하다고 인정된 탱크를 제외한다.
4. 암반탱크검사 : 액체위험물을 저장 또는 취급하는 암반내의 공간을 이용한 탱크

(2) 탱크안전성능검사의 내용은 대통령령으로 정하고, 탱크안전성능검사의 실시 등에 관하여 필요한 사항은 행정안전부령으로 정한다.

3.4 완공검사

(1) 허가를 받은 자가 제조소 등의 설치를 마쳤거나 그 위치・구조 또는 설비의 변경을

마친 때에는 당해 제조소 등마다 시・도지사가 행하는 완공검사를 받아 기술기준에 적합하다고 인정받은 후가 아니면 이를 사용해서는 안 된다. 다만, 제조소 등의 위치・구조 또는 설비를 변경함에 있어서 변경허가를 신청하는 때에 화재예방에 관한 조치사항을 기재한 서류를 제출하는 경우에는 당해 변경공사와 관계가 없는 부분은 완공검사를 받기 전에 미리 사용할 수 있다.

(2) 완공검사를 받고자 하는 자가 제조소 등의 일부에 대한 설치 또는 변경을 마친 후 그 일부를 미리 사용하고자 하는 경우에는 당해 제조소 등의 일부에 대하여 완공검사를 받을 수 있다.

3.5 제조소 등의 폐지

제조소 등의 관계인[7]은 당해 제조소 등의 용도를 폐지[8]한 때에는 행정안전부령이 정하는 바에 따라 제조소 등의 용도를 폐지한 날부터 14일 이내에 시・도지사에게 신고하여야 한다.

✔ 제조소 등의 지위승계 및 허가사항

- 제조소 등의 설치자(허가를 받아 제조소 등을 설치한 자)가 사망하거나 그 제조소 등을 양도・인도한 때 또는 법인인 제조소 등의 설치자의 합병이 있는 때에는 그 상속인, 제조소 등을 양수・인수한 자 또는 합병 후 존속하는 법인이나 합병에 의하여 설립되는 법인은 그 설치자의 지위를 승계한다.
- 민사집행법에 의한 경매, 「채무자 회생 및 파산에 관한 법률」에 의한 환가換價, 국세징수법・관세법 또는 「지방세징수법」에 따른 압류재산의 매각과 그 밖에 이에 준하는 절차에 따라 제조소 등의 시설의 전부를 인수한 자는 그 설치자의 지위를 승계한다.
- 제조소 등의 설치자의 지위를 승계한 자는 행정안전부령이 정하는 바에 따라 승계한 날부터 30일 이내에 시・도지사에게 그 사실을 신고하여야 한다.

3.5.1 제조소등의 사용 중지 등

(1) 제조소등의 관계인은 제조소등의 사용을 중지(경영상 형편, 대규모 공사 등의 사유로 3개월 이상 위험물을 저장하지 않거나 취급하지 않는 것)하려는 경우에는 위험물의 제거 및 제조소등에의 출입통제 등 행정안전부령으로 정하는 안전조치를 하

7) 소유자・점유자 또는 관리자
8) 장래에 대하여 위험물시설로서의 기능을 완전히 상실시키는 것을 말한다.

여야 한다. 다만, 제조소등의 사용을 중지하는 기간에도 위험물안전관리자가 계속 하여 직무를 수행하는 경우에는 안전조치를 하지 않을 수 있다.

(2) 제조소등의 관계인은 제조소등의 사용을 중지하거나 중지한 제조소등의 사용을 재개하려는 경우에는 해당 제조소등의 사용을 중지하려는 날 또는 재개하려는 날의 14일 전까지 행정안전부령으로 정하는 바에 따라 제조소등의 사용 중지 또는 재개를 시·도지사에게 신고하여야 한다.

(3) 시·도지사는 신고를 받으면 제조소등의 관계인이 안전조치를 적합하게 하였는지 또는 위험물안전관리자가 직무를 적합하게 수행하는지를 확인하고 위해 방지를 위하여 필요한 안전조치의 이행을 명할 수 있다.

(4) 제조소등의 관계인은 사용 중지신고에 따라 제조소등의 사용을 중지하는 기간 동안에는 위험물안전관리자를 선임하지 않을 수 있다.

3.6 제조소 등 설치허가의 취소와 사용정지 등

시·도지사는 제조소 등의 관계인이 다음에 해당하는 때에는 행정안전부령이 정하는 바에 따라 허가를 취소하거나 6월 이내의 기간을 정하여 제조소 등의 전부 또는 일부의 사용정지를 명할 수 있다.

(1) 변경허가를 받지 않고 제조소 등의 위치·구조 또는 설비를 변경한 때
(2) 완공검사를 받지 않고 제조소 등을 사용한 때
(3) 안전조치 이행명령을 따르지 않은 때
(4) 수리·개조 또는 이전의 명령을 위반한 때
(5) 위험물안전관리자를 선임하지 않은 때
(6) 위험물안전관리자의 대리자를 지정하지 않은 때
(7) 정기점검을 하지 않은 때
(8) 정기검사를 받지 않은 때
(9) 저장·취급기준 준수명령을 위반한 때

3.7 과징금 처분

(1) 시·도지사는 3.6의 어느 하나에 해당하는 경우로서 제조소 등에 대한 사용의 정지가 그 이용자에게 심한 불편을 주거나 그 밖에 공익을 해칠 우려가 있는 때에는 사용정지처분에 갈음하여 2억원 이하의 과징금을 부과할 수 있다.

(2) 과징금을 부과하는 위반행위의 종별・정도 등에 따른 과징금의 금액 그 밖의 필요한 사항은 행정안전부령으로 정한다.

(3) 시・도지사는 과징금을 납부하여야 하는 자가 납부기한까지 이를 납부하지 않은 때에는 「지방행정제재 부과금의 징수 등에 관한 법률」에 따라 징수한다.

4. 위험물시설의 안전관리

4.1 위험물시설의 유지・관리

(1) 제조소 등의 관계인은 당해 제조소 등의 위치・구조 및 설비가 기술기준에 적합하도록 유지・관리하여야 한다.

(2) 시・도지사, 소방본부장 또는 소방서장은 유지・관리의 상황이 기술기준에 부적합하다고 인정하는 때에는 그 기술기준에 적합하도록 제조소 등의 위치・구조 및 설비의 수리・개조 또는 이전을 명할 수 있다.

4.2 위험물안전관리자

(1) 제조소 등(허가를 받지 않는 제조소 등과 이동탱크저장소[9] 제외)의 관계인은 위험물의 안전관리에 관한 직무를 수행하게 하기 위하여 제조소 등마다 대통령령이 정하는 위험물의 취급에 관한 자격이 있는 자(위험물취급자격자)를 위험물안전관리자(안전관리자)로 선임하여야 한다. 다만, 제조소 등에서 저장・취급하는 위험물이 「화학물질관리법」에 따른 유독물질에 해당하는 경우, 특정소방대상물의 난방・비상발전 또는 자가발전에 필요한 위험물을 저장・취급하기 위하여 설치된 저장소 또는 일반취급소가 해당 특정소방대상물 안에 있거나 인접하여 있는 경우에는 당해 제조소 등을 설치한 자는 다른 법률에 의하여 안전관리업무를 하는 자로 선임된 자 가운데 해당 제조소 등의 유해화학물질관리자로 선임된 자로서 유해화학물질 안전교육을 받은 자 또는 소방안전관리자로 선임된 자로서 위험물안전관리자의 자격이 있는 자를 안전관리자로 선임할 수 있다.

9) 차량에 고정된 탱크에 위험물을 저장 또는 취급하는 저장소를 말한다.

✔ 위험물취급자격자의 자격

위험물취급자격자의 구분	취급할 수 있는 위험물
「국가기술자격법」에 따라 위험물기능장, 위험물산업기사, 위험물기능사의 자격을 취득한 사람	모든 위험물([별표 1])
안전관리자교육이수자(소방청장이 실시하는 안전관리자교육을 이수한 자)	위험물([별표 1]) 중 제4류 위험물
소방공무원 경력자(소방공무원으로 근무한 경력이 3년 이상인 자)	

(2) 안전관리자를 선임한 제조소 등의 관계인은 그 안전관리자를 해임하거나 안전관리자가 퇴직한 때에는 해임하거나 퇴직한 날부터 30일 이내에 다시 안전관리자를 선임하여야 한다.

(3) 제조소 등의 관계인은 안전관리자를 선임한 경우에는 선임한 날부터 14일 이내에 행정안전부령으로 정하는 바에 따라 소방본부장 또는 소방서장에게 신고하여야 한다.

(4) 제조소 등의 관계인이 안전관리자를 해임하거나 안전관리자가 퇴직한 경우 그 관계인 또는 안전관리자는 소방본부장이나 소방서장에게 그 사실을 알려 해임되거나 퇴직한 사실을 확인받을 수 있다.

(5) 안전관리자를 선임한 제조소 등의 관계인은 안전관리자가 여행·질병 그 밖의 사유로 인하여 일시적으로 직무를 수행할 수 없거나 안전관리자의 해임 또는 퇴직과 동시에 다른 안전관리자를 선임하지 못하는 경우에는 국가기술자격법에 따른 위험물의 취급에 관한 자격취득자 또는 위험물안전에 관한 기본지식과 경험이 있는 자로서 행정안전부령이 정하는 자를 대리자로 지정하여 그 직무를 대행하게 해야 한다. 이 경우 대리자가 안전관리자의 직무를 대행하는 기간은 30일을 초과할 수 없다.

✔ 안전관리자의 대리자 지정

- 안전교육을 받은 자
- 제조소 등의 위험물 안전관리업무에 있어서 안전관리자를 지휘·감독하는 직위에 있는 자

(6) 안전관리자는 위험물을 취급하는 작업을 하는 때에는 작업자에게 안전관리에 관한 필요한 지시를 하는 등 행정안전부령이 정하는 바에 따라 위험물의 취급에 관한 안

전관리와 감독을 해야 하고, 제조소 등의 관계인과 그 종사자는 안전관리자의 위험물 안전관리에 관한 의견을 존중하고 그 권고에 따라야 한다.

✔ 안전관리자의 책무

1. 위험물의 취급작업에 참여하여 당해 작업이 저장 또는 취급에 관한 기술기준과 예방규정에 적합하도록 해당 작업자(당해 작업에 참여하는 위험물취급자격자를 포함)에 대하여 지시 및 감독하는 업무
2. 화재 등의 재난이 발생한 경우 응급조치 및 소방관서 등에 대한 연락업무
3. 위험물시설의 안전을 담당하는 자를 따로 두는 제조소 등의 경우에는 그 담당자에게 다음 규정에 의한 업무의 지시, 그 밖의 제조소 등의 경우에는 다음 규정에 의한 업무
   가. 제조소 등의 위치 · 구조 및 설비를 기술기준에 적합하도록 유지하기 위한 점검과 점검상황의 기록·보존
   나. 제조소 등의 구조 또는 설비의 이상을 발견한 경우 관계자에 대한 연락 및 응급조치
   다. 화재가 발생하거나 화재발생의 위험성이 현저한 경우 소방관서 등에 대한 연락 및 응급조치
   라. 제조소 등의 계측장치 · 제어장치 및 안전장치 등의 적정한 유지·관리
   마. 제조소 등의 위치 · 구조 및 설비에 관한 설계도서 등의 정비 · 보존 및 제조소 등의 구조 및 설비의 안전에 관한 사무의 관리
4. 화재 등의 재해의 방지와 응급조치에 관하여 인접하는 제조소 등과 그 밖의 관련되는 시설의 관계자와 협조체제의 유지
5. 위험물의 취급에 관한 일지의 작성 · 기록
6. 그 밖에 위험물을 수납한 용기를 차량에 적재하는 작업, 위험물설비를 보수하는 작업 등 위험물의 취급과 관련된 작업의 안전에 관하여 필요한 감독의 수행

(7) 제조소 등에 있어서 위험물취급자격자가 아닌 자는 안전관리자 또는 대리자가 참여한 상태에서 위험물을 취급하여야 한다.

(8) 다수의 제조소 등을 동일인이 설치한 경우에는 관계인은 대통령령이 정하는 바에 따라 1인의 안전관리자를 중복하여 선임할 수 있다. 이 경우 대통령령이 정하는 제조소 등의 관계인은 대리자의 자격이 있는 자를 각 제조소 등별로 지정하여 안전관리자를 보조하게 하여야 한다.

✔ 1인의 안전관리자를 중복하여 선임할 수 있는 저장소 등

- 10개 이하의 옥내저장소
- 30개 이하의 옥외탱크저장소
- 옥내탱크저장소
- 지하탱크저장소
- 간이탱크저장소
- 10개 이하의 옥외저장소
- 10개 이하의 암반탱크저장소

(9) 제조소 등의 종류 및 규모에 따라 선임하여야 하는 안전관리자의 자격은 대통령령으로 정한다.

※ 참고 : 제조소 등의 종류 및 규모에 따라 선임하여야 하는 안전관리자의 자격

제조소 등의 종류 및 규모			안전관리자의 자격
제조소	제4류 위험물만을 취급하는 것으로서 지정수량 5배 이하의 것		위험물기능장, 위험물산업기사, 위험물기능사, 안전관리자 교육이수자 또는 소방공무원 경력자
	위에 해당하지 않는 것		위험물기능장, 위험물산업기사 또는 2년 이상의 실무경력이 있는 위험물기능사
저장소	옥내 저장소	제4류 위험물만을 저장하는 것으로서 지정수량 5배 이하의 것	위험물기능장, 위험물산업기사, 위험물기능사, 안전관리자교육이수자 또는 소방공무원경력자
		제4류 위험물 중 알코올류·제2석유류 · 제3석유류 · 제4석유류 · 동식물유류만을 저장하는 것으로서 지정수량 40배 이하의 것	

제조소 등의 종류 및 규모			안전관리자의 자격
저장소	옥외 탱크 저장소	제4류 위험물만 저장하는 것으로서 지정수량 5배 이하의 것	위험물기능장, 위험물산업기사, 위험물기능사, 안전관리자교육이수자 또는 소방공무원경력자
		제4류 위험물 중 제2석유류・제3석유류・제4석유류・동식물유류만을 저장하는 것으로서 지정수량 40배 이하의 것	
	옥내 탱크 저장소	제4류 위험물만을 저장하는 것으로서 지정수량 5배 이하의 것	
		제4류 위험물 중 제2석유류・제3석유류・제4석유류・동식물유류만을 저장하는 것	
	지하 탱크 저장소	제4류 위험물만을 저장하는 것으로서 지정수량 40배 이하의 것	
		제4류 위험물 중 제1석유류・알코올류・제2석유류・제3석유류・제4석유류・동식물유류만을 저장하는 것으로서 지정수량 250배 이하의 것	
	간이탱크저장소로서 제4류 위험물만을 저장하는 것		
	옥외저장소 중 제4류 위험물만을 저장하는 것으로서 지정수량의 40배 이하의 것		
	보일러, 버너 그 밖에 이와 유사한 장치에 공급하기 위한 위험물을 저장하는 탱크저장소		
	선박주유취급소, 철도주유취급소 또는 항공기주유취급소의 고정주유설비에 공급하기 위한 위험물을 저장하는 탱크저장소로서 지정수량의 250배(제1석유류의 경우에는 지정수량의 100배) 이하의 것		
	위에 해당하지 않는 저장소		위험물기능장, 위험물산업기사 또는 2년 이상의 실무경력이 있는 위험물기능사
취급소	주유취급소		위험물기능장, 위험물산업기사, 위험물기능사, 안전관리자교육이수자 또는 소방공무원경력자
	판매 취급소	제4류 위험물만을 취급하는 것으로서 지정수량 5배 이하의 것	
		제4류 위험물 중 제1석유류・알코올류・제2석유류・제3석유류・제4석유류・동식물유류만을 취급하는 것	

제조소 등의 종류 및 규모		안전관리자의 자격
취급소	제4류 위험물 중 제1류 석유류・알코올류・제2석유류・제3석유류・제4석유류・동식물유류만을 지정수량 50배 이하로 취급하는 일반취급소(제1석유류・알코올류의 취급량이 지정수량의 10배 이하인 경우에 한한다)로서 다음의 어느 하나에 해당하는 것 • 보일러, 버너 그 밖에 이와 유사한 장치에 의하여 위험물을 소비하는 것 • 위험물을 용기 또는 차량에 고정된 탱크에 주입하는 것	위험물기능장, 위험물산업기사, 위험물기능사, 안전관리자교육이수자 또는 소방공무원경력자
	제4류 위험물만을 취급하는 일반취급소로서 지정수량 10배 이하의 것	
	제4류 위험물 중 제2석유류・제3석유류・제4석유류・동식물유류만을 취급하는 일반취급소로서 지정수량 20배 이하의 것	
	「농어촌 전기공급사업 촉진법」에 따라 설치된 자가발전시설에 사용되는 위험물을 취급하는 일반취급소	
	위에 해당하지 않는 취급소	위험물기능장, 위험물산업기사 또는 2년 이상의 실무경력이 있는 위험물기능사

비고

1. 제조소 등의 종류 및 규모에 따라 규정된 안전관리자의 자격이 있는 위험물취급자격자는 해당 제조소 등에서 저장 또는 취급하는 위험물을 취급할 수 있는 자격이 있어야 한다.
2. 위험물기능사의 실무경력 기간은 위험물기능사 자격을 취득한 이후 「위험물안전관리법」에 따른 위험물안전관리자로 선임된 기간 또는 위험물안전관리자를 보조한 기간을 말한다.

4.3 탱크시험자의 등록 등

(1) 시・도지사 또는 제조소 등의 관계인은 안전관리업무를 전문적이고 효율적으로 수행하기 위하여 탱크안전성능시험자(탱크시험자)로 하여금 이 법에 의한 검사 또는 점검의 일부를 실시하게 할 수 있다.

(2) 탱크시험자가 되고자 하는 자는 대통령령이 정하는 기술능력・시설 및 장비를 갖추어 시・도지사에게 등록하여야 한다.

✔ 탱크시험자의 기술능력 중 필수인력

- 위험물기능장・위험물산업기사 또는 위험물기능사 중 1명 이상
- 비파괴검사기술사 1명 이상 또는 초음파비파괴검사・자기비파괴검사 및 침투비파괴검사별로 기사 또는 산업기사 각 1명 이상

(3) 등록한 사항 가운데 행정안전부령이 정하는 중요사항을 변경한 경우에는 그 날부터 30일 이내에 시・도지사에게 변경신고를 하여야 한다.

(4) 다음의 어느 하나에 해당하는 자는 탱크시험자로 등록하거나 탱크시험자의 업무에 종사할 수 없다.

(가) 피성년후견인

(나) 「위험물안전관리법」, 「소방기본법」, 「화재의 예방 및 안전관리에 관한 법률」, 「소방시설 설치 및 관리에 관한 법률」 또는 「소방시설공사업법」에 따른 금고 이상의 실형의 선고를 받고 그 집행이 종료(집행이 종료된 것으로 보는 경우를 포함)되거나 집행이 면제된 날부터 2년이 지나지 않은 자

(다) 「위험물안전관리법」, 「소방기본법」, 「화재의 예방 및 안전관리에 관한 법률」, 「소방시설 설치 및 관리에 관한 법률」 또는 「소방시설공사업법」에 따른 금고 이상의 형의 집행유예 선고를 받고 그 유예기간 중에 있는 자

(라) 탱크시험자의 등록이 취소(해당하여 자격이 취소된 경우는 제외)된 날부터 2년이 지나지 않은 자

(마) 법인으로서 그 대표자가 위 사항 중 하나에 해당하는 경우

(5) 시・도지사는 탱크시험자가 다음의 어느 하나에 해당하는 경우에는 행정안전부령으로 정하는 바에 따라 그 등록을 취소하거나 6월 이내의 기간을 정하여 업무의 정지를 명할 수 있다. 다만, (가)~(다)에 해당하는 경우에는 그 등록을 취소하여야 한다.

(가) 허위 그 밖의 부정한 방법으로 등록을 한 경우

(나) (4)의 어느 하나의 등록의 결격사유에 해당하게 된 경우

(다) 등록증을 다른 자에게 빌려준 경우

(다) 등록기준에 미달하게 된 경우

(라) 탱크안전성능시험 또는 점검을 허위로 하거나 이 법에 의한 기준에 맞지 않게 탱크안전성능시험 또는 점검을 실시하는 경우 등 탱크시험자로서 적합하지 않다고 인정하는 경우

(6) 탱크시험자는 탱크안전성능시험 또는 점검에 관한 업무를 성실히 수행하여야 한다.

4.4 예방규정

(1) 대통령령이 정하는 제조소 등의 관계인은 당해 제조소 등의 화재예방과 화재 등 재해발생 시의 비상조치를 위하여 행정안전부령이 정하는 바에 따라 예방규정을 정하

여 당해 제조소 등의 사용을 시작하기 전에 시・도지사에게 제출하여야 한다. 예방규정을 변경한 때에도 또한 같다.

(2) 시・도지사는 제출한 예방규정이 중요기준 및 세부기준에 적합하지 않거나 화재예방이나 재해발생 시의 비상조치를 위하여 필요하다고 인정하는 때에는 이를 반려하거나 그 변경을 명할 수 있다.

(3) 제조소 등의 관계인과 그 종업원은 예방규정을 충분히 잘 익히고 준수하여야 한다.

4.5 정기점검 및 정기검사

(1) 대통령령이 정하는 제조소 등의 관계인은 그 제조소 등에 대하여 행정안전부령이 정하는 바에 따라 기술기준에 적합한지의 여부를 정기적으로 점검하고 점검결과를 기록하여 보존하여야 한다.

✔ 정기점검의 대상인 제조소 등

1. 지정수량의 10배 이상의 위험물을 취급하는 제조소
2. 지정수량의 100배 이상의 위험물을 저장하는 옥외저장소
3. 지정수량의 150배 이상의 위험물을 저장하는 옥내저장소
4. 지정수량의 200배 이상의 위험물을 저장하는 옥외탱크저장소
5. 암반탱크저장소
6. 이송취급소
7. 지정수량의 10배 이상의 위험물을 취급하는 일반취급소. 다만, 제4류 위험물(특수인화물을 제외)만을 지정수량의 50배 이하로 취급하는 일반취급소(제1석유류・알코올류의 취급량이 지정수량의 10배 이하인 경우에 한한다)로서 다음 각목의 어느 하나에 해당하는 것을 제외한다.
   가. 보일러・버너 또는 이와 비슷한 것으로서 위험물을 소비하는 장치로 이루어진 일반취급소
   나. 위험물을 용기에 옮겨 담거나 차량에 고정된 탱크에 주입하는 일반취급소

※ 1~7은 관계인이 예방규정을 정하여야 하는 제조소 등에 해당

8. 지하탱크저장소
9. 이동탱크저장소
10. 위험물을 취급하는 탱크로서 지하에 매설된 탱크가 있는 제조소・주유취급소 또는 일반취급소

※ 정기검사의 대상인 제조소 등

- 액체위험물을 저장 또는 취급하는 100만L 이상의 옥외탱크저장소

(2) 정기점검을 한 제조소등의 관계인은 점검을 한 날부터 30일 이내에 점검결과를 시・도지사에게 제출하여야 한다.

(3) 정기점검의 대상이 되는 제조소등의 관계인 가운데 대통령령으로 정하는 제조소등의 관계인은 행정안전부령으로 정하는 바에 따라 소방본부장 또는 소방서장으로부터 해당 제조소등이 기술기준에 적합하게 유지되고 있는지의 여부에 대하여 정기적으로 검사를 받아야 한다.

4.6 자체소방대

다량의 위험물을 저장・취급하는 제조소 등으로서 대통령령이 정하는 제조소 등이 있는 동일한 사업소에서 대통령령이 정하는 수량 이상의 위험물을 저장 또는 취급하는 경우 당해 사업소의 관계인은 대통령령이 정하는 바에 따라 당해 사업소에 자체소방대를 설치하여야 한다.

✔ 자체소방대를 설치하여야 하는 사업소

- 제4류 위험물을 취급하는 제조소 또는 일반취급소에 설치한다. 다만, 보일러로 위험물을 소비하는 일반취급소 등 행정안전부령이 정하는 일반취급소를 제외한다.
- 지정수량의 3천배 이상을 말한다.

5. 위험물의 운반 등

5.1 위험물의 운반

(1) 위험물의 운반은 그 용기・적재방법 및 운반방법에 관한 중요기준과 세부기준(1.5.2 참조)에 따라 행하여야 한다.

(2) 운반용기에 수납된 위험물을 지정수량 이상으로 차량에 적재하여 운반하는 차량의 운전자(위험물운반자)는 다음 어느 하나에 해당하는 요건을 갖추어야 한다.

1. 위험물 분야의 자격을 취득할 것
2. 교육을 수료할 것

(3) 시・도지사는 운반용기를 제작하거나 수입한 자 등의 신청에 따라 운반용기를 검사할 수 있다. 다만, 기계에 의하여 하역하는 구조로 된 대형의 운반용기로서 행정안전

부령이 정하는 것을 제작하거나 수입한 자 등은 행정안전부령이 정하는 바에 따라 당해 용기를 사용하거나 유통시키기 전에 시·도지사가 실시하는 운반용기에 대한 검사를 받아야 한다.

5.2 위험물의 운송

(1) 이동탱크저장소에 의하여 위험물을 운송하는 자[10](위험물운송자)는 당해 위험물을 취급할 수 있는 5.1 (2)의 각 호의 어느 하나에 해당하는 요건을 갖추어야 한다.

(2) 대통령령이 정하는 위험물의 운송에 있어서는 운송책임자[11]의 감독 또는 지원을 받아 이를 운송하여야 한다. 운송책임자의 범위, 감독 또는 지원의 방법 등에 관한 구체적인 기준은 행정안전부령으로 정한다.

(3) 위험물운송자는 이동탱크저장소에 의하여 위험물을 운송하는 때에는 행정안전부령으로 정하는 기준을 준수하는 등 당해 위험물의 안전확보를 위하여 세심한 주의를 기울여야 한다.

✔ 운송책임자의 감독·지원을 받아 운송하여야 하는 위험물

1. 알킬알루미늄
2. 알킬리튬
3. 1 또는 2의 물질을 함유하는 위험물

※ 위험물 운송책임자의 자격기준

- 당해 위험물의 취급에 관한 국가기술자격을 취득하고 관련 업무에 1년 이상 종사한 경력이 있는 자
- 위험물의 운송에 관한 안전교육을 수료하고 관련 업무에 2년 이상 종사한 경력이 있는 자

6. 감독 및 조치 명령

6.1 출입·검사

(1) 소방청장(중앙119구조본부장 및 그 소속 기관의 장을 포함), 시·도지사, 소방본부장

10) 운송책임자 및 이동탱크저장소운전자

11) 위험물 운송의 감독 또는 지원을 하는 자

또는 소방서장은 위험물의 저장 또는 취급에 따른 화재의 예방 또는 진압대책을 위하여 필요한 때에는 위험물을 저장 또는 취급하고 있다고 인정되는 장소의 관계인에 대하여 필요한 보고 또는 자료제출을 명할 수 있으며, 관계공무원으로 하여금 당해 장소에 출입하여 그 장소의 위치・구조・설비 및 위험물의 저장・취급상황에 대하여 검사하게 하거나 관계인에게 질문하게 하고 시험에 필요한 최소한의 위험물 또는 위험물로 의심되는 물품을 수거하게 할 수 있다. 다만, 개인의 주거는 관계인의 승낙을 얻은 경우 또는 화재발생의 우려가 커서 긴급한 필요가 있는 경우가 아니면 출입할 수 없다.

(2) 소방공무원 또는 경찰공무원은 위험물운반자 또는 위험물운송자의 요건을 확인하기 위하여 필요하다고 인정하는 경우에는 주행 중인 위험물 운반 차량 또는 이동탱크저장소를 정지시켜 해당 위험물운반자 또는 위험물운송자에게 그 자격을 증명할 수 있는 국가기술자격증 또는 교육수료증의 제시를 요구할 수 있으며, 이를 제시하지 않은 경우에는 주민등록증, 여권, 운전면허증 등 신원확인을 위한 증명서를 제시할 것을 요구하거나 신원확인을 위한 질문을 할 수 있다. 이 직무를 수행하는 경우에 있어서 소방공무원과 경찰공무원은 긴밀히 협력하여야 한다.

(3) 출입・검사 등은 그 장소의 공개시간이나 근무시간 내 또는 해가 뜬 후부터 해가 지기 전까지의 시간 내에 행하여야 한다. 다만, 건축물 그 밖의 공작물의 관계인의 승낙을 얻은 경우 또는 화재발생의 우려가 커서 긴급한 필요가 있는 경우에는 제외된다.

(4) 출입・검사 등을 행하는 관계공무원은 관계인의 정당한 업무를 방해하거나 출입・검사 등을 수행하면서 알게 된 비밀을 다른 자에게 누설하여서는 안 된다.

(5) 시・도지사, 소방본부장 또는 소방서장은 탱크시험자에게 탱크시험자의 등록 또는 그 업무에 관하여 필요한 보고 또는 자료제출을 명하거나 관계공무원으로 하여금 당해 사무소에 출입하여 업무의 상황・시험기구・장부・서류와 그 밖의 물건을 검사하게 하거나 관계인에게 질문하게 할 수 있다.

(6) 출입・검사 등을 하는 관계공무원은 그 권한을 표시하는 증표를 지니고 관계인에게 이를 내보여야 한다.

6.2 위험물 누출 등의 사고 조사

(1) 소방청장, 소방본부장 또는 소방서장은 위험물의 누출・화재・폭발 등의 사고가 발생한 경우 사고의 원인 및 피해 등을 조사하여야 한다.

(2) 조사에 관하여는 6.1의 (1), (3), (4), (6)을 준용한다.
(3) 소방청장, 소방본부장 또는 소방서장은 사고 조사에 필요한 경우 자문을 하기 위하여 관련 분야에 전문지식이 있는 사람으로 구성된 사고조사위원회를 둘 수 있다.
(4) 사고조사위원회의 구성과 운영 등에 필요한 사항은 대통령령으로 정한다.

6.3 탱크시험자에 대한 명령

시・도지사, 소방본부장 또는 소방서장은 탱크시험자에 대하여 당해 업무를 적정하게 실시하게 하기 위하여 필요하다고 인정하는 때에는 감독상 필요한 명령을 할 수 있다.

6.4 무허가장소의 위험물에 대한 조치명령

시・도지사, 소방본부장 또는 소방서장은 위험물에 의한 재해를 방지하기 위하여 허가를 받지 않고 지정수량 이상의 위험물을 저장 또는 취급하는 자(허가를 받지 않는 자 제외)에 대하여 그 위험물 및 시설의 제거 등 필요한 조치를 명할 수 있다.

6.5 제조소 등에 대한 긴급 사용정지명령 등

시・도지사, 소방본부장 또는 소방서장은 공공의 안전을 유지하거나 재해의 발생을 방지하기 위하여 긴급한 필요가 있다고 인정하는 때에는 제조소 등의 관계인에 대하여 당해 제조소 등의 사용을 일시정지하거나 그 사용을 제한할 것을 명할 수 있다.

6.6 저장・취급기준 준수명령 등

(1) 시・도지사, 소방본부장 또는 소방서장은 제조소 등에서의 위험물의 저장 또는 취급이 규정에 위반된다고 인정하는 때에는 당해 제조소 등의 관계인에 대하여 동항의 기준에 따라 위험물을 저장 또는 취급하도록 명할 수 있다.
(2) 시・도지사, 소방본부장 또는 소방서장은 관할하는 구역에 있는 이동탱크저장소에서의 위험물의 저장 또는 취급이 규정(중요기준 및 세부기준)에 위반된다고 인정하는 때에는 당해 이동탱크저장소의 관계인에 대하여 동항의 기준에 따라 위험물을 저장 또는 취급하도록 명할 수 있다.
(3) 시・도지사, 소방본부장 또는 소방서장은 이동탱크저장소의 관계인에 대하여 명령을 한 경우에는 행정안전부령이 정하는 바에 따라 당해 이동탱크저장소의 허가를 한 시・도지사, 소방본부장 또는 소방서장에게 신속히 그 취지를 통지하여야 한다.

6.7 응급조치 · 통보 및 조치명령

(1) 제조소 등의 관계인은 당해 제조소 등에서 위험물의 유출 그 밖의 사고가 발생한 때에는 즉시 그리고 지속적으로 위험물의 유출 및 확산의 방지, 유출된 위험물의 제거 그 밖에 재해의 발생방지를 위한 응급조치를 강구하여야 한다.

(2) (1)의 사태를 발견한 자는 즉시 그 사실을 소방서, 경찰서 또는 그 밖의 관계기관에 통보하여야 한다.

(3) 소방본부장 또는 소방서장은 제조소 등의 관계인이 응급조치를 강구하지 않았다고 인정하는 때에는 응급조치를 강구하도록 명할 수 있다.

(4) 소방본부장 또는 소방서장은 그 관할하는 구역에 있는 이동탱크저장소의 관계인에 대하여 응급조치를 강구하도록 명할 수 있다.

7. 안전교육

7.1 안전교육

(1) 안전관리자 · 탱크시험자 · 위험물운반자 · 위험물운송자 등 위험물의 안전관리와 관련된 업무를 수행하는 자로서 대통령령이 정하는 자는 해당 업무에 관한 능력의 습득 또는 향상을 위하여 소방청장이 실시하는 교육을 받아야 한다.

(2) 제조소 등의 관계인은 교육대상자에 대하여 필요한 안전교육을 받게 하여야 한다.

(3) 교육의 과정 및 기간과 그 밖에 교육의 실시에 관하여 필요한 사항은 행정안전부령으로 정한다.

(4) 시 · 도지사, 소방본부장 또는 소방서장은 교육대상자가 교육을 받지 않은 때에는 그 교육대상자가 교육을 받을 때까지 이 법의 규정에 따라 그 자격으로 행하는 행위를 제한할 수 있다.

✔ 안전교육대상자

- 안전관리자로 선임된 자
- 탱크시험자의 기술인력으로 종사하는 자
- 위험물운송자로 종사하는 자

7.2 청문

시・도지사, 소방본부장 또는 소방서장은 제조소 등 설치허가의 취소, 탱크시험자의 등록취소처분을 하고자 하는 경우에는 청문을 실시하여야 한다.

7.3 권한의 위임・위탁

(1) 소방청장 또는 시・도지사는 이 법에 따른 권한의 일부를 대통령령이 정하는 바에 따라 시・도지사, 소방본부장 또는 소방서장에게 위임할 수 있다.

(2) 소방청장, 시・도지사, 소방본부장 또는 소방서장은 업무의 일부를 대통령령이 정하는 바에 따라 소방기본법에 의한 한국소방안전원(안전원) 또는 기술원에 위탁할 수 있다.

✔ 시・도지사의 권한을 소방서장에게 위임(동일한 시・도에 있는 2이상 소방서장의 관할구역에 걸쳐 설치되는 이송취급소에 관련된 권한을 제외)

1. 제조소 등의 설치허가 또는 변경허가
2. 위험물의 품명・수량 또는 지정수량의 배수의 변경신고의 수리
3. 군사목적 또는 군부대시설을 위한 제조소 등을 설치하거나 그 위치・구조 또는 설비의 변경에 관한 군부대의 장과의 협의
4. 탱크안전성능검사(기술원에 위탁하는 것을 제외)
5. 완공검사(기술원에 위탁하는 것을 제외)
6. 제조소 등의 설치자의 지위승계신고의 수리
7. 제조소 등의 용도폐지신고의 수리
8. 제조소 등의 설치허가의 취소와 사용정지
9. 과징금처분
10. 예방규정의 수리・반려 및 변경명령

✔ 소방산업기술원에 위탁

1. 시・도지사의 탱크안전성능검사 중 다음에 해당하는 탱크에 대한 탱크안전성능검사
   가. 용량이 100만L 이상인 액체위험물을 저장하는 탱크
   나. 암반탱크
   다. 지하탱크저장소의 위험물탱크 중 행정안전부령이 정하는 액체위험물탱크
2. 시・도지사의 완공검사에 관한 권한 중 다음의 어느 하나에 해당하는 완공검사
   가. 지정수량의 3,000배 이상의 위험물을 취급하는 제조소 또는 일반취급소의 설치 또는 변경(사용 중인 제조소 또는 일반취급소의 보수 또는 부분적인 증설은 제외)에 따른 완공검사
   나. 옥외탱크저장소(저장용량이 50만L 이상인 것만 해당) 또는 암반탱크저장소의 설치 또는 변경에 따른 완공검사
3. 소방본부장 또는 소방서장의 정기검사
4. 시・도지사의 운반용기 검사

5. 행정안전부장관의 안전교육에 관한 권한 중 안전관리자·탱크시험자·위험물운송자 등 위험물의 안전관리와 관련된 업무를 수행하는 자에 대한 안전교육

※ 한국소방안전원(안전원)에 위탁

행정안전부장관의 안전교육 중 안전관리자로 선임된 자 및 위험물운송자로 종사하는 자의 1에 해당하는 자에 대한 안전교육([별표 5]의 안전관리자교육이수자 및 위험물운송자를 위한 안전교육을 포함)

7.4 벌칙

(1) 제조소 등에서 위험물을 유출·방출 또는 확산시켜 사람의 생명·신체 또는 재산에 대하여 위험을 발생시킨 자는 1년 이상 10년 이하의 징역에 처한다. 그리고 사람을 상해에 이르게 한 때에는 무기 또는 3년 이상의 징역에 처하며, 사망에 이르게 한 때에는 무기 또는 5년 이상의 징역에 처한다.

(2) 업무상 과실로 제조소 등에서 위험물을 유출·방출 또는 확산시켜 사람의 생명·신체 또는 재산에 대하여 위험을 발생시킨 자는 7년 이하의 금고 또는 7천만원 이하의 벌금에 처한다. 사람을 사상死傷에 이르게 한 자는 10년 이하의 징역 또는 금고나 1억원 이하의 벌금에 처한다.

(3) 제조소 등의 설치허가를 받지 않고 제조소 등을 설치한 자는 5년 이하의 징역 또는 1억원 이하의 벌금에 처한다.

(4) 저장소 또는 제조소 등이 아닌 장소에서 지정수량 이상의 위험물을 저장 또는 취급한 자는 3년 이하의 징역 또는 3천만원 이하의 벌금에 처한다.

(5) 다음의 어느 하나에 해당하는 자는 1년 이하의 징역 또는 1,000만원 이하의 벌금에 처한다.

(가) 탱크시험자로 등록하지 않고 탱크시험자의 업무를 한 자

(나) 정기점검을 하지 않거나 점검기록을 허위로 작성한 관계인으로서 허가(허가가 면제된 경우 및 협의로써 허가를 받은 것으로 보는 경우 포함)를 받은 자

(다) 정기검사를 받지 않은 관계인으로서 허가를 받은 자

(라) 자체소방대를 두지 않은 관계인으로서 허가를 받은 자

(마) 운반용기에 대한 검사를 받지 않고 운반용기를 사용하거나 유통시킨 자

(바) 보고 또는 자료제출을 하지 않거나 허위의 보고 또는 자료제출을 한 자 또는 관계공무원의 출입·검사 또는 수거를 거부·방해 또는 기피한 자

(사) 제조소 등에 대한 긴급 사용정지·제한명령을 위반한 자

(6) 다음의 어느 하나에 해당하는 자는 1,500만원 이하의 벌금에 처한다.

(가) 위험물의 저장 또는 취급에 관한 중요기준에 따르지 아니한 자
(나) 변경허가를 받지 않고 제조소 등을 변경한 자
(다) 제조소 등의 완공검사를 받지 않고 위험물을 저장 · 취급한 자
(라) 제조소 등의 사용정지명령을 위반한 자
(마) 안전조치 이행명령을 따르지 않은 자
(바) 수리 · 개조 또는 이전의 명령에 따르지 않은 자
(사) 안전관리자를 선임하지 않은 관계인으로서 허가를 받은 자
(아) 안전관리자의 대리자를 지정하지 않은 관계인으로서 허가를 받은 자
(자) 업무정지명령을 위반한 자
(차) 탱크안전성능시험 또는 점검에 관한 업무를 허위로 하거나 그 결과를 증명하는 서류를 허위로 교부한 자
(카) 예방규정을 제출하지 않거나 변경명령을 위반한 관계인으로서 허가를 받은 자
(타) 위험물의 운송자격을 확인하기 위한 정지지시를 거부하거나 국가기술자격증, 교육수료증 · 신원확인을 위한 증명서의 제시 요구 또는 신원확인을 위한 질문에 응하지 않은 사람
(파) 탱크시험자에 대한 보고 또는 자료제출을 하지 않거나 허위의 보고 또는 자료제출을 한 자 및 관계공무원의 출입 또는 조사 · 검사를 거부 · 방해 또는 기피한 자
(하) 탱크시험자에 대한 감독상 명령에 따르지 않은 자
(거) 무허가장소의 위험물에 대한 조치명령에 따르지 않은 자
(너) 저장 · 취급기준 준수명령 또는 응급조치명령을 위반한 자

(7) 다음의 어느 하나에 해당하는 자는 1,000만원 이하의 벌금에 처한다.
(가) 위험물의 취급에 관한 안전관리와 감독을 하지 않은 자
(나) 안전관리자 또는 그 대리자가 참여하지 않은 상태에서 위험물을 취급한 자
(다) 변경한 예방규정을 제출하지 않은 관계인으로서 허가를 받은 자
(라) 위험물의 운반에 관한 중요기준에 따르지 않은 자
(마) 위험물분야 자격 취득이나 교육 수료를 위반하여 요건을 갖추지 않은 위험물운반자
(바) 위험물 운송 규정을 위반한 위험물운송자
(사) 출입 · 검사 규정을 위반하여 관계인의 정당한 업무를 방해하거나 출입 · 검사 등을 수행하면서 알게 된 비밀을 누설한 자

(8) 양벌규정은 다음과 같다.
(가) 법인의 대표자나 법인 또는 개인의 대리인, 사용인, 그 밖의 종업원이 그 법인

또는 개인의 업무에 관하여 사람의 생명·신체 또는 재산에 대하여 위험을 발생시킨 위반행위를 하면 그 행위자를 벌하는 외에 그 법인 또는 개인을 5,000만원 이하의 벌금에 처하고, 사람을 상해에 이르게 한 위반행위를 하면 그 행위자를 벌하는 외에 그 법인 또는 개인을 1억원 이하의 벌금에 처한다. 다만, 법인 또는 개인이 그 위반행위를 방지하기 위하여 해당 업무에 관하여 상당한 주의와 감독을 게을리하지 않은 경우에는 제외된다.

(나) 법인의 대표자나 법인 또는 개인의 대리인, 사용인, 그 밖의 종업원이 그 법인 또는 개인의 업무에 관하여 (2)부터 (7)까지의 어느 하나에 해당하는 위반행위를 하면 그 행위자를 벌하는 외에 그 법인 또는 개인에게도 해당 조문의 벌금형을 과科한다. 다만, 법인 또는 개인이 그 위반행위를 방지하기 위하여 해당 업무에 관하여 상당한 주의와 감독을 게을리하지 않은 경우에는 제외된다.

(9) 다음의 어느 하나에 해당하는 자는 500만 원 이하의 과태료에 처한다.

(가) 제조소 등이 아닌 장소에서 지정수량 이상의 위험물을 취급 승인을 받지 않은 자

(나) 위험물의 저장 또는 취급에 관한 세부기준을 위반한 자

(다) 품명 등의 변경신고를 기간 이내에 하지 않거나 허위로 한 자

(마) 지위승계신고를 기간 이내에 하지 않거나 허위로 한 자

(바) 제조소 등의 폐지신고 또는 안전관리자의 선임신고를 기간 이내에 하지 않거나 허위로 한 자

(사) 중요사항을 변경한 경우의 등록사항의 변경신고를 기간 이내에 하지 않거나 허위로 한 자

(아) 사용 중지신고 또는 재개신고를 기간 이내에 하지 않거나 거짓으로 한 자

(자) 점검결과를 기록·보존하지 않은 자

(차) 기간 이내에 점검결과를 제출하지 않은 자자

(카) 위험물의 운반에 관한 세부기준을 위반한 자

(타) 위험물의 운송에 관한 기준을 따르지 않은 자

(10) 과태료는 대통령령이 정하는 바에 따라 시·도지사, 소방본부장 또는 소방서장(부과권자)이 부과·징수한다.

(11) 지정수량 미만인 위험물의 저장·취급 및 위험물의 저장 및 취급의 제한에 따른 조례에는 200만원 이하의 과태료를 정할 수 있다. 이 경우 과태료는 부과권자가 부과·징수한다.

✔ 행정처분 기준

※ 행정처분의 일반기준

1. 위반행위가 2이상인 때에는 그 중 중한 처분기준(중한 처분기준이 동일한 때에는 그 중 하나의 처분기준을 말한다.)에 의하되, 2이상의 처분기준이 동일한 사용정지이거나 업무정지인 경우에는 중한 처분의 2분의 1까지 가중처분 할 수 있다.
2. 사용정지 또는 업무정지의 처분기간 중에 사용정지 또는 업무정지에 해당하는 새로운 위반행위가 있는 때에는 종전의 처분기간 만료일의 다음 날부터 새로운 위반행위에 따른 사용정지 또는 업무정지의 행정처분을 한다.
3. 차수에 따른 행정처분기준은 최근 2년간 같은 위반행위로 행정처분을 받은 경우에 적용한다. 이 경우 기준적용일은 최근의 위반행위에 대한 행정처분일과 그 처분 후에 같은 위반행위를 한 날을 기준으로 한다.
4. 사용정지 또는 업무정지의 처분기간이 완료될 때까지 위반행위가 계속되는 경우에는 사용정지 또는 업무정지의 행정처분을 다시 한다.
5. 사용정지 또는 업무정지에 해당하는 위반행위로서 위반행위의 동기·내용·횟수 또는 그 결과 등을 고려할 때 개별기준을 적용하는 것이 불합리하다고 인정되는 경우에는 그 처분기준의 2분의 1기간까지 경감하여 처분할 수 있다.

※ 행정처분의 개별기준

1. 제조소 등에 대한 행정처분기준[근거 법 제12조]

<table>
<tr><th rowspan="2">위반사항</th><th colspan="3">행정처분기준</th></tr>
<tr><th>1차</th><th>2차</th><th>3차</th></tr>
<tr><td>■ 대리자를 지정하지 않은 때(법 제15조 제5항)</td><td rowspan="3">사용정지 10일</td><td rowspan="3">사용정지 30일</td><td rowspan="8">허가취소</td></tr>
<tr><td>■ 정기점검을 하지 않은 때(법 제18조 제1항의 규정)</td></tr>
<tr><td>■ 정기검사를 받지 않은 때(법 제18조 제2항의 규정)</td></tr>
<tr><td>■ 변경허가를 받지 않고, 제조소 등의 위치·구조 또는 설비를 변경한 때(법 제6조 제1항의 후단의 규정)</td><td>경고 또는 사용정지 15일</td><td rowspan="4">사용정지 60일</td></tr>
<tr><td>■ 완공검사를 받지 않고 제조소 등을 사용한 때(법 제9조의 규정)</td><td rowspan="2">사용정지 15일</td></tr>
<tr><td>■ 위험물안전관리자를 선임하지 않은 때(법 제15조 제1항 및 제2항의 규정)</td></tr>
<tr><td>■ 저장·취급기준 준수명령을 위반한 때(법 제26조의 규정)</td><td rowspan="2">사용정지 30일</td></tr>
<tr><td>■ 수리·개조 또는 이전의 명령에 위반한 때(법 제14조 제2항의 규정)</td><td>사용정지 90일</td></tr>
</table>

2. 안전관리대행기관에 대한 행정처분기준[근거 법 제58조]

<table>
<tr><th rowspan="2">위반사항</th><th colspan="3">행정처분기준</th></tr>
<tr><th>1차</th><th>2차</th><th>3차</th></tr>
<tr><td>■ 허위 그 밖의 부정한 방법으로 등록을 한 때</td><td rowspan="2">지정취소</td><td rowspan="2">-</td><td rowspan="2">-</td></tr>
<tr><td>■ 탱크시험자의 등록 또는 다른 법령에 의한 안전관리업무대행기</td></tr>
</table>

<table>
<tr><td>관의 지정 · 승인 등이 취소된 때</td><td rowspan="2"></td><td rowspan="2"></td><td rowspan="2"></td></tr>
<tr><td>■ 다른 사람에게 지정서를 대여한 때</td></tr>
<tr><td>■ 안전관리대행기관의 지정기준에 미달되는 때
<table>
<tr><td>기술
인력</td><td>1. 위험물기능장 또는 위험물산업기사 1인 이상
2. 위험물산업기사 또는 위험물기능사 2인 이상
3. 기계분야 및 전기분야의 소방설비기사 1인 이상</td></tr>
<tr><td>시설</td><td>전용사무실을 갖출 것</td></tr>
<tr><td>장비</td><td>1. 절연저항계
2. 접지저항측정기(최소눈금 0.1Ω이하)
3. 가스농도측정기(탄화수소계 가스의 농도측정이 가능할 것)
4. 정전기 전위측정기
5. 토크렌치
6. 진동시험기
7. 삭제 <2016. 8. 2.>
8. 표면온도계(-10℃～300℃)
9. 두께측정기(1.5mm～99.9mm)
10. 삭제 <2016. 8. 2.>
11. 안전용구(안전모, 안전화, 손전등, 안전로프 등)
12. 소화설비점검기구(소화전밸브압력계, 방수압력측정계, 포콜렉터, 헤드렌치, 포콘테이너</td></tr>
</table>
</td><td rowspan="2">업무정지
30일</td><td rowspan="2">업무정지
60일</td><td rowspan="4">지정
취소</td></tr>
<tr><td>■ 국민안전처장관의 지도 · 감독에 정당한 이유없이 따르지 아니한 때(제57조 제4항의 규정)</td></tr>
<tr><td>■ 변경 등의 신고를 연간 2회 이상 하지 않은 때(제57조제5항의 규정)</td><td>경고 또는 업무정지 30일</td><td rowspan="2">업무정지
90일</td></tr>
<tr><td>■ 안전관리대행기관의 기술인력이 안전관리업무를 성실하게 수행하지 않은 때(제59조의 규정)</td><td>경고</td></tr>
</table>

3. 탱크시험자에 대한 행정처분기준[근거 법 제16조 제5항]

<table>
<tr><th rowspan="2">위반사항</th><th colspan="3">행정처분기준</th></tr>
<tr><th>1차</th><th>2차</th><th>3차</th></tr>
<tr><td>■ 허위 그 밖의 부정한 방법으로 등록을 한 경우</td><td rowspan="3">등록취소</td><td rowspan="3">-</td><td rowspan="3">-</td></tr>
<tr><td>■ 등록의 결격사유에 해당하게 된 경우(법 제16조제4항)</td></tr>
<tr><td>■ 다른 자에게 등록증을 빌려준 경우</td></tr>
<tr><td>■ 등록기준에 미달하게 된 경우(법 제16조제2항의 규정)</td><td rowspan="2">업무정지
30일</td><td>업무정지
60일</td><td rowspan="2">등록
취소</td></tr>
<tr><td>■ 탱크안전성능시험 또는 점검을 허위로 하거나 이 법에 의한 기준에 맞지 않게 탱크안전성능시험 또는 점검을 실시하는 경우 등 탱크시험자로서 적합하지 않다고 인정되는 경우</td><td>업무정지
90일</td></tr>
</table>

✔ 제조소 등의 변경허가를 받아야 하는 경우

1. 제조소 또는 일반취급소

(1) 제조소 또는 일반취급소의 위치를 이전하는 경우

(2) 건축물의 벽 · 기둥 · 바닥 · 보 또는 지붕을 증설 또는 철거하는 경우

(3) 배출설비를 신설하는 경우
(4) 위험물취급탱크를 신설·교체·철거 또는 보수(탱크의 본체를 절개하는 경우에 한한다)하는 경우
(5) 위험물취급탱크의 노즐 또는 맨홀을 신설하는 경우(노즐 또는 맨홀의 직경이 250mm를 초과하는 경우에 한한다)
(6) 위험물취급탱크의 방유제의 높이 또는 방유제 내의 면적을 변경하는 경우
(7) 위험물취급탱크의 탱크전용실을 증설 또는 교체하는 경우
(8) 300m(지상에 설치하지 아니하는 배관의 경우에는 30m)를 초과하는 위험물배관을 신설·교체·철거 또는 보수(배관을 절개하는 경우에 한한다)하는 경우
(9) 불활성 기체의 봉입장치를 신설하는 경우
(10) 누설범위를 국한하기 위한 설비를 신설하는 경우(알킬알루미늄 등을 취급하는 제조소 특례)
(11) 냉각장치 또는 보냉장치를 신설하거나 탱크전용실을 증설 또는 교체하는 경우(아세트알데히드 등을 취급하는 제조소의 특례)
(12) 담 또는 토제를 신설·철거 또는 이설하는 경우, 온도 및 농도의 상승에 의한 위험한 반응을 방지하기 위한 설비를 신설하는 경우, 철이온 등의 혼입에 의한 위험한 반응을 방지하기 위한 설비를 신설하는 경우(히드록실아민 등을 취급하는 제조소의 특례)
(13) 방화상 유효한 담을 신설·철거 또는 이설하는 경우
(14) 위험물의 제조설비 또는 취급설비(펌프설비를 제외)를 증설하는 경우
(15) 옥내소화전설비·옥외소화전설비·스프링클러설비·물분무등소화설비를 신설·교체(배관·밸브·압력계·소화전본체·소화약제탱크·포헤드·포방출구 등의 교체는 제외) 또는 철거하는 경우
(16) 자동화재탐지설비를 신설 또는 철거하는 경우

2. 옥내저장소

(1) 건축물의 벽·기둥·바닥·보 또는 지붕을 증설 또는 철거하는 경우
(2) 배출설비를 신설하는 경우
(3) 별표 5 Ⅷ제3호 가목에 따른 누설범위를 국한하기 위한 설비를 신설하는 경우
(4) 별표 5 Ⅷ제4호에 따른 온도의 상승에 의한 위험한 반응을 방지하기 위한 설비를 신설하는 경우
(5) 별표 5 부표 1 비고 제1호 또는 같은 별표 부표 2 비고 제1호에 따른 담 또는 토제를 신설·철거 또는 이설하는 경우
(6) 옥외소화전설비·스프링클러설비·물분무등소화설비를 신설·교체(배관·밸브·압력계·소화전본체·소화약제탱크·포헤드·포방출구 등의 교체는 제외한다) 또는 철거하는 경우
(7) 자동화재탐지설비를 신설 또는 철거하는 경우

3. 옥외탱크저장소

(1) 옥외저장탱크의 위치를 이전하는 경우
(2) 옥외탱크저장소의 기초·지반을 정비하는 경우
(3) 별표 6 Ⅱ제5호에 따른 물분무설비를 신설 또는 철거하는 경우
(4) 주입구의 위치를 이전하거나 신설하는 경우
(5) 300m(지상에 설치하지 아니하는 배관의 경우에는 30m)를 초과하는 위험물배관을 신설·교체

・철거 또는 보수(배관을 절개하는 경우에 한한다)하는 경우
(6) 별표 6 Ⅵ제20호에 따른 수조를 교체하는 경우
(7) 방유제(간막이 둑을 포함한다)의 높이 또는 방유제 내의 면적을 변경하는 경우
(8) 옥외저장탱크의 밑판 또는 옆판을 교체하는 경우
(9) 옥외저장탱크의 노즐 또는 맨홀을 신설하는 경우(노즐 또는 맨홀의 직경이 250mm를 초과하는 경우에 한한다)
(10) 옥외저장탱크의 밑판 또는 옆판의 표면적의 20%를 초과하는 겹침보수공사 또는 육성보수공사를 하는 경우
(11) 옥외저장탱크의 에뉼러판의 겹침보수공사 또는 육성보수공사를 하는 경우
(12) 옥외저장탱크의 에뉼러판 또는 밑판이 옆판과 접하는 용접이음부의 겹침보수공사 또는 육성보수공사를 하는 경우(용접길이가 300mm를 초과하는 경우에 한한다)
(13) 옥외저장탱크의 옆판 또는 밑판(에뉼러판을 포함한다) 용접부의 절개보수공사를 하는 경우
(14) 옥외저장탱크의 지붕판 표면적 30% 이상을 교체하거나 구조・재질 또는 두께를 변경하는 경우
(15) 별표 6 Ⅺ제1호가목에 따른 누설범위를 국한하기 위한 설비를 신설하는 경우
(16) 별표 6 Ⅺ제2호나목에 따른 냉각장치 또는 보냉장치를 신설하는 경우
(17) 별표 6 Ⅺ제3호가목에 따른 온도의 상승에 의한 위험한 반응을 방지하기 위한 설비를 신설하는 경우
(18) 별표 6 Ⅺ제3호나목에 따른 철이온 등의 혼입에 의한 위험한 반응을 방지하기 위한 설비를 신설하는 경우
(19) 불활성 기체의 봉입장치를 신설하는 경우
(20) 지중탱크의 누액방지판을 교체하는 경우
(21) 해상탱크의 정치설비를 교체하는 경우
(22) 물분무등소화설비를 신설・교체(배관・밸브・압력계・소화전본체・소화약제탱크・포헤드・포방출구 등의 교체는 제외한다) 또는 철거하는 경우
(23) 자동화재탐지설비를 신설 또는 철거하는 경우

4. 옥내탱크저장소

(1) 옥내저장탱크의 위치를 이전하는 경우
(2) 주입구의 위치를 이전하거나 신설하는 경우
(3) 300m(지상에 설치하지 아니하는 배관의 경우에는 30m)를 초과하는 위험물배관을 신설・교체・철거 또는 보수(배관을 절개하는 경우에 한한다)하는 경우
(4) 옥내저장탱크를 신설・교체 또는 철거하는 경우
(5) 옥내저장탱크를 보수(탱크본체를 절개하는 경우에 한한다)하는 경우
(6) 옥내저장탱크의 노즐 또는 맨홀을 신설하는 경우(노즐 또는 맨홀의 직경이 250mm를 초과하는 경우에 한한다)
(7) 건축물의 벽・기둥・바닥・보 또는 지붕을 증설 또는 철거하는 경우
(8) 배출설비를 신설하는 경우
(9) 별표 7 Ⅱ에 따른 누설범위를 국한하기 위한 설비・냉각장치・보냉장치・온도의 상승에 의한 위험한 반응을 방지하기 위한 설비 또는 철이온 등의 혼입에 의한 위험한 반응을 방지하기 위한

설비를 신설하는 경우

(10) 불활성 기체의 봉입장치를 신설하는 경우

(11) 물분무등소화설비를 신설・교체(배관・밸브・압력계・소화전본체・소화약제탱크・포헤드・포방출구 등의 교체는 제외한다) 또는 철거하는 경우

(12) 자동화재탐지설비를 신설 또는 철거하는 경우

5. 지하탱크저장소

(1) 지하저장탱크의 위치를 이전하는 경우

(2) 탱크전용실을 증설 또는 교체하는 경우

(3) 지하저장탱크를 신설・교체 또는 철거하는 경우

(4) 지하저장탱크를 보수(탱크본체를 절개하는 경우에 한한다)하는 경우

(5) 지하저장탱크의 노즐 또는 맨홀을 신설하는 경우(노즐 또는 맨홀의 직경이 250㎜를 초과하는 경우에 한한다)

(6) 주입구의 위치를 이전하거나 신설하는 경우

(7) 300m(지상에 설치하지 아니하는 배관의 경우에는 30m)를 초과하는 위험물배관을 신설・교체・철거 또는 보수(배관을 절개하는 경우에 한한다)하는 경우

(8) 특수누설방지구조를 보수하는 경우

(9) 별표 8 Ⅳ제2호나목 및 같은 항 제3호에 따른 냉각장치・ 보냉장치・온도의 상승에 의한 위험한 반응을 방지하기 위한설비 또는 철이온 등의 혼입에 의한 위험한 반응을 방지하기 위한 설비를 신설하는 경우

(10) 불활성 기체의 봉입장치를 신설하는 경우

(11) 자동화재탐지설비를 신설 또는 철거하는 경우

(12) 지하저장탱크의 내부에 탱크를 추가로 설치하거나 철판 등을 이용하여 탱크 내부를 구획하는 경우

6. 간이탱크저장소

(1) 간이저장탱크의 위치를 이전하는 경우

(2) 건축물의 벽・기둥・바닥・보 또는 지붕을 증설 또는 철거하는 경우

(3) 간이저장탱크를 신설・교체 또는 철거하는 경우

(4) 간이저장탱크를 보수(탱크본체를 절개하는 경우에 한한다)하는 경우

(5) 간이저장탱크의 노즐 또는 맨홀을 신설하는 경우(노즐 또는 맨홀의 직경이 250mm를 초과하는 경우에 한한다)

7. 이동탱크저장소

(1) 상치장소의 위치를 이전하는 경우(같은 사업장 또는 같은 울안에서 이전하는 경우는 제외한다)

(2) 이동저장탱크를 보수(탱크본체를 절개하는 경우에 한한다)하는 경우

(3) 이동저장탱크의 노즐 또는 맨홀을 신설하는 경우(노즐 또는 맨홀의 직경이 250mm를 초과하는 경우에 한한다)

(4) 이동저장탱크의 내용적을 변경하기 위하여 구조를 변경하는 경우

(5) 별표 10 Ⅳ제3호에 따른 주입설비를 설치 또는 철거하는 경우
(6) 펌프설비를 신설하는 경우

8. 옥외저장소

(1) 옥외저장소의 면적을 변경하는 경우
(2) 별표 11 Ⅲ제1호에 따른 살수설비 등을 신설 또는 철거하는 경우
(3) 옥외소화전설비 · 스프링클러설비 · 물분무등소화설비를 신설 · 교체(배관 · 밸브 · 압력계 · 소화전본체 · 소화약제탱크 · 포헤드 · 포방출구 등의 교체는 제외한다) 또는 철거하는 경우

9. 암반탱크저장소

(1) 암반탱크저장소의 내용적을 변경하는 경우
(2) 암반탱크의 내벽을 정비하는 경우
(3) 배수시설 · 압력계 또는 안전장치를 신설하는 경우
(4) 주입구의 위치를 이전하거나 신설하는 경우
(5) 300m(지상에 설치하지 아니하는 배관의 경우에는 30m)를 초과하는 위험물배관을 신설 · 교체 · 철거 또는 보수(배관을 절개하는 경우에 한한다)하는 경우
(6) 물분무등소화설비를 신설 · 교체(배관 · 밸브 · 압력계 · 소화전본체 · 소화약제탱크 · 포헤드 · 포방출구 등의 교체는 제외한다) 또는 철거하는 경우
(7) 자동화재탐지설비를 신설 또는 철거하는 경우

10. 주유취급소

(1) 지하에 매설하는 탱크의 변경 중 다음의 어느 하나에 해당하는 경우
 1) 탱크의 위치를 이전하는 경우
 2) 탱크전용실을 보수하는 경우
 3) 탱크를 신설 · 교체 또는 철거하는 경우
 4) 탱크를 보수(탱크본체를 절개하는 경우에 한한다)하는 경우
 5) 탱크의 노즐 또는 맨홀을 신설하는 경우(노즐 또는 맨홀의 직경이 250mm를 초과하는 경우에 한한다)
 6) 특수누설방지구조를 보수하는 경우
(2) 옥내에 설치하는 탱크의 변경 중 다음의 어느 하나에 해당하는 경우
 1) 탱크의 위치를 이전하는 경우
 2) 탱크를 신설 · 교체 또는 철거하는 경우
 3) 탱크를 보수(탱크본체를 절개하는 경우에 한한다)하는 경우
 4) 탱크의 노즐 또는 맨홀을 신설하는 경우(노즐 또는 맨홀의 직경이 250mm를 초과하는 경우에 한한다)
(3) 고정주유설비 또는 고정급유설비를 신설 또는 철거하는 경우
(4) 고정주유설비 또는 고정급유설비의 위치를 이전하는 경우
(5) 건축물의 벽 · 기둥 · 바닥 · 보 또는 지붕을 증설 또는 철거하는 경우
(6) 담 또는 캐노피를 신설 또는 철거(유리를 부착하기 위하여 담의 일부를 철거하는 경우를 포함한

다)하는 경우

(7) 주입구의 위치를 이전하거나 신설하는 경우

(8) 별표 13 Ⅴ제1호 각 목에 따른 시설과 관계된 공작물(바닥면적이 4m² 이상인 것에 한한다)을 신설 또는 증축하는 경우

(9) 별표 13 ⅩⅥ에 따른 개질장치改質裝置, 압축기壓縮機, 충전설비, 축압기蓄壓器 또는 수입설비受入設備를 신설하는 경우

(10) 자동화재탐지설비를 신설 또는 철거하는 경우

(11) 셀프용이 아닌 고정주유설비를 셀프용 고정주유설비로 변경하는 경우

(12) 주유취급소 부지의 면적 또는 위치를 변경하는 경우

(13) 300m(지상에 설치하지 않는 배관의 경우에는 30m)를 초과하는 위험물의 배관을 신설·교체·철거 또는 보수(배관을 자르는 경우만 해당한다)하는 경우

(14) 탱크의 내부에 탱크를 추가로 설치하거나 철판 등을 이용하여 탱크 내부를 구획하는 경우

11. 판매취급소

(1) 건축물의 벽·기둥·바닥·보 또는 지붕을 증설 또는 철거하는 경우

(2) 자동화재탐지설비를 신설 또는 철거하는 경우

12. 이송취급소

(1) 이송취급소의 위치를 이전하는 경우

(2) 300m(지상에 설치하지 아니하는 배관의 경우에는 30m)를 초과하는 위험물배관을 신설·교체·철거 또는 보수(배관을 절개하는 경우에 한한다)하는 경우

(3) 방호구조물을 신설 또는 철거하는 경우

(4) 누설확산방지조치·운전상태의 감시장치·안전제어장치·압력안전장치·누설검지장치를 신설하는 경우

(5) 주입구·토출구 또는 펌프설비의 위치를 이전하거나 신설하는 경우

(6) 옥내소화전설비·옥외소화전설비·스프링클러설비·물분무등소화설비를 신설·교체(배관·밸브·압력계·소화전본체·소화약제탱크·포헤드·포방출구 등의 교체는 제외한다) 또는 철거하는 경우

(7) 자동화재탐지설비를 신설 또는 철거하는 경우

연습문제

01 위험물안전관리법의 목적에 해당하지 않는 것은?

① 위험물의 저장 및 취급
② 위험물의 운반
③ 국민의 생명, 신체 및 재산 보호
④ 위험룰로 인한 위해 방지

02 위험물안전관리법상의 용어 중 틀린 것은?

① 위험물의 종류별로 위험성을 고려하여 소방청장이 정하는 수량으로 제조소 등의 설치허가 등에 있어서 최저의 기준이 되는 수량을 지정수량이라 한다.
② 위험물을 제조할 목적으로 지정수량 이상의 위험물을 취급하기 위하여 허가를 받은 장소를 제조소라 한다.
③ 지정수량 이상의 위험물을 제조 외의 목적으로 취급하기 위한 대통령령이 정하는 장소로서 허가를 받은 장소를 취급소라 한다.
④ 지정수량 이상의 위험물을 저장하기 위한 대통령령이 정하는 장소로서 허가를 받은 장소를 저장소라 한다.

03 위험물 제조소 등에 대한 정의로 가장 적합한 것은?

① 제조소, 취급소, 관리소
② 제조소, 취급소, 저장소
③ 제조소, 저장소, 관리소
④ 저장소, 관리소, 취급소

04 저장소의 종류가 아닌 것은?

① 지하저장소　② 옥외저장소
③ 옥내저장소　④ 이동탱크저장소

05 위험물안전관리법상의 위험물취급소가 아닌 것은?

① 이동탱크취급소
② 주유취급소
③ 이송취급소
④ 판매취급소

06 판매취급소에서 취급할 수 있는 위험물의 양은?

① 지정수량 5배 이하
② 지정수량 10배 이하
③ 지정수량 20배 이하
④ 지정수량 40배 이하

07 발화점이 100℃ 이하이거나 인화점이 20℃ 이하이고 비점이 40℃ 이하에 해당하는 위험물은?

① 동식물유　② 인화성 고체
③ 가연성 고체　④ 특수가연물

08 지정수량이 다른 위험물은?

① 니트로화합물　② 금속 인화물
③ 질산염류　④ 과염소산

정답 1. ③ 2. ① 3. ② 4. ① 5. ① 6. ④ 7. ④ 8. ①

09 옥외저장소에 지정수량 이상을 저장할 수 있는 위험물이 아닌 것은?

① 제2류 위험물 ② 제3류 위험물
③ 제4류 위험물 ④ 제6류 위험물

10 위험물의 저장, 취급 및 운반에 있어 위험물안전관리법 규정을 적용받는 것은?

① 항공기 ② 선박
③ 철도 ④ 트럭

11 화재 등 위해의 예방과 응급조치에 있어서 중요기준보다 상대적으로 적은 영향을 미치거나 그 기준을 위반하는 경우 간접적으로 화재를 일으킬 수 있는 기준 및 위험물의 안전관리에 필요한 표시와 서류·기구 등의 비치에 관한 기준으로서 행정안전부령이 정하는 기준은?

① 중요기준 ② 세부기준
③ 기술기준 ④ 취급기준

12 위험물의 저장 또는 취급에 관한 세분기준을 위반한 경우의 벌칙은?

① 1년 이하의 징역 또는 1,000만원 이하의 벌금
② 1,500만원 이하의 벌금
③ 500만원 이하의 벌금
④ 200만원 이하의 과태료

13 위험물의 저장 및 취급에 관한 설명 중 옳은 것은?

① 지정수량 이상의 위험물을 저장소가 아닌 장소에 저장하거나 제조소 등이 아닌 장소에서 취급해서는 안 된다.
② 지정수량 미만인 위험물의 저장 또는 취급에 관한 기술상의 기준은 행정안전부령에 의한다.
③ 임시로 저장 및 취급하는 장소의 위치, 구조 및 설비의 기준은 대통령령에 의한다.
④ 지정수량 이상의 위험물을 60일 이내의 기간 동안 임시로 저장 또는 취급하는 경우에는 제조소 등이 아닌 장소에서 지정수량 이상의 위험물을 취급할 수 있다.

14 염소산염류 100kg, 무기과산화물 100kg, 질산 300kg에 대한 지정수량 배수는?

① 2배 ② 3배
③ 4배 ④ 5배

15 제4류 위험물만 취급할 수 있는 위험물취급자격자는?

① 위험물기능사의 자격을 취득한 사람
② 소방공무원으로 근무한 경력이 3년 이상인 사람
③ 위험물산업기사 자격을 취득한 사람
④ 위험물기능장 지격을 취득한 사람

16 위험물안전관리자를 해임한 경우 해임한 날부터 며칠 이내에 다시 선임해야 하나?

① 7일 이내 ② 14일 이내
③ 30일 이내 ④ 90일 이내

17 제조소 등의 관계인은 안전관리자가 여행·질병 그 밖의 사유로 인하여 일시적으로 직무틀 수행할 수 없거나 안전관리자의 해임 또는 퇴직과 동시에 다른 안전관리자를 선임하지 못하는 경우 대리자를 지정하여 그 직무를 대행하게 한다. 다음 중 지정할 수 있는 대리자 할 수 있는 것은?

정답 9. ② 10. ④ 11. ② 12. ④ 13. ① 14. ④ 15. ② 16. ③

① 제조소 등의 위험물 안전관리업무에 있어 안전관리자를 지휘 · 감독하는 지위에 있는 자
② 안전교육을 받은 자로서 제조소 등에서 위험물안전관리에 관한 업무에 1년 이상 종사한 경력이 있는 자
③ 안전교육을 받은 자로서 제조소 등에서 위험물안전관리에 관한 업무에 3개월 이상 종사한 경력이 있는 자
④ 제조소 등에서 위험물안전관리에 관한 업무에 1년 이상 종사한 경력이 있는 자

18 동일 구내에 다수의 제조소 등을 동일인이 설치하는 경우로서 1 인의 안전관리자를 중복하여 선임할 수 없는 것은?

① 10개 이하의 옥내저장소
② 30개 이하의 옥외탱크저장소
③ 10개 이하의 옥외저장소
④ 30개 이하의 암반탱크저장소

19 지정수량 5배를 초과하는 제조소의 경우 선임해야 하는 안전관리자의 자격에 해당되지 않는 것은?

① 위험물기능장
② 위험물산업기사
③ 2년 이상의 실무경력이 있는 위험물기능사
④ 소방공무원경력자

20 제조소 등의 관계인은 위험물의 안전관리에 관한 직무를 수행하기 위하여 제조소 등마다 위험물 취급자격자를 위험물안전관리자로 선임해야 한다. 위험물안전관리자에 대한 설명 중 틀린 것은?

① 제조소 등의 관계인은 안전관리자를 해임한 때에는 해임한 날부터 30일 이내에 안전관리자를 선임해야 한다.
② 제조소 등의 관계인은 안전관리자가 퇴직한 때에는 퇴직한 날부터 30일 이내에 안전관리 자를 선임해야 한다.
③ 안전관리자를 선임한 경우에는 선임한 날부터 30일 이내에 행정안전부령으로 정하는 바에 따라 소방본부장 또는 소방서장에게 신고하여야 한다.
④ 대리자가 안전관리자의 직무를 대행하는 기간은 30일을 초과할 수 없다.

21 탱크시험자의 등록 등에 대한 사항으로 옳은 것은?

① 시 · 도지사 또는 제조소 등의 관계인은 안전관리업무를 전문적이고 효율적으로 수행하기 위하여 탱크안전성능시험자(탱크시험자)로 하여금 이 법에 의한 검사 또는 점검의 일부를 실시하게 할 수 있다.
② 탱크시험자가 되고자 하는 자는 대통령령이 정하는 기술능력 · 시설 및 장비를 갖추어 소방본부장에게 등록하여야 한다.
③ 등록한 사항 가운데 행정안전부령이 정하는 중요사항을 변경한 경우에는 그 날부터 14일 이내에 시 · 도지사에게 변경신고를 하여야 한다.
④ 탱크시험자의 등록이 취소된 날부터 2년이 지나지 않은 자는 탱크시험자로 등록하거나 탱크시험자의 업무에 종사할 수 있다.

정답 17. ① 18. ④ 19. ④ 20. ③ 21. ①

22 위험물안전관리법상 제조소 등의 관계인이 14일 이내에 시・도지사에게 신고해야 하는 사항은?

① 탱크시험자 변경신고
② 지위승계신고
③ 제조소 등의 용도폐지
④ 위험물안전관리자 선임

23 탱크시험자의 기술능력 중 필수인력의 자격조건에 해당하지 않는 것은?

① 위험물기능장
② 위험물기능사
③ 비파괴검사기술사
④ 방사선비파괴검사 기사

24 탱크시험자로 등록하지 않고 탱크시험자의 업무를 한 자에 대한 벌칙은?

① 1년 이하의 징역 또는 1,000만원 이하의 벌금
② 3년 이하의 징역 또는 3천만원 이하의 벌금
③ 1,500만원 이하의 벌금에
④ 1,000만원 이하의 벌금에

25 위험물탱크의 탱크안전성능검사에 해당하는 대상 탱크가 아닌 것은?

① 기초・지반 검사 : 옥외탱크저장소의 액체위험물탱크 중 그 용량이 1백만L 이상인 탱크
② 충수・수압검사 : 액체위험물을 저장 또는 취급하는 탱크
③ 암반탱크검사 : 액체위험물을 저장 또는 취급하는 암반내의 공간을 이용한 탱크
④ 용접부검사 : 산업안전보건법 규정에 의한 성능검사에 합격한 탱크

26 정기점검의 대상이 되는 제조소 등이 아닌 것은?

① 지하탱크저장소
② 이송취급소
③ 암반탱크저장소
④ 간이탱크저장소

27 관계인이 예방규정을 정하지 않은 것은?

① 지정수량 10배 이상의 위험물을 취급하는 제조소
② 지정수량의 100배 이상의 위험물을 저장하는 옥외저장소
③ 지정수량의 150배 이상의 위험물을 저장하는 옥내저장소
④ 지정수량의 300배 이상의 위험물을 저장하는 옥외탱크저장소

28 자체소방대를 설치하는 사업소에 해당하지 않는 것은?

① 지정수량 3천배 이상의 제4류 위험물을 취급하는 제조소 또는 일반취급소
② 지정수량 3천배 이상의 제3류 위험물을 취급하는 제조소 또는 일반취급소
③ 지정수량 1천배 이상의 제4류 위험물을 취급하는 제조소 또는 일반취급소
④ 지정수량 1천배 이상의 제5류 위험물을 취급하는 제조소 또는 일반취급소

29 소방청장, 시・도지사, 소방본부장 또는 소방서장은 위험물의 저장 또는 취급에 따른 화재의 예방 또는 진압대책을 위하여 필요한 때에는 위험물을 저장 또는 취급하고 있다고 인정되는 장소에 대하여 취할 수 있는 행위기준으로 틀린 것은?

정답 22. ③ 23. ④ 24. ① 25. ④ 26. ④ 27. ④ 28. ①

① 장소의 관계인에 대하여 필요한 보고를 명할 수 있다.
② 장소의 관계인에 대하여 필요한 자료제출을 명할 수 있다.
③ 개인의 주거는 관계인의 승낙없이 출입할 수 있다.
④ 관계인에게 질문하게 하고 시험에 필요한 초소한의 위험물을 수거하게 할 수 있다.

30 위험물의 저장 또는 취급에 따른 화재예방 또는 진압대책을 위하여 필요한 때 위험물의 저장 또는 취급하는 관계인에게 필요한 명령을 할 수 있는 권한이 없는 자는?

① 경찰서장 ② 소방본부장
③ 관계공무원 ④ 시・도지사

31 안전관리자・탱크시험자・위험물운송자 등 위험물의 안전관리와 관련된 업무를 수행하는 자에게 안전교육을 실시할 수 있는 자는?

① 시・도지사 ② 소방청장
③ 소방본부장 ④ 소방서장

32 시・도지사의 권한을 소방서장에게 위임하는 사항이 아닌 것은?

① 제조소 등의 설치허가 또는 변경허가
② 위험물의 품명・수량 또는 지정수량의 배수의 변경신고의 수리
③ 제조소 등의 용도폐지신고의 수리
④ 위험물안전관리자의 선임

33 업무상 과실로 제조소 등에서 위험물을 유출・방출 또는 확산시켜 사람의 생명・신체 또는 재산에 대하여 위험을 발생시킨 자의 벌칙은?

① 7년 이하의 금고 또는 7천만원 이하의 벌금
② 5년 이하의 징역 또는 1억원 이하의 벌금
③ 1년 이상 10년 이하의 징역
④ 무기 또는 3년 이상의 징역

정답 29. ③ 30. ① 31. ② 32. ④ 33. ①

CHAPTER 02

위험물 제조소

1. 위험물 제조소 개요

1.1 제조소의 구분

제조소는 공정의 목적이 위험물을 제조하는 것으로 지정수량 이상의 위험물을 취급하기 위하여 허가를 받은 장소를 말한다. 따라서 위험물을 제조하지 않는 경우에는 제조소에 해당되지 않으며, 비위험물을 사용하더라도 지정수량 이상의 위험물을 제조하는 경우에는 제조소에 포함된다. 또한, 지정수량 이상을 제조해야만 제조소에 해당하는 것이 아니라 지정수량 미만의 위험물을 제조하는 경우에도 투입량이 지정수량 이상이면 제조소에 해당한다.

따라서, 제조공정에서 원료가 되는 물질이 위험물의 여부와 상관없이 일정한 제조공정을 거쳐 생산된 최종 생산제품이 위험물에 해당하는 경우의 제조시설을 제조소라고 한다. 일반적으로 정유플랜트, 위험물을 제조하는 화학공정 플랜트, 폐유 정제 플랜트 등이 해당되며, 허가를 받지 않는 대상인 주택난방용 저장소 또는 취급소 및 군용위험물 시설도 포함된다.

위험물을 제조하기 위한 제조시설과 취급 시설이 제조소에 포함되며, 원료를 저장하거나 생산제품을 저장하기 위한 시설의 경우에는 위험물제조소에 포함되지 않는다.

제조소는 위험물을 제조하는 시설이므로 생산제품이 위험물이다. 이는 위험물을 원료로 하여 위험물을 제조, 생산하는 경우(원유를 원료로 휘발유, 등유, 경유, 중유 등을 생산하는 경우)와 비위험물을 원료로 하여 위험물을 제조, 생산하는 경우(고구마를 원료로 알코올을 생산하는 경우)가 있는데 제조소는 원료의 위험물, 비위험물 여부를 가리지 않고 생산제품이 위험물이면 제조소에 속한다. 그러나 제조소와 유사한 제조시설을 가지고 있다 하더라도 생산제품이 위험물이 아닐 경우 제조소가 아닌 일반취급소로 분류한다.

따라서 제조소와 일반취급소를 구분하는 기준은 생산제품이 위험물인지 여부이다.

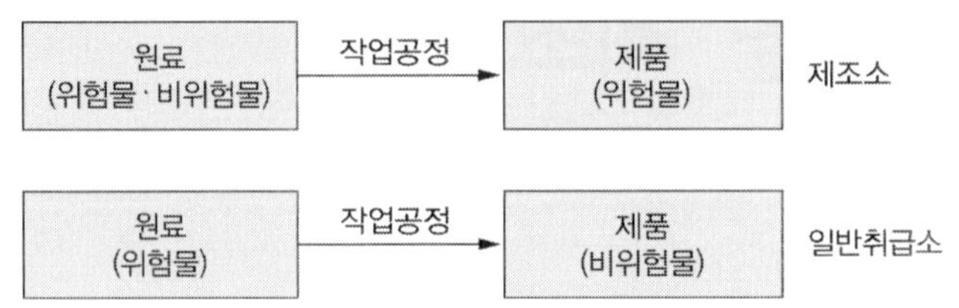

그림 2.1 ▌ 제조소의 범위

1.2 제조소 규제 범위

원칙적으로 위험물시설이 건물 내에 설치하는 것에 있어서는 동단위로하고, 옥외에 설치하는 경우에 있어서는 일련의 공정을 하나의 허가단위로 한다.

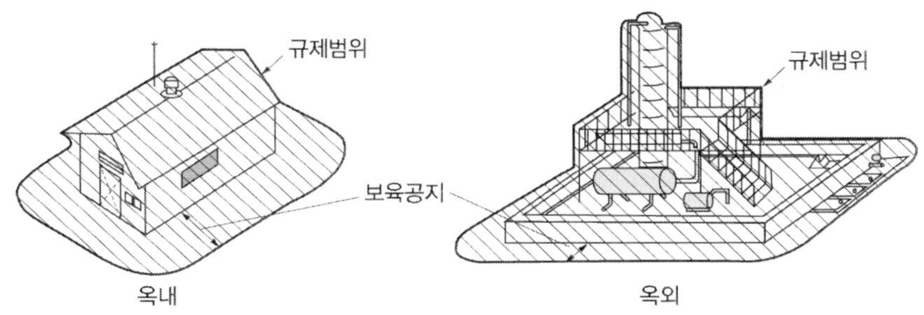

그림 2.2 ▌ 제조소 규제범위 예시

2. 제조소의 위치·구조 및 설비기준

2.1 안전거리

안전거리는 제조소 자체의 주위에 확보하여야 하는 보유공지와 다른 개념으로 제조소와 보호대상과의 이격거리를 말한다. 일반적으로 보호대상의 존재를 전제로 하는 것으로 제조소에서 안전거리 확보의 대상이 되는 건축물 등 보호대상까지의 안전거리 기준은 옥내저장소, 옥외탱크저장소, 옥외저장소 및 일반취급소에 준용된다.

안전거리는 수평거리를 말하는 것으로서 거리를 측정하는 기산점은 제조소와 보호대상인 건축물 공작물의 외벽 또는 이에 상당하는 시설물의 외측을 말한다. 또한 다른 법령에 안전거리가 규정되어 있는 경우에는 당해 법령에 의한 안전거리도 만족시켜야 한다.

(1) 제조소(제6류 위험물을 취급하는 제조소를 제외)는 다음 규정에 의한 건축물의 외벽 또는 이에 상당하는 공작물의 외측으로부터 당해 제조소의 외벽 또는 이에 상당하는 공작물의 외측까지의 사이에 다음 규정에 의한 수평거리(안전거리)를 두어야 한다.

(가) (나) 내지 (라)의 규정에 의한 것 외의 건축물 그 밖의 공작물[12]로서 주거용으로 사용되는 것[13](제조소가 설치된 부지 내에 있는 것을 제외)에 있어서는 10m 이상

(나) 학교·병원·극장 그 밖에 다수인을 수용하는 시설[14]로서 다음에 해당하는 것에 있어서는 30m 이상

1) 「초·중등교육법」및 「고등교육법」에서 정하는 학교

2) 「의료법」에 따른 병원급 의료기관

3) 「공연법」에 따른 공연장, 「영화 및 비디오물의 진흥에 관한 법률」에 따른 영화상영관 및 그 밖에 이와 유사한 시설로서 300명 이상의 인원을 수용할 수 있는 것

4) 「아동복지법」에 해당하는 아동복지시설, 「노인복지법」에 해당하는 노인복지시설, 「장애인복지법」에 따른 장애인복지시설, 「한부모가족지원법」에 따른 한부모가족복지시설, 「영유아보육법」에 따른 어린이집, 「성매매방지 및 피해자보호 등에 관한 법률」에 따른 성매매피해자 등을 위한 지원시설, 「정신보건법」에 따른 정신보건시설, 「가정폭력방지 및 피해자보호 등에 관한 법률」에 따른 보호시설 및 그 밖에 이와 유사한 시설[15]로서 20명 이상의 인원을 수용할 수 있는 것

(다) 「문화재보호법」의 규정에 의한 유형문화재와 기념물 중 지정문화재에 있어서는 50m 이상

(라) 고압가스, 액화석유가스 또는 도시가스를 저장 또는 취급하는 시설로서 다음에

12) 컨테이너, 비닐하우스 등 주거용으로 사용하는 것을 말한다.

13) 전용주택 외에 공동주택, 점포 겸용주택, 작업장 겸용주택 등도 포함된다. 또한 점포 겸용주택 등의 건축물은 전체가 하나의 건물로 간주된다.

14) 직접 그 용도에 제공하는 건축물(학교의 경우는 교실, 체육관, 강당 등, 병원의 경우는 병실, 수술실, 진료실 등)을 말하며 그 외의 부속시설은 포함하지 않는다.

15) 관람장, 집회장 등을 말한다.

해당하는 것에 있어서는 20m 이상. 다만, 당해 시설의 배관 중 제조소가 설치된 부지 내에 있는 것은 제외한다.

1) 「고압가스 안전관리법」의 규정에 의하여 허가를 받거나 신고를 하여야 하는 고압가스제조시설(용기에 충전하는 것을 포함) 또는 고압가스 사용시설로서 1일 30m^3 이상의 용적을 취급하는 시설이 있는 것
2) 「고압가스 안전관리법」의 규정에 의하여 허가를 받거나 신고를 하여야 하는 고압가스저장시설
3) 「고압가스 안전관리법」의 규정에 의하여 허가를 받거나 신고를 하여야 하는 액화산소를 소비하는 시설
4) 「액화석유가스의 안전관리 및 사업법」의 규정에 의하여 허가를 받아야 하는 액화석유가스제조시설 및 액화석유가스저장시설
5) 「도시가스사업법」 규정에 의한 가스공급시설

(마) 사용전압이 7,000V 초과 35,000V 이하의 특고압가공전선에 있어서는 3m 이상
(바) 사용전압이 35,000V를 초과하는 특고압가공전선에 있어서는 5m 이상

(2) (1)의 (가) 내지 (다)의 규정에 의한 건축물 등은 표 2.1의 기준에 의하여 불연재료로 된 방화상 유효한 담 또는 벽을 설치하는 경우에는 동표의 기준에 의하여 안전거리를 단축할 수 있다.

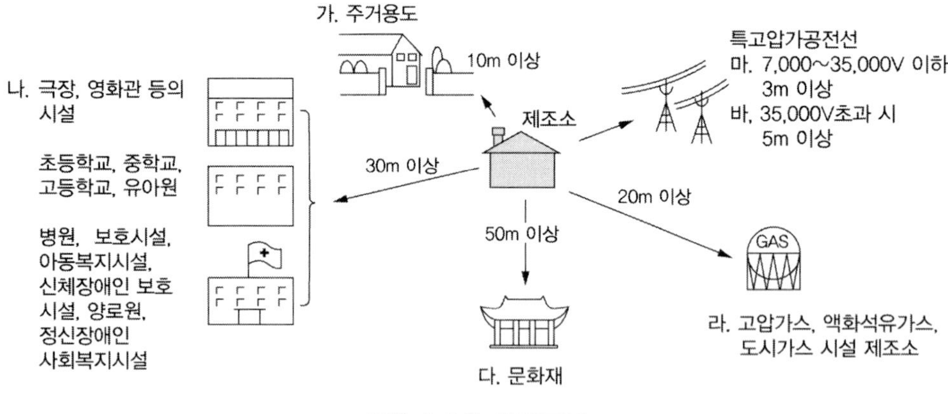

그림 2.3 ▌ 안전거리

표 2.1 방화상 유효한 담을 설치한 경우의 안전거리

구분	취급하는 위험물의 최대수량 (지정수량의 배수)	안전거리(이상) [m]		
		주거용 건축물	학교·유치원등	문화재
제조소·일반취급소(취급하는 위험물의 양이 주거지역에 있어서는 30배, 상업지역에 있어서는 35배, 공업지역에 있어서는 50배 이상인 것을 제외한다)	10배 미만	6.5	20	35
	10배 이상	7.0	22	38
옥내저장소(취급하는 위험물의 양이 주거지역에 있어서는 지정수량의 120배, 상업지역에 있어서는 150배, 상업지역에 있어서는 200배 이상인 것을 제외한다)	5배 미만	4.0	12.0	23.0
	5배 이상 10배 미만	4.5	12.0	23.0
	10배 이상 20배 미만	5.0	14.0	26.0
	20배 이상 50배 미만	6.0	18.0	32.0
	50배 이상 200배 미만	7.0	22.0	38.0
옥외탱크저장소(취급하는 위험물의 양이 주거지역에 있어서는 지정수량의 600배, 상업지역에 있어서는 700배, 공업지역에 있어서는 1,000배 이상인 것을 제외한다)	500배 미만	6.0	18.0	32.0
	500배 이상 1,000배 미만	7.0	22.0	38.0
옥외저장소(취급하는 위험물의 양이 주거지역에 있어서는 지정수량의 10배, 상업지역에 있어서는 15배, 공업지역에 있어서는 20배 이상인 것을 제외한다)	10배 미만	6.0	18.0	32.0
	10배 이상 20배 미만	8.5	25.0	44.0

(가) 방화상 유효한 담을 설치한 경우의 안전거리는 표 2.1과 같다.

(나) 방화상 유효한 담의 높이는 다음에 의하여 산정한 높이 이상으로 한다.

1) $H \leq pD^2 + \alpha$인 경우 : $h = 2$

2) $H > pD^2 + \alpha$인 경우 : $h = H - p(D^2 - d^2)$

여기서, D : 제조소 등과 인근 건축물 또는 공작물과의 거리[m]
H : 인근 건축물 또는 공작물의 높이[m]
a : 제조소 등의 외벽의 높이[m]
d : 제조소 등과 방화상 유효한 담과의 거리[m]
h : 방화상 유효한 담의 높이[m]
p : 상수이다.

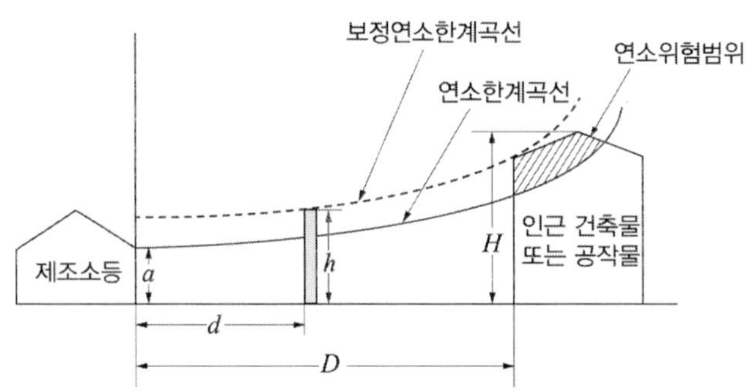

그림 2.4 ▌ 방화상 유효한 담의 높이

3) (나)의 1) 내지 2)에 의하여 산출된 수치가 2 미만일 때에는 담의 높이를 2m로, 4 이상일 때에는 담의 높이를 4m로 하되, 다음의 소화설비를 보강하여야 한다.

가) 당해 제조소 등의 소형소화기 설치대상인 것에 있어서는 대형소화기를 1개 이상 증설한다.

나) 해당 제조소 등이 대형소화기 설치대상인 것에 있어서는 대형소화기 대신 옥내소화전설비・옥외소화전설비・스프링클러설비・물분무소화설비・포소화설비・불활성가스소화설비・할로겐화합물소화설비・분말소화설비 중 적응소화설비를 설치한다.

다) 해당 제조소 등이 옥내소화전설비・옥외소화전설비・스프링클러설비・물분무소화설비・포소화설비・불활성가스소화설비・할로겐화합물소화설비 또는 분말소화설비 설치대상인 것에 있어서는 반경 30m마다 대형소화기 1개 이상을 증설한다.

(다) 방화상 유효한 담의 길이는 제조소 등의 외벽의 양단(a1, a2)을 중심으로 안전거리에서 정한 인근 건축물 또는 공작물(인근 건축물 등)에 따른 안전거리를 반지름으로 한 원을 그려서 당해 원의 내부에 들어오는 인근 건축물 등의 부분 중 최외측 양단(p1, p2)을 구한 다음, a1과 p1을 연결한 선분(ℓ1)과 a2와 p2을 연결한 선분(ℓ2) 상호 간의 간격(L)으로 한다.(그림 2.5 참조)

(라) 방화상 유효한 담은 제조소 등으로부터 5m 미만의 거리에 설치하는 경우에는 내화구조로, 5m 이상의 거리에 설치하는 경우에는 불연재료로 하고, 제조소 등의 벽을 높게 하여 방화상 유효한 담을 갈음하는 경우에는 그 벽을 내화구조로 하고 개구부를 설치하여서는 안 된다.

표 2.2 제조소 등의 높이

구분	제조소 등의 높이(a)	비고
제조소 일반취급소 옥내저장소	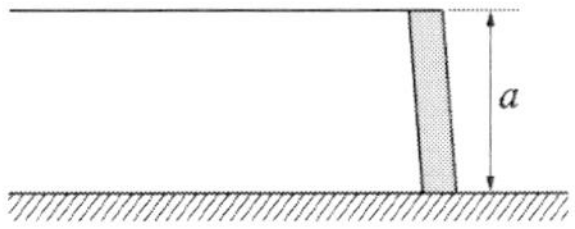 a	벽체가 내화구조로 되어 있고, 인접축에 면한 개구부가 없거나, 개구부에 갑종방화문이 있는 경우
	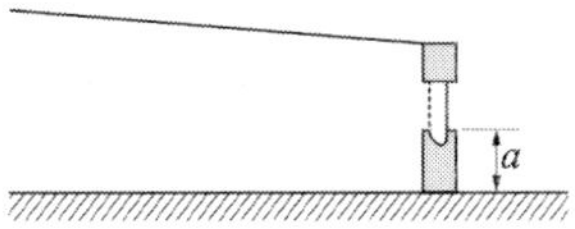 a	벽체가 내화구조이고, 개구부에 갑종방화문이 없는 경우
	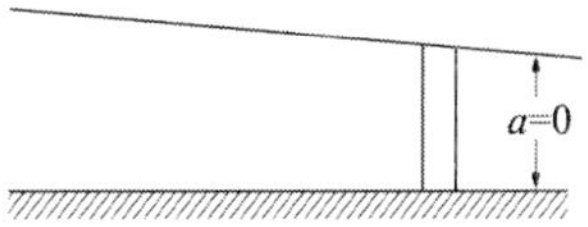 a=0	벽체가 내화구조 외의 것으로 된 경우
	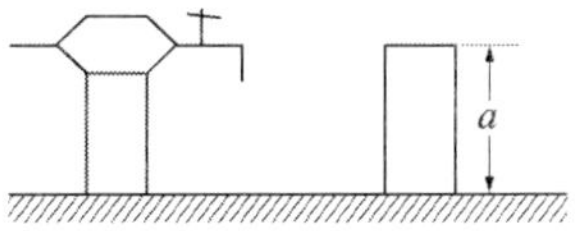 a	옮겨 담는 작업장 그 밖의 공작물
옥외탱크 저장소	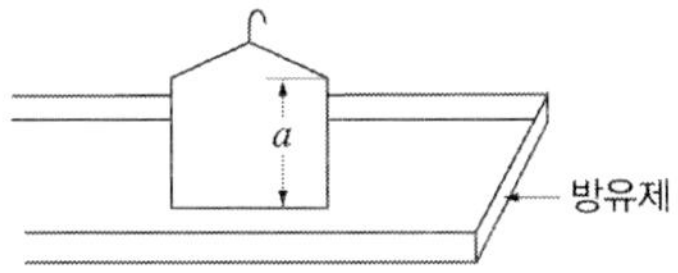 a 방유제	옥외에 있는 종형탱크
	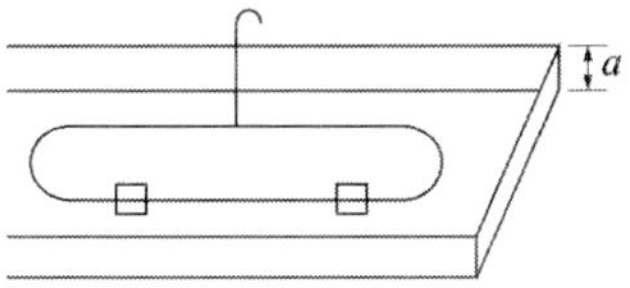 a	옥외에 있는 횡형탱크. 다만, 탱크 내의 증기를 상부로 방출하는 구조로 된 것은 탱크의 최상단까지의 높이로 한다.
옥외저장소	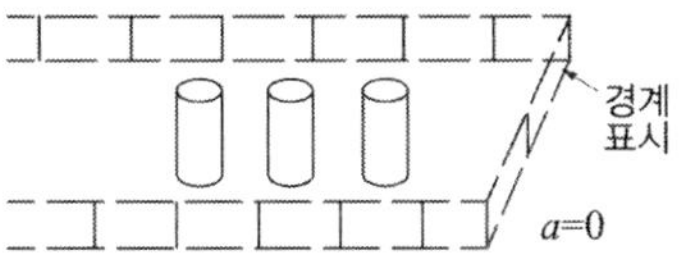 경계 표시 a=0	

표 2.3 인근 건축물 또는 공작물의 구분

인근 건축물 또는 공작물의 구분	P의 값
• 학교 · 주택 · 문화재 등의 건축물 또는 공작물이 목조인 경우 • 학교 · 주택 · 문화재 등의 건축물 또는 공작물이 방화구조 또는 내화구조이고, 제조소 등에 면한 부분의 개구부에 방화문이 설치되지 아니한 경우	0.04
• 학교 · 주택 · 문화재 등의 건축물 또는 공작물이 방화구조인 경우 • 학교 · 주택 · 문화재 등의 건축물 또는 공작물이 방화구조 또는 내화구조이고, 제조소 등에 면한 부분의 개구부에 을종방화문이 설치된 경우	0.15
• 학교 · 주택 · 문화재 등의 건축물 또는 공작물이 내화구조이고, 제조소 등에 면한 개구부에 갑종방화문이 설치된 경우	∞

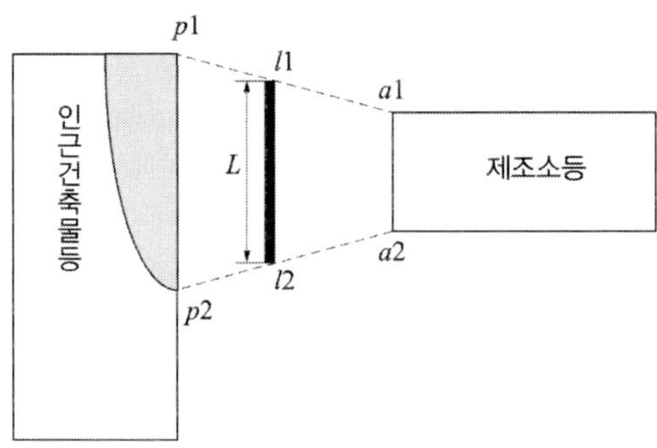

그림 2.5 ▌ 방화상 유효한 담의 길이

2.2 보유공지

보유공지는 제조소 자체의 주위에 확보하여야 하는 공터이며 보호대상의 존재를 전제로 하는 안전거리와는 다른 개념이다. 위험물을 제조하는 시설이 화재가 발생하거나 그 주위의 건축물이 화재가 발생된 경우에 상호 연소를 저지하기 위한 공지로서 소방활동에 사용하기 위한 빈 땅이다. 또한 보유공지는 제조소의 구성 부분이기 때문에 원칙적으로 해당 시설의 관계인이 소유권, 지상권, 임차권 등의 권한을 가지고 있어야 한다.

(1) 위험물을 취급하는 건축물, 그 밖의 시설(위험물을 이송하기 위한 배관 그 밖에 이와 유사한 시설을 제외)의 주위에는 그 취급하는 위험물의 최대수량에 따라 다음 표에 의한 너비의 공지를 보유하여야 한다.

표 2.4 보유공지의 너비

취급하는 위험물의 최대수량	공지의 너비
지정수량의 10배 이하	3m 이상
지정수량의 10배 초과	5m 이상

(2) 제조소의 작업공정이 다른 작업장의 작업공정과 연속되어 있어, 제조소의 건축물 그 밖의 공작물의 주위에 공지를 두게 되면 그 제조소의 작업에 현저한 지장이 생길 우려가 있는 경우, 당해 제조소와 다른 작업장 사이에 다음의 기준에 따라 방화상 유효한 격벽을 설치한 때에는 당해 제조소와 다른 작업장 사이에 공지를 보유하지 않을 수 있다.

(가) 방화벽은 내화구조로 할 것. 다만 취급하는 위험물이 제6류 위험물인 경우에는 불연재료로 할 수 있다.

(나) 방화벽에 설치하는 출입구 및 창 등의 개구부는 가능한 한 최소로 하고, 출입구 및 창에는 자동폐쇄식의 갑종방화문을 설치한다.

(다) 방화벽의 양단 및 상단이 외벽 또는 지붕으로부터 50cm 이상 돌출하도록 한다.

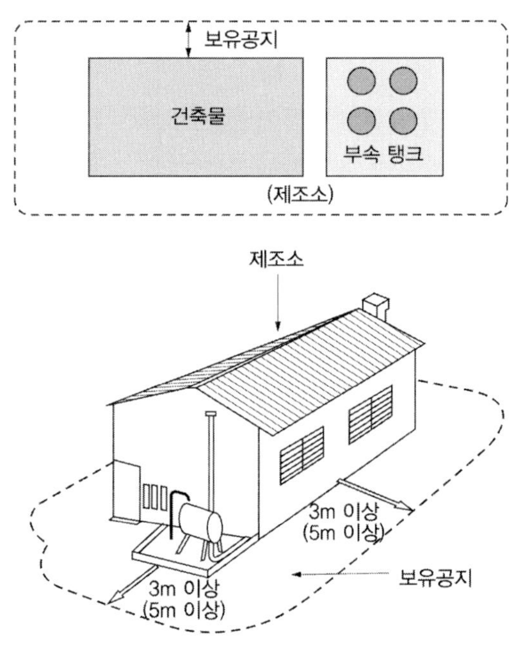

그림 2.6 ▌ 보유공지의 예시

보유공지에 있어 다른 제조소 등과 근접해서 설치하는 경우 그 상호 간에 확보하여야 할 보유공지는 그 중 가장 큰 공지의 폭을 보유할 수 있다. 즉, 둘 이상의 제조소 등의 보유공지가 상호 중첩되는 것을 허용한다. 다만, 보유공지 내에 다른 제조소 등의 일부가 포함되어서는 안 된다(그림 2.7 참조).

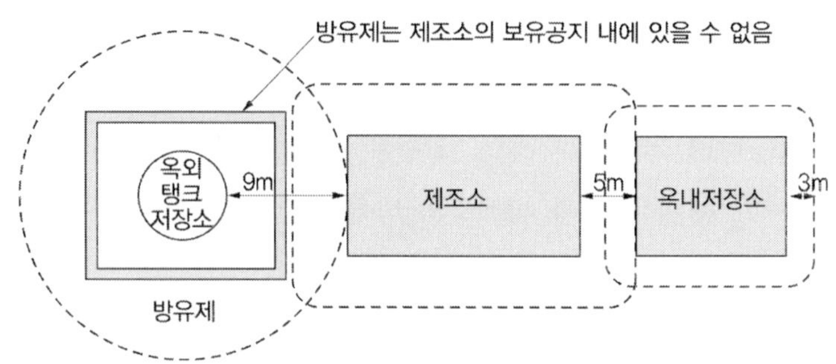

그림 2.7 ▌보유공지의 상호 중첩 예시

2.3 표지 및 게시판

제조소의 표지판은 위험물을 저장 또는 취급하는 시설을 구분하고 방화상의 주의를 환기시키기 위해 설치하는 것이고, 게시판은 위험물시설의 방화에 관한 필요한 사항으로 해당 시설에서 취급하는 위험물의 유별, 품명 및 취급최대수량, 안전관리자 성명 및 직명, 위험물에 대한 주의사항을 기재한 것이다.

표지 및 게시판은 위험물시설에 출입하는 사람들의 눈에 띄기 쉬운 장소에 설치하는데 공장의 출입구(문)에도 다시 게재하는 것이 바람직하다. 재질은 내구성이 있어야 하고, 문자는 빗물에 의해 쉽게 오손 되거나 지워지지 않는 것으로 한다. 그리고 시설 외벽 등에 직접 기입할 수도 있다.

(1) 제조소에는 보기 쉬운 곳에 다음 기준에 따라 "위험물 제조소"라는 표시를 한 표지를 설치하여야 한다.
  (가) 표지는 한 변의 길이가 0.3m 이상, 다른 한 변의 길이가 0.6m 이상인 직사각형으로 한다.
  (나) 표지의 바탕은 백색으로, 문자는 흑색으로 한다.
(2) 제조소에는 보기 쉬운 곳에 다음 기준에 따라 방화에 관하여 필요한 사항을 게시한 게시판을 설치하여야 한다.
  (가) 게시판은 한 변의 길이가 0.3m 이상, 다른 한 변의 길이가 0.6m 이상인 직사각형으로 한다.
  (나) 게시판에는 저장 또는 취급하는 위험물의 유별·품명 및 저장최대수량 또는 취급최대수량, 지정수량의 배수 및 안전관리자의 성명 또는 직명을 기재한다.
  (다) 게시판의 바탕은 백색으로, 문자는 흑색으로 한다.

그림 2.8 ▌ 표지판 예시

(라) 게시판 외에 저장 또는 취급하는 위험물에 따라 다음의 규정에 의한 주의사항을 표시한 게시판을 설치한다.

1) 제1류 위험물 중 알칼리금속의 과산화물과 이를 함유한 것 또는 제3류 위험물 중 금수성 물질에 있어서는 "물기엄금"
2) 제2류 위험물(인화성 고체를 제외)에 있어서는 "화기주의"
3) 제2류 위험물 중 인화성 고체, 제3류 위험물 중 자연발화성 물질, 제4류 위험물 또는 제5류 위험물에 있어서는 "화기엄금"

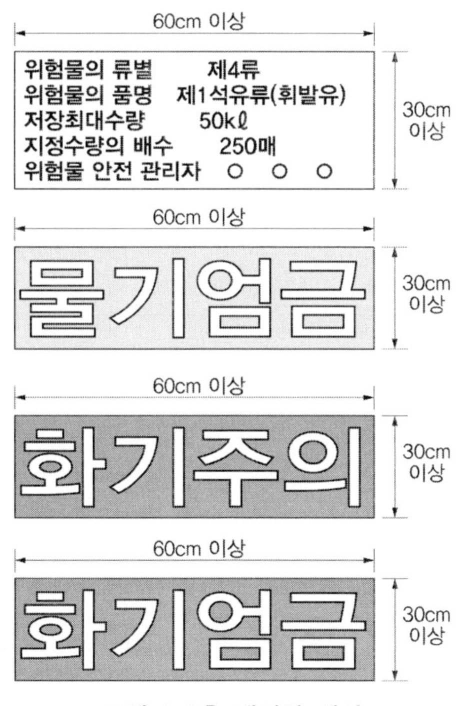

그림 2.9 ▌ 게시판 예시

(마) 게시판의 색은 "물기엄금"을 표시하는 것에 있어서는 청색바탕에 백색문자로, "화기주의" 또는 "화기엄금"을 표시하는 것에 있어서는 적색바탕에 백색문자로 한다.

(3) 「화학물질관리법」상의 유독물질에 관한 표시나 「산업안전보건법」상의 안전・보건표지의 설치 및 부착을 위험물표지・게시판과 함께 하는 경우에는 통합표시가 허용이 되며, 그 방법은 다음과 같다. 「위험물안전관리법」을 포함한 둘 이상의 표시를 하여야 하는 제조소・저장소(이동탱크저장소를 제외) 또는 취급소의 표지 및 게시판은 (가)에 의하며, 이동탱크저장소의 표지 및 게시판은 (나)에 의한다.

(가) 제조소・저장소(이동탱크저장소를 제외) 또는 취급소의 표지 및 게시판의 표시방법

1) 제조소, 취급소 또는 저장소의 구분에 따른 제조소 등의 명칭을 기재하고, 백색바탕에 흑색문자로 할 것
2) 「유해화학물질 관리법 시행규칙」에 따른 해당 유해그림(부록1 참조) 및 「산업안전보건법 시행규칙」에 따른 안전・보건표지(부록 2 참조)를 표시하고, 해당 법령에서 정하는 색상으로 할 것
3) 「유해화학물질 관리법」에 의한 유독물 및 「산업안전보건법 시행규칙」에 따른 표기를 기재할 것

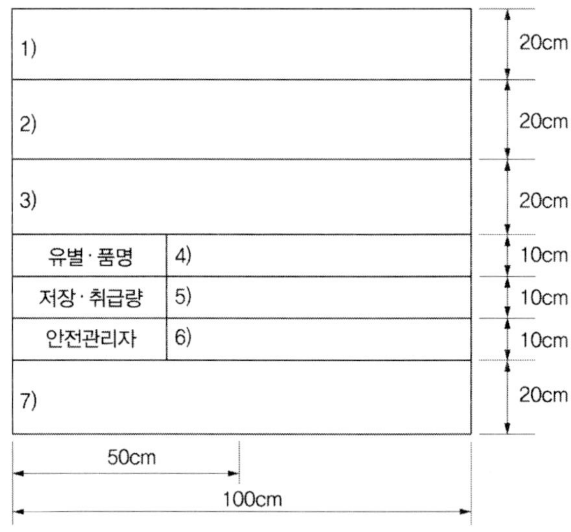

그림 2.10 ▌ 제조소 · 저장소 또는 취급소의 표지 및 게시판

4) 위험물 및 유별 및 품명을 기재할 것
5) 허가받은 위험물의 최대저장・취급량을 기재할 것
6) 위험물안전관리자, 유독물관리자 및 산업안전관리자의 성명을 기재할 것
7) 주의사항을 기재하고, "화기주의" 또는 "화기엄금"은 적색바탕에 백색문자,

"물기엄금"은 청색바탕에 백색문자로 할 것

8) 문자의 규격은 기재하는 문자의 수에 따라 적당한 크기로 할 것

9) 3)～6)은 백색바탕에 흑색문자로 할 것

(나) 이동탱크저장소의 표지 및 게시판의 표시방법

1) 「유해화학물질 관리법 시행규칙」에 따른 해당 유해그림 및「산업안전보건법 시행규칙」에 따른 안전 · 보건표지를 표시하고, 해당 법령에서 정하는 색상으로 할 것

2) 「유해화학물질 관리법」에 따른 유독물 및「산업안전보건법 시행규칙」에 따른 표기를 기재할 것

3) 위험물 및 유별 및 품명을 기재할 것

4) 허가받은 위험물의 최대저장 · 취급량을 기재할 것

5) 운반차량의 최대적재량을 기재할 것

6) 문자의 규격은 기재하는 문자의 수에 따라 적당한 크기로 할 것

7) 2)～5)는 백색바탕에 흑색문자로 할 것

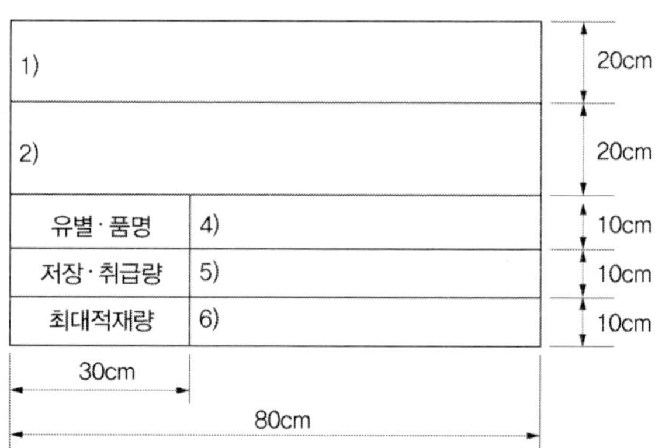

그림 2.11 ▌ 이동탱크저장소의 표지 및 게시판

2.4 건축물의 구조

위험물을 취급하는 건축물의 구조는 다음에 의하여야 한다. 특히, 위험물을 지하층에서 취급하면 가연성 증기가 체류하기 쉽고 또한 화재발생 시 피난, 소방활동 등이 곤란하기 때문에 지하층에 설치를 금지하고 있다.

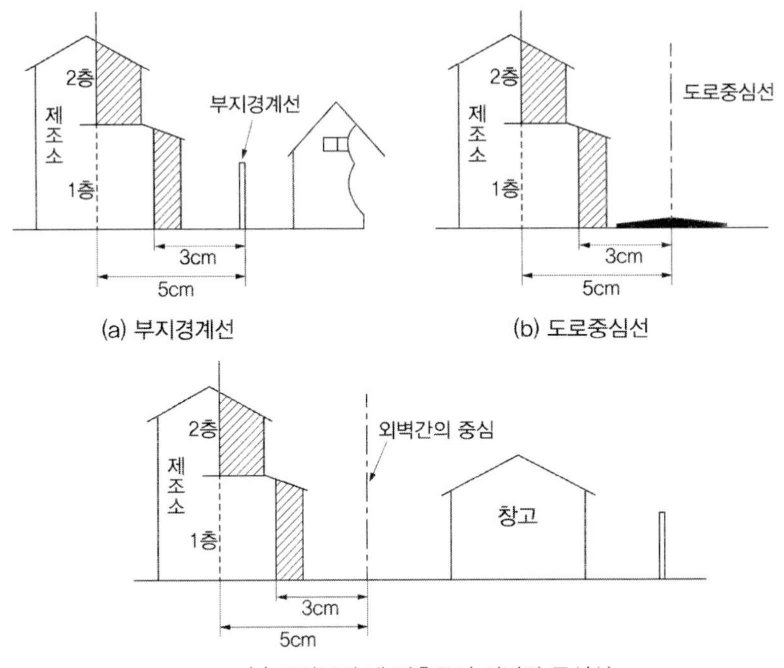

그림 2.12 ▌ 연소우려가 있는 외벽

(1) 지하층[16)]이 없도록 하여야 한다. 다만, 위험물을 취급하지 않는 지하층으로서 위험물의 취급장소에서 새어나온 위험물 또는 가연성의 증기가 흘러 들어갈 우려가 없는 구조로 된 경우에는 제외한다.

(2) 벽・기둥・바닥・보・서까래 및 계단을 불연재료로 하고, 연소延燒의 우려가 있는 외벽[17)]은 출입구 외의 개구부가 없는 내화구조의 벽으로 하여야 한다. 이 경우 제6류 위험물을 취급하는 건축물에 있어서 위험물이 스며들 우려가 있는 부분에 대하여는 아스팔트 그 밖에 부식되지 않는 재료로 피복하여야 한다.

---

16) 건축물의 바닥이 지표면 아래에 있는 층으로서 바닥에서 지표면까지 평균높이가 해당 층높이의 2분의 1 이상인 것을 말한다.

17) 다음에 정한 선을 기산점으로 하여 3m(제조소 등이 2층 이상인 경우에는 5m) 이내에 있는 제조소 등의 외벽을 말한다. 다만, 방화상 유효한 공터, 광장, 하천, 수면 등에 면한 외벽은 제외한다.
1. 제조소 등이 설치된 부지의 경계선
2. 제조소 등에 인접한 도로의 중심선
3. 제조소 등의 외벽과 동일부지 내의 다른 건축물의 외벽 간의 중심선

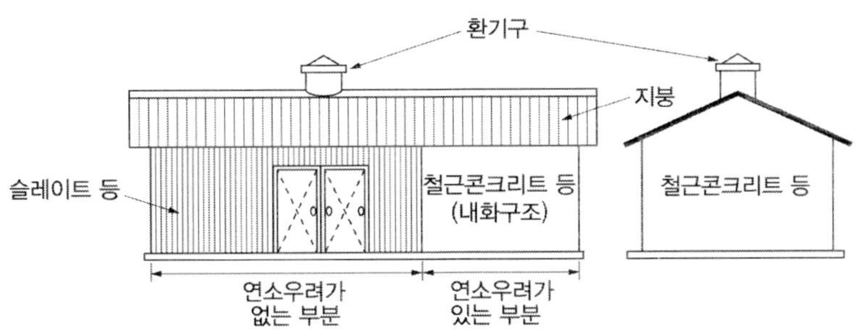

그림 2.13 ▌ 하나의 건물에 연소우려가 있는 부분의 외벽

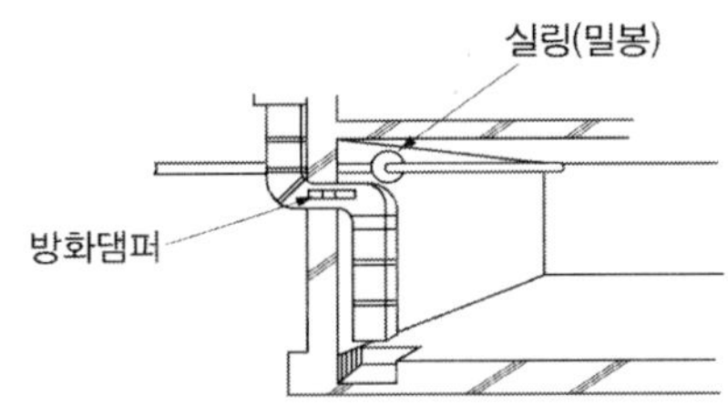

그림 2.14 ▌ 연소우려가 있는 외벽에 설치하는 개구부 예시

(3) 지붕[18]은 폭발력이 위로 방출될 정도의 가벼운 불연재료로 덮어야 한다. 다만, 위험물을 취급하는 건축물이 다음에 해당하는 경우에는 그 지붕을 내화구조로 할 수 있다.

(가) 제2류 위험물(분상의 것과 인화성 고체를 제외), 제4류 위험물 중 제4석유류·동식물유류 또는 제6류 위험물을 취급하는 건축물인 경우

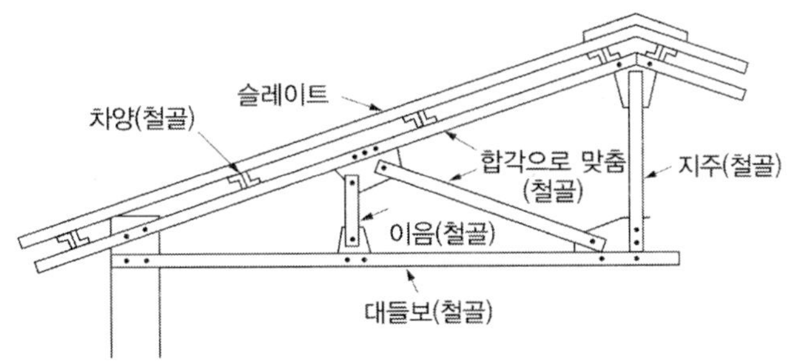

그림 2.15 ▌ 지붕 구조

(나) 다음의 기준에 적합한 밀폐형 구조의 건축물인 경우

1) 발생할 수 있는 내부의 과압過壓 또는 부압負壓에 견딜 수 있는 철근콘크리트조일 것

18) 작업공정상 제조기계시설 등이 2층 이상에 연결되어 설치된 경우에는 최상층의 지붕을 말한다.

2) 외부화재에 90분 이상 견딜 수 있는 구조일 것

(4) 출입구와 「산업안전보건기준에 관한 규칙」에 따라 설치하여야 하는 비상구에는 갑종방화문 또는 을종방화문을 설치하되, 연소의 우려가 있는 외벽에 설치하는 출입구에는 수시로 열 수 있는 자동폐쇄식의 갑종방화문을 설치하여야 한다.

(가) 사업주는 위험물질[19]을 제조·취급하는 작업장과 그 작업장이 있는 건축물에 출입구 외에 안전한 장소로 대피할 수 있는 비상구 1개 이상을 다음의 기준에 맞는 구조로 설치하여야 한다.

1) 출입구와 같은 방향에 있지 않고, 출입구로부터 3m 이상 떨어져 있을 것
2) 작업장의 각 부분으로부터 하나의 비상구 또는 출입구까지의 수평거리가 50m 이하가 되도록 할 것
3) 비상구의 너비는 0.75m 이상으로 하고, 높이는 1.5m 이상으로 할 것
4) 비상구의 문은 피난방향으로 열리도록 하고, 실내에서 항상 열 수 있는 구조로 할 것

(나) 사업주는 비상구에 문을 설치하는 경우에는 항상 사용 가능한 상태로 유지하여야 한다.

✔ 연소延燒 우려가 있는 구조는 다음 기준에 모두 해당하는 구조를 말한다.

1. 건축물대장의 건축물 현황도에 표시된 대지경계선 안에 둘 이상의 건축물이 있는 경우
2. 각각의 건축물이 다른 건축물의 외벽으로부터 수평거리가 1층의 경우에는 6m 이하, 2층 이상의 층의 경우에는 10m 이하인 경우
3. 개구부가 다른 건축물을 향하여 설치되어 있는 경우

[화재예방, 소방시설 설치·유지 및 안전관리에 관한 법률 시행규칙]

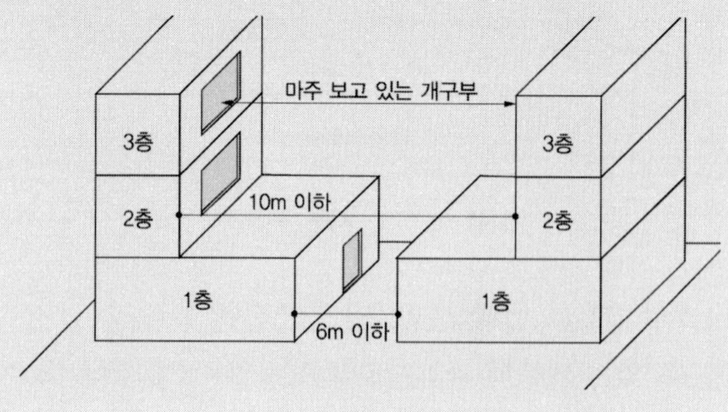

19) 산업안전보건기준에 관한 규칙 제17조 [별표1] 참조

(5) 위험물을 취급하는 건축물의 창 및 출입구에 유리를 이용하는 경우에는 망입유리로 하여야 한다.

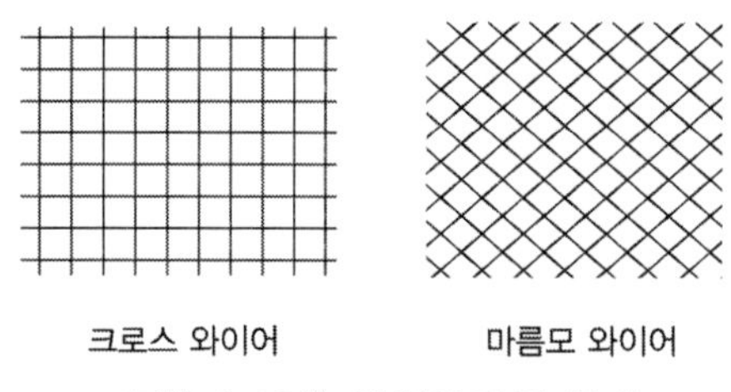

그림 2.16 ▌ 망입유리의 형태

(6) 액체의 위험물을 취급하는 건축물의 바닥은 위험물이 스며들지 못하는 재료를 사용하고, 적당한 경사를 두어 그 최저부에 집유설비를 하여야 한다.

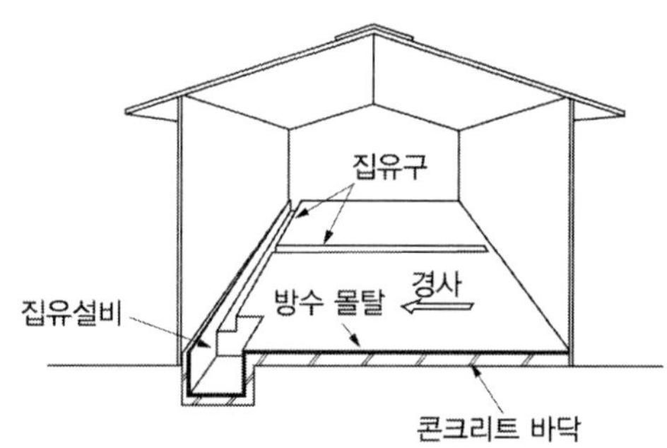

그림 2.17 ▌ 바닥 구조

2.5 채광 · 조명 및 환기설비

(1) 위험물을 취급하는 건축물에는 다음 기준에 의하여 위험물을 취급하는 데 필요한 채광 · 조명 및 환기의 설비를 설치하여야 한다.

(가) 채광설비는 불연재료로 하고, 연소의 우려가 없는 장소에 설치하되 채광면적을 최소로 한다.

(나) 조명설비는 다음의 기준에 적합하게 설치한다.

1) 가연성 가스 등이 체류할 우려가 있는 장소의 조명등은 방폭등으로 할 것
2) 전선은 내화 · 내열전선으로 할 것
3) 점멸스위치는 출입구 바깥부분에 설치할 것. 다만, 스위치의 스파크로 인한 화재 · 폭발의 우려가 없을 경우에는 제외된다.

(다) 환기설비는 다음의 기준에 의한다.

1) 환기는 자연배기방식으로 할 것
2) 급기구는 당해 급기구가 설치된 실의 바닥면적 150m^{2}마다 1개 이상으로 하되, 급기구의 크기는 800cm^2 이상으로 할 것. 다만 바닥면적이 150m^2 미만인 경우에는 표 2.5의 크기로 하여야 한다.
3) 급기구는 낮은 곳에 설치하고 가는 눈의 구리망 등으로 인화방지망을 설치할 것
4) 환기구는 지붕위 또는 지상 2m 이상의 높이에 회전식 고정 벤틸레이터(Ventilator) 또는 루프 팬(Roof fan) 방식으로 설치할 것

표 2.5 급기구 면적

바닥면적[m^2]	급기구의 면적[cm^2]
60 미만	150 이상
60 이상 90 미만	300 이상
90 이상 120 미만	450 이상
120 이상 150 미만	600 이상

(2) 배출설비가 설치되어 유효하게 환기가 되는 건축물에는 환기설비를 하지 않을 수 있고, 조명설비가 설치되어 유효하게 조도가 확보되는 건축물에는 채광설비를 하지 않을 수 있다.

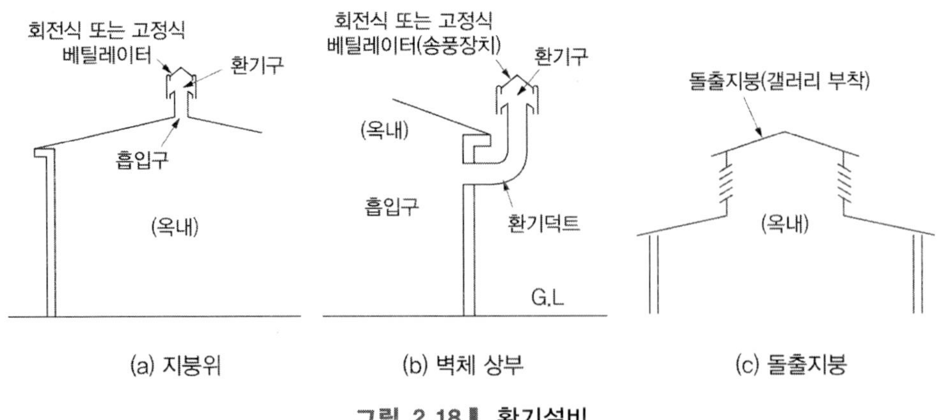

그림 2.18 ▌ 환기설비

2.6 배출설비

가연성의 증기 또는 미분이 체류할 우려가 있는 건축물[20]에는 증기 또는 미분을 옥외의 높은 곳으로 배출할 수 있도록 다음 기준에 의하여 배출설비를 설치하여야 한다. 배출설비는 강제배풍기, 배출덕트, 후드 등으로 구성되며, 전동기 등을 이용하여 강제적으로 배출하는 것이 환기설비와의 차이점이다.

배출설비의 기능은 가연성 증기 등을 배출하는 것이므로 항시 작동되는 것이 아니라 가연성 증기 등이 체류하거나 우려가 있을 경우에 작동한다. 위험물의 취급형태와 설비의 배치에 따라 적절한 구조로 설치하여야 한다.

(1) 배출설비는 국소방식으로 하여야 한다. 다만, 다음에 해당하는 경우에는 전역방식으로 할 수 있다.

(가) 위험물취급설비가 배관이음 등으로만 된 경우

(나) 건축물의 구조 · 작업장소의 분포 등의 조건에 의하여 전역방식이 유효한 경우

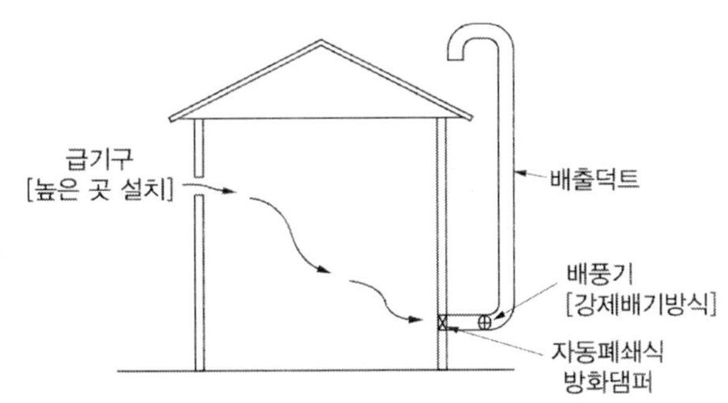

그림 2.19 ▌ 전역방식의 배출설비

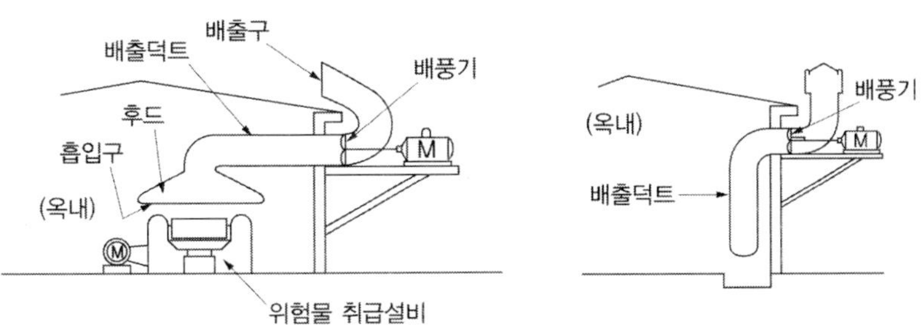

그림 2.20 ▌ 국소방식의 배출설비

20) 인화점이 40℃ 미만의 위험물 또는 인화점 이상의 온도에서 위험물을 대기에 방치한 상태로 취급하고 있는 것 또는 가연성미분을 대기에 방치한 상태로 취급하고 있는 것을 말한다.

(2) 배출설비는 배풍기・배출덕트・후드 등을 이용하여 강제적으로 배출하는 것으로 하여야 한다.

(3) 배출능력은 1시간당 배출장소 용적의 20배 이상인 것으로 하여야 한다. 다만, 전역방식의 경우에는 바닥면적 $1m^2$당 $18m^3$ 이상으로 할 수 있다.

(4) 배출설비의 급기구 및 배출구는 다음 기준에 의하여야 한다.

(가) 급기구는 높은 곳[21]에 설치하고, 가는 눈의 구리망 등으로 인화방지망을 설치한다.

(나) 배출구는 지상 2m 이상으로서 연소의 우려가 없는 장소에 설치하고, 배출닥트가 관통하는 벽부분의 바로 가까이에 화재 시 자동으로 폐쇄되는 방화댐퍼를 설치한다.

(5) 배풍기는 강제배기방식으로 하고, 옥내닥트의 내압이 대기압 이상이 되지 않는 위치에 설치하여야 한다.

2.7 옥외설비의 바닥

옥외에서 액체위험물을 취급하는 설비의 바닥은 다음 기준에 의하여야 한다. 액상의 위험물을 취급하는 옥외설비는 위험물이 누설될 경우에 광범위하게 유출 확산될 가능성을 방지하기 위한 것이다.

그림 2.21 ▌ 옥외설비의 바닥

(1) 바닥의 둘레에 높이 0.15m 이상의 턱을 설치하는 등 위험물이 외부로 흘러나가지 않도록 하여야 한다.

(2) 바닥은 콘크리트 등 위험물이 스며들지 않는 재료로 하고, 턱이 있는 쪽이 낮고 경사지게 하여야 한다.

---

21) 처마 이상 또는 지상 4m 이상의 높이로 하고 화재예방상 안전한 위치를 말한다.

(3) 바닥의 최저부에 집유설비를 하여야 한다.

(4) 위험물(온도 20℃의 물 100g에 용해되는 양이 1g 미만인 것에 한한다)을 취급하는 설비에 있어서는 당해 위험물이 직접 배수구에 흘러 들어가지 않도록 집유설비에 유분리장치를 설치하여야 한다.

유분리장치는 집유설비에 유입된 위험물이 직접 배수구에 흘러 들어가지 않도록 위험물과 물과의 비중 차이를 이용해서 위험물과 물을 분리시키는 것이다. 그림 2.22의 유분리장치 구조는 가솔린, 등유 등 물보다 비중이 작은 것에 사용하는 것이며, 물보다 비중이 큰 것에 대해서는 별도의 구조를 고려해야 한다. 특히, 제4류 위험물 중 수용성(아세톤, 아세트알데히드, 메틸알코올, 에틸알코올, 초산, 피리딘 등)을 취급하는 경우에 있어서는 그 성상의 특징으로 인해 유분리 장치가 필요하지 않다.

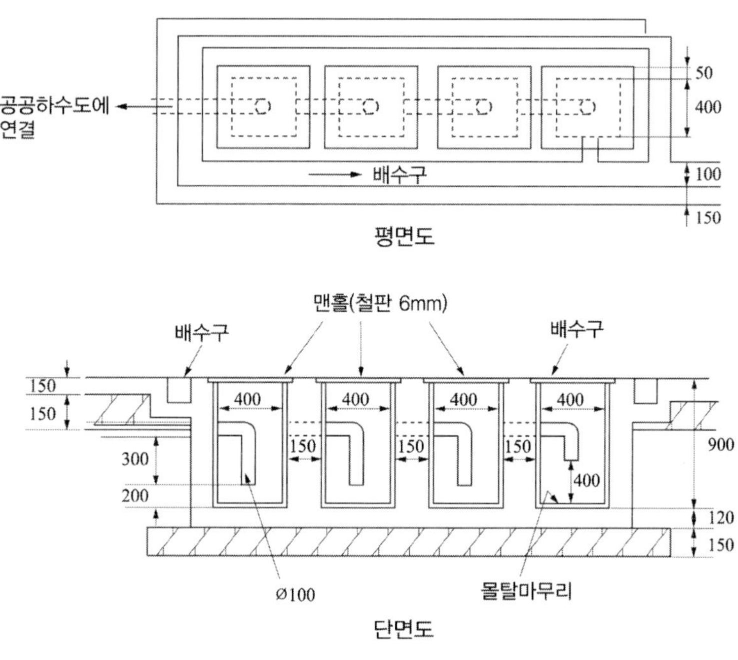

그림 2.22 ▌ 유분리장치의 예시

2.8 기타 설비

2.8.1 위험물의 누출 · 비산방지

위험물을 취급하는 기계 · 기구 그 밖의 설비는 위험물이 새거나 넘치거나 비산(날아다님)하는 것을 방지할 수 있는 구조22)로 하여야 한다. 다만, 당해 설비에 위험물의 누출 등으로 인한 재해를 방지할 수 있는 부대설비(탱크, 펌프 등의 되돌림관, 플로트스위치, 혼합장치, 교반장치 등의 덮개, 받침대, 담 등)를 한 때에는 제외된다.

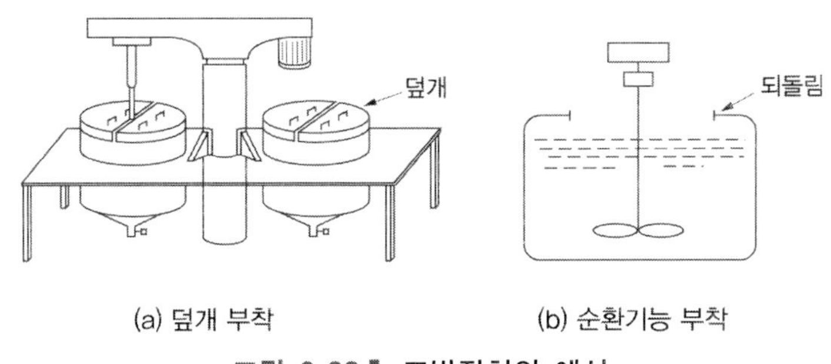

그림 2.23 ▌ 교반장치의 예시

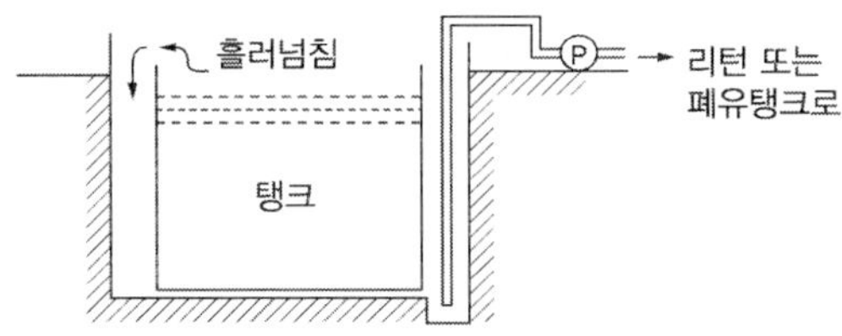

그림 2.24 ▌ 이중탱크방식의 회수장치 예시

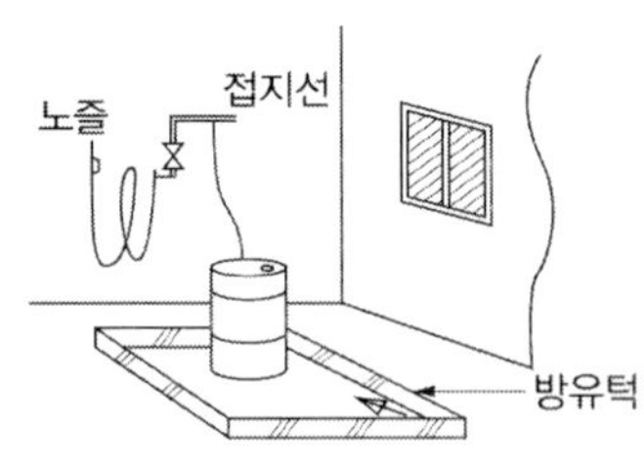

그림 2.25 ▌ 방유턱

22) 기계 · 기구 기타의 설비가 각각 통상의 사용조건에 대해 충분히 여유를 가진 용량, 강도, 성능 등을 갖도록 설계되어 있는 것 등을 말한다.

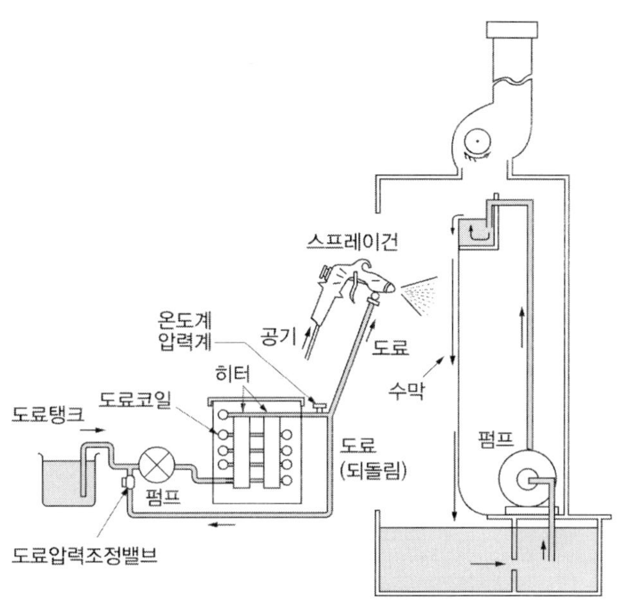

그림 2.26 ▌ 수막 부스의 예

2.8.2 가열 · 냉각설비 등의 온도측정장치

위험물을 가열하거나 냉각하는 설비 또는 위험물의 취급에 수반하여 온도변화가 생기는 설비에는 온도측정장치를 설치하여야 한다. 이는 위험물의 가열 · 냉각설비 및 위험물의 혼합, 반응 등의 취급에 따른 온도 변화가 일어나는 설비에 대해서는 온도변화를 항상 정확하게 파악해 온도변화에 따른 적절한 조치를 강구하지 않으면 위험물의 분출, 발화, 폭발 등의 재해를 일으킬 위험성에 대비하여야 한다.

온도측정장치는 바이메탈, 금속팽창 혹은 수은팽창식 등의 서머스위치가 많지만 지시 또는 기록을 필요로 하는 경우에는 팽창식온도계(현장부착형), 열전대식, 저항식(원격표시)이 널리 이용되고 있다.

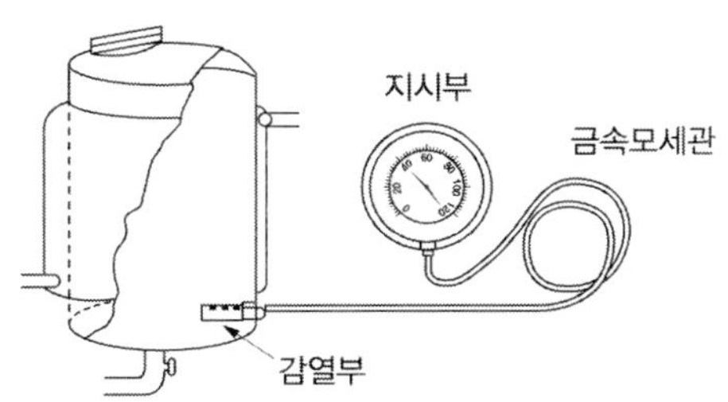

그림 2.27 ▌ 아네로이드형 온도계

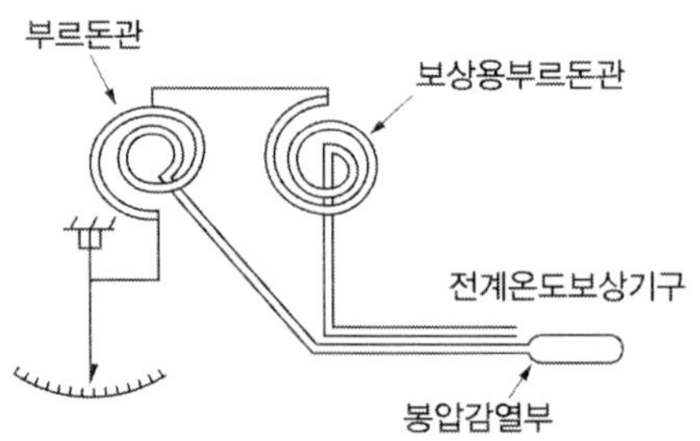

그림 2.28 ▮ 전계 온도보상기구

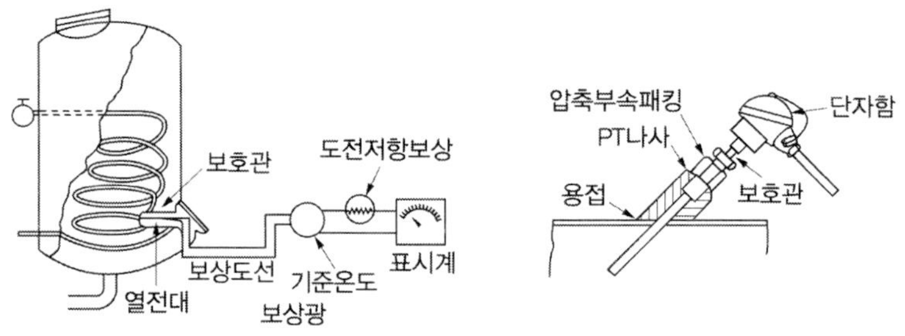

그림 2.29 ▮ 열전대식 온도계

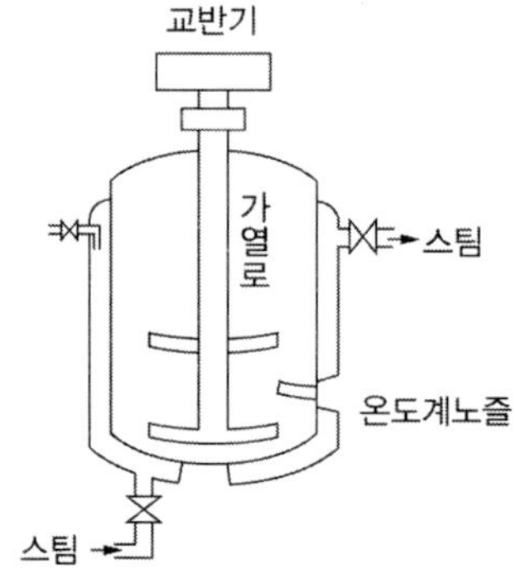

그림 2.30 ▮ 스팀 가열로

2.8.3 가열건조설비

위험물을 가열 또는 건조하는 설비는 직접 불을 사용하지 않는 구조로 하여야 한다. 다만, 당해 설비가 방화상 안전한 장소에 설치되어 있거나 화재를 방지할 수 있는 부대설비를 한 때에는 제외된다.

이는 직접 열이나 불꽃에 의한 위험물의 가열·건조는 발화 등의 원인이 될 염려가 있고 또한 위험물의 국부적 가열을 일으키기 쉽기 때문에 이것을 원칙적으로 금지하고 있다. 직접 열이나 불꽃으로 가열하는 방식에는 가연성 액체, 가연성 기체 등을 연료로 하는 화기, 니크롬선을 이용한 전열기 등이 있으며 그 이외의 방법에는 스팀, 열매체, 열

풍 등을 이용한 것이 있다.

2.8.4 압력계 및 안전장치

위험물을 가압하는 설비 또는 그 취급하는 위험물의 압력이 상승할 우려가 있는 설비에는 압력계 및 다음에 해당하는 안전장치를 설치하여야 한다. 다만, 파괴판은 위험물의 성질에 따라 안전밸브의 작동이 곤란한 가압설비에 한한다.

(가) 자동적으로 압력의 상승을 정지시키는 장치

(나) 감압측에 안전밸브를 부착한 감압밸브

(다) 안전밸브를 병용하는 경보장치

(라) 파괴판

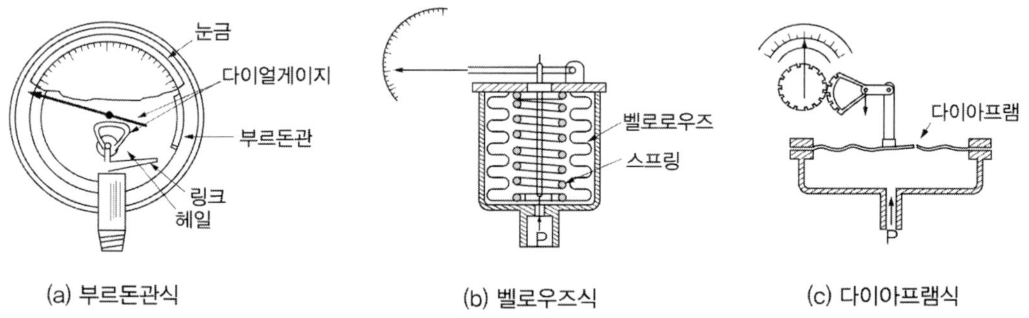

그림 2.31 ▮ 압력계

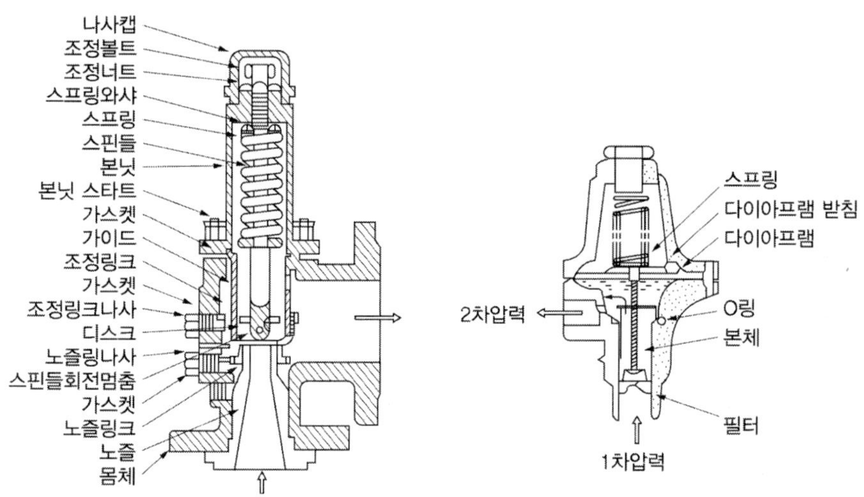

그림 2.32 ▮ 안전밸브와 감압밸브의 구조

압력계에는 여러 형태가 있지만 설비의 구조, 위험물의 취급상황 등을 고려해서 선정한다.

안전장치는 상승한 압력을 효과적으로 방출할 수 있는 능력을 갖춘 것이어야 하고 설치개수에 대해서는 설비의 규모, 취급하는 위험물의 성상, 반응 등의 정도를 고려해서 적정한 수를 설치한다. 안전장치의 압력방출구 등은 주위에 화원이 없는 안전한 장소에 설치하도록 한다.

자동적으로 압력상승을 정지시키는 장치에 해당하는 것으로서는 안전밸브, 자동제어방식에 의한 가압동력원 정지장치 등이 있다. 감압측에 안전밸브를 부착한 감압밸브는 안전밸브와 감압밸브를 병용한 것이다. 안전밸브를 병용하는 경보장치에 해당하는 것은 경보장치 부착 안전밸브로서 여러 가지 형태가 있다.

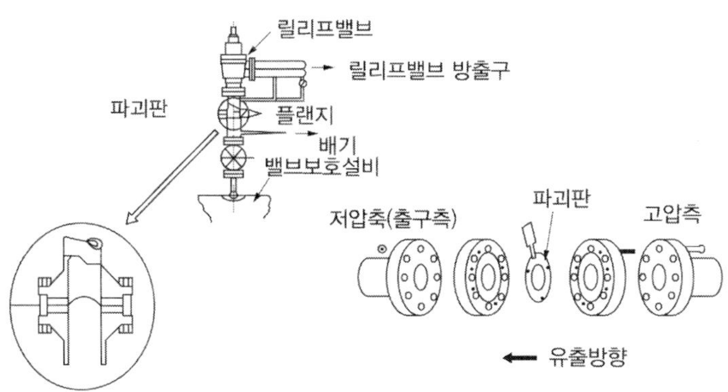

그림 2.33 ▌ 파괴판 예시

파괴판은 안전밸브 등을 이용해도 효과가 없는 압력의 급격한 상승현상을 일으킬 우려가 있는 설비에 설치하고 탱크 등 설비의 파괴압력 이하에서 쉽게 파괴되어 내압을 방출해서 설비를 보호하는 것으로 일반적으로 얇은 판 또는 돔형 판이 사용된다.

2.8.5. 전기설비

제조소에 설치하는 전기설비는 「전기사업법」에 의한 전기설비기술기준에 의하여야 한다.

위험물설비는 항상 가연성 증기가 발생하고 체류할 우려가 있기 때문에 전기설비가 점화원이 되어 가연성 증기가 폭발하는 것을 방지하기 위한 조치가 필요하다. 전기설비기술기준(제61조)은 전기 관련 기계・기구 등의 안전에 필요한 성능과 기술적 요건을 규정하고 있는 것으로 다음 장소에 설치하는 전기설비는 통상의 사용상태에서 전기설비가 점화원이 되어 폭발 또는 화재의 우려가 없도록 설치하여야 한다.

(가) 가연성 가스 또는 인화성 물질의 증기가 새거나 체류하는 장소로 점화원이 있으면 폭발할 우려가 있는 장소

(나) 분진이 있는 곳으로 점화원이 있으면 폭발할 우려가 있는 장소

(다) 화약류가 있는 장소

(라) 셀룰로이드, 성냥, 석유류, 기타 타기 쉬운 위험한 물질을 제조하거나 저장하는 장소

2.8.6 정전기 제거설비

위험물을 취급함에 있어서 정전기가 발생할 우려가 있는 설비에는 다음에 해당하는 방법으로 정전기를 유효하게 제거할 수 있는 설비를 설치하여야 한다.

(가) 접지에 의한 방법

(나) 공기 중의 상대습도를 70% 이상으로 하는 방법

(다) 공기를 이온화하는 방법

가연성 액체, 가연성 미분 등의 위험물을 취급하는 설비에 있어서는 위험물의 유동마찰 등에 의해 정전기가 발생하고 이것의 방전 불꽃에 의해 위험물에 착화할 위험성이 있어 정전기 제거가 필요하다.

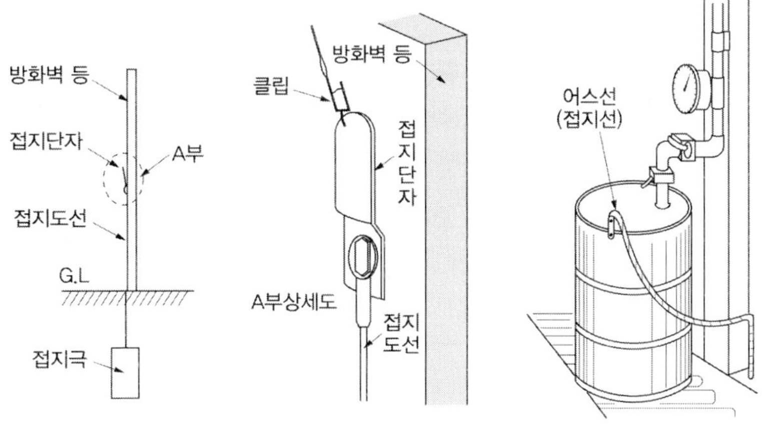

그림 2.34 ▌ 접지 예시

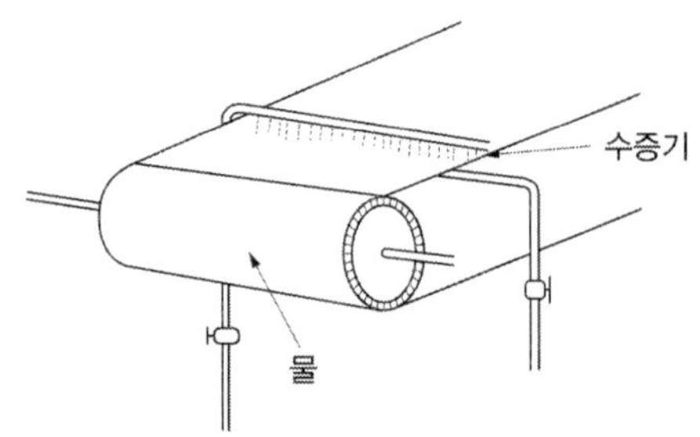

그림 2.35 ▌ 증기분사법

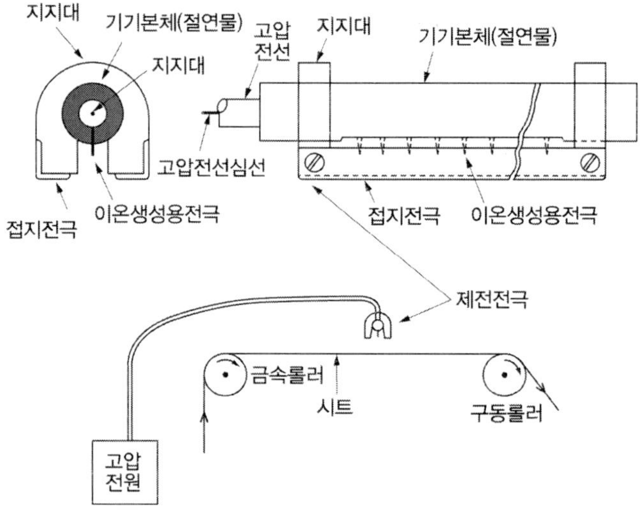

그림 2.36 ▌ 공기이온화법

2.8.7 피뢰설비

지정수량의 10배 이상의 위험물을 취급하는 제조소(제6류 위험물을 취급하는 위험물 제조소를 제외)에는 피뢰침(「산업표준화법」에 따른 한국산업표준 중 피뢰설비 표준에 적합한 것을 말한다.)을 설치하여야 한다.

다만, 제조소의 주위의 상황에 따라 안전상 지장이 없는 경우에는 피뢰침을 설치하지 않을 수 있다. 이것은 주위 상황에 따라서 안전상 지장이 없는 경우에는 주위에 자기소유의 시설(적법하게 피뢰설비가 설치되어 있는 경우)의 피뢰설비의 보호범위에 들어 있는 경우 등이 해당된다.

2.8.8 전동기 등

전동기 및 위험물을 취급하는 설비의 펌프 · 밸브 · 스위치 등은 화재예방상 지장이 없는 위치에 부착하여야 한다.

화재예방상 지장이 없는 위치는 화기사용 장소, 가열설비 등에서의 거리, 오작동방지 등을 고려한 작업 관리상의 위치, 보수 등을 감안해서 선정하여야 한다.

2.9 위험물 취급탱크

취급탱크는 설치형태에 의해 옥외에 있는 탱크, 옥내에 있는 탱크 및 지하에 있는 탱크로 구별되고, 위치나 구조설비는 각각 옥외탱크저장소, 옥내탱크저장소 및 지하탱크저장소의 규정의 일부가 준용되는 것 외에 옥내 또는 옥외에 있는 탱크에 있어서는 방유제의 설치규정이 있다

(1) 위험물제조소의 옥외에 있는 위험물 취급탱크[23](용량이 지정수량의 1/5 미만인 것을 제외)는 다음 기준에 의하여 설치하여야 한다.

(가) 옥외에 있는 위험물취급탱크의 구조 및 설비는 옥외탱크저장소의 위치구조 및 설비 기준의 외부구조 및 설비([별표 6] Ⅵ제1호(특정 옥외저장탱크 및 준특정 옥외저장탱크와 관련되는 부분을 제외) · 제3호 내지 제9호 · 제11호 내지 제14호) 및 옥외탱크저장소의 충수시험의 특례(ⅩⅣ의 규정)에 의한 옥외탱크저장소의 탱크의 구조 및 설비의 기준을 준용한다.

(나) 옥외에 있는 위험물취급탱크로서 액체위험물(이황화탄소를 제외)을 취급하는 것의 주위에는 다음의 기준에 의하여 방유제를 설치한다.

1) 하나의 취급탱크 주위에 설치하는 방유제의 용량은 당해 탱크용량의 50% 이상으로 하고, 2이상의 취급탱크 주위에 하나의 방유제를 설치하는 경우 그 방유제의 용량은 당해 탱크 중 용량이 최대인 것의 50%에 나머지 탱크용량 합계의 10%를 가산한 양 이상이 되게 할 것. 이 경우 방유제의 용량은 당해 방유제의 내용적에서 용량이 최대인 탱크 외의 탱크의 방유제 높이 이하 부분의 용적, 당해 방유제 내에 있는 모든 탱크의 지반면 이상 부분의 기초의 체적, 간막이 둑의 체적 및 당해 방유제 내에 있는 배관 등의 체적을 뺀 것으

---

23) 위험물을 취급하는 탱크(취급탱크)는 위험물을 일시적으로 저장 또는 체류시키는 탱크로서 위험물의 물리량의 조정을 실시하는 탱크, 물리적 조작을 실시하는 탱크, 단순한 화학적처리를 실시하는 탱크가 있다.

로 한다.

2) 방유제의 구조 및 설비는 옥외탱크저장소의 위치구조 및 설비의 기준의 방유제([별표 6] Ⅸ제1호 나목・사목・차목・카목 및 파목)의 규정에 의한 옥외저장탱크의 방유제의 기준에 적합하게 할 것

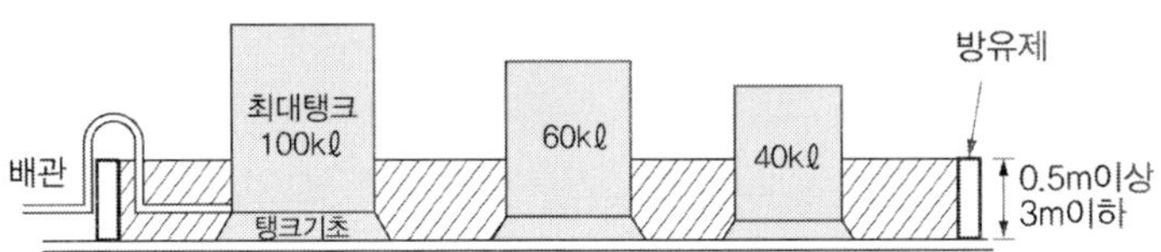

※ 방유제 용량에 산정되는 부분(사선부분)은 100×1/2+(60+40)×1/10=60kℓ 이상이어야 한다.

그림 2.37 ▌ 방유제 용량 산정

(2) 위험물제조소의 옥내에 있는 위험물취급탱크(용량이 지정수량의 1/5 미만인 것을 제외)는 다음 기준에 의하여 설치하여야 한다.

(가) 탱크의 구조 및 설비는 옥내탱크저장소의 위치구조 및 설비의 기준의 옥내탱크저장소의 기준([별표 7] Ⅰ제1호 마목 내지 자목 및 카목 내지 파목) 규정에 의한 옥내탱크저장소의 위험물을 저장 또는 취급하는 탱크의 구조 및 설비의 기준을 준용한다.

(나) 위험물취급탱크의 주위에는 턱(방유턱)을 설치하는 등 위험물이 누설된 경우에 그 유출을 방지하기 위한 조치를 한다. 이 경우 당해조치는 탱크에 수납하는 위험물의 양(하나의 방유턱 안에 2 이상의 탱크가 있는 경우는 당해 탱크 중 실제로 수납하는 위험물의 양이 최대인 탱크의 양)을 전부 수용할 수 있도록 하여야 한다.

(3) 위험물제조소의 지하에 있는 위험물취급탱크의 위치・구조 및 설비는 지하탱크저장소의 위치구조 및 설비의 기준의 지하탱크저장소의 기준([별표 8] Ⅰ(제5호・제11호 및 제14호를 제외)), 이중벽탱크의 지하탱크저장소의 기준(Ⅱ(Ⅰ제5호・제11호 및 제14호의 규정을 적용하도록 하는 부분을 제외)) 또는 특수누설방지구조의 지하탱크저장소의 기준(Ⅲ(Ⅰ제5호・제11호 및 제14호의 규정을 적용하도록 하는 부분을 제외)의 규정에 의한 지하탱크저장소의 위험물을 저장 또는 취급하는 탱크의 위치・구조 및 설비의 기준에 준하여 설치하여야 한다.

2.10 배관

(1) 배관의 재질은 강관 그 밖에 이와 유사한 금속성으로 하여야 한다. 다만, 다음 기준에 적합한 경우에는 제외된다.

(가) 배관의 재질은 한국산업규격(KS)의 유리섬유강화플라스틱·고밀도폴리에틸렌 또는 폴리우레탄으로 한다.

(나) 배관의 구조는 내관 및 외관의 이중으로 하고, 내관과 외관의 사이에는 틈새공간을 두어 누설여부를 외부에서 쉽게 확인할 수 있도록 한다. 다만, 배관의 재질이 취급하는 위험물에 의해 쉽게 열화될 우려가 없는 경우에는 제외된다.

(다) 국내 또는 국외의 관련공인시험기관으로부터 안전성에 대한 시험 또는 인증을 받아야 한다.

(라) 배관은 지하에 매설한다. 다만, 화재 등 열에 의하여 쉽게 변형될 우려가 없는 재질이거나 화재 등 열에 의한 악영향을 받을 우려가 없는 장소에 설치되는 경우에는 제외된다.

(2) 배관에 걸리는 최대상용압력의 1.5배 이상의 압력으로 수압시험(불연성의 액체 또는 기체를 이용하여 실시하는 시험을 포함한다)을 실시하여 누설 그 밖의 이상이 없는 것으로 하여야 한다.

수압에 의한 배관의 검사방법은 ⑤의 플랜지 사이에 철판을 넣어서 폐쇄하고 검사할 배관 내에 물을 충만시키고 ①의 수압펌프로 물을 압입시켜 소정의 압력으로 올려 ③의 밸브를 잠근다. 이 경우 배관의 시공방법에 따라 배관 내의 공기가 빠지지 않고 물이 충만하지 않는 경우가 있기 때문에 배관의 높은 위치에 ⑥의 공기배출을 위한 콕크를 설치하는 방법이 있다. 검사가 완료된 후에는 반드시 플랜지 사이의 철판을 빼내고 배관 내의 수분을 콤프레셔 등을 사용하여 완전히 제거하고 플랜지 사이에 가스켓을 부착해 접속한다.

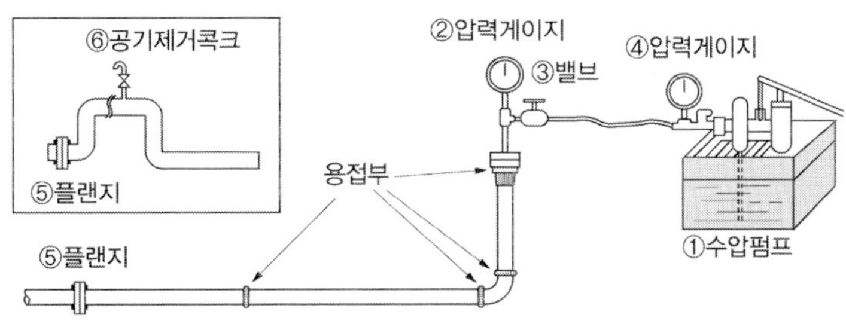

그림 2.38 ▌ 수압시험 예시

(3) 배관을 지상에 설치하는 경우에는 지진・풍압・지반침하 및 온도변화에 안전한 구조의 지지물에 설치하되, 지면에 닿지 않도록 하고 배관의 외면에 부식방지를 위한 도장을 하여야 한다. 다만, 불변강관 또는 부식의 우려가 없는 재질의 배관의 경우에는 부식방지를 위한 도장을 하지 않을 수 있다.

(4) 배관을 지하에 매설하는 경우에는 다음 기준에 적합하게 하여야 한다.

(가) 금속성 배관의 외면에는 부식방지를 위하여 도복장・코팅 또는 전기방식 등의 필요한 조치를 한다.

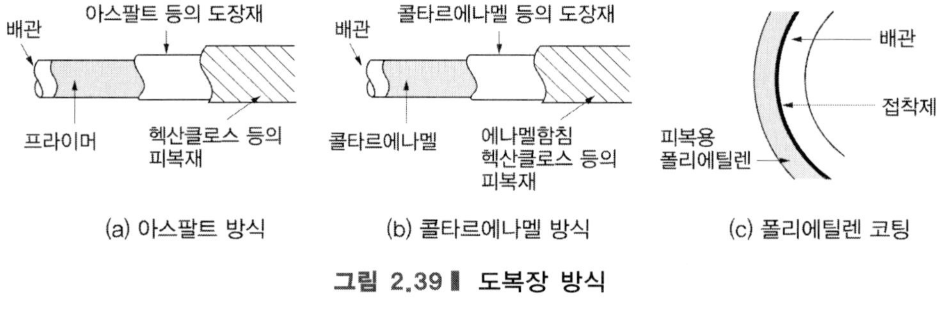

그림 2.39 ▌ 도복장 방식

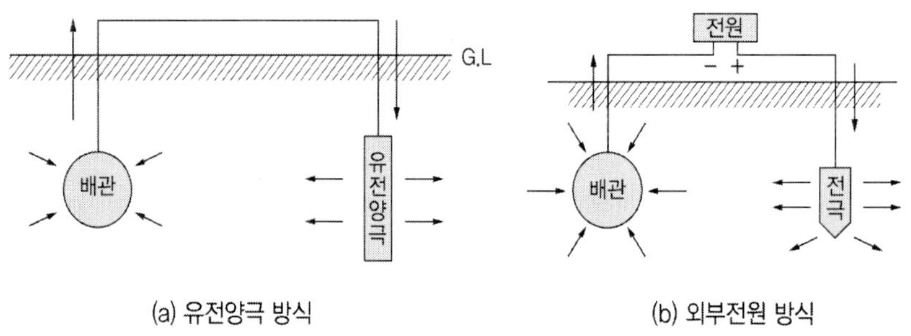

그림 2.40 ▌ 전기방식

(나) 배관의 접합부분(용접에 의한 접합부 또는 위험물의 누설의 우려가 없다고 인정되는 방법에 의하여 접합된 부분을 제외)에는 위험물의 누설여부를 점검할 수 있는 점검구를 설치한다.

(다) 지면에 미치는 중량이 당해 배관에 미치지 않도록 보호한다.

(5) 배관에 가열 또는 보온을 위한 설비를 설치하는 경우에는 화재예방상 안전한 구조로 하여야 한다.

3. 제조소의 설치 특례

3.1 고인화점 위험물의 제조소 특례

인화점이 100℃ 이상인 제4류 위험물(고인화점위험물)만을 100℃ 미만의 온도에서 취급하는 제조소로서 제조소에서 취급하는 위험물의 특성에 따라 그 기준의 일부가 완화된 것이다. 위치 및 구조가 다음 기준에 모두 적합한 제조소에 대하여는 안전거리, 보유공지, 건축물의 구조, 기타설비, 위험물 취급탱크(Ⅰ, Ⅱ, Ⅳ제1호, 제3호 내지 제5호, Ⅷ제6호・제7호 및 Ⅸ제1호나목2)에 의하여 준용되는 옥외탱크저장소의 위치・구조 및 설비의 기준의 방유제([별표 6] Ⅸ제1호 나목) 규정을 적용하지 않는다.

(1) 건축물의 외벽 또는 이에 상당하는 공작물의 외측으로부터 당해 제조소의 외벽 또는 이에 상당하는 공작물의 외측까지의 사이에 다음의 규정에 의한 안전거리를 두어야 한다. 다만, (가) 내지 (다)의 규정에 의한 건축물 등에 부표의 기준에 의하여 불연재료로 된 방화상 유효한 담 또는 벽을 설치하여 소방본부장 또는 소방서장이 안전하다고 인정하는 거리로 할 수 있다.
  (가) (나) 내지 (라) 외의 건축물 그 밖의 공작물로서 주거용으로 제공하는 것(제조소가 있는 부지와 동일한 부지 내에 있는 것을 제외)에 있어서는 10m 이상
  (나) 학교・병원・극장 그 밖에 다수인을 수용하는 시설(Ⅰ제1호 나목1) 내지 4)의 규정)에 있어서는 30m 이상
  (다) 「문화재보호법」의 규정에 의한 유형문화재와 기념물 중 지정문화재에 있어서는 50m 이상
  (라) 고압가스, 액화석유가스 또는 도시가스를 저장 또는 취급하는 시설(Ⅰ제1호 라목1) 내지 5)의 규정)(불활성 가스만을 저장 또는 취급하는 것을 제외)에 있어서는 20m 이상
(2) 위험물을 취급하는 건축물 그 밖의 공작물(위험물을 이송하기 위한 배관 그 밖에 이에 준하는 공작물을 제외)의 주위에 3m 이상의 너비의 공지를 보유하여야 한다. 다만, 보유공지(Ⅱ제2호) 방화상 유효한 격벽을 설치하는 경우에는 제외한다.
(3) 위험물을 취급하는 건축물은 그 지붕을 불연재료로 하여야 한다.
(4) 위험물을 취급하는 건축물의 창 및 출입구에는 을종방화문・갑종방화문 또는 불연재료나 유리로 만든 문을 달고, 연소의 우려가 있는 외벽에 두는 출입구에는 수시로

열 수 있는 자동폐쇄식의 갑종방화문을 설치하여야 한다.

(5) 위험물을 취급하는 건축물의 연소의 우려가 있는 외벽에 두는 출입구에 유리를 이용하는 경우에는 망입유리로 하여야 한다.

3.2 위험물 성질에 따른 제조소 특례

(1) 다음에 해당하는 위험물을 취급하는 제조소에 있어서는 안전거리 내지 기타설비(Ⅰ 내지 Ⅷ의 규정)에 의한 기준에 의하는 것 외에 당해 위험물의 성질에 따라 (2) 내지 (4)의 기준에 의하여야 한다.

(가) 제3류 위험물 중 알킬알루미늄·알킬리튬 또는 이중 어느 하나 이상을 함유하는 것(알킬알루미늄 등)

(나) 제4류 위험물 중 특수인화물의 아세트알데히드·산화프로필렌 또는 이중 어느 하나 이상을 함유하는 것(아세트알데히드 등)

(다) 제5류 위험물 중 히드록실아민·히드록실아민염류 또는 이중 어느 하나 이상을 함유하는 것(히드록실아민 등)

(2) 알킬알루미늄 등을 취급하는 제조소의 특례는 다음 같다.

알킬알루미늄 등은 공기에 접촉하면 산화반응을 일으켜서 자연발화하고 일단 발화하면 효과적인 소화약제가 없기 때문에 재해를 국한하기 위해 누설된 위험물을 안전한 장소에 설치한 용기에 저장한다.

(가) 알킬알루미늄 등을 취급하는 설비의 주위에는 누설범위를 국한하기 위한 설비와 누설된 알킬알루미늄 등을 안전한 장소에 설치된 저장실에 유입시킬 수 있는 설비를 갖추어야 한다.

(나) 알킬알루미늄 등을 취급하는 설비에는 불활성 기체를 봉입하는 장치를 갖추어야 한다.

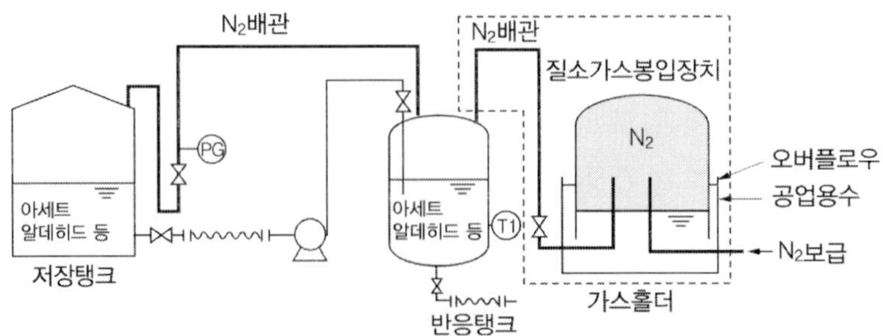

그림 2.41 ▌ 불활성 기체 봉입 장치의 예시

(3) 아세트알데히드 등을 취급하는 제조소의 특례는 다음과 같다.

아세트알데히드 등을 취급하는 설비에는 동, 마그네슘, 은, 수은 또는 이러한 것을 성분으로 하는 합금을 사용하면 이러한 금속 등과 반응해서 폭발성 화합물을 만들 우려가 있기 때문에 이러한 금속류는 사용을 제한한다. 아세트알데히드 등을 취급하는 지하탱크는 탱크전용실에 설치하는 것이 안전하다.

(가) 아세트알데히드 등을 취급하는 설비는 은・수은・동・마그네슘 또는 이들을 성분으로 하는 합금으로 만들지 않아야 한다.

(나) 아세트알데히드 등을 취급하는 설비에는 연소성 혼합기체의 생성에 의한 폭발을 방지하기 위한 불활성 기체 또는 수증기를 봉입하는 장치를 갖추어야 한다.

(다) 아세트알데히드 등을 취급하는 탱크(옥외에 있는 탱크 또는 옥내에 있는 탱크로서 그 용량이 지정수량의 1/5분 미만의 것을 제외)에는 냉각장치 또는 저온을 유지하기 위한 장치(보냉장치) 및 연소성 혼합기체의 생성에 의한 폭발을 방지하기 위한 불활성 기체를 봉입하는 장치를 갖추어야 한다. 다만, 지하에 있는 탱크가 아세트알데히드 등의 온도를 저온으로 유지할 수 있는 구조인 경우에는 냉각장치 및 보냉장치를 갖추지 않을 수 있다.

(라) 냉각장치 또는 보냉장치는 2이상 설치하여 하나의 냉각장치 또는 보냉장치가 고장난 때에도 일정 온도를 유지할 수 있도록 하고, 다음의 기준에 적합한 비상전원을 갖추어야 한다.

1) 상용전력원이 고장인 경우에 자동으로 비상전원으로 전환되어 가동되도록 할 것

2) 비상전원의 용량은 냉각장치 또는 보냉장치를 유효하게 작동할 수 있는 정도일 것

(마) 아세트알데히드 등을 취급하는 탱크를 지하에 매설하는 경우에는 위험물 취급탱크(Ⅸ제3호)의 규정에 의하여 적용되는 지하탱크저장소의 위치・구조 및 설비의 기준([별표 8] Ⅰ제1호)의 규정에 불구하고 당해 탱크를 탱크전용실에 설치한다.

(4) 히드록실아민 등을 취급하는 제조소의 특례는 다음과 같다.

히드록실아민 등은 상온에서도 스스로 열분해를 일으켜 폭발하는 위험성이 있고 피해범위가 넓기 때문에 온도상승 등에 의하여 위험한 반응(열분해)이 일어나지 않도록 하는 장치를 하고, 폭발시의 피해를 줄이기 위하여 안전거리를 강화하며, 저장・취급 시설의 주위에 담 또는 토제를 설치한다.

(가) 안전거리(I 제1호가목부터 라목) 규정에도 불구하고 지정수량 이상의 히드록실아민 등을 취급하는 제조소의 위치는 건축물의 벽 또는 이에 상당하는 공작물의 외측으로부터 해당 제조소의 외벽 또는 이에 상당하는 공작물의 외측까지의 사이에 다음 식에 의하여 요구되는 거리 이상의 안전거리를 둔다.

$$D = 51.1\sqrt[3]{N}$$

여기서, D는 거리(m), N은 해당 제조소에서 취급하는 히드록실아민 등의 지정수량의 배수이다.

(나) 제조소의 주위에는 다음에 정하는 기준에 적합한 담 또는 토제土堤를 설치한다.

1) 담 또는 토제는 당해 제조소의 외벽 또는 이에 상당하는 공작물의 외측으로부터 2m 이상 떨어진 장소에 설치할 것
2) 담 또는 토제의 높이는 당해 제조소에 있어서 히드록실아민 등을 취급하는 부분의 높이 이상으로 할 것
3) 담은 두께 15cm 이상의 철근콘크리트조·철골철근콘크리트조 또는 두께 20cm 이상의 보강콘크리트블록조로 할 것
4) 토제의 경사면의 경사도는 60° 미만으로 할 것

(다) 히드록실아민 등을 취급하는 설비에는 히드록실아민 등의 온도 및 농도의 상승에 의한 위험한 반응을 방지하기 위한 조치를 강구한다.

(라) 히드록실아민 등을 취급하는 설비에는 철이온 등의 혼입에 의한 위험한 반응을 방지하기 위한 조치를 강구한다.

| 연습문제

01 제조소의 안전거리가 틀린 것은?

① 병원 - 30m 이상
② 도시가스시설 - 20m 이상
③ 주거용 - 10m 이상
④ 문화재 - 40m 이상

02 위험물을 취급하는 건축물 그 밖의 시설의 주위에는 그 취급하는 위험물의 최대수량에 따라 공지를 보유해야 하는 것은?

① 안전공지 ② 보유공지
③ 여유공지 ④ 안전거리

03 제조소 보유공지의 기준으로 적합한 것은?

① 지정수량 10배 이하 - 보유공지 3m 이상
② 지정수량 10배 이하 - 보유공지 5m 이상
③ 지정수량 10배 초과 - 보유공지 3m 이상
④ 지정수량 10배 초과 - 보유공지 7m 이상

04 제조소에 보유공지를 설치하지 않고 그 대신 일정한 기준에 따른 격벽을 설치할 경우 그 기준이 아닌 것은?

① 방화벽은 방화구조로 한다.
② 출입구 및 창에는 자동폐쇄식의 갑종방화문을 설치한다.
③ 방화벽의 양단 및 상단이 외벽 또는 지붕으로부터 50cm 이상 돌출하도록 한다.
④ 방화벽에 설치하는 출입구 및 창 등의 개구부는 가능한 한 최소로 한다.

05 제조소에서 위험물을 취급하는 건축물의 방화벽을 불연재료로 할 경우 주위에 보유공지를 두지 않고 취급할 수 있는 위험물은?

① 제2류 위험물 ② 제3류 위험물
③ 제5류 위험물 ④ 제6류 위험물

06 제조소의 건축물 중 반드시 내화구조로 해야 하는 것은?

① 바닥
② 보
③ 기둥
④ 연소우려가 있는 외벽

07 제조소 등의 기술기준 중 연소우려가 있는 외벽의 기산점으로 적합하지 않은 것은?

① 제조소 등의 외벽과 동일부지 내의 다른 건축물의 외벽간의 중심선
② 제조소 등이 설치된 부지의 경계선
③ 제조소 등에 인접한 부지의 중심선
④ 제조소 등에 인접한 도로의 중심선

08 제조소에 설치하는 표지 및 게시판의 규격으로 적합한 것은?

① 가로 0.3m 이상, 세로 0.6m 이상
② 가로 0.3m 이상, 세로 0.9m 이상
③ 한 변 길이 0.3m 이상, 다른 한 변 길이 0.6m 이상
④ 가로 0.6m 이상, 세로 0.3m 이상

정답 1. ④ 2. ② 3. ① 4. ① 5. ④ 6. ④ 7. ③ 8. ③

09 제조소에 위험물별 주의사항을 표시한 게시판으로 적합하지 않은 것은?

① 금수성 물질 – 물기엄금
② 알칼리금속의 과산화물 – 물기엄금
③ 인화성 고체 – 화기주의
④ 유기과산화물 – 화기엄금

10 제2류 위험물 중 인화성 고체의 주의사항을 표시한 게시판으로 적합한 것은?

① 물기엄금 ② 물기주의
③ 화기엄금 ④ 화기주의

11 제조소의 건축물구조에 대한 설명이 틀린 것은?

① 연소의 우려가 있는 외벽은 개구부가 있는 방화구조로 한다.
② 연소우려가 있는 외벽에 설치하는 출입구에는 수시로 열 수 있는 자동폐쇄식의 갑종방화문을 설치해야 한다.
③ 위험물을 취급하는 창 및 출입구에 유리를 이용하는 경우에는 망입유리로 한다.
④ 출입구 및 비상구에는 갑종방화문 또는 을종방화문을 설치한다.

12 제조소의 건축물은 특별한 경우를 제외하고는 어떤 구조로 해야 하는가?

① 지하층이 없도록 하여야 한다.
② 지하층을 주로 이용하는 구조로 하여야 한다.
③ 지하층이 있는 2층 이내의 건축물이어야 한다.
④ 지하층이 없는 2층 이내의 건축물이어야 한다.

13 제조소에 환기설비를 설치하지 않아도 되는 것은?

① 비상발전기를 갖춘 조명설비를 유효하게 설치한 경우
② 공기조화설비를 유효하게 설치한 경우
③ 제연설비를 유효하게 설치한 경우
④ 배출설비를 유효하게 설치한 경우

14 제조소의 채광·조명·환기설비의 기준 중 틀린 것은?

① 채광설비는 불연재료로 하고 채광면적은 최대로 한다.
② 조명설비의 전선은 내화·내열전선으로 하며 점멸스위치는 출입구 바깥부분에 설치한다.
③ 가연성 가스 등이 체류할 우려가 있는 장소의 조명등은 방폭등으로 해야 한다.
④ 제조소의 환기는 자연배기방식으로 한다.

15 제조소의 환기설비 중 급기구에 대한 사항 중 괄호 안에 들어갈 내용을 바르게 연결한 것은?

급기구는 당해 급기구가 설치된 실의 바닥면적 ( )마다 1개 이상으로 하되, 급기구의 크기는 ( ) 이상으로 할 것.

① $60m^2$ – $150m^2$
② $90m^2$ – $300m^2$
③ $120m^2$ – $450m^2$
④ $150m^2$ – $800m^2$

정답 9. ③ 10. ③ 11. ① 12. ① 13. ④ 14. ① 15. ④

16 제조소에 설치하는 압력계 및 안전장치의 설치가 곤란한 가압설비에 한하여 설치하는 것은?

① 파괴판
② 안전밸브를 병용하는 경보장치
③ 감압측에 안전밸브를 부착한 감압밸브
④ 자동적으로 압력의 상승을 정지시키는 장치

17 정전기를 유효하게 제거하는 방법으로 적합하지 않은 것은?

① 접지에 의한 방법
② 도체를 사용하는 방법
③ 공기를 이온화하는 방법
④ 공기 중의 상대습도를 70% 이하로 하는 방법

18 지정수량 10배 이상을 취급하는 제조소에서 피뢰침을 설치하지 않아도 되는 것은?

① 제2류 위험물 ② 제3류 위험물
③ 제4류 위험물 ④ 제6류 위험물

19 하나의 취급탱크에 설치하는 방유제의 용량은 당해 탱크용량의 몇 % 이상으로 하는가?

① 10% 이상 ② 30% 이상
③ 50% 이상 ④ 70% 이상

20 액체위험물을 취급하는 100m^2 및 300 m^2의 용량인 2개 탱크 주위에 설치하는 방유제의 최소 용량은?

① 95m^2 ② 110m^2
③ 140m^2 ④ 160m^2

21 이황화탄소 600L를 취급하는 건축물 그 밖의 시설의 주위에는 어느 정도의 보유공지의 너비를 보유하여야 하는가?

① 3m 이상 ② 5m 이상
③ 10m 이상 ④ 20m 이상

정답 16. ① 17. ④ 18. ④ 19. ③ 20. ④ 21. ②

CHAPTER 03

위험물 저장소

| 저장소

저장소는 지정수량 이상의 위험물을 저장하기 위하여 일정시설을 갖추고 「위험물안전관리법」에 따라 적정하게 허가를 받은 장소를 말한다. 저장시설에는 전체 건물 내 또는 외부에 저장하는 시설과 위험물을 탱크에 담아서 저장하는 시설 및 지하암반에 저장하는 시설 등이 있다. 제조소는 위험물을 제조하기 위한 제조시설과 취급시설이므로 원료를 저장하거나 생산제품을 저장하기 위한 시설의 경우에는 별도의 위험물저장소에 대한 허가를 받아야 한다.

「위험물안전관리법 시행령」에서는 옥내저장소, 옥외탱크저장소, 옥내탱크저장소, 지하탱크저장소, 간이탱크저장소, 이동탱크저장소, 옥외저장소, 암반탱크저장소로 구분된다. (표 3.1 참조)

표 3.1 지정수량 이상의 위험물을 저장하기 위한 장소와 저장소의 구분

지정수량 이상의 위험물을 저장하기 위한 장소	저장소의 구분
1. 옥내(지붕과 기둥 또는 벽 등에 의하여 둘러싸인 곳)에 저장(위험물을 저장하는데 따르는 취급을 포함)하는 장소(3의 장소는 제외)	옥내저장소
2. 옥외에 있는 탱크(4 내지 6 및 8의 탱크는 제외)에 위험물을 저장하는 장소	옥외탱크저장소
3. 옥내에 있는 탱크에 위험물을 저장하는 장소	옥내탱크저장소
4. 지하에 매설한 탱크에 위험물을 저장하는 장소	지하탱크저장소
5. 간이탱크에 위험물을 저장하는 장소	간이탱크저장소
6. 차량[24)]에 고정된 탱크에 위험물을 저장하는 장소	이동탱크저장소

지정수량 이상의 위험물을 저장하기 위한 장소	저장소의 구분
7. 옥외에 다음에 해당하는 위험물을 저장하는 장소(2의 장소 제외) 가. 제2류 위험물 중 유황 또는 인화성 고체(인화점이 0℃ 이상인 것) 나. 제4류 위험물 중 제1석유류(인화점이 0℃ 이상인 것)·알코올류·제2석유류·제3석유류·제4석유류 및 동식물유류 다. 제6류 위험물 라. 제2류 위험물 및 제4류 위험물 중 특별시·광역시 또는 도의 조례에서 정하는 위험물(「관세법」에 의한 보세구역안에 저장하는 경우에 한함) 마. 「국제해사기구에 관한 협약」에 의하여 설치된 국제해사기구가 채택한 「국제해상위험물규칙」(IMDG Code)에 적합한 용기에 수납된 위험물	옥외저장소
8. 암반 내의 공간을 이용한 탱크에 액체의 위험물을 저장하는 장소	암반탱크저장소

1. 옥내저장소

옥내[25]에 저장하는 장소를 말하는데 위험물을 저장하는 데 따르는 취급(위험물을 용기에 소분하는 것 등)도 포함된다. 다만, 옥내에 있는 탱크에 위험물을 저장하는 장소는 제외된다.

많은 양의 위험물을 저장하는 경우 위험성이 증대되므로 저장창고의 층수, 면적, 처마높이 등을 제한하고 있다. 또한 위험물을 저장하는 건축물의 형태는 단층건물, 다층건물, 복합용도 건축물의 옥내저장소로 나누고, 위험물의 위험성을 감안하여 각 시설의 위치, 구조 및 설비의 기술기준을 다르게 정하고 있다.

---

24) 피견인자동차에 있어서는 앞차축을 갖지 않은 것으로서 당해 피견인자동차의 일부가 견인자동차에 적재되고 당해 피견인자동차와 그 적재물의 중량의 상당부분이 견인자동차에 의하여 지탱되는 구조의 것에 한한다.

25) 지붕과 기둥 또는 벽 등에 의하여 둘러싸인 곳을 말한다.

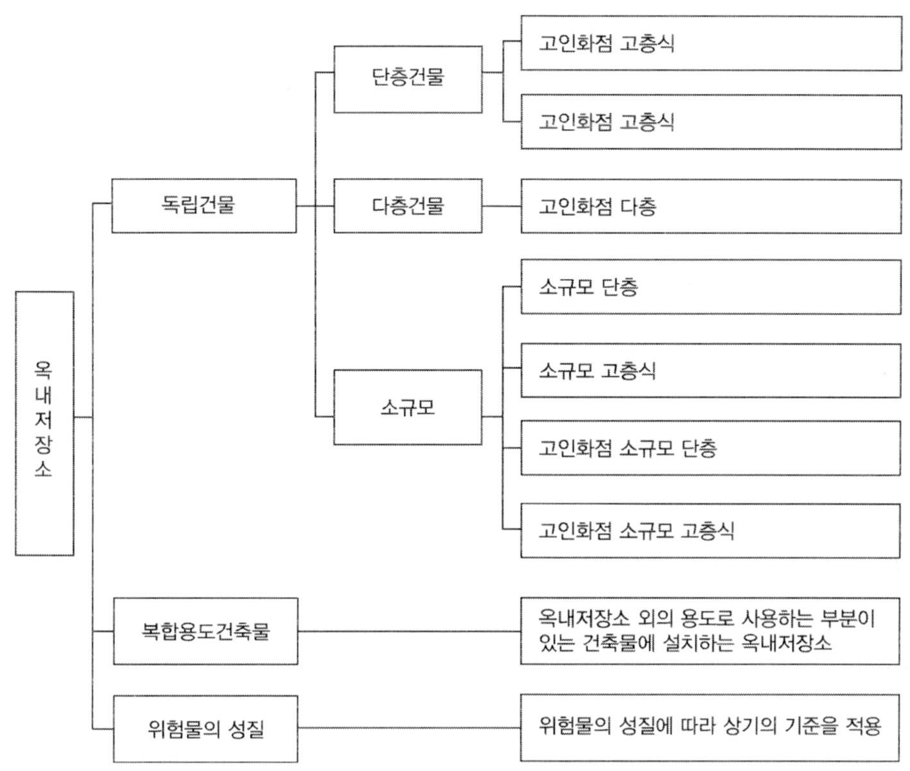

그림 3.1 옥내저장소의 분류

1.1 옥내저장소의 기준(1.2 및 1.3 규정에 의한 것을 제외)

(1) 옥내저장소는 제조소의 안전거리 규정에 준하여 안전거리를 두어야 한다. 다만, 다음에 해당하는 옥내저장소는 안전거리를 두지 않은 수 있다.

(가) 제4석유류 또는 동식물유류의 위험물을 저장 또는 취급하는 옥내저장소로서 그 최대수량이 지정수량의 20배 미만인 것

(나) 제6류 위험물을 저장 또는 취급하는 옥내저장소

(다) 지정수량의 20배(하나의 저장창고의 바닥면적이 150m^2 이하인 경우에는 50배) 이하의 위험물을 저장 또는 취급하는 옥내저장소로서 다음의 기준에 적합한 것

1) 저장창고의 벽·기둥·바닥·보 및 지붕이 내화구조인 것

2) 저장창고의 출입구에 수시로 열 수 있는 자동폐쇄방식의 갑종방화문이 설치되어 있을 것

3) 저장창고에 창을 설치하지 않을 것

표 3.2 보유공지

저장 또는 취급하는 위험물의 최대수량	공지의 너비	
	벽 · 기둥 및 바닥이 내화구조로 된 건축물	그 밖의 건축물
지정수량의 5배 이하		0.5m 이상
지정수량의 5배 초과 10배 이하	1m 이상	1.5m 이상
지정수량의 10배 초과 20배 이하	2m 이상	3m 이상
지정수량의 20배 초과 50배 이하	3m 이상	5m 이상
지정수량의 50배 초과 200배 이하	5m 이상	10m 이상
지정수량의 200배 초과	10m 이상	15m 이상

(2) 옥내저장소의 주위에는 그 저장 또는 취급하는 위험물의 최대수량에 따라 표 3.2에 의한 너비의 공지를 보유하여야 한다. 다만, 지정수량의 20배를 초과하는 옥내저장소와 동일한 부지 내에 있는 다른 옥내저장소와의 사이에는 동표에 정하는 공지의 너비의 1/3(당해 수치가 3m 미만인 경우에는 3m)의 공지를 보유할 수 있다.

보유공지는 보호대상의 존재와는 관계없이 옥내저장소의 주위에 확보하여야 하는 공지(공터)를 의미한다. 저장창고의 주위에 확보하여야 하는 보유공지의 너비는 저장소에 저장하는 위험물의 최대수량 및 저장창고 구조의 종류에 따라 기준을 달리하고 있다.

보유공지의 폭은 수평거리를 의미하고, 공지의 지반면 및 지반면 위쪽 공간 부분에는 원칙적으로 다른 건물이나 시설물 등이 없어야 한다. 그리고 둘 이상의 제조소 등을 인접하여 설치하는 경우 그 상호간의 보유공지는 각 제조소 등이 필요로 하는 보유공지를 충족한 상태에서 상호 보유공지가 중첩되는 것은 허용된다.

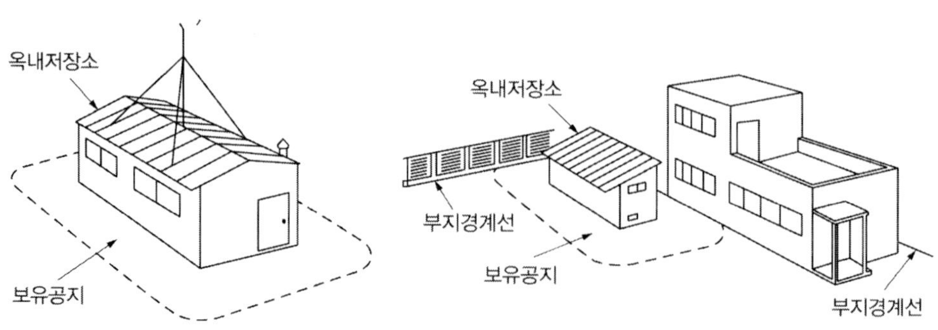

그림 3.2 ▌ 보유공지의 개념

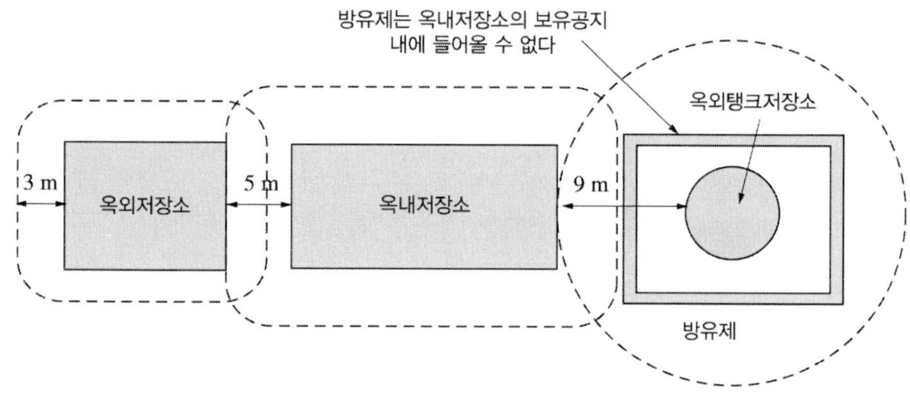

그림 3.3 ▍ 보유공지의 공유 개념

(3) 옥내저장소에는 제조소의 표지 및 게시판([별표 4] Ⅲ제1호, 제2호)의 기준에 따라 보기 쉬운 곳에 "위험물 옥내저장소"라는 표시를 한 표지와 방화에 관하여 필요한 사항을 게시한 게시판을 설치하여야 한다.

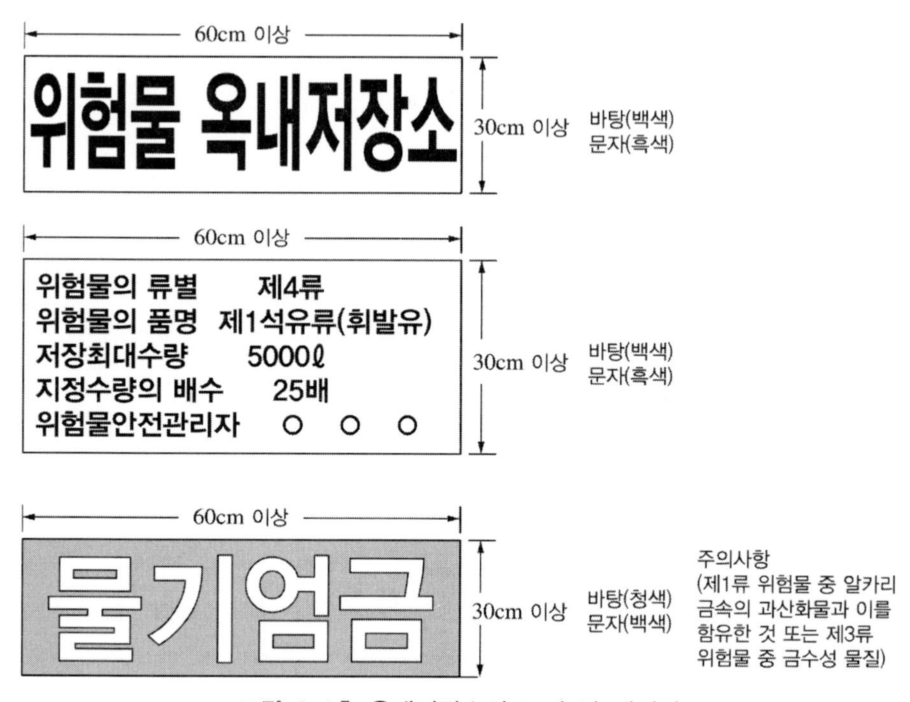

그림 3.4 ▍ 옥내저장소의 표지 및 게시판

(4) 저장창고는 위험물의 저장을 전용으로 하는 독립된 건축물로 하여야 한다.

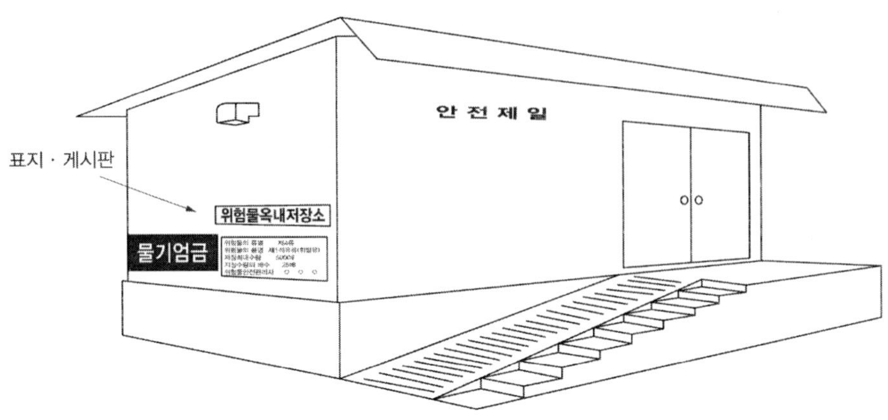

그림 3.5▌ 제3류 금수성 물질을 저장하는 옥내저장소의 표지 및 게시판 예시

(5) 저장창고는 지면에서 처마까지의 높이(처마높이)가 6m 미만인 단층건물로 하고 그 바닥을 지반면보다 높게 하여야 한다. 다만, 제2류 또는 제4류의 위험물만을 저장하는 창고로서 다음 기준에 적합한 창고의 경우에는 20m 이하로 할 수 있다.

(가) 벽 · 기둥 · 보 및 바닥을 내화구조로 한다.

(나) 출입구에 갑종방화문을 설치한다.

(다) 피뢰침을 설치한다. 다만, 주위상황에 의하여 안전상 지장이 없는 경우에는 제외된다.

저장창고는 화재가 발생하면 위험물 화재의 특성상 초기진화가 곤란하므로 처마높이를 제한하고, 단층건물을 원칙으로 하며 그 바닥을 지반면보다 높게 설치하여야 한다. 이것은 가연성 증기의 체류에 의한 인화, 소화활동의 곤란, 홍수 등에 의한 침수를 고려한 것이며, 화재 등의 사고가 발생한 경우에 그 압력 등을 상부로 방출하여 인근건물에 영향을 적게 하기 위함이다. 또한 제2류 또는 제4류 위험물만을 저장하는 위험물 창고는 현저하게 소화가 곤란한 장소로서 시설기준을 강화한다. 여기서, 처마높이는 지표면으로부터 건축물의 지붕틀 또는 이와 비슷한 수평재를 지지하는 벽 · 깔도리 또는 기둥의 상단까지의 높이로 한다. (「건축법 시행령」)

(6) 하나의 저장창고의 바닥면적[26]은 다음의 구분에 의한 면적 이하로 하여야 한다. 이 경우 (가)의 위험물과 (나)의 위험물을 같은 저장창고에 저장하는 때에는 (가)의 위험물을 저장하는 것으로 보아 그에 따른 바닥면적을 적용한다. 또한 2이상의 구획된 실이 있는 경우에는 각 실의 바닥면적의 합계를 그 기준으로 삼는다.

26) 2 이상의 구획된 실이 있는 경우에는 각 실의 바닥면적의 합계이다.

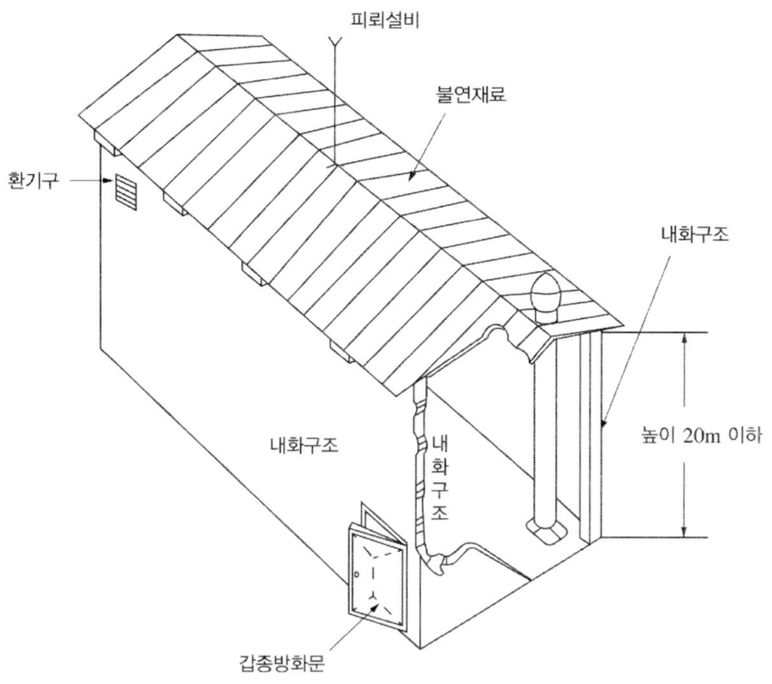

그림 3.6 ▮ 제2류 또는 제4류 위험물만을 저장하는 고층식 저장창고

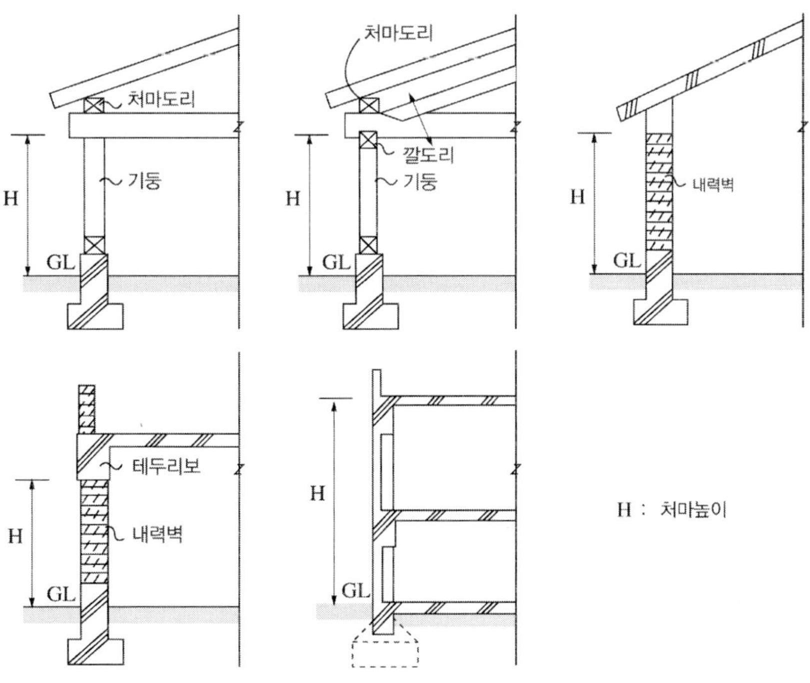

그림 3.7 ▮ 처마높이 예시

(가) 다음의 위험물을 저장하는 창고 : 1,000m^2

1) 제1류 위험물 중 아염소산염류, 염소산염류, 과염소산염류, 무기과산화물 그 밖에 지정수량이 50kg인 위험물

2) 제3류 위험물 중 칼륨, 나트륨, 알킬알루미늄, 알킬리튬 그 밖에 지정수량이 10kg인 위험물 및 황린

3) 제4류 위험물 중 특수인화물, 제1석유류 및 알코올류

4) 제5류 위험물 중 유기과산화물, 질산에스테르류 그 밖에 지정수량이 10kg인 위험물

5) 제6류 위험물

(나) (가) 위험물 외의 위험물을 저장하는 창고 : 2,000m^2

(다) (가) 위험물과 (나)의 위험물을 내화구조의 격벽으로 완전히 구획된 실에 각각 저장하는 창고 : 1,500m^2((가)의 위험물을 저장하는 실의 면적은 500m^{2}를 초과할 수 없다)

(7) 저장창고의 벽 · 기둥 및 바닥은 내화구조로 하고, 보와 서까래는 불연재료로 하여야 한다. 다만, 지정수량의 10배 이하의 위험물의 저장창고 또는 제2류와 제4류의 위험물(인화성 고체 및 인화점이 70℃ 미만인 제4류 위험물은 제외)만의 저장창고에 있어서는 연소의 우려가 없는 벽 · 기둥 및 바닥은 불연재료로 할 수 있다.

옥내저장소 저장창고의 벽 · 기둥 및 바닥은 출입구 이외에는 개구부가 없는 내화구조의 벽으로 시공하여야 하며, 출입구로 사용하는 개구부에는 자동폐쇄식의 갑종방화문을 설치하여야 한다.

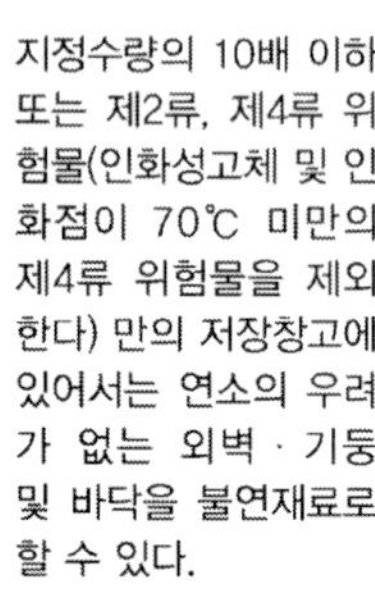

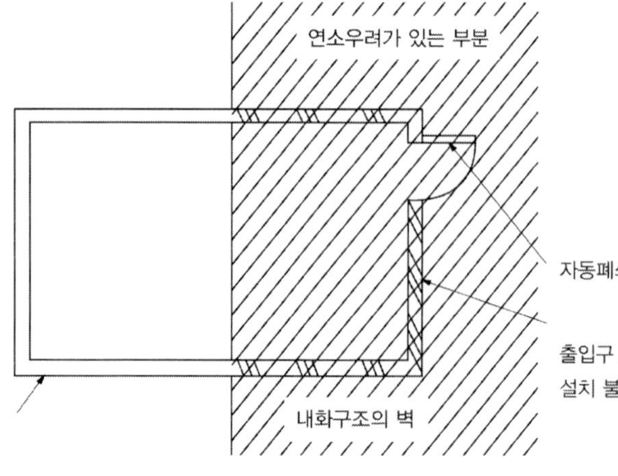

그림 3.8 외벽의 구조

(8) 저장창고는 지붕을 폭발력이 위로 방출될 정도의 가벼운 불연재료로 하고, 천장을 만들지 않아야 한다. 다만, 제2류 위험물(분상의 것과 인화성 고체를 제외)과 제6류 위험물만의 저장창고에 있어서는 지붕을 내화구조로 할 수 있고, 제5류 위험물만의 저장창고에 있어서는 당해 저장창고 내의 온도를 저온으로 유지하기 위하여 난연재료 또는 불연재료로 된 천장을 설치할 수 있다.

(9) 저장창고의 출입구에는 갑종방화문 또는 을종방화문을 설치하되, 연소의 우려가 있는 외벽에 있는 출입구에는 수시로 열 수 있는 자동폐쇄식의 갑종방화문을 설치하여야 한다.

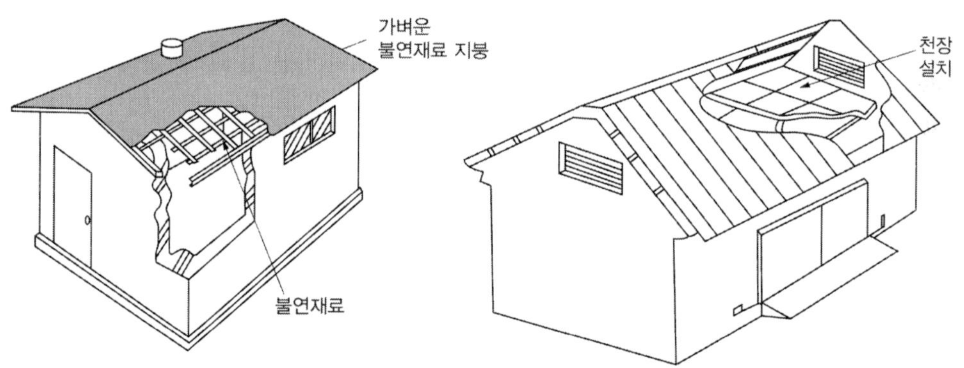

그림 3.9 저장창고의 지붕 및 제5류 위험물 옥내저장소

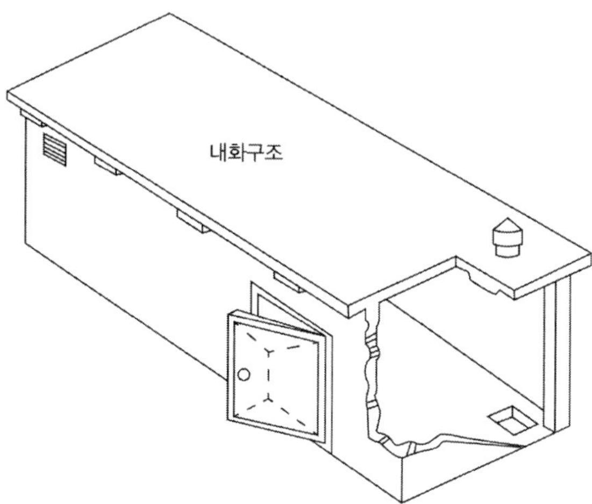

그림 3.10 내화구조 지붕의 옥내저장소

그림 3.11 ▌ 창 및 출입구 예시

(10) 저장창고의 창 또는 출입구에 유리를 이용하는 경우에는 망입유리로 하여야 한다.

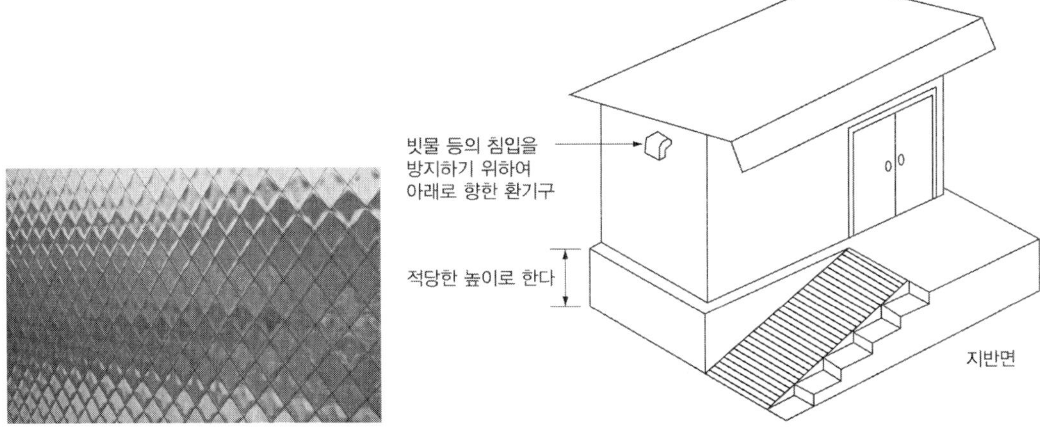

그림 3.12 ▌ 망입유리

그림 3.13 ▌ 제3류 위험물 저장창고 예시

(11) 제1류 위험물 중 알칼리금속의 과산화물 또는 이를 함유하는 것, 제2류 위험물 중 철분・금속분・마그네슘 또는 이중 어느 하나 이상을 함유하는 것, 제3류 위험물 중 금수성 물질 또는 제4류 위험물의 저장창고의 바닥은 물이 스며 나오거나 스며들지 않는 구조로 하여야 한다.

(12) 액상의 위험물의 저장창고의 바닥은 위험물이 스며들지 않는 구조로 하고, 적당하게 경사지게 하여 그 최저부에 집유설비를 하여야 한다.

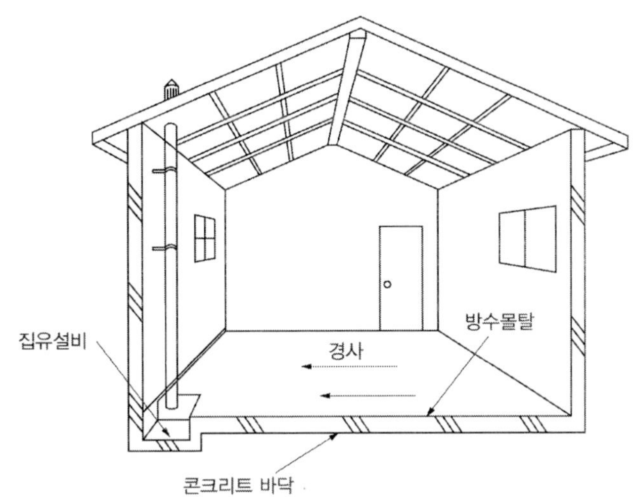

그림 3.14 ▮ 저장창고 바닥의 구조

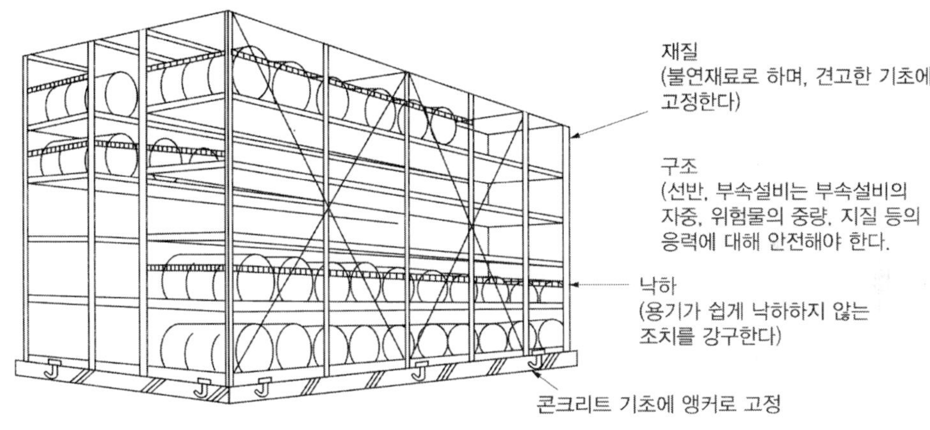

그림 3.15 ▮ 선반 구조

(13) 저장창고에 선반 등의 수납장을 설치하는 경우에는 다음 기준에 적합하게 하여야 한다.

(가) 수납장은 불연재료로 만들어 견고한 기초 위에 고정한다.

(나) 수납장은 당해 수납장 및 그 부속설비의 자중, 저장하는 위험물의 중량 등의 하중에 의하여 생기는 응력에 대하여 안전한 것으로 한다.

(다) 수납장에는 위험물을 수납한 용기가 쉽게 떨어지지 않게 하는 조치를 한다.
저장창고에 선반 등의 수납장을 설치하는 경우에는 선반 위에 놓인 용기가 쉽게 아래로 떨어지지 않는 구조로 하고, 지진 등에 의한 낙하를 방지하기 위해 불연재료로 만든 수납장을 견고한 기초 위에 설치한다. 또한 용기가 쉽게 아래로 떨어지지 않게 하는 조치로는 낙하를 방지하기 위해 불연재료로 만든 망 등을 설치하는 방법이 있다.

(14) 저장창고에는 제조소의 위치・구조 및 설비 기준의 채광・조명 및 환기설비 및 배출설비([별표 4] Ⅴ 및 Ⅵ)의 규정에 준하여 채광・조명 및 환기의 설비를 갖추어야 하고, 인화점이 70℃ 미만인 위험물의 저장창고에 있어서는 내부에 체류한 가연성의 증기를 지붕 위로 배출하는 설비를 갖추어야 한다.

저장창고에 저장되는 위험물은 괴상의 유황(덩어리 유황) 등을 제외하고 위험물의 운반에 관한 기준([별표19] 부표1)에 규정된 용기에 수납하여 저장하므로 비교적 증기 등이 체류할 가능성은 적다. 하지만 제4류 위험물 중 인화점이 70℃ 미만에 해당하는 특수인화물, 제1석유류 및 제2석유류를 저장하는 경우에는 가연성 증기가 체류할 가능성이 있으므로 회전식 또는 고정식 벤틸레이터 또는 루푸팬 방식이나 배출닥트 등으로 된 설비(배출설비)를 설치하여야 한다.

국소방식의 경우에 배출설비의 배출닥트의 하단은 집유설비의 상부에 두되 바닥면에서 대략 0.1m의 간격을 갖도록 하는 것이 바람직하다. 위험물의 저장형태에 따라 전역방식도 선택할 수 있다.

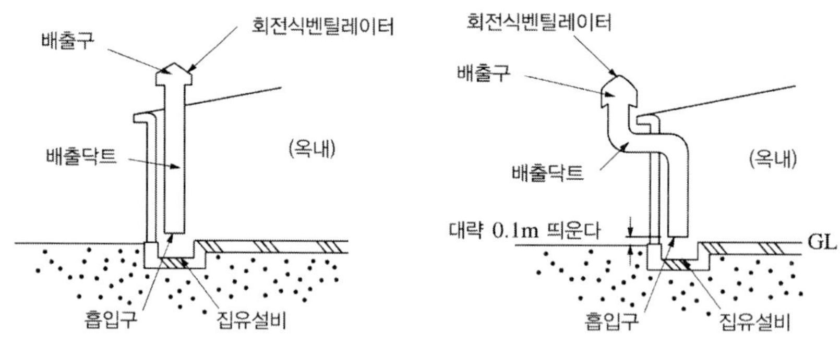

그림 3.16 ▌ 국소방식의 배출설비 예시

(15) 저장창고에 설치하는 전기설비는 「전기사업법」에 의한 전기설비기술기준에 의하여야 한다.

(16) 지정수량의 10배 이상의 저장창고(제6류 위험물의 저장창고를 제외)에는 피뢰침을 설치하여야 한다. 다만, 저장창고 주위의 상황에 따라 안전상 지장이 없는 경우에는 피뢰침을 설치하지 않을 수 있다.

(17) 제5류 위험물 중 셀룰로이드 그 밖에 온도의 상승에 의하여 분해·발화할 우려가 있는 것의 저장창고는 당해 위험물이 발화하는 온도에 달하지 않는 온도를 유지하는 구조로 하거나 다음 기준에 적합한 비상전원을 갖춘 통풍장치 또는 냉방장치 등의 설비를 2이상 설치하여야 한다.

(가) 상용전력원이 고장인 경우에 자동으로 비상전원으로 전환되어 가동되도록 한다.

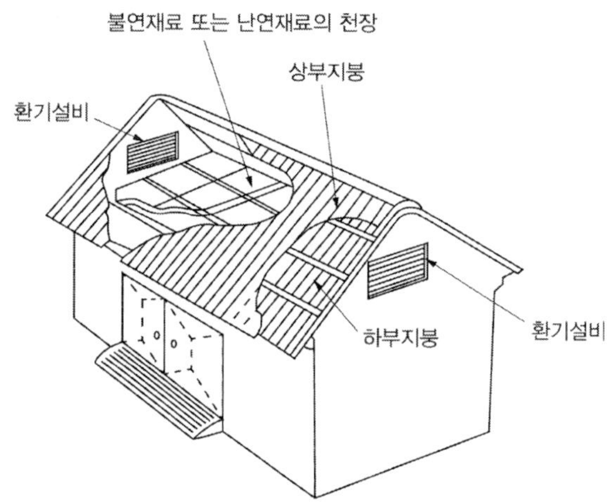

그림 3.17 ▌ 이중구조 지붕의 저장창고 예시

(나) 비상전원의 용량은 통풍장치 또는 냉방장치 등의 설비를 유효하게 작동할 수 있는 정도여야 한다.

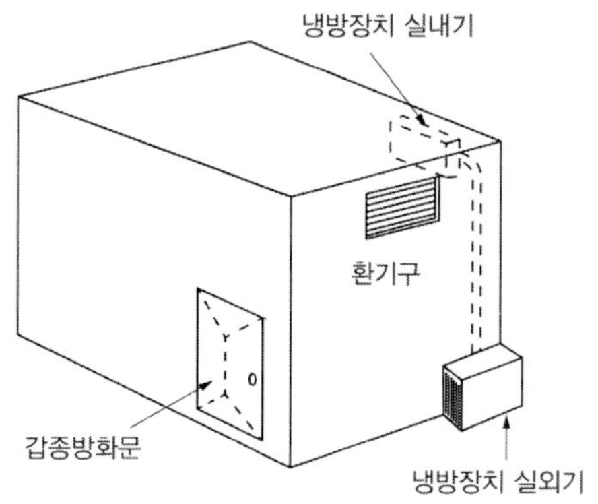

그림 3.18 ▌ 냉방설비를 설치한 내화구조의 저장창고 예시

1.2 다층건물의 옥내저장소 기준

옥내저장소 중 제2류 또는 제4류의 위험물(인화성 고체 및 인화점이 70℃ 미만인 제4류 위험물을 제외)만을 저장 또는 취급하는 저장창고가 다층건물인 옥내저장소의 위치·구조 및 설비의 기술기준은 옥내저장소 기준의 안전거리 내지 독립건물 및 지붕 내지 피뢰침(I 제1호 내지 제4호 및 제8호 내지 제16호)의 규정에 의하는 것 외에 다음 기준에 의하여야 한다.

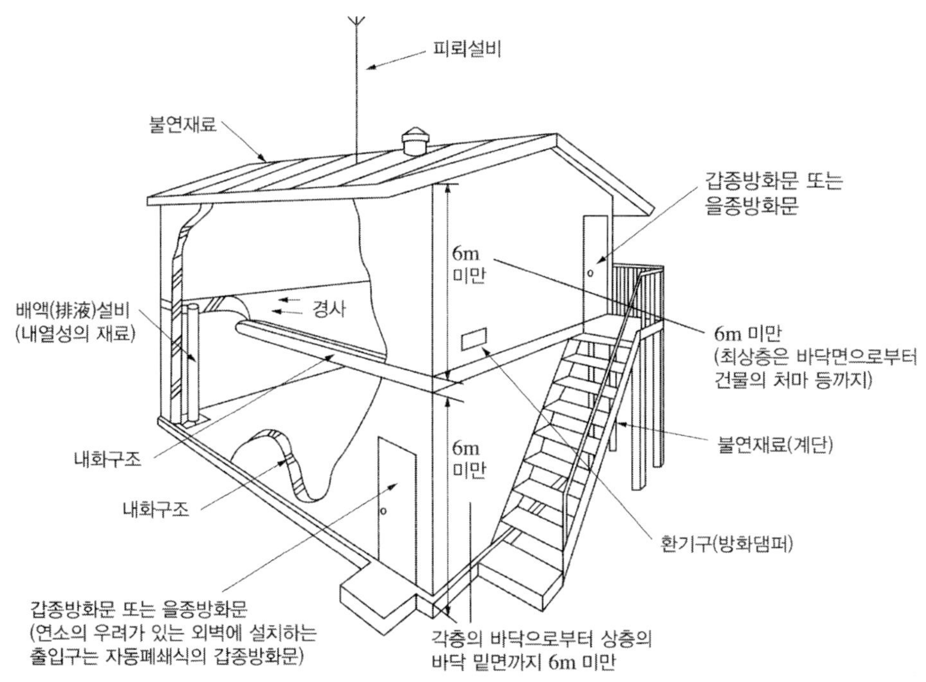

그림 3.19 ▌ 다층건물의 저장창고 구조

(1) 저장창고는 각층의 바닥을 지면보다 높게 하고, 바닥면으로부터 상층의 바닥(상층이 없는 경우에는 처마)까지의 높이(층고)를 6m 미만으로 하여야 한다.

(2) 하나의 저장창고의 바닥면적 합계는 1,000m^2 이하로 하여야 한다.

(3) 저장창고의 벽·기둥·바닥 및 보를 내화구조로 하고, 계단을 불연재료로 하며, 연소의 우려가 있는 외벽은 출입구외의 개구부를 갖지 않는 벽으로 하여야 한다.

(4) 2층 이상의 층의 바닥에는 개구부를 두지 않아야 한다. 다만, 내화구조의 벽과 갑종방화문 또는 을종방화문으로 구획된 계단실에 있어서는 제외된다.

1.3 복합용도 건축물의 옥내저장소 기준

옥내저장소 중 지정수량의 20배 이하의 것(옥내저장소 외의 용도로 사용하는 부분이 있는 건축물에 설치하는 것에 한함)의 위치・구조 및 설비의 기술기준은 옥내저장소 기준의 표지 및 게시판, 특정위험물 저장창고의 바닥 내지 제5류 위험물의 저장창고(Ⅰ제3호, 제11호 내지 제17호)의 규정에 의하는 것 외에 다음 기준에 의하여야 한다. 즉, 제3류 알킬알루미늄 등 및 제5류 지정과산화물은 저장할 수 없으며, 안전거리나 보유공지는 필요가 없다. 본 기준을 충족하는 옥내저장소는 동일한 층에 인접하지 않도록 설치하는 경우에 한하여 하나의 건물에 2 이상 설치할 수 있으며, 옥내저장소로 사용되는 부분 이외의 부분에 대한 용도는 제한이 없다.

(1) 옥내저장소는 벽・기둥・바닥 및 보가 내화구조인 건축물의 1층 또는 2층의 어느 하나의 층에 설치하여야 한다.

(2) 옥내저장소의 용도에 사용되는 부분의 바닥은 지면보다 높게 설치하고 그 층고를 6m 미만으로 하여야 한다.

(3) 옥내저장소의 용도에 사용되는 부분의 바닥면적은 $75m^2$ 이하로 하여야 한다.

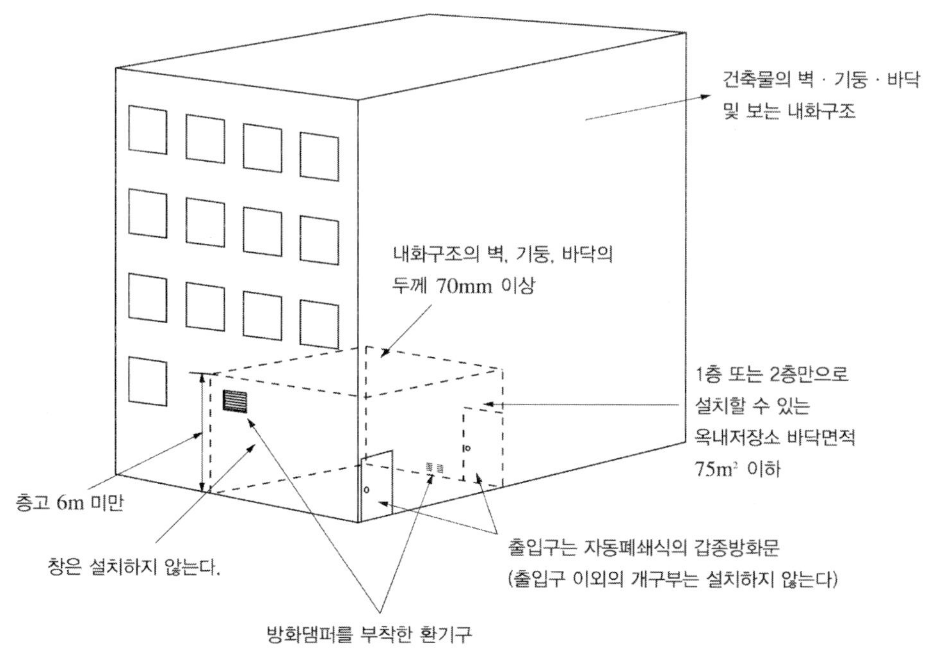

그림 3.20 ▌ 건물 내에 설치하는 옥내저장소 예시

(4) 옥내저장소의 용도에 사용되는 부분은 벽・기둥・바닥・보 및 지붕(상층이 있는 경우에는 상층의 바닥)을 내화구조로 하고, 출입구 외의 개구부가 없는 두께 70mm 이상의 철근콘크리트조 또는 이와 동등 이상의 강도가 있는 구조의 바닥 또는 벽으로 당해 건축물의 다른 부분과 구획되도록 하여야 한다.
(5) 옥내저장소의 용도에 사용되는 부분의 출입구에는 수시로 열 수 있는 자동폐쇄방식의 갑종방화문을 설치하여야 한다. 즉, 출입구는 옥외에 면하여 있지 않아도 상관없지만, 출입구가 건축물 내의 다른 용도 부분과 연결되는 경우에는 소화설비 기준이 강화된다.
(6) 옥내저장소의 용도에 사용되는 부분에는 창을 설치하지 않아야 한다.
(7) 옥내저장소의 용도에 사용되는 부분의 환기설비 및 배출설비에는 방화상 유효한 댐퍼 등을 설치하여야 한다.

1.4 소규모 옥내저장소의 특례

저장수량이 50배 이하인 위험물을 저장하는 소규모 옥내저장소에 대하여 시설물의 위치 및 보유공지에 관한 특례를 인정하고 있다.

(1) 지정수량의 50배 이하인 소규모의 옥내저장소 중 저장창고의 처마높이가 6m 미만인 것으로서 저장창고가 다음에 정하는 기준에 적합한 것에 대하여는 옥내저장소 기준의 안전거리, 보유공지 및 바닥면적 내지 출입구(I 제1호・제2호 및 제6호 내지 제9호)의 규정은 적용하지 않는다.
   (가) 저장창고의 주위에는 표 3.3에 정하는 너비의 공지를 보유한다.
   (나) 하나의 저장창고 바닥면적은 150m^2 이하로 한다.
   (다) 저장창고는 벽・기둥・바닥・보 및 지붕을 내화구조로 한다.
   (라) 저장창고의 출입구에는 수시로 개방할 수 있는 자동폐쇄방식의 갑종방화문을 설치한다.
   (마) 저장창고에는 창을 설치하지 않는다.

표 3.3 보유공지

저장 또는 취급하는 위험물의 최대수량	공지의 너비
지정수량의 5배 이하	
지정수량의 5배 초과 20배 이하	1m 이상
지정수량의 20배 초과 50배 이하	2m 이상

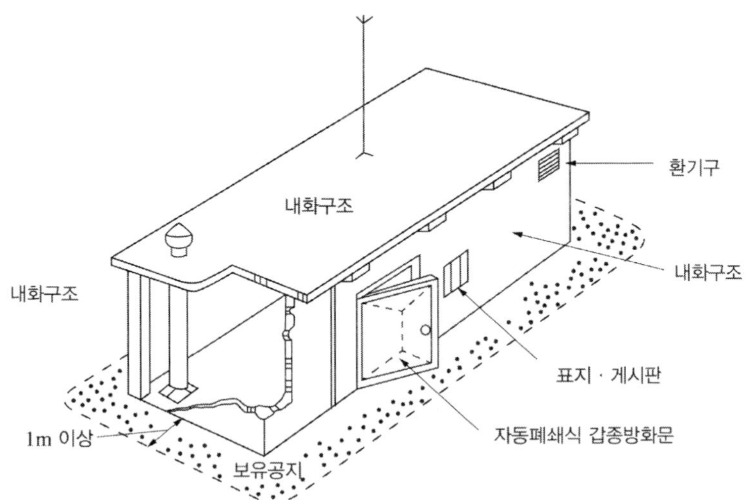

그림 3.21 ▌ 지정수량 10배인 소규모 옥내저장소의 예시

처마높이 6m 미만의 소규모 옥내저장소에 관한 규정이므로 특례 기준 이외에 다음의 기준을 따라야 한다.

(가) 옥내저장소라는 취지의 표지 및 게시판을 게시한다.

(나) 저장창고는 독립한 전용의 건축물로 한다.

(다) 처마높이 6m의 단층건물로 하며 그 바닥을 지반면 이상으로 설치한다.

(라) 제1류 위험물 중 알칼리금속의 과산화물 등, 제2류 위험물 중 철분, 금속분, 마그네슘 등, 제3류 위험물 중 금수성 물질 또는 제4류 위험물을 저장하는 시설의 바닥은 물이 침입 또는 침투하지 않는 구조로 시공을 한다.

(마) 액상 위험물을 저장 · 취급하는 시설의 바닥은 위험물이 침투하지 않는 구조로 하고 또한 경사지게 만들며 집유설비를 설치한다.

(바) 채광, 환기 및 조명설비를 설치하고, 인화점 70℃ 미만의 위험물을 저장하는 창고는 배출설비를 설치하여야 한다.

(사) 전기설비는 「전기설비사업법」의 전기설비기술기준에 따라 전기시설을 한다.

(아) 지정수량의 배수가 10배 이상인 저장시설에는 피뢰설비를 설치한다.

(자) 제5류 위험물 중 셀룰로이드 등 온도상승에 의해 분해 · 발화할 가능성이 있는 위험물의 저장창고는 보냉설비를 하거나 비상전원을 갖춘 통풍장치 또는 냉방장치를 2 이상 설치한다.

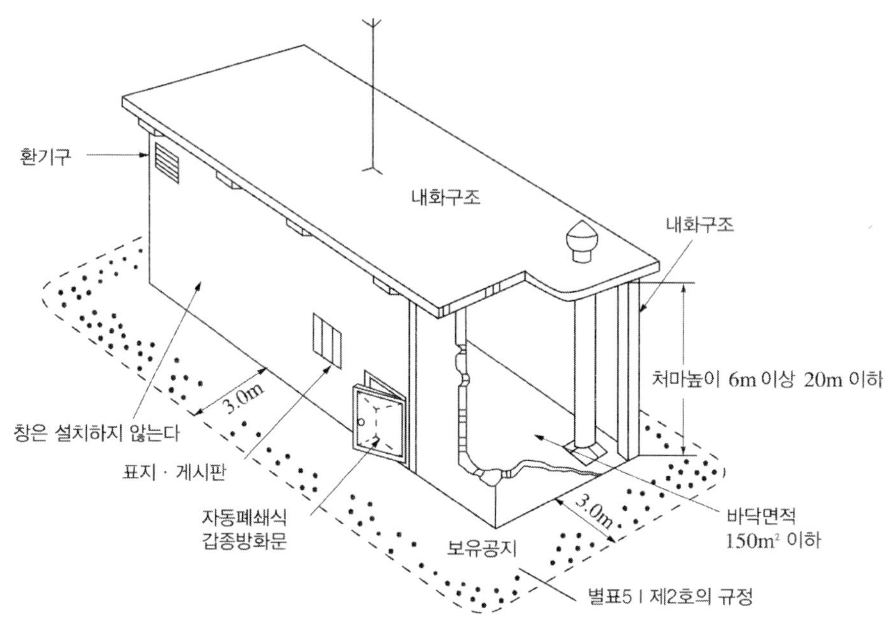

그림 3.22 ▌ 저장수량 40배인 고층식의 소규모 옥내저장소 예시

(2) 지정수량의 50배 이하인 소규모의 옥내저장소 중 저장창고의 처마높이가 6m 이상인 것으로서 저장창고가 (1)(나) 내지 (마)의 규정에 의한 기준에 적합한 것에 대하여는 옥내저장소 기준의 안전거리 및 바닥면적 내지 출입구(Ⅰ제1호 및 제6호 내지 제9호)의 규정은 적용하지 않는다.

처마높이 6m 이상 20m 이하인 고층식의 소규모 옥내저장소에 대한 기술기준의 내용은 다음과 같다.

(가) 하나의 저장창고의 바닥면적은 150m²를 초과하지 않아야 한다.

(나) 저장창고의 벽, 기둥, 바닥, 보 및 지붕은 내화구조로 한다.

(다) 저장창고의 출입구에는 수시로 열 수 있는 자동폐쇄식의 갑종방화문을 설치한다.

(라) 저장창고에는 창을 설치하지 않는다.

(마) 보유공지는 옥내저장소 보유공지의 기준을 따른다.

(바) 옥내저장소임을 표시하는 내용의 표지 및 게시판을 설치한다.

(사) 저장창고는 독립한 전용 건축물로 한다.

(아) 이러한 옥내저장소에 저장할 수 있는 위험물은 제2류 또는 제4류 위험물에 한한다.

(자) 제2류의 철분, 금속분, 마그네슘 등 또는 제4류 위험물 저장시설의 바닥은 물이 침입 또는 침투하지 않는 구조로 한다.

(차) 액체로 된 위험물의 저장창고는 위험물이 침투하지 않는 구조로 하고 바닥은 경사지게 하며 집유설비를 설치한다.

(카) 채광, 환기 및 조명설비를 설치하고, 인화점 70℃ 미만의 위험물의 저장시설에는 배출설비를 설치하여야 한다.

(타) 전기설비는 「전기사업법」에 의한 전기설비기준에 따라 설치한다.

(파) 지정수량의 배수가 10 이상인 경우에는 피뢰설비를 설치한다.

1.5 고인화점 위험물의 옥내저장소

1.5.1 단층건물 옥내저장소의 특례

고인화점 위험물은 인화점이 100℃ 이상인 제4류 위험물을 말하는 것으로 이러한 고인화점 위험물만을 저장 또는 취급하는 옥내저장소에 대해서는 완화된 시설기준을 특례로 규정하고 있다.

(1) 고인화점 위험물만을 저장 또는 취급하는 단층건물의 옥내저장소 중 저장창고의 처마높이가 6m 미만인 것으로서 위치 및 구조가 다음에 적합한 것은 옥내저장소 기준의 안전거리, 보유공지, 지붕 내지 망입유리 및 피뢰침(Ⅰ제1호 · 제2호 · 제8호 내지 제10호 및 제16호)의 규정은 적용하지 않는다.

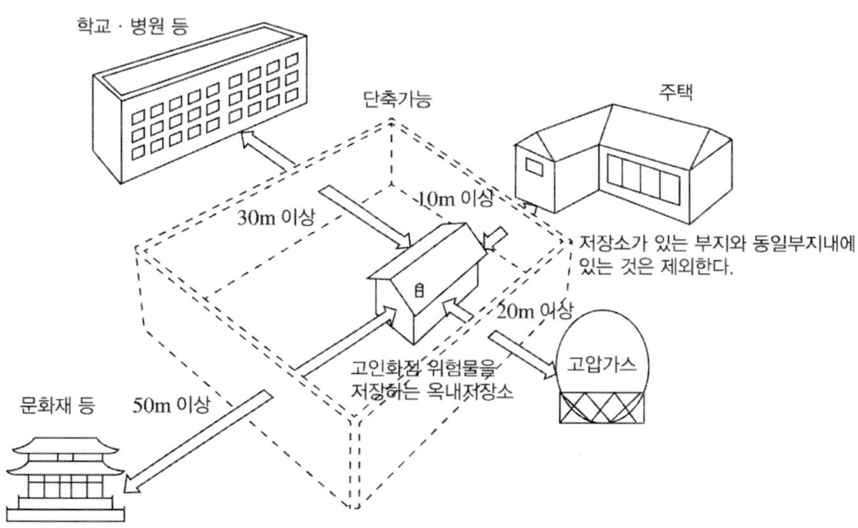

그림 3.23 ▌ 고인화점 위험물을 저장하는 옥내저장소의 안전거리 예시(지정수량의 20배를 초과하는 경우)

(가) 지정수량의 20배를 초과하는 옥내저장소에 있어서는 제조소의 위치·구조 및 설비의 기준 중 고인화점 위험물의 제조소 특례의 안전거리([별표 4] XI제1호) 규정에 준하여 안전거리를 둔다.
주거용 건축물, 학교, 병원, 공연장 및 문화재 등에 있어서는 불연재료로 된 방화상 담 또는 벽을 설치한 경우에 법령기준에 따른 안전거리를 단축할 수 있으며, 지정수량의 배수가 20배 이하의 경우는 안전거리를 적용하지 않는다.
(나) 저장창고의 주위에는 표 3.4에 정하는 너비의 공지를 보유한다.

표 3.4 보유공지

저장 또는 취급하는 위험물의 최대수량	공지의 너비	
	당해 건축물의 벽·기둥 및 바닥이 내화구조로 된 경우	왼쪽란에 정하는 경우 외의 경우
20배 이하		0.5m 이상
20배 초과 50배 이하	1m 이상	1.5m 이상
50배 초과 200배 이하	2m 이상	3m 이상
200배 초과	3m 이상	5m 이상

(다) 저장창고는 지붕을 불연재료로 한다.
(라) 저장창고의 창 및 출입구에는 방화문 또는 불연재료나 유리로 된 문을 달고, 연소의 우려가 있는 외벽에 두는 출입구에는 수시로 열 수 있는 자동폐쇄방식의 갑종방화문을 설치한다.
(마) 저장창고의 연소의 우려가 있는 외벽에 설치하는 출입구에 유리를 이용하는 경우에는 망입유리로 한다.

처마높이 6m 미만인 고인화점 위험물의 단층건물 옥내저장소에 대한 기준의 내용은 다음과 같다.
(가) 저장창고는 독립한 전용의 건축물로 한다.
(나) 저장창고의 지붕은 불연재료로 만든다.
(다) 처마높이는 6m 미만으로 하고 그 바닥은 지반면 보다 높게 설치한다. 이와 같은 경우에는 하나의 저장창고의 바닥면적은 2,000m^{2}를 초과하지 않는 범위까지 가능하다. 그리고 내화구조의 격벽으로 완전히 구획된 실에 저장하는 경우에는 1,500m^{2}를 초과할 수 없다.

(라) 저장창고는 벽, 기둥, 바닥을 내화구조로 하고, 보와 서까래는 불연재료로 한다. 또한 연소의 우려가 있는 외벽은 출입구 이외의 개구부가 없는 벽으로 하여야 하며 연소의 우려가 없는 부분의 외벽, 기둥 및 바닥은 불연재료로 할 수 있다.

(마) 저장창고의 바닥은 물이 침입 또는 침투하지 않는 구조로 시공을 한다.

(바) 저장창고의 바닥은 위험물이 스며들지 않는 구조로 하고, 적당하게 경사지게 하여 그 최저부에 집유설비를 설치한다.

(사) 선반(수납장)을 설치할 경우에는 다음과 같이 한다.

1) 불연재료로 만들며 견고한 기초에 고정한다.
2) 부속설비를 포함하는 자중, 위험물의 중량, 지진 등에 대하여 안전한 구조로 제작한다.
3) 선반에는 위험물용기의 낙하방지조치 등이 강구되도록 충분한 조치를 강구한다.

(아) 채광, 환기 및 조명설비를 설치한다.

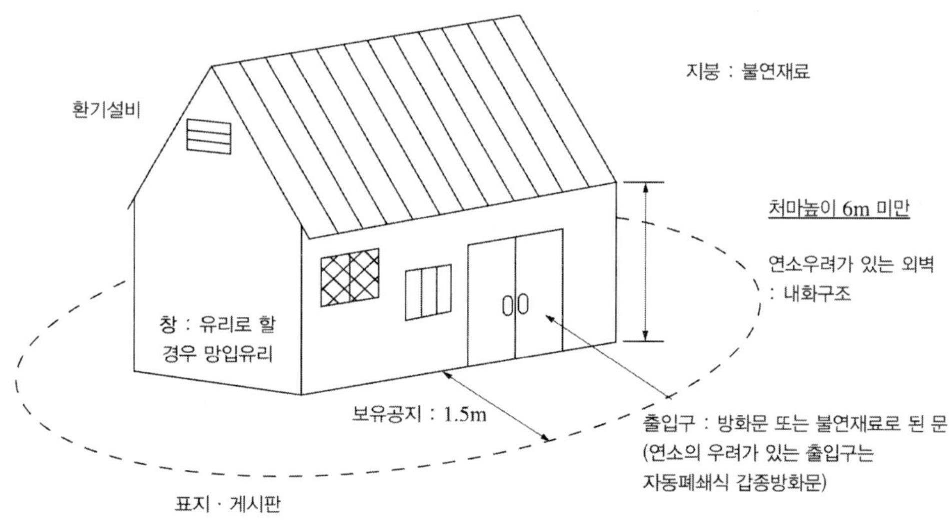

그림 3.24 ▌ 단층건물의 고인화점 위험물을 저장하는 옥내저장소 예시 (저장수량이 지정수량의 30배의 경우)

(2) 고인화점 위험물만을 저장 또는 취급하는 단층건물의 옥내저장소 중 저장창고의 처마높이가 6m 이상인 것으로서 위치가 (1)(가)에 의한 기준에 적합한 것은 옥내저장소의 안전거리(I 제1호)의 규정은 적용하지 않는다.

벽, 기둥, 보 및 바닥을 내화구조로 하고, 출입구에는 갑종 또는 을종방화문을 설치하며 피뢰침을 설치해야 한다.

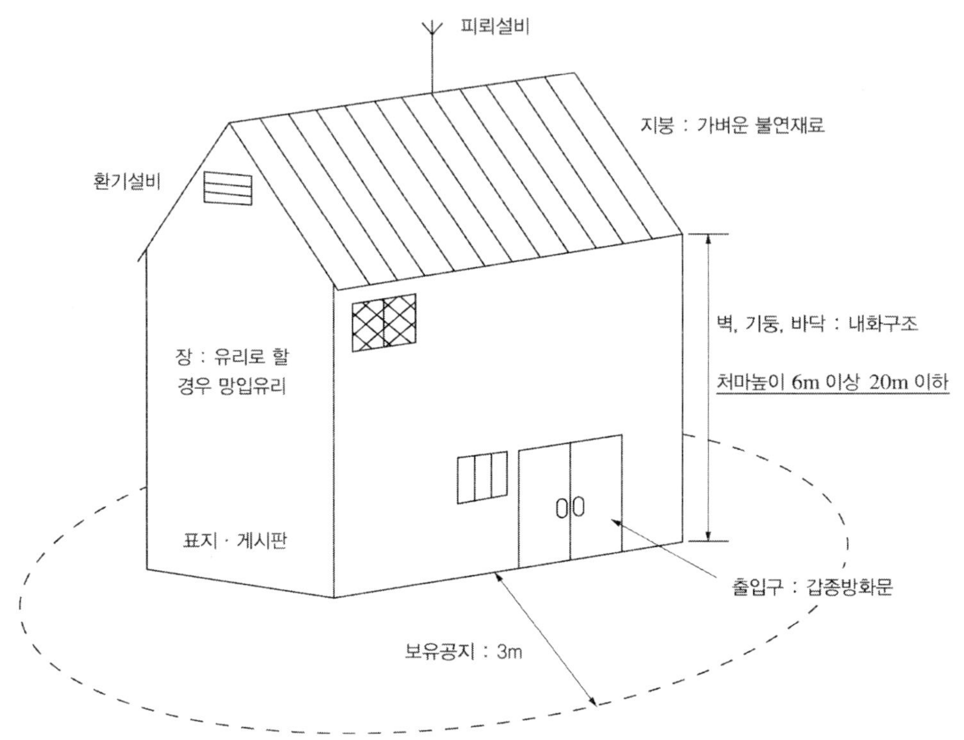

그림 3.25 ▌ 고인화점 위험물만을 저장하는 고층식 옥내저장소 예시 (저장수량이 지정수량의 30배의 경우)

1.5.2 다층건물 옥내저장소의 특례

고인화점 위험물만을 저장 또는 취급하는 다층건물의 옥내저장소 중 그 위치 및 구조가 다음 기준에 적합한 것에 대하여는 옥내저장소 기준의 안전거리, 보유공지, 지붕 내지 망입유리 및 피뢰침과 다층건물 옥내저장소 기준의 외벽등의 구조(Ⅰ 제1호 · 제2호 · 제8호 내지 제10호 및 제16호와 Ⅱ제3호) 규정은 적용하지 않는다.

(1) 고인화점 위험물의 단층건물 옥내저장소 특례에서 처마높이가 6m 미만인 것의 위치 및 구조(Ⅴ 제1호)의 기준에 적합해야 한다.
(2) 저장창고는 벽 · 기둥 · 바닥 · 보 및 계단을 불연재료로 만들고, 연소의 우려가 있는 외벽은 출입구외의 개구부가 없는 내화구조의 벽으로 한다.

위험물 저장창고의 층수가 많은 다층건물에 고인화점 위험물만을 저장・취급하는 경우에 관한 기준으로서의 내용은 다음과 같다.

(가) 저장창고의 각층의 바닥은 지반면 이상으로 설치함과 동시에 바닥면에서 상층의 바닥의 하면(상층이 없는 경우는 처마)까지의 높이는 6m 미만으로 한다.

(나) 저장창고의 바닥면적의 합계는 1,000m^{2}를 초과하지 않아야 한다.

(다) 저장창고는 벽, 기둥, 바닥, 보 및 계단을 불연재료로 하고 연소의 우려가 있는 외벽은 출입구 외의 개구부를 갖지 않는 내화구조의 벽으로 한다.

(라) 저장창고의 2층 이상의 층의 바닥에는 개구부를 설치하지 않는다. 다만, 내화구조로 된 벽과 갑종방화문 또는 을종방화문으로 구획된 계단실에 대해서는 제한하지 않는다.

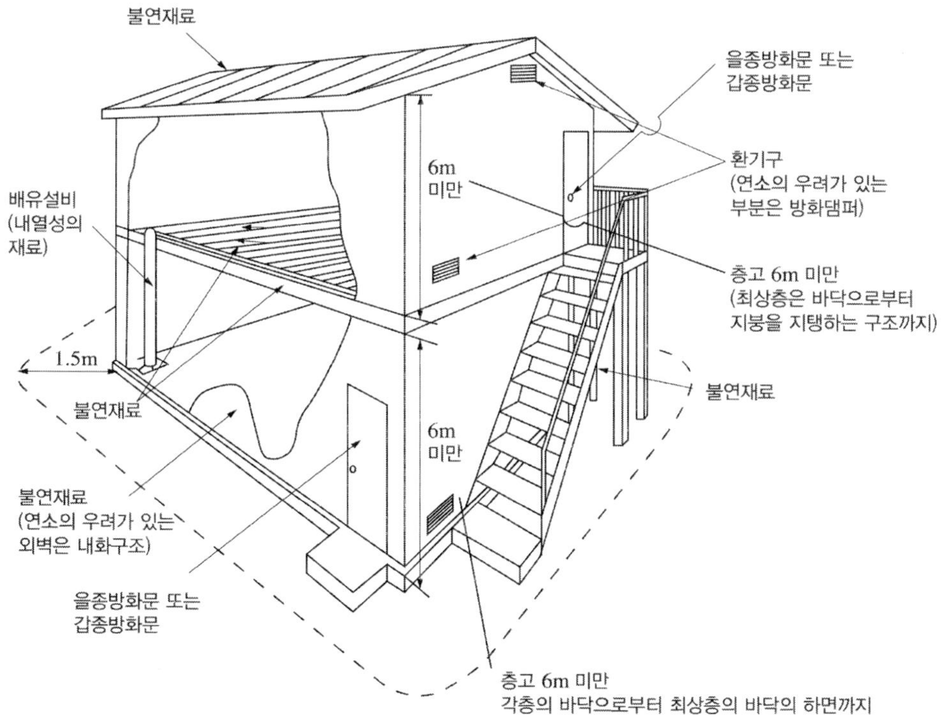

그림 3.26 ▌ 고인화점 위험물만을 저장하는 다층건물의 옥내저장소 예시 (저장수량이 지정수량의 30배의 경우)

1.5.3 소규모 옥내저장소의 특례

(1) 고인화점 위험물만을 지정수량의 50배 이하로 저장 또는 취급하는 옥내저장소 중 저장창고의 처마높이가 6m 미만인 것으로서 소규모 옥내저장소의 특례 중 처마높이 6m 미만의 바닥면적 내지 창(Ⅳ제1호 나목 내지 마목)에 의한 기준에 적합한 것에 대하여는 옥내저장소 기준의 안전거리, 보유공지 및 바닥면적 내지 출입구 및 피뢰침(Ⅰ제1호·제2호 및 제6호 내지 제9호 및 제16호)의 규정은 적용하지 않는다.

지정수량이 50배 이하의 고인화점 위험물만을 저장하는 처마높이가 6m 미만의 소규모 옥내저장소에 관한 특례를 규정하고 있는 것을 정리하면 다음과 같으며, 안전거리, 보유공지 및 피뢰설비는 설치하지 않을 수 있다. 옥내저장소가 (가)~(라) 조건에 적합하게 설치된 경우에는 (마)~(카)의 기준에 따라 설치하여야 한다.

(가) 하나의 저장창고의 바닥면적은 150m^2 이하로 한다.

(나) 저장창고의 벽, 기둥, 바닥, 보 및 지붕은 내화구조로 한다.

(다) 저장창고의 출입구에는 수시로 개방할 수 있는 자동폐쇄식의 갑종방화문을 설치한다.

(라) 저장창고에는 창을 설치하지 않는다.

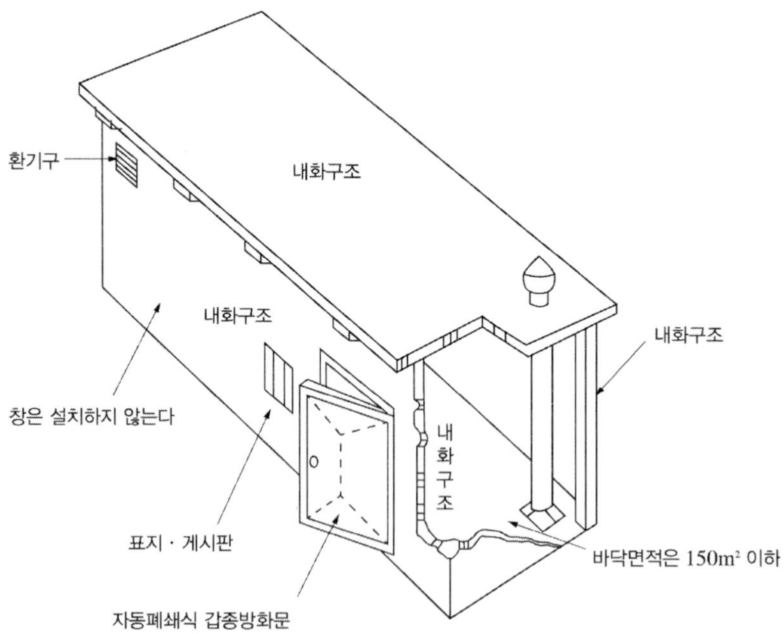

그림 3.27 ▌ 고인화점 위험물의 소규모 옥내저장소의 예시

(마) 옥내저장소임을 나타내는 표지 및 게시판을 설치한다.

(바) 옥내저장소는 독립한 전용 건축물로 한다.

(사) 처마높이는 6m 미만의 단층건물로 한다.

(아) 바닥면은 물이 침입, 침투하지 않는 구조로 시공한다.

(자) 바닥은 위험물이 침투하지 않는 구조와 함께 적당한 경사를 만들고 집유설비를 설치한다.

(차) 선반(수납장)을 설치할 경우에는 다음과 같이 한다.

1) 불연재료로 만들고 견고한 기초에 고정시킨다.
2) 부속설비를 포함한 자중, 위험물의 중량, 지진 등에 대하여 안전한 구조여야 한다.
3) 선반에는 위험물용기의 낙하방지조치 등을 강구한다.

(카) 환기 및 조명설비를 설치한다.

(2) 고인화점 위험물만을 지정수량의 50배 이하로 저장 또는 취급하는 옥내저장소 중 처마높이가 6m 이상인 것으로서 저장창고가 소규모 옥내저장소의 특례 중 처마높이 6m 미만(Ⅳ제1호)에 의한 기준에 적합한 것에 대하여는 옥내저장소 기준의 안전거리, 보유공지, 바닥면적, 출입구(Ⅰ제1호・제2호・제6호 내지 제9호)의 규정은 적용하지 않는다.

지정수량이 50배 이하인 고인화점 위험물만을 저장하고, 처마높이가 6m 이상 20m 이하인 옥내저장소에 관한 특례를 규정하는 규정하고 있는 것을 정리하면 다음과 같다. 여기서 안전거리는 고려하지 않을 수 있다.

(가) 보유공지는 표 3.5에 따라 확보하여야 한다.

(나) 이러한 저장소 중 지정수량의 10배 이상의 위험물의 저장창고에는 피뢰설비를 설치한다.

표 3.5 보유공지

구분	공지
지정수량의 배수가 5 이하의 옥내저장소	
지정수량의 배수가 5 초과 20 이하의 옥내저장소	1m 이상
지정수량의 배수가 20 초과 50 이하의 옥내저장소	2m 이상

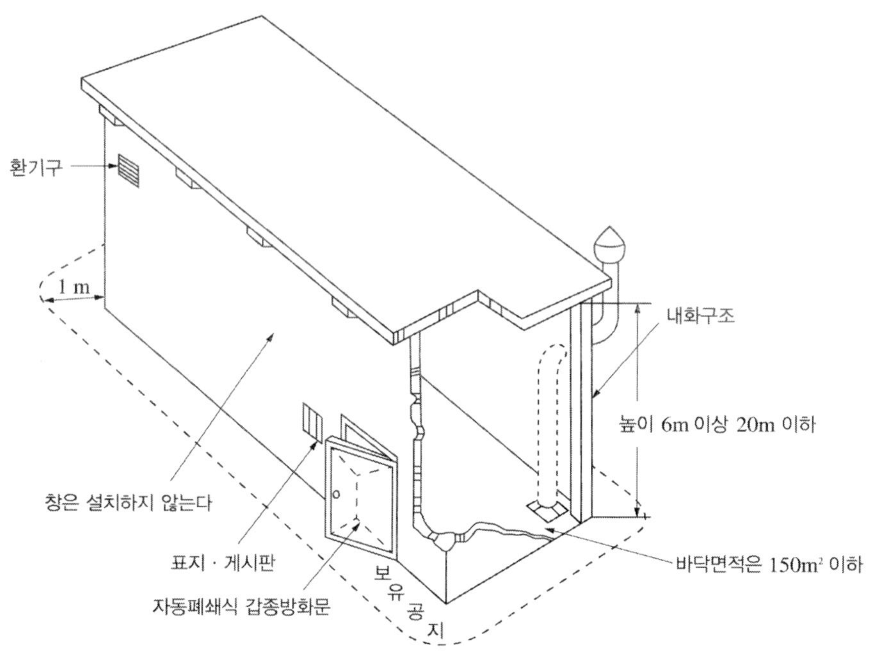

그림 3.28 ▌ 처마높이 6m 이상 20m 이하의 고인화점 위험물의 소규모 옥내저장소

1.6 위험물의 성질에 따른 옥내저장소의 특례

옥내저장소에 저장하는 위험물 중 폭발성이 강한 성질을 가진 것에 대한 저장시설에 대하여 보다 강화된 시설기준을 규정하고 있다.

(1) 다음에 해당하는 위험물을 저장 또는 취급하는 옥내저장소에 있어서는 옥내저장소 기준 내지 소규모 옥내저장소의 특례(I 내지 Ⅳ) 규정에 의하되, 당해 위험물의 성질에 따라 강화되는 기준은 (2) 내지 (4)에 의하여야 한다.

(가) 제5류 위험물 중 유기과산화물 또는 이를 함유하는 것으로서 지정수량이 10kg인 것(지정과산화물)

(나) 알킬알루미늄 등

(다) 히드록실아민 등

(2) 지정과산화물을 저장 또는 취급하는 옥내저장소에 대하여 강화되는 기준은 다음과 같다.

(가) 옥내저장소는 당해 옥내저장소의 외벽으로부터 제조소의 위치・구조 및 설비의 기준 중 안전거리([별표 4] I 제1호 가목 내지 다목)의 규정에 의한 건축물의 외벽 또는 이에 상당하는 공작물의 외측까지의 사이에 표 3.6에 정하는 안전거리를 두어야 한다.

표 3.6 지정과산화물의 옥내저장소의 안전거리

저장 또는 취급하는 위험물의 최대수량	안전거리					
	건축물 그 밖의 공작물로서 주거용 (별표 4 Ⅰ 제1호 가목)		학교·병원·극장 그 밖에 다수인을 수용하는 시설 (별표 4 Ⅰ 제1호 나목)		유형문화재와 지정문화재 (별표 4 Ⅰ 제1호 다목)	
	저장창고의 주위에 담 또는 토제[1]를 설치한 경우	왼쪽란에 정하는 경우 외의 경우	저장창고의 주위에 담 또는 토제[1]를 설치한 경우	왼쪽란에 정하는 경우 외의 경우	저장창고의 주위에 담 또는 토제[1]를 설치한 경우	왼쪽란에 정하는 경우 외의 경우
10배 이하	20m 이상	40m 이상	30m 이상	50m 이상	50m 이상	60m 이상
10배 초과 20배 이하	22m 이상	45m 이상	33m 이상	55m 이상	54m 이상	65m 이상
20배 초과 40배 이하	24m 이상	50m 이상	36m 이상	60m 이상	58m 이상	70m 이상
40배 초과 60배 이하	27m 이상	55m 이상	39m 이상	65m 이상	62m 이상	75m 이상
60배 초과 90배 이하	32m 이상	65m 이상	45m 이상	75m 이상	70m 이상	85m 이상
90배 초과 150배 이하	37m 이상	75m 이상	51m 이상	85m 이상	79m 이상	95m 이상
150배 초과 300배 이하	42m 이상	85m 이상	57m 이상	95m 이상	87m 이상	105m 이상
300배 초과	47m 이상	95m 이상	66m 이상	110m 이상	100m 이상	120m 이상

비고

1) 담 또는 토제[27]는 다음에 적합한 것으로 하여야 한다. 다만, 지정수량의 5배 이하인 지정과산화물의 옥내저장소에 대하여는 당해 옥내저장소의 저장창고의 외벽을 두께 30cm 이상의 철근콘크리트조 또는 철골철근콘크리트조로 만드는 것으로서 담 또는 토제에 대신할 수 있다.
   가. 담 또는 토제는 저장창고의 외벽으로부터 2m 이상 떨어진 장소에 설치할 것. 다만, 담 또는 토제와 당해 저장창고와의 간격은 당해 옥내저장소의 공지의 너비의 1/5을 초과할 수 없다.
   나. 담 또는 토제의 높이는 저장창고의 처마높이 이상으로 할 것
   다. 담은 두께 15cm 이상의 철근콘크리트조나 철골철근콘크리트조 또는 두께 20cm 이상의 보강콘크리트블록조로 할 것
   라. 토제의 경사면의 경사도는 60° 미만으로 할 것

2) 지정수량의 5배 이하인 지정과산화물의 옥내저장소에 당해 옥내저장소의 저장창고의 외벽을 1)에 의한 구조로 하고 주위에 1)의 규정에 의한 담 또는 토제를 설치하는 때에는 제조소의 안전거리([별표 4] Ⅰ 제1호 가목)에서 정하는 건축물 등까지의 사이의 거리를 10m 이상으로 할 수 있다.

27) 흙으로 만든 둑을 말한다.

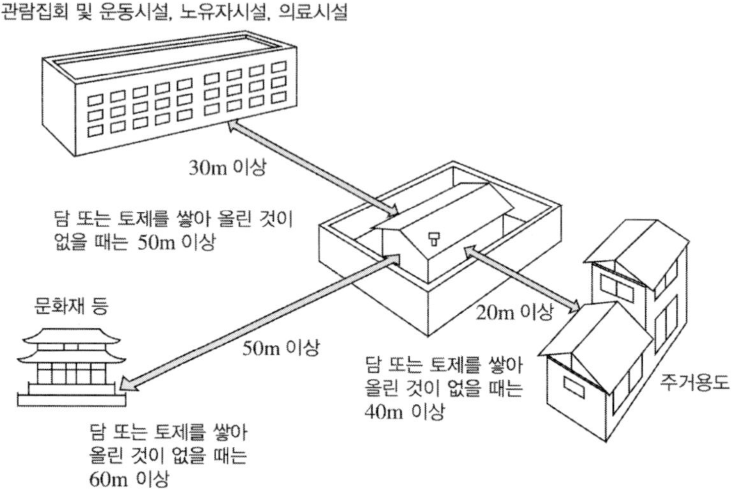

그림 3.29 ▌ 지정수량 10배 이하인 옥내저장소 안전거리

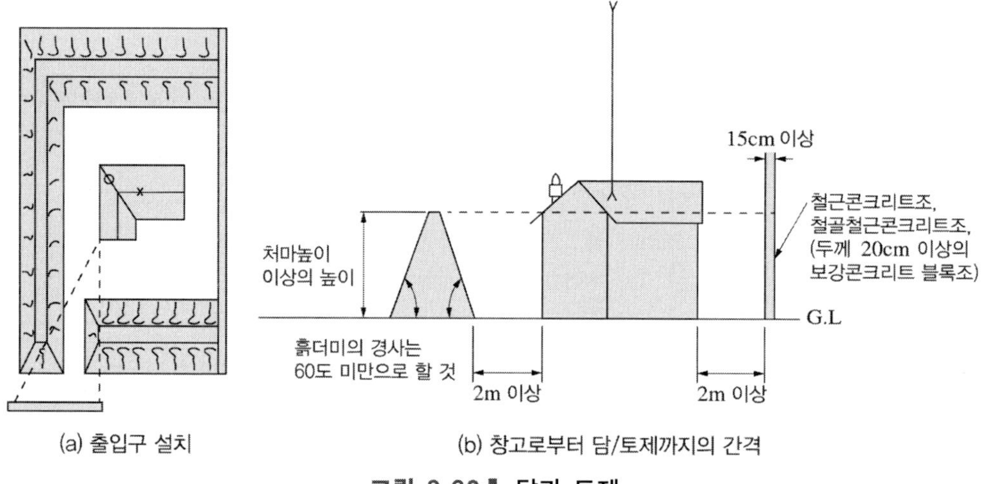

그림 3.30 ▌ 담과 토제

(나) 옥내저장소의 저장창고 주위에는 표 3.7에 정하는 너비의 공지를 보유하여야 한다. 다만, 2 이상의 옥내저장소를 동일한 부지 내에 인접하여 설치하는 때에는 당해 옥내저장소의 상호 간 공지의 너비를 동표에 정하는 공지 너비의 2/3로 할 수 있다.

표 3.7 지정과산화물의 옥내저장소의 보유공지

저장 또는 취급하는 위험물의 최대수량	공지의 너비	
	저장창고의 주위에 담 또는 토제[1)]를 설치하는 경우	왼쪽란에 정하는 경우 외의 경우
5배 이하	3.0m 이상	10m 이상
5배 초과 10배 이하	5.0m 이상	15m 이상
10배 초과 20배 이하	6.5m 이상	20m 이상
20배 초과 40배 이하	8.0m 이상	25m 이상
40배 초과 60배 이하	10.0m 이상	30m 이상
60배 초과 90배 이하	11.5m 이상	35m 이상
90배 초과 150배 이하	13.0m 이상	40m 이상
150배 초과 300배 이하	15.0m 이상	45m 이상
300배 초과	16.5m 이상	50m 이상

비고

1. 담 또는 토제는 다음에 적합한 것으로 하여야 한다. 다만, 지정수량의 5배 이하인 지정과산화물의 옥내저장소에 대하여는 당해 옥내저장소의 저장창고의 외벽을 두께 30cm 이상의 철근콘크리트조 또는 철골철근콘크리트조로 만드는 것으로서 담 또는 토제에 대신할 수 있다.
   가. 담 또는 토제는 저장창고의 외벽으로부터 2m 이상 떨어진 장소에 설치할 것. 다만, 담 또는 토제와 당해 저장창고와의 간격은 당해 옥내저장소의 공지의 너비의 1/5을 초과할 수 없다.
   나. 담 또는 토제의 높이는 저장창고의 처마높이 이상으로 할 것
   다. 담은 두께 15cm 이상의 철근콘크리트조나 철골철근콘크리트조 또는 두께 20cm 이상의 보강콘크리트블록조로 할 것
   라. 토제의 경사면의 경사도는 60° 미만으로 할 것
2. 지정수량의 5배 이하인 지정과산화물의 옥내저장소에 당해 옥내저장소의 저장창고의 외벽을 1)에 의한 구조로 하고 주위에 1)의 규정에 의한 담 또는 토제를 설치하는 때에는 그 공지의 너비를 2m 이상으로 할 수 있다.

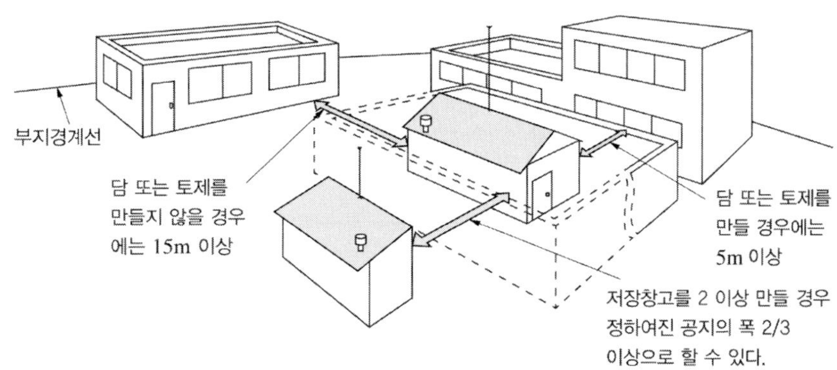

그림 3.31 ▌ 지정수량의 5배 초과 10배 이하인 옥내저장소의 보유공지

(다) 옥내저장소의 저장창고의 기준은 다음과 같다.

1) 저장창고는 150m^2 이내마다 격벽으로 완전하게 구획할 것. 이 경우 당해 격벽은 두께 30cm 이상의 철근콘크리트조 또는 철골철근콘크리트조로 하거나 두께 40cm 이상의 보강콘크리트블록조로 하고, 당해 저장창고의 양측의 외벽으로부터 1m 이상, 상부의 지붕으로부터 50cm 이상 돌출하게 하여야 한다.

2) 저장창고의 외벽은 두께 20cm 이상의 철근콘크리트조나 철골철근콘크리트조 또는 두께 30cm 이상의 보강콘크리트블록조로 할 것

3) 저장창고의 지붕은 다음에 적합할 것

가) 중도리 또는 서까래의 간격은 30cm 이하로 할 것

나) 지붕의 아래쪽 면에는 한 변의 길이가 45cm 이하의 환강・경량형강 등으로 된 강제의 격자를 설치할 것

다) 지붕의 아래쪽 면에 철망을 쳐서 불연재료의 도리・보 또는 서까래에 단단히 결합할 것

라) 두께 5cm 이상, 너비 30cm 이상의 목재로 만든 받침대를 설치할 것

4) 저장창고의 출입구에는 갑종방화문을 설치할 것

5) 저장창고의 창은 바닥면으로부터 2m 이상의 높이에 두되, 하나의 벽면에 두는 창의 면적의 합계를 당해 벽면의 면적의 1/80 이내로 하고, 하나의 창의 면적을 0.4m^2 이내로 할 것

(라) 옥내저장소의 기준 내지 소규모 옥내저장소의 특례(Ⅱ 내지 Ⅳ)의 규정은 적용하지 않는다.

(3) 알킬알루미늄 등을 저장 또는 취급하는 옥내저장소에 대하여 강화되는 기준은 다음과 같다.

(가) 옥내저장소에는 누설범위를 국한하기 위한 설비 및 누설한 알킬알루미늄 등을 안전한 장소에 설치된 조槽로 끌어들일 수 있는 설비를 설치하여야 한다.

(나) 옥내저장소의 기준 내지 소규모 옥내저장소의 특례(Ⅱ 내지 Ⅳ)의 규정은 적용하지 않는다.

(4) 히드록실아민 등을 저장 또는 취급하는 옥내저장소에 대하여 강화되는 기준은 히드록실아민 등의 온도의 상승에 의한 위험한 반응을 방지하기 위한 조치를 강구하는 것으로 한다.

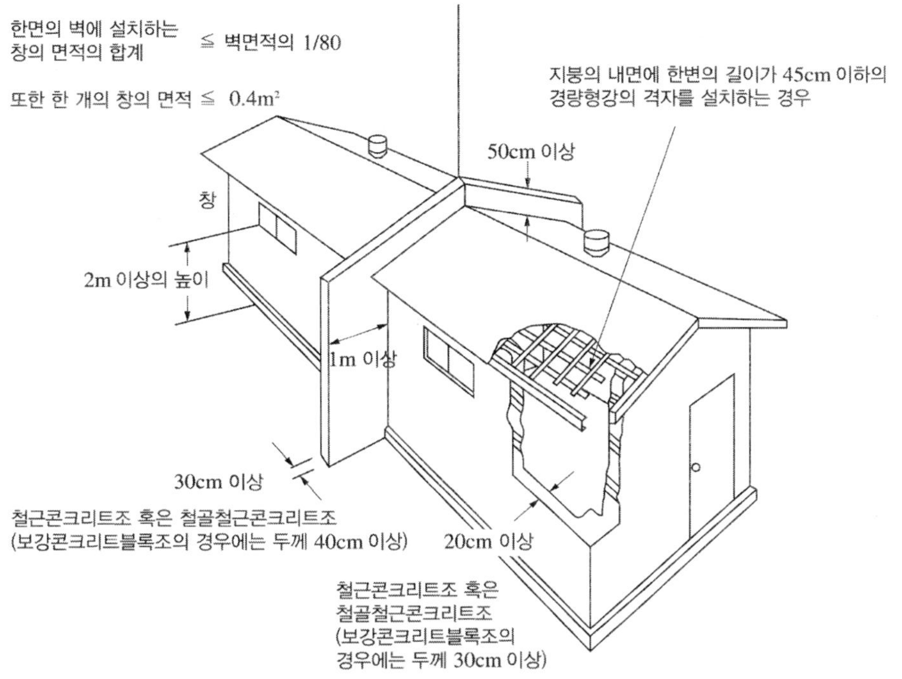

그림 3.32 지정유기과산화물의 저장창고 구조 예시

1.7 수출입 하역장소의 옥내저장소의 특례

「관세법」에 따른 보세구역, 「항만법」에 따른 항만 또는 항만배후단지 내에서 수출입을 위한 위험물을 저장 또는 취급하는 옥내저장소 중 옥내저장소 기준(I (제2호는 제외))에 적합한 것은 표 3.8에 정하는 너비의 공지를 보유할 수 있다.

표 3.8 보유공지

저장 또는 취급하는 위험물의 최대수량	공지의 너비	
	벽·기둥 및 바닥이 내화구조로 된 건축물	그 밖의 건축물
지정수량의 5배 이하		0.5m 이상
지정수량의 5배 초과 10배 이하	1m 이상	1.5m 이상
지정수량의 10배 초과 20배 이하	2m 이상	3m 이상
지정수량의 20배 초과 50배 이하	3m 이상	3.3m 이상
지정수량의 50배 초과 200배 이하	3.3m 이상	3.5m 이상
지정수량의 200배 초과	3.5m 이상	5m 이상

2. 옥외탱크저장소

옥외탱크저장소는 옥외에 있는 탱크에 위험물을 저장 또는 취급하기 위한 저장소를 말하며, 대부분 액체위험물을 저장하는 데 사용되는 시설이다. 옥외탱크저장소는 옥외저장탱크만 해당되는 것이 아니라 방유제, 펌프설비, 소화설비, 보유공지 등이 포함된다.

옥외탱크저장소에 관한 기준은 저장 액체위험물의 최대수량에 따라 100만L 이상인 것을 특정옥외탱크저장소, 50만L 이상에서 100만L 미만인 것을 준특정옥외탱크저장소로 규정하여 50만L 미만의 것에 비하여 강한 규제를 하고 있다. 또한 옥외에 설치되기 때문에 기타 탱크저장소보다 위험에 노출될 확률이 높다.

2.1 종류 및 특성

개방형 탱크, 원추형탱크, 원형탱크, 부상지붕식 탱크, 구형탱크가 있으며 그 외에 땅속에 있는 지중탱크와 바다위의 해상탱크 등으로 구분된다.

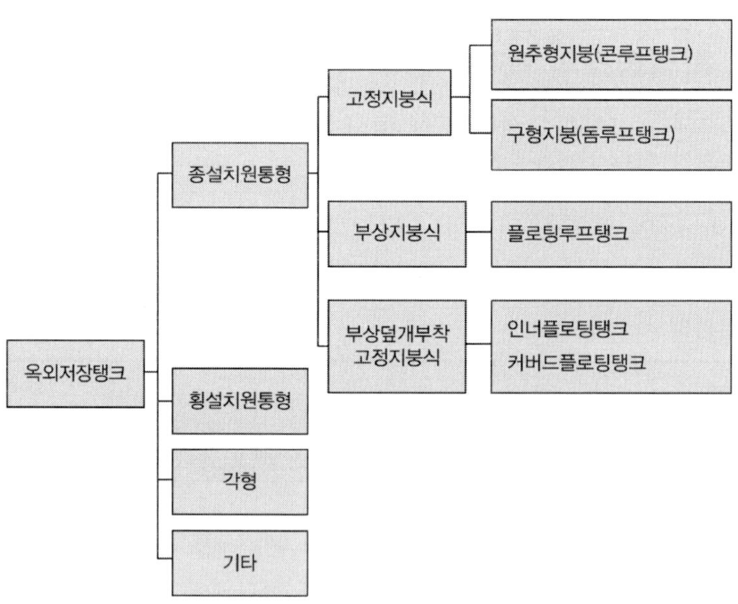

그림 3.33 ▌ 옥외저장탱크의 종류

2.1.1 개방형 탱크(Open tank)

개방형 탱크는 지붕부분이 없는 탱크이다. 따라서 빗물, 화기 등의 유입이 예상되어 폭발이나 화재를 일으킬 가능성이 있는 위험물, 물과의 반응성이 있는 위험물, 유독가스를 발생할 수 있는 위험물 등은 저장할 수 없다.

2.1.2 원추형 탱크(Cone roof tank)

원추형 탱크는 평평한 저판, 원통형의 측판 및 원추형의 고정된 지붕으로 구성된 탱크이다. 보통 대기압에 가까운 미세한 증기압을 갖는 위험물 저장용으로 사용된다. 가장 일반적으로 사용되고 있으며 유지관리가 쉽고 비교적 시설비가 저렴하여 대량으로 위험물을 저장·취급하는 제조소 등에서 흔히 볼 수 있는 탱크이다.

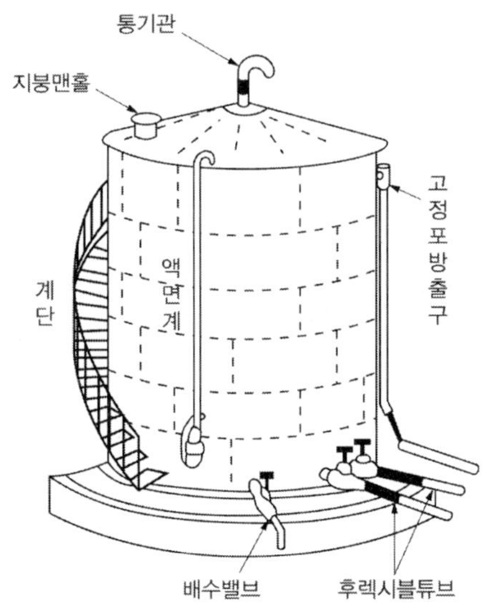

그림 3.34 ▌ 원추형 탱크

2.1.3 원통형 탱크(Horizontal tank)

원통형 탱크는 원형의 몸체에 양쪽 또는 지붕판에 볼록한 형태의 탱크로서 일반적으로 약간의 압력을 가지는 위험물을 저장하거나, 소규모 제조소나 취급소에서 사용되는 탱크이다. 종형과 횡형의 두 가지가 있으며 종형의 경우는 가장 일반적인 형태로서 소용량의 것에서 대용량의 것까지 폭넓게 사용되며 지붕에 해당되는 부분이 내용적의 계산에서 제외된다. 횡형은 내압에 대하여 강한 특징이 있으므로 압력탱크로도 사용된다.

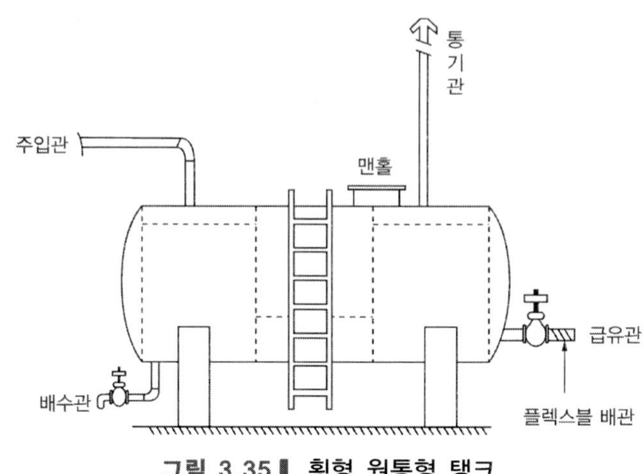

그림 3.35 ▌ 횡형 원통형 탱크

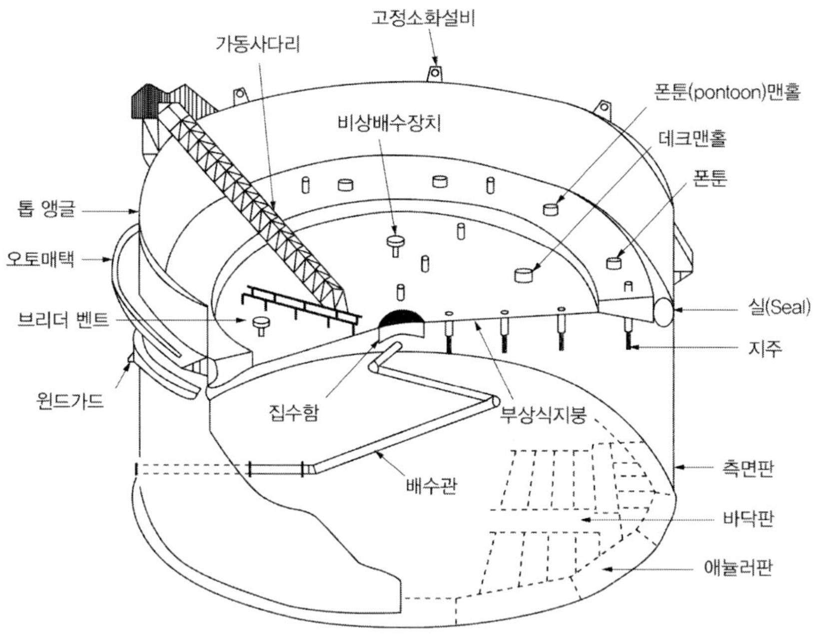

그림 3.36 ▌ 부상지붕식 탱크

2.1.4 부상지붕식 탱크(Floating roof tank)

부상지붕식 탱크는 저장하는 위험물이 휘발성분을 다량 함유하고 있을 때 그 증발손실 및 인화 가능 면적을 최소화하기 위하여 고안된 것으로 고정식 지붕 대신 저장 위험물의 증감에 따라 상·하로 움직이는 지붕을 갖는 탱크이다. 수분이 소량 유입되어 오염되어도 특별한 문제가 없는 원유 등을 저장하는 개방형 부동지붕식 탱크와 수분 등이 혼입되면 곤란한 고품질의 제품인 항공유, 휘발유 등의 저장용으로 사용되는 고정식지붕형 부동지붕식 탱크가 있다.

2.1.5 구형 탱크(Ball tank)

구형 탱크는 공 모양의 탱크다. 이론적으로 고압의 위험물을 저장하기에 가장 적합한 형태의 탱크로서 제조소에서 고압 반응조 등으로 사용되는 경우가 많다. 위험물뿐만 아니라 고압가스(산소, 도시가스, LPG, 암모니아 등) 저장에도 많이 사용된다.

2.1.6 각형 탱크

각형 탱크는 주로 보조탱크 등으로 사용되는데 지주(받침대) 등을 설치하여 높은 장소에 설치되는 수가 많다. 용량이 큰 것은 구조상 강도가 약한 점 등 불리한 점이 많아 별로 사용되지 않는다.

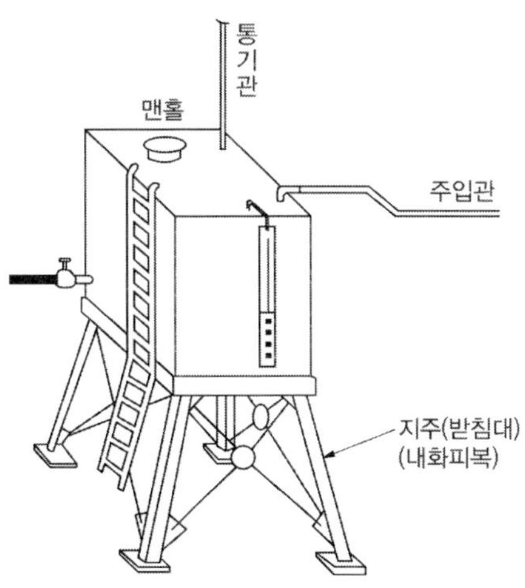

그림 3.37 각형 탱크

2.2 위험물의 저장수량

탱크의 용량은 탱크의 내용적에서 공간용적을 뺀 용적으로 나타낸 것으로 탱크의 허가수량은 실제 저장량과는 관계없이 탱크의 용량에 의하여 결정한다. 저장탱크의 내용적 및 공간용적에 관한 사항은 다음과 같다.

2.2.1 탱크 용적의 산정기준

(가) 위험물을 저장 또는 취급하는 탱크의 용량은 당해 탱크의 내용적에서 공간용적을 뺀 용적으로 한다. 이 경우 위험물을 저장 또는 취급하는 차량에 고정된 탱크(이동저장탱크)의 용량은 자동차안전기준에 관한 규칙에 의한 최대적재량 이하로 하여야 한다.

(나) 탱크의 내용적 및 공간용적의 계산방법은 소방청장이 정하여 고시(위험물안전관리에 관한 세부기준)한다.

(다) 제조소 또는 일반취급소의 위험물을 취급하는 탱크 중 특수한 구조 또는 설비를 이용함에 따라 당해 탱크 내의 위험물의 최대량이 용량 이하인 경우에는 당해 최대량을 용량으로 한다.

2.2.2 탱크의 내용적 및 공간용적(「위험물안전관리법 시행규칙」 제5조 제2항)

(가) 탱크의 공간용적은 탱크의 내용적의 5/100 이상 10/100 이하의 용적으로 한다. 다만, 소화설비(소화약제 방출구를 탱크안의 윗부분에 설치하는 것에 한함)를 설치하는 탱크의 공간용적은 당해 소화설비의 소화약제방출구 아래의 0.3m 이상 1m 미만 사이의 면으로부터 윗부분의 용적으로 한다.

(나) 암반탱크에 있어서는 당해 탱크 내에 용출하는 7일간의 지하수의 양에 상당하는 용적과 당해 탱크의 내용적의 1/100의 용적 중에서 보다 큰 용적을 공간용적으로 한다.

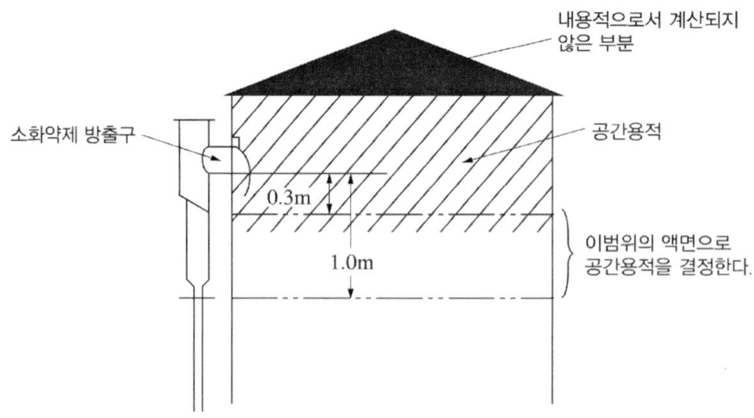

그림 3.38 ▌ 소화설비를 설치한 탱크의 공간용적

2.2.3 탱크의 내용적 계산방법

(가) 타원형 탱크의 내용적

1) 양쪽이 볼록한 것

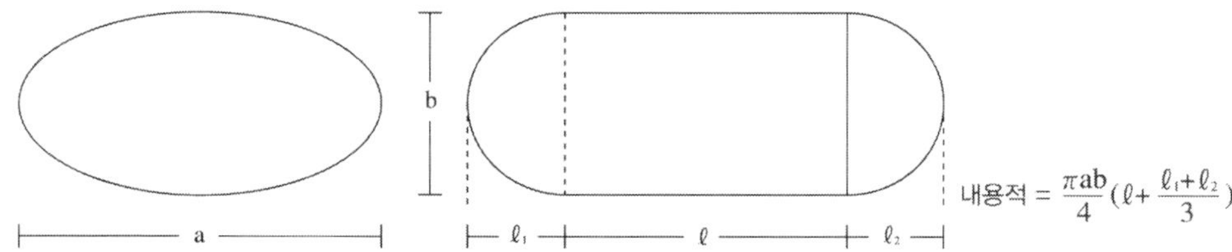

그림 3.39 ▌ 양쪽이 볼록한 형태

2) 한쪽은 볼록하고 다른 한쪽은 오목한 것

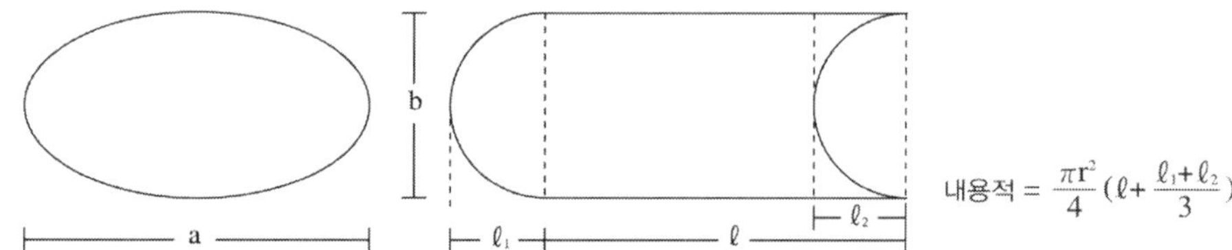

그림 3.40 ▌ 한쪽은 볼록 다른 한쪽은 오목한 형태

(나) 원통형 탱크의 내용적

1) 횡으로 설치한 것

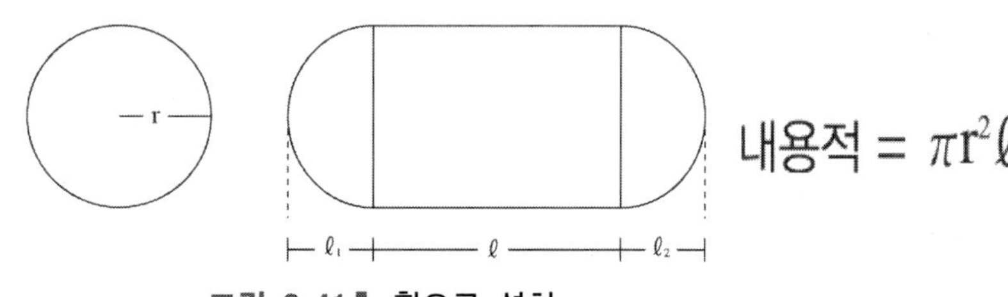

그림 3.41 ▌ 횡으로 설치

2) 종으로 설치한 것

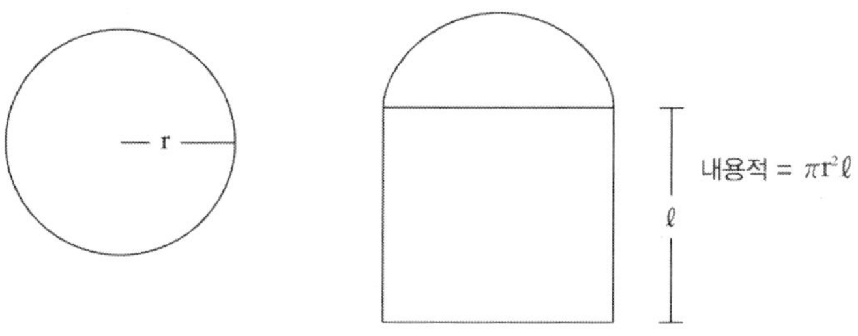

그림 3.42 ▌ 종으로 설치

(다) 그 밖의 탱크 : 통상의 수학적 계산방법에 의할 것. 다만, 쉽게 그 내용적을 계산하기 어려운 탱크에 있어서는 당해 탱크의 내용적의 근사계산에 의할 수 있다.

2.3 안전거리

위험물을 저장 또는 취급하는 옥외탱크(옥외저장탱크)는 제조소의 위치・구조 및 설비 기준의 안전거리([별표 4] I)의 규정에 준하여 안전거리를 두어야 한다.

2.4 보유공지

보유공지의 형태는 수평에 가까울 것이며, 또한 공지의 지반면 및 윗부분은 물건 등이 방치되지 않도록 해야 한다. 보유공지는 옥외탱크저장소의 구성부분이므로 당해 시설의 소유자 등이 법적으로 권리를 확보해야 한다.

(1) 옥외저장탱크(위험물을 이송하기 위한 배관 그 밖에 이에 준하는 공작물을 제외)의 주위에는 그 저장 또는 취급하는 위험물의 최대수량에 따라 옥외저장탱크의 측면으로부터 다음 표 3.9에 의한 너비의 공지를 보유하여야 한다.

표 3.9 보유공지

저장 또는 취급하는 위험물의 최대수량	공지의 너비
지정수량의 500배 이하	3m 이상
지정수량의 500배 초과 1,000배 이하	5m 이상
지정수량의 1,000배 초과 2,000배 이하	9m 이상
지정수량의 2,000배 초과 3,000배 이하	12m 이상
지정수량의 3,000배 초과 4,000배 이하	15m 이상
지정수량의 4,000배 초과	당해 탱크의 수평단면의 최대지름(횡형인 경우에는 긴 변)과 높이 중 큰 것과 같은 거리 이상. 다만, 30m 초과의 경우에는 30m 이상으로 할 수 있고, 15m 미만의 경우에는 15m 이상으로 하여야 한다.

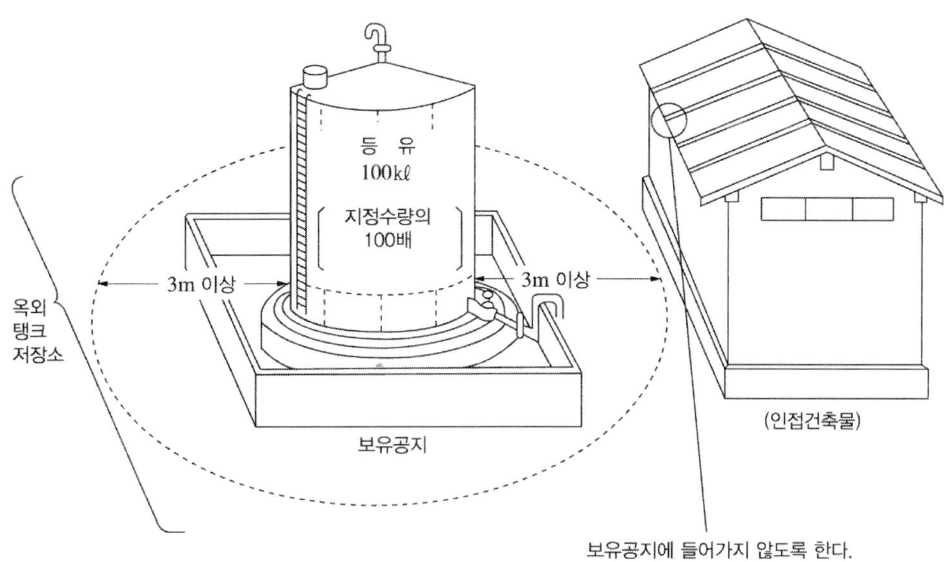

그림 3.43 ▌ 보유공지의 예시

(2) 제6류 위험물 외의 위험물을 저장 또는 취급하는 옥외저장탱크(지정수량의 4,000배를 초과하여 저장 또는 취급하는 옥외저장탱크를 제외)를 동일한 방유제 안에 2개 이상 인접하여 설치하는 경우 그 인접하는 방향의 보유공지는 보유공지의 1/3분 이상의 너비로 할 수 있다. 이 경우 보유공지의 너비는 3m 이상이 되어야 한다.

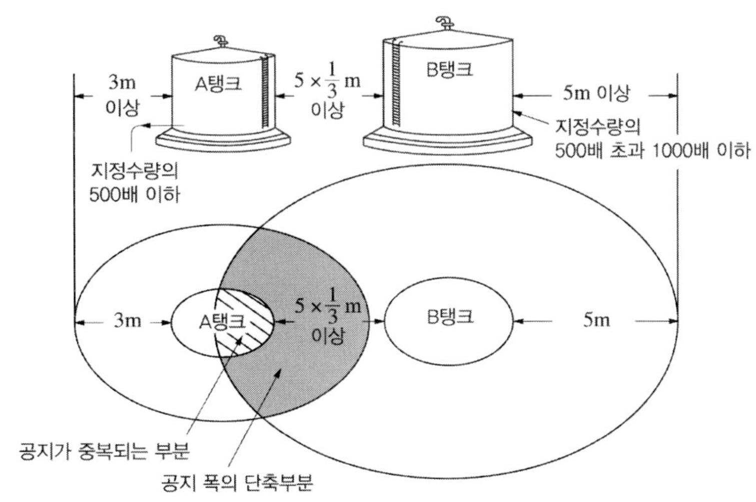

그림 3.44 ▌ 보유공지 단축(기준의 1/3)의 예시

(3) 제6류 위험물을 저장 또는 취급하는 옥외저장탱크는 보유공지의 1/3분 이상의 너비로 할 수 있다. 이 경우 보유공지의 너비는 1.5m 이상이 되어야 한다.

(4) 제6류 위험물을 저장 또는 취급하는 옥외저장탱크를 동일구 내에 2개 이상 인접하여 설치하는 경우 그 인접하는 방향의 보유공지는 (3)에 의하여 산출된 너비의 1/3분 이상의 너비로 할 수 있다. 이 경우 보유공지의 너비는 1.5m 이상이 되어야 한다.

(5) 옥외저장탱크(공지단축 옥외저장탱크)에 다음 기준에 적합한 물분무설비로 방호조치를 하는 경우에는 그 보유공지를 (1)에 의한 보유공지의 1/2분 이상의 너비(최소 3m 이상)로 할 수 있다. 이 경우 공지단축 옥외저장탱크의 화재 시 $1m^2$당 20kW 이상의 복사열에 노출되는 표면을 갖는 인접한 옥외저장탱크가 있으면 당해 표면에도 다음 기준에 적합한 물분무설비로 방호조치를 함께하여야 한다.

(가) 탱크의 표면에 방사하는 물의 양은 탱크의 원주길이 1m에 대하여 분당 37L 이상으로 할 것

(나) 수원의 양은 가목의 규정에 의한 수량으로 20분 이상 방사할 수 있는 수량으로 할 것

(다) 탱크에 보강링이 설치된 경우에는 보강링의 아래에 분무헤드를 설치하되, 분무헤드는 탱크의 높이 및 구조를 고려하여 분무가 적정하게 이루어 질 수 있도록 배치할 것

(라) 물분무소화설비의 설치기준에 준할 것

2.5 표지 및 게시판

(1) 옥외탱크저장소에는 제조소의 위치・구조 및 설비 기준([별표 4] Ⅲ제1호, Ⅲ제2호)에 따라 보기 쉬운 곳에 "위험물 옥외탱크저장소"라는 표시를 한 표지와 방화에 관하여 필요한 사항을 게시한 게시판을 설치하여야 한다.

(2) 탱크의 군群에 있어서는 표지 및 게시판을 그 의미 전달에 지장이 없는 범위 안에서 보기 쉬운 곳에 일괄하여 설치할 수 있다. 이 경우 게시판과 각 탱크가 대응될 수 있도록 하는 조치를 강구하여야 한다.

2.6 기초 및 지반

2.6.1 특정 옥외저장탱크

(1) 옥외탱크저장소 중 그 저장 또는 취급하는 액체위험물의 최대수량이 100만L 이상의

것(특정 옥외탱크저장소)의 옥외저장탱크(특정 옥외저장탱크)의 기초 및 지반은 당해 기초 및 지반 상에 설치하는 특정 옥외저장탱크 및 그 부속설비의 자중, 저장하는 위험물의 중량 등의 하중(탱크하중)에 의하여 발생하는 응력에 대하여 안전한 것으로 하여야 한다.

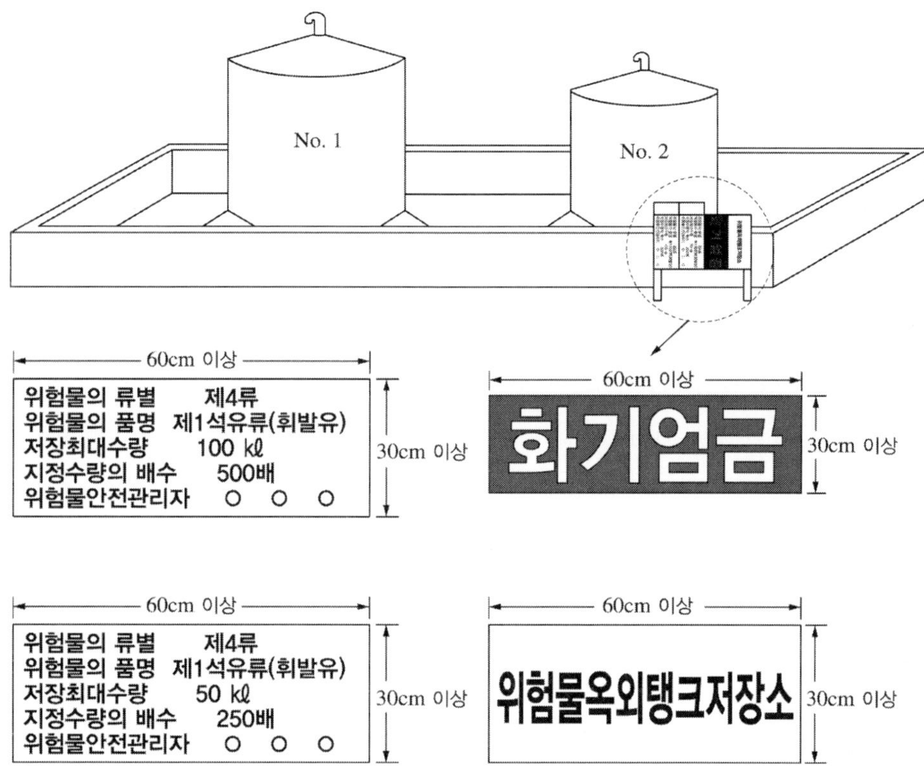

그림 3.45 ▌ 표지 및 게시판 예시

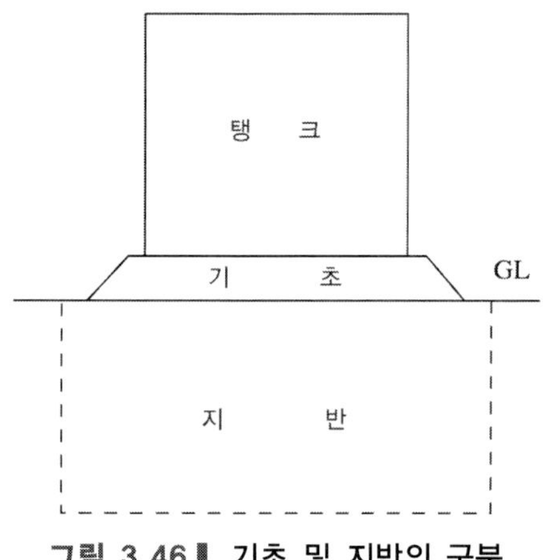

그림 3.46 ▌ 기초 및 지반의 구분

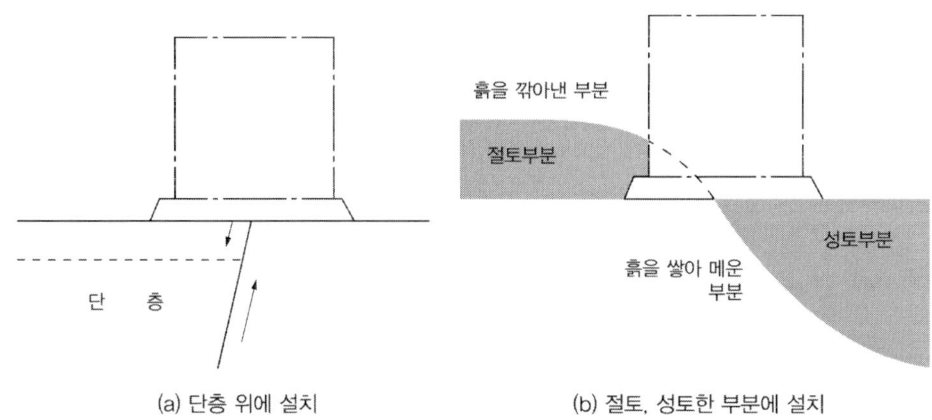

그림 3.47 ▌ 탱크의 설치 예시

(2) 기초 및 지반은 다음에 정하는 기준에 적합하여야 한다.

(가) 지반은 암반의 단층, 절토 및 성토에 걸쳐 있는 등 활동을 일으킬 우려가 있는 경우가 아니어야 한다.

(나) 지반은 다음에 적합할 것

1) 소방청장이 정하여 고시하는 범위 내에 있는 지반이 표준관입시험 및 평판재하시험에 의하여 각각 표준관입시험치가 20 이상 및 평판재하시험치 [5mm 침하 시에 있어서의 시험치(K30치)로 한다]가 $1m^3$당 100MN 이상의 값일 것

2) 지반이 다음의 기준에 적합할 것

가) 탱크하중에 대한 지지력 계산에 있어서의 지지력안전율 및 침하량 계산에 있어서의 계산침하량이 소방청장이 정하여 고시하는 값일 것

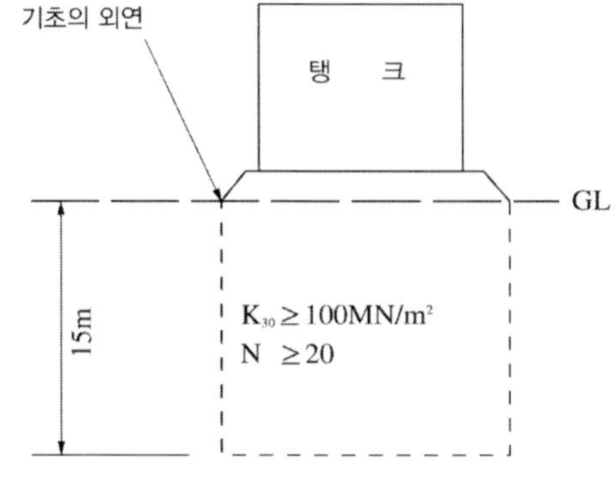

그림 3.48 ▌ 개량을 필요하지 않는 지반

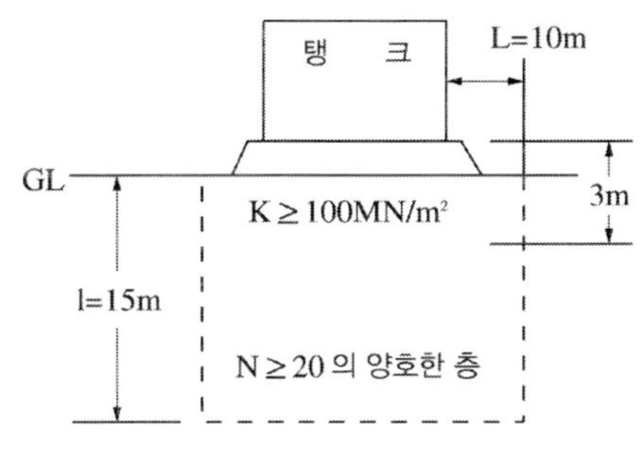

그림 3.49 개량지반(수평층상 지반)

나) 기초(소방청장이 정하여 고시하는 것에 한함)의 표면으로부터 3m 이내의 기초직하의 지반부분이 기초와 동등 이상의 견고성이 있고, 지표면으로부터의 깊이가 15m까지의 지질(기초의 표면으로부터 3m 이내의 기초직하의 지반부분을 제외)이 소방청장이 정하여 고시하는 것 외의 것일 것

다) 점성토 지반은 압밀도시험에서, 사질토 지반은 표준관입시험에서 각각 압밀하중에 대하여 압밀도가 90%[28] 이상 또는 표준관입시험치가 평균 15 이상의 값일 것

3) 1) 또는 2)와 동등 이상의 견고함이 있을 것

(다) 지반이 바다, 하천, 호수와 늪 등에 접하고 있는 경우에는 활동에 관하여 소방청장이 정하여 고시하는 안전율이 있을 것

(라) 기초는 사질토 또는 이와 동등 이상의 견고성이 있는 것을 이용하여 소방청장이 정하여 고시하는 바에 따라 만드는 것으로서 평판재하시험의 평판재하시험치가 $1m^3$당 100MN 이상의 값을 나타내는 것(성토) 또는 이와 동등 이상의 견고함이 있는 것으로 할 것

(마) 기초(성토인 것에 한함)는 그 윗면이 특정 옥외저장탱크를 설치하는 장소의 지하수위와 2m 이상의 간격을 확보할 것

---

28) 미소한 침하가 장기간 계속되는 경우에는 10일간(미소침하측정기간) 계속하여 측정한 침하량의 합의 1일당 평균침하량이 침하의 측정을 개시한 날부터 미소침하측정기간의 최종일까지의 총침하량의 0.3% 이하인 때에는 당해 지반에서의 압밀도가 90%인 것으로 본다.

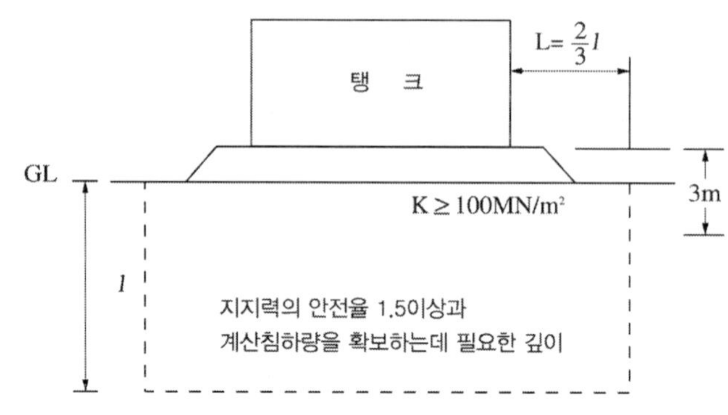

그림 3.50 ▌ 개량지반(수평층상이 아닌 지반)

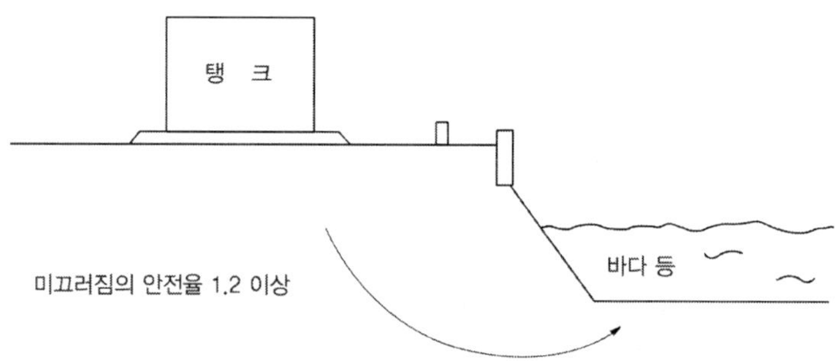

그림 3.51 ▌ 지표면에 단차가 있는 지반

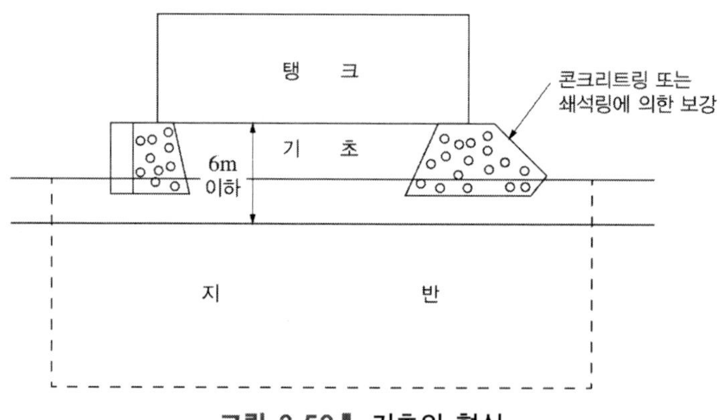

그림 3.52 ▌ 기초의 형식

(바) 기초 또는 기초의 주위에는 소방청장이 정하여 고시하는 바에 따라 당해 기초를 보강하기 위한 조치를 강구할 것

(3) 이 외에 기초 및 지반에 관하여 필요한 사항은 소방청장이 정하여 고시한다.

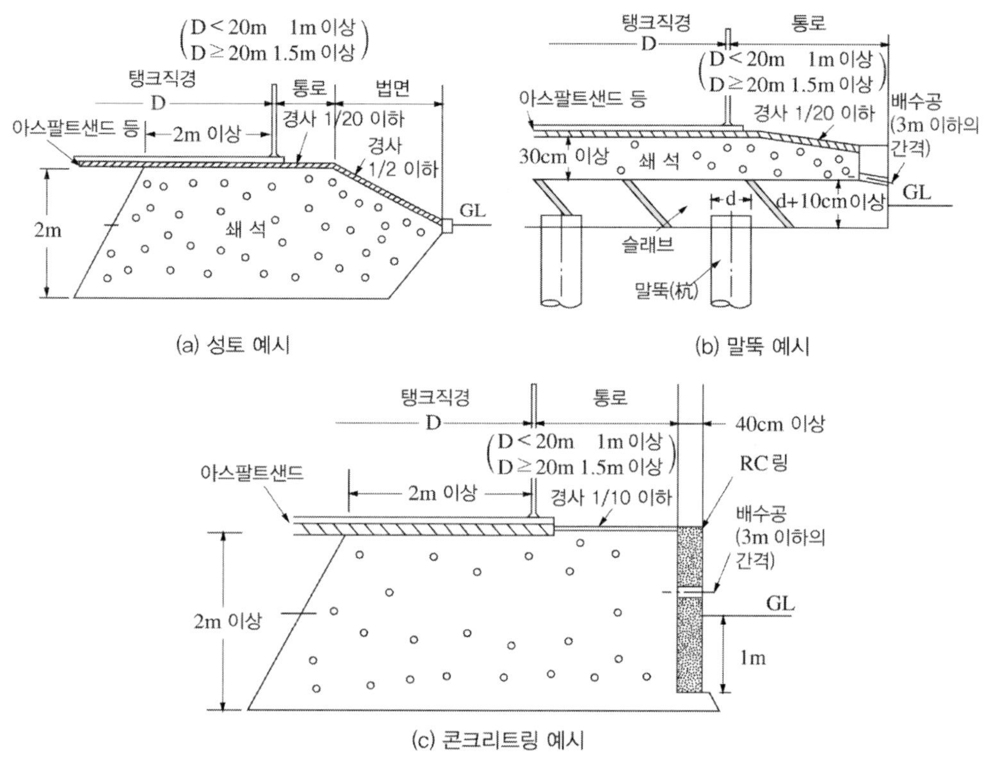

그림 3.53 ▌ 기초 및 지반의 예시

(4) 특정 옥외저장탱크의 기초 및 지반은 (2)(나)1)의 규정에 의한 표준관입시험 및 평판재하시험, (2)(나)2)다)의 규정에 의한 압밀도시험 또는 표준관입시험, 동호 라목의 규정에 의한 평판재하시험 및 그 밖에 소방청장이 정하여 고시하는 시험을 실시하였을 때 당해 시험과 관련되는 규정에 의한 기준에 적합하여야 한다.

2.6.2 준특정 옥외저장탱크

옥외탱크저장소중 그 저장 또는 취급하는 액체위험물의 최대수량이 50만L 이상 100만L 미만의 것(준특정 옥외탱크저장소)의 옥외저장탱크(준특정 옥외저장탱크)의 기초 및 지반은 다음에서 정하는 바에 따라 견고하게 하여야 한다.

(1) 기초 및 지반은 탱크하중에 의하여 발생하는 응력에 대하여 안전한 것으로 하여야 한다.

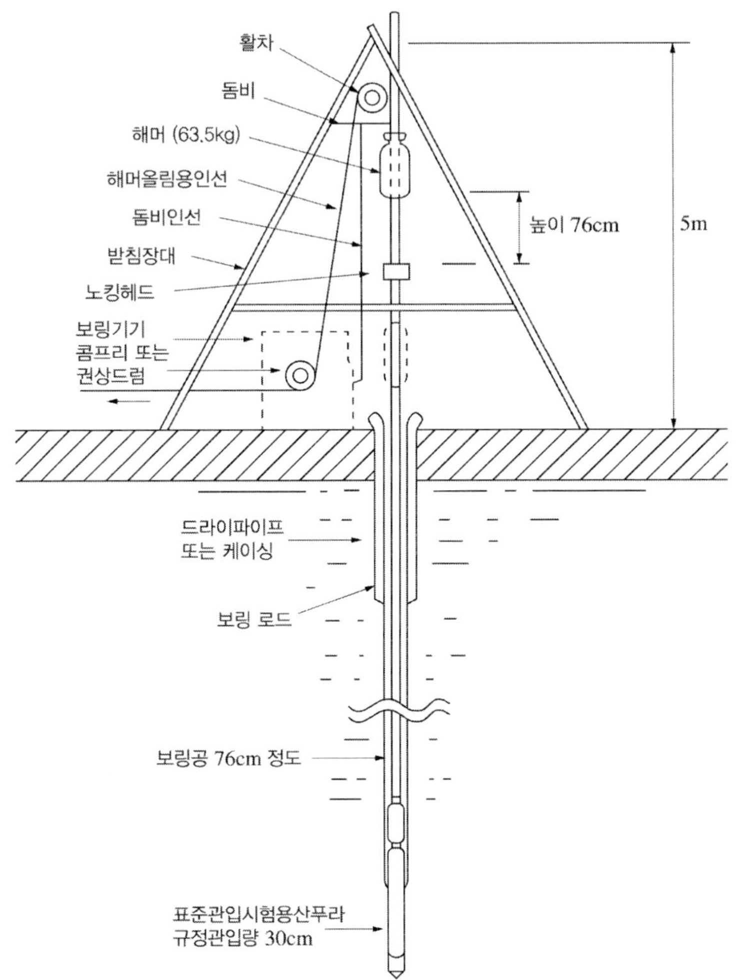

그림 3.54 ▌ 표준관입시험 예시

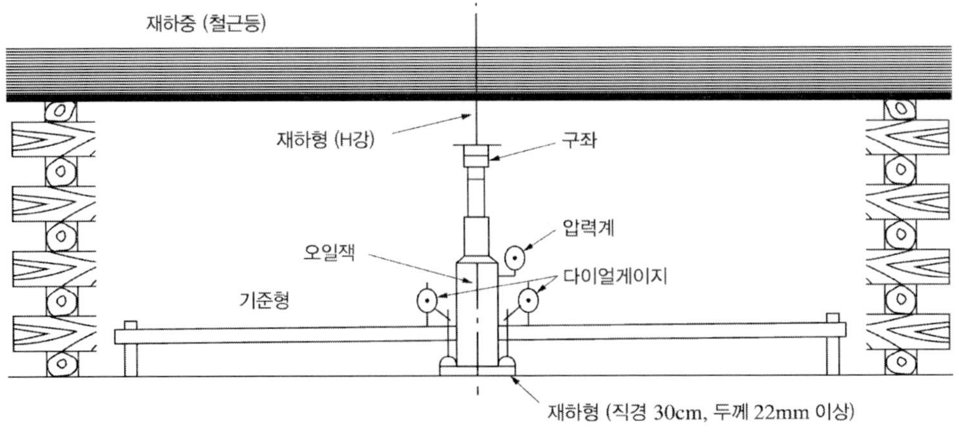

그림 3.55 ▌ 평판재하시험장치 예시

(2) 기초 및 지반은 다음 기준에 적합하여야 한다.

(가) 지반은 암반의 단층, 절토 및 성토에 걸쳐 있는 등 활동을 일으킬 우려가 없을 것

(나) 지반은 다음에 적합할 것

1) 소방청장이 정하여 고시하는 범위 내에 있는 지반이 암반 그 밖의 견고한 것일 것

2) 소방청장이 정하여 고시하는 범위 내에 있는 지반이 다음의 기준에 적합할 것

가) 당해 지반에 설치하는 준특정 옥외저장탱크의 탱크하중에 대한 지지력 계산에 있어서의 지지력안전율 및 침하량 계산에 있어서의 계산침하량이 소방청장이 정하여 고시하는 값일 것

나) 소방청장이 정하여 고시하는 지질 외의 것일 것(기초가 소방청장이 정하여 고시하는 구조인 경우를 제외)

3) 2)와 동등 이상의 견고함이 있을 것

(다) 지반이 바다, 하천, 호수와 늪 등에 접하고 있는 경우에는 활동에 관하여 소방청장이 정하여 고시하는 안전율이 있을 것

(라) 기초는 사질토 또는 이와 동등 이상의 견고성이 있는 것을 이용하여 소방청장이 정하여 고시하는 바에 따라 만들거나 이와 동등 이상의 견고함이 있는 것으로 할 것

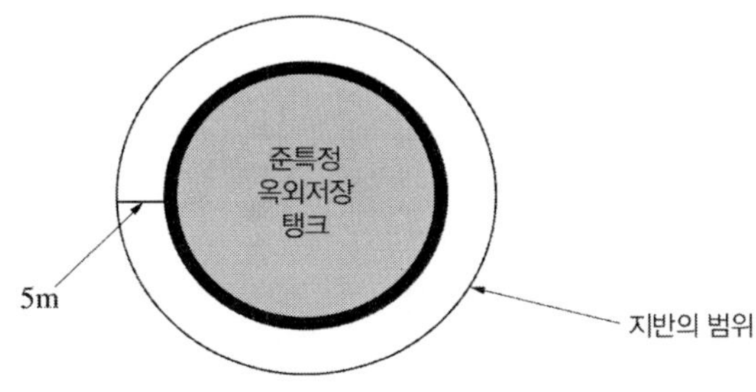

그림 3.56 ▌ 지반의 범위

(마) 기초(사질토 또는 이와 동등 이상의 견고성이 있는 것을 이용하여 소방청장이 정하여 고시하는 바에 따라 만드는 것에 한함)는 그 윗면이 준특정 옥외저장탱크를 설치하는 장소의 지하수위와 2m 이상의 간격을 확보할 것

(3) 이 외에 기초 및 지반에 관하여 필요한 사항은 소방청장이 정하여 고시한다.

2.7 외부구조 및 설비

2.7.1 옥외저장탱크

(1) 옥외저장탱크는 특정 옥외저장탱크 및 준특정 옥외저장탱크 외에는 두께 3.2mm 이상의 강철판 또는 소방청장이 정하여 고시하는 규격에 적합한 재료로, 특정 옥외저장탱크 및 준특정 옥외저장탱크는 특정 및 준특정 옥외저장탱크의 구조(Ⅶ 및 Ⅷ)에 의하여 소방청장이 정하여 고시하는 규격에 적합한 강철판 또는 이와 동등 이상의 기계적 성질 및 용접성이 있는 재료로 틈이 없도록 제작하여야 하고, 압력탱크[29] 외의 탱크는 충수시험, 압력탱크는 최대상용압력의 1.5배의 압력으로 10분간 실시하는 수압시험에서 각각 새거나 변형되지 않아야 한다.

용접의 시공은 용접시공방법 확인시험의 방법(세부기준 제62조)에 의해 이어붙임 부분의 안전이 확인되는 것이어야 한다. 옆판의 이어붙임 완전용입 맞대기용접으로 하며, 단을 다르게 하는 세로로 이어붙임과 동일선상에 위치하지 않도록 설치하여야 한다.

측판과 에뉼러판(밑판을 포함)과의 용접은 부분용입 그룹용접 또는 이것과 동등 이상의 강도를 갖는 용접이 되어야 한다. 또 용접부는 유류를 저장하는 상태가 되면 커다란 응력이 발생하므로 응력집중이 없도록 매끄러운 형상이 되도록 용접을 한다. 에뉼러판과 에뉼러판 상호 간에는 뒷면에 받침쇠를 댄 맞대기용접을 하고, 에뉼러판과 밑판 및 밑판 상호간의 이어붙임은 받침쇠를 사용한 맞대기용접 또는 겹치기용접으로 해야 한다.

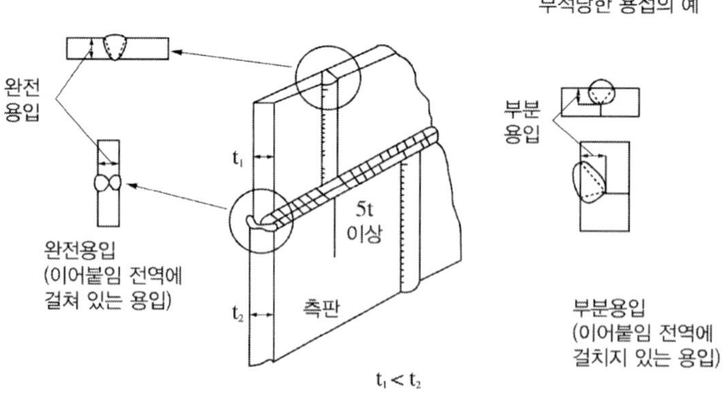

그림 3.57 ▮ 옆판의 이어붙임

29) 최대상용압력이 대기압을 초과하는 탱크를 말한다.

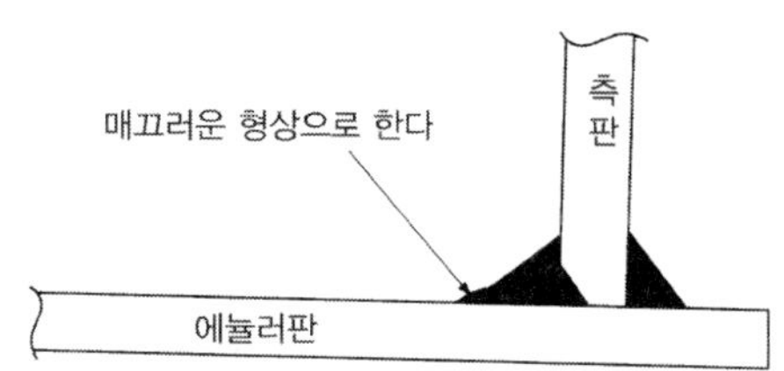

그림 3.58 ▌ 측판과 에뉼러판 용접

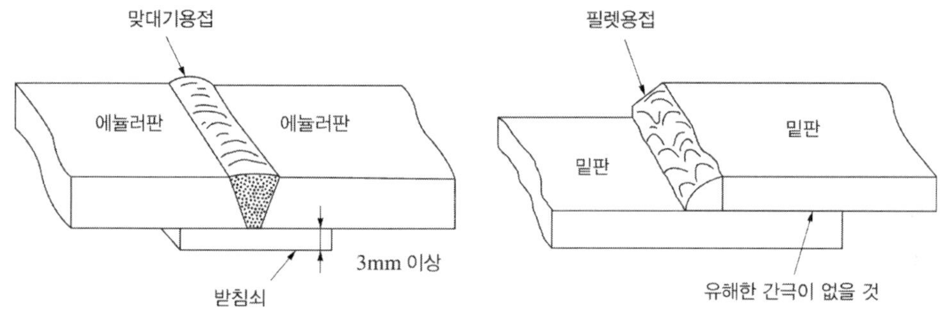

그림 3.59 ▌ 이어붙임의 예시

(2) 특정 옥외저장탱크의 용접부는 소방청장이 정하여 고시하는 바에 따라 실시하는 방사선투과시험, 진공시험 등의 비파괴시험에 있어서 소방청장이 정하여 고시하는 기준에 적합한 것이어야 한다.

특정 옥외저장탱크의 용접부에 대하여서는 완공검사를 신청하기 전에 법(시행령 제8조)에서 정하는 용접부검사(비파괴검사)를 받아야 하는데 그 목적은 용접부의 품질을 확보하기 위한 용접부 결함을 검사하여 그 용접이음매가 일정의 기준에 적합한 지를 확인하는 것이다. 주요 용접부 결함은 표 3.10에서 나타내고 있다.

(가) 방사선 투과시험(Radiographic test, RT)

X선이나 Y선 등이 물체를 투과하는 성질을 이용한 것으로 탱크 측판 상호 용접이음의 검사에 적용된다. 촬영, 현상된 필름에는 브로우홀 등의 결함의 유무에 의해 X선의 투과량이 다르기 때문에 이것이 농담濃淡의 차이가 되어 나타낸다.

표 3.10 용접부 결함 예

구분	설명
언더 컷(under cut)	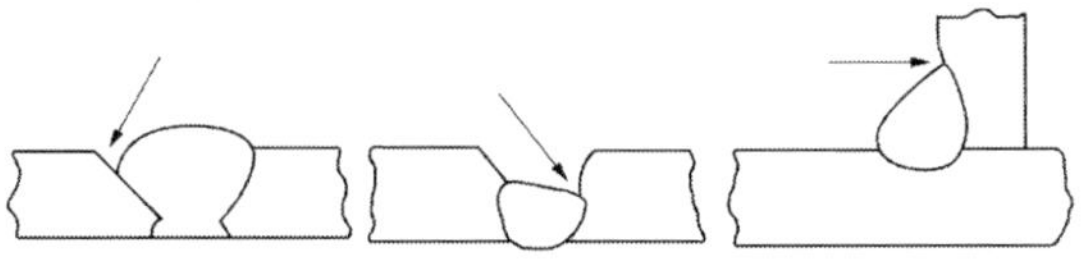 용접의 지단에 따라서 파여져, 용착금속이 충족되지 않아 홈이 되어 남아있는 부분
오버랩(over lab)	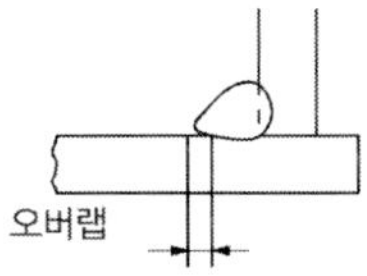 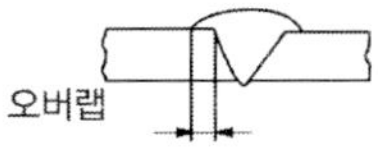 오버랩 / 오버랩 / 용착금속이 지단에서 모재에 융합되지 않아 겹치게 된 부분
용입부족	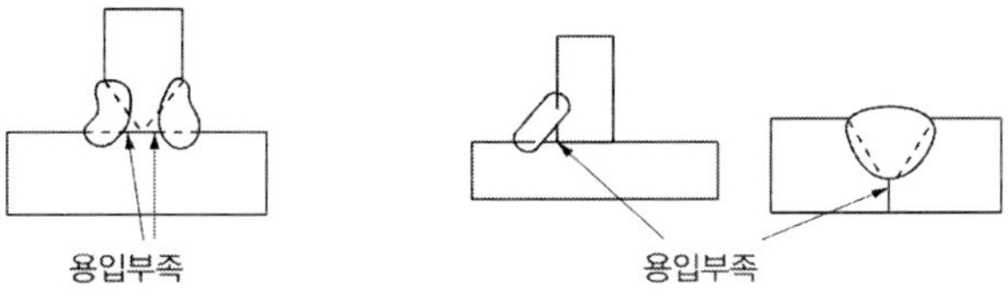 용입부족 / 용입부족 / 본래 완전하게 녹혀넣어 용접해야 한다. 용접부에 녹아 들어가지 않은 부분이 있는 것
융합불량	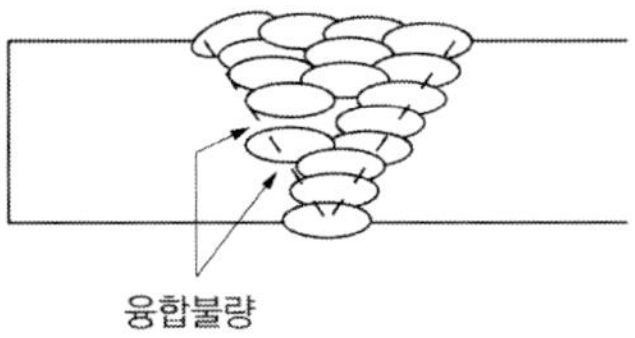 융합불량 / 용접경계면이 충분하게 용접되어 있지 않은 것
브로우홀(기공)	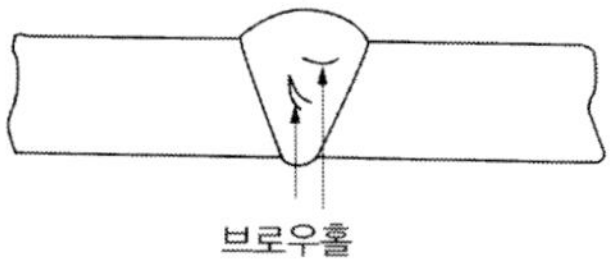 브로우홀 / 용착금속 중에 가스에 의해 생긴 구멍
슬래그 혼입	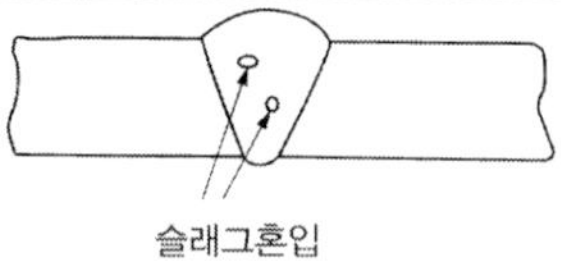 슬래그혼입 / 용착금속 또는 모래와의 융합부에 비금속 물질이 남아 있는 것
갈라짐	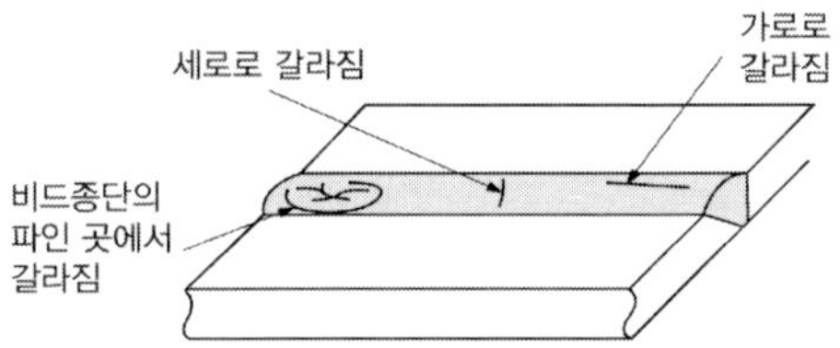 세로로 갈라짐 / 가로로 갈라짐 / 비드종단의 파인 곳에서 갈라짐

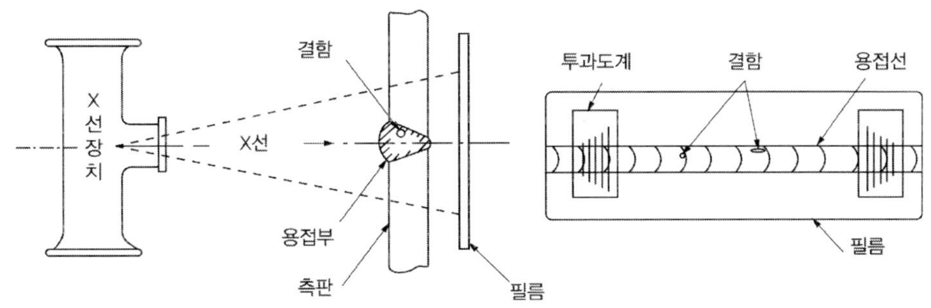

그림 3.60 ▌ 방사선 투과시험

(나) 자기탐상시험(Magnetic particle test, MT)

물체를 자화磁化한 때 그 표면부근에 결함 등의 자기적 불연속부분이 존재하면 그 부분에 누설자기가 발생하여 마치 자기가 생긴 것처럼 된다. 여기에 자분磁粉을 뿌리면 누설부분에 부착하여 자분모양이 형성된다. 측판과 에뉼러판(밑판), 에뉼러판과 에뉼러판, 에뉼러판과 밑판, 밑판과 밑판, 겹치기 이음에 관계하는 측판 상호 용접이음의 검사에 적용된다.

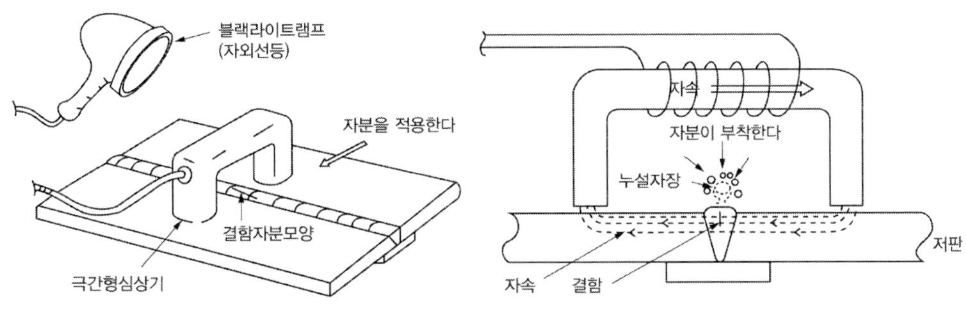

그림 3.61 ▌ 자기탐상시험(극간법)

(다) 침투탐상시험(Penetrant test, PT)

예전부터 사용되고 있던 유침법의 개량시험방법으로 표면에 있는 개구결함에 대하여 자기탐상시험에 의한 것이 곤란한 경우에 사용되기도 하는데 염색침투탐상시험과 형광침투탐상시험 방법이 있다. 침투액을 바르고 그것을 결함 속까지 침투시킨 후에 여분인 침투액을 제거한 후 개구 결함내부에 잔존하여 있는 침투액이 스며들도록 하여 결함을 검출하도록 하는 방법이다.

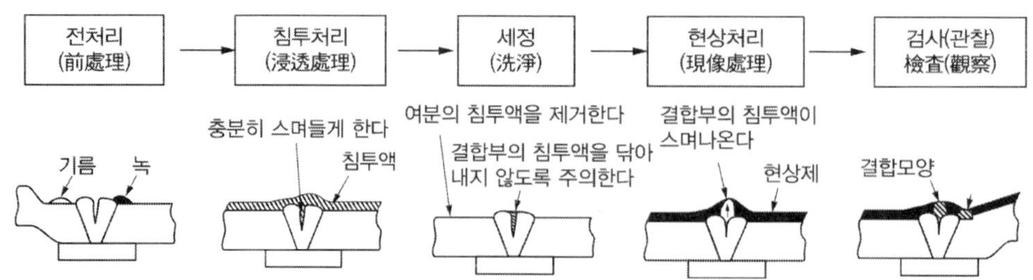

그림 3.62▮ 침투탐상시험(염색침투탐상법)

(라) 영상초음파탐상시험(Phased array ultrasonic test, Time of flight diffraction ultrasonic test, PAUT)

초음파탐상법은 초음파가 음향임피던스가 다른 경계면에서 반사, 굴절하는 현상을 이용해 대상의 내부에 존재하는 불연속을 탐지하는 기법으로 용접부, 주조품, 압연품, 단조품 등 내부 결함 검출에 활용되지만, 객관성 및 재현성이 다소 부족하여 최근 산업계에서는 영상초음파탐상시험을 적용하는 추세이다.

(3) 특정 옥외저장탱크 및 준특정 옥외저장탱크는 특정 및 준특정 옥외저장탱크의 구조(Ⅶ 및 Ⅷ)의 규정에 의한 바에 따라 지진 및 풍압에 견딜 수 있는 구조로 하고 그 지주는 철근콘크리트조, 철골콘크리트조 그 밖에 이와 동등 이상의 내화성능이 있는

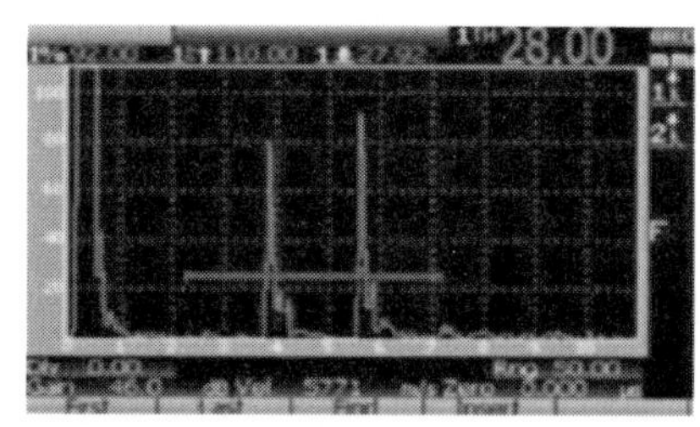

(a) 초음파 탐상시험

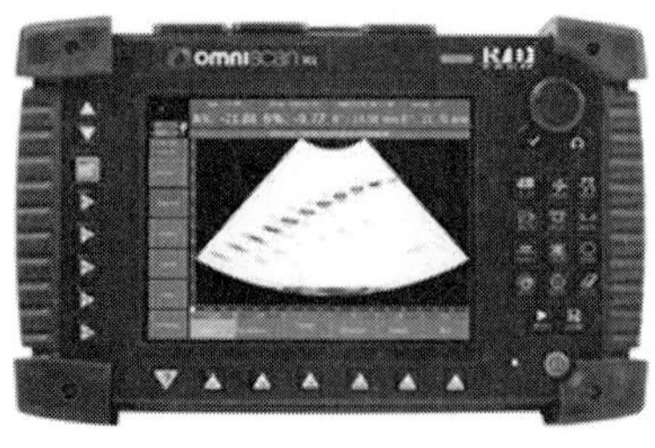

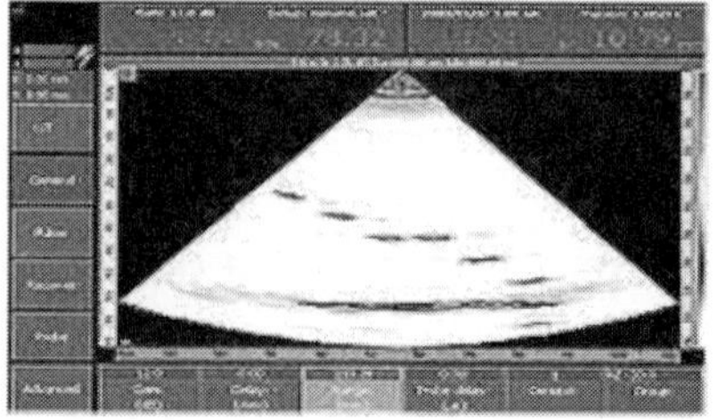

(b) 영상초음파 탐상시험

그림 3.63▮ 초음파 및 영상초음파 탐상시험

것이어야 한다. [풍하중 등 및 지진의 영향에 대한 계산방법은 위험물안전관리에 관한 세부기준 (제59조, 제60조 및 제71조 제2항) 참조]

(가) 지진동[30]에 의한 관성력 또는 풍하중에 대한 응력이 옥외저장탱크의 옆판 또는 지주의 특정한 점에 집중하지 않도록 당해 탱크를 견고한 기초 및 지반 위에 고정할 것

(나) 지진동에 의한 관성력 및 풍하중의 계산방법은 소방청장이 정하여 고시하는 바에 의할 것

(4) 옥외저장탱크는 위험물의 폭발 등에 의하여 탱크 내의 압력이 비정상적으로 상승하는 경우에 내부의 가스 또는 증기를 상부로 방출할 수 있는 구조로 하여야 한다. 옥외저장탱크는 주위로부터의 가열이나 탱크 내 화재 등에 의한 가스발생으로 탱크 내의 압력이 이상적으로 상승한 경우에 이를 방치하게 되면 탱크의 파괴를 초래하게 된다. 이 때 탱크밑판 또는 측판 파괴에 따른 막대한 피해를 줄이기 위하여 그 압력을 탱크의 위쪽 방향으로 방출할 수 있는 구조로 설치한다. 일반적으로 종설치 원통형탱크에 있어서는 경판(옆판) 윗부분의 톱앵글과 지붕판과의 접합부를 탱크의 다른 접합부보다도 약하게 하는 수가 많은데 이 경우 지붕판과 라프터와는 서로 용접해서는 안 된다(그림 3.64 참조). 또 기타 탱크의 경우에는 일정의 내압이 되면 상부로 방출하도록 파괴판 등의 방법을 생각할 수 있다.

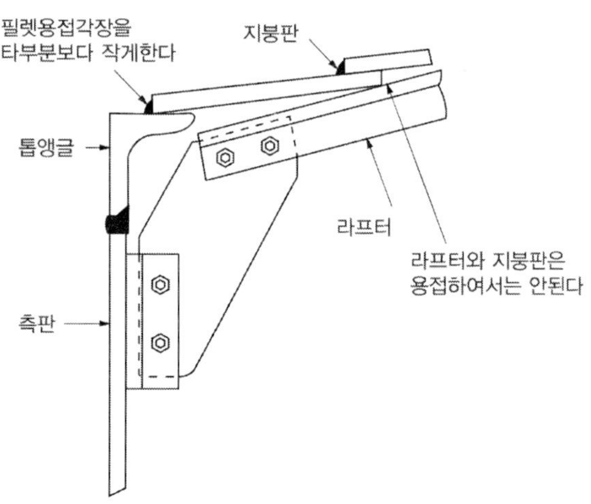

그림 3.64 ▌ 이상내압 방출구조 예시

30) 지진에 의한 지면의 움직임으로 지진 파형으로서 지진계에 의해 기록된다.

(5) 옥외저장탱크의 외면에는 녹을 방지하기 위한 도장을 하여야 한다. 다만, 탱크의 재질이 부식의 우려가 없는 스테인레스 강판 등인 경우에는 제외된다.
강판으로 만들어진 옥외저장탱크의 설치 위치는 풍우와 해안 부근에서 염분의 영향을 받는 장소에 설치되는 것이 많기 때문에 외면의 부식을 방지하는 목적으로 하는 방청도장을 하여야 한다. 또한 외면도장의 부가적인 목적으로 일조영향의 완화나 사회적 필요성에 의한 주위 경관과의 조화도 고려되어야 한다. 일반적으로 사용되는 도료는 프탈산수지도료, 염화고무도료, 에폭시수지도료, 아연분말도료 등이 있다.

(6) 옥외저장탱크의 밑판(에뉼러판[31])을 설치하는 특정 옥외저장탱크에 있어서는 에뉼러판을 포함)를 지반면에 접하게 설치하는 경우에는 다음의 기준에 따라 밑판 외면의 부식을 방지하기 위한 조치를 강구하여야 한다.

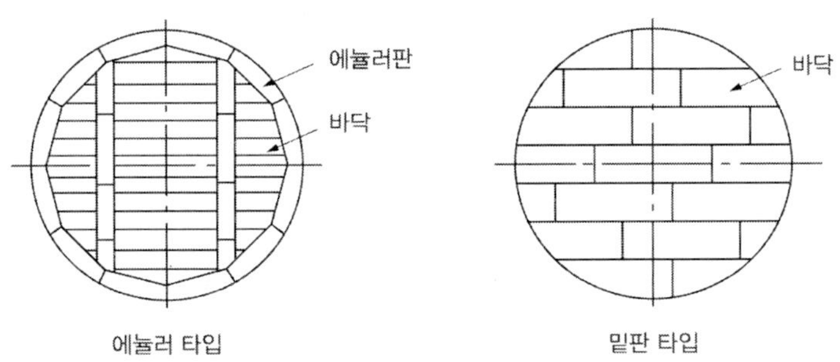

그림 3.65 ▌탱크 밑판

(가) 탱크의 밑판 아래에 밑판의 부식을 유효하게 방지할 수 있도록 아스팔트샌드 등의 방식재료를 댈 것
(나) 탱크의 밑판에 전기방식의 조치를 강구할 것
(다) (가) 또는 (나)의 규정에 의한 것과 동등 이상으로 밑판의 부식을 방지할 수 있는 조치를 강구할 것
옥외저장탱크의 바닥판(에뉼러판)의 외면은 부식이 되기 쉬운 환경 즉, 빗물 침입에 의한 부식이 많다.

(7) 옥외저장탱크 중 압력탱크[32] 외의 탱크(제4류 위험물의 옥외저장탱크에 한함)에 있어서는 밸브 없는 통기관 또는 대기밸브 부착 통기관을 다음에 정하는 바에 의하여 설치

31) 특정 옥외저장탱크의 옆판의 최하단 두께가 15mm를 초과하는 경우, 내경이 30m를 초과하는 경우 또는 옆판을 고장력강으로 사용하는 경우에 옆판의 직하에 설치하여야 하는 판을 말한다.
32) 최대상용압력이 부압 또는 정압 5kPa을 초과하는 탱크를 말한다.

하여야 하고, 압력탱크에 있어서는 제조소의 위치·구조 및 설비 기준 중 기타설비의 압력계 및 안전장치([별표 4] Ⅷ제4호)의 규정에 의한 안전장치를 설치하여야 한다.

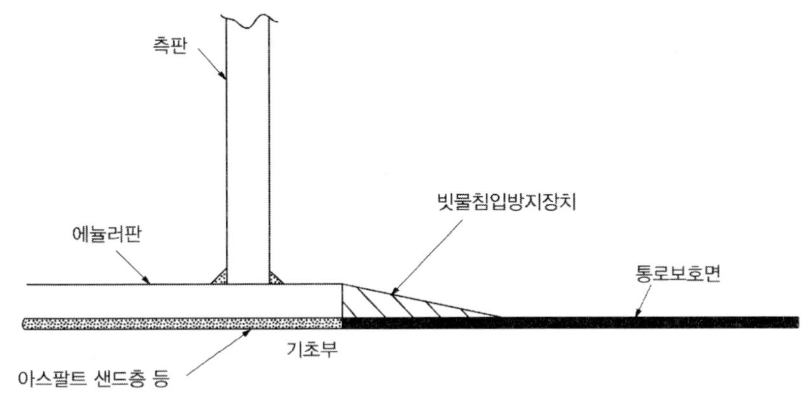

그림 3.66 ▌ **빗물침입방지조치 및 아스팔트샌드 방식 예시**

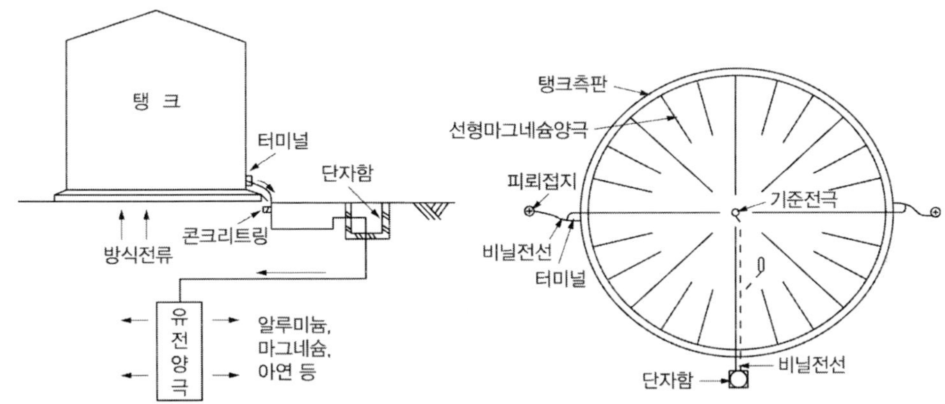

그림 3.67 ▌ **유전양극법 및 마그네슘 선형의 양극배치도 예시**

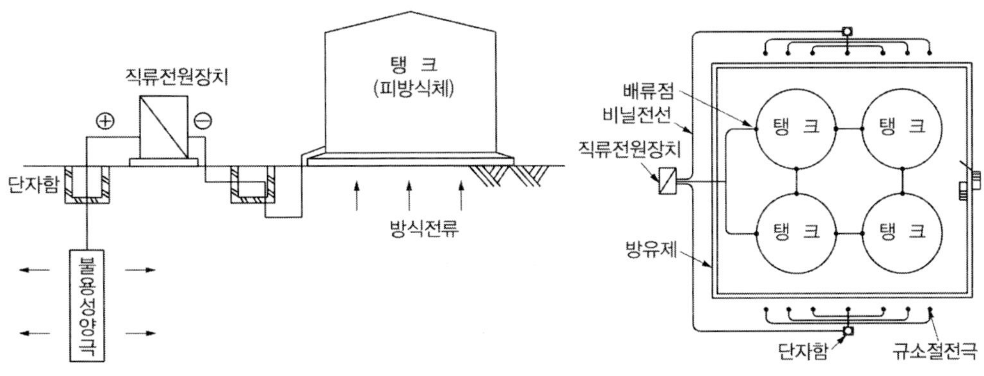

그림 3.68 ▌ **외부전원법 및 설치 예시**

옥외저장탱크에는 위험물의 출입 및 태양의 직사광선 등을 받을 때에 생기는 내압의 변화를 안전하게 조정하기 위하여 통기관 또는 안전장치(자동적으로 압력의 상승을 정지시키는 장치, 감압측에 안전밸브를 부착한 감압밸브, 안전밸브를 병용하는 경보장치, 파괴판)를 설치하여야 한다.

(가) 밸브 없는 통기관

밸브 없는 통기관(Open vent)은 이물질에 의한 막힘 등을 고려한 최소한의 것으로 실제로는 저장탱크의 구조, 용량, 위험물 출입속도 등에 의해 직경이나 필요개수가 결정된다. 위험물저장시설의 가연성 증기의 회수장치와 관련하여 「대기환경보전법」에서는 휘발성 유기화합물[33](VOC)을 배출하는 일정 시설에 대하여 배출방지장치를 설치하도록 하고 있다.

1) 직경은 30mm 이상일 것
2) 선단은 수평면보다 45° 이상 구부려 빗물 등의 침투를 막는 구조로 할 것
3) 가는 눈의 구리망 등으로 인화방지장치를 할 것. 다만, 인화점 70℃ 이상의 위험물만을 해당 위험물의 인화점 미만의 온도로 저장 또는 취급하는 탱크에 설치하는 통기관에 있어서는 제외된다.
4) 가연성의 증기를 회수하기 위한 밸브를 통기관에 설치하는 경우에 있어서는 당해 통기관의 밸브는 저장탱크에 위험물을 주입하는 경우를 제외하고는 항상 개방되어 있는 구조로 하는 한편, 폐쇄하였을 경우에 있어서는 10kPa 이

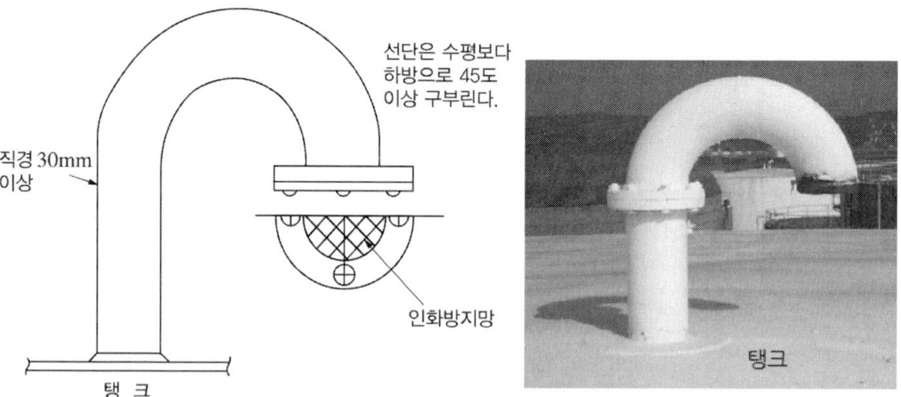

그림 3.69 ▌ 밸브 없는 통기관 구조

33) VOC(Volatile Organic Compound)는 공기 중에서 일정한 온도와 압력에 의하여 지속적으로 휘발하는 액체나 고체의 유기화합물을 말한다. 탄소와 수소만으로 구성된 탄화수소류와 할로겐화탄화수소, 질소나 황함유 탄화수소 등 상온·상압에서 기체 상태로 존재하는 모든 유기화합물을 통칭한다.

하의 압력에서 개방되는 구조로 할 것. 이 경우 개방된 부분의 유효단면적은 777.15mm^2 이상이어야 한다.

(나) 대기밸브부착 통기관

1) 5kPa 이하의 압력차이로 작동할 수 있을 것

2) (가)의 3) 기준에 적합할 것

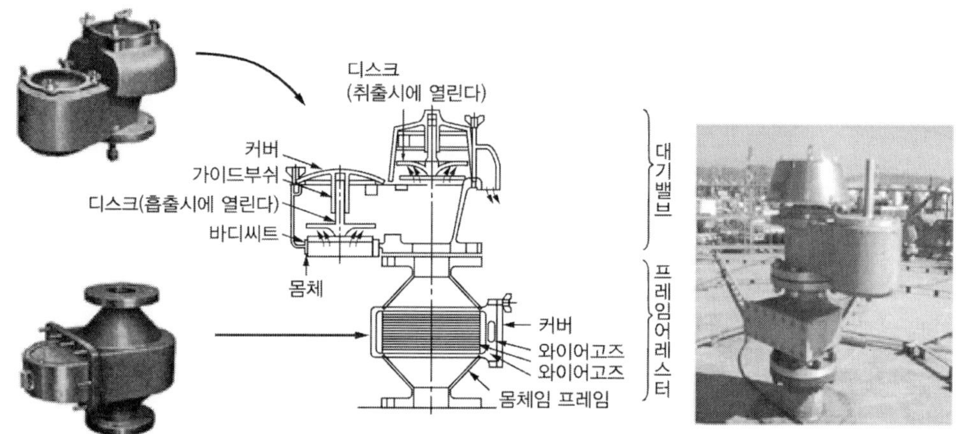

그림 3.70 ▌ 대기밸브 구조

(8) 액체위험물의 옥외저장탱크에는 위험물의 양을 자동적으로 표시할 수 있도록 기밀부유식 계량장치, 증기가 비산하지 않는 구조의 부유식 계량장치, 전기압력자동방식이나 방사성동위원소를 이용한 방식에 의한 자동계량장치 또는 유리게이지(금속관으로 보호된 경질유리 등으로 되어 있고 게이지가 파손되었을 때 위험물의 유출을 자동적으로 정지할 수 있는 장치가 되어 있는 것에 한함)를 설치하여야 한다.

위험물의 양을 자동적으로 측정할 수 있는 장치로는 플로트식 액면계, 에어퍼지식 액면계, 압력식 액면계, 유리게이지식 액면계 등이 있고 이 외에도 자력과 정전용량, 방사선, 초음파 등을 이용한 것이 있다.

(9) 액체위험물의 옥외저장탱크의 주입구는 다음 기준에 의하여야 한다.

2 이상의 탱크로부터 하나의 주입구로 위험물을 이송할 경우 주입구를 어떤 탱크에 부속시키는가 하는 것은 다음의 순서를 따른다.

- 저장하는 위험물의 인화점이 낮은 탱크
- 용적이 큰 탱크
- 주입구와의 거리가 가까운 탱크

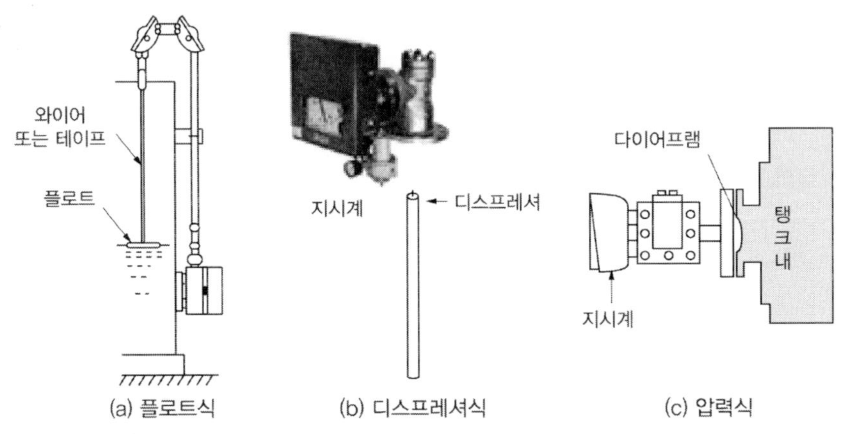

그림 3.71 ▌ 액면계의 종류

주입구 부근에 육안으로 탱크의 용량을 확인할 수 있는 설비가 없는 경우에는 탱크에 용량 이상의 위험물이 주입되는 것을 방지하기 위해서 주입구 부근에 탱크 내의 위험물의 양을 쉽게 확인할 수 있는 장치, 위험물의 양이 탱크용량에 달한 경우에 경보를 발하는 장치 또는 통보장치를 설치할 필요가 있다.

(가) 화재예방상 지장이 없는 장소에 설치할 것

(나) 주입호스 또는 주입관과 결합할 수 있고, 결합하였을 때 위험물이 새지 않아야 할 것

(다) 주입구에는 밸브 또는 뚜껑을 설치할 것

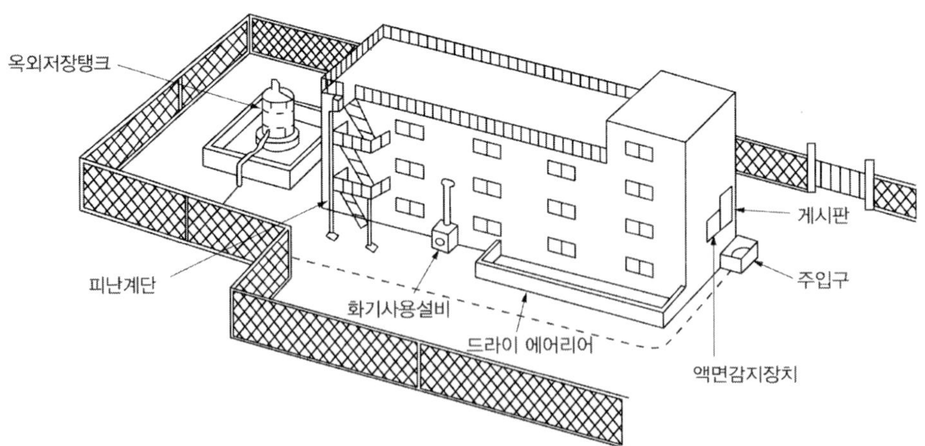

그림 3.72 ▌ 주입구

(라) 휘발유, 벤젠 그 밖에 정전기에 의한 재해가 발생할 우려가 있는 액체위험물의 옥외저장탱크의 주입구 부근에는 정전기를 유효하게 제거하기 위한 접지전극을 설치할 것

접지전극은 다음의 기준에 따라 설치하도록 한다.

1) 접지저항치는 대략 1,000Ω 이하가 되도록 설치한다.
2) 접지단자와 접지도선의 접속은 납땜 등에 의해 완전하게 접속한다.
3) 접지도선은 기계적으로 충분한 강도를 갖는 크기로 한다.
4) 접지단자는 이동저장탱크의 접지도선 등과 유효하게 접지를 할 수 있는 구조로 하며, 부착장소는 인화성 위험물의 증기가 누설 또는 체류할 우려가 있는 장소가 아닌 곳으로 한다.
5) 접지단자의 재질은 전도성이 좋은 금속(동, 알루미늄 등)을 사용한다.
6) 접지단자의 부착장소에는 적색의 도료 등에 의해 "옥외저장탱크접지단자"로 표시한다.

(마) 인화점이 21℃ 미만인 위험물의 옥외저장탱크의 주입구에는 보기 쉬운 곳에 다음의 기준에 의한 게시판을 설치할 것. 다만, 소방본부장 또는 소방서장이 화재예방상 당해 게시판을 설치할 필요가 없다고 인정하는 경우에는 제외된다.

1) 게시판은 한 변이 0.3m 이상, 다른 한 변이 0.6m 이상인 직사각형으로 할 것
2) 게시판에는 "옥외저장탱크 주입구"라고 표시하는 것 외에 취급하는 위험물의 유별, 품명 및 제조소의 위치·구조 및 설비 기준 중 표지 및 게시판(별표 4 Ⅲ제2호 라목)의 규정에 준하여 주의사항을 표시할 것
3) 게시판은 백색바탕에 흑색문자(주의사항은 적색문자)로 할 것

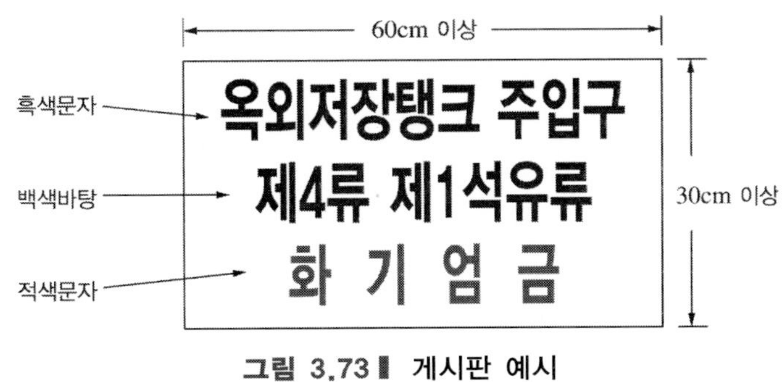

그림 3.73 ▮ 게시판 예시

(바) 주입구 주위에는 새어나온 기름 등 액체가 외부로 유출되지 않도록 방유턱을 설치하거나 집유설비 등의 장치를 설치할 것

(10) 옥외저장탱크의 펌프설비[34]는 다음에 의하여야 한다.

(가) 펌프설비의 주위에는 너비 3m 이상의 공지를 보유할 것. 다만, 방화상 유효한 격벽을 설치하는 경우와 제6류 위험물 또는 지정수량의 10배 이하 위험물의 옥외저장탱크의 펌프설비에 있어서는 제외된다.

(나) 펌프설비로부터 옥외저장탱크까지의 사이에는 당해 옥외저장탱크의 보유공지 너비의 1/3 이상의 거리를 유지할 것

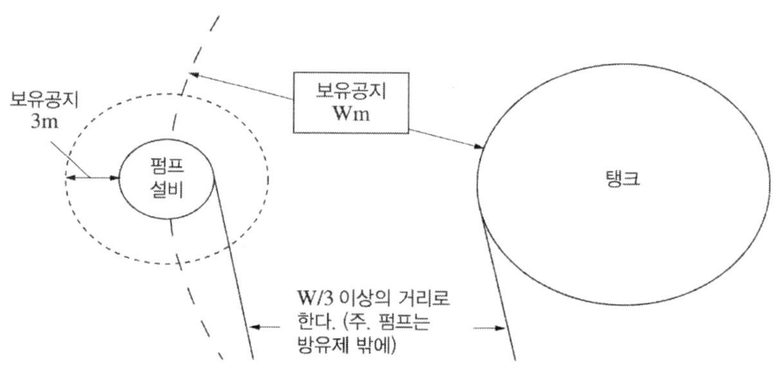

그림 3.74 ▌ 펌프설비의 보유공지

(다) 펌프설비는 견고한 기초 위에 고정할 것

(라) 펌프 및 이에 부속하는 전동기를 위한 건축물 그 밖의 공작물(펌프실)의 벽・기둥・바닥 및 보는 불연재료로 할 것

(마) 펌프실의 지붕을 폭발력이 위로 방출될 정도의 가벼운 불연재료로 할 것

(바) 펌프실의 창 및 출입구에는 갑종방화문 또는 을종방화문을 설치할 것

(사) 펌프실의 창 및 출입구에 유리를 이용하는 경우에는 망입유리로 할 것

(아) 펌프실의 바닥의 주위에는 높이 0.2m 이상의 턱을 만들고 바닥은 콘크리트 등 위험물이 스며들지 않는 재료로 적당히 경사지게 하여 그 최저부에는 집유설비를 설치할 것

(자) 펌프실에는 위험물을 취급하는데 필요한 채광, 조명 및 환기의 설비를 설치할 것

---

34) 펌프 및 이에 부속하는 전동기를 말하며, 당해 펌프 및 전동기를 위한 건축물 그 밖의 공작물을 설치하는 경우에는 당해 공작물을 포함한다.

(차) 가연성 증기가 체류할 우려가 있는 펌프실에는 그 증기를 옥외의 높은 곳으로 배출하는 설비를 설치할 것

(카) 펌프실 외의 장소에 설치하는 펌프설비에는 그 직하의 지반면의 주위에 높이 0.15m 이상의 턱을 만들고 당해 지반면은 콘크리트 등 위험물이 스며들지 않는 재료로 적당히 경사지게 하여 그 최저부에는 집유설비를 할 것. 이 경우 제4류 위험물(온도 20℃의 물 100g에 용해되는 양이 1g 미만인 것에 한함)을 취급하는 펌프설비에 있어서는 당해 위험물이 직접 배수구에 유입하지 않도록 집유설비에 유분리장치를 설치하여야 한다.

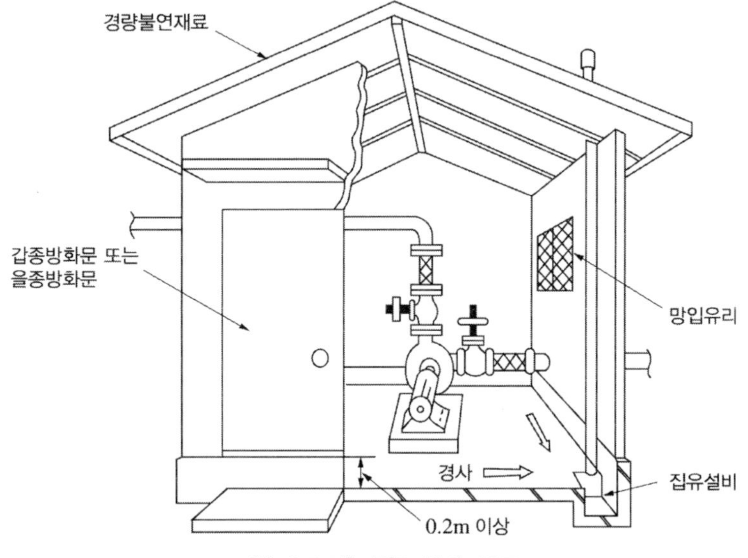

그림 3.75 ▌ 펌프실의 구조

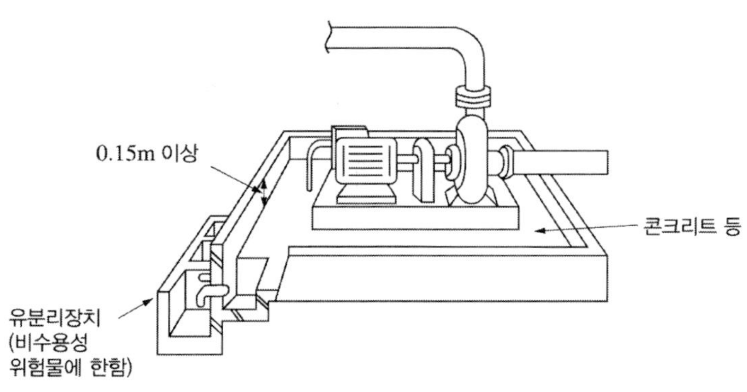

그림 3.76 ▌ 펌프실 외에 설치하는 펌프설비

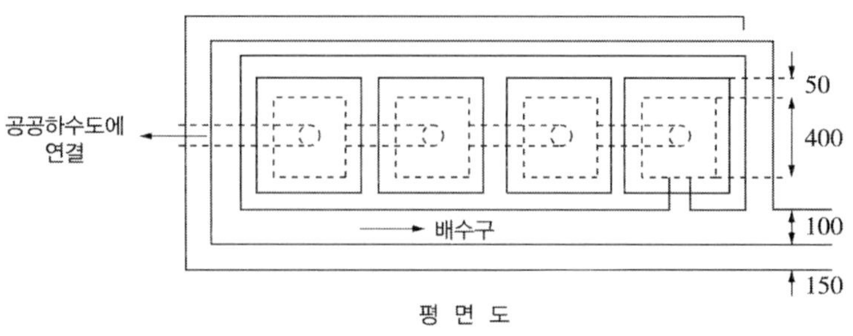

평 면 도

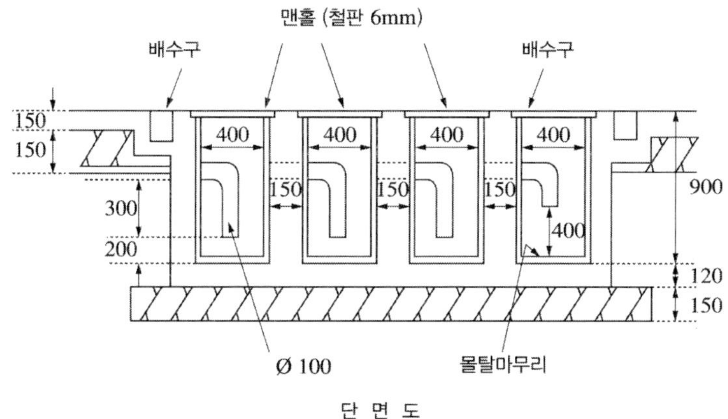

단 면 도

그림 3.77 ▌ 유분리장치 예시

(타) 인화점이 21℃ 미만인 위험물을 취급하는 펌프설비에는 보기 쉬운 곳에 (9)(마)의 규정에 준하여 "옥외저장탱크 펌프설비"라는 표시를 한 게시판과 방화에 관하여 필요한 사항을 게시한 게시판을 설치할 것. 다만, 소방본부장 또는 소방서장이 화재예방상 당해 게시판을 설치할 필요가 없다고 인정하는 경우에는 제외된다.

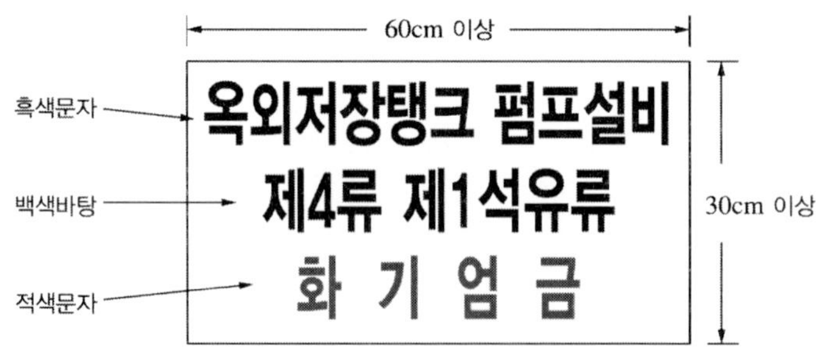

그림 3.78 ▌ 게시판 예시

(11) 옥외저장탱크의 밸브는 주강 또는 이와 동등 이상의 기계적 성질이 있는 재료로 되어 있고, 위험물이 새지 않아야 한다.

(12) 옥외저장탱크의 배수관은 탱크의 옆판에 설치하여야 한다. 다만, 탱크와 배수관과의 결합부분이 지진 등에 의하여 손상을 받을 우려가 없는 방법으로 배수관을 설치하는 경우에는 탱크의 밑판에 설치할 수 있다.

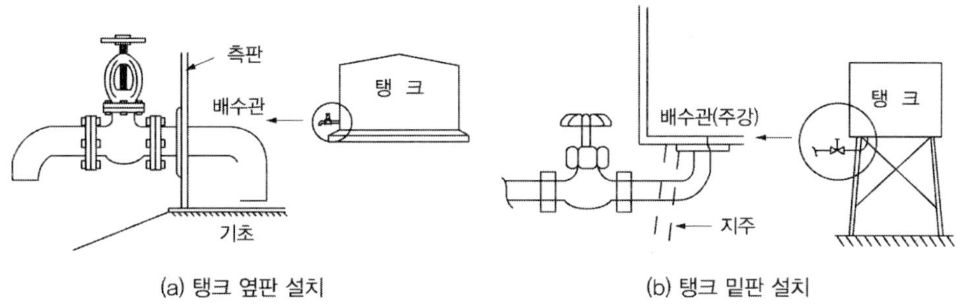

그림 3.79 ▌ 배수관 설치 예시

(13) 부상지붕이 있는 옥외저장탱크의 옆판 또는 부상지붕에 설치하는 설비는 지진 등에 의하여 부상지붕 또는 옆판에 손상을 주지 않게 설치하여야 한다. 다만, 당해 옥외저장탱크에 저장하는 위험물의 안전관리에 필요한 가동사다리, 회전방지기구, 검척관, 샘플링 설비 및 이에 부속하는 설비에 있어서는 제외된다.

(14) 옥외저장탱크의 배관의 위치 · 구조 및 설비는 (15)에 의한 것 외에 제조소의 배관의 기준을 준용하여야 한다.

(15) 액체위험물을 이송하기 위한 옥외저장탱크의 배관은 지진 등에 의하여 당해 배관과 탱크와의 결합부분에 손상을 주지 않게 설치하여야 한다.

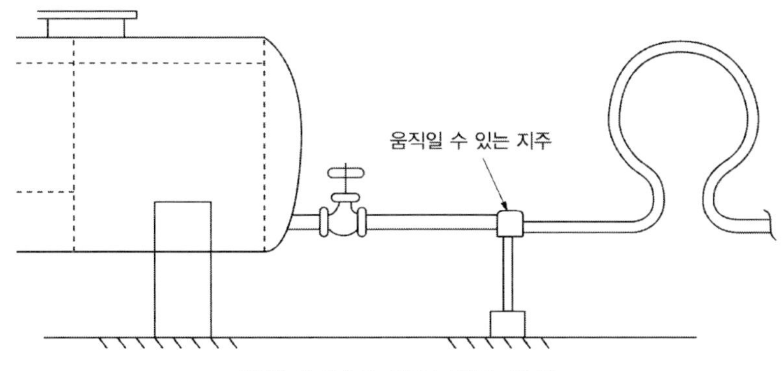

그림 3.80 ▌ 굴곡 배관 예시

이송배관은 탱크와의 접합부분에 손상을 주지 않도록 완충성을 가져야 하는데 일반적으로 배관 자체를 굴곡시킨 방법이나 가요관 이음을 사용하는 방법이 있다.

(16) 옥외저장탱크에 설치하는 전기설비는 전기사업법에 의한 전기설비기술기준에 의하여야 한다.

옥외저장탱크에 있어서 "인화성 위험물의 증기가 누설 혹은 체류하는 장소"란 저장탱크, 펌프설비, 이음매(용접이음매를 제외)를 가지는 배관 등을 사용하여 인화성 위험물을 저장 · 취급하는 경우의 펌프 및 설비 등에 접하는 부분 및 방유제 내의 부분을 말한다. 개별적인 옥외탱크저장소에 있어서 가연성 증기의 체류 우려가 있는 범위는 방유제의 면적 등 주위의 여건을 종합하여 판단하여야 한다.

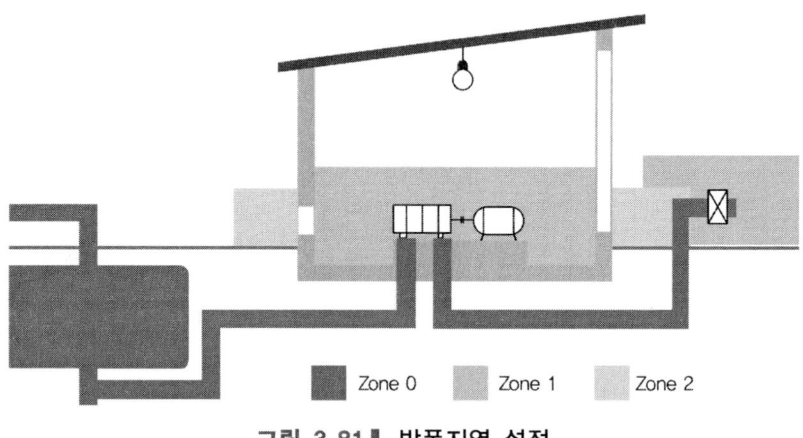

그림 3.81 ▌ 방폭지역 설정

(17) 지정수량의 10배 이상인 옥외탱크저장소(제6류 위험물의 옥외탱크저장소를 제외)에는 피뢰침을 설치하여야 한다.

다만, 탱크에 저항이 5Ω 이하인 접지시설을 설치하거나 인근 피뢰설비의 보호범위 내에 들어가는 등 주위의 상황에 따라 안전상 지장이 없는 경우에는 피뢰침을 설치하지 않을 수 있다.

(18) 액체위험물의 옥외저장탱크의 주위에는 위험물이 새었을 경우에 그 유출을 방지하기 위한 방유제를 설치하여야 한다.

(19) 제3류 위험물 중 금수성 물질(고체에 한함)의 옥외저장탱크에는 방수성의 불연재료로 만든 피복설비를 설치하여야 한다.

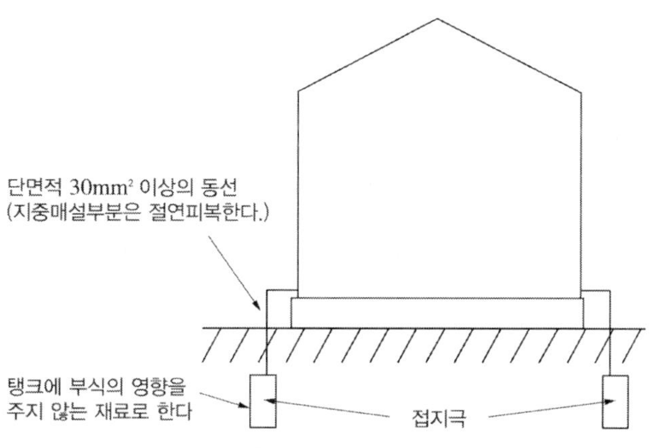

그림 3.82 ▌ 피뢰침 설치의 간략법

(20) 이황화탄소의 옥외저장탱크는 벽 및 바닥의 두께가 0.2m 이상이고 누수가 되지 않는 철근콘크리트의 수조에 넣어 보관하여야 한다. 이 경우 보유공지 · 통기관 및 자동계량장치는 생략할 수 있다.

이황화탄소(CS_2)는 제4류 특수인화물로 분류되는데 비중은 1.3으로 물에 용해되지 않으며, 반드시 물속에 잠긴 저장탱크에 보관하여야 한다.

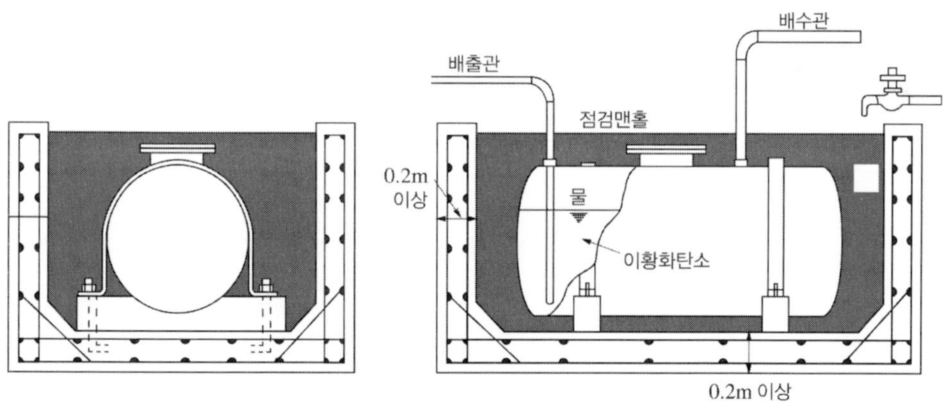

그림 3.83 ▌ 철근콘크리트 수조

(21) 옥외저장탱크에 부착되는 부속설비[35]는 기술원 또는 소방청장이 정하여 고시하는 국내 · 외 공인시험기관에서 시험 또는 인증받은 제품을 사용하여야 한다.

35) 교반기, 밸브, 폼챔버, 화염방지장치, 통기관대기밸브, 비상압력배출장치를 말한다.

2.7.2 특정 옥외저장탱크

(1) 특정 옥외저장탱크는 주하중[36] 및 종하중[37]에 의하여 발생하는 응력 및 변형에 대하여 안전한 것으로 하여야 한다.

(2) 특정 옥외저장탱크의 구조는 다음에 정하는 기준에 적합하여야 한다.

(가) 주하중과 주하중 및 종하중의 조합에 의하여 특정 옥외저장탱크의 본체에 발생하는 응력은 소방청장이 정하여 고시하는 허용응력 이하일 것

(나) 특정 옥외저장탱크의 보유수평내력은 지진의 영향에 의한 필요보유 수평내력 이상일 것, 이 경우에 있어서의 보유수평내력 및 필요보수 수평내력의 계산방법은 소방청장이 정하여 고시한다.

(다) 옆판, 밑판 및 지붕의 최소두께와 에뉼러판의 너비[38] 및 최소두께는 소방청장이 정하여 고시하는 기준에 적합할 것

(3) 특정 옥외저장탱크의 용접(겹침보수 및 육성보수와 관련되는 것을 제외) 방법은 다음에 정하는 바에 의한다. 이러한 용접방법은 소방청장이 정하여 고시하는 용접시공방법 확인시험의 방법 및 기준에 적합한 것이거나 이와 동등 이상의 것임이 미리 확인되어 있어야 한다.

(가) 옆판의 용접은 다음에 의할 것

1) 세로이음 및 가로이음은 완전용입 맞대기용접으로 할 것

2) 옆판의 세로이음은 단을 달리하는 옆판의 각각의 세로이음과 동일선상에 위치하지 않도록 할 것. 이 경우 당해 세로이음 간의 간격은 서로 접하는 옆판 중 두꺼운 쪽 옆판의 5배 이상으로 하여야 한다.

(나) 옆판과 에뉼러판(에뉼러판이 없는 경우에는 밑판)과의 용접은 부분용입그룹용접 또는 이와 동등 이상의 용접강도가 있는 용접방법으로 용접할 것. 이 경우에 있어서 용접 비드(Bead)는 매끄러운 형상을 가져야 한다.

(다) 에뉼러판과 에뉼러판은 뒷면에 재료를 댄 맞대기용접으로 하고, 에뉼러판과 밑판 및 밑판과 밑판의 용접은 뒷면에 재료를 댄 맞대기용접 또는 겹치기용접으로 용접할 것. 이 경우에 에뉼러판과 밑판의 용접부의 강도 및 밑판과 밑판의 용접부의 강도에 유해한 영향을 주는 흠이 있어서는 안 된다.

(라) 필렛용접의 사이즈[39]는 다음 식에 의하여 구한 값으로 할 것

---

36) 탱크하중, 탱크와 관련되는 내압, 온도변화의 영향 등에 의한 것을 말한다.

37) 적설하중, 풍하중, 지진의 영향 등에 의한 것을 말한다.

38) 옆판외면에서 바깥으로 연장하는 최소길이, 옆판내면에서 탱크중심부로 연장하는 최소길이를 말한다.

$$t_1 \geq S \geq \sqrt{2t_2}$$

여기서 t_1은 얇은 쪽의 강판의 두께(mm), t_2는 두꺼운 쪽의 강판의 두께(mm), S는 사이즈(mm)이다.

(4) 이 외의 특정 옥외저장탱크의 구조에 관하여 필요한 사항은 소방청장이 정하여 고시한다.

2.7.3 준특정 옥외저장탱크

(1) 준특정 옥외저장탱크는 주하중 및 종하중에 의하여 발생하는 응력 및 변형에 대하여 안전한 것으로 하여야 한다.

(2) 준특정 옥외저장탱크의 구조는 다음에 정하는 기준에 적합하여야 한다.
   (가) 두께가 3.2mm 이상일 것
   (나) 준특정 옥외저장탱크의 옆판에 발생하는 상시의 원주방향 인장응력은 소방청장이 정하여 고시하는 허용응력 이하일 것
   (다) 준특정 옥외저장탱크의 옆판에 발생하는 지진 시의 축방향 압축응력은 소방청장이 정하여 고시하는 허용응력 이하일 것

(3) 준특정 옥외저장탱크의 보유수평내력은 지진의 영향에 의한 필요보유수평내력 이상이어야 한다. 이 경우에 있어서의 보유수평내력 및 필요보수수평내력의 계산방법은 소방청장이 정하여 고시한다.

(4) 이 외의 준특정 옥외저장탱크의 구조에 관하여 필요한 사항은 소방청장이 정하여 고시한다.

2.8 방유제

(1) 인화성 액체위험물(이황화탄소를 제외)의 옥외탱크저장소의 탱크 주위에는 다음에 의하여 방유제를 설치하여야 한다.
   (가) 방유제의 용량은 방유제 안에 설치된 탱크가 하나인 때에는 그 탱크 용량의 110% 이상, 2기 이상인 때에는 그 탱크 중 용량이 최대인 것의 용량의 110% 이상으로 할 것. 이 경우 방유제의 용량은 당해 방유제의 내용적에서 용량이 최대인 탱크 외의 탱크의 방유제 높이 이하 부분의 용적, 당해 방유제 내에 있는

39) 부등사이즈가 되는 경우에는 작은 쪽의 사이즈를 말한다.

모든 탱크의 지반면 이상 부분의 기초의 체적, 간막이 둑의 체적 및 당해 방유제 내에 있는 배관 등의 체적을 뺀 것으로 한다.

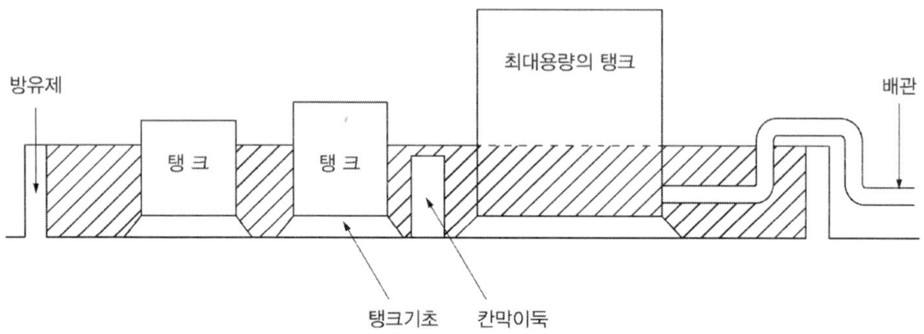

그림 3.84 ▌ 방유제 용량 산정 예시

(나) 방유제는 높이 0.5m 이상 3m 이하, 두께 0.2m 이상, 지하매설깊이 1m 이상으로 할 것. 다만, 방유제와 옥외저장탱크 사이의 지반면 아래에 불침윤성 구조물을 설치하는 경우에는 지하매설깊이를 해당 불침윤성 구조물까지로 할 수 있다.

(다) 방유제 내의 면적은 8만m^2 이하로 할 것

(라) 방유제 내의 설치하는 옥외저장탱크의 수는 10(방유제 내에 설치하는 모든 옥외저장탱크의 용량이 20만L 이하이고, 당해 옥외저장탱크에 저장 또는 취급하는 위험물의 인화점이 70℃ 이상 200℃ 미만인 경우에는 20) 이하로 할 것. 다만, 인화점이 200℃ 이상인 위험물을 저장 또는 취급하는 옥외저장탱크에 있어서는 제외된다.

(마) 방유제 외면의 1/2이상은 자동차 등이 통행할 수 있는 3m 이상의 노면폭을 확보한 구내도로[40]에 직접 접하도록 할 것. 다만, 방유제 내에 설치하는 옥외저장탱크의 용량합계가 20만L 이하인 경우에는 소화활동에 지장이 없다고 인정되는 3m 이상의 노면폭을 확보한 도로 또는 공지에 접하는 것으로 할 수 있다.

(바) 방유제는 옥외저장탱크의 지름에 따라 그 탱크의 옆판으로부터 다음에 정하는 거리를 유지할 것. 다만, 인화점이 200℃ 이상인 위험물을 저장 또는 취급하는 것에 있어서는 제외된다.

1) 지름이 15m 미만인 경우에는 탱크 높이의 1/3 이상

2) 지름이 15m 이상인 경우에는 탱크 높이의 1/2이상

40) 옥외저장탱크가 있는 부지 내의 도로를 말한다.

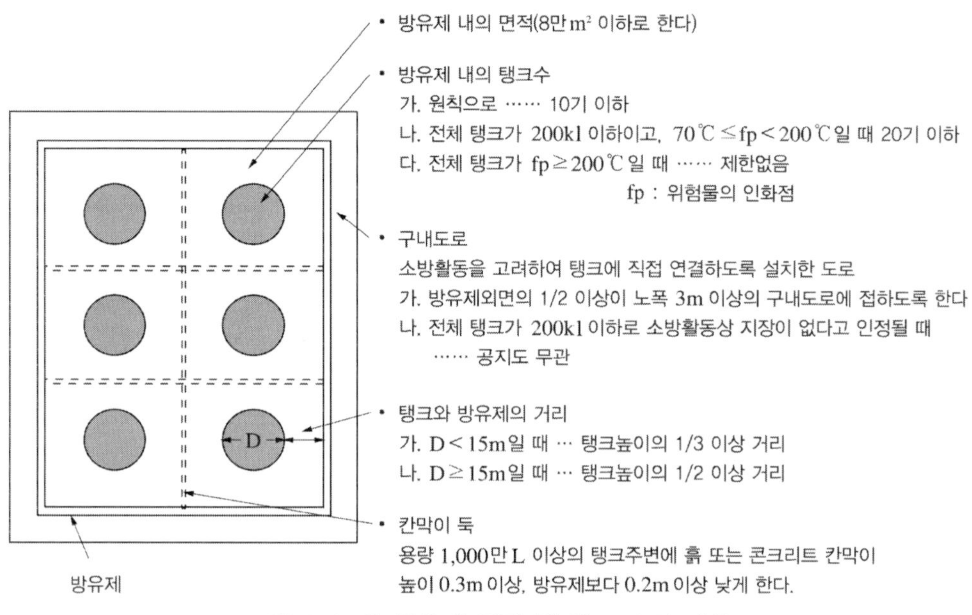

그림 3.85 ▌ 방유제 면적 및 탱크 수의 제한

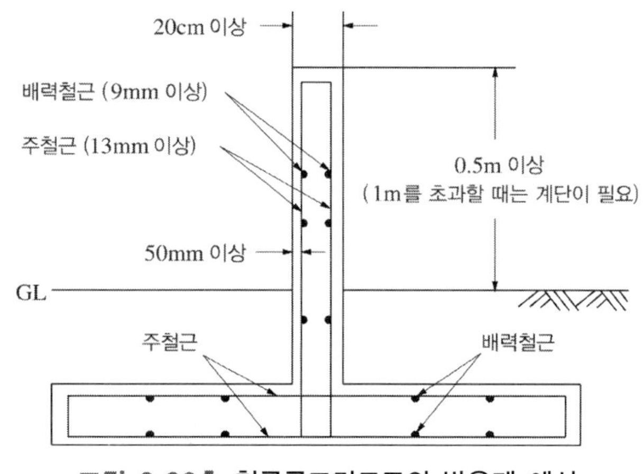

그림 3.86 ▌ 철근콘크리트조의 방유제 예시

(사) 방유제는 철근콘크리트로 하고, 방유제와 옥외저장탱크 사이의 지표면은 불연성과 불침윤성이 있는 구조(철근콘크리트 등)로 할 것. 다만, 누출된 위험물을 수용할 수 있는 전용유조 및 펌프 등의 설비를 갖춘 경우에는 방유제와 옥외저장탱크 사이의 지표면을 흙으로 할 수 있다.

(아) 용량이 1,000만L 이상인 옥외저장탱크의 주위에 설치하는 방유제에는 다음의에 따라 당해 탱크마다 간막이 둑을 설치할 것

1) 간막이 둑의 높이는 0.3m(방유제 내에 설치되는 옥외저장탱크의 용량의 합계가 2억L를 넘는 방유제에 있어서는 1m) 이상으로 하되, 방유제의 높이보다 0.2m 이상 낮게 할 것
2) 간막이 둑은 흙 또는 철근콘크리트로 할 것
3) 간막이 둑의 용량은 간막이 둑 안에 설치된 탱크의 용량의 10% 이상일 것

(자) 방유제 내에는 당해 방유제 내에 설치하는 옥외저장탱크를 위한 배관(당해 옥외저장탱크의 소화설비를 위한 배관을 포함), 조명설비 및 계기시스템과 이들에 부속하는 설비 그 밖의 안전확보에 지장이 없는 부속설비 외에는 다른 설비를 설치하지 않을 것

(차) 방유제 또는 간막이 둑에는 해당 방유제를 관통하는 배관을 설치하지 않을 것. 다만, 위험물을 이송하는 배관의 경우에는 배관이 관통하는 지점의 좌우방향으로 각 1m 이상까지의 방유제 또는 간막이 둑의 외면에 두께 0.1m 이상, 지하매설깊이 0.1m 이상의 구조물을 설치하여 방유제 또는 간막이 둑을 이중구조로 하고, 그 사이에 토사를 채운 후, 관통하는 부분을 완충재 등으로 마감하는 방식으로 설치할 수 있다.

(카) 방유제에는 그 내부에 고인 물을 외부로 배출하기 위한 배수구를 설치하고 이를 개폐하는 밸브 등을 방유제의 외부에 설치할 것

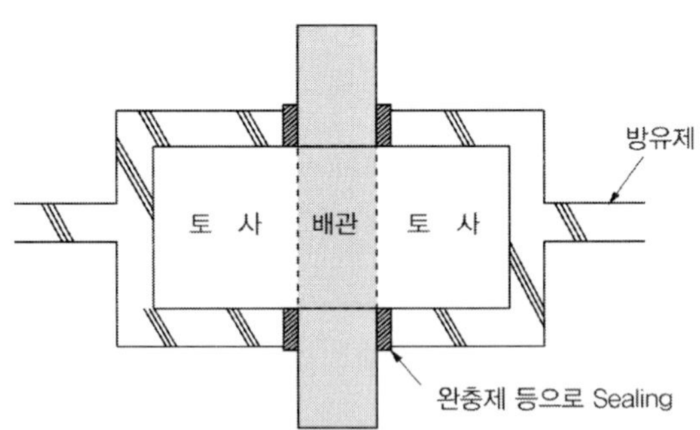

그림 3.87 ▌ 방유제 및 간막이 둑 예시

(타) 용량이 100만L 이상인 위험물을 저장하는 옥외저장탱크에 있어서는 (카)의 밸브 등에 그 개폐상황을 쉽게 확인할 수 있는 장치를 설치할 것

(파) 높이가 1m를 넘는 방유제 및 간막이 둑의 안팎에는 방유제 내에 출입하기 위한 계단 또는 경사로를 약 50m마다 설치할 것

(하) 용량이 50만L 이상인 옥외탱크저장소가 해안 또는 강변에 설치되어 방유제 외부로 누출된 위험물이 바다 또는 강으로 유입될 우려가 있는 경우에는 해당 옥외탱크저장소가 설치된 부지 내에 전용유조 등 누출위험물 수용설비를 설치할 것

(2) (1)(가)・(나)・(사) 내지 (파)의 규정은 인화성이 없는 액체위험물의 옥외저장탱크의 주위에 설치하는 방유제의 기술기준에 대하여 준용한다. 이 경우에 있어서 (가)의 용량은 "110%"가 아닌 "100%"로 본다.

(3) 그 밖에 방유제의 기술기준에 관하여 필요한 사항은 소방청장이 정하여 고시한다.

2.9 고인화점 위험물의 옥외저장탱크의 특례

고인화점 위험물만을 100℃ 미만의 온도로 저장 또는 취급하는 옥외탱크저장소 중 그 위치・구조 및 설비가 다음 기준에 적합한 경우에는 안전거리, 보유공지, 탱크 구조(Ⅰ・Ⅱ・Ⅵ제3호(지주와 관련되는 부분에 한함)・제10호・제17호 및 제18호)의 규정은 적용하지 않는다.

(1) 옥외탱크저장소는 고인화점 위험물 제조소 특례([별표 4] Ⅺ제1호)의 규정에 준하여 안전거리를 둔다.

(2) 옥외저장탱크(위험물을 이송하기 위한 배관 그 밖에 이에 준하는 공작물을 제외)의 주위에 다음의 표 3.11에 정하는 너비의 공지를 보유한다.

표 3.11 보유공지

저장 또는 취급하는 위험물의 최대수량	공지의 너비
지정수량의 2,000배 이하	3m 이상
지정수량의 2,000배 초과 4,000배 이하	5m 이상
지정수량의 4,000배 초과	당해 탱크의 수평단면의 최대지름(횡형인 경우에는 긴 변)과 높이 중 큰 것의 3분의 1과 같은 거리 이상. 다만, 5m 미만으로 하여서는 아니된다.

(3) 옥외저장탱크의 지주는 철근콘크리트조, 철골콘크리트구조 그 밖에 이들과 동등 이상의 내화성능이 있어야 한다. 다만, 하나의 방유제 안에 설치하는 모든 옥외저장탱크가 고인화점 위험물만을 100℃ 미만의 온도로 저장 또는 취급하는 경우에는 지주를 불연재료로 할 수 있다.

(4) 옥외저장탱크의 펌프설비는 탱크 구조(Ⅵ 제10호(가목 · 바목 및 사목을 제외))의 규정에 준하는 것 외에 다음의 기준에 의한다.

(가) 펌프설비의 주위에 1m 이상의 너비의 공지를 보유할 것. 다만, 내화구조로 된 방화상 유효한 격벽을 설치하는 경우 또는 지정수량의 10배 이하의 위험물을 저장하는 옥외저장탱크의 펌프설비에 있어서는 제외된다.

(나) 펌프실의 창 및 출입구에는 갑종방화문 또는 을종방화문을 설치할 것. 다만, 연소의 우려가 없는 외벽에 설치하는 창 및 출입구에는 불연재료 또는 유리로 만든 문을 달 수 있다.

(다) 펌프실의 연소의 우려가 있는 외벽에 설치하는 창 및 출입구에 유리를 이용하는 경우는 망입유리를 이용할 것

(5) 옥외저장탱크의 주위에는 위험물이 새었을 경우에 그 유출을 방지하기 위한 방유제를 설치한다.

(6) 방유제(Ⅸ제1호 가목 내지 다목 및 사목 내지 파)의 규정은 2.8(2)(마)의 방유제의 기준에 대하여 준용한다. 이 경우에 있어서 (가)의 용량은 "110%"가 아닌 "100%"로 본다.

2.10 위험물 성질에 따른 옥외탱크저장소의 특례

알킬알루미늄 등, 아세트알데히드 등 및 히드록실아민 등을 저장 또는 취급하는 옥외탱크저장소는 안전거리 내지 방유제(Ⅰ 내지 Ⅸ)에 의하는 외에 당해 위험물의 성질에 따라 다음에 정하는 기준에 의하여야 한다.

2.10.1 알킬알루미늄 등[41]의 옥외탱크저장소

(가) 옥외저장탱크의 주위에는 누설범위를 국한하기 위한 설비 및 누설된 알킬알루미늄 등을 안전한 장소에 설치된 조에 이끌어 들일 수 있는 설비를 설치할 것

(나) 옥외저장탱크에는 불활성의 기체를 봉입하는 장치를 설치할 것

2.10.2 아세트알데히드 등[42]의 옥외탱크저장소

(가) 옥외저장탱크의 설비는 동 · 마그네슘 · 은 · 수은 또는 이들을 성분으로 하는 합금으로 만들지 아니할 것

41) 제3류 위험물 중 알킬알루미늄 · 알킬리튬 또는 이중 어느 하나 이상을 함유하는 것

42) 제4류 위험물 중 특수인화물의 아세트알데히드, 산화프로필렌 또는 이중 어느 하나 이상을 함유하는 것

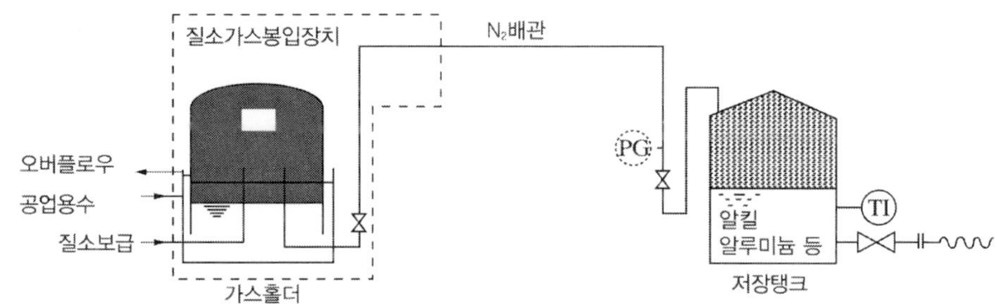

그림 3.88 ▌ 불활성 기체 봉입장치 예시

(나) 옥외저장탱크에는 냉각장치 또는 보냉장치, 그리고 연소성 혼합기체의 생성에 의한 폭발을 방지하기 위한 불활성의 기체를 봉입하는 장치를 설치할 것

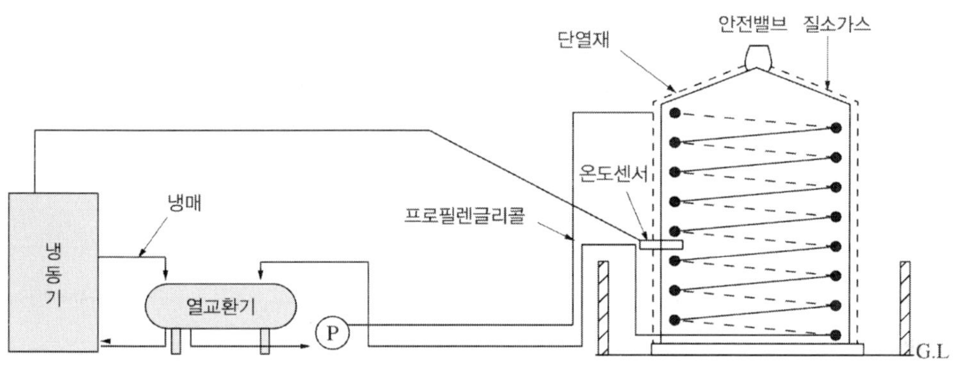

그림 3.89 ▌ 냉동기를 이용한 냉각장치 예시

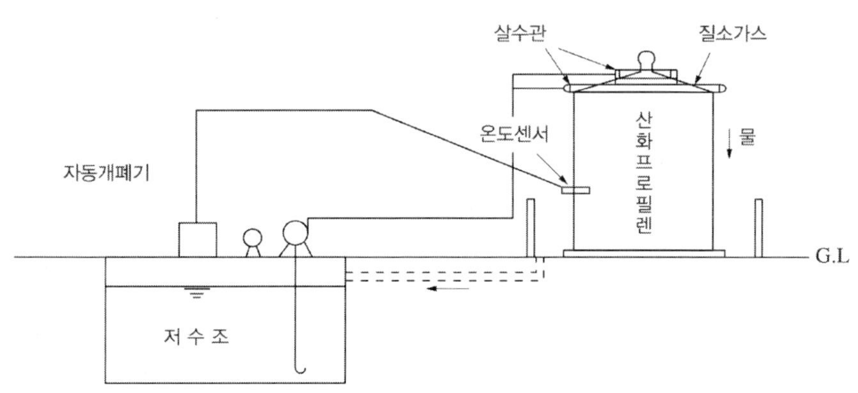

그림 3.90 ▌ 살수장치를 이용한 냉각장치 예시

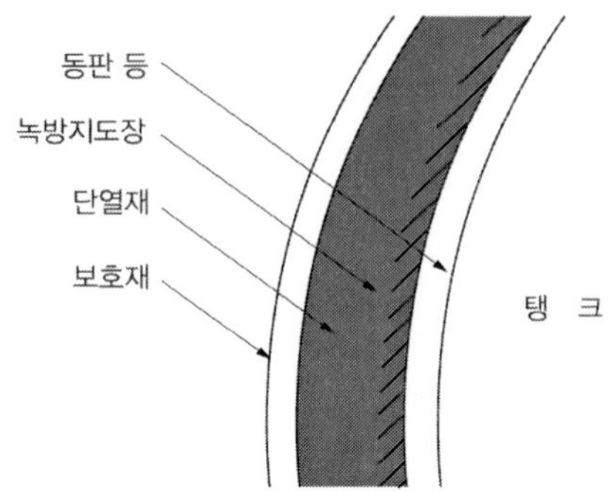

그림 3.91 ▌ 단열재 설치 예시

2.10.3 히드록실아민 등[43)]의 옥외탱크저장소

(가) 옥외탱크저장소에는 히드록실아민 등의 온도의 상승에 의한 위험한 반응을 방지하기 위한 조치를 강구할 것

(나) 옥외탱크저장소에는 철이온 등의 혼입에 의한 위험한 반응을 방지하기 위한 조치를 강구할 것

2.11 지중탱크에 관계된 옥외탱크저장소의 특례

(1) 제4류 위험물을 지중탱크[44)]에 저장 또는 취급하는 옥외탱크저장소는 안전거리 내지 방유제(Ⅰ 내지 Ⅸ)의 기준 중 안전거리, 보유공지, 기초 및 지반, 탱크 구조(Ⅰ · Ⅱ · Ⅳ · Ⅴ · Ⅵ제1호(충수시험 또는 수압시험에 관한 부분 제외) · 제2호 · 제3호 · 제5호 · 제6호 · 제10호 · 제12호 · 제16호 및 제18호)의 규정은 적용하지 않는다.

(2) (1)에 정하는 것 외에 다음에 정하는 기준에 적합하여야 한다.

(가) 지중탱크의 옥외탱크저장소는 다음에 정하는 장소와 그 밖에 소방청장이 정하여 고시하는 장소에 설치하지 않을 것

1) 급경사지 등으로서 지반붕괴, 산사태 등의 위험이 있는 장소

2) 융기, 침강 등의 지반변동이 생기고 있거나 지중탱크의 구조에 지장을 미치는 지반변동이 발생할 우려가 있는 장소

지중탱크는 위의 설치장소 이외에 아울러 다음의 장소에도 설치할 수 없다.

---

43) 제5류 위험물 중 히드록실아민 · 히드록실아민염류 또는 이중 어느 하나 이상을 함유하는 것

44) 옥외저장탱크의 밑부분은 지반면 아래에 있고 탱크의 상부가 지반면 위에 있으며 탱크 내 위험물의 최고액면이 지반면 아래에 있는 원통종형의 위험물저장탱크를 말한다. 주로 국가석유비축용 또는 군사용으로 설치한다.

(세부기준 제75조)

▸ 수도법에 의한 수도시설(위험물의 유입의 우려가 있는 것에 한함)로부터 수평거리 300m의 범위 내의 장소

▸ 지하철, 지하터널 또는 지하가 기타 지하공작물(당해 지중탱크에 관계된 갱도 등의 지하공작물을 제외)로부터 수평거리가 지중탱크 수평단면의 내경의 1/2 또는 지중탱크 밑판의 윗면에서 지반면까지의 탱크 높이 중 큰 것과 같은 거리의 범위 내의 장소

(나) 지중탱크의 옥외탱크저장소의 위치는 안전거리의 규정에 의하는 것 외에 당해 옥외탱크저장소가 보유하는 부지의 경계선에서 지중탱크의 지반면의 옆판까지의 사이에, 당해 지중탱크 수평단면의 내경의 수치에 0.5를 곱하여 얻은 수치(당해 수치가 지중탱크의 밑판표면에서 지반면까지 높이의 수치보다 작은 경우에는 당해 높이의 수치) 또는 50m(당해 지중탱크에 저장 또는 취급하는 위험물의 인화점이 21℃ 이상 70℃ 미만의 경우에 있어서는 40m, 70℃ 이상의 경우에 있어서는 30m) 중 큰 것과 동일한 거리 이상의 거리를 유지할 것

(다) 지중탱크(위험물을 이송하기 위한 배관 그 밖의 이에 준하는 공작물을 제외)의 주위에는 당해 지중탱크 수평단면의 내경의 수치에 0.5를 곱하여 얻은 수치 또는 지중탱크의 밑판표면에서 지반면까지 높이의 수치 중 큰 것과 동일한 거리 이상의 너비의 공지를 보유할 것

(라) 지중탱크의 지반은 다음에 의할 것

1) 지반은 당해 지반에 설치하는 지중탱크 및 그 부속설비의 자중, 저장하는 위험물의 중량 등의 하중(지중탱크 하중)에 의하여 발생하는 응력에 대하여 안전할 것

2) 지반은 다음에 정하는 기준에 적합할 것

가) 지반은 특정 옥외저장탱크의 기초 및 지반(Ⅳ제2호 가목)의 기준에 적합할 것

나) 소방청장이 정하여 고시하는 범위 내의 지반은 지중탱크하중에 대한 지지력계산에서의 지지력안전율 및 침하량계산에서의 계산침하량이 소방청장이 정하여 고시하는 수치[45]에 적합하고, 특정 옥외저장탱크의 기초 및 지반(Ⅳ제2호 나목2)다))의 기준에 적합할 것

---

45) 지반은 지지력안전율이 3이상, 계산침하량의 수치는 탱크 직경에 대한 침하차(탱크밑판 중심부의 침하량과 옆판하단의 침하량의 차의 최대치)의 비율이 1/600 이하이어야 한다(세부기준 76조).

다) 지중탱크 하부의 지반[(마)3)에 정하는 양수설비를 설치하는 경우에는 당해 양수설비의 배수층하의 지반]의 표면의 평판재하시험에 있어서 평판재하시험치(극한 지지력의 값)가 지중탱크하중에 나)의 안전율을 곱하여 얻은 값 이상의 값일 것

라) 소방청장이 정하여 고시하는 범위 내의 지반의 지질이 소방청장이 정하여 고시하는 것 외의 것일 것

마) 지반이 바다・하천・호소湖沼・늪 등에 접하고 있는 경우 또는 인공지반을 조성하는 경우에는 활동과 관련하여 소방청장이 정하여 고시하는 기준(안전율 수치는 1.3 이상)에 적합할 것

바) 인공지반에 있어서는 가) 내지 마)에 정하는 것 외에 소방청장이 정하여 고시하는 기준에 적합할 것

(마) 지중탱크의 구조는 다음에 의할 것

1) 지중탱크는 옆판 및 밑판을 철근콘크리트 또는 프리스트레스트콘크리트로 만들고 지붕을 강철판으로 만들며, 옆판 및 밑판의 안쪽에는 누액방지판을 설치하여 틈이 없도록 할 것

2) 지중탱크의 재료는 소방청장이 정하여 고시하는 규격에 적합한 것 또는 이와 동등 이상의 강도 등이 있을 것

3) 지중탱크는 당해 지중탱크 및 그 부속설비의 자중, 저장하는 위험물의 중량, 토압, 지하수압, 양압력, 콘크리트의 건조수축 및 크립(Creep)의 영향, 온도변화의 영향, 지진의 영향 등의 하중에 의하여 발생하는 응력 및 변형에 대해서 안전하게 하고, 유해한 침하 및 부상을 일으키지 않도록 할 것. 다만, 소방청장이 정하여 고시하는 기준에 적합한 양수설비를 설치하는 경우는 양압력을 고려하지 않을 수 있다.

4) 지중탱크의 구조는 1) 내지 3)에 의하는 외에 다음 기준에 적합할 것

가) 하중에 의하여 지중탱크 본체(지붕 및 누액방지판을 포함)에 발생하는 응력은 소방청장이 정하여 고시하는 허용응력 이하일 것

나) 옆판 및 밑판의 최소두께는 소방청장이 정하여 고시하는 기준에 적합한 것으로 할 것

다) 지붕은 2매판 구조의 부상지붕으로 하고, 그 외면에는 녹 방지를 위한 도장을 하는 동시에 소방청장이 정하여 고시하는 기준에 적합하게 할 것

라) 누액방지판은 소방청장이 정하여 고시하는 바에 따라 강철판으로 만들

고, 그 용접부는 소방청장이 정하여 고시하는 바에 따라 실시한 자분탐상시험 등의 시험에 있어서 소방청장이 정하여 고시하는 기준에 적합하도록 한 것

(바) 지중탱크의 펌프설비는 다음의 기준에 적합한 것으로 할 것

1) 위험물 중에 설치하는 펌프설비는 그 전동기의 내부에 냉각수를 순환시키는 동시에 금속제의 보호관 내에 설치할 것

2) 1)에 해당하지 않는 펌프설비는 옥외저장탱크의 펌프설비의 기준(갱도에 설치하는 것은 (가)·(나)·(마) 및 (카)를 제외)을 준용할 것

(사) 지중탱크에는 당해 지중탱크 내의 물을 적절히 배수할 수 있는 설비를 설치할 것

(아) 지중탱크의 옥외탱크저장소에 갱도를 설치하는 경우에는 다음에 의할 것

1) 갱도의 출입구는 지중탱크 내의 위험물의 최고액면보다 높은 위치에 설치할 것. 다만, 최고액면을 넘는 위치를 경유하는 경우에 있어서는 제외된다.

2) 가연성의 증기가 체류할 우려가 있는 갱도에는 가연성의 증기를 외부에 배출할 수 있는 설비를 설치할 것

(자) 지중탱크는 그 주위가 소방청장이 정하여 고시하는 구내도로에 직접 면하도록 설치할 것. 다만, 2기 이상의 지중탱크를 인접하여 설치하는 경우에는 당해 지중탱크 전체가 포위될 수 있도록 하되, 각 탱크의 2 방향 이상이 구내도로에 직접 면하도록 하는 것으로 할 수 있다.

(차) 지중탱크의 옥외탱크저장소에는 소방청장이 정하여 고시하는 바에 따라 위험물 또는 가연성 증기의 누설을 자동적으로 검지하는 설비 및 지하수위의 변동을 감시하는 설비를 설치할 것

(카) 지중탱크의 옥외탱크저장소에는 소방청장이 정하여 고시하는 바에 따라 지중벽을 설치할 것. 다만, 주위의 지반상황 등에 의하여 누설된 위험물이 확산할 우려가 없는 경우에는 제외된다.

(3) 이 외에 지중탱크의 옥외탱크저장소에 관한 세부기준은 소방청장이 정하여 고시한다.

2.12 해상탱크에 관계된 옥외탱크저장소의 특례

(1) 원유·등유·경유 또는 중유를 해상탱크[46]에 저장 또는 취급하는 옥외탱크저장소

---

46) 바다 위의 동일한 장소에 정치定置되어 육상에 설치된 설비와 배관 등에 의하여 접속된 위험물탱크를 말한다.

중 해상탱크를 용량 10만L 이하마다 물로 채운 이중의 격벽으로 완전하게 구분하고, 해상탱크의 옆부분 및 밑부분을 물로 채운 이중벽의 구조로 한 것은 안전거리 내지 방유제(Ⅰ내지 Ⅸ)의 규정에 불구하고 (2) 및 (3)의 규정에 의할 수 있다.

(2) (1)의 옥외탱크저장소에 대하여는 보유공지, 기초 및 지반, 탱크 구조(Ⅱ·Ⅳ·Ⅴ·Ⅵ제1호 내지 제7호 및 제10호 내지 제18호)의 규정은 적용하지 않는다.

(3) (2)에서 정하는 것 외에 해상탱크에 관계된 옥외탱크저장소의 특례는 다음과 같다.

(가) 해상탱크의 위치는 다음에 의할 것

1) 해상탱크는 자연적 또는 인공적으로 거의 폐쇄된 평온한 해역에 설치할 것
2) 해상탱크의 위치는 육지, 해저 또는 당해 해상탱크에 관계된 옥외탱크저장소와 관련되는 공작물 외의 해양 공작물로부터 당해 해상탱크의 외면까지의 사이에 안전을 확보하는 데 필요하다고 인정되는 거리를 유지할 것

(나) 해상탱크의 구조는 선박안전법에 정하는 바에 의할 것

(다) 해상탱크의 정치定置[47]설비는 다음에 의할 것

1) 정치설비는 해상탱크를 안전하게 보존·유지할 수 있도록 배치할 것
2) 정치설비는 당해 정치설비에 작용하는 하중에 의하여 발생하는 응력 및 변형에 대하여 안전한 구조로 할 것

(라) 정치설비의 직하의 해저면으로부터 정치설비의 자중 및 정치설비에 작용하는 하중에 의한 응력에 대하여 정치설비를 안전하게 지지하는 데 필요한 깊이까지의 지반은 표준관입시험에서의 표준관입시험치가 평균적으로 15 이상의 값을 나타내는 동시에 정치설비의 자중 및 정치설비에 작용하는 하중에 의한 응력에 대하여 안전할 것

(마) 해상탱크의 펌프설비는 옥외저장탱크의 외부구조 및 설비(Ⅵ제10호) 중 펌프설비의 기준을 준용하되, 현장상황에 따라 동 규정의 기준에 의하는 것이 곤란한 경우에는 안전조치를 강구하여 동 규정의 기준 중 일부를 적용하지 않을 수 있다.

(바) 위험물을 취급하는 배관은 다음의 기준에 의할 것

1) 해상탱크의 배관의 위치·구조 및 설비는 옥외저장탱크의 외부구조 및 설비 중(Ⅵ제14호) 옥외저장탱크의 배관의 기준을 준용할 것. 다만, 현장상황에 따라 동 규정의 기준에 의하는 것이 곤란한 경우에는 안전조치를 강구하여 동 규정의 기준 중 일부를 적용하지 않을 수 있다.

47) 해상탱크를 지지하기 위하여 해상탱크로부터 해저면에 설치하는 각종 구조물 등을 말한다. 이러한 정치설비는 자체의 하중에 의해 발생하는 응력 및 변형에 대하여 안전한 구조로 설비되어야 한다.

2) 해상탱크에 설치하는 배관과 그 밖의 배관과의 결합부분은 파도 등에 의하여 당해 부분에 손상을 주지 않도록 조치할 것

(사) 전기설비는 「전기사업법」에 의한 전기설비기술기준의 규정에 의하는 외에, 열 및 부식에 대하여 내구성이 있는 동시에 기후의 변화에 내성이 있을 것

(아) 마목 내지 사목의 규정에 불구하고 해상탱크에 설치하는 펌프설비, 배관 및 전기설비((차)에 정하는 설비와 관련되는 전기설비 및 소화설비와 관련되는 전기설비를 제외한다)에 있어서는 「선박안전법」에 정하는 바에 의할 것

(자) 해상탱크의 주위에는 위험물이 새었을 경우에 그 유출을 방지하기 위한 방유제(부유식의 것을 포함한다)를 설치할 것

(차) 해상탱크에 관계된 옥외탱크저장소에는 위험물 또는 가연성 증기의 누설 또는 위험물의 폭발 등의 재해의 발생 또는 확대를 방지하는 설비를 설치할 것

2.13 옥외탱크저장소의 충수시험의 특례

액체위험물을 저장 또는 취급하는 옥외저장탱크는 완공검사 전에 위험물탱크 안전성능시험(충수 또는 수압시험)을 실시하여야 한다. 압력탱크는 수압시험을, 압력탱크 외의 탱크는 충수시험을 실시하여야 한다. 액체가 아닌 위험물의 저장탱크의 경우에는 당해 검사를 받지 않아도 되지만 저장 위험물의 특성을 고려하여 안전성을 확인할 필요가 있다. 또한 검사를 받는 시기는 탱크가 완성된 상태에서 배관 등의 부속설비나 내・외부 도장작업 등을 실시하기 전에 하여야 한다.

옥외탱크저장소의 구조 또는 설비에 관한 변경공사(탱크의 옆판 또는 밑판의 교체공사를 제외) 중 탱크본체에 관한 공사를 포함하는 변경공사로서 당해 탱크본체에 관한 공사가 다음(특정옥외탱크저장소 외의 옥외탱크저장소에 있어서는 (1)・(2)・(3)・(5)・(6) 및 (8)에 정하는 변경공사에 해당하는 경우에는 당해 변경공사에 관계된 옥외탱크저장소에 대하여 옥외저장탱크의 외부구조 및 설비 중 두께(Ⅵ 제1호)의 규정(충수시험에 관한 기준과 관련되는 부분에 한함)은 적용하지 않는다.

(1) 노즐・맨홀 등의 설치공사

(2) 노즐・맨홀 등과 관련되는 용접부의 보수공사

(3) 지붕에 관련되는 공사(고정지붕식으로 된 옥외탱크저장소에 내부부상지붕을 설치하는 공사를 포함)

(4) 옆판과 관련되는 겹침보수공사

(5) 옆판과 관련되는 육성보수공사(용접부에 대한 열영향이 경미한 것에 한함)

(6) 최대저장높이 이상의 옆판에 관련되는 용접부의 보수공사
(7) 에뉼러판 또는 밑판의 겹침보수공사 중 옆판으로부터 600mm 범위 외의 부분에 관련된 것으로서 당해 겹침보수부분이 저부면적[48]의 1/2 미만인 것
(8) 에뉼러판 또는 밑판에 관한 육성보수공사(용접부에 대한 열영향이 경미한 것에 한함)
(9) 밑판 또는 에뉼러판이 옆판과 접하는 용접이음부의 겹침보수공사 또는 육성보수공사 (용접부에 대한 열영향이 경미한 것에 한함)

3. 옥내탱크저장소

옥내탱크저장소는 옥내에 있는 탱크에서 위험물을 저장, 취급하는 저장소로서 옥내에 있는 탱크라는 의미에서 이중의 안전장치를 가지고 있는 시설이며, 저장용량을 제한하고 있어 비교적 안전한 저장소라고 볼 수 있다. 따라서 안전거리 및 보유공지의 규제를 받지 않는 저장소이다. 옥내탱크저장소의 위험물의 저장수량 및 배수는 탱크에 저장하는 형태이기 때문에 시행규칙 탱크용적의 산정기준에 따라 산정한 탱크용적이 저장수량이 된다.

3.1 옥내탱크저장소 기준

(1) 단층건축물의 옥내탱크저장소의 위치・구조 및 설비의 기술기준은 다음과 같다.

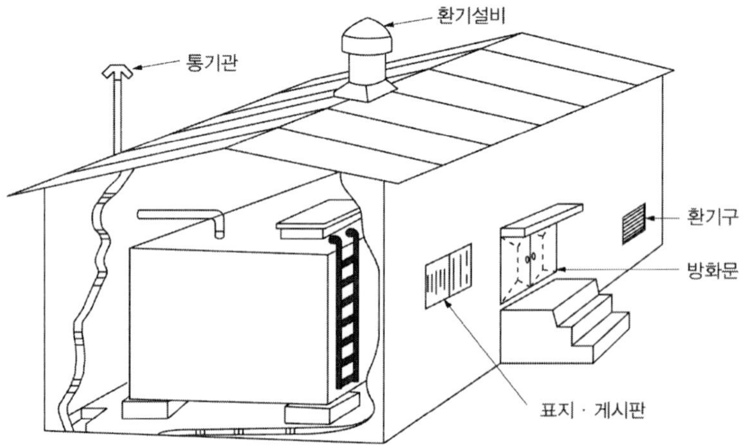

그림 3.92 ▌ 단층건물에 설치된 탱크실의 예시

48) 에뉼러판 및 밑판의 면적을 말한다.

(가) 위험물을 저장 또는 취급하는 옥내탱크(옥내저장탱크)는 단층건축물에 설치된 탱크전용실에 설치할 것

(나) 옥내저장탱크와 탱크전용실의 벽과의 사이 및 옥내저장탱크의 상호 간에는 0.5m 이상의 간격을 유지할 것. 다만, 탱크의 점검 및 보수에 지장이 없는 경우에는 제외된다.

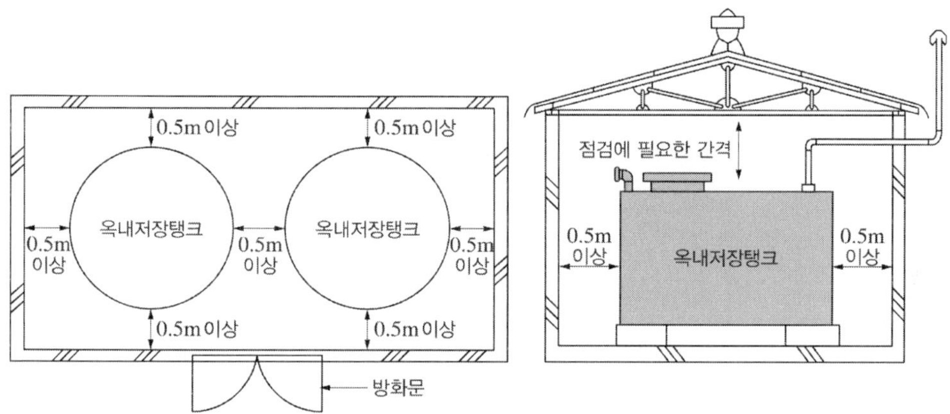

그림 3.93 ▌ 탱크 전용실 내의 간격

그림 3.94 ▌ 표지 및 게시판 예시

(다) 옥내탱크저장소에는 제조소의 위치 · 구조 및 설비기준 중 표지 및 게시판([별표

4] Ⅲ제1호, 제2호)의 기준에 따라 보기 쉬운 곳에 "위험물 옥내탱크저장소"라는 표시를 한 표지와 방화에 관하여 필요한 사항을 게시한 게시판을 설치하여야 한다.

제2류 위험물 중 인화성 고체, 제3류 위험물 중 자연발화성 물질, 제4류 위험물 또는 제5류 위험물을 저장하는 옥내탱크저장소의 경우에는 다음과 같은 예를 따른다.

(라) 옥내저장탱크의 용량(동일한 탱크전용실에 옥내저장탱크를 2이상 설치하는 경우에는 각 탱크의 용량의 합계)은 지정수량의 40배(제4석유류 및 동식물유류 외의 제4류 위험물에 있어서 당해 수량이 20,000L를 초과할 때에는 20,000L) 이하일 것

(마) 옥내저장탱크의 구조는 옥외저장탱크의 구조 중 두께 및 충수시험 특례([별표 6] Ⅵ제1호 및 ⅩⅣ)의 기준을 준용할 것

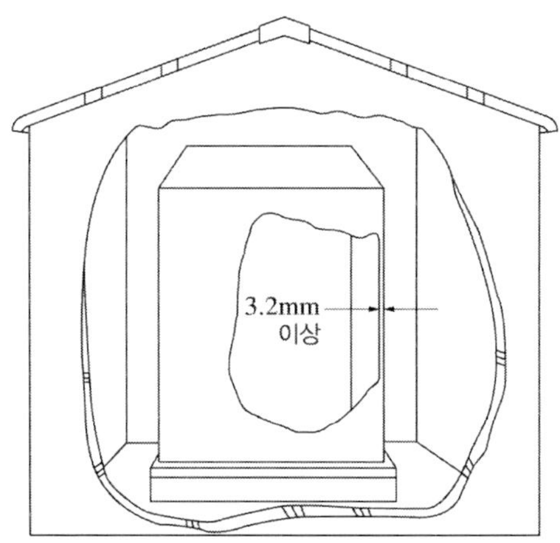

그림 3.95 ▌ 탱크의 두께

(바) 옥내저장탱크의 외면에는 녹을 방지하기 위한 도장을 할 것. 다만, 탱크의 재질이 부식의 우려가 없는 스테인레스 강판 등인 경우에는 제외된다.

(사) 옥내저장탱크 중 압력탱크[49] 외의 탱크(제4류 위험물의 옥내저장탱크로 한정함)에 있어서는 밸브 없는 통기관 또는 대기밸브 부착 통기관을 다음의 기준에 따라 설치하고, 압력탱크에 있어서는 제조소의 기타설비 중([별표 4] Ⅷ제4호) 안전장치를 설치할 것

---

49) 최대상용압력이 부압 또는 정압 5kPa을 초과하는 탱크를 말한다.

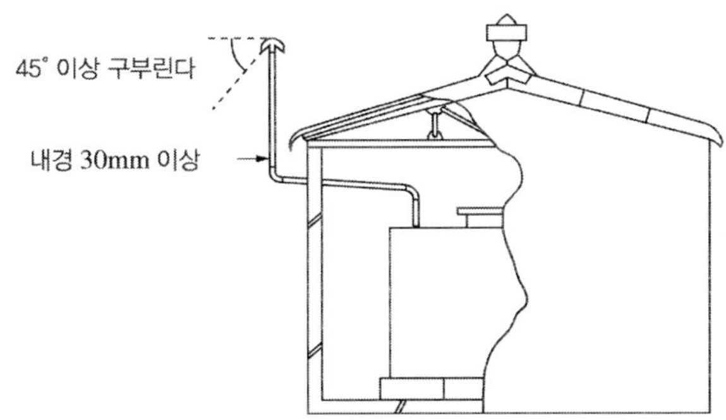

그림 3.96 ▌ 통기관의 설치 예시

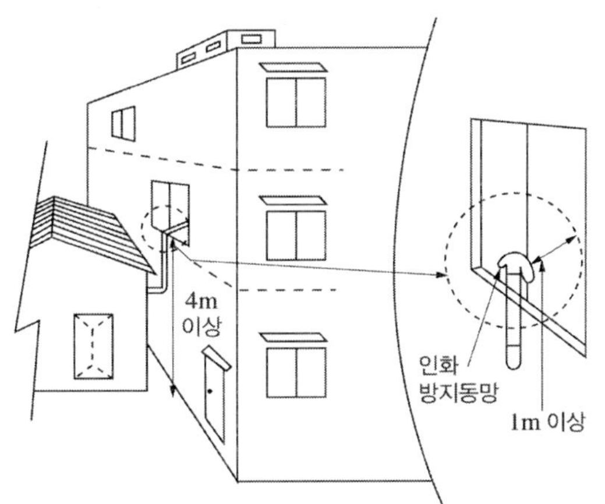

그림 3.97 ▌ 통기관의 구조 예시

1) 밸브 없는 통기관
   가) 통기관의 선단은 건축물의 창·출입구 등의 개구부로부터 1m 이상 떨어진 옥외의 장소에 지면으로부터 4m 이상의 높이로 설치하되, 인화점이 40℃ 미만인 위험물의 탱크에 설치하는 통기관에 있어서는 부지경계선으로부터 1.5m 이상 이격할 것. 다만, 고인화점 위험물만을 100℃ 미만의 온도로 저장 또는 취급하는 탱크에 설치하는 통기관은 그 선단을 탱크전용실 내에 설치할 수 있다.
   나) 통기관은 가스 등이 체류할 우려가 있는 굴곡이 없도록 할 것
   다) 옥외탱크저장소의 위치·구조 및 설비기준의 탱크 구조 중 밸브 없는 통기관([별표 6] Ⅵ제7호가목)의 기준에 적합할 것

2) 대기밸브 부착 통기관

가) 1)가) 및 나)의 기준에 적합할 것

나) 옥외탱크저장소의 위치·구조 및 설비기준의 탱크 구조 중 대기밸브 부착 통기관([별표 6] Ⅵ제7호나목)의 기준에 적합할 것

(아) 액체위험물의 옥내저장탱크에는 위험물의 양을 자동적으로 표시하는 장치를 설치할 것

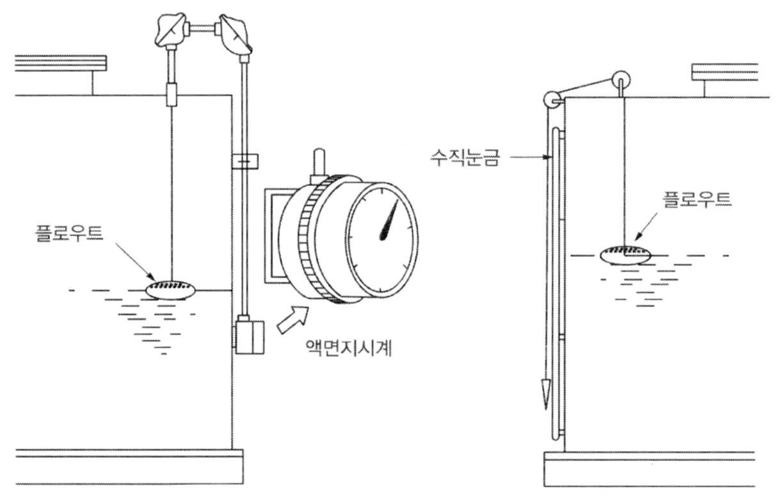

그림 3.98 ▌ 플로트식 액면지시계 예시

(자) 액체위험물의 옥내저장탱크의 주입구는 옥외저장탱크의 주입구([별표] 6 Ⅵ 제9호)의 기준을 준용할 것

(차) 옥내저장탱크의 펌프설비 중 탱크전용실이 있는 건축물 외의 장소에 설치하는 펌프설비에 있어서는 옥외저장탱크의 펌프설비([별표 6] Ⅵ제10호(가목 및 나목을 제외))의 기준을 준용하고, 탱크전용실이 있는 건축물에 설치하는 펌프설비에 있어서는 다음에 정하는 바에 의할 것

1) 탱크전용실 외의 장소에 설치하는 경우에는 옥외저장탱크의 펌프설비([별표 6] Ⅵ제10호 다목 내지 차목 및 타목)의 규정에 의할 것, 다만 펌프실의 지붕은 내화구조 또는 불연재료로 할 수 있다.

2) 탱크전용실에 설치하는 경우에는 펌프설비를 견고한 기초 위에 고정시킨다음 그 주위에 불연재료로 된 턱을 탱크전용실의 문턱높이 이상으로 설치할 것. 다만, 펌프설비의 기초를 탱크전용실의 문턱높이 이상으로 하는 경우는 제외한다.

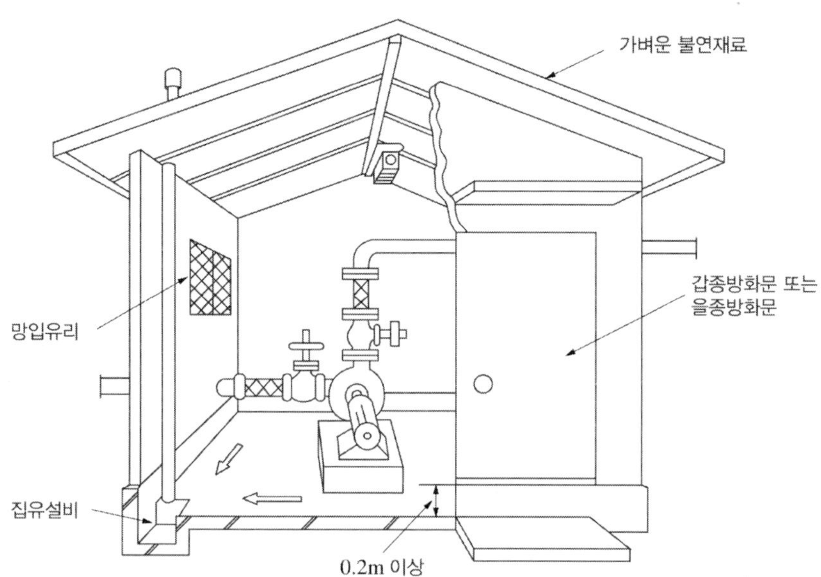

그림 3.99 ▌ 펌프의 단독 설치 예시

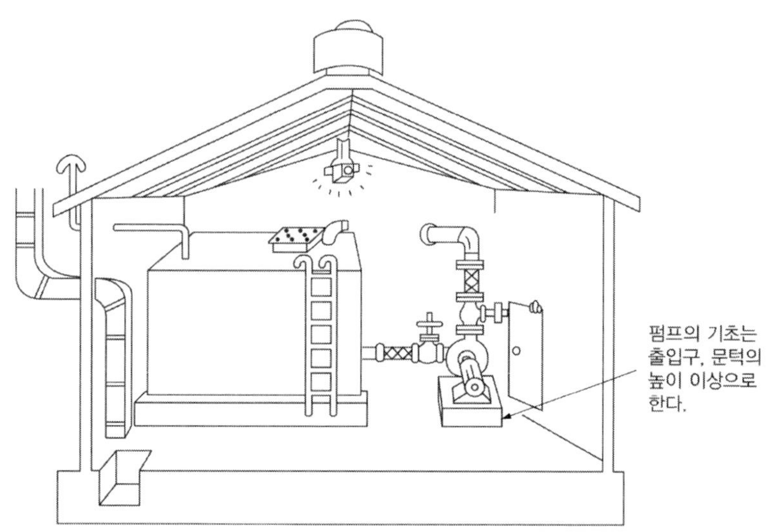

그림 3.100 ▌ 펌프의 탱크전용실 설치 예시

(카) 옥내저장탱크의 밸브는 옥외저장탱크의 밸브([별표 6] Ⅵ제11호)의 기준을 준용할 것

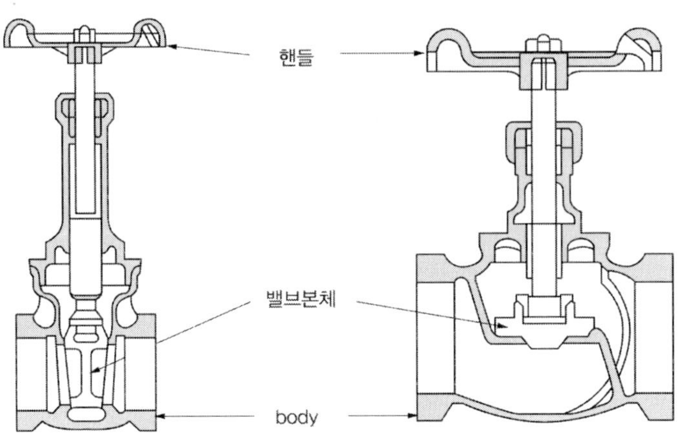

그림 3.101 ▌ 탱크의 밸브 예시

(타) 옥내저장탱크의 배수관은 옥외저장탱크의 배수관([별표 6] Ⅵ제12호)의 기준을 준용할 것

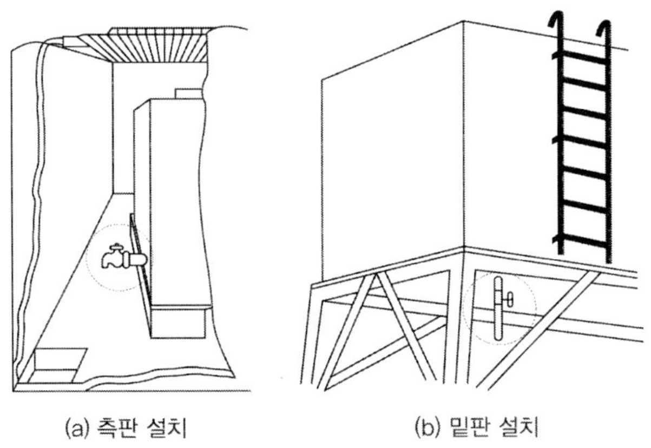
(a) 측판 설치 (b) 밑판 설치

그림 3.102 ▌ 배수관 설치 예시

(파) 옥내저장탱크의 배관의 위치 · 구조 및 설비는 하목의 규정에 의하는 외에 제조소의 위험물을 취급하는 배관([별표 4] Ⅹ)의 기준을 준용할 것

(하) 액체위험물을 이송하기 위한 옥내저장탱크의 배관은 옥외저장탱크의 배관([별표 6] Ⅵ제15호)의 기준을 준용할 것

(거) 탱크전용실은 벽 · 기둥 및 바닥을 내화구조로 하고, 보를 불연재료로 하며, 연소의 우려가 있는 외벽은 출입구 외에는 개구부가 없도록 할 것. 다만, 인화점이 70 ℃ 이상인 제4류 위험물만의 옥내저장탱크를 설치하는 탱크전용실에 있어서

는 연소의 우려가 없는 외벽·기둥 및 바닥을 불연재료로 할 수 있다.

(너) 탱크전용실은 지붕을 불연재료로 하고, 천장을 설치하지 않을 것

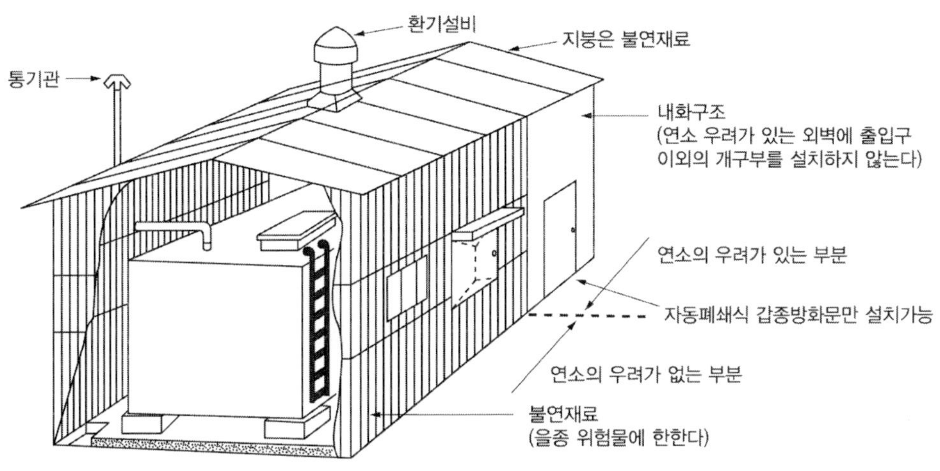

그림 3.103 ▌ 탱크전용실의 구조 등

(더) 탱크전용실의 창 및 출입구에는 갑종방화문 또는 을종방화문을 설치하는 동시에, 연소의 우려가 있는 외벽에 두는 출입구에는 수시로 열 수 있는 자동폐쇄식의 갑종방화문을 설치할 것

(러) 탱크전용실의 창 또는 출입구에 유리를 이용하는 경우에는 망입유리로 할 것

(머) 액상의 위험물의 옥내저장탱크를 설치하는 탱크전용실의 바닥은 위험물이 침투하지 않는 구조로 하고, 적당한 경사를 두는 한편, 집유설비를 설치할 것

(버) 탱크전용실의 출입구의 턱의 높이를 당해 탱크전용실 내의 옥내저장탱크(옥내저장탱크가 2이상인 경우에는 최대용량의 탱크)의 용량을 수용할 수 있는 높이 이상으로 하거나 옥내저장탱크로부터 누설된 위험물이 탱크전용실 외의 부분으로 유출하지 않는 구조로 할 것

(서) 탱크전용실의 채광·조명·환기 및 배출의 설비는 옥내저장소의 채광·조명·환기 및 배출의 설비([별표 5] Ⅰ 제14조)의 기준을 준용할 것

(어) 전기설비는 「전기사업법」에 의한 전기설비기술 기준에 의하여야 한다.

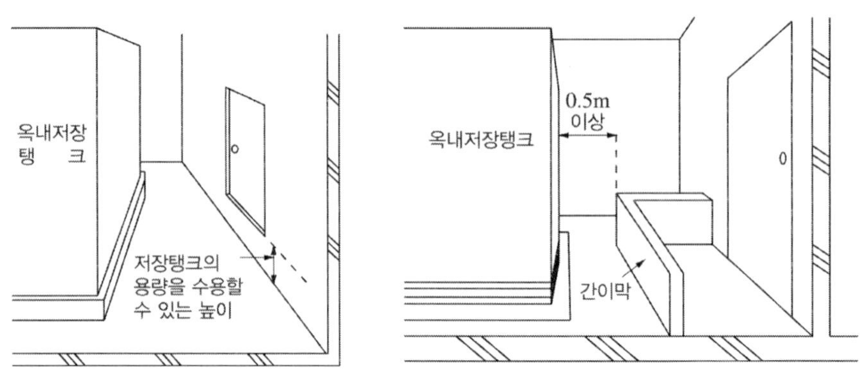

그림 3.104 ▌ 탱크전용실의 출입구 바닥 턱과 간이막

(2) 옥내탱크저장소 중 탱크전용실을 단층건물 외의 건축물에 설치하는 것(제2류 위험물 중 황화린·적린 및 덩어리 유황, 제3류 위험물 중 황린, 제6류 위험물 중 질산 및 제4류 위험물 중 인화점이 38℃ 이상인 위험물만을 저장 또는 취급하는 것에 한함)의 위치·구조 및 설비의 기술기준은 (1)(나)·(다)·(마)·내지 (자)·(차)(탱크전용실이 있는 건축물 외의 장소에 설치하는 펌프설비에 관한 기준과 관련되는 부분에 한함)·(카) 내지 (하)·(머)·(서) 및 (어)의 규정을 준용하는 외에 다음의 기준에 의하여야 한다.

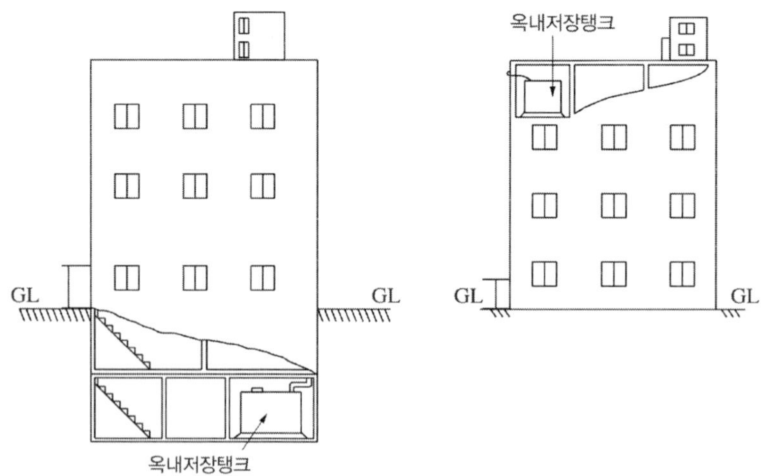

그림 3.105 ▌ 단층건물 외의 건축물에 설치하는 옥내탱크저장소

(가) 옥내저장탱크는 탱크전용실에 설치할 것. 이 경우 제2류 위험물 중 황화린・적린 및 덩어리 유황, 제3류 위험물 중 황린, 제6류 위험물 중 질산의 탱크전용실은 건축물의 1층 또는 지하층에 설치하여야 한다.

(나) 옥내저장탱크의 주입구 부근에는 당해 옥내저장탱크의 위험물의 양을 표시하는 장치를 설치할 것. 다만, 당해 위험물의 양을 쉽게 확인할 수 있는 경우에는 제외된다.

(다) 탱크전용실이 있는 건축물에 설치하는 옥내저장탱크의 펌프설비는 다음에 정하는 바에 의할 것

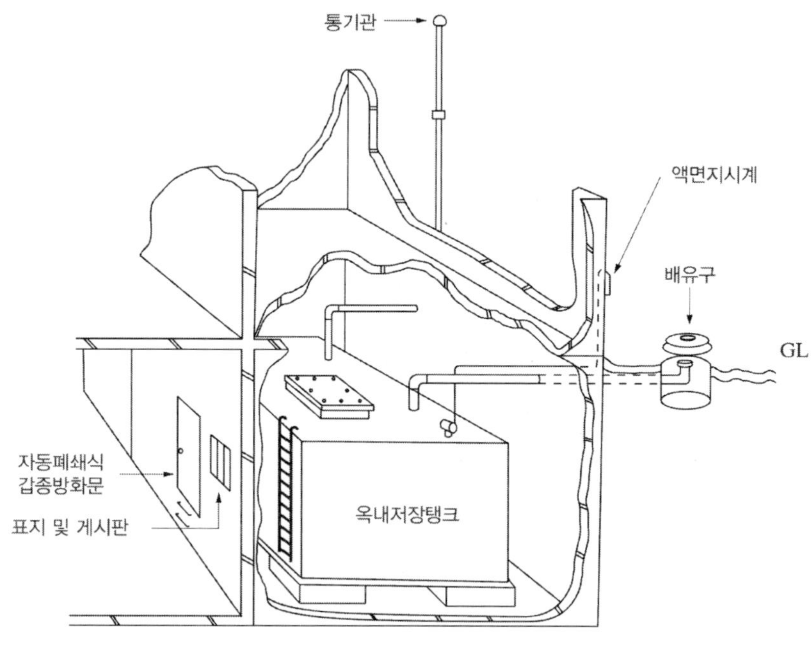

그림 3.106 ▌ 단층건물 외의 옥내탱크전용실 예시

1) 탱크전용실 외의 장소에 설치하는 경우에는 다음의 기준에 의할 것

가) 펌프실은 벽・기둥・바닥 및 보를 내화구조로 할 것

나) 펌프실은 상층이 있는 경우에 있어서는 상층의 바닥을 내화구조로 하고, 상층이 없는 경우에 있어서는 지붕을 불연재료로 하며, 천장을 설치하지 않을 것

다) 펌프실에는 창을 설치하지 않을 것. 다만, 제6류 위험물의 탱크전용실에 있어서는 갑종방화문 또는 을종방화문이 있는 창을 설치할 수 있다.

라) 펌프실의 출입구에는 갑종방화문을 설치할 것. 다만, 제6류 위험물의 탱크전용실에 있어서는 을종방화문을 설치할 수 있다.

마) 펌프실의 환기 및 배출의 설비에는 방화상 유효한 댐퍼 등을 설치할 것

바) 그 밖의 기준은 옥외탱크저장소의 탱크 구조([별표 6] Ⅵ제10호다목 · 아목 내지 차목 및 타목)의 규정을 준용할 것

2) 탱크전용실에 펌프설비를 설치하는 경우에는 견고한 기초 위에 고정한 다음 그 주위에는 불연재료로 된 턱을 0.2m 이상의 높이로 설치하는 등 누설된 위험물이 유출되거나 유입되지 않도록 하는 조치를 할 것

(라) 탱크전용실은 벽 · 기둥 · 바닥 및 보를 내화구조로 할 것

(마) 탱크전용실은 상층이 있는 경우에 있어서는 상층의 바닥을 내화구조로 하고, 상층이 없는 경우에 있어서는 지붕을 불연재료로 하며, 천장을 설치하지 않을 것

(바) 탱크전용실에는 창을 설치하지 않을 것

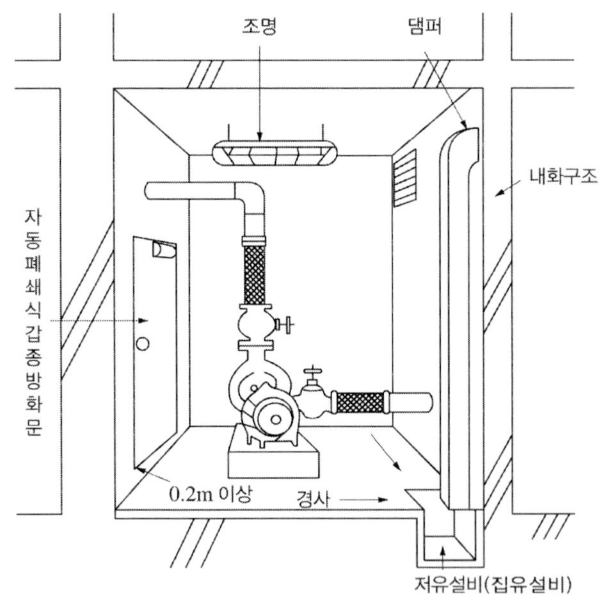

그림 3.107 ▌ 탱크전용실 외의 장소에 설치하는 펌프설비 예시

(사) 탱크전용실의 출입구에는 수시로 열 수 있는 자동폐쇄식의 갑종방화문을 설치할 것

(아) 탱크전용실의 환기 및 배출의 설비에는 방화상 유효한 댐퍼 등을 설치할 것

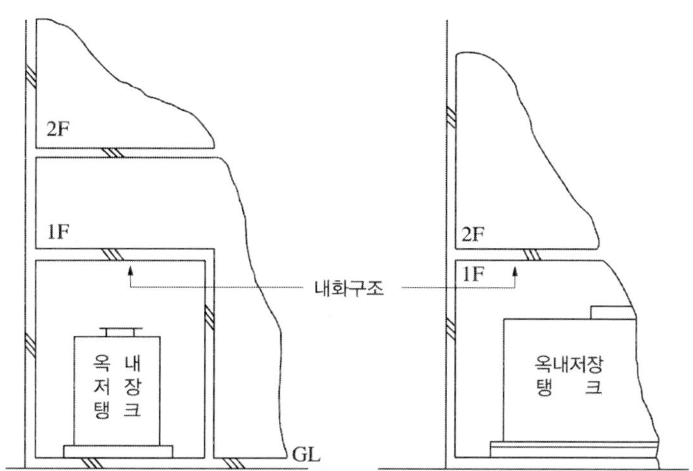

그림 3.108 ▌ 탱크전용실 외의 장소에 설치하는 펌프설비 예시 탱크전용실의 구조

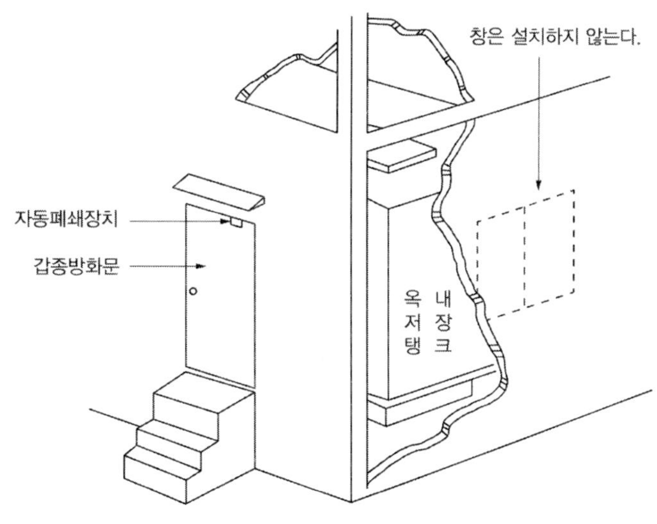

그림 3.109 ▌ 탱크전용실의 출입구 등

(자) 탱크전용실의 출입구의 턱의 높이를 당해 탱크전용실 내의 옥내저장탱크(옥내저장탱크가 2이상인 경우에는 모든 탱크)의 용량을 수용할 수 있는 높이 이상으로 하거나 옥내저장탱크로부터 누설된 위험물이 탱크전용실 외의 부분으로 유출하지 않는 구조로 할 것

(차) 옥내저장탱크의 용량[50]은 1층 이하의 층에 있어서는 지정수량의 40배 이하(제4

50) 동일한 탱크전용실에 옥내저장탱크를 2이상 설치하는 경우에는 각 탱크의 용량의 합계를 말한다.

석유류 및 동식물유류 외의 제4류 위험물에 있어서 당해 수량이 20,000L를 초과할 때에는 20,000L), 2층 이상의 층에 있어서는 지정수량의 10배 이하(제4석유류 및 동식물유류 외의 제4류 위험물에 있어서 당해 수량이 5,000L를 초과할 때에는 5,000L)일 것

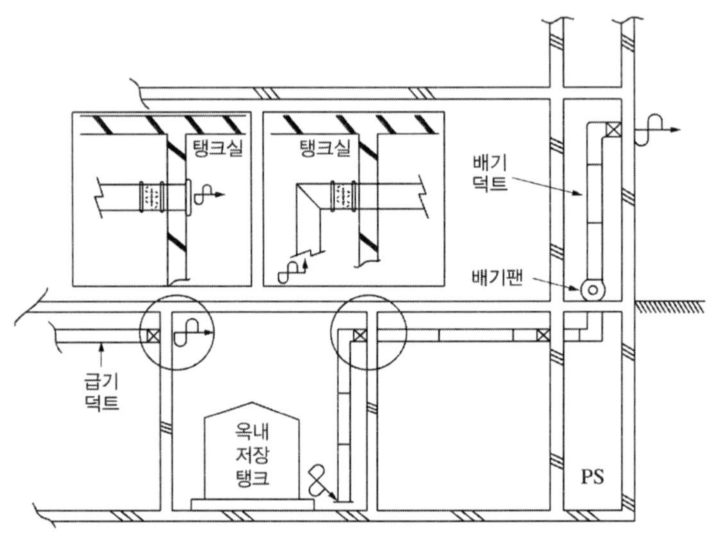

그림 3.110 ▌ 탱크전용실의 환기설비 예시

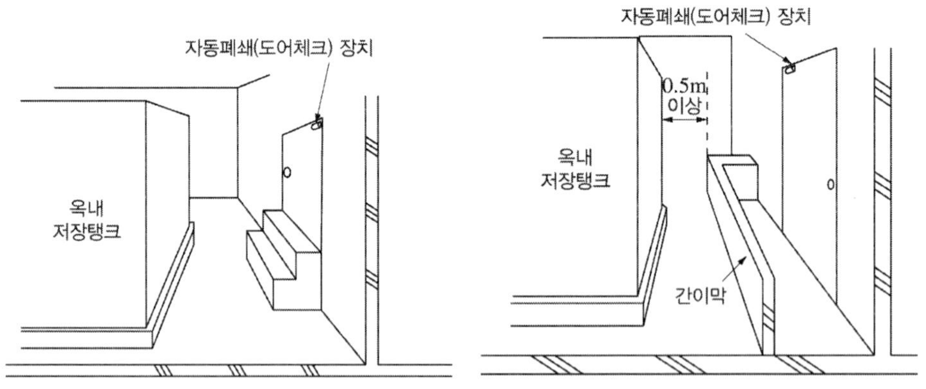

그림 3.111 ▌ 출입구 턱 높이 및 간이막 설치 예시

3.2 위험물의 성질에 따른 옥내탱크저장소의 특례

알킬알루미늄 등, 아세트알데히드 등 및 히드록실아민 등을 저장 또는 취급하는 옥내탱크저장소에 있어서는 3.1에 의하는 것 외에 위험물의 성질에 따른 옥외탱크저장소 특

례([별표 6] XI)에 의한 알킬알루미늄 등의 옥외탱크저장소, 아세트알데히드 등의 옥외탱크저장소 및 히드록실아민 등의 옥외탱크저장소의 규정을 준용하여야 한다.

4. 지하탱크저장소

지하탱크저장소는 지하(지반면 아래)에 매설되어 있는 탱크에 위험물을 저장, 취급하는 저장소로서 지하 땅속에 탱크가 설치되어 있기 때문에 일반적으로 안전한 시설이다. 따라서 보편적으로 가장 많이 설치되고 있는 시설이고, 사고의 위험이 적어 안전거리 및 보유공지의 규제 대상에서 제외되어 있다. 그러나 시설 자체가 지하에 매설되어 있어 부식의 우려가 있고, 위험물의 누설 등을 조기발견하기가 곤란함은 물론, 탱크의 수리 등이 곤란하고, 지하수에 의한 탱크의 부양 등이 우려되어 완벽한 설치 및 관리가 요구된다.

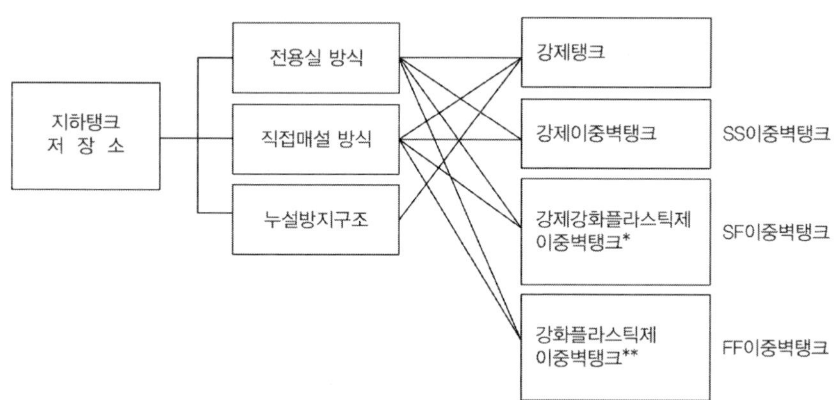

그림 3.112 ▌ 지하탱크저장소의 분류

탱크전용실방식의 경우 동일한 탱크전용실 내에 설치되는 지하저장탱크가 하나의 지하저장소로서, 직접매설방식의 경우에는 동일한 기초 위 또는 뚜껑 아래에 설치되는 지하저장탱크가 하나의 지하탱크저장소로서 각각 규제된다. 따라서 다음에 명시하는 탱크는 합산한 수량이 하나의 지하탱크저장소의 저장수량이 되는 것이다.

- 동일의 탱크실에 설치되어 있는 것
- 동일한 기초 위에 설치되어 있는 것
- 동일한 뚜껑으로 덮여 있는 것

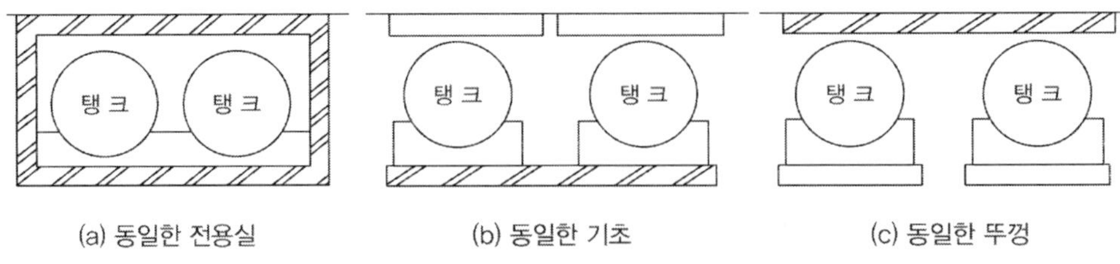

그림 3.113 ▌ 하나의 지하탱크저장소로서 규제 예시

4.1 지하탱크저장소의 기준

(1) 위험물을 저장 또는 취급하는 지하탱크(지하저장탱크)는 지면 하에 설치된 탱크전용실에 설치하여야 한다. 다만, 제4류 위험물의 지하저장탱크가 (가) 내지 (마)의 기준에 적합한 때에는 제외된다.

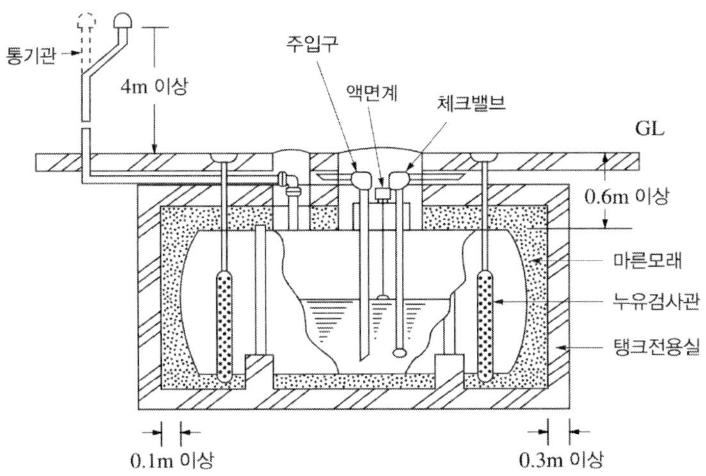

그림 3.114 ▌ 탱크전용실에 설치한 지하저장탱크 예시

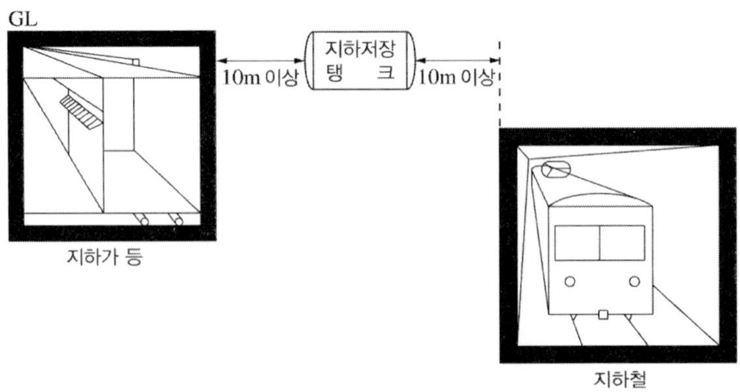

그림 3.115 ▌ 지하철, 지하가 등과의 거리

(가) 당해 탱크를 지하철·지하가 또는 지하터널[51]로부터 수평거리 10m 이내의 장소 또는 지하건축물 내의 장소에 설치하지 않을 것

(나) 당해 탱크를 그 수평투영의 세로 및 가로보다 각각 0.6m 이상 크고 두께가 0.3m 이상인 철근콘크리트조의 뚜껑으로 덮을 것

(다) 뚜껑에 걸리는 중량이 직접 당해 탱크에 걸리지 않는 구조일 것

(라) 당해 탱크를 견고한 기초 위에 고정할 것

(마) 당해 탱크를 지하의 가장 가까운 벽·피트·가스관 등의 시설물 및 대지경계선으로부터 0.6m 이상 떨어진 곳에 매설할 것

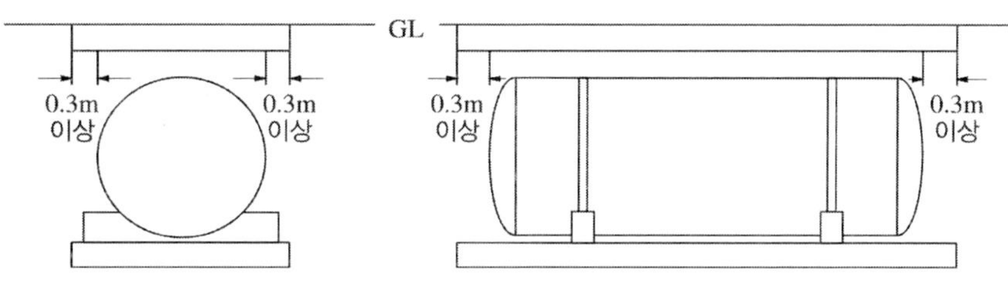

그림 3.116 ▌ 뚜껑의 설치 예시

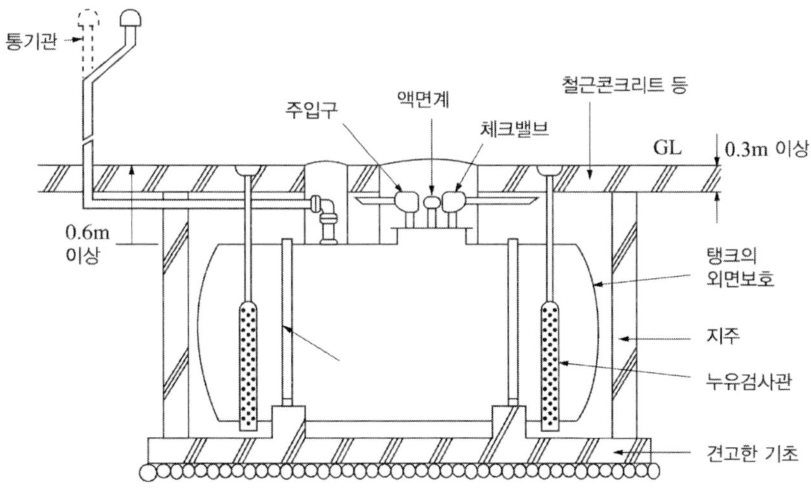

그림 3.117 ▌ 지하에 직접 매설한 지하저장탱크 예시

(2) 탱크전용실은 지하의 가장 가까운 벽·피트·가스관 등의 시설물 및 대지경계선으

---

51) 지반 밑에 설치된 공작물 가운데 사람의 출입가능성이 있는 공공하수전용관, 공동구 등의 터널은 지하터널에 해당한다.

로부터 0.1m 이상 떨어진 곳에 설치하고, 지하저장탱크와 탱크전용실의 안쪽과의 사이는 0.1m 이상의 간격을 유지하도록 하며, 당해 탱크의 주위에 마른 모래 또는 습기 등에 의하여 응고되지 않는 입자지름 5mm 이하의 마른 자갈분을 채워야 한다.

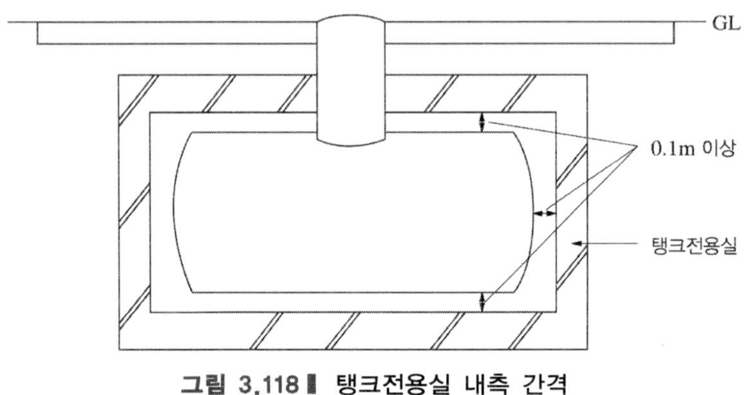

그림 3.118 ▌ 탱크전용실 내측 간격

(3) 지하저장탱크의 윗부분은 지면으로부터 0.6m 이상 아래에 있어야 한다.

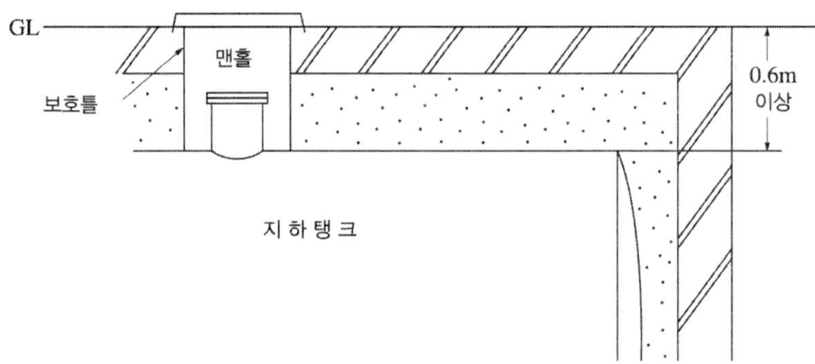

그림 3.119 ▌ 탱크의 매설깊이

(4) 지하저장탱크를 2이상 인접해 설치하는 경우에는 그 상호 간에 1m(당해 2이상의 지하저장탱크의 용량의 합계가 지정수량의 100배 이하인 때에는 0.5m) 이상의 간격을 유지하여야 한다. 다만, 그 사이에 탱크전용실의 벽이나 두께 20cm 이상의 콘크리트 구조물이 있는 경우에는 제외된다.

(5) 지하탱크저장소에는 제조소의 표지 및 게시판([별표 4] Ⅲ제1호, 제2호)의 기준에 따라 보기 쉬운 곳에 "위험물 지하탱크저장소"라는 표시를 한 표지와 방화에 관하여 필요한 사항을 게시한 게시판을 설치하여야 한다.

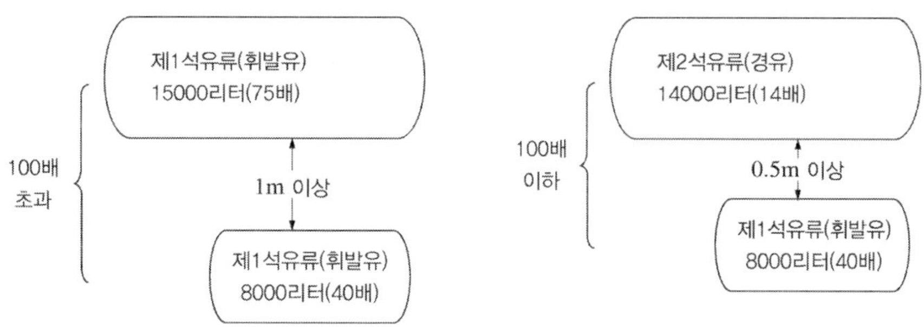

그림 3.120 ▌ 탱크 상호간의 거리

(6) 지하저장탱크는 용량에 따라 표 3.12에 정하는 기준에 적합하게 강철판 또는 동등 이상의 성능이 있는 금속재질로 완전용입용접 또는 양면겹침이음용접으로 틈이 없도록 만드는 동시에, 압력탱크[52] 외의 탱크에 있어서는 70kPa의 압력으로, 압력탱크에 있어서는 최대상용압력의 1.5배의 압력으로 각각 10분간 수압시험을 실시하여 새거나 변형되지 않아야 한다. 이 경우 수압시험은 소방청장이 정하여 고시하는 기밀시험과 비파괴시험을 동시에 실시하는 방법으로 대신할 수 있다(세부기준 제30조, 제31조 참조).

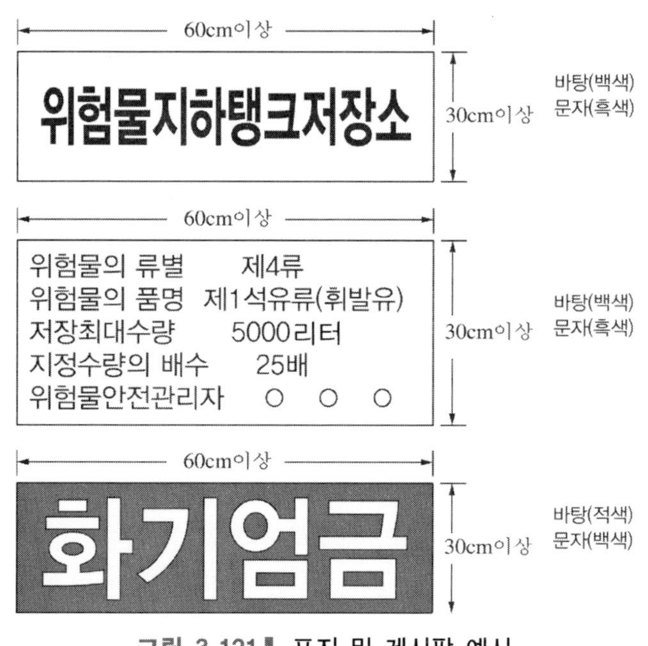

그림 3.121 ▌ 표지 및 게시판 예시

52) 최대상용압력이 46.7kPa 이상인 탱크를 말한다.

표 3.12 지하저장탱크의 구조

탱크용량 (단위 L)	탱크의 최대직경 (단위 mm)	강철판의 최소두께 (단위 mm)
1,000 이하	1,067	3.20
1,000 초과 2,000 이하	1,219	3.20
2,000 초과 4,000 이하	1,625	3.20
4,000 초과 15,000 이하	2,450	4.24
15,000 초과 45,000 이하	3,200	6.10
45,000 초과 75,000 이하	3,657	7.67
75,000 초과 189,000 이하	3,657	9.27
189,000 초과	-	10.00

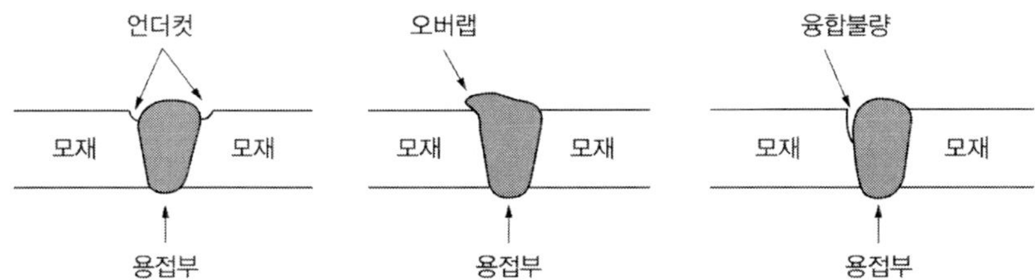

그림 3.122 ▌ 용접불량 예시

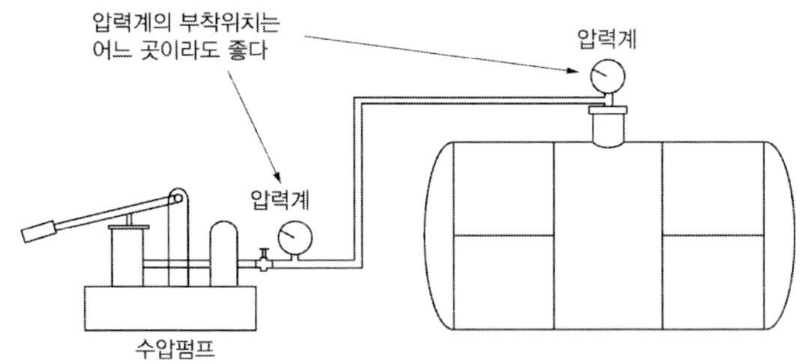

그림 3.123 ▌ 수압시험

(7) 지하저장탱크의 외면은 다음에 따라 보호하여야 한다. 다만, 지하저장탱크의 재질이 부식의 우려가 없는 스테인레스 강판 등인 경우에는 방청도장을 하지 않을 수 있다.

(가) 탱크전용실에 설치하는 지하저장탱크의 외면은 다음 방법으로 보호할 것

1) 탱크의 외면에 방청도장을 할 것

방청도장에는 프탈산수지도료, 염화고무도료, 에폭시수지도료, 아연분말도

료 등이 사용되고 있다

2) 탱크의 외면에 방청제 및 아스팔트프라이머의 순으로 도장을 한 후 아스팔트 루핑 및 철망의 순으로 탱크를 피복하고, 그 표면에 두께가 2cm 이상에 이를 때까지 모르타르를 도장할 것. 이 경우에 있어서 다음에 정하는 기준에 적합하여야 한다.
   가) 아스팔트루핑은 아스팔트루핑(KS F 4902)(35kg)의 규격에 의한 것 이상의 성능이 있을 것
   나) 철망은 와이어라스(KS F 4551)의 규격에 의한 것 이상의 성능이 있을 것

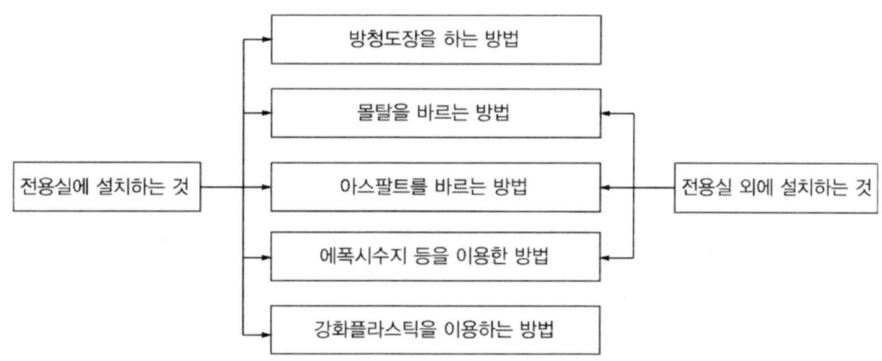

그림 3.124 ▌ 지하저장탱크의 외면보호

   다) 모르타르에는 방수제를 혼합할 것. 다만, 모르타르를 도장한 표면에 방수제를 도장하는 경우에는 제외된다.

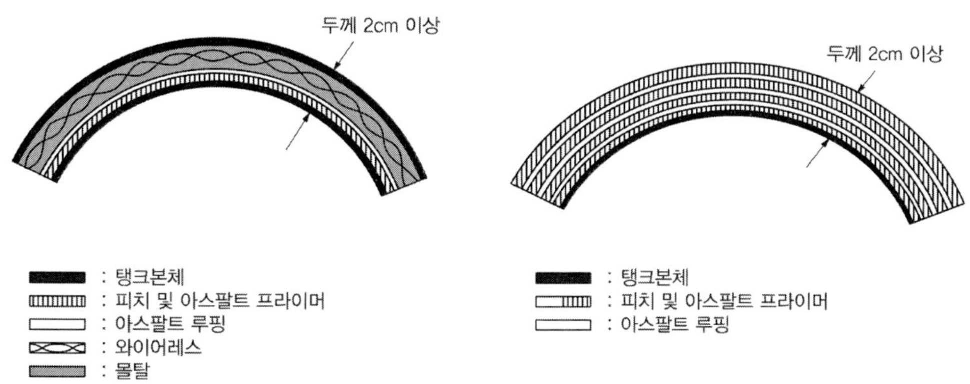

그림 3.125 ▌ 모르타르 및 아스팔트 도장 예시

3) 탱크의 외면에 방청도장을 실시하고, 그 표면에 아스팔트 및 아스팔트루핑에 의한 피복을 두께 1cm에 이를 때 까지 교대로 실시할 것. 이 경우 아스팔트 루핑은 2)가)의 기준에 적합하여야 한다.

4) 탱크의 외면에 프라이머를 도장하고, 그 표면에 복장재를 휘감은 후 에폭시수지 또는 타르에폭시수지에 의한 피복을 탱크의 외면으로부터 두께 2mm 이상에 이를 때까지 실시할 것. 이 경우에 있어서 복장재는 수도용 강관아스팔트도복장방법(KS D 8306)으로 정하는 비닐론클로스 또는 헤시안클래스에 적합하여야 한다.

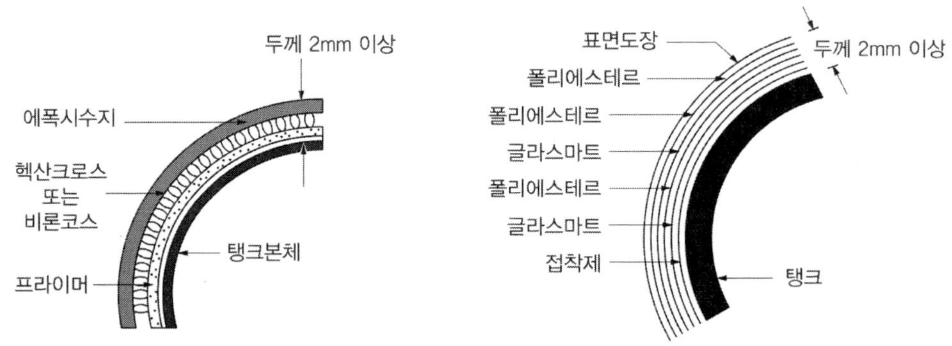

그림 3.126 ▌ 에폭시수지 및 강화플라스틱 방법 예시

5) 탱크의 외면에 프라이머를 도장하고, 그 표면에 유리섬유 등을 강화재로 한 강화플라스틱에 의한 피복을 두께 3mm 이상에 이를 때까지 실시할 것

(나) 탱크전용실 외의 장소에 설치하는 지하저장탱크의 외면은 (가)의 2) 내지 4)에 해당하는 방법으로 보호할 것

(8) 지하저장탱크 중 압력탱크[53] 외의 제4류 위험물의 탱크에 있어서는 밸브 없는 통기관 또는 대기밸브 부착 통기관을 다음의 구분에 따른 기준에 적합하게 설치하고, 압력탱크에 있어서는 제조소의 안전장치([별표 4] Ⅷ 제4호)의 기준을 준용하여야 한다.

(가) 밸브 없는 통기관

1) 통기관은 지하저장탱크의 윗부분에 연결할 것

2) 통기관 중 지하의 부분은 그 상부의 지면에 걸리는 중량이 직접 해당 부분에 미치지 않도록 보호하고, 해당 통기관의 접합부분(용접, 그 밖의 위험물 누설

53) 최대상용압력이 부압 또는 정압 5kPa을 초과하는 탱크를 말한다.

의 우려가 없다고 인정되는 방법에 의하여 접합된 것은 제외)에 대하여는 해당 접합부분의 손상유무를 점검할 수 있는 조치를 할 것

3) 옥내탱크저장소의 밸브 없는 통기관([별표 7] Ⅰ제1호사목1))의 기준에 적합할 것

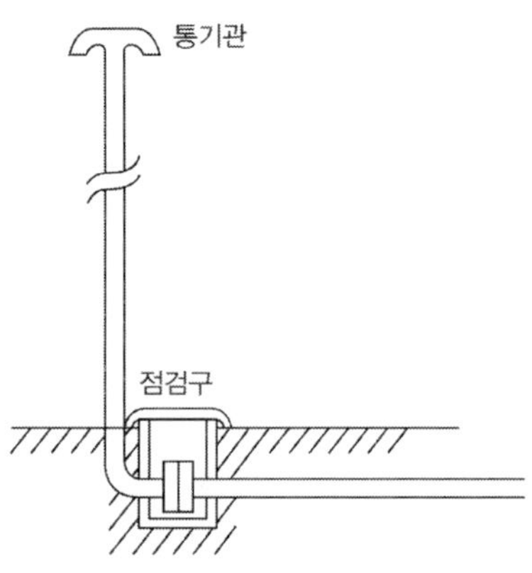

그림 3.127 ▌ 통기관 점검구

(나) 대기밸브 부착 통기관

1) (가)의 1) 및 2) 기준에 적합할 것

2) 옥외탱크저장소의 외부구조의 대기밸브 부착 통기관([별표 6] Ⅵ제7호나목)의 기준에 적합할 것. 다만, 제4류 제1석유류를 저장하는 탱크는 다음의 압력 차이에서 작동하여야 한다.

가) 정압 : 0.6kPa 이상 1.5kPa 이하

나) 부압 : 1.5kPa 이상 3kPa 이하

3) 옥내탱크저장소의 밸브 없는 통기관([별표 7] Ⅰ제1호사목1)가) 및 나))의 기준에 적합할 것

(9) 액체위험물의 지하저장탱크에는 위험물의 양을 자동적으로 표시하는 장치 및 계량구를 설치하고, 계량구 직하에 있는 탱크의 밑판에 그 손상을 방지하기 위한 조치를 하여야 한다.

(10) 액체위험물의 지하저장탱크의 주입구는 옥외저장탱크의 주입구([별표 6] Ⅵ 제9호)의 기준을 준용하여 옥외에 설치하여야 한다.

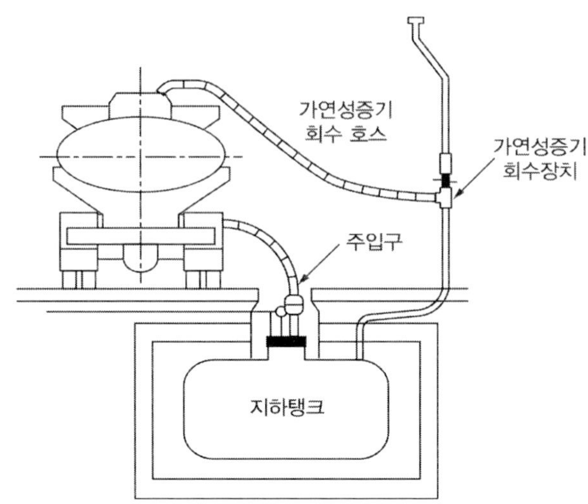

그림 3.128 ▌ 가연성 증기 회수장치 예시

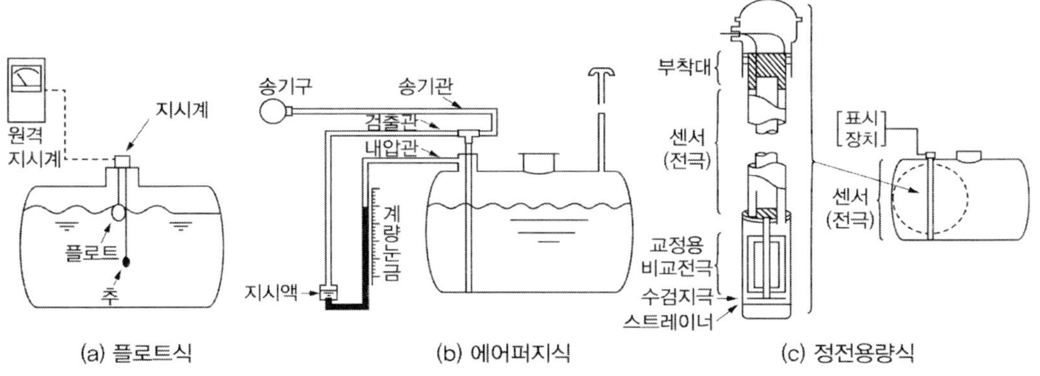

그림 3.129 ▌ 위험물 표시 장치 예시

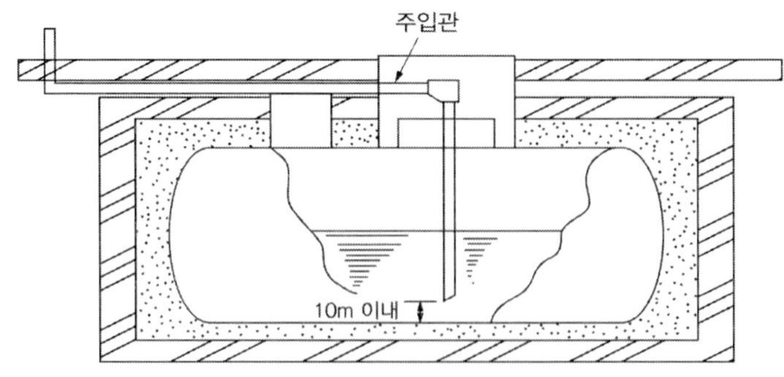

그림 3.130 ▌ 주입관 설치 예시

(11) 지하저장탱크의 펌프설비는 펌프 및 전동기를 지하저장탱크밖에 설치하는 펌프설비에 있어서는 옥외저장탱크의 펌프설비([별표 6] Ⅵ 제10호(가목 및 나목 제외))의 기준에 준하여 설치하고, 펌프 또는 전동기를 지하저장탱크 안에 설치하는 펌프설비(액중펌프설비)에 있어서는 다음의 기준에 따라 설치하여야 한다.

(가) 액중펌프설비의 전동기의 구조는 다음에 정하는 기준에 의할 것

1) 고정자는 위험물에 침투되지 않는 수지가 충전된 금속제의 용기에 수납되어 있을 것
2) 운전 중에 고정자가 냉각되는 구조로 할 것
3) 전동기의 내부에 공기가 체류하지 않는 구조로 할 것

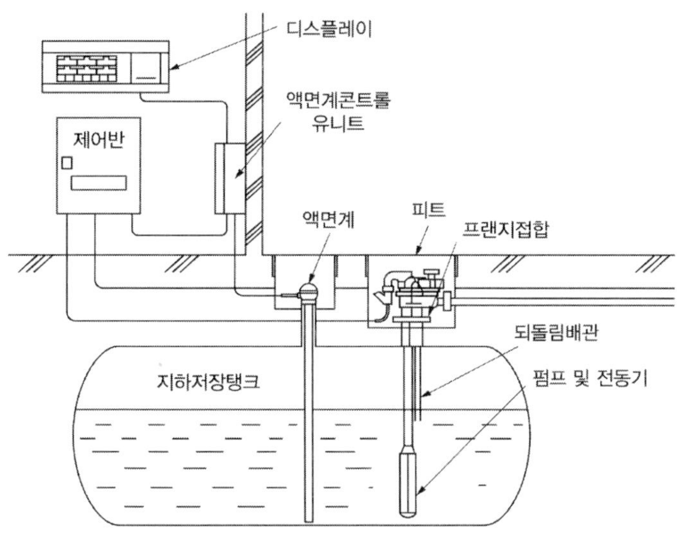

그림 3.131 ▌ 액중펌프 설치 예시

(나) 전동기에 접속되는 전선은 위험물이 침투되지 않는 것으로 하고, 직접 위험물에 접하지 않도록 보호할 것

(다) 액중펌프설비는 체절운전에 의한 전동기의 온도상승을 방지하기 위한 조치가 강구될 것

(라) 액중펌프설비는 다음의 경우에 있어서 전동기를 정지하는 조치가 강구될 것

1) 전동기의 온도가 현저하게 상승한 경우
2) 펌프의 흡입구가 노출된 경우

(마) 액중펌프설비는 다음에 의하여 설치할 것

1) 액중펌프설비는 지하저장탱크와 플랜지접합으로 할 것
2) 액중펌프설비 중 지하저장탱크 내에 설치되는 부분은 보호관 내에 설치할 것. 다만, 당해 부분이 충분한 강도가 있는 외장에 의하여 보호되어 있는 경우에 있어서는 제외된다.
3) 액중펌프설비 중 지하저장탱크의 상부에 설치되는 부분은 위험물의 누설을 점검할 수 있는 조치가 강구된 안전상 필요한 강도가 있는 피트 내에 설치할 것

(12) 지하저장탱크의 배관은 (13)의 규정에 의한 것 외에 제조소의 배관([별표 4] Ⅹ)의 기준을 준용하여야 한다.

(13) 지하저장탱크의 배관은 당해 탱크의 윗부분에 설치하여야 한다. 다만, 제4류 위험물 중 제2석유류(인화점이 40℃ 이상인 것에 한함), 제3석유류, 제4석유류 및 동식물유류의 탱크에 있어서 그 직근에 유효한 제어밸브를 설치한 경우에는 제외된다.

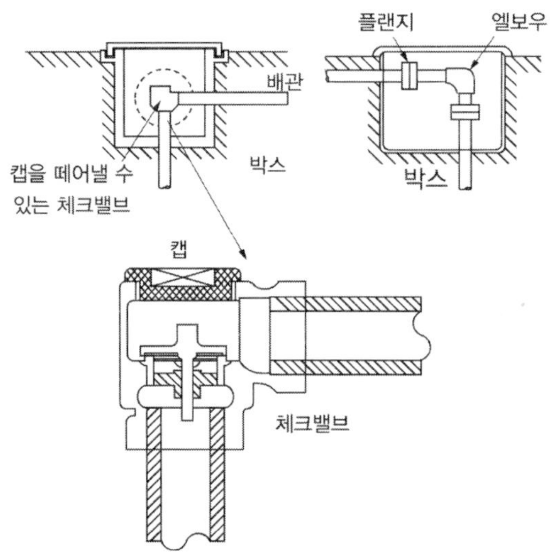

그림 3.132 ▌ 탱크의 폐쇄 또는 분리 조치 예시

(14) 지하저장탱크에 설치하는 전기설비는 「전기사업법」에 의한 전기설비기술기준에 의하여야 한다. 가연성 가스가 체류할 우려가 있거나 인화성 위험물을 저장 또는 취급하는 지하저장탱크의 맨홀 등에 설치하는 전기기계기구는 내압방폭구조, 유입방폭구조, 본질안전방폭구조 또는 특수방폭구조 등의 것을 설치한다.

(15) 지하저장탱크의 주위에는 당해 탱크로부터의 액체위험물의 누설을 검사하기 위한 관을 다음의 기준에 따라 4개소 이상 적당한 위치에 설치하여야 한다.

(가) 이중관으로 할 것. 다만, 소공이 없는 상부는 단관으로 할 수 있다.

(나) 재료는 금속관 또는 경질합성수지관으로 할 것

(다) 관은 탱크전용실의 바닥 또는 탱크의 기초까지 닿게 할 것

(라) 관의 밑부분으로부터 탱크의 중심 높이까지의 부분에는 소공이 뚫려 있을 것. 다만, 지하수위가 높은 장소에 있어서는 지하수위 높이까지의 부분에 소공이 뚫려 있어야 한다.

(마) 상부는 물이 침투하지 않는 구조로 하고, 뚜껑은 검사시에 쉽게 열 수 있도록 할 것

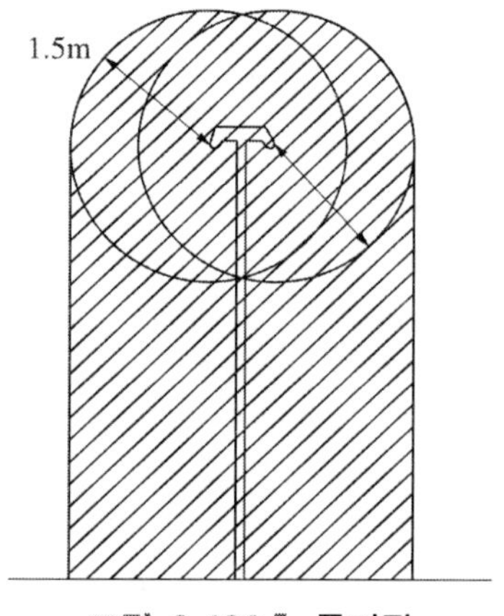

그림 3.133 ▌ 통기관

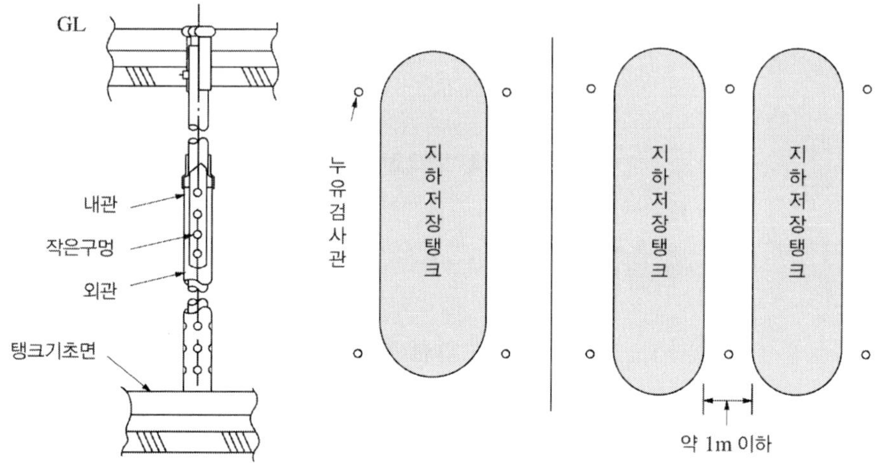

그림 3.134 ▌ 누유검사관 구조 및 설치 예시

(16) 탱크전용실은 벽 · 바닥 및 뚜껑을 다음 기준에 적합한 철근콘크리트구조 또는 이와 동등 이상의 강도가 있는 구조로 설치하여야 한다.

(가) 벽 · 바닥 및 뚜껑의 두께는 0.3m 이상일 것

(나) 벽 · 바닥 및 뚜껑의 내부에는 직경 9mm부터 13mm까지의 철근을 가로 및 세로로 5cm부터 20cm까지의 간격으로 배치할 것

(다) 벽 · 바닥 및 뚜껑의 재료에 수밀콘크리트를 혼입하거나 벽 · 바닥 및 뚜껑의 중간에 아스팔트층을 만드는 방법으로 적정한 방수조치를 할 것

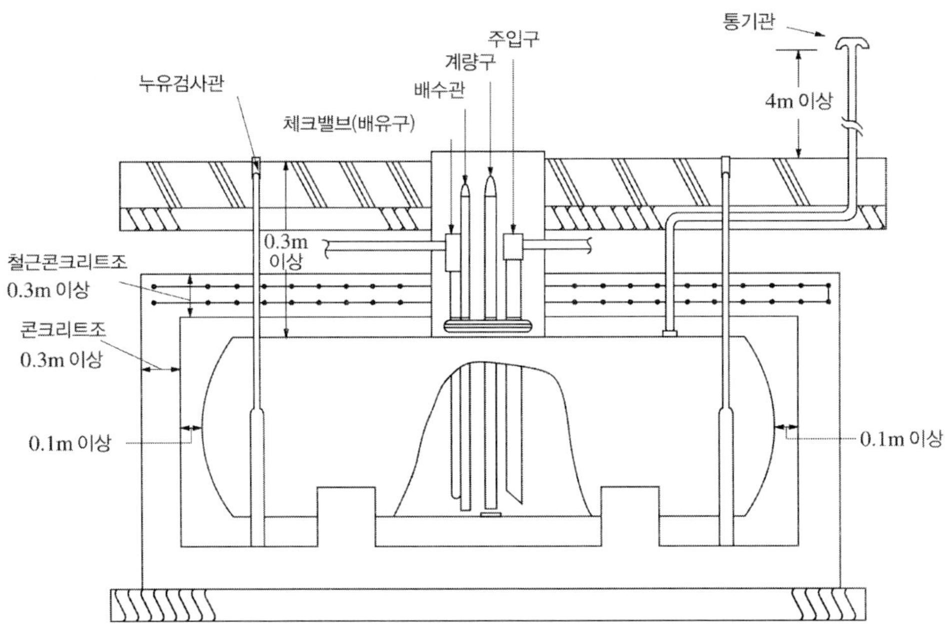

그림 3.135 ▌ 탱크전용실 구조

(17) 지하저장탱크에는 다음에 해당하는 방법으로 과충전을 방지하는 장치를 설치하여야 한다.

(가) 탱크용량을 초과하는 위험물이 주입될 때 자동으로 그 주입구를 폐쇄하거나 위험물의 공급을 자동으로 차단하는 방법

(나) 탱크용량의 90%가 찰 때 경보음을 울리는 방법

(18) 지하탱크저장소에는 다음의 기준에 의하여 맨홀을 설치하여야 한다.

(가) 맨홀은 지면까지 올라오지 않도록 하되, 가급적 낮게 할 것

(나) 보호틀을 다음에 정하는 기준에 따라 설치할 것

1) 보호틀을 탱크에 완전히 용접하는 등 보호틀과 탱크를 기밀하게 접합할 것
2) 보호틀의 뚜껑에 걸리는 하중이 직접 보호틀에 미치지 않도록 설치하고, 빗물 등이 침투하지 않도록 할 것

(다) 배관이 보호틀을 관통하는 경우에는 당해 부분을 용접하는 등 침수를 방지하는 조치를 할 것

4.2 이중벽탱크의 지하탱크저장소 기준

(1) 지하탱크저장소[지하탱크저장소의 외면에 누설을 감지할 수 있는 틈(감지층)이 생기도록 강판 또는 강화플라스틱 등으로 피복한 것을 설치하는 지하탱크저장소에 한함]의 위치・구조 및 설비의 기술기준은 지하탱크저장소 기준의 매설깊이 내지 표지 및 게시판, 구조, 통기관 내지 전기설비, 과충전, 맨홀(Ⅰ제3호 내지 제5호・제6호(수압시험과 관련되는 부분에 한함)・제8호 내지 제14호・제17호・제18호) 및 다음의 규정에 의한 기준을 준용하는 외에 이중벽탱크의 기준(Ⅱ)에 정하는 바에 의한다.

(가) 지하탱크저장소 기준의 위치(Ⅰ제1호 나목 내지 마목(당해 지하저장탱크를 탱크전용실 외의 장소에 설치하는 경우에 한함))

(나) 지하탱크저장소 기준의(Ⅰ제2호 및 제16호(당해 지하저장탱크를 지반면 하에 설치된 탱크전용실에 설치하는 경우에 한함))

(2) 지하저장탱크는 다음의 1 이상의 조치를 하여 지반면 하에 설치하여야 한다.

(가) 지하저장탱크((3)(가)의 규정에 의한 재료로 만든 것에 한함)에 다음에 정하는 바에 따라 강판을 피복하고, 위험물의 누설을 상시 감지하기 위한 설비를 갖출 것(강제 이중벽탱크[54]로 세부기준 제106조, 103조 내지 104조 참조)

스페이서는 탱크의 고정밴드 위치 및 기초대 위치에 부착하는 것으로 원칙적으로 내벽탱크판과 동일한 재료로 한다. 스페이서와 내벽탱크와의 용접은 전주필렛용접 또는 부분용접으로 한다. 다만, 부분용접으로 할 경우에는 한 변의 용접비드는 25mm 이상으로 하여야 한다. 스페이서를 부착하는 경우 내벽탱크에 완전하게 밀착시켜 용접선이 벌어지는 일이 없도록 배치한다.

54) 위험물을 저장하는 내벽탱크의 외면에 미소한 간격을 두고 외벽을 부착하여 위험물의 누설을 감지할 수 있도록 제작한 저장탱크를 말한다.

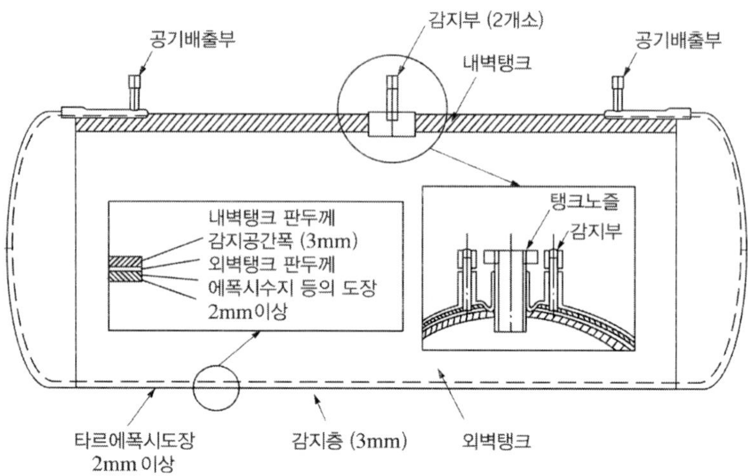

그림 3.136 ▌ 강제 이중벽탱크 예시

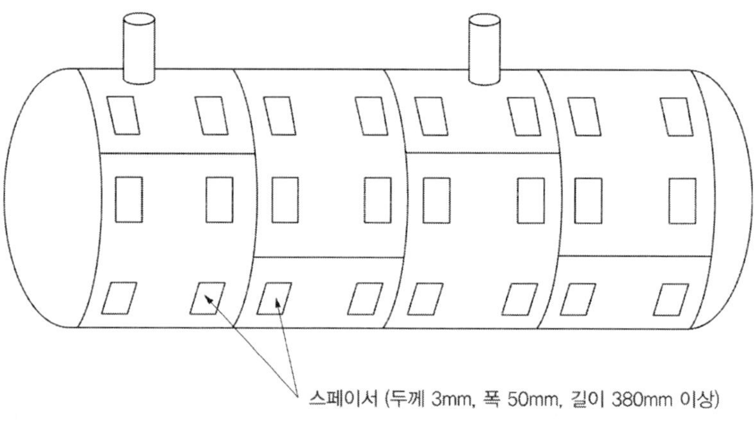

그림 3.137 ▌ 스페이서

1) 지하저장탱크에 당해 탱크의 저부로부터 위험물의 최고액면을 넘는 부분까지의 외측에 감지층이 생기도록 두께 3.2mm 이상의 강판을 피복할 것
2) 1)의 규정에 따라 피복된 강판과 지하저장탱크 사이의 감지층에는 적당한 액체를 채우고 채워진 액체의 누설을 감지할 수 있는 설비를 갖출 것. 이 경우 감지층에 채워진 액체는 강판의 부식을 방지하는 조치를 강구한 것이어야 한다.

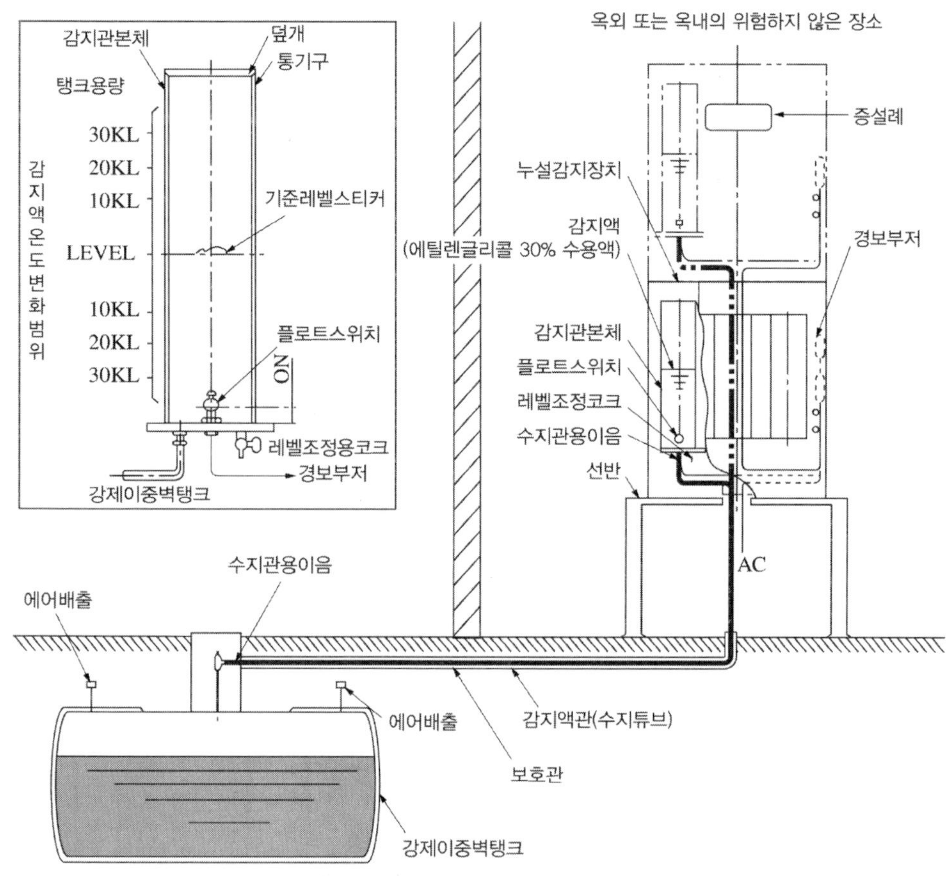

그림 3.138 ▌ 강제이중벽탱크의 누설감지 시스템

(나) 지하저장탱크에 다음에 정하는 바에 따라 강화플라스틱 또는 고밀도폴리에틸렌을 피복하고, 위험물의 누설을 상시 감지하기 위한 설비를 갖출 것(강제 강화플라스틱제 이중벽탱크[55])로 세부기준 제101조 참조)

1) 지하저장탱크는 다음에 정하는 바에 따라 피복할 것

가) (3)(가)에 정하는 재료로 만든 지하저장탱크 : 당해 탱크의 저부로부터 위험물의 최고액면을 넘는 부분까지의 외측에 감지층이 생기도록 두께 3mm 이상의 유리섬유 강화플라스틱 또는 고밀도폴리에틸렌을 피복할 것. 이 경우 유리섬유 강화플라스틱 또는 고밀도 폴리에틸렌의 휨강도, 인장강도 등은 소방청장이 정하여 고시하는 성능이 있어야 한다.

55) 강(steel)제의 지하저장탱크의 외면에 간극(감지층)을 갖도록 한 후 강화플라스틱으로 피복을 하고 위험물의 누설을 검지할 수 있는 조치를 강구한 탱크를 말한다.

나) (3)(나)에 정하는 재료로 만든 지하저장탱크 : 당해 탱크의 외측에 감지층이 생기도록 유리섬유 강화플라스틱을 피복할 것

2) 1)의 규정에 따라 피복된 강화플라스틱 또는 고밀도 폴리에틸렌과 지하저장탱크의 사이의 감지층에는 누설한 위험물을 감지할 수 있는 설비를 갖출 것

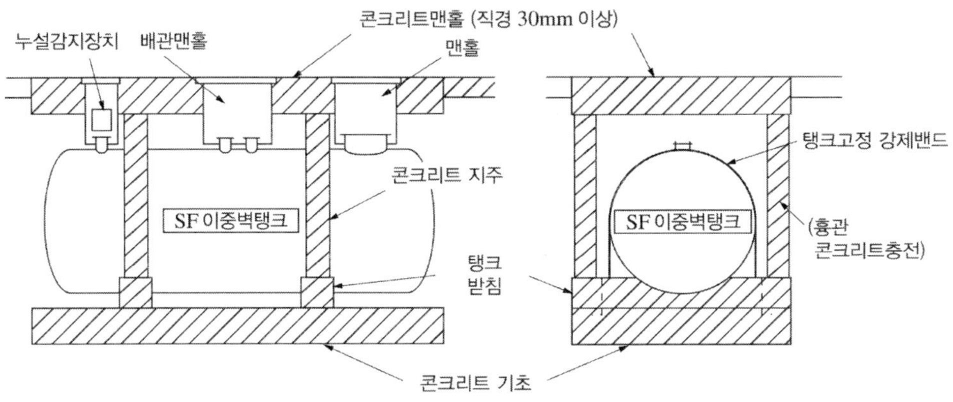

그림 3.139 ▌ 강제 강화플라스틱제 이중벽탱크 예시

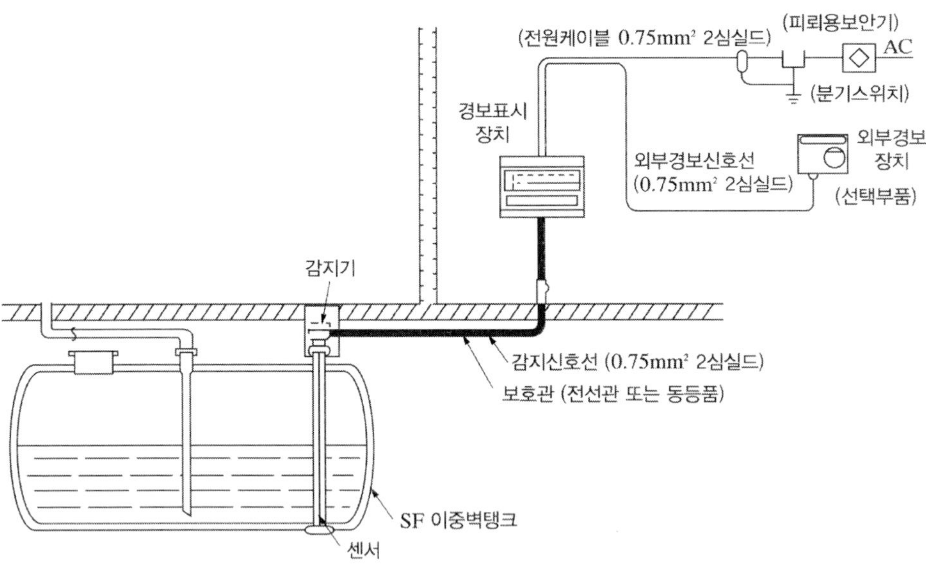

그림 3.140 ▌ 누설감지설비 예시

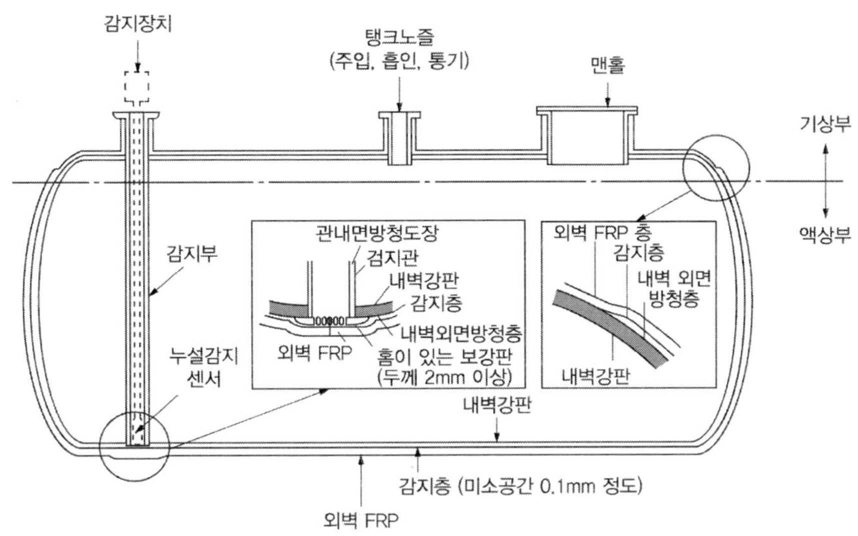

그림 3.141 ▌ 강제 강화플라스틱제 이중벽탱크 구조

(3) 지하저장탱크는 다음의 재료로 기밀하게 만들어야 한다.

(가) 두께 3.2mm 이상의 강판

(나) 저장 또는 취급하는 위험물의 종류에 대응하여 표 3.13에 정하는 수지 및 강화재로 만들어진 강화플라스틱

표 3.13 지하저장탱크의 재료

저장 또는 취급하는 위험물의 종류	수지		강화재
	위험물과 접하는 부분	그 밖의 부분	
휘발유(KS M 2612에 규정한 자동차용 가솔린), 등유, 경유 또는 중유(KS M 2614에 규정한 것 중 1종에 한한다)	KS M 3305(섬유강화프라스틱 용액상 불포화 폴리에스테르수지)(UP-CM, UP-CE 또는 UP-CEE에 관한 규격에 한한다)에 적합한 수지 또는 이와 동등 이상의 내약품성이 있는 비닐에스테르수지	(2)(나)1)가)에 정하는 수지	(2)(나)1)나)에 정하는 강화재

(4) (3)(나)에 정하는 재료로 만든 지하저장탱크에 (2)(나)에 정하는 조치를 강구한 것(강화플라스틱제 이중벽탱크[56])은 다음에 정하는 하중이 작용하는 경우에 있어서 변형이 당해 지하저장탱크의 직경의 3% 이하이고, 휨응력도비[57]의 절대치와 축방향 응

56) 강화플라스틱으로 만든 저장탱크에 간극(감지층)을 두고 다시 강화플라스틱을 피복함과 동시에 위험물의 누설을 검지할 수 있는 조치를 강구한 탱크를 말한다.

57) 휨응력을 허용휨응력으로 나눈 것을 말한다.

력도비[58]의 절대치의 합이 1 이하인 구조이어야 한다. 이 경우 허용응력을 산정하는 때의 안전율은 4 이상의 값으로 한다.

(가) 강화플라스틱제 이중벽탱크의 윗부분이 수면으로부터 0.5m 아래에 있는 경우에 당해 탱크에 작용하는 압력

(나) 탱크의 종류에 대응하여 다음에 정하는 압력의 내수압

1) 압력탱크[59] 외의 탱크 : 70kPa

2) 압력탱크 : 최대상용압력의 1.5배의 압력

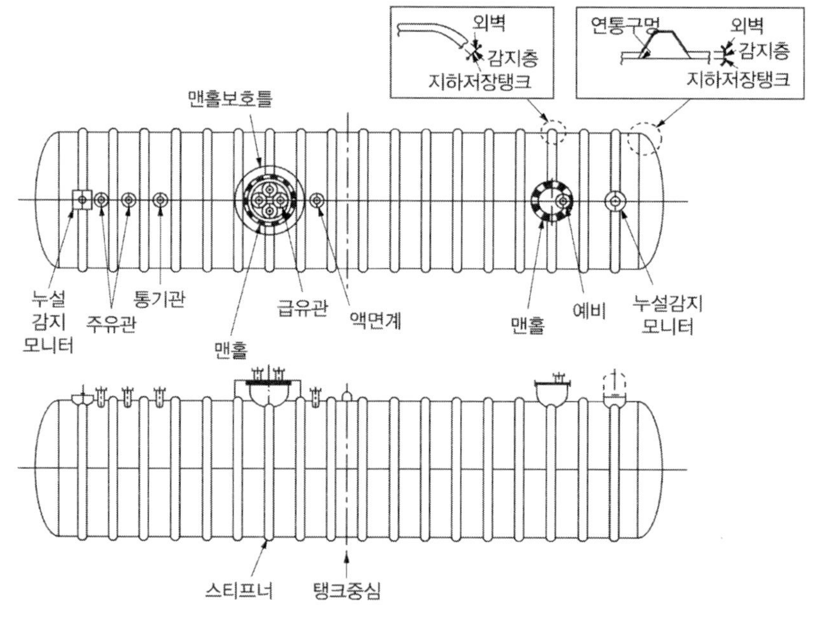

그림 3.142 ▌ 강화플라스틱제 이중벽탱크 구조

(5) (3)(가)의 규정에 의한 재료로 만든 지하저장탱크 또는 재료로 만든 지하저장탱크에 (2)(가)의 규정에 의한 조치를 강구한 것(강제이중벽탱크)의 외면은 다음에 정하는 바에 따라 보호하여야 한다.

(가) (3)(가)에 정하는 재료로 만든 지하저장탱크에 (2)(나)에 정하는 조치를 강구한 것의 지하저장탱크의 외면은 (2)(나)1)가)의 규정에 따라 강화플라스틱을 피복한 부분에 있어서는 지하탱크저장소 기준의 외면보호 중 방청도장(I 제7호 가목1))에 정하는 방법에 따라, 그 밖의 부분에 있어서는 외면보호 도장 및 피복(I 제7

58) 인장응력 또는 압축응력을 허용축방향응력으로 나눈 것을 말한다.

59) 최대상용압력이 46.7kPa 이상인 탱크를 말한다.

호 가목5))에 정하는 방법에 따라 보호할 것

(나) 탱크전용실 외의 장소에 설치된 강제이중벽탱크의 외면은 탱크전용실에 설치하는 지하저장탱크 외면 보호(I 제7호 가목2) 내지 5))에서 정하는 어느 하나 이상의 방법에 따라 보호할 것

(다) 탱크전용실에 설치된 강제이중벽탱크의 외면은 외면보호(I 제7호 가목1) 내지 5))에서 정하는 어느 하나의 방법에 따라 보호할 것

(6) (1) 내지 (2)에 의한 기준 외에 이중벽탱크의 구조(재질 및 강도를 포함)·성능시험·표시사항·운반 및 설치 등에 관한 기준은 소방청장이 정하여 고시한다.

4.3 특수누설방지구조의 지하탱크저장소의 기준

특수누설방지구조의 지하탱크저장소[60][지면 하에 설치하는 것에 한함]의 위치·구조 및 설비의 기술기준은 지하탱크저장소 기준 중 위치, 매설깊이, 표지 및 게시판, 구조, 통기관 내지 누유검사관, 과충전방지장치 및 맨홀(I 제1호나목 내지 마목·제3호·제5호·제6호·제8호 내지 제15호·제17호 및 제18호)의 규정을 준용하는 외에 지하저장탱크의 외면을 탱크전용실에 설치하는 지하저장탱크 외면 보호(I 제7호 가목2) 내지 5))의 어느 하나에 해당하는 방법으로 보호하여야 한다.

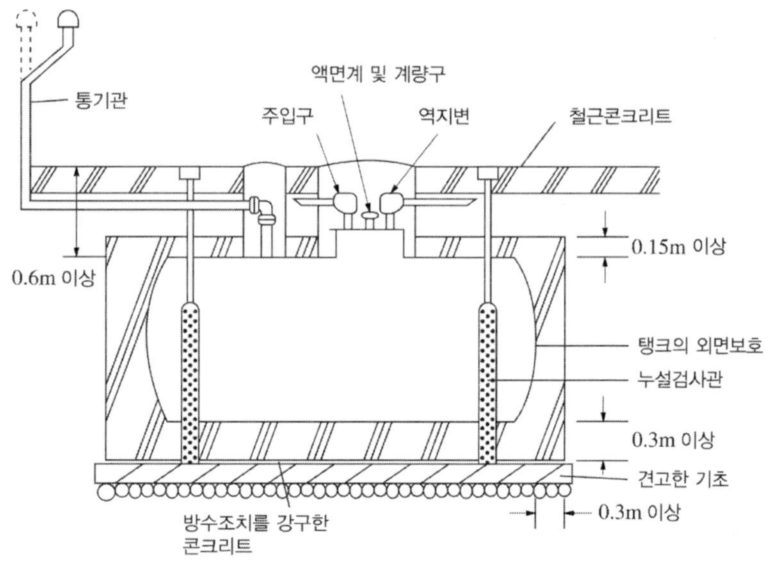

그림 3.143 ▌ 특수누설방지구조의 지하탱크저장소 예시

60) 지하저장탱크를 위험물의 누설을 방지할 수 있도록 두께 15cm(측방 및 하부에 있어서는 30cm) 이상의 콘크리트로 피복하는 구조의 지하탱크를 말한다.

4.4 위험물의 성질에 따른 지하탱크저장소의 특례

(1) 아세트알데히드 등 및 히드록실아민 등을 저장 또는 취급하는 지하탱크저장소는 당해 위험물의 성질에 따라 지하탱크저장소 내지 특수누설방지구조의 지하탱크저장소(Ⅰ 내지 Ⅲ)의 규정에 의한 기준에 의하되, 강화되는 기준은 (2) 및 (3)의 규정에 의하여야 한다.

(2) 아세트알데히드 등을 저장 또는 취급하는 지하탱크저장소에 대하여 강화되는 기준은 다음과 같다.

(가) 지하탱크저장소 위치(Ⅰ 제1호)의 규정에 불구하고 지하저장탱크는 지반면 하에 설치된 탱크전용실에 설치할 것

(나) 지하저장탱크의 설비는 위험물 성질에 따른 옥외탱크저장소 특례([별표 6] Ⅺ)의 규정에 의한 아세트알데히드 등의 옥외저장탱크의 설비의 기준을 준용할 것. 다만, 지하저장탱크가 아세트알데히드 등의 온도를 적당한 온도로 유지할 수 있는 구조인 경우에는 냉각장치 또는 보냉장치를 설치하지 않을 수 있다.

(3) 히드록실아민 등을 저장 또는 취급하는 지하탱크저장소에 대하여 강화되는 기준은 위험물 성질에 따른 옥외탱크저장소 특례([별표 6] Ⅺ)의 규정에 의한 히드록실아민 등을 저장 또는 취급하는 옥외탱크저장소의 규정을 준용한다.

| 5. 간이탱크저장소

간이탱크저장소는 600L 이하의 간이탱크에 위험물을 저장하는 저장소로서 원동기 기타 기계설비 등에 주유할 목적으로 사용할 수 있으나 현실적으로 많이 활용되고 있지 않다.

(1) 위험물을 저장 또는 취급하는 간이탱크(간이저장탱크)는 옥외에 설치하여야 한다. 다만, 다음의 기준에 적합한 전용실 안에 설치하는 경우에는 제외된다.

(가) 전용실의 구조는 옥내탱크저장소의 탱크전용실의 구조 및 지붕구조([별표 7] Ⅰ 제1호 거목 및 너목)의 기준에 적합할 것

(나) 전용실의 창 및 출입구는 옥내탱크저장소의 창 및 출입구([별표 7] Ⅰ 제1호 더목 및 러목)의 기준에 적합할 것

(다) 전용실의 바닥은 옥내탱크저장소의 탱크전용실의 바닥([별표 7] Ⅰ 제1호 머목)

의 구조의 기준에 적합할 것

(라) 전용실의 채광・조명・환기 및 배출의 설비는 옥내저장소의 채광・조명・환기 및 배출의 설비([별표 5] I 제14호)의 기준에 적합할 것

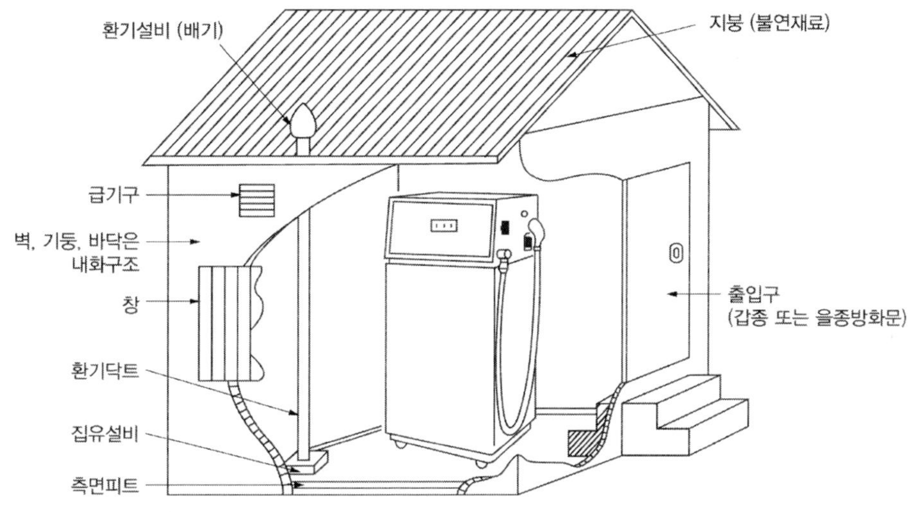

그림 3.144 ▌ 옥내에 설치하는 간이탱크저장소 예시

(2) 하나의 간이탱크저장소에 설치하는 간이저장탱크는 그 수를 3 이하로 하고, 동일한 품질[61]의 위험물의 간이저장탱크를 2이상 설치하지 않아야 한다.

(3) 간이탱크저장소에는 제조소의 표지 및 게시판([별표 4] Ⅲ제1호, 제2호)의 기준에 따라 보기 쉬운 곳에 "위험물 간이탱크저장소"라는 표시를 한 표지와 방화에 관하여 필요한 사항을 게시한 게시판을 설치하여야 한다.

(4) 간이저장탱크는 움직이거나 넘어지지 않도록 지면 또는 가설대에 고정시키되, 옥외에 설치하는 경우에는 그 탱크의 주위에 너비 1m 이상의 공지를 두고, 전용실 안에 설치하는 경우에는 탱크와 전용실의 벽과의 사이에 0.5m 이상의 간격을 유지하여야 한다.

(5) 간이저장탱크의 용량은 600L 이하이어야 한다.

(6) 간이저장탱크는 두께 3.2mm 이상의 강판으로 흠이 없도록 제작하여야 하며, 70kPa의 압력으로 10분간의 수압시험을 실시하여 새거나 변형되지 않아야 한다.

61) 동일한 품질의 위험물은 같은 품질을 갖는 것으로 지정수량 위험물에서 정한 품명이 동일하여도 품질이 다른 것(예를 들어 옥탄가가 다른 휘발유 등)은 이에 해당하지 않는다.

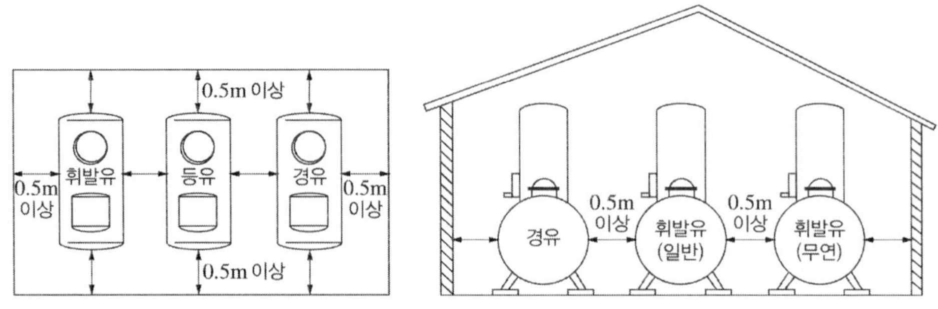

그림 3.145 ▌ 간이탱크의 설치가능한 예시

그림 3.146 ▌ 표지 및 게시판 예시

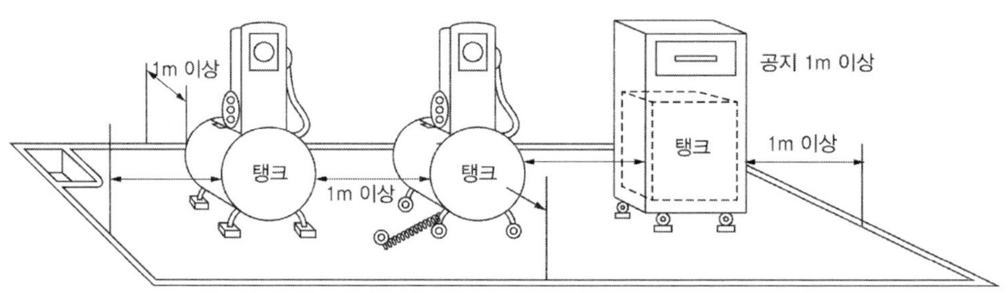

그림 3.147 ▌ 옥외 설치시 공지 폭 예시

(7) 간이저장탱크의 외면에는 녹을 방지하기 위한 도장을 하여야 한다. 다만, 탱크의 재질이 부식의 우려가 없는 스테인레스 강판 등인 경우에는 제외된다.

(8) 간이저장탱크에는 다음 구분에 따른 기준에 적합한 밸브 없는 통기관 또는 대기밸브 부착 통기관을 설치하여야 한다.

(가) 밸브 없는 통기관

1) 통기관의 지름은 25mm 이상으로 할 것

2) 통기관은 옥외에 설치하되, 그 선단의 높이는 지상 1.5m 이상으로 할 것

3) 통기관의 선단은 수평면에 대하여 아래로 45° 이상 구부려 빗물 등이 침투하지 않도록 할 것

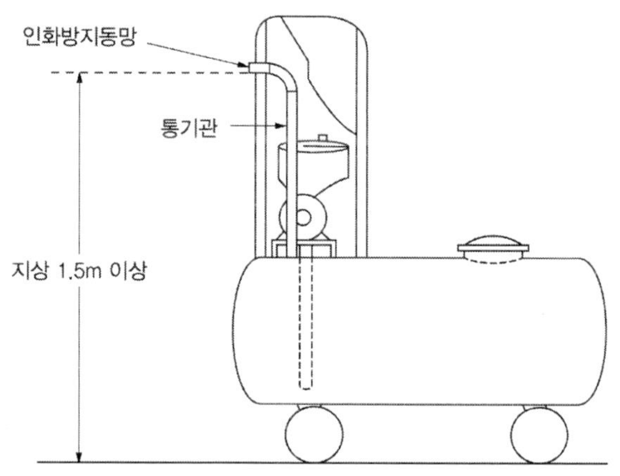

그림 3.148 ▌ 통기관 설치 예시

4) 가는 눈의 구리망 등으로 인화방지장치를 할 것. 다만, 인화점 70℃ 이상의 위험물만을 해당 위험물의 인화점 미만의 온도로 저장 또는 취급하는 탱크에 설치하는 통기관에 있어서는 제외된다.

(나) 대기밸브 부착 통기관

1) (가) 2) 및 4)의 기준에 적합할 것

2) 옥외탱크저장소의 대기밸브 부착 통기관([별표 6] Ⅵ제7호나목1))의 기준에 적합할 것

(9) 간이저장탱크에 고정주유설비 또는 고정급유설비를 설치하는 경우에는 고정주유설비 또는 고정급유설비([별표 13] Ⅳ)의 기준에 적합하여야 한다.

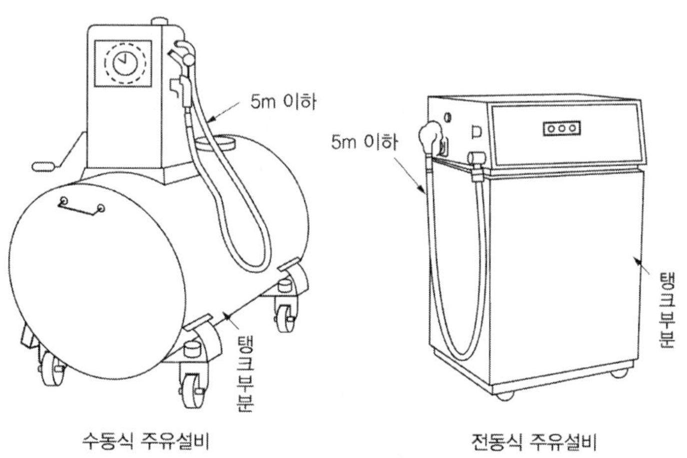

그림 3.149 ▌ 주유설비

6. 이동탱크저장소

이동탱크저장소는 견인되는 차를 포함한 차량에 고정된 탱크에 위험물을 저장 또는 취급하는 저장소를 말하며 위험물의 이송을 목적으로 하고 있어 운송 중 교통사고로 인한 누출 및 화재사고 등 고정된 시설에 비해 위험성이 높은 저장소라 할 수 있다.

이동탱크저장소는 법 규정상의 저장형태, 위험물 종류에 따라 구분하고, 그 종류는 단일 형식(탱크로리) 및 피견인차 형식(세미트레일러), 탱크의 탈착구조 여부에 따라 컨테이너방식(탱크컨테이너를 적재하는 것) 및 컨테이너방식 이외의 것으로 구분된다.

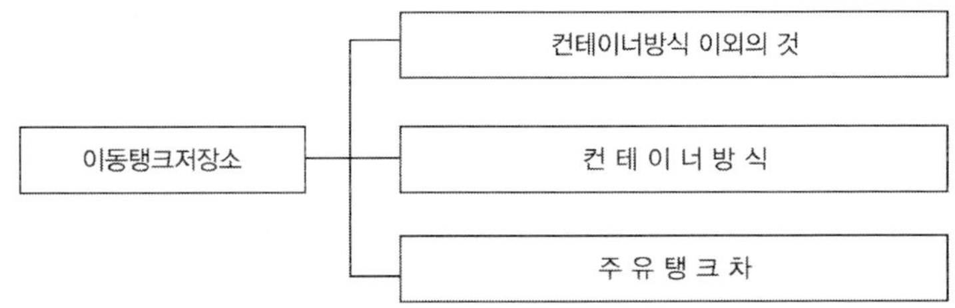

그림 3.150 ▌ 이동탱크저장소의 구분

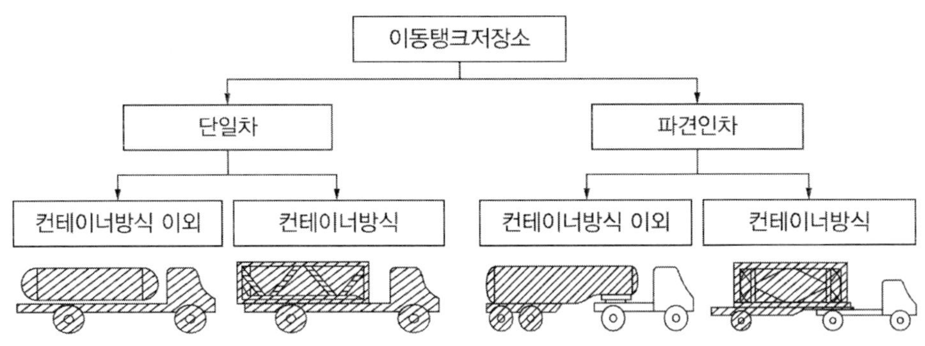

그림 3.151 ▌ 이동탱크저장소의 종류

다음과 같은 풀트레일러 및 복합식의 것은 이동탱크저장소로 인정되지 않는다.

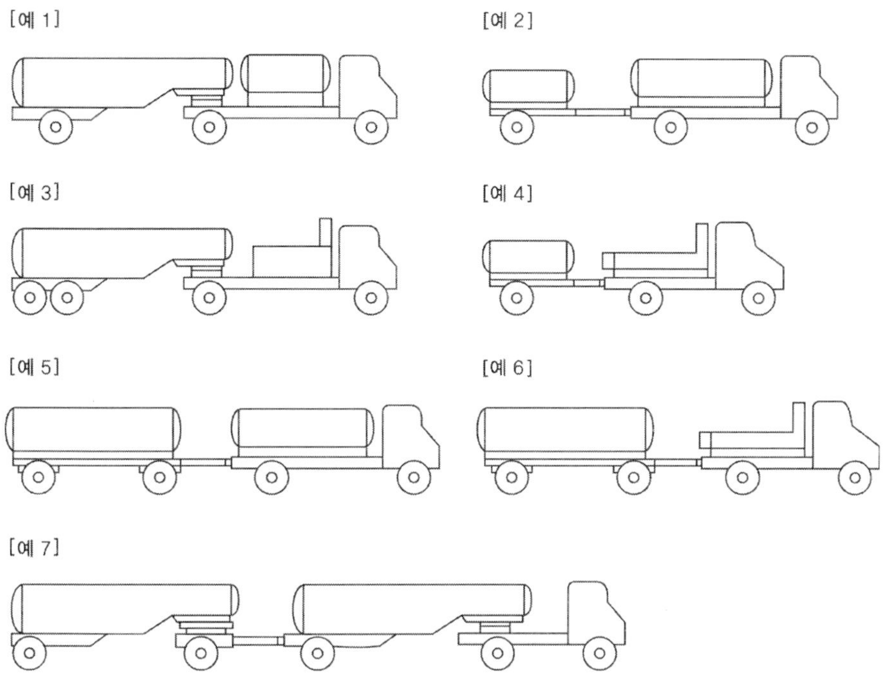

그림 3.152 ▮ 이동탱크저장소 인정되지 않는 종류

6.1 상치장소

(1) 옥외에 있는 상치장소는 화기를 취급하는 장소 또는 인근의 건축물로부터 5m 이상(인근의 건축물이 1층인 경우에는 3m 이상)의 거리를 확보하여야 한다. 다만, 하천의 공지나 수면, 내화구조 또는 불연재료의 담 또는 벽 그 밖에 이와 유사한 것에 접하는 경우를 제외한다.

(2) 옥내에 있는 상치장소는 벽・바닥・보・서까래 및 지붕이 내화구조 또는 불연재료로 된 건축물의 1층에 설치하여야 한다.

상치장소常置場所는 이동탱크저장소를 운행하지 않을 때 주차해 두는 장소로서 이동탱크저장소를 설치할 때에는 상치장소도 포함하여 설치허가를 받아야 한다. 또한 상치장소의 변경은 이동탱크저장소의 위치의 변경에 해당하므로 변경 전에 당해 상치장소를 관할하는 소방서장의 변경허가를 받아야 한다. 그리고 상치장소에서는 이동저장탱크에 위험물을 저장한 채 주차해서는 안 된다.

6.2 상이동저장탱크의 구조

(1) 이동저장탱크의 구조는 다음의 기준에 의하여야 한다.

(가) 탱크(맨홀 및 주입관의 뚜껑 포함)는 두께 3.2mm 이상의 강철판 또는 이와 동등 이상의 강도·내식성 및 내열성이 있다고 인정하여 소방청장이 정하여 고시하는 재료 및 구조로 위험물이 새지 않게 제작할 것

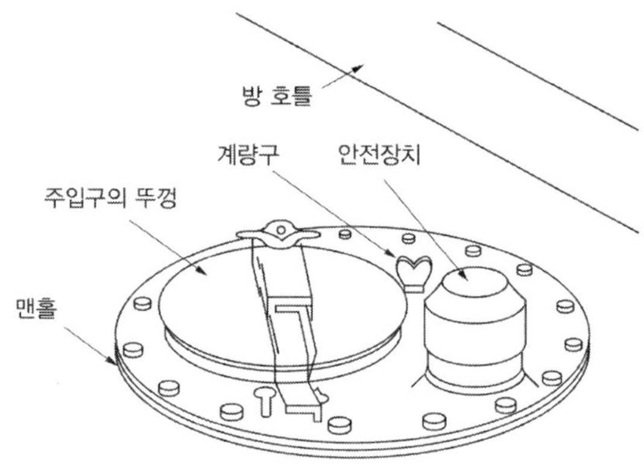

그림 3.153 ▌ 맨홀의 구조 예시

(나) 압력탱크[62] 외의 탱크는 70kPa의 압력으로, 압력탱크는 최대상용압력의 1.5배의 압력으로 각각 10분간의 수압시험을 실시하여 새거나 변형되지 않을 것. 이 경우 수압시험은 용접부에 대한 비파괴시험과 기밀시험으로 대신할 수 있다.

(2) 이동저장탱크는 그 내부에 4,000L 이하마다 3.2mm 이상의 강철판 또는 이와 동등 이상의 강도·내열성 및 내식성이 있는 금속성의 것으로 칸막이를 설치하여야 한다. 다만, 고체인 위험물을 저장하거나 고체인 위험물을 가열하여 액체 상태로 저장하는 경우에는 제외된다.

(3) (2)에 의한 칸막이로 구획된 각 부분마다 맨홀과 다음의 기준에 의한 안전장치 및 방파판을 설치하여야 한다. 다만, 칸막이로 구획된 부분의 용량이 2,000L 미만인 부분에는 방파판을 설치하지 않을 수 있다.

(가) 안전장치

상용압력이 20kPa 이하인 탱크에 있어서는 20kPa 이상 24kPa 이하의 압력에서, 상용압력이 20kPa를 초과하는 탱크에 있어서는 상용압력의 1.1배 이하의 압력에서 작동하는 것으로 할 것

62) 최대상용압력이 46.7kPa 이상인 탱크를 말한다.

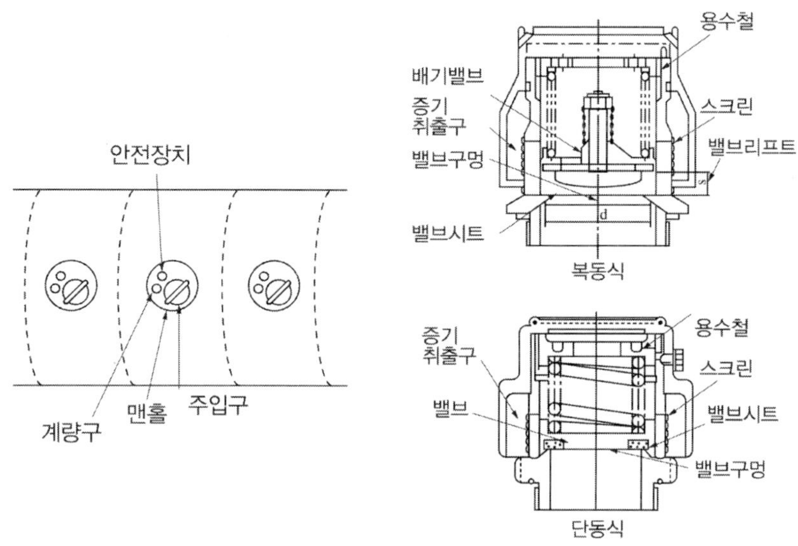

그림 3.154 ▌ 맨홀 및 안전장치

(나) 방파판

1) 두께 1.6mm 이상의 강철판 또는 이와 동등 이상의 강도·내열성 및 내식성이 있는 금속성의 것으로 할 것
2) 하나의 구획부분에 2개 이상의 방파판을 이동탱크저장소의 진행방향과 평행으로 설치하되, 각 방파판은 그 높이 및 칸막이로부터의 거리를 다르게 할 것
3) 하나의 구획부분에 설치하는 각 방파판의 면적의 합계는 당해 구획부분의 최대 수직단면적의 50% 이상으로 할 것. 다만, 수직단면이 원형이거나 짧은 지름이 1m 이하의 타원형일 경우에는 40% 이상으로 할 수 있다.

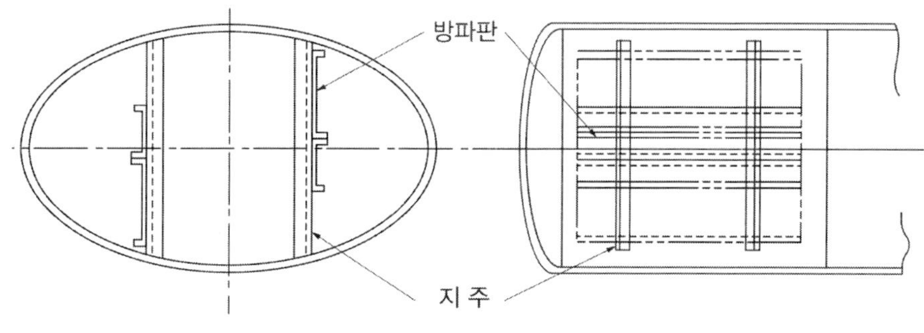

그림 3.155 ▌ 방파판 예시

(4) 맨홀·주입구 및 안전장치 등이 탱크의 상부에 돌출되어 있는 탱크에 있어서는 다음의 기준에 의하여 부속장치의 손상을 방지하기 위한 측면틀 및 방호틀을 설치하여야 한다. 다만, 피견인자동차에 고정된 탱크에는 측면틀을 설치하지 않을 수 있다.

(가) 측면틀

이동탱크저장소가 사고 등으로 전도하는 경우 전도에 의한 맨홀 등의 부속장치의 손상을 방지하기 위하여 설치하는 것이다.

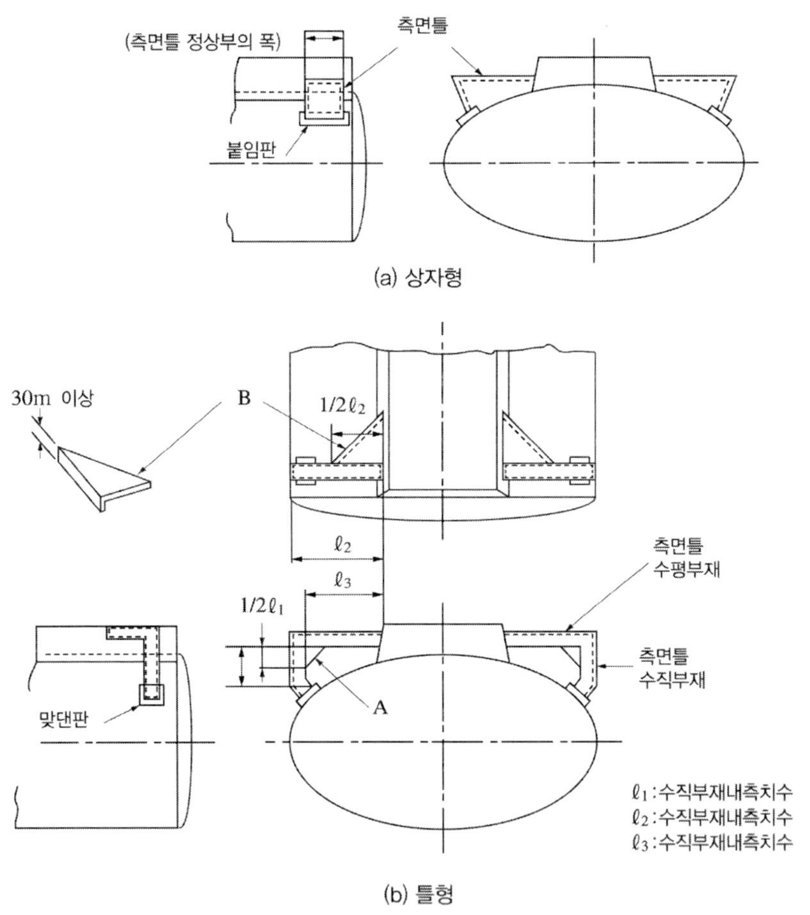

그림 3.156 ▌ 측면틀의 구조 예시

1) 탱크 뒷부분의 입면도에 있어서 측면틀의 최외측과 탱크의 최외측을 연결하는 직선(최외측선)의 수평면에 대한 내각이 75° 이상이 되도록 하고, 최대수량의 위험물을 저장한 상태에 있을 때의 당해 탱크중량의 중심점과 측면틀

의 최외측을 연결하는 직선과 그 중심점을 지나는 직선중 최외측선과 직각을 이루는 직선과의 내각이 35° 이상이 되도록 할 것

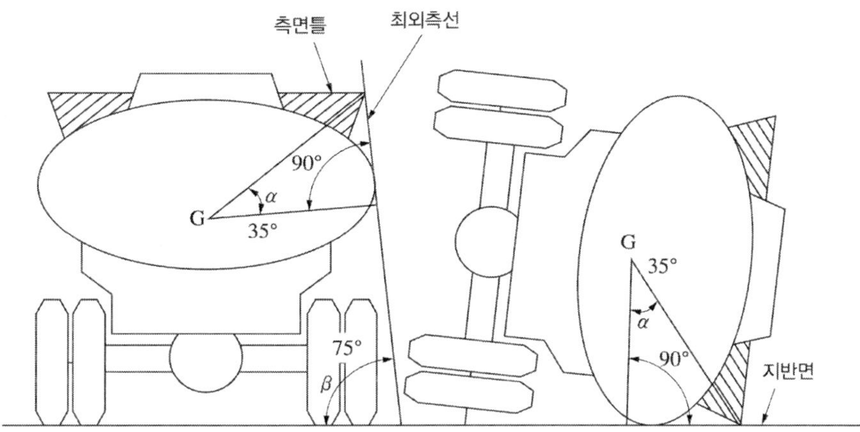

그림 3.157 ▌ 측면틀 설치 예시

2) 외부로부터 하중에 견딜 수 있는 구조로 할 것
3) 탱크상부의 네 모퉁이에 당해 탱크의 전단 또는 후단으로부터 각각 1m 이내의 위치에 설치할 것

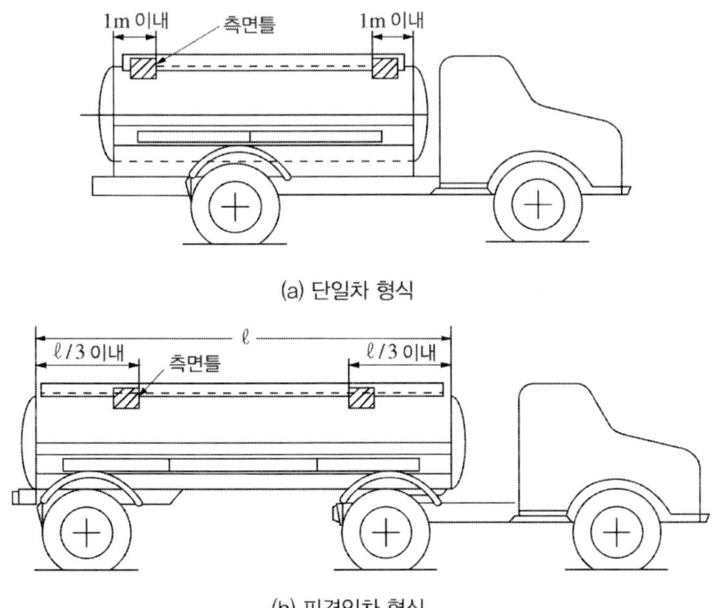

그림 3.158 ▌ 측면틀 부착 위치

4) 측면틀에 걸리는 하중에 의하여 탱크가 손상되지 않도록 측면틀의 부착부분에 받침판[63)]을 설치할 것

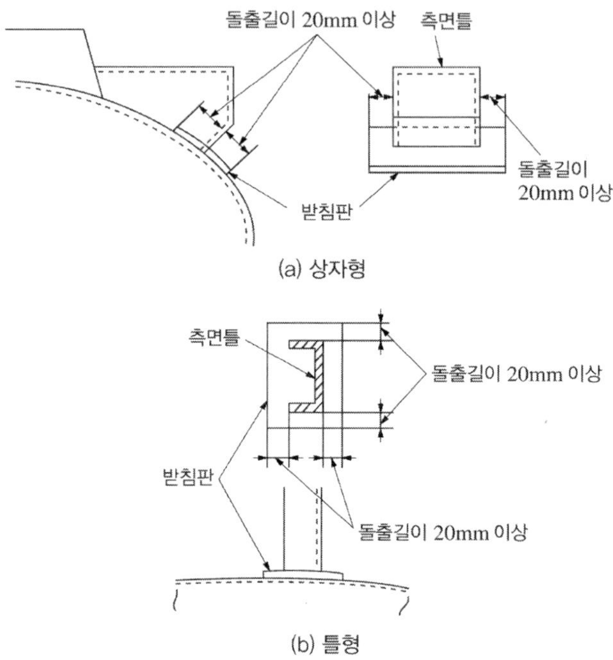

그림 3.159 ▌ 측면틀에 설치한 받침판 예시

(나) 방호틀

이동탱크저장소가 전복하는 경우 맨홀 등 부속장치가 손상하는 것을 방지하기 위하여 설치한다.

1) 두께 2.3mm 이상의 강철판 또는 이와 동등 이상의 기계적 성질이 있는 재료로써 산모양의 형상으로 하거나 이와 동등 이상의 강도가 있는 형상으로 할 것
2) 정상부분은 부속장치보다 50mm 이상 높게 하거나 이와 동등 이상의 성능이 있는 것으로 할 것

63) 탱크 동판에 측면틀 부재를 용접하는 부분을 보호하기 위해 측면틀과 탱크 동판과의 사이에 설치하는 판을 말한다.

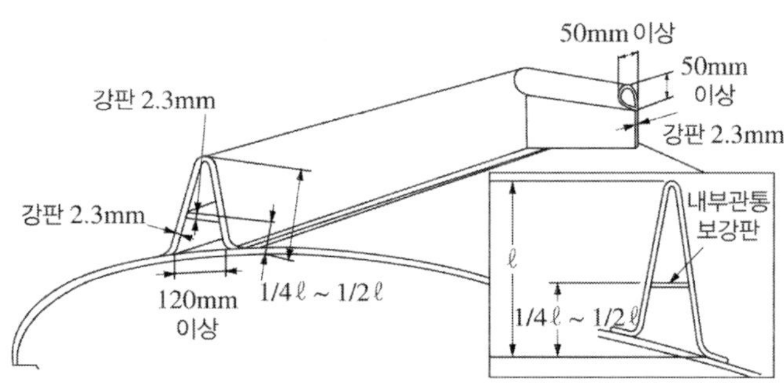

그림 3.160 ▮ 방호틀 구조

(5) 탱크의 외면에는 방청도장을 하여야 한다. 다만, 탱크의 재질이 부식의 우려가 없는 스테인레스 강판 등인 경우에는 제외된다.

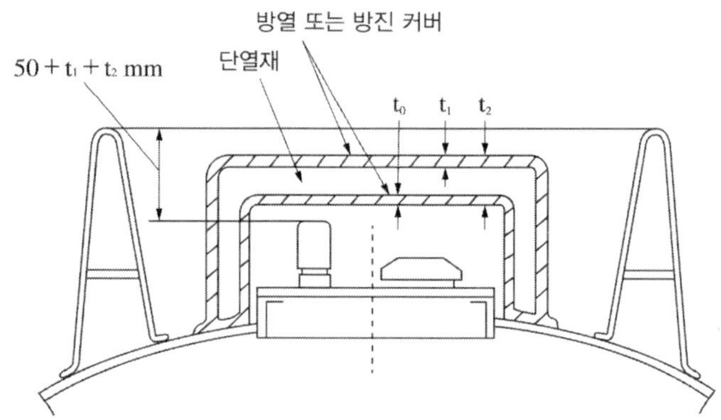

그림 3.161 ▮ 방열 또는 방진커버를 설치한 방호틀

6.3 배출밸브 및 폐쇄장치

(1) 이동저장탱크의 아랫부분에 배출구를 설치하는 경우에는 당해 탱크의 배출구에 밸브(배출밸브)를 설치하고 비상시에 직접당해 배출밸브를 폐쇄할 수 있는 수동폐쇄장치 또는 자동폐쇄장치를 설치하여야 한다.

배출밸브의 작동(그림 3.162)은 탱크 상부로부터 ① 스핀들을 조작하여 ② 밸브를 올려 배출밸브를 개폐한다. 긴급시에는 지반면으로부터 ③ 긴급레버에 의해 ④ 크랭크를 조작하여 ⑤ 배출밸브를 닫는다.

자동폐쇄장치(그림 3.163)는 이동탱크저장소 또는 그 부근의 화재로 이동저장탱크의 하부가 화염을 받은 경우 화재의 열에 의해 배출밸브가 자동적으로 폐쇄된다. 작동방법은 다음과 같다. 먼저 쉽게 녹는 ① 금속(로즈합금, 뉴톤합금 등)이 화염에 의해 가열되어 녹아 끊어지면 ①과 접속되어 있는 ② 용수철이 ③ 용수철 고정핀의 방향으로 줄어들어 ④ 스토퍼가 ⑤ 금속, ⑥ 로드를 눌러 움직여서 배출밸브가 자동적으로 닫힌다.

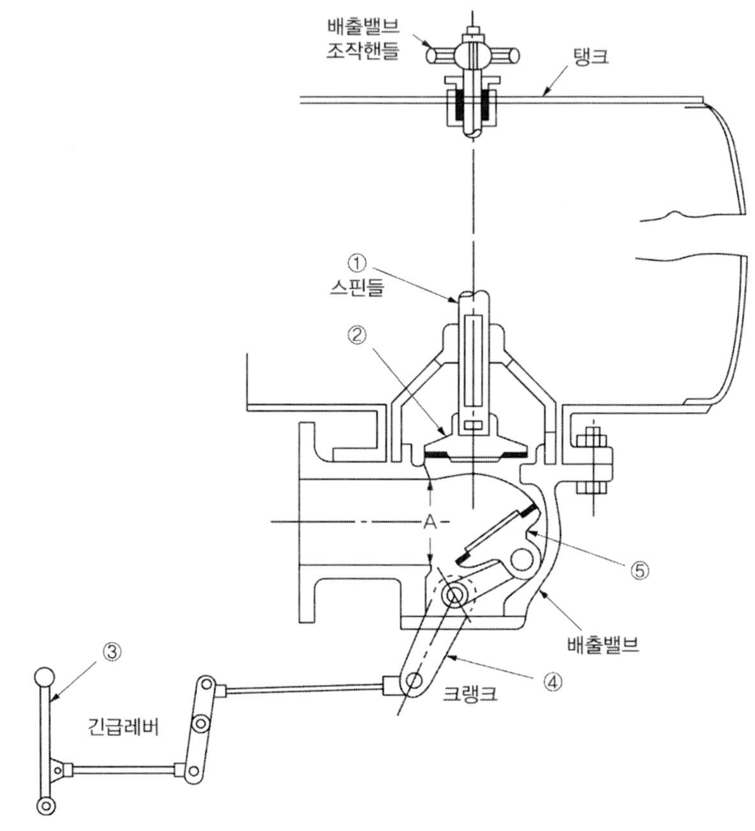

그림 3.162 ▌ 탱크 상부에서 조작하는 수동배출밸브 구조 예시

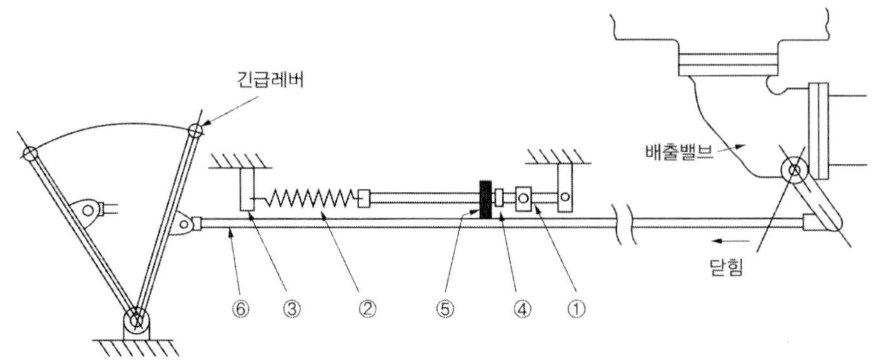

그림 3.163 ▌ 자동폐쇄장치의 구조 예시

(2) (1)에 따른 수동폐쇄장치를 설치하는 경우에는 수동폐쇄장치를 작동시킬 수 있는 레버 또는 이와 유사한 기능을 하는 것을 설치하고, 그 바로 옆에 해당 장치의 작동방식을 표시하여야 한다. 이 경우 레버를 설치하는 경우에는 다음 기준에 따라 설치하여야 한다.

(가) 손으로 잡아당겨 수동폐쇄장치를 작동시킬 수 있도록 할 것

(나) 길이는 15cm 이상으로 할 것

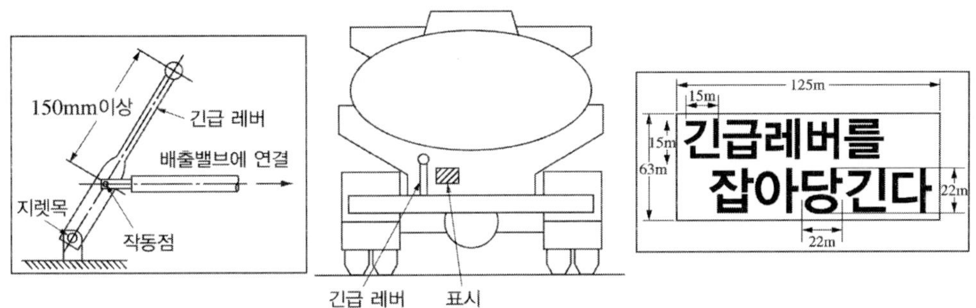

그림 3.164 ▌ 긴급레버의 구조 및 표시 예시

(3) (1)에 의하여 배출밸브를 설치하는 경우, 그 배출밸브에 대하여 외부로부터의 충격으로 인한 손상을 방지하기 위하여 필요한 장치를 하여야 한다.

(4) 탱크의 배관이 선단부에는 개폐밸브를 설치하여야 한다.

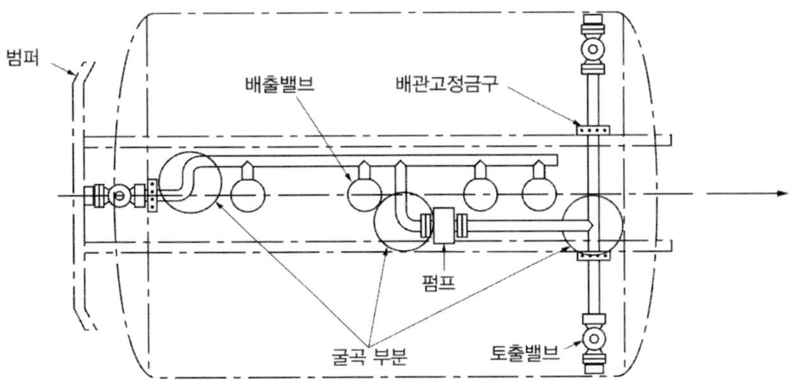

그림 3.165 ▌ 밸브의 손상방지조치 예시

6.4 결합금속구 등

(1) 액체위험물의 이동탱크저장소의 주입호스[64]는 위험물을 저장 또는 취급하는 탱크의 주입구와 결합할 수 있는 금속구를 사용하되, 그 결합금속구(제6류 위험물의 탱크의 것을 제외)는 놋쇠, 그 밖에 마찰 등에 의하여 불꽃이 생기지 않는 재료로 하여야 한다.

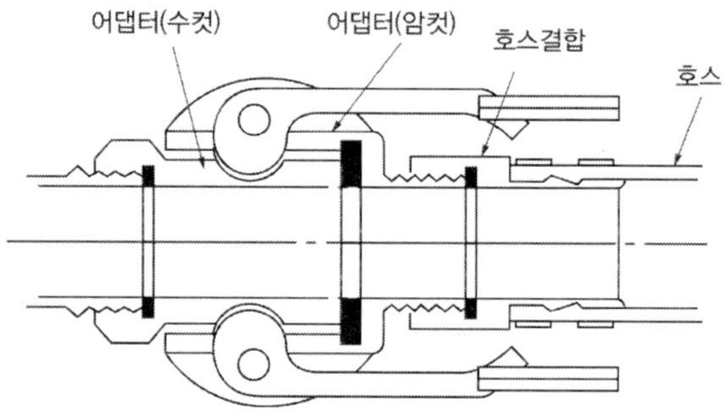

그림 3.166 ▌ 결합금속구 구조 예시(맞대기고정식)

(2) (1)에 의한 주입호스의 재질과 규격 및 결합금속구의 규격은 소방청장이 정하여 고시한다(세부기준 제108조 참조).

(3) 이동탱크저장소에 주입설비[65]를 설치하는 경우에는 다음의 기준에 의하여야 한다.

(가) 위험물이 샐 우려가 없고 화재예방상 안전한 구조로 할 것

(나) 주입설비의 길이는 50m 이내로 하고, 그 선단에 축적되는 정전기를 유효하게 제거할 수 있는 장치를 할 것

(다) 분당 토출량은 200L 이하로 할 것

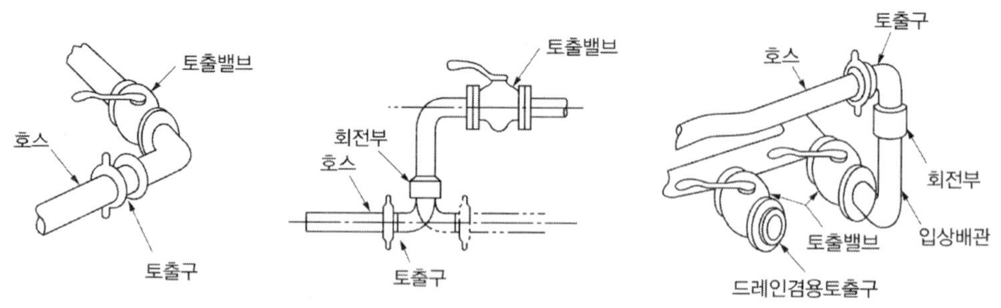

그림 3.167 ▌ 배관 선단부 예시

64) 이동저장탱크로부터 위험물을 저장 또는 취급하는 다른 탱크로 위험물을 공급하는 호스를 말한다.
65) 주입호스의 선단에 개폐밸브를 설치한 것을 말한다.

6.5 표지 및 상치장소 표시

(1) 이동탱크저장소에는 소방청장이 정하여 고시하는 바에 따라 저장하는 위험물의 위험성을 알리는 표지를 설치하여야 한다.

(2) 이동탱크저장소의 탱크외부에는 소방청장이 정하여 고시하는 바에 따라 도장 등을 하여 쉽게 식별할 수 있도록 하고, 보기 쉬운 곳에 상치장소의 위치를 표시하여야 한다.

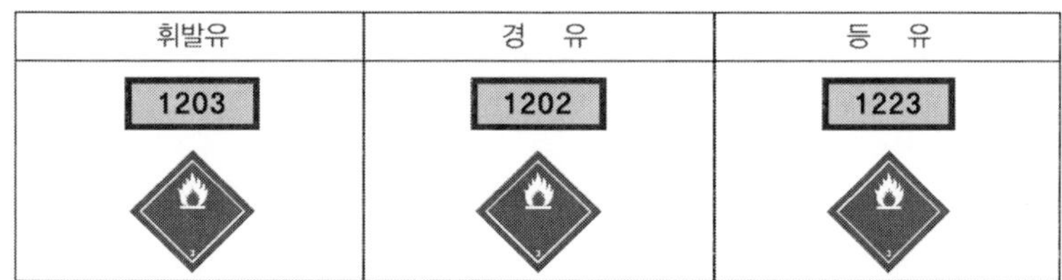

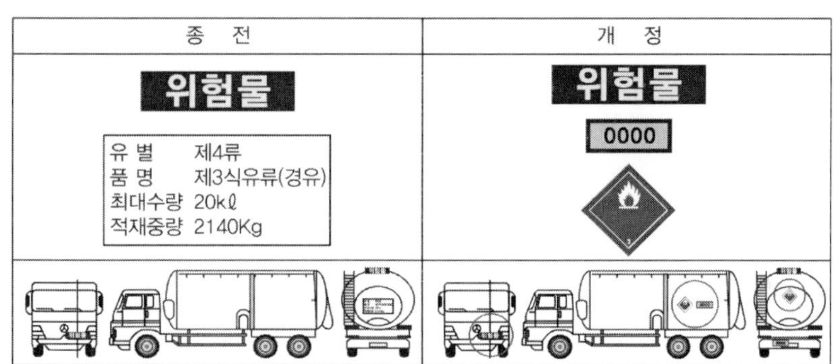

그림 3.168 ▌ 표지 및 설치위치

6.6 펌프설비

(1) 이동탱크저장소에 설치하는 펌프설비는 당해 이동탱크저장소의 차량구동용엔진(피견인식 이동탱크저장소의 견인부분에 설치된 것은 제외)의 동력원을 이용하여 위험물을 이송하여야 한다. 다만, 다음의 기준에 의하여 외부로부터 전원을 공급받는 방식의 모터펌프를 설치할 수 있다.

(가) 저장 또는 취급가능한 위험물은 인화점 40℃ 이상의 것 또는 비인화성의 것에 한할 것

(나) 화재예방상 지장이 없는 위치에 고정하여 설치할 것

(2) 피견인식 이동탱크저장소의 견인부분에 설치된 차량구동용 엔진의 동력원을 이용하여 위험물을 이송하는 경우에는 다음의 기준에 적합하여야 한다.

(가) 견인부분에 작동유탱크 및 유압펌프를 설치하고, 피견인부분에 오일모터 및 펌프를 설치할 것

(나) 트랜스미션(Transmission)으로부터 동력전동축을 경유하여 견인부분의 유압펌프를 작동시키고 그 유압에 의하여 피견인부분의 오일모터를 경유하여 펌프를 작동시키는 구조일 것

(3) 이동탱크저장소에 설치하는 펌프설비는 당해 이동저장탱크로부터 위험물을 토출하는 용도에 한한다. 다만, 폐유의 회수 등의 용도에 사용되는 이동탱크저장소에는 다음의 기준에 의하여 진공흡입방식의 펌프를 설치할 수 있다.

(가) 저장 또는 취급가능한 위험물은 인화점이 70℃ 이상인 폐유 또는 비인화성의 것에 한할 것

(나) 감압장치의 배관 및 배관의 이음은 금속제일 것. 다만, 완충용 이음은 내압 및 내유성이 있는 고무제품을, 배기통의 최상부는 합성수지제품을 사용할 수 있다.

(다) 호스 선단에는 돌 등의 고형물이 혼입되지 않도록 망 등을 설치할 것

(라) 이동저장탱크로부터 위험물을 다른 저장소로 옮겨 담는 경우에는 당해 저장소의 펌프 또는 자연하류의 방식에 의하는 구조일 것

6.7 접지도선

제4류 위험물 중 특수인화물, 제1석유류 또는 제2석유류의 이동탱크저장소에는 다음의 기준에 의하여 접지도선을 설치하여야 한다.

(1) 양도체의 도선에 비닐 등의 절연재료로 피복하여 선단에 접지전극 등을 결착시킬 수 있는 클립(Clip) 등을 부착할 것

(2) 도선이 손상되지 않도록 도선을 수납할 수 있는 장치를 부착할 것

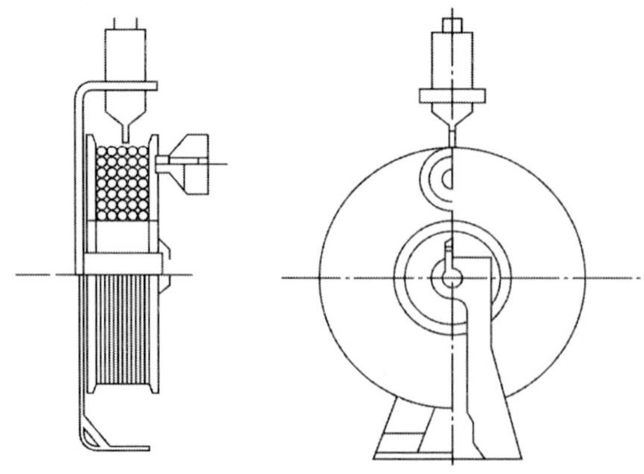

그림 3.169 ▌ 접지도선 릴 장치 예시

6.8 컨테이너식 이동탱크저장소의 특례

(1) 이동저장탱크를 차량 등에 옮겨 싣는 구조로 된 이동탱크저장소(컨테이너식 이동탱크저장소)에 대하여는 결합금속구 등(Ⅳ)의 규정을 적용하지 않고, 다음의 기준에 적합하여야 한다.

(가) 이동저장탱크는 옮겨 싣는 때에 이동저장탱크하중에 의하여 생기는 응력 및 변형에 대하여 안전한 구조로 할 것

(나) 컨테이너식 이동탱크저장소에는 이동저장탱크하중의 4배의 전단하중에 견디는 걸고리 체결금속구 및 모서리 체결금속구를 설치할 것. 다만, 용량이 6,000L 이하인 이동저장탱크를 싣는 이동탱크저장소의 경우에는 이동저장탱크를 차량의 샤시프레임에 체결하도록 만든 구조의 유(U)자볼트를 설치할 수 있다.

(다) 컨테이너식 이동탱크저장소에 주입호스를 설치하는 경우에는 결합금속구 등(Ⅳ)의 기준에 의할 것

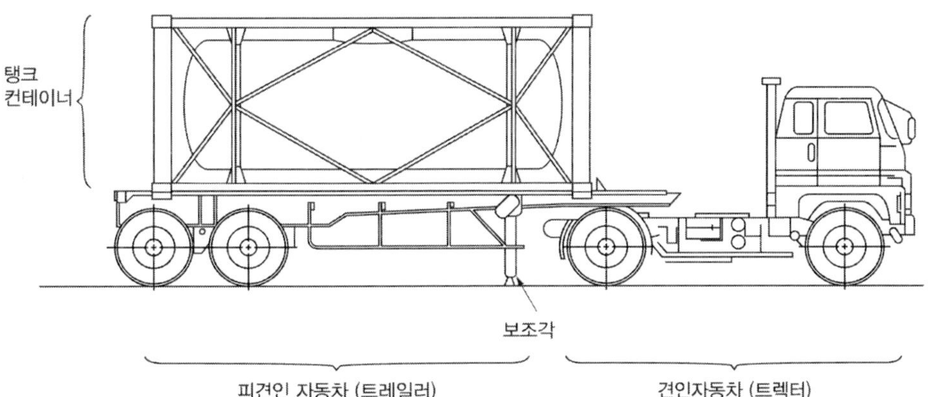

그림 3.170 ▌ 컨테이너식 이동탱크저장소 예시

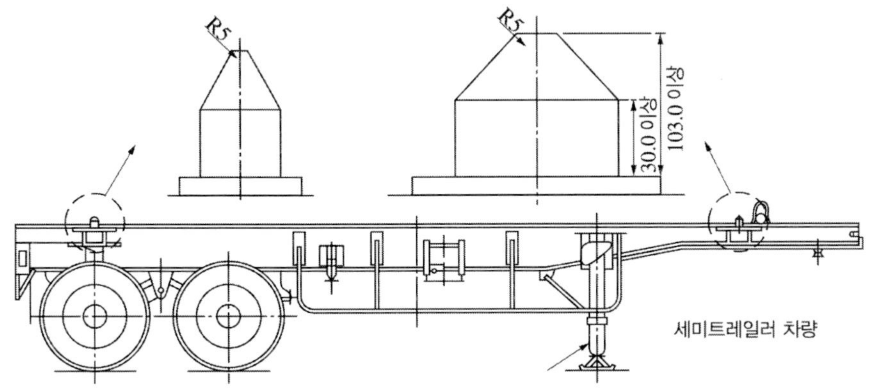

그림 3.171 ▌ 연결금속구 예시

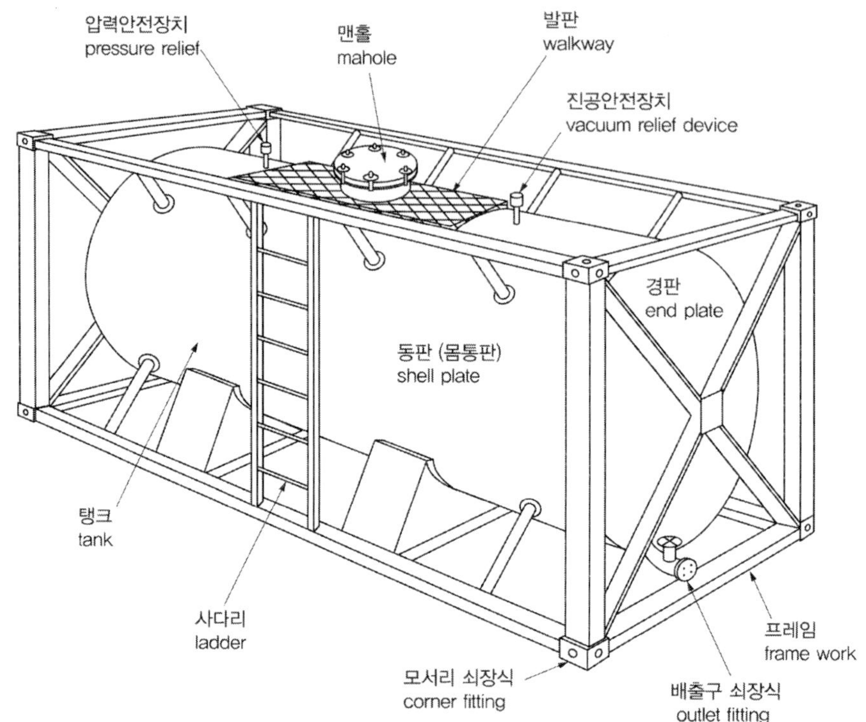

그림 3.172 ▌ 탱크 컨테이너 및 상자틀 예시

(2) 다음의 기준에 적합한 이동저장탱크로 된 컨테이너식 이동탱크저장소에 대하여는 이동저장탱크 구조 중 칸막이 내지 측면틀 및 방호틀(Ⅱ 제2호 내지 제4호)의 규정을 적용하지 않는다.

(가) 이동저장탱크 및 부속장치(맨홀·주입구 및 안전장치 등)는 강재로 된 상자형태의 틀(상자틀)에 수납할 것

(나) 상자틀의 구조물 중 이동저장탱크의 이동방향과 평행한 것과 수직인 것은 당해 이동저장탱크·부속장치 및 상자틀의 자중과 저장하는 위험물의 무게를 합한 하중(이동저장탱크하중)의 2배 이상의 하중에, 그 외 이동저장탱크의 이동방향과 직각인 것은 이동저장탱크하중 이상의 하중에 각각 견딜 수 있는 강도가 있는 구조로 할 것

(다) 이동저장탱크·맨홀 및 주입구의 뚜껑은 두께 6mm(당해 탱크의 직경 또는 장경이 1.8m 이하인 것은 5mm) 이상의 강판 또는 이와 동등 이상의 기계적 성질이 있는 재료로 할 것

(라) 이동저장탱크에 칸막이를 설치하는 경우에는 당해 탱크의 내부를 완전히 구획

하는 구조로 하고, 두께 3.2mm 이상의 강판 또는 이와 동등 이상의 기계적 성질이 있는 재료로 할 것

(마) 이동저장탱크에는 맨홀 및 안전장치를 할 것

(바) 부속장치는 상자틀의 최외측과 50mm 이상의 간격을 유지할 것

(3) 컨테이너식 이동탱크저장소에 대하여는 상치장소 표시(Ⅴ제2호)를 적용하지 않고, 이동저장탱크의 보기 쉬운 곳에 가로 0.4m 이상, 세로 0.15m 이상의 백색 바탕에 흑색 문자로 허가청의 명칭 및 완공검사번호를 표시하여야 한다.

그림 3.173 ▌ 표시 방법

✔ 완공검사번호 부여방법(위험물규제업무 처리규정)

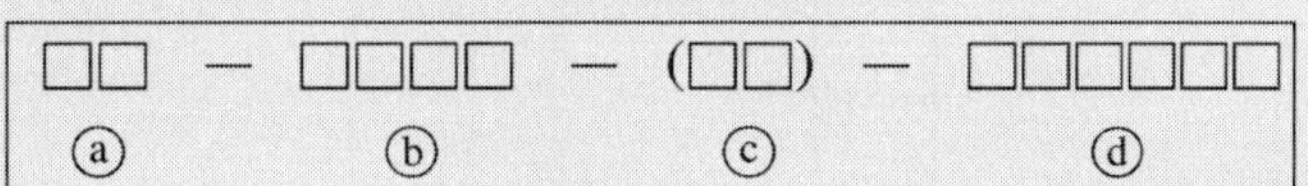

- ⓐ : 제조소 등의 구분번호(이동탱크 26)
- ⓑ : 설치허가번호 또는 설치허가에 따른 완공검사번호를 기재하는데, 완공검사번호는 허가일련번호를 기재
- ⓒ : 컨테이너식 이동탱크저장소의 이동저장탱크 번호
- ⓓ : 허가연월일 또는 완공검사연월일을 기재

  예를 들어, 2004. 11. 5, 컨테이너식 이동저장탱크저장소(적재차량 1대 및 이동저장탱크 1기)에 이동저장탱크 2기를 포함하여 허가하고, 2004. 11. 20에 완공검사합격처분 한 후, 2005. 3. 30에 이동저장탱크 1기를 추가하여 허가하여 2005. 4. 2 완공검사합격처분 한 경우 다음과 같다.

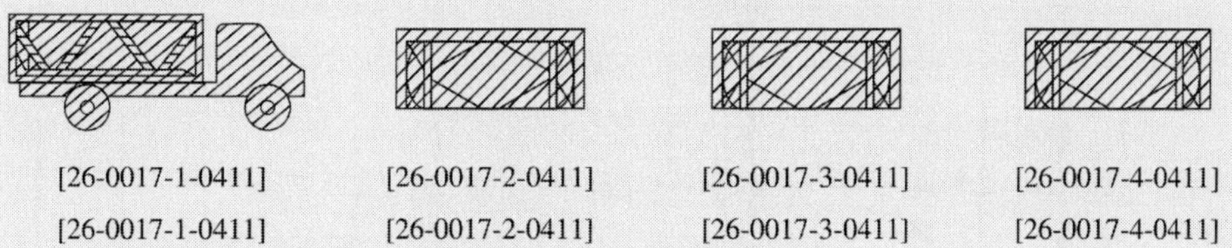

[26-0017-1-0411] [26-0017-2-0411] [26-0017-3-0411] [26-0017-4-0411]

[26-0017-1-0411] [26-0017-2-0411] [26-0017-3-0411] [26-0017-4-0411]

6.9 주유탱크차의 특례

항공기주유취급소에 있어서 항공기의 연료탱크에 직접 주유하기 위해 주유설비를 갖춘 이동탱크저장소(주유탱크차)에 대하여서는 이동탱크저장소의 일반기준에 대하여 일부 기준의 적용을 배제하는 특례를 인정한다.

(1) 항공기주유취급소에 있어서 항공기의 연료탱크에 직접 주유하기 위한 주유설비를 갖춘 이동탱크저장소(주유탱크차)에 대하여는 결합금속구 등(Ⅳ)의 규정을 적용하지 않고, 다음의 기준에 적합하여야 한다.

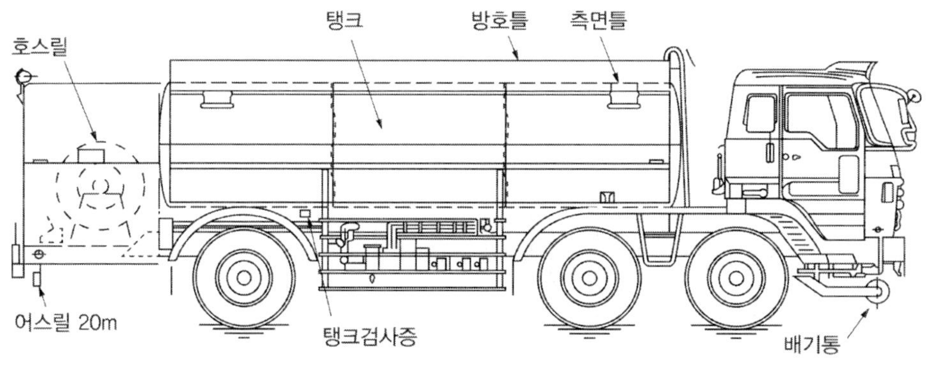

그림 3.174 ▌ 주유탱크차

(가) 주유탱크차에는 엔진배기통의 선단부에 화염의 분출을 방지하는 장치를 설치할 것

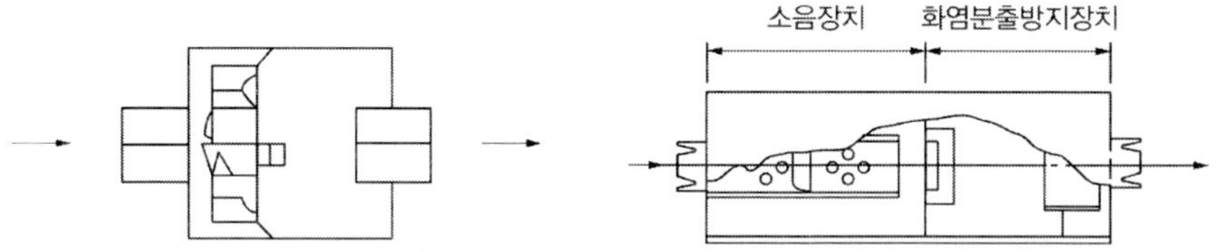

그림 3.175 ▌ 화염분출방지장치 및 소음장치 예시

(나) 주유탱크차에는 주유호스 등이 적정하게 격납되지 않으면 발진되지 않는 장치를 설치할 것

(다) 주유설비는 다음의 기준에 적합한 구조로 할 것

주유설비는 항공기에 연료를 주유하기 위한 설비로서 펌프, 배관, 호스, 밸브, 필터, 유량계, 압력조정장치, 기계실(외장) 등을 말하며, 연료탱크 및 리프트 등은 포함되지 않는다.

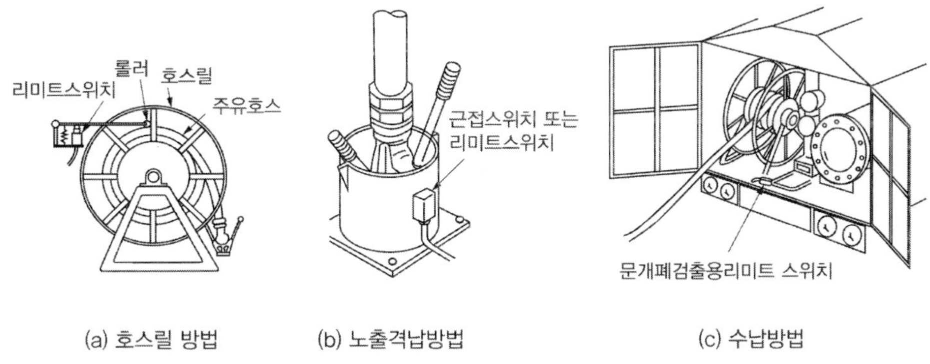

그림 3.176 ▌ 오발진방지장치 예시

1) 배관은 금속제로서 최대상용압력의 1.5배 이상의 압력으로 10분간 수압시험을 실시하였을 때 누설 그 밖의 이상이 없는 것으로 할 것
2) 주유호스의 선단에 설치하는 밸브는 위험물의 누설을 방지할 수 있는 구조로 할 것
3) 외장은 난연성이 있는 재료로 할 것

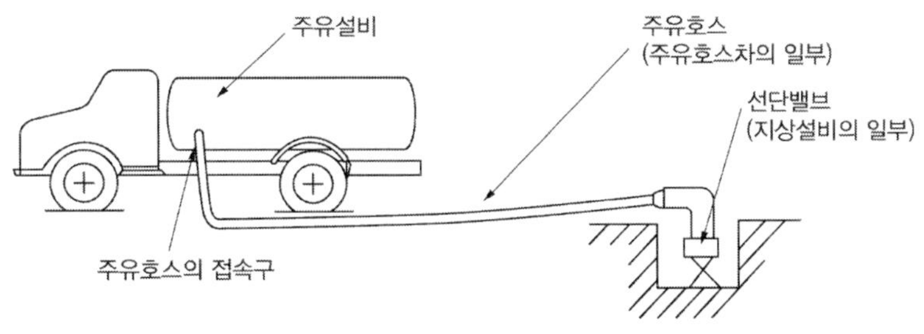

그림 3.177 ▌ 주유설비의 구조

(라) 주유설비에는 당해 주유설비의 펌프기기를 정지하는 등의 방법에 의하여 이동저장탱크로부터의 위험물 이송을 긴급히 정지할 수 있는 장치를 설치할 것

(마) 주유설비에는 개방조작시에만 개방하는 자동폐쇄식의 개폐장치[66]를 설치하고, 주유호스의 선단부에는 연료탱크의 주입구에 연결하는 결합금속구를 설치할 것. 다만, 주유호스의 선단부에 수동개폐장치를 설치한 주유노즐(수동개폐장치를 개방상태에서 고정하는 장치를 설치한 것을 제외)을 설치한 경우에는 제외된다.

66) 주유원이 조작을 그만 둔 때에 자동적으로 주유를 정지하는 장치를 말한다.

주유원이 컨트롤밸브 등을 조작하고 있는 때에만 주유되는 장치를 데드맨컨트롤시스템(Deadman control system)이라고 한다.

(바) 주유설비에는 주유호스의 선단에 축적된 정전기를 유효하게 제거하는 장치를 설치할 것

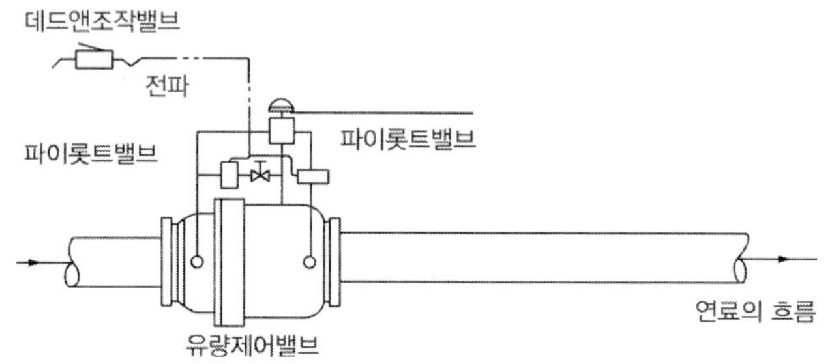

그림 3.178 ▌ 전기식 데드맨컨트롤시스템 예시

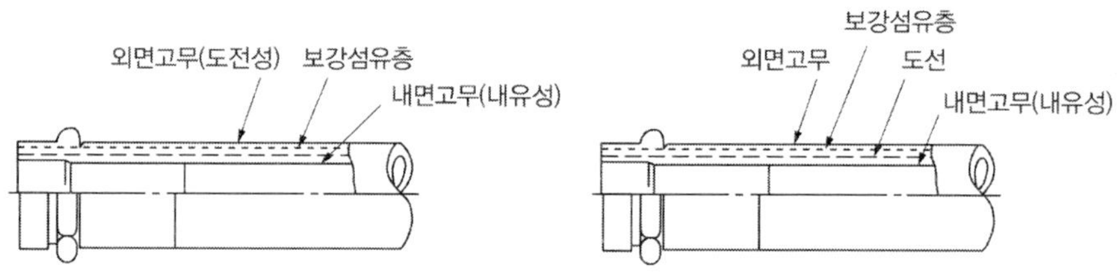

그림 3.179 ▌ 전기적으로 접속된 주유호스

(사) 주유호스는 최대상용압력의 2배 이상의 압력으로 수압시험을 실시하여 누설 그 밖의 이상이 없는 것으로 할 것

(2) 공항에서 시속 40km 이하로 운행하도록 된 주유탱크차에는 이동탱크저장소 구조의 칸막이와 방파판(Ⅱ제2호와 제3호(방파판에 관한 부분으로 한정))의 규정을 적용하지 않고, 다음의 기준에 적합하여야 한다.

(가) 이동저장탱크는 그 내부에 길이 1.5m 이하 또는 부피 4,000L 이하마다 3.2mm 이상의 강철판 또는 이와 같은 수준 이상의 강도・내열성 및 내식성이 있는 금속성의 것으로 칸막이를 설치할 것

(나) (가)에 따른 칸막이에 구멍을 낼 수 있되, 그 직경이 40cm 이내일 것

6.10 위험물의 성질에 따른 이동탱크저장소의 특례

(1) 알킬알루미늄 등을 저장 또는 취급하는 이동탱크저장소는 상치장소 내지 컨테이너식 이동탱크저장소 특례(Ⅰ내지 Ⅷ)의 규정에 의한 기준에 의하되, 당해 위험물의 성질에 따라 강화되는 기준은 다음에 의하여야 한다.

(가) 이동탱크저장소 구조(Ⅱ제1호)의 규정에 불구하고 이동저장탱크는 두께 10mm 이상의 강판 또는 이와 동등 이상의 기계적 성질이 있는 재료로 기밀하게 제작되고 1MPa 이상의 압력으로 10분간 실시하는 수압시험에서 새거나 변형하지 않는 것일 것

(나) 이동저장탱크의 용량은 1,900L 미만일 것

(다) 안전장치(Ⅱ제3호 가목)의 규정에 불구하고, 안전장치는 이동저장탱크의 수압시험의 압력의 2/3를 초과하고 4/5를 넘지 않는 범위의 압력으로 작동할 것

(라) 이동저장탱크 두께(Ⅱ제1호 가목)의 규정에 불구하고, 이동저장탱크의 맨홀 및 주입구의 뚜껑은 두께 10mm 이상의 강판 또는 이와 동등 이상의 기계적 성질이 있는 재료로 할 것

(마) 배출밸브(Ⅲ제1호)의 규정에 불구하고, 이동저장탱크의 배관 및 밸브 등은 당해 탱크의 윗부분에 설치할 것

(바) 컨테이너식 이동탱크저장소 특례의 체결금속구(Ⅷ제1호 나목)의 규정에 불구하고, 이동탱크저장소에는 이동저장탱크하중의 4배의 전단하중에 견딜 수 있는 걸고리체결금속구 및 모서리체결금속구를 설치할 것

(사) 이동저장탱크는 불활성의 기체를 봉입할 수 있는 구조로 할 것

(아) 이동저장탱크는 그 외면을 적색으로 도장하는 한편, 백색문자로서 동판胴板의 양측면 및 경판鏡板에 제조소 게시판([별표 4] Ⅲ제2호 라목)의 규정에 의한 주의사항을 표시할 것

(2) 아세트알데히드 등을 저장 또는 취급하는 이동탱크저장소는 상치장소 내지 컨테이너식 이동탱크저장소 특례(Ⅰ내지 Ⅷ)의 규정에 의하되, 당해 위험물의 성질에 따라 강화되는 기준은 다음에 의하여야 한다.

(가) 이동저장탱크는 불활성의 기체를 봉입할 수 있는 구조로 할 것

(나) 이동저장탱크 및 그 설비는 은·수은·동 또는 이들을 성분으로 하는 합금으로 만들지 않을 것

(3) 히드록실아민 등을 저장 또는 취급하는 이동탱크저장소는 상치장소 내지 컨테이너식

이동탱크저장소 특례(Ⅰ 내지 Ⅷ)의 규정에 의하되, 강화되는 기준은 위험물 성질에 따른 옥외탱크저장소 특례([별표 6] Ⅺ제3호)의 규정에 의한 히드록실아민 등을 저장 또는 취급하는 옥외탱크저장소의 규정을 준용하여야 한다.

7. 옥외저장소

옥외저장소는 옥외의 장소에서 용기나 드럼 등에 위험물을 넣어 저장하는 저장소로서 위험물을 옥외에 저장, 취급하기 때문에 인화성, 발화성의 위험성이 적은 위험물에 대하여 주로 인정한다. 다만, 수출입하역장에서의 저장 편의성을 위하여 국제해상위험물규칙에 적합한 용기에 수납된 위험물은 종류에 관계없이 옥외저장을 허용한다.

7.1 옥외저장소 저장 또는 취급품명

옥외에 저장 시 일광이나, 비, 바람 등의 영향으로 받아 화재나 폭발의 위험성이 높기 때문에 옥외저장소에 취급할 수 있는 위험물을 제한하고 있다.

(1) 제2류 위험물 중 유황 또는 인화성 고체(인화점이 0℃ 이상인 것)

(2) 제4류 위험물 중 제1석유류(인화점이 0℃ 이상인 것)・알코올류・제2석유류・제3석유류・제4석유류 및 동식물유류

(3) 제6류 위험물

(4) 제2류 위험물 및 제4류 위험물 중 특별시・광역시 또는 도의 조례에서 정하는 위험물(「관세법」제154조의 규정에 의한 보세구역 안에 저장하는 경우)

(5) 「국제해사기구에 관한 협약」에 의하여 설치된 국제해사기구가 채택한 「국제해상 위험물규칙」(IMDG Code)에 적합한 용기에 수납된 위험물

7.2 옥외저장소의 기준

(1) 옥외저장소 중 위험물을 용기에 수납하여 저장 또는 취급하는 것의 위치・구조 및 설비의 기술기준은 다음과 같다.

(가) 옥외저장소는 제조소([별표 4] Ⅰ)의 규정에 준하여 안전거리[67]를 둘 것

(나) 옥외저장소는 습기가 없고 배수가 잘 되는 장소에 설치할 것

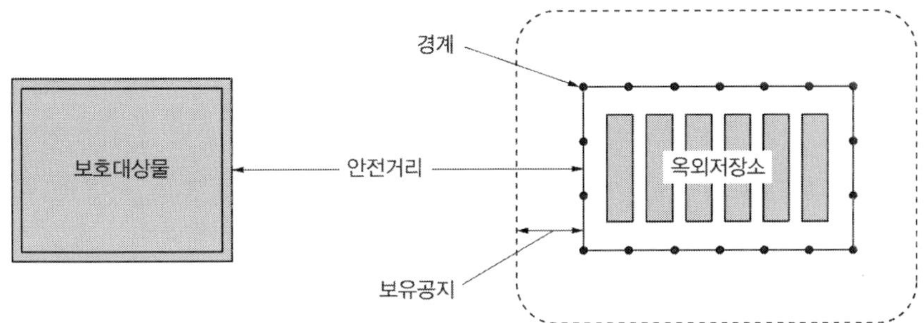

그림 3.180 ▌ 안전거리 예시

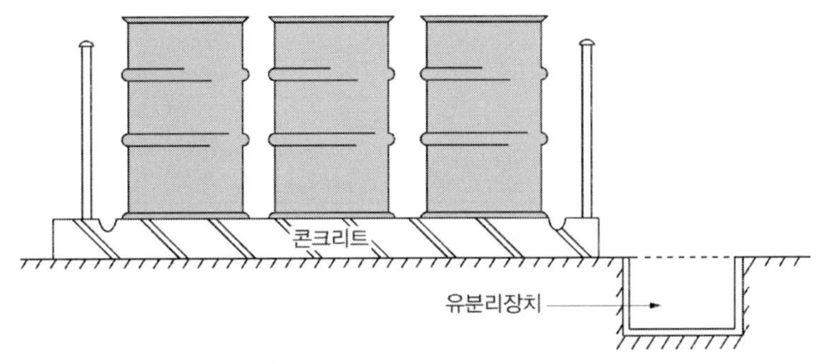

그림 3.181 ▌ 옥외저장소 바닥 구조 예시

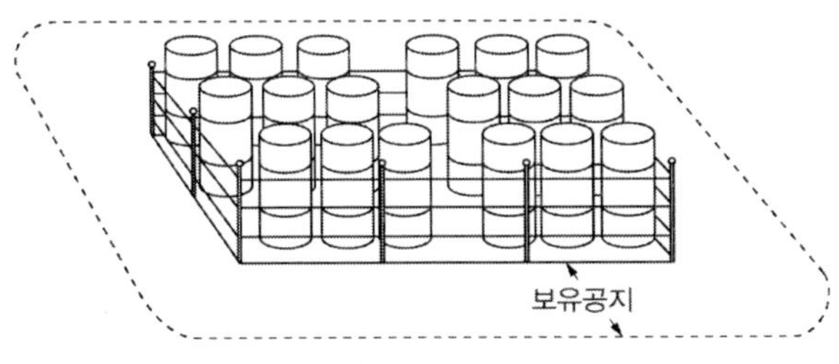

그림 3.182 ▌ 경계표시 예시

(다) 위험물을 저장 또는 취급하는 장소의 주위에는 경계표시(울타리의 기능이 있는 것에 한함)를 하여 명확하게 구분할 것

(라) (다)의 경계표시 주위에는 그 저장 또는 취급하는 위험물의 최대수량에 따라 표 3.14에 의한 너비의 공지를 보유할 것. 다만, 제4류 위험물 중 제4석유류와 제6

67) 안전거리는 옥외저장소에 설치되는 울타리 등으로부터 안전거리 대상물의 외벽 또는 대상물의 외측 상호 간의 수평거리를 말한다.

류 위험물을 저장 또는 취급하는 옥외저장소의 보유공지는 다음 표 3.14에 의한 공지너비의 1/3 이상의 너비로 할 수 있다.

옥외저장소의 형태로 인하여 화재발생 시 인근 건축물 또는 시설물에 대하여 불꽃 또는 열을 차단할 수 있는 벽 등이 없으므로 보유공지 너비를 비교적 넓게 규정하고 있다.

표 3.14 보유공지

저장 또는 취급하는 위험물의 최대수량	공지의 너비
지정수량의 10배 이하	3m 이상
지정수량의 10배 초과 20배 이하	5m 이상
지정수량의 20배 초과 50배 이하	9m 이상
지정수량의 50배 초과 200배 이하	12m 이상
지정수량의 200배 초과	15m 이상

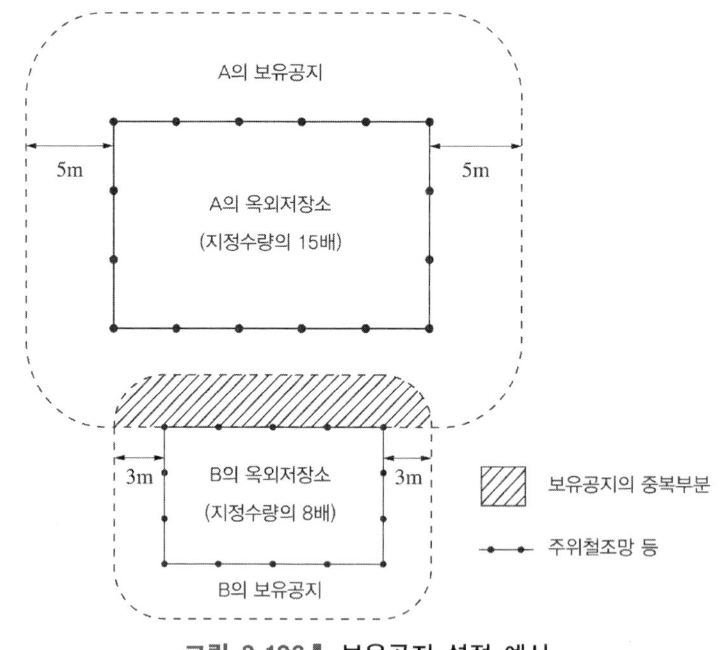

그림 3.183 ▌ 보유공지 설정 예시

(마) 옥외저장소에는 제조소의 표지 및 게시판([별표 4] Ⅲ제1호, 제2호)의 기준에 따라 보기 쉬운 곳에 "위험물 옥외저장소"라는 표시를 한 표지와 방화에 관하여 필요한 사항을 게시한 게시판을 설치하여야 한다.

그림 3.184 ▌ 표지 예시

(바) 옥외저장소에 선반을 설치하는 경우에는 다음의 기준에 의할 것

1) 선반은 불연재료로 만들고 견고한 지반면에 고정할 것
2) 선반은 당해 선반 및 그 부속설비의 자중 · 저장하는 위험물의 중량 · 풍하중 · 지진의 영향 등에 의하여 생기는 응력에 대하여 안전할 것
3) 선반의 높이는 6m를 초과하지 않을 것
4) 선반에는 위험물을 수납한 용기가 쉽게 낙하하지 않는 조치를 강구할 것

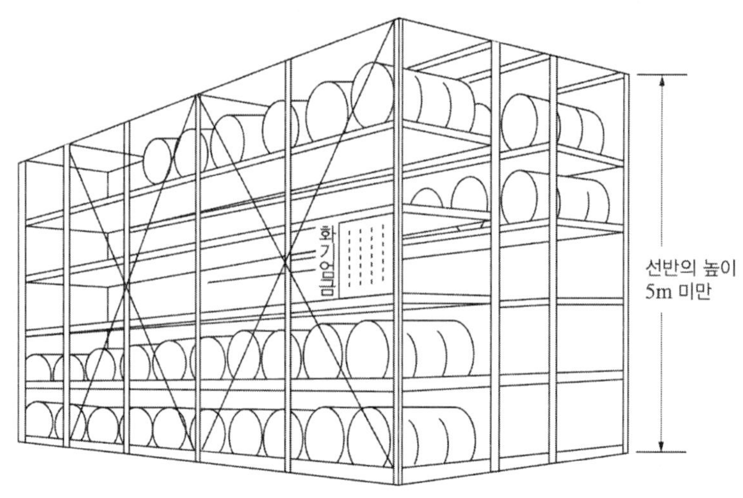

그림 3.185 ▌ 선반 예시

(사) 과산화수소 또는 과염소산을 저장하는 옥외저장소에는 불연성 또는 난연성의 천막 등을 설치하여 햇빛을 가릴 것

(아) 눈 · 비 등을 피하거나 차광 등을 위하여 옥외저장소에 캐노피 또는 지붕을 설치하는 경우에는 환기 및 소화활동에 지장을 주지 않는 구조로 할 것. 이 경우 기둥은 내화구조로 하고, 캐노피 또는 지붕을 불연재료로 하며, 벽을 설치하지 않아야 한다.

(2) 옥외저장소 중 덩어리 상태의 유황만을 지반면에 설치한 경계표시의 안쪽에서 저장

또는 취급하는 것((1)에서 정하는 것을 제외)의 위치・구조 및 설비의 기술기준은 (1)의 기준 및 다음과 같다.

(가) 하나의 경계표시의 내부의 면적은 $100m^2$ 이하일 것

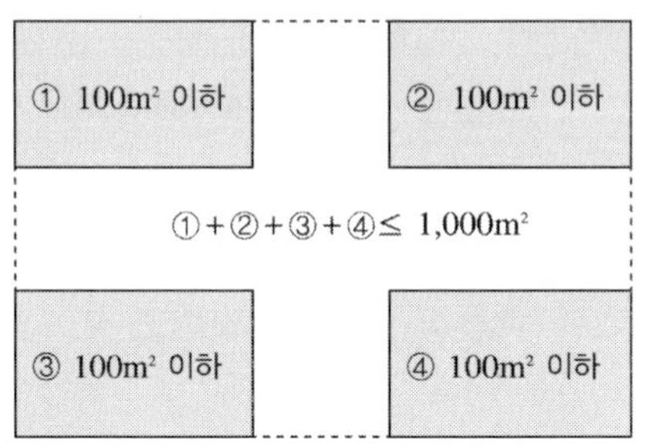

그림 3.186 ▌ 경계표시 예시

(나) 2이상의 경계표시를 설치하는 경우에 있어서는 각각의 경계표시 내부의 면적을 합산한 면적은 $1,000m^2$ 이하로 하고, 인접하는 경계표시와 경계표시와의 간격을 (1)(라)의 규정에 의한 공지의 너비의 1/2 이상으로 할 것. 다만, 저장 또는 취급하는 위험물의 최대수량이 지정수량의 200배 이상인 경우에는 10m 이상으로 하여야 한다.

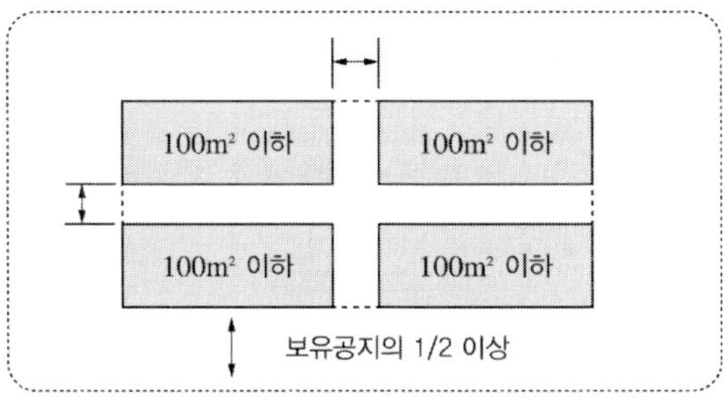

그림 3.187 ▌ 경계표시 간격 및 보유공지 예시

(다) 경계표시는 불연재료로 만드는 동시에 유황이 새지 않는 구조로 할 것

(라) 경계표시의 높이는 1.5m 이하로 할 것

(마) 경계표시에는 유황이 넘치거나 비산하는 것을 방지하기 위한 천막 등을 고정하는 장치를 설치하되, 천막 등을 고정하는 장치는 경계표시의 길이 2m마다 한 개 이상 설치할 것

(바) 유황을 저장 또는 취급하는 장소의 주위에는 배수구와 분리장치를 설치할 것

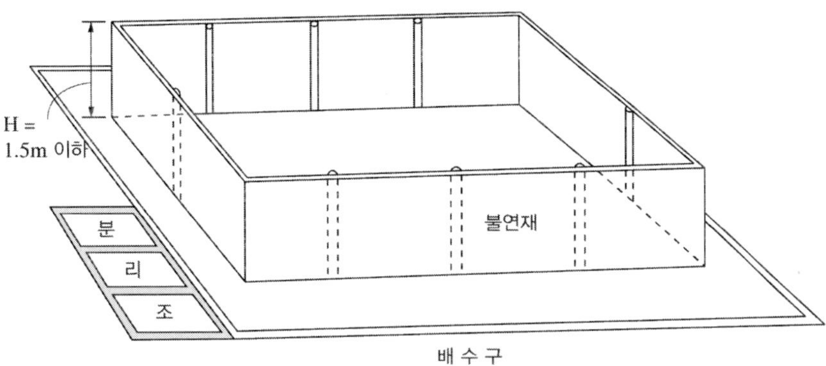

그림 3.188 ▌ 경계표시 구조 예시

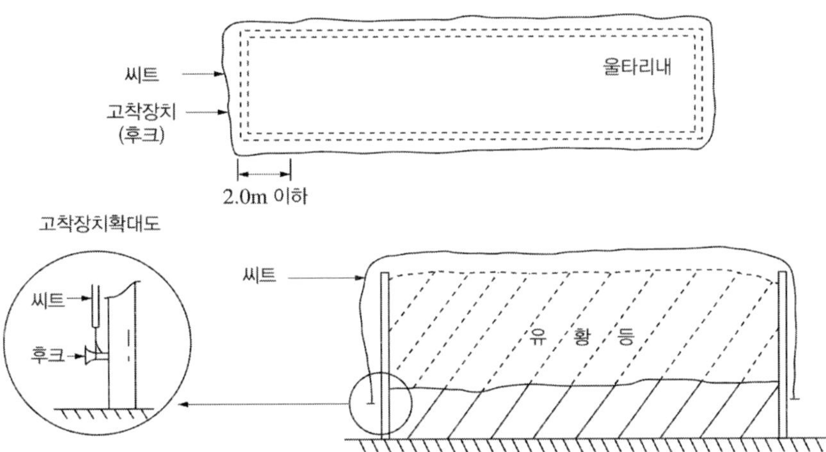

그림 3.189 ▌ 비산방지 및 고정장치 예시

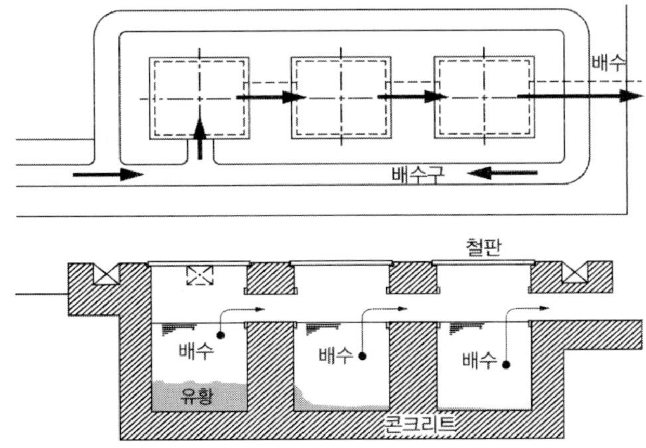

그림 3.190 ▌ 배수구 및 분리장치 구조 예시

7.3 고인화점 위험물의 옥외저장소의 특례

고인화점 위험물만을 저장 또는 취급하는 옥외저장소 중 그 위치가 다음에 정하는 기준에 적합한 것에 대하여는 옥외저장소 기준 중 안전거리 및 보유공지(Ⅰ제1호 가목 및 라목)의 규정을 적용하지 않는다.

(1) 옥외저장소는 고인화점 위험물의 제조소 특례([별표 4] Ⅺ제1호)의 규정에 준하여 안전거리를 둘 것

(2) 옥외저장소 기준(Ⅰ제1호 다목)의 경계표시의 주위에는 표 3.15에 정하는 너비의 공지를 보유할 것

표 3.15 보유공지

저장 또는 취급하는 위험물의 최대수량	공지의 너비
지정수량의 50배 이하	3m 이상
지정수량의 50배 초과 200배 이하	6m 이상
지정수량의 200배 초과	10m 이상

7.4 인화성 고체, 제1석유류 또는 알코올류의 옥외저장소의 특례

제2류 위험물 중 인화성 고체(인화점이 21℃ 미만인 것) 또는 제4류 위험물 중 제1석유류 또는 알코올류를 저장 또는 취급하는 옥외저장소에 있어서는 안전거리(Ⅰ제1호)의 규정에 의한 기준에 의하는 외에 당해 위험물의 성질에 따라 다음에 정하는 기준에 의한다.

(1) 인화성 고체, 제1석유류 또는 알코올류를 저장 또는 취급하는 장소에는 당해 위험물을 적당한 온도로 유지하기 위한 살수설비 등을 설치하여야 한다.

(2) 제1석유류 또는 알코올류를 저장 또는 취급하는 장소의 주위에는 배수구 및 집유설비를 설치하여야 한다. 이 경우 제1석유류(온도 20℃의 물 100g에 용해되는 양이 1g 미만인 것)를 저장 또는 취급하는 장소에 있어서는 집유설비에 유분리장치를 설치하여야 한다.

7.5 수출입 하역장소의 옥외저장소의 특례

「관세법」에 따른 보세구역(제154조), 「항만법」에 따른 항만(제2조제1호) 또는 항만배후단지(제2조제7호) 내에서 수출입을 위한 위험물을 저장 또는 취급하는 옥외저장소

중 기술기준(I 제1호(라목은 제외))의 규정에 적합한 것은 표 3.16에 정하는 너비의 공지를 보유할 수 있다.

표 3.16 보유 공지

저장 또는 취급하는 위험물의 최대수량	공지의 너비
지정수량의 50배 이하	3m 이상
지정수량의 50배 초과 200배 이하	4m 이상
지정수량의 200배 초과	5m 이상

8. 암반탱크저장소

암반탱크저장소는 암반 내의 공간을 이용한 탱크에 액체의 위험물을 저장하는 장소로서 지하수면 아래의 천연암반을 굴착, 공간을 만들어 액체위험물을 저장하며 증기의 발생 및 위험물의 누출을 지하수압으로 조절하는 저장소이다. 일반적으로 원유, 휘발유, 경유, 등유 등 석유제품을 대량 저장할 경우에 암반탱크저장소를 이용하며, 대부분 해안가, 호수, 강가 등 수리조건이 좋은 곳에 위치하고 있다.

8.1 암반탱크

(1) 암반탱크저장소의 암반탱크는 다음의 기준에 의하여 설치하여야 한다.

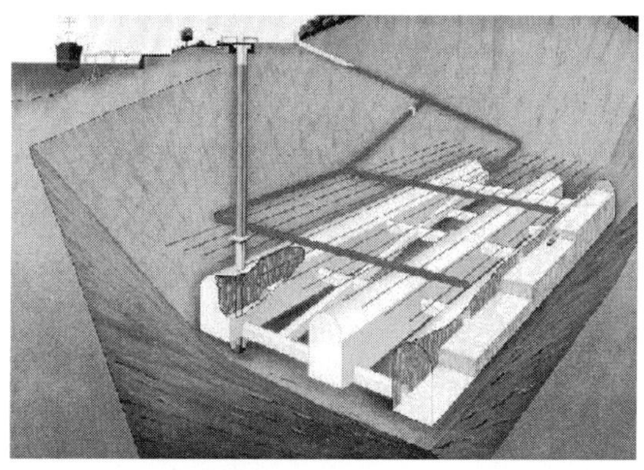

그림 3.191 ▌ 암반탱크 구조 예시

(가) 암반탱크는 암반투수계수[68]가 1초당 10만분의 1m 이하인 천연암반 내에 설치할 것

(나) 암반탱크는 저장할 위험물의 증기압을 억제할 수 있는 지하수면 하에 설치할 것

(다) 암반탱크의 내벽은 암반균열에 의한 낙반을 방지할 수 있도록 볼트·콘크리크 등으로 보강할 것

(2) 암반탱크는 다음의 기준에 적합한 수리조건을 갖추어야 한다.

(가) 암반탱크 내로 유입되는 지하수의 양은 암반 내의 지하수 충전량보다 적을 것

(나) 암반탱크의 상부로 물을 주입하여 수압을 유지할 필요가 있는 경우에는 수벽공을 설치할 것

(다) 암반탱크에 가해지는 지하수압은 저장소의 최대운영압보다 항상 크게 유지할 것

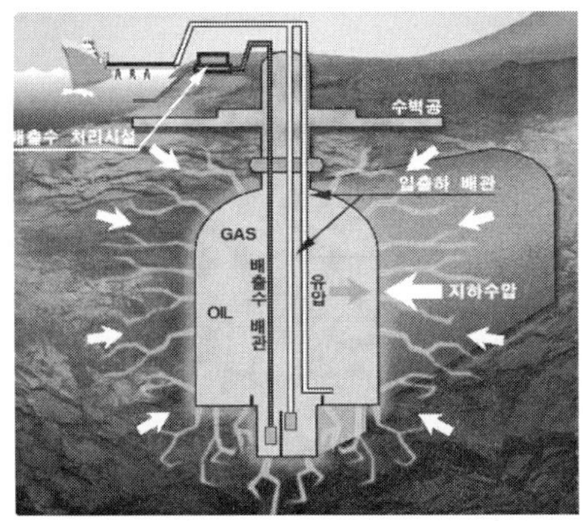

그림 3.192 ▌ 암반탱크저장소 저장원리

8.2 지하수위 관측공의 설치

암반탱크저장소 주위에는 지하수위 및 지하수의 흐름 등을 확인·통제할 수 있는 관측공을 설치하여야 한다.

8.3 계량장치

암반탱크저장소에는 위험물의 양과 내부로 유입되는 지하수의 양을 측정할 수 있는 계

68) 수리전도도라고 하며, 흙, 암반 또는 기타의 다공성 매체에 대한 물의 투과 특성을 속도의 단위로 표시한 값을 말한다.

량구와 자동측정이 가능한 계량장치를 설치하여야 한다.

8.4 배수시설

암반탱크저장소에는 주변 암반으로부터 유입되는 침출수를 자동으로 배출할 수 있는 시설을 설치하고 침출수에 섞인 위험물이 직접 배수구로 흘러 들어가지 않도록 유분리장치를 설치하여야 한다.

8.5 펌프설비

암반탱크저장소의 펌프설비는 점검 및 보수를 위하여 사람의 출입이 용이한 구조의 전용공동에 설치하여야 한다. 다만, 액중펌프[69]를 설치한 경우에는 제외된다.

8.6 위험물제조소 및 옥외탱크저장소에 관한 기준의 준용

(1) 암반탱크저장소에는 제조소의 표지 및 게시판([별표 4] Ⅲ 제1호, 제2호)의 기준에 따라 보기 쉬운 곳에 "위험물 암반탱크저장소"라는 표시를 한 표지와 방화에 관하여 필요한 사항을 게시한 게시판을 설치하여야 한다.

(2) 제조소의 옥외설비 바닥, 배관 및 옥외탱크저장소의 외부구조 및 설비([별표 4] Ⅷ 제4호 · 제6호, Ⅹ 및 [별표 6] Ⅵ 제9호)의 규정은 암반탱크저장소의 압력계 · 안전장치, 정전기 제거설비, 배관 및 주입구의 설치에 관하여 이를 준용한다.

69) 펌프 또는 전동기를 저장탱크 또는 암반탱크 안에 설치하는 것을 말한다.

| 연습문제

01 옥내저장소를 설치하고자 할 때 안전거리를 두어야 하는 것은?

① 알코올을 저장하는 옥내저장소로서 지정수량의 20배 미만인 것
② 제6류 위험물을 저장 또는 취급하는 옥내저장소
③ 제4석유류를 저장 또는 취급하는 옥내저장소로서 그 최대수량이 지정수량의 20배 미만인 것
④ 동식물유류의 위험물을 저장 또는 취급하는 옥내저장소로서 그 최대수량이 지정수량의 20배 미만인 것

02 옥내저장소의 바닥에 물이 스며들지 못하는 구조로 해야 하는 위험물은?

① 질산염류
② 적린
③ 유기과산화물
④ 알칼리금속의 과산화물

03 저장소 중 허가용량을 제한하고 있는 저장소는?

① 간이탱크저장소 ② 암반탱크저장소
③ 옥외저장소 ④ 옥외탱크저장소

04 옥내저장소의 저장창고의 기준으로 올바른 것은?

① 처마 높이가 6m 미만인 단층건물로 하고 그 바닥은 지반면보다 높게 해야 한다.
② 처마 높이가 8m 미만인 단층건물로 하고 그 바닥은 지반면보다 높게 해야 한다.
③ 처마 높이가 6m 미만인 단층건물로 하고 그 바닥은 지반면보다 낮게 해야 한다.
④ 처마 높이가 8m 미만인 단층건물로 하고 그 바닥은 지반면보다 낮게 해야 한다.

05 옥내저장소의 저장창고에 관한 기준 중 내화구조의 격벽으로 완전히 구획된 실에 무기과산화물과 동식물유류를 각각 저장하는 경우 무기과산화물을 저장하는 실의 바닥면적은?

① 500m^2 이하 ② 1,000m^2 이하
③ 1,500m^2 이하 ④ 2,000m^2 이하

06 옥내저장소 저장창고에 천장을 설치할 수 없는 위험물은?

① 제1류 위험물 ② 제2류 위험물
③ 제5류 위험물 ④ 제6류 위험물

07 옥내저장소 하나의 저장창고 바닥면적을 1,000m^2 이하로 하지 못하는 위험물은?

① 제1류 위험물 중 아염소산염류, 염소산염류, 과염소산염류, 무기과산화물 그 밖에 지정수량이 50kg인 위험물
② 제3류 위험물 중 칼륨, 나트륨, 알킬알루미늄, 알킬리튬 그 밖에 지정수량이 10kg인 위험물 및 황린
③ 제4류 위험물 중 특수인화물, 제2석유류 및 알코올류
④ 제5류 위험물 중 유기과산화물, 질산에스테르류 그 밖에 지정수량이 10kg인 위험물

정답 1. ① 2. ④ 3. ① 4. ① 5. ① 6. ① 7. ③

08 복합용도 건축물에 설치하는 옥내저장소에서 저장 또는 취급할 수 있는 위험물의 양은?

① 지정수량의 5배 이하
② 지정수량의 10배 이하
③ 지정수량의 15배 이하
④ 지정수량의 20배 이하

09 제6류 위험물을 저장 또는 취급하는 옥외저장탱크를 동일구내에 2개 이상 인접하여 설치하는 경우 인접하는 방향의 보유공지는 얼마인가?

① 당해 옥외저장탱크의 보유공지의 2분의 1 이상(최소 3m 이상)
② 당해 옥외저장탱크의 보유공지의 2분의 1 이상(최소 1.5m 이상)
③ 당해 옥외저장탱크의 보유공지의 3분의 1 이상(최소 3m 이상)
④ 당해 옥외저장탱크의 보유공지의 3분의 1 이상(최소 1.5m 이상)

10 옥외저장탱크의 두께는 몇 mm 이상의 강철판으로 틈이 없도록 제작하여야 하는가?

① 1.6mm 이상　② 2.0mm 이상
③ 2.8mm 이상　④ 3.2mm 이상

11 옥외저장탱크 지정수량이 500배 이하인 경우 보유공지는?

① 3m 이상　② 5m 이상
③ 9m 이상　④ 12m 이상

12 옥외저장탱크의 방유제에 대한 기준이 아닌 것은?

① 방유제 내에 설치하는 옥외저장탱크의 수는 10 이하로 할 것
② 방유제 내의 면적은 5만m^2 이하로 할 것
③ 방유제는 철근콘크리트로 하고, 방유제와 옥외저장탱크 사이의 지표면은 불연성과 불침윤성이 있는 구조로 할 것
④ 방유제의 높이는 0.5m 이상 3m 이하, 지하매설깊이 1m 이상으로 할 것

13 옥외저장탱크에 저장 또는 취급하는 위험물의 인화점이 70℃ 이상 200℃ 미만인 경우 옥외저장탱크 수는?

① 10개 이하　② 15개 이하
③ 20개 이하　④ 제한이 없음

14 옥내저장탱크의 위치 · 구조 및 설비의 기술기준으로 틀린 것은?

① 옥내탱크는 단층건축물에 설치된 탱크전용실에 설치할 것
② 옥내저장탱크 상호 간에는 0.5m 미만의 간격을 유지할 것
③ 옥내저장탱크의 외면에는 녹을 방지하기 위한 도장을 할 것
④ 옥내저장탱크의 용량은 지정수량의 40배 이하일 것

15 옥내탱크저장소에 설치하는 밸브 없는 통기관의 설치기준이 틀린 것은?

① 내경은 30mm 이상
② 선단기울기는 45° 이상
③ 선단높이는 지상 4m 이상
④ 선단위치는 개구부와 1.2m 이상

정답　8. ④　9. ④　10. ④　11. ①　12. ②　13. ③　14. ②　15. ④

16 옥내탱크저장소의 탱크전용실에 있어서 연소우려가 없는 외벽을 불연재료로 할 수 있는 위험물은?

① 인화점이 35°C 이상인 제4류 위험물
② 인화점이 70°C 이상인 제4류 위험물
③ 인화점이 210°C 이상인 제4류 위험물
④ 인화점이 240°C 이상인 제4류 위험물

17 옥내저장탱크의 탱크전용실의 설치기준으로 적절하지 않은 것은?

① 지붕은 내화구조로 하고 천장을 설치할 것
② 탱크전용실의 창 및 출입구에는 갑종방화문 또는 을종방화문을 설치할 것
③ 벽・기둥 및 바닥을 내화구조로 하고, 보를 불연재료로 할 것
④ 탱크전용실의 창 또는 출입구에 유리를 이용하는 경우에는 망입유리로 할 것

18 지하탱크저장소의 압력탱크 외의 탱크에 있어서 수압시험방법으로 옳은 것은?

① 70kPa의 압력으로 10분간 실시
② 1.5kg/cm^{2}의 압력으로 10분간 실시
③ 최대상용압력의 1.2배의 압력으로 10분간 실시
④ 최대상용압력의 1.5배의 압력으로 10분간 실시

19 탱크의 매설에서 지하저장탱크의 윗부분은 지면으로부터 몇 m 이상 아래에 있어야 하는가?

① 0.2m ② 0.4m
③ 0.6m ④ 0.8m

20 지하저장탱크의 배관은 당해 탱크의 윗부분에 설치하지 않아도 되는 것은?

① 인화점 40℃ 미만인 제2석유류
② 제3석유류
③ 특수인화물류
④ 알코올류

21 지하저장탱크에 있어서 과충전방지장치의 경보음이 울리는 경우는?

① 탱크용량의 90%가 찰 때
② 탱크용량의 92%가 찰 때
③ 탱크용량의 95%가 찰 때
④ 탱크용량의 98%가 찰 때

22 간이탱크저장소의 설치기준에 관한 기준으로 틀린 것은?

① 간이저장탱크는 3개 이하로 설치할 것
② 간이저장탱의 용량은 600L 이하로 할 것
③ 통기관의 지름은 30mm 이상으로 할 것
④ 옥외에 설치하는 것은 주위에 너비 1m 이상의 공지를 둘 것

23 간이탱크저장소에 설치하는 밸브 없는 통기관의 설치기준으로 적절하지 못한 것은?

① 선단은 수평면에 대하여 아래로 45° 이상 기울일 것
② 인화방지망을 할 것
③ 선단높이는 지상 1.5m 이상으로 할 것
④ 통기관의 지름은 30mm 이상으로 할 것

정답 16. ② 17. ① 18. ① 19. ③ 20. ② 21. ① 22. ③ 23. ④

24 이동탱크저장소의 옥외에 있는 상치장소는 화기를 취급하는 장소 또는 인근 건축물로부터 어느 정도의 거리를 확보해야 하는가?

① 2m 이상(인근의 건축물이 1층인 경우에는 2m 이상)의 거리를 확보
② 3m 이상(인근의 건축물이 1층인 경우에는 2m 이상)의 거리를 확보
③ 5m 이상(인근의 건축물이 1층인 경우에는 3m 이상)의 거리를 확보
④ 7m 이상(인근의 건축물이 1층인 경우에는 3m 이상)의 거리를 확보

25 이동저장탱크에서 하나의 구획부분에 설치하는 각 방파판 면적의 합계는?

① 당해 구획부분의 최대 수평단면적의 40% 이상
② 당해 구획부분의 최대 수직단면적의 40% 이상
③ 당해 구획부분의 최대 수평단면적의 50% 이상
④ 당해 구획부분의 최대 수직단면적의 50% 이상

26 이동탱크저장소에 설치하는 펌프설비에서 외부로부터 전원을 공급받는 방식의 모터펌프를 설치할 경우 저장 또는 취급가능한 위험물은?

① 인화점 21℃ 미만의 위험물 또는 비인화성의 것
② 인화점 21℃ 이상 40℃ 미만의 위험물
③ 인화점 40℃ 이상의 위험물 또는 비인화성의 것
④ 인화점 40℃ 초과 70℃ 미만의 위험물

27 저장 또는 취급하는 위험물의 최대수량이 지정수량 10배 초과 20배 이하인 경우 옥외저장소의 보유공지 너비는?

① 3m 이상 ② 5m 이상
③ 9m 이상 ④ 12m 이상

28 옥외저장소 중 덩어리 상태의 유황만을 취급하는 옥외저장소에 2이상의 경계표시를 설치하는 경우에 있어서 각각의 내부면적를 합산한 면적은?

① $100m^2$ 이하 ② $200m^2$ 이하
③ $500m^2$ 이하 ④ $1000m^2$ 이하

29 지하탱크저장의 주위에 설치하는 누유검사관의 수는?

① 2개 이상 ② 3개 이상
③ 4개 이상 ④ 5개 이상

30 옥외저장소의 선반설치기준 중 틀린 것은?

① 선반의 높이는 5m를 초과하지 않을 것
② 선반은 불연재료로 만들고 견고한 지반면에 고정할 것
③ 선반은 당해 선반 및 그 부속설비의 자중·저장하는 위험물의 중량·풍하중·지진의 영향 등에 의하여 생기는 응력에 대하여 안전할 것
④ 선반에는 위험물을 수납한 용기가 쉽게 낙하하지 않는 조치를 강구할 것

정답 24. ③ 25. ④ 26. ③ 27. ② 28. ④ 29. ③ 30. ①

31 보유공지의 규제대상이 되는 위험물시설로만 이루어진 것은?

① 옥내저장소, 옥내탱크저장소
② 옥외저장소, 지하탱크저장소
③ 옥내저장소, 옥외탱크저장소
④ 암반탱크저장소, 옥외탱크저장소

32 암반탱크의 설치기준 중 틀린 것은?

① 암반투수계수가 1초당 10만분의 1m 이하인 천연암반 내에 설치할 것
② 내벽은 암반균열에 의한 낙반을 방지할 수 있도록 볼트 · 콘크리크 등으로 보강할 것
③ 암반탱크 내로 유입되는 지하수의 양은 암반 내의 지하수 충전량보다 많을 것
④ 암반탱크는 저장할 위험물의 증기압을 억제할 수 있는 지하수면 하에 설치할 것

33 이동저장탱크의 상치장소에 위험물을 적재한 상태로 주차할 수 있는 조건과 거리가 먼 것은?

① 옥외탱크저장소의 안전거리
② 옥외탱크저장소의 보유공지
③ 옥외탱크저장소의 방유제
④ 옥외탱크저장소의 펌프설비

34 옥내저장소에서 자연발화할 우려가 있는 위험물을 다량으로 저장하는 기준으로 적합한 것은?

① 지정수량의 5배 이하마다 구분하여 상호간 0.5m 이상의 간격으로 저장
② 지정수량의 10배 이하마다 구분하여 상호간 0.3m 이상의 간격으로 저장
③ 지정수량의 20배 이하마다 구분하여 상호간 0.5m 이상의 간격으로 저장
④ 지정수량의 50배 이하마다 구분하여 상호간 0.3m 이상의 간격으로 저장

35 위험물을 저장 또는 취급하는 탱크 용량의 산정기준?

① 탱크의 내용적 – 공간용적
② 공간용적 – 탱크의 내용적
③ 산정용적 – 탱크의 내용적
④ 전체용적 – 공간용적

정답 31. ③ 32. ③ 33. ④ 34. ② 35. ①

CHAPTER 04

위험물 취급소

1. 취급소

취급소는 지정수량 이상의 위험물을 제조 외의 목적으로 취급하기 위한 장소로서 이 법에 따라 허가를 받은 장소를 말한다. 취급소에는 주유취급소, 판매취급소, 이송취급소, 일반취급소가 있다.

표 4.1 위험물을 제조 외의 목적으로 취급하기 위한 장소와 그에 따른 취급소 구분

위험물을 제조 외의 목적으로 취급하기 위한 장소	취급소 구분
1. 고정된 주유설비(항공기에 주유하는 경우에는 차량에 설치된 주유설비 포함)에 의하여 자동차·항공기 또는 선박 등의 연료탱크에 직접 주유하기 위하여 위험물(「석유 및 석유대체연료 사업법」에 의한 가짜석유제품에 해당하는 물품 제외)을 취급하는 장소(위험물을 용기에 옮겨 담거나 차량에 고정된 3,000L 이하의 탱크에 주입하기 위하여 고정된 급유설비를 병설한 장소 포함)	주유취급소
2. 점포에서 위험물을 용기에 담아 판매하기 위하여 지정수량의 40배 이하의 위험물을 취급하는 장소	판매취급소
3. 배관 및 이에 부속된 설비에 의하여 위험물을 이송하는 장소. 다만, 다음에 해당하는 경우의 장소를 제외한다. 가. 「송유관 안전관리법」에 의한 송유관에 의하여 위험물을 이송하는 경우 나. 제조소 등에 관계된 시설(배관 제외) 및 그 부지가 같은 사업소 안에 있고 당해 사업소 안에서만 위험물을 이송하는 경우 다. 사업소와 사업소의 사이에 도로(폭 2m 이상의 일반교통에 이용되는 도로로서 자동차의 통행이 가능한 것)만 있고 사업소와 사업소 사이의 이송배관이 그 도로를 횡단하는 경우 라. 사업소와 사업소 사이의 이송배관이 제3자(당해 사업소와 관련이 있거나 유사한 사업을 하는 자)의 토지만을 통과하는 경우로서 당해 배관의 길이가 100m 이하인 경우	이송취급소

마. 해상구조물에 설치된 배관(이송되는 위험물이 제4류 위험물 중 제1석유류인 경우에는 배관의 내경이 30cm 미만인 것)으로서 당해 해상구조물에 설치된 배관이 길이가 30m 이하인 경우 바. 사업소와 사업소 사이의 이송배관이 다목 내지 마목의 규정에 의한 경우 중 2이상에 해당하는 경우 사. 「농어촌 전기공급사업 촉진법」에 따라 설치된 자가발전시설에 사용되는 위험물을 이송하는 경우	
4. 1 내지 3 외의 장소(「석유 및 석유대체연료 사업법」제29조의 규정에 의한 가짜석유제품에 해당하는 위험물을 취급하는 경우의 장소 제외)	일반취급소

2. 주유취급소

주유취급소는 고정된 주유설비를 사용하여 위험물을 자동차 또는 선박 등의 연료탱크에 직접 주유할 것을 목적으로 하는 취급소를 말한다. 즉, 연료탱크에 주유되는 위험물은 자동차 등에 소비하는 연료이며 이동탱크저장소나 유조선 등의 수송용 탱크에 급유하는 시설은 주유취급소에 포함되지 않고 통상 일반취급소로서 규제된다. 다만, 주유취급소에 부수되어 설치되는 다음의 시설은 주유취급소 범위에 포함된다.

- 고정된 급유설비에 의해 등유 경유를 용기에 옮겨 담는 시설
- 고정된 급유설비에 의해 차량에 고정된 이동저장탱크(3,000L 이하)에 등유, 경유를 주입하는 시설

위험물을 용기에 채우거나 차량에 고정된 3,000L 이하의 탱크에 주입하기 위하여 고정된 급유설비를 병설한 장소를 포함하며, 유사석유제품에 해당하는 물품은 취급할 수 없다.

2.1 주유공지 및 급유공지

(1) 주유취급소의 고정주유설비(펌프기기 및 호스기기로 되어 위험물을 자동차 등에 직접 주유하기 위한 설비로서 현수식의 것을 포함)의 주위에는 주유를 받으려는 자동차 등이 출입할 수 있도록 너비[70] 15m 이상, 길이 6m 이상의 콘크리트 등으로 포장

70) 일반적으로 주요 도로에 면한 방향의 폭을 의미한다.

한 공지(주유공지[71])를 보유하여야 하고, 고정급유설비(펌프기기 및 호스기기로 되어 위험물을 용기에 옮겨 담거나 이동저장탱크에 주입하기 위한 설비로서 현수식의 것을 포함)를 설치하는 경우에는 고정급유설비의 호스기기의 주위에 필요한 공지(급유공지[72])를 보유하여야 한다.

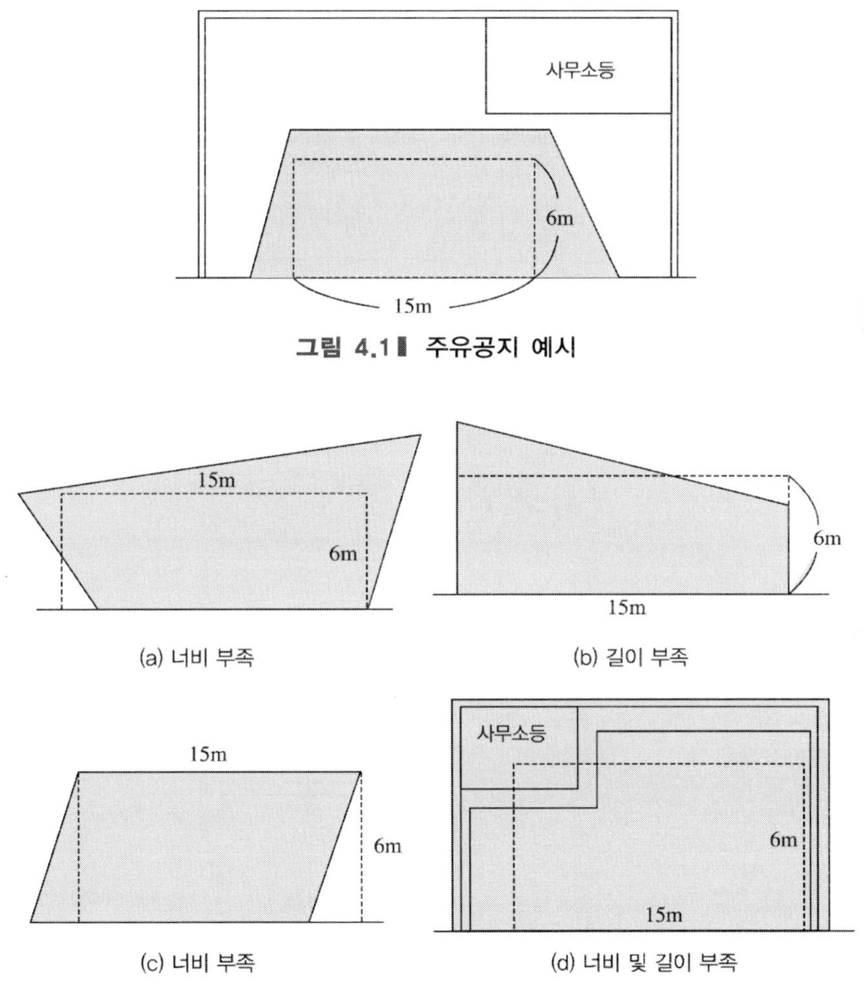

그림 4.1▮ 주유공지 예시

그림 4.2▮ 주유공지 불량 예시

---

71) 주유작업을 하는데 필요한 공지로서 주유차량이 진입하여 정차하는데 필요한 공간이다.

72) 고정급유설비의 주위에 설정하는 것으로 위험물을 용기 등에 옮겨 담거나 이동저장탱크에 주입하는데 필요한 공지를 말한다.

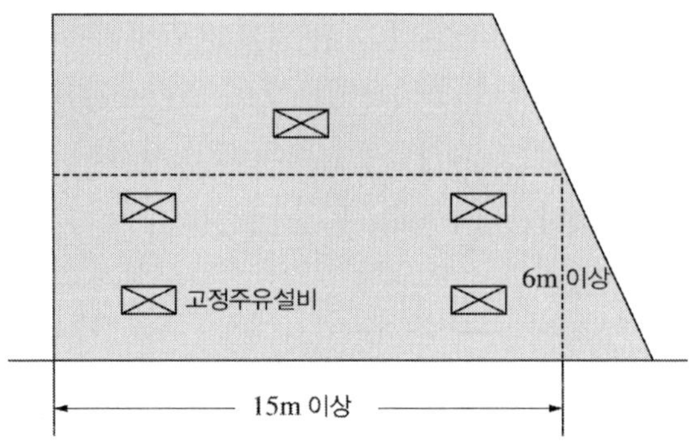

그림 4.3 ▌ 주유공지 내 고정주유설비 설치 예시

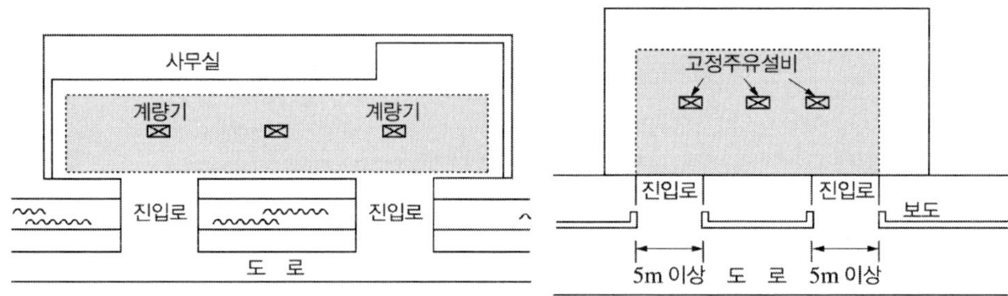

그림 4.4 ▌ 차량 진입로 예시

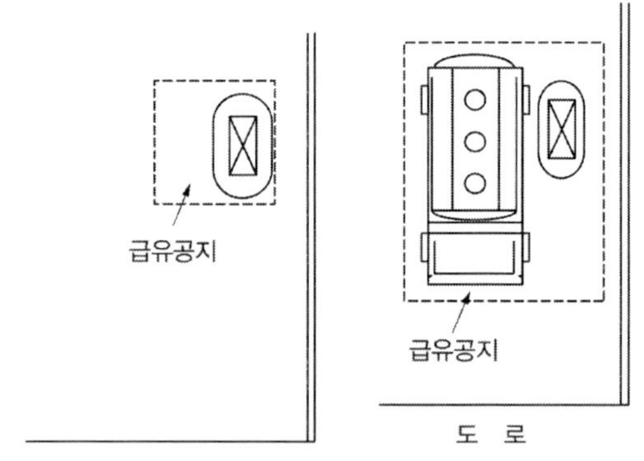

그림 4.5 ▌ 급유공지 예시

급유공지는 주유공지 이외의 전용공지로 하는 것이 필요하며 다음의 공지 이상으로 한다. 이러한 급유공지의 출입구는 직접 도로에 접할 필요는 없다.

- ▸ 급유설비 중 호스기기의 주위에 필요한 공지
- ▸ 탱크로리에 주입하는 경우에는 그 차량규모에 적정한 공지 정차 및 작업의 공간

(2) 공지의 바닥은 주위 지면보다 높게 하고, 그 표면을 적당하게 경사지게 하여 새어나

온 기름 그 밖의 액체가 공지의 외부로 유출되지 않도록 배수구·집유설비 및 유분리장치를 하여야 한다.

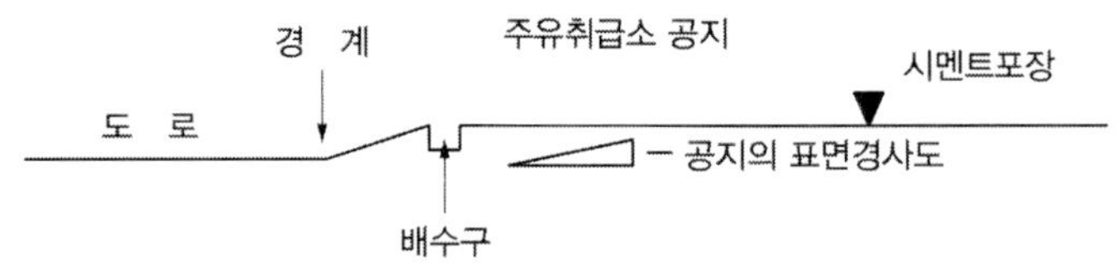

그림 4.6 ▌ 공지와 지반과의 관계

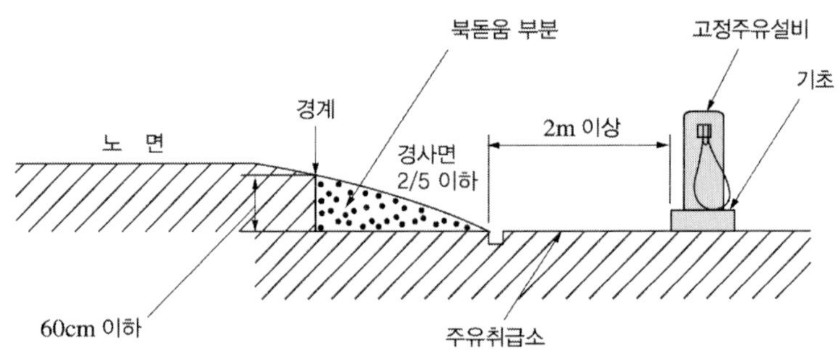

그림 4.7 ▌ 주위 지반면의 예시

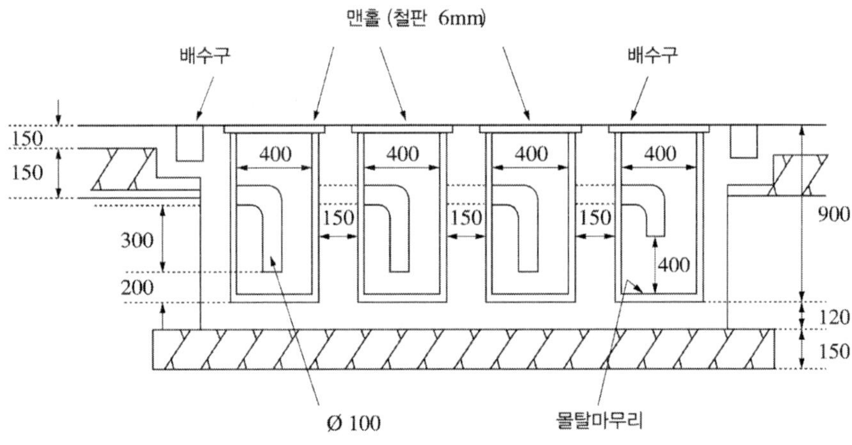

그림 4.8 ▌ 유분리장치 예시

2.2 표지 및 게시판

주유취급소에는 제조소의 표지 및 게시판([별표 4] Ⅲ제1호, 제2호)의 기준에 준하여 보기 쉬운 곳에 "위험물 주유취급소"라는 표시를 한 표지, 방화에 관하여 필요한 사항을 게시한 게시판 및 황색바탕에 흑색문자로 "주유중엔진정지"라는 표시를 한 게시판을 설치하여야 한다.

그림 4.9 ▌ 표지 및 게시판 예시

2.3 탱크

(1) 주유취급소에는 다음의 탱크 외에는 위험물을 저장 또는 취급하는 탱크를 설치할 수

없다. 다만, 이동탱크저장소의 상치장소([별표 10] Ⅰ)를 주유공지 또는 급유공지 외의 장소에 확보하여 이동탱크저장소(당해 주유취급소의 위험물의 저장 또는 취급에 관계된 것에 한함)를 설치하는 경우에는 제외된다.

(가) 자동차 등에 주유하기 위한 고정주유설비에 직접 접속하는 전용탱크[73]로서 50,000L 이하의 것

(나) 고정급유설비에 직접 접속하는 전용탱크로서 50,000L 이하의 것

(다) 보일러 등에 직접 접속하는 전용탱크[74]로서 10,000L 이하의 것

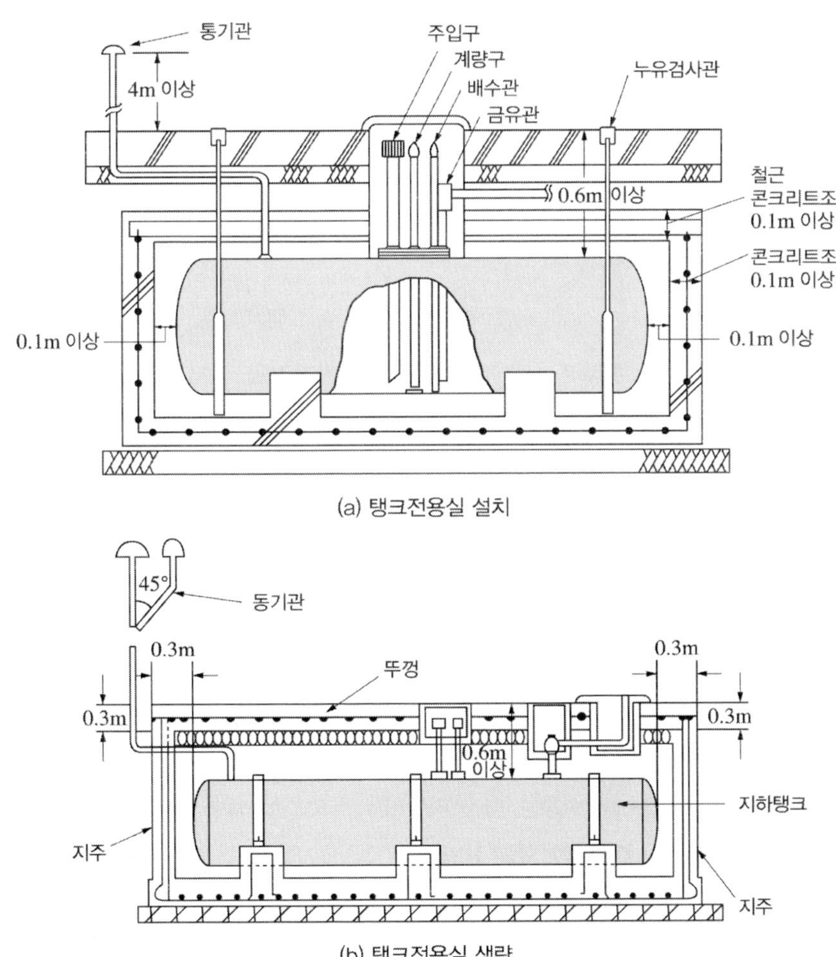

(a) 탱크전용실 설치

(b) 탱크전용실 생략

73) 고정주유설비 및 고정급유설비에 접속하는 지하저장탱크

74) 보일러 등에 접속하는 지하저장탱크

그림 4.10 ▌ 지하저장탱크 예시

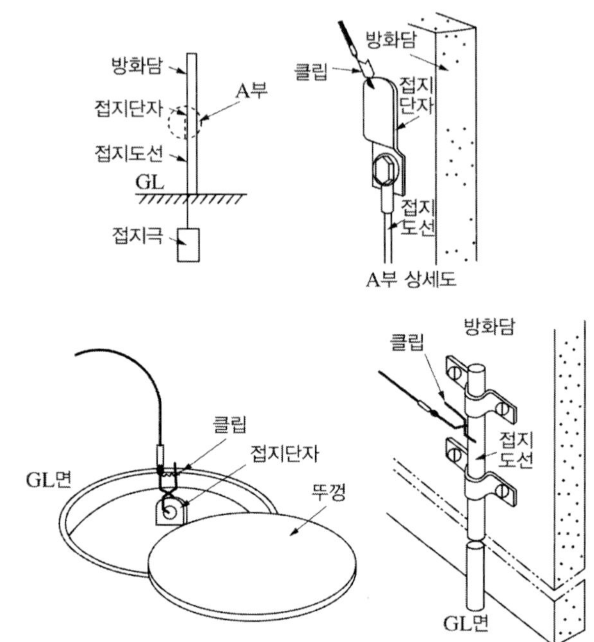

그림 4.11 ▌ 주입구 인근에 설치된 정전기제거용 접지전극 예시

(라) 자동차 등을 점검·정비하는 작업장 등(주유취급소 안에 설치된 것에 한함)에서 사용하는 폐유·윤활유 등의 위험물을 저장하는 탱크로서 용량(2이상 설치하는 경우에는 각 용량의 합계를 말함)이 2,000L 이하인 탱크(폐유탱크 등)

(마) 고정주유설비 또는 고정급유설비에 직접 접속하는 3기 이하의 간이탱크[75]. 다만, 「국토의 계획 및 이용에 관한 법률」에 의한 방화지구 안에 위치하는 주유취급소의 경우를 제외한다.

(2) (1)(가) 내지 (라)의 규정에 의한 탱크((다) 및 (라)의 규정에 의한 탱크는 용량이 1,000L를 초과하는 것에 한함)는 옥외의 지하 또는 캐노피 아래의 지하(캐노피 기둥의 하부를 제외)에 매설하여야 한다.

(3) (1)의 규정에 의하여 설치하는 전용탱크·폐유탱크 등 또는 간이탱크의 위치·구조 및 설비의 기준은 다음과 같다.

(가) 지하에 매설하는 전용탱크 또는 폐유탱크 등의 위치·구조 및 설비는 지하저장

75) 고정주유설비 또는 고정급유설비에 접속하는 600L 이하의 간이저장탱크를 말하며, 하나의 주유취급소에 3기까지 설치가 가능하다.

탱크의 위치・구조 및 설비의 기준(표지 및 게시판, 주입구, 펌프설비, 전기설비 제외)([별표 8] Ⅰ[제5호・제10호(게시판에 관한 부분)・제11호(액중펌프설비에 관한 부분 제외)・제14호 및 용량 10,000L를 넘는 탱크를 설치하는 경우에 있어서는 제1호 단서 제외], 이중벽탱크의 기준([별표 8] Ⅱ[[별표 8] Ⅰ제5호・제10호(게시판에 관한 부분에 한함)・제11호(액중펌프설비에 관한 부분 제외)・제14호 제외] 또는 특수누설방지구조의 지하탱크저장소 기준([별표 8] Ⅲ[[별표 8] Ⅰ제5호・제10호(게시판에 관한 부분)・제11호(액중펌프설비에 관한 부분 제외)・제14호 제외])을 준용할 것

(나) 지하에 매설하지 않는 폐유탱크 등의 위치・구조 및 설비는 옥내저장탱크의 위치・구조・설비(표지 및 게시판 제외)([별표 7] Ⅰ(제1호 다목을 제외)) 또는 시・도의 조례에 정하는 지정수량 미만인 탱크의 위치・구조 및 설비의 기준을 준용할 것

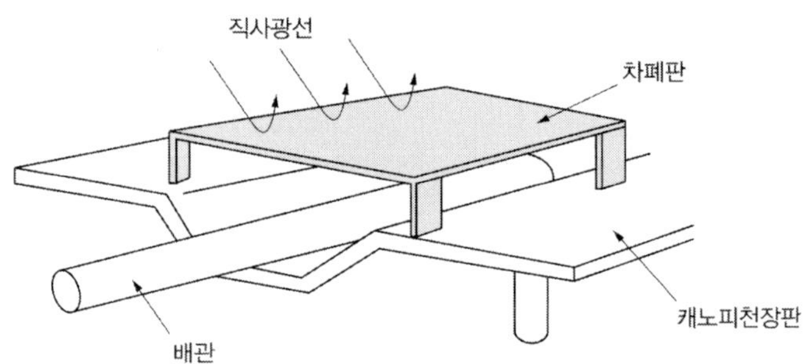

그림 4.12 ▌ 직사광선 차폐 예시

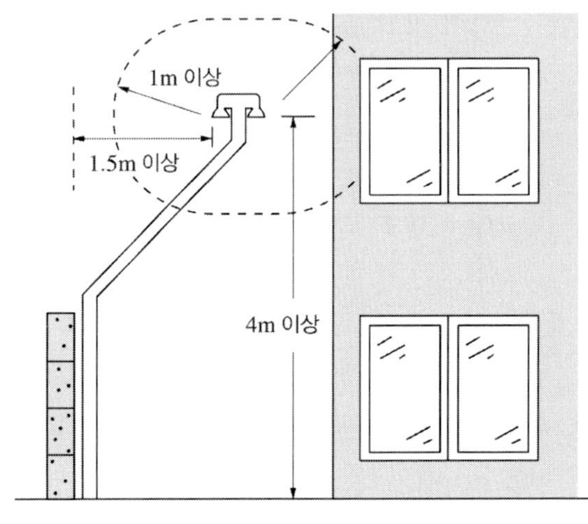

그림 4.13 ▌ 통기관 예시

(다) 간이탱크의 구조 및 설비는 간이저장탱크의 구조 및 설비의 탱크 공사 및 설치 방법 내지 통기관([별표 9] 제4호 내지 제8호)의 기준을 준용하되, 자동차 등과 충돌할 우려가 없도록 설치할 것

2.4 고정주유설비 등

(1) 주유취급소에는 자동차 등의 연료탱크에 직접 주유하기 위한 고정주유설비를 설치하여야 한다.

(2) 주유취급소의 고정주유설비 또는 고정급유설비는 2.3 (1)의 (가)ㆍ(나) 또는 (마)의 규정에 의한 탱크 중 하나의 탱크 만으로부터 위험물을 공급받을 수 있도록 하고, 다음의 기준에 적합한 구조로 하여야 한다.

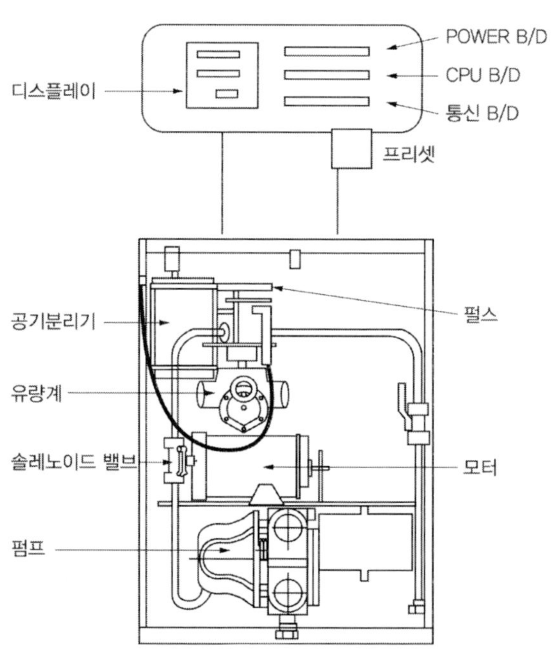

그림 4.14 ▌ 고정주유설비 구조 예시

(가) 펌프기기는 주유관 선단에서의 최대토출량이 제1석유류의 경우에는 분당 50L 이하, 경유의 경우에는 분당 180L 이하, 등유의 경우에는 분당 80L 이하인 것으로 할 것. 다만, 이동저장탱크에 주입하기 위한 고정급유설비의 펌프기기는 최대토출량이 분당 300L 이하인 것으로 할 수 있으며, 분당 토출량이 200L 이상인 것의 경우에는 주유설비에 관계된 모든 배관의 안지름을 40mm 이상으로 하여

야 한다.

(나) 이동저장탱크의 상부를 통하여 주입하는 고정급유설비의 주유관에는 당해 탱크의 밑부분에 달하는 주입관을 설치하고, 그 토출량이 분당 80L를 초과하는 것은 이동저장탱크에 주입하는 용도로만 사용할 것

(다) 고정주유설비 또는 고정급유설비는 난연성 재료로 만들어진 외장을 설치할 것. 다만, 펌프실(Ⅸ)의 규정에 의한 기준에 적합한 펌프실에 설치하는 펌프기기 또는 액중펌프에 있어서는 제외된다.

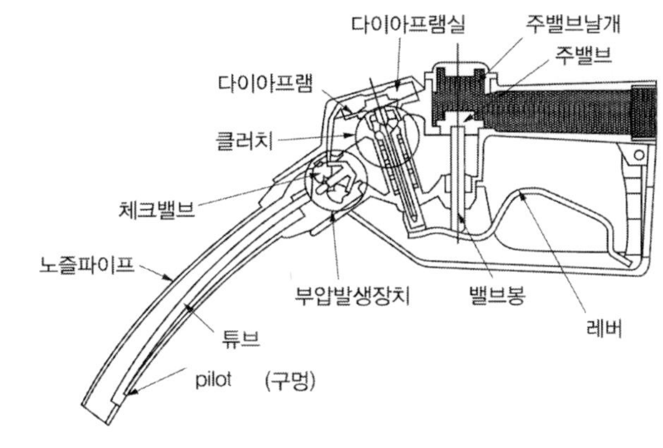

그림 4.15 ▌ 노즐 예시

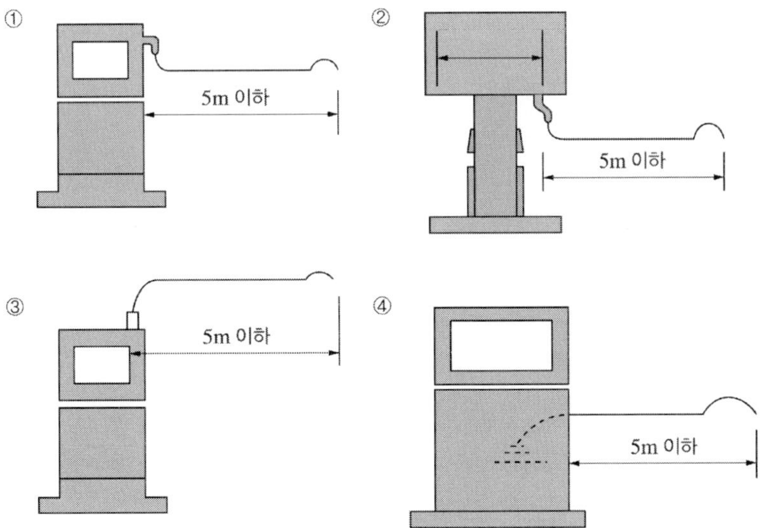

그림 4.16 ▌ 고정주유설비 등의 주유호스 길이

(라) 고정주유설비 또는 고정급유설비의 본체 또는 노즐 손잡이에 주유작업자의 인체에 축적되는 정전기를 유효하게 제거할 수 있는 장치를 설치할 것

(3) 고정주유설비 또는 고정급유설비의 주유관의 길이(선단의 개폐밸브를 포함)는 5m(현수식의 경우에는 지면 위 0.5m의 수평면에 수직으로 내려 만나는 점을 중심으로 반경 3m) 이내로 하고 그 선단에는 축적된 정전기를 유효하게 제거할 수 있는 장치를 설치하여야 한다.

(4) 고정주유설비 또는 고정급유설비는 다음의 기준에 적합한 위치에 설치하여야 한다.

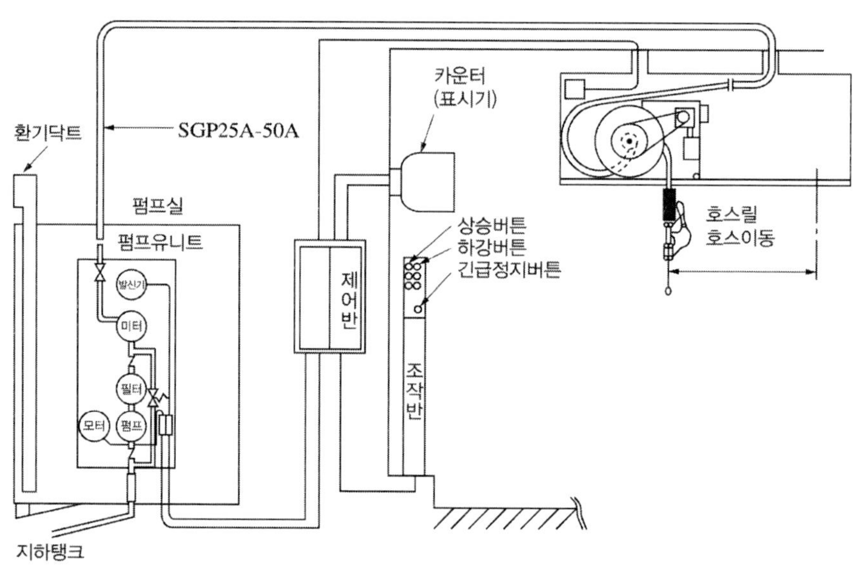

그림 4.17 ▌ 현수식 주유설비 예시

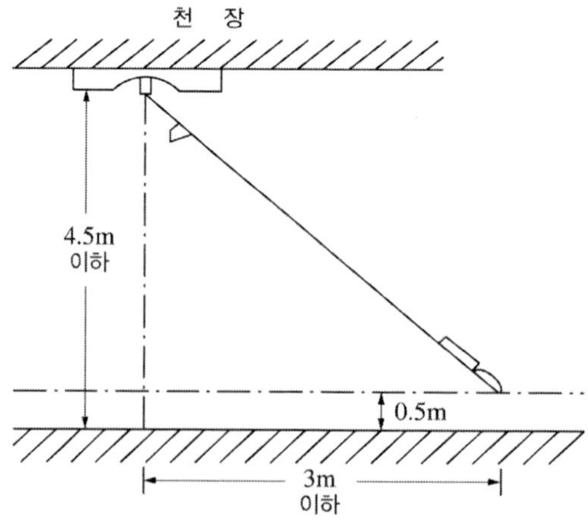

그림 4.18 ▌ 현수식의 주유호스 길이

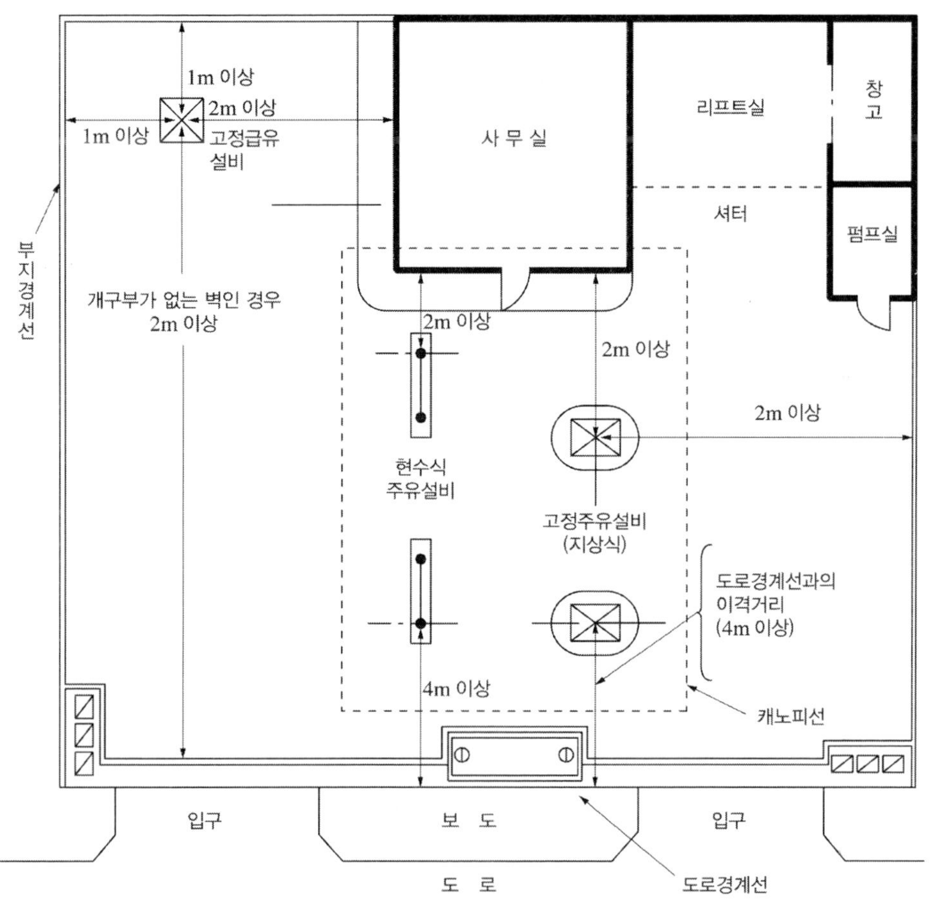

그림 4.19 ▌ 고정주유설비 및 고정급유설비의 위치 예시

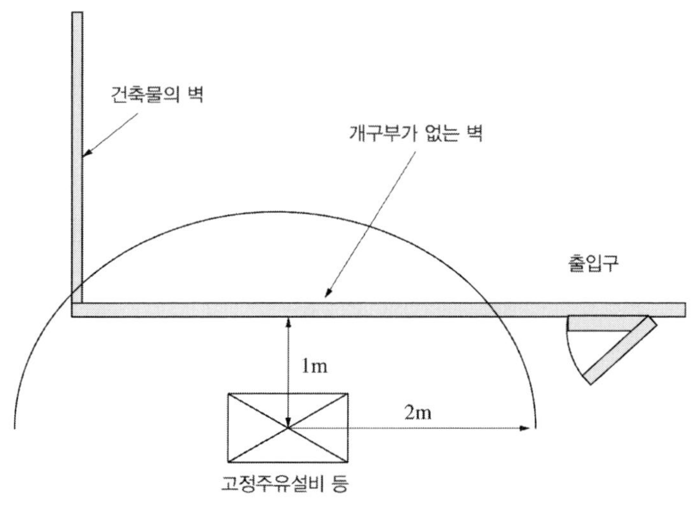

그림 4.20 ▌ 개구부가 없는 벽의 예시

(가) 고정주유설비의 중심선을 기점으로 하여 도로경계선까지 4m 이상, 부지경계선 · 담 및 건축물의 벽까지 2m(개구부가 없는 벽까지는 1m) 이상의 거리를 유지하고, 고정급유설비의 중심선을 기점으로 하여 도로경계선까지 4m 이상, 부지경계선 및 담까지 1m 이상, 건축물의 벽까지 2m(개구부가 없는 벽까지는 1m) 이상의 거리를 유지할 것

(나) 고정주유설비와 고정급유설비의 사이에는 4m 이상의 거리를 유지할 것

2.5 건축물 등의 제한 등

(1) 주유취급소에는 주유 또는 그에 부대하는 업무를 위하여 사용되는 다음의 건축물 또는 시설 외에는 다른 건축물 그 밖의 공작물을 설치할 수 없다(세부기준 제110조, 주유취급소의 부대용도의 범위에 관한 업무지침 참조).

(가) 주유 또는 등유 · 경유를 옮겨 담기 위한 작업장

(나) 주유취급소의 업무를 행하기 위한 사무소

(다) 자동차 등의 점검 및 간이정비를 위한 작업장

(라) 자동차 등의 세정을 위한 작업장

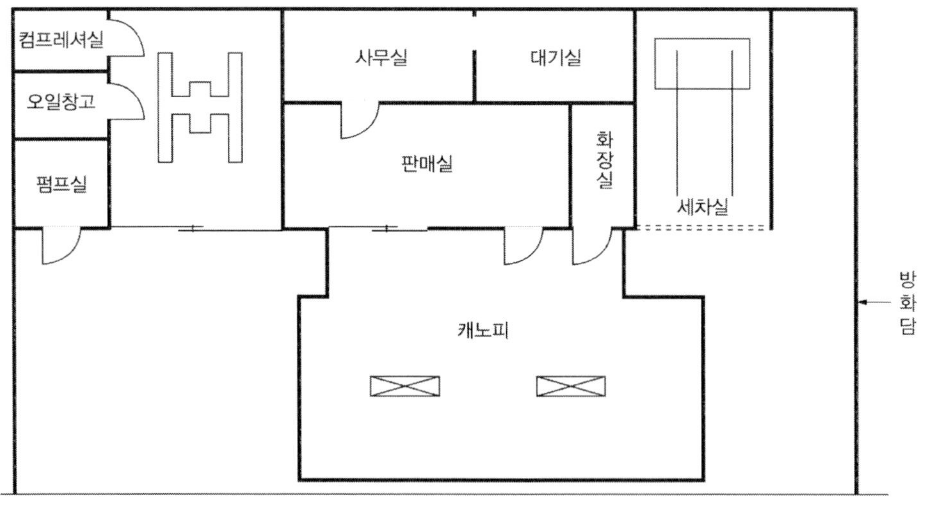

그림 4.21 ▌ 주유취급소 건축물 용도 예시

(마) 주유취급소에 출입하는 사람을 대상으로 한 점포·휴게음식점 또는 전시장
(바) 주유취급소의 관계자가 거주하는 주거시설
(사) 전기자동차용 충전설비[76)]
(아) 그 밖의 소방청장이 정하여 고시하는 건축물 또는 시설

(2) (1)의 건축물 중 주유취급소의 직원 외의 자가 출입하는 (나)·(다) 및 (마)의 용도에 제공하는 부분의 면적의 합은 1,000m²를 초과할 수 없다.

(3) 다음에 해당하는 주유취급소(옥내주유취급소)는 소방청장이 정하여 고시하는 용도로 사용하는 부분이 없는 건축물(옥내주유취급소에서 발생한 화재를 옥내주유취급소의 용도로 사용하는 부분 외의 부분에 자동적으로 유효하게 알릴 수 있는 자동화재탐지 설비 등을 설치한 건축물에 한함)에 설치할 수 있다.
(가) 건축물 안에 설치하는 주유취급소
(나) 캐노피·처마·차양·부연·발코니 및 루버[77)]의 수평투영면적이 주유취급소의 공지면적[78)]의 1/3을 초과하는 주유취급소

$$\text{즉, } \frac{\text{캐노피·처마·차양·부연·발코니 및 루버의 수평투영면적}}{\text{주유취급소의 공지면적}} > \frac{1}{3}$$

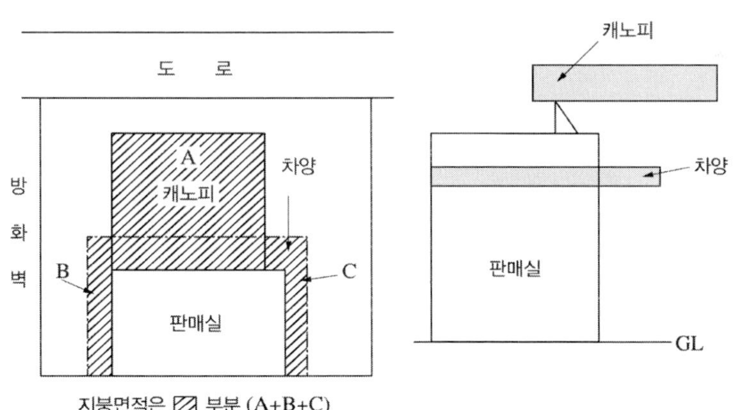

그림 4.22 ▌ 지붕면적의 산정 예시

76) 전기를 동력원으로 하는 자동차에 직접 전기를 공급하는 설비를 말한다.
77) 외부로 돌출된 구조물로서 건축물 중 벽과 바닥으로 구획된 부분을 제외한 부분을 의미한다.
78) 주유취급소의 부지면적에서 건축물 중 벽 및 바닥으로 구획된 부분의 수평투영면적을 뺀 면적을 말한다.

2.6 건축물 등의 구조

(1) 주유취급소에 설치하는 건축물 등은 다음에 의한 위치 및 구조의 기준에 적합하여야 한다.

(가) 건축물, 창 및 출입구의 구조는 다음의 기준에 적합하게 할 것

1) 건축물의 벽·기둥·바닥·보 및 지붕을 내화구조 또는 불연재료로 할 것. 다만, 건축물 면적규제(Ⅴ제2호)에 따른 면적의 합이 500m²를 초과하는 경우에는 건축물의 벽을 내화구조로 하여야 한다.

2) 창 및 출입구(자동차 등의 점검, 간이정비, 세정을 위한 작업장(Ⅴ제1호 다목 및 라목)의 용도에 사용하는 부분에 설치한 자동차 등의 출입구를 제외)에는 방화문 또는 불연재료로 된 문을 설치할 것. 이 경우 건축물 면적규제(Ⅴ제2호)에 따른 면적의 합이 500m²를 초과하는 주유취급소로서 하나의 구획실의 면적이 500m²를 초과하거나 2층 이상의 층에 설치하는 경우에는 해당 구획실 또는 해당 층의 2면 이상의 벽에 각각 출입구를 설치하여야 한다.

(나) 주유취급소 관계자가 거주하는 주거시설(Ⅴ제1호 바목)의 용도에 사용하는 부분은 개구부가 없는 내화구조의 바닥 또는 벽으로, 당해 건축물의 다른 부분과 구획하고 주유를 위한 작업장 등 위험물취급장소에 면한 쪽의 벽에는 출입구를 설치하지 않을 것

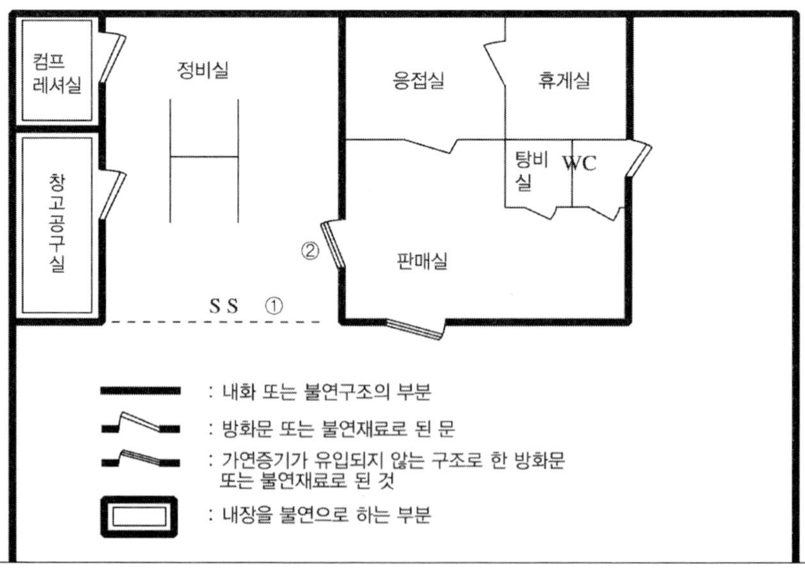

그림 4.23 ▌ 건축물 내의 구조 예시

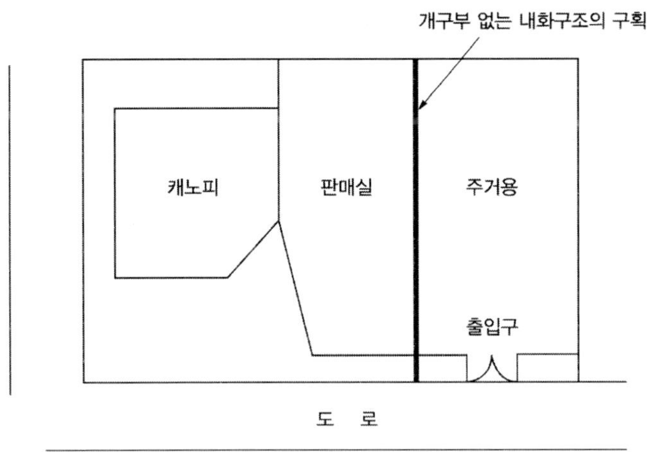

그림 4.24 ▌ 주유취급소와 주거용의 구획 예시

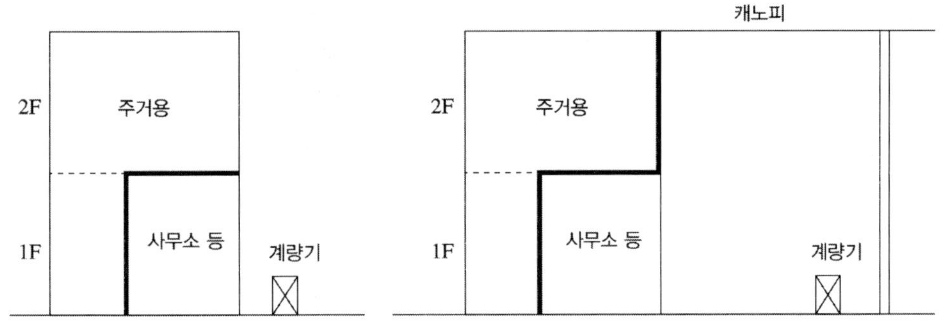

그림 4.25 ▌ 주유취급소와 주거용의 수평 및 수직구획 예시

(다) 사무실 등의 창 및 출입구에 유리를 사용하는 경우에는 망입유리 또는 강화유리로 할 것. 이 경우 강화유리의 두께는 창에는 8mm 이상, 출입구에는 12mm 이상으로 하여야 한다.

(라) 건축물 중 사무실 그 밖의 화기를 사용하는 곳(자동차 등의 점검, 간이정비, 세정을 위한 작업장(Ⅴ제1호 다목 및 라목)의 용도에 사용하는 부분을 제외)은 누설한 가연성의 증기가 그 내부에 유입되지 않도록 다음의 기준에 적합한 구조로 할 것

1) 출입구는 건축물의 안에서 밖으로 수시로 개방할 수 있는 자동폐쇄식의 것으로 할 것

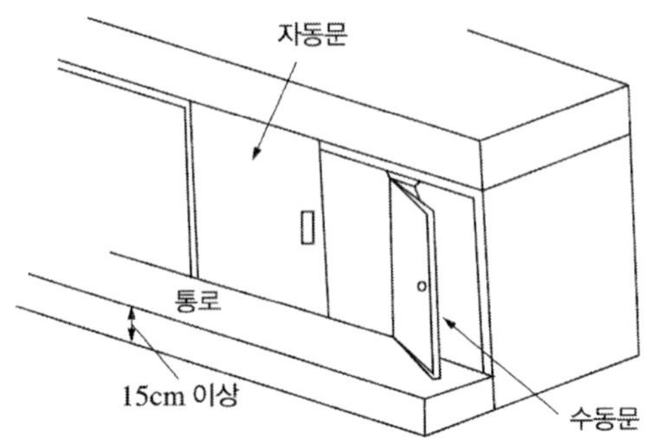

그림 4.26 ▌ 출입구의 문턱높이

2) 출입구 또는 사이통로의 문턱의 높이를 15cm 이상으로 할 것

3) 높이 1m 이하의 부분에 있는 창 등은 밀폐시킬 것

(마) 자동차 등의 점검·정비를 행하는 설비는 다음의 기준에 적합하게 할 것

1) 고정주유설비로부터 4m 이상, 도로경계선으로부터 2m 이상 떨어지게 할 것. 다만, 자동차 등의 점검 및 간이정비를 위한 작업장(Ⅴ제1호 다목) 중 바닥 및 벽으로 구획된 옥내의 작업장에 설치하는 경우에는 제외된다.

2) 위험물을 취급하는 설비는 위험물의 누설·넘침 또는 비산을 방지할 수 있는 구조로 할 것

(바) 자동차 등의 세정을 행하는 설비는 다음의 기준에 적합하게 할 것

1) 증기세차기를 설치하는 경우에는 그 주위의 불연재료로 된 높이 1m 이상의 담을 설치하고 출입구가 고정주유설비에 면하지 않도록 할 것. 이 경우 담은 고정주유설비로부터 4m 이상 떨어지게 하여야 한다.

2) 증기세차기 외의 세차기를 설치하는 경우에는 고정주유설비로부터 4m 이상, 도로경계선으로부터 2m 이상 떨어지게 할 것. 다만, 자동차 등의 세정을 위한 작업장(Ⅴ제1호 라목) 중 바닥 및 벽으로 구획된 옥내의 작업장에 설치하는 경우에는 제외된다.

(사) 주유원 간이대기실은 다음의 기준에 적합할 것

1) 불연재료로 할 것

2) 바퀴가 부착되지 않은 고정식일 것

3) 차량의 출입 및 주유작업에 장애를 주지 않는 위치에 설치할 것

4) 바닥면적이 2.5m^2 이하일 것. 다만, 주유공지 및 급유공지 외의 장소에 설치하는 것은 제외된다.

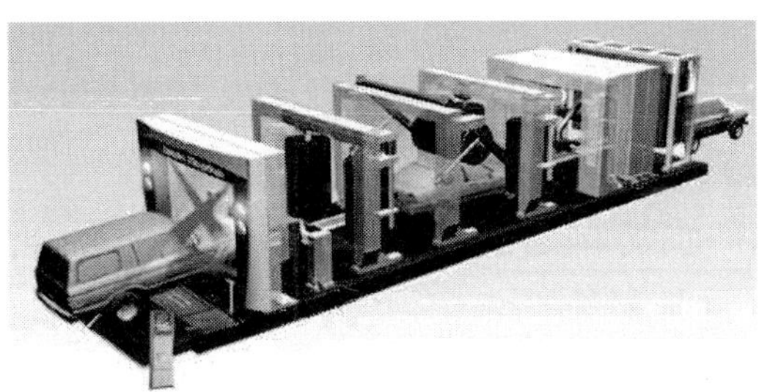

그림 4.27 ▌ 터널형 세차기

(아) 전기자동차용 충전설비는 다음의 기준에 적합할 것

1) 충전기기[79]의 주위에 전기자동차 충전을 위한 전용 공지[80](충전공지)를 확보하고, 충전공지 주위를 페인트 등으로 표시하여 그 범위를 알아보기 쉽게 할 것

2) 전기자동차용 충전설비를 부대용도 건축물 또는 시설(Ⅴ 제1호)의 건축물 밖에 설치하는 경우 충전공지는 고정주유설비 및 고정급유설비의 주유관을 최대한 펼친 끝 부분에서 1m 이상 떨어지도록 할 것

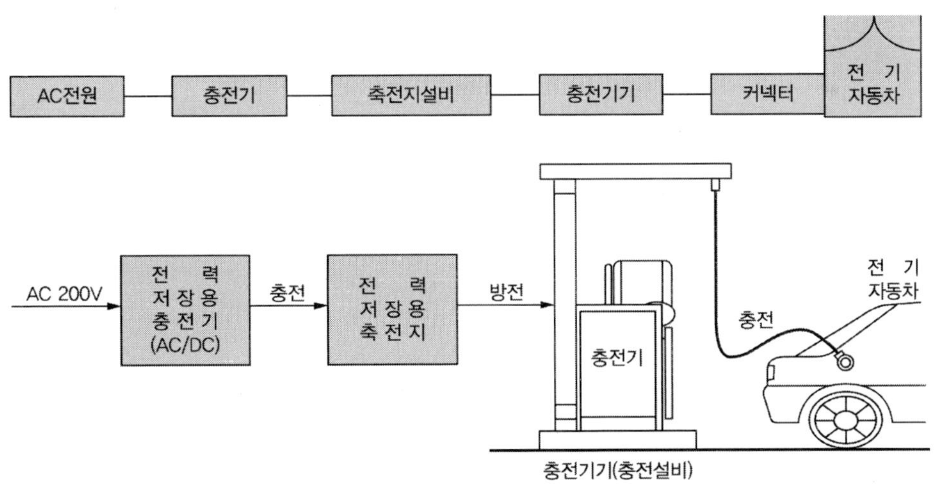

그림 4.28 ▌ 전기자동차용 충전설비 계통도

79) 충전케이블로 전기자동차에 전기를 직접 공급하는 기기를 말한다.

80) 주유공지 또는 급유공지 외의 장소를 말한다.

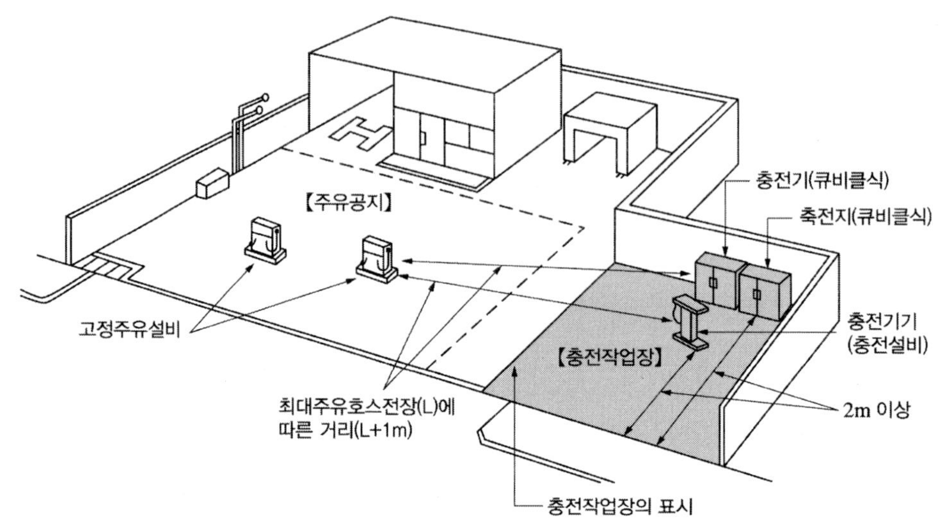

그림 4.29 ▌ 전기자동차용 충전설비를 설치한 주유취급소 예시

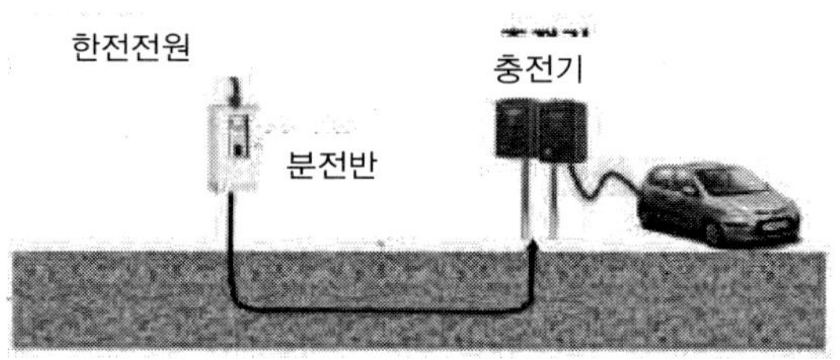

그림 4.30 ▌ 충전방식 개념도

3) 전기자동차용 충전설비를 부대용도 건축물 또는 시설(Ⅴ 제1호)의 건축물 안에 설치하는 경우에는 다음의 기준에 적합할 것
   가) 해당 건축물의 1층에 설치할 것
   나) 해당 건축물에 가연성 증기가 남아 있을 우려가 없도록 제조소의 환기설비([별표 4] Ⅴ 제1호다목) 또는 배출설비([별표 4] Ⅵ)를 설치할 것
4) 전기자동차용 충전설비의 전력공급설비[81]는 다음의 기준에 적합할 것
   가) 분전반은 방폭성능을 갖출 것. 다만, 분전반을 고정주유설비(제1석유류를 취급하는 고정주유설비만 해당)의 중심선으로부터 6m 이상, 전용탱크(제1석유류를 취급하는 전용탱크만 해당) 주입구의 중심선으로부터

81) 전기자동차에 전원을 공급하기 위한 전기설비로서 전력량계, 인입구 배선, 분전반 및 배선용 차단기 등을 말한다

4m 이상, 전용탱크 통기관 선단의 중심선으로부터 2m 이상 이격하여 설치하는 경우에는 제외된다.

나) 전력량계, 누전차단기 및 배선용 차단기는 분전반 내에 설치할 것

다) 인입구 배선은 지하에 설치할 것

라) 「전기사업법」에 따른 전기설비의 기술기준에 적합할 것

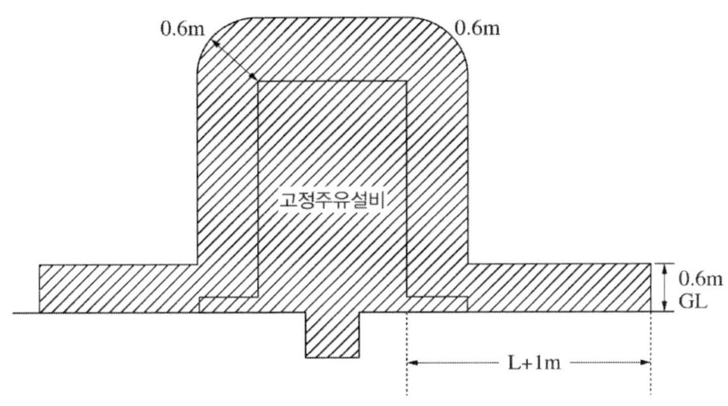

그림 4.31 ▌ 지상식 고정주유설비의 방폭지역 예시

5) 충전기기와 인터페이스[82]는 다음의 기준에 적합할 것

가) 충전기기는 방폭성능을 갖출 것. 다만, 충전설비의 전원공급을 긴급히 차단할 수 있는 장치를 사무소 내부 또는 충전기기 주변에 설치하고, 충전기기를 고정주유설비의 중심선으로부터 6m 이상, 전용탱크 주입구의 중심선으로부터 4m 이상, 전용탱크 통기관 선단의 중심선으로부터 2m 이상 이격하여 설치하는 경우에는 제외된다.

나) 인터페이스의 구성 부품은 「전기용품안전 관리법」에 따른 기준에 적합할 것

6) 충전작업에 필요한 주차장을 설치하는 경우에는 다음의 기준에 적합할 것

가) 주유공지, 급유공지 및 충전공지 외의 장소로서 주유를 위한 자동차 등의 진입·출입에 지장을 주지 않는 장소에 설치할 것

나) 주차장의 주위를 페인트 등으로 표시하여 그 범위를 알아보기 쉽게 할 것

다) 지면에 직접 주차하는 구조로 할 것

82) 충전기기에서 전기자동차에 전기를 공급하기 위하여 연결하는 커플러(coupler), 인렛(inlet), 케이블 등을 말한다.

(2) 옥내주유취급소(Ⅴ제3호)는 (1)의 기준에 의하는 외에 다음에 정하는 기준에 적합한 구조로 하여야 한다.

그림 4.32 ▌ 옥내주유취급소 예시

(가) 건축물에서 옥내주유취급소의 용도에 사용하는 부분은 벽・기둥・바닥・보 및 지붕을 내화구조로 하고, 개구부가 없는 내화구조의 바닥 또는 벽으로 당해 건축물의 다른 부분과 구획할 것. 다만, 건축물의 옥내주유취급소의 용도에 사용하는 부분의 상부에 상층이 없는 경우에는 지붕을 불연재료로 할 수 있다.

(나) 건축물에서 옥내주유취급소(건축물 안에 설치하는 것에 한함)의 용도에 사용하는 부분의 2 이상의 방면은 자동차 등이 출입하는 측 또는 통풍 및 피난상 필요한 공지에 접하도록 하고 벽을 설치하지 않을 것

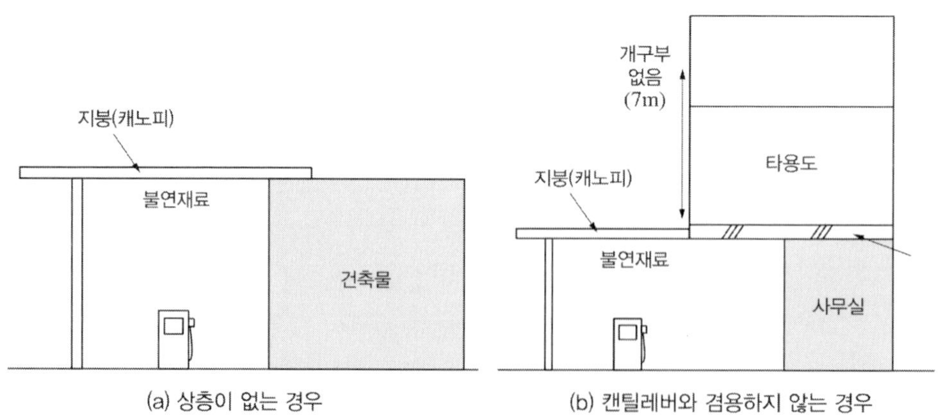

그림 4.33 ▌ 옥내주유취급소 구획 예시

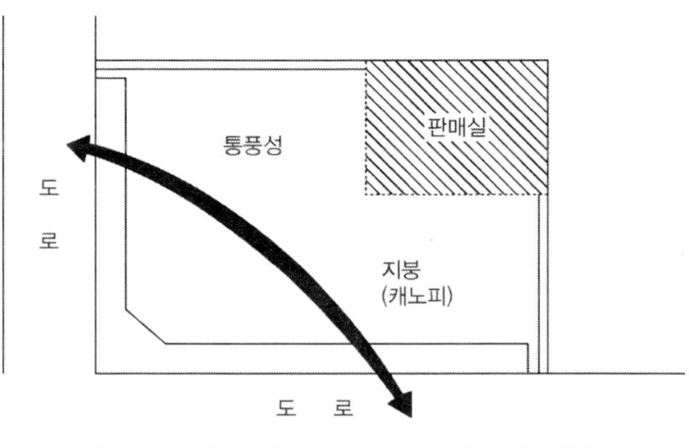

그림 4.34 ▌ 통풍성 확보 예시

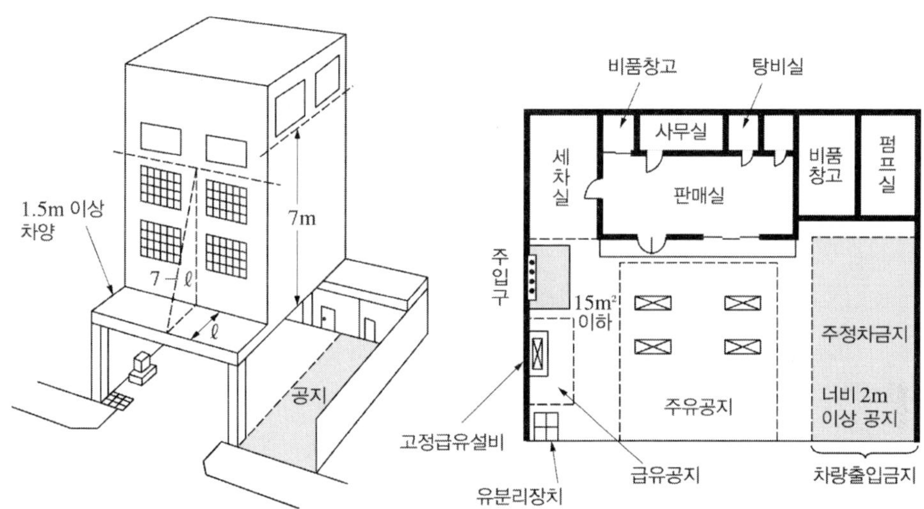

그림 4.35 ▌ 피난공지를 설치한 주유취급소 예시

(다) 건축물에서 옥내주유취급소의 용도에 사용하는 부분에는 가연성 증기가 체류할 우려가 있는 구멍 · 구덩이 등이 없도록 할 것

(라) 건축물에서 옥내주유취급소의 용도에 사용하는 부분에 상층이 있는 경우[83]에는 상층으로의 연소를 방지하기 위하여 다음의 기준에 적합하게 내화구조로 된 캔틸레버[84]를 설치할 것

83) 주유취급소의 규제범위의 밖에 있는 상층의 전부 또는 일부를 말하는 것으로 부대용도 이외의 용도인 경우이다.

84) 켄틸레버는 베란다 등 다른 용도로서의 사용은 인정되지 않는다.

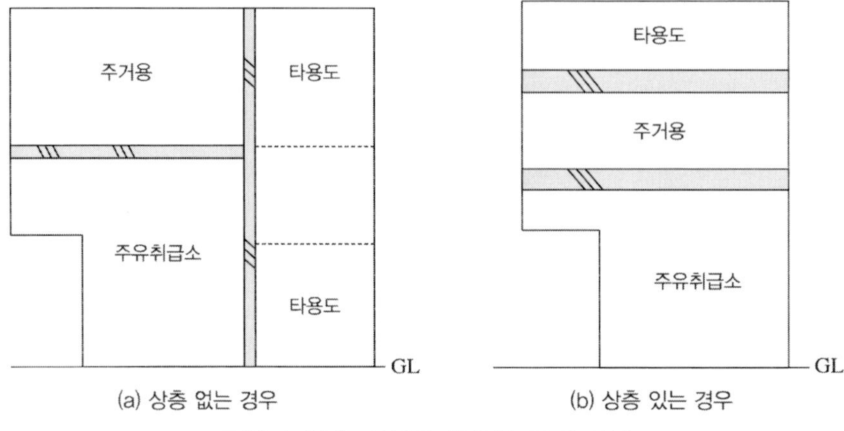

(a) 상층 없는 경우 (b) 상층 있는 경우

그림 4.36 ▌ 상부에 상층의 존재 여부

1) 옥내주유취급소의 용도에 사용하는 부분(고정주유설비와 접하는 방향 및 벽이 개방된 부분((나))에 한함)의 바로 위층의 바닥에 이어서 1.5m 이상 내어 붙일 것. 다만, 바로 위층의 바닥으로부터 높이 7m 이내에 있는 위층의 외벽에 개구부가 없는 경우에는 제외된다.
2) 캔틸레버 선단과 위층의 개구부(열지 못하게 만든 방화문과 연소방지상 필요한 조치를 한 것을 제외)까지의 사이에는 7m에서 당해 캔틸레버의 내어 붙인 거리를 뺀 길이 이상의 거리를 보유할 것

(마) 건축물 중 옥내주유취급소의 용도에 사용하는 부분 외에는 주유를 위한 작업장 등 위험물취급장소와 접하는 외벽에 창(망입유리로 된 붙박이 창을 제외) 및 출입구를 설치하지 않을 것

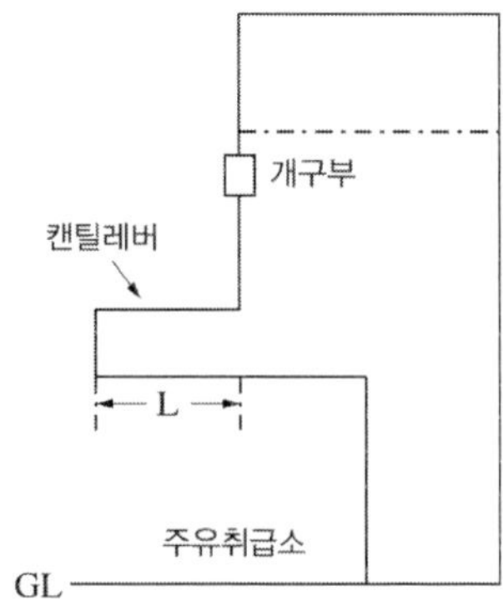

그림 4.37 ▌ 켄틸레버

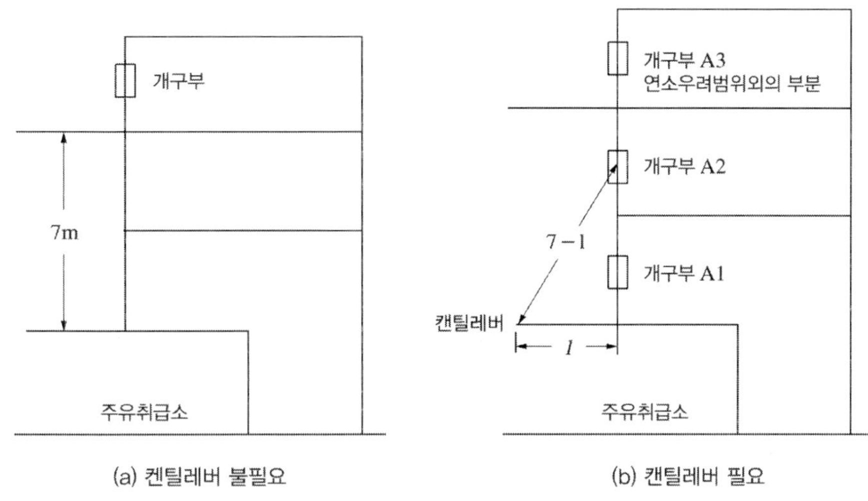

(a) 켄틸레버 불필요 (b) 캔틸레버 필요

그림 4.38 ▌ 캔틸레버 설치 예시

2.7 담 또는 벽

(1) 주유취급소의 주위에는 자동차 등이 출입하는 쪽[85] 외의 부분에 높이 2m 이상의 내화구조 또는 불연재료의 담 또는 벽을 설치하되, 주유취급소의 인근에 연소의 우려가 있는 건축물이 있는 경우에는 소방청장이 정하여 고시하는 바에 따라 방화상 유효한 높이로 하여야 한다.

그림 4.39에서 ①, ②, ③은 폭 2m 이상의 도로에 접하는 곳으로 주유를 위한 자동차 출입방향이고, ④는 출입방향으로 인정되지 않으므로 담을 필요로 한다.

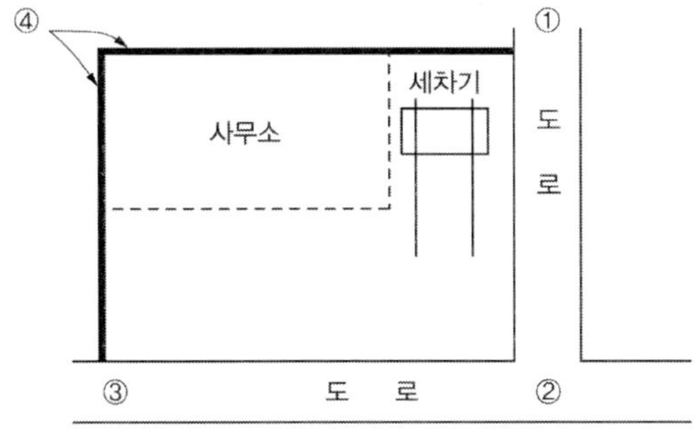

그림 4.39 ▌ 담 또는 벽

85) 주도로(일반적으로 폭이 2m 이상)에 접하고 또한 주유를 하기 위하여 자동차 등이 출입할 수 있는 측을 말한다.

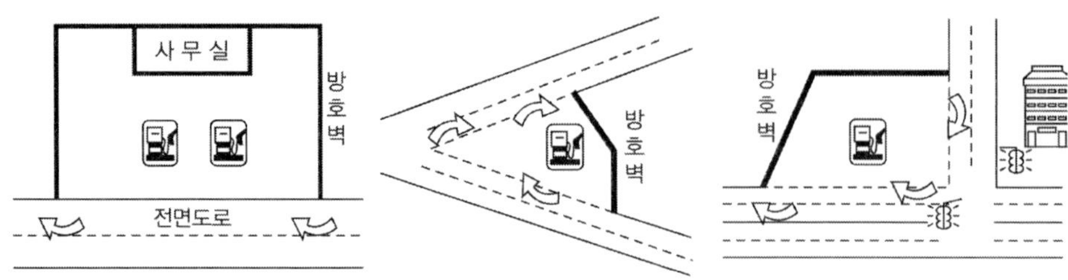

그림 4.40 ▮ 주유취급소 주위의 담 또는 벽 설치 예시

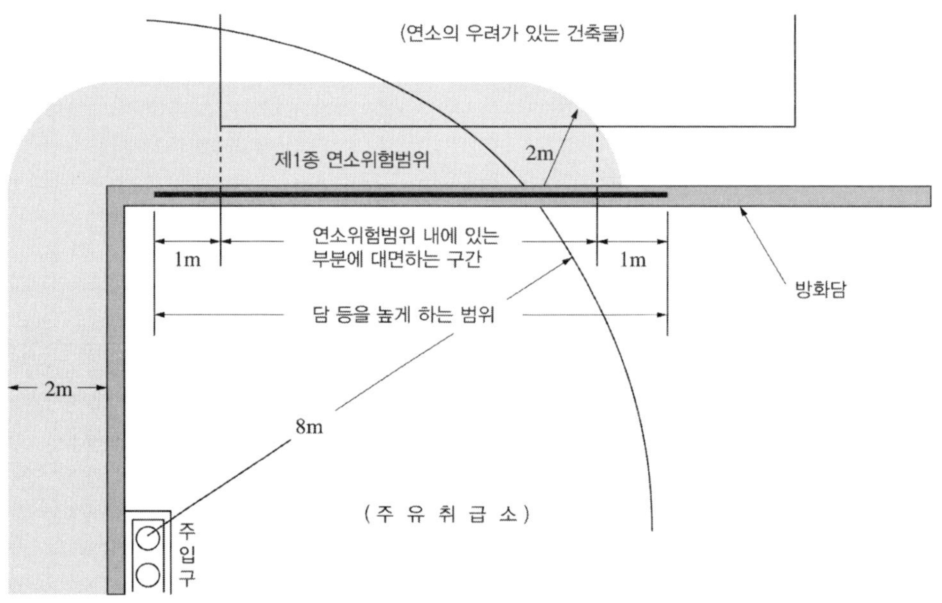

그림 4.41 ▮ 담 등을 높게 하는 범위

(2) (1)에도 불구하고 다음의 기준에 모두 적합한 경우에는 담 또는 벽의 일부분에 방화상 유효한 구조의 유리를 부착할 수 있다(세부기준 제111조 참조).

(가) 유리를 부착하는 위치는 주입구, 고정주유설비 및 고정급유설비로부터 4m 이상 이격될 것

(나) 유리를 부착하는 방법은 다음의 기준에 모두 적합할 것

1) 주유취급소 내의 지반면으로부터 70cm를 초과하는 부분에 한하여 유리를 부착할 것

2) 하나의 유리판의 가로의 길이는 2m 이내일 것

3) 유리판의 테두리를 금속제의 구조물에 견고하게 고정하고 해당 구조물을 담 또는 벽에 견고하게 부착할 것

4) 유리의 구조는 접합유리[86]로 하되, 「유리구획 부분의 내화시험방법(KS F 2845)」에 따라 시험하여 비차열 30분 이상의 방화성능이 인정될 것

(다) 유리를 부착하는 범위는 전체의 담 또는 벽의 길이의 2/10를 초과하지 않을 것

그림 4.42 ▌ 유리부착 예시

2.8 캐노피

(1) 배관이 캐노피 내부를 통과할 경우에는 1개 이상의 점검구를 설치한다.

(2) 캐노피 외부의 점검이 곤란한 장소에 배관을 설치하는 경우에는 용접이음으로 한다.

(3) 캐노피 외부의 배관이 일광열의 영향을 받을 우려가 있는 경우에는 단열재로 피복한다.

2.9 펌프실 등의 구조

주유취급소 펌프실 그 밖에 위험물을 취급하는 실(펌프실 등)을 설치하는 경우에는 다음의 기준에 적합하게 하여야 한다.

(1) 바닥은 위험물이 침투하지 않는 구조로 하고 적당한 경사를 두어 집유설비를 설치한다.

(2) 펌프실 등에는 위험물을 취급하는 데 필요한 채광·조명 및 환기의 설비를 한다.

(3) 가연성 증기가 체류할 우려가 있는 펌프실 등에는 그 증기를 옥외에 배출하는 설비를 설치한다.

(4) 고정주유설비 또는 고정급유설비 중 펌프기기를 호스기기와 분리하여 설치하는 경우에는 펌프실의 출입구를 주유공지 또는 급유공지에 접하도록 하고, 자동폐쇄식의 갑종방화문을 설치한다.

---

86) 두장의 유리를 두께 0.76mm 이상의 폴리비닐부티랄 필름으로 접합한 구조를 말한다.

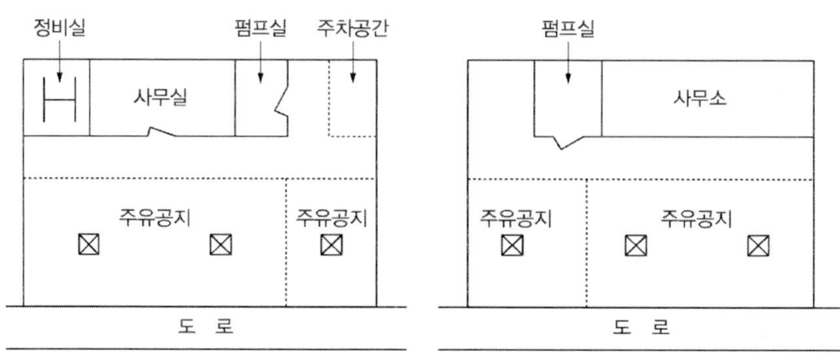

그림 4.43 ▮ 펌프실의 위치 예시

(5) 펌프실 등에는 제조소의 표지 및 게시판([별표 4] Ⅲ제1호, 제2호)의 기준에 따라 보기 쉬운 곳에 "위험물 펌프실", "위험물 취급실" 등의 표시를 한 표지와 방화에 관하여 필요한 사항을 게시한 게시판을 설치하여야 한다.

(6) 출입구에는 바닥으로부터 0.1m 이상의 턱을 설치한다.

2.10 주유취급소의 특례

2.10.1 항공기주유취급소의 특례

(1) 비행장에서 항공기, 비행장에 소속된 차량 등에 주유하는 주유취급소에 대하여는 주유공지 및 급유공지, 표지 및 게시판, 탱크 종류 및 최대수량, 고정주유설비 및 고정급유설비 구조, 주유관, 담 또는 벽, 캐노피(Ⅰ, Ⅱ, Ⅲ제1호·제2호, Ⅳ제2호·제3호(주유관의 길이에 관한 규정에 한함), Ⅶ 및 Ⅷ)의 규정을 적용하지 않는다.

(2) (1)에서 규정한 것 외의 항공기주유취급소에 대한 특례는 다음과 같다.

(가) 항공기주유취급소에는 항공기 등에 직접 주유하는데 필요한 공지를 보유할 것

(나) (1)에 의한 공지는 그 지면을 콘크리트 등으로 포장할 것

(다) (1)에 의한 공지에는 누설한 위험물 그 밖의 액체가 공지의 외부로 유출되지 않도록 배수구 및 유분리장치를 설치할 것. 다만, 누설한 위험물 등의 유출을 방지하기 위한 조치를 한 경우에는 제외된다.

(라) 지하식[87]의 고정주유설비를 사용하여 주유하는 항공기주유취급소의 경우에는 다음의 기준에 의할 것

87) 호스기기가 지하의 상자에 설치된 형식을 말한다.

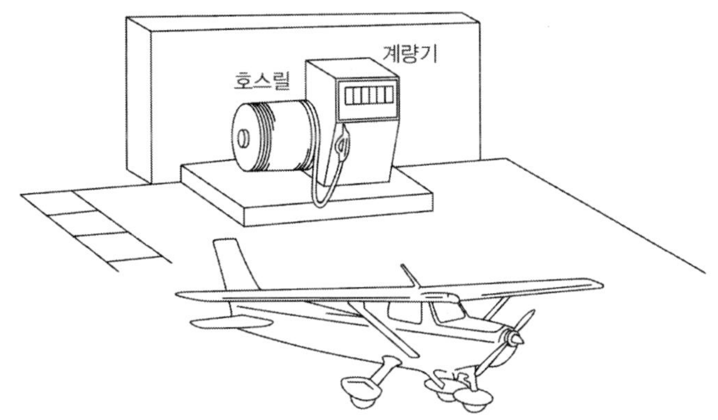

그림 4.44 ▌ 지상식 고정주유설비

1) 호스기기를 설치한 상자에는 적당한 방수조치를 할 것
2) 고정주유설비의 펌프기기와 호스기기를 분리하여 설치한 항공기주유취급소의 경우에는 당해 고정주유설비의 펌프기기를 정지하는 등의 방법에 의하여 위험물저장탱크로부터 위험물의 이송을 긴급히 정지할 수 있는 장치를 설치할 것

(마) 연료를 이송하기 위한 배관(주유배관) 및 당해 주유배관의 선단부에 접속하는 호스기기를 사용하여 주유하는 항공기주유취급소의 경우에는 다음의 기준에 의할 것

1) 주유배관의 선단부에는 밸브를 설치할 것
2) 주유배관의 선단부를 지면 아래의 상자에 설치한 경우에는 당해 상자에 대하여 적당한 방수조치를 할 것
3) 주유배관의 선단부에 접속하는 호스기기는 누설우려가 없도록 하는 등 화재예방상 안전한 구조로 할 것
4) 주유배관의 선단부에 접속하는 호스기기에는 주유호스의 선단에 축적되는 정전기를 유효하게 제거하는 장치를 설치할 것
5) 항공기주유취급소에는 펌프기기를 정지하는 등의 방법[88]에 의하여 위험물저장탱크로부터 위험물의 이송을 긴급히 정지할 수 있는 장치를 설치할 것

(바) 주유배관의 선단부에 접속하는 호스기기를 적재한 차량(주유호스차)을 사용하여 주유하는 항공기주유취급소의 경우에는 (마) 1)·2) 및 5)의 규정에 의하는 외에 다음의 기준에 의할 것

88) 저장탱크로부터 펌프설비에 의해 전용주유배관에 주유하는 것을 하이드란트(Hydrant)라고 한다.

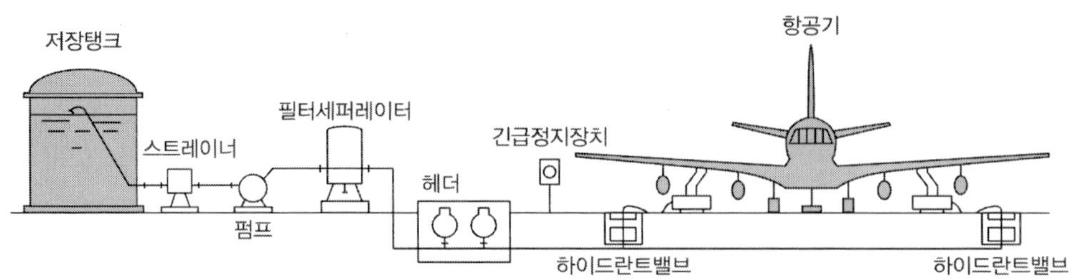

그림 4.45 ▌ 하이드란트 방식의 주유

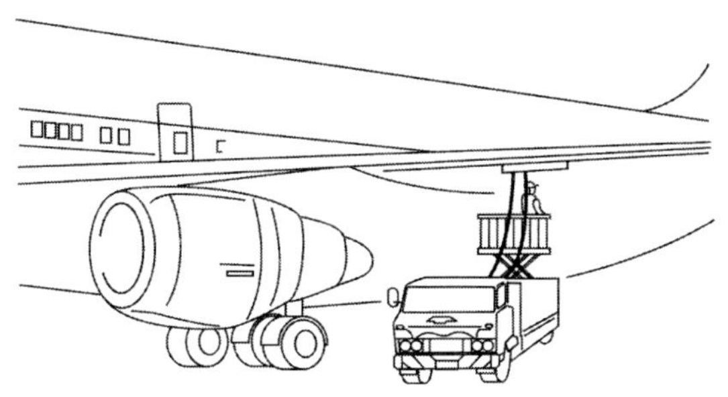

그림 4.46 ▌ 주유호스차 방식의 주유

1) 주유호스차는 화재예방상 안전한 장소에 상치할 것
2) 주유호스차에는 이동탱크저장소의 주유탱크차 특례([별표 10] Ⅸ 제1호 가목 및 나목)의 규정에 의한 화염분출방지장치 및 발진방지장치를 설치할 것
3) 주유호스차의 호스기기는 이동탱크저장소의 주유탱크차 특례([별표 10] Ⅸ 제1호 다목, 마목 및 사목)의 규정에 의한 주유탱크차의 주유설비 구조, 개폐장치, 수압시험의 기준을 준용할 것
4) 주유호스차의 호스기기에는 접지도선을 설치하고 주유호스의 선단에 축적되는 정전기를 유효하게 제거할 수 있는 장치를 설치할 것
5) 항공기주유취급소에는 정전기를 유효하게 제거할 수 있는 접지전극을 설치할 것

(사) 주유탱크차를 사용하여 주유하는 항공기주유취급소에는 정전기를 유효하게 제거할 수 있는 접지전극을 설치할 것

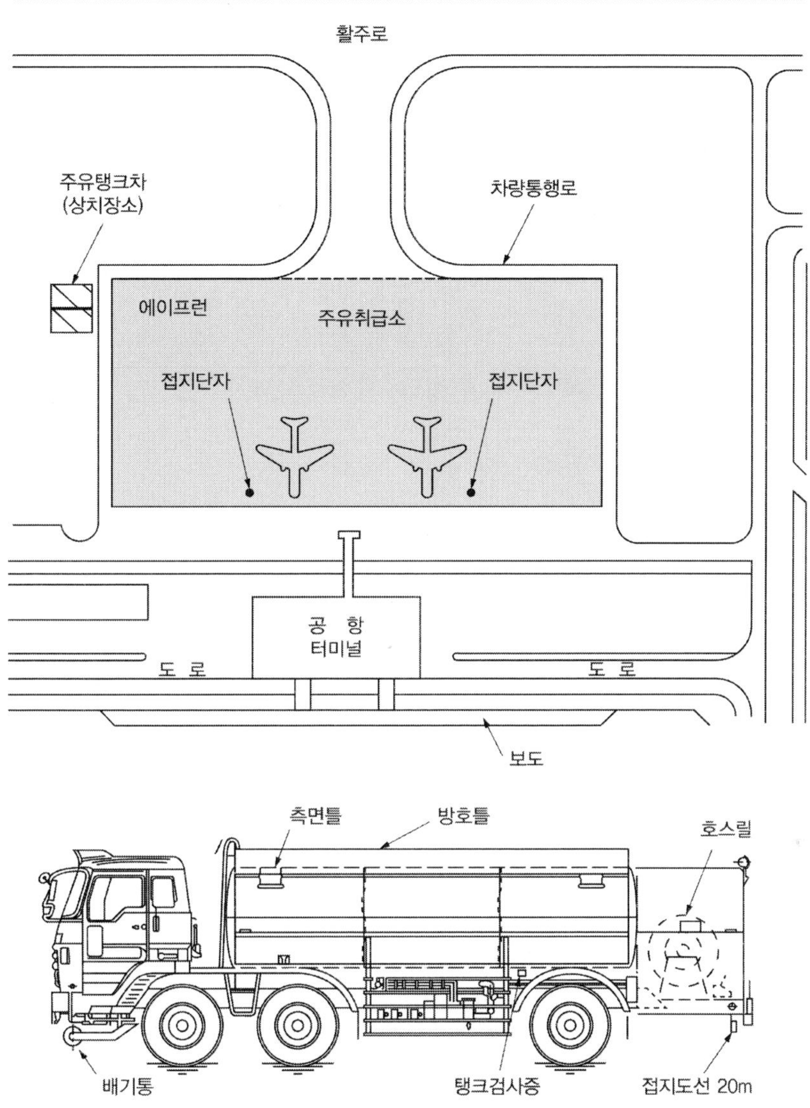

그림 4.47 ▌ 주유탱크차 방식의 주유

2.10.2 철도주유취급소의 특례

(1) 철도 또는 궤도에 의하여 운행하는 차량에 주유하는 주유취급소에 대하여는 주유공지 및 급유공지 내지 캐노피(Ⅰ 내지 Ⅷ)의 규정을 적용하지 않는다.

(2) (1)에서 규정한 것 외의 철도주유취급소에 대한 특례는 다음과 같다.

(가) 철도 또는 궤도에 의하여 운행하는 차량에 직접 주유하는데 필요한 공지를 보유할 것

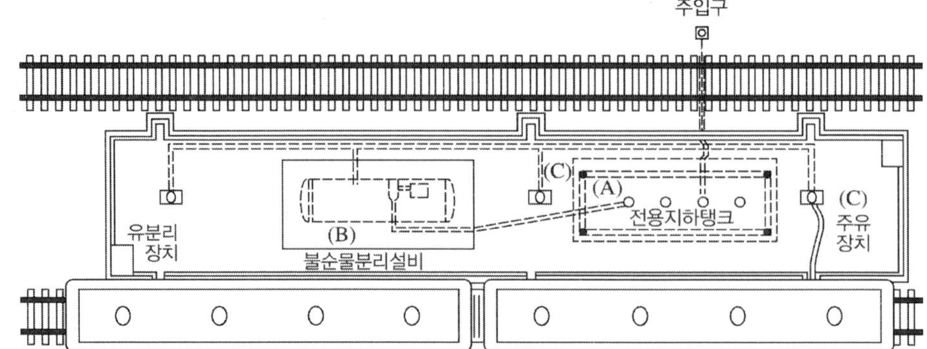

그림 4.48 ▌ 철도주유취급소 예시

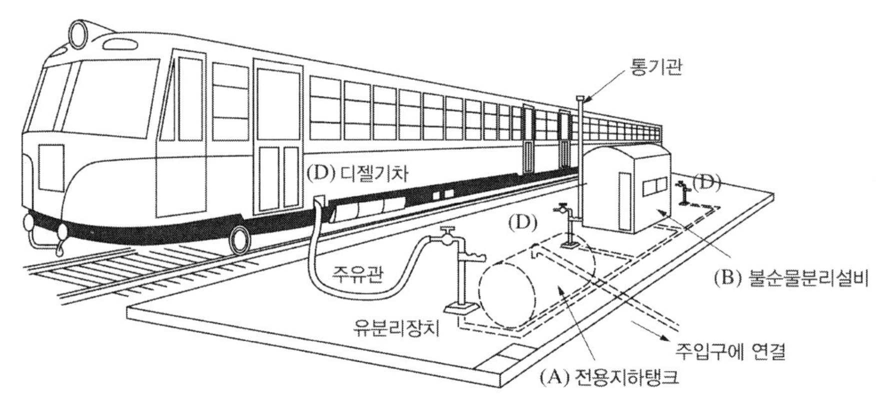

그림 4.49 ▌ 철도주유취급소의 주유

(나) (가)에 의한 공지 중 위험물이 누설할 우려가 있는 부분과 고정주유설비 또는 주유배관의 선단부 주위에 있어서는 그 지면을 콘크리트 등으로 포장할 것

(다) (나)에 의하여 포장한 부분에는 누설한 위험물 그 밖의 액체가 외부로 유출되지 않도록 배수구 및 유분리장치를 설치할 것

(라) 지하식의 고정주유설비를 이용하여 주유하는 경우에는 항공기주유취급소 특례의 지하식 고정주유설비(Ⅹ 제2호 라목)의 규정을 준용할 것

(마) 주유배관의 선단부에 접속한 호스기기를 이용하여 주유하는 경우에는 항공기주유취급소 특례의 주유배관(Ⅹ 제2호 마목)의 규정을 준용할 것

2.10.3 고속국도주유취급소의 특례

고속국도의 도로변에 설치된 주유취급소에 있어서는 고정주유설비 및 고정급유설비에

직접 접속하는 전용탱크(Ⅲ 제1호가목 및 나목)의 규정에 의한 탱크의 용량을 60,000L까지 할 수 있다.

2.10.4 자가용주유취급소의 특례

주유취급소의 관계인이 소유·관리 또는 점유한 자동차 등에 대하여만 주유하기 위하여 설치하는 자가용주유취급소에 대하여는 주유공지 및 급유공지(Ⅰ 제1호)의 규정을 적용하지 않는다.

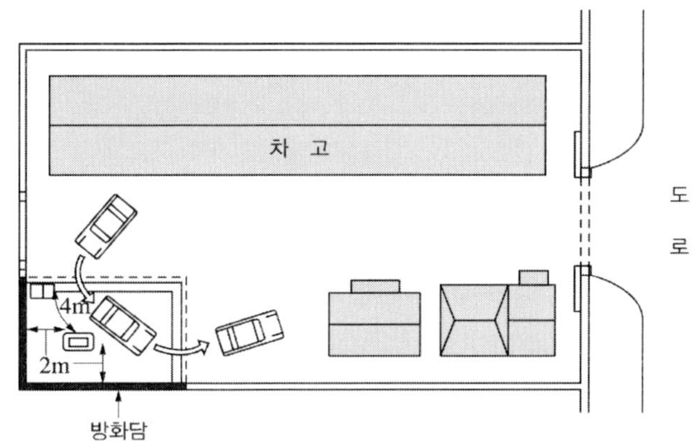

그림 4.50 ▌ 자가용주유취급소 예시

2.10.5 선박주유취급소의 특례

(1) 선박에 주유하는 주유취급소에 대하여는 주유공지 및 급유공지, 탱크 종류 및 최대수량, 주유관 및 담 또는 벽(Ⅰ 제1호, Ⅲ제1호 및 제2호, Ⅳ제3호(주유관의 길이에 관한 규정에 한함) 및 Ⅶ)의 규정을 적용하지 않는다.

(2) (1)에서 규정한 것 외의 선박주유취급소(고정주유설비를 수상의 구조물에 설치하는 선박주유취급소는 제외)에 대한 특례는 다음과 같다.

(가) 선박주유취급소에는 선박에 직접 주유하기 위한 공지와 계류시설을 보유할 것

(나) (가)에 의한 공지, 고정주유설비 및 주유배관의 선단부의 주위에는 그 지반면을 콘크리트 등으로 포장할 것

(다) (나)에 의하여 포장된 부분에는 누설한 위험물 그 밖의 액체가 공지의 외부로 유출되지 아니하도록 배수구 및 유분리장치를 설치할 것. 다만, 누설한 위험물 등의 유출을 방지하기 위한 조치를 한 경우에는 제외된다.

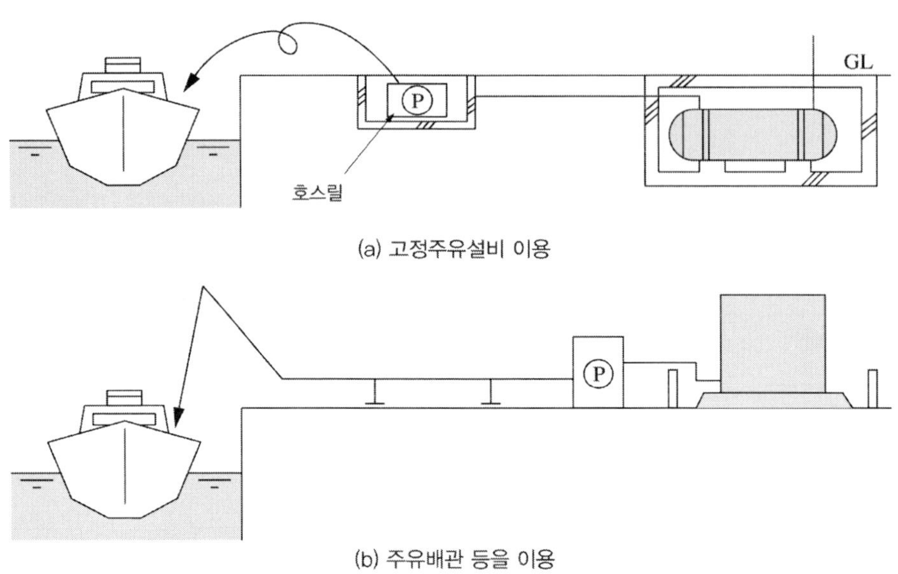

(a) 고정주유설비 이용

(b) 주유배관 등을 이용

그림 4.51 ▌ 선박주유취급소 형태

(라) 지하식의 고정주유설비를 이용하여 주유하는 경우에는 항공기주유취급소 특례의 지하식 고정주유설비(Ⅹ제2호 라목)의 규정을 준용할 것

(마) 주유배관의 선단부에 접속한 호스기기를 이용하여 주유하는 경우에는 항공기주유취급소 특례의 주유배관(Ⅹ제2호 마목)의 규정을 준용할 것

(바) 선박주유취급소에서는 위험물이 유출될 경우 회수 등의 응급조치를 강구할 수 있는 설비를 설치할 것

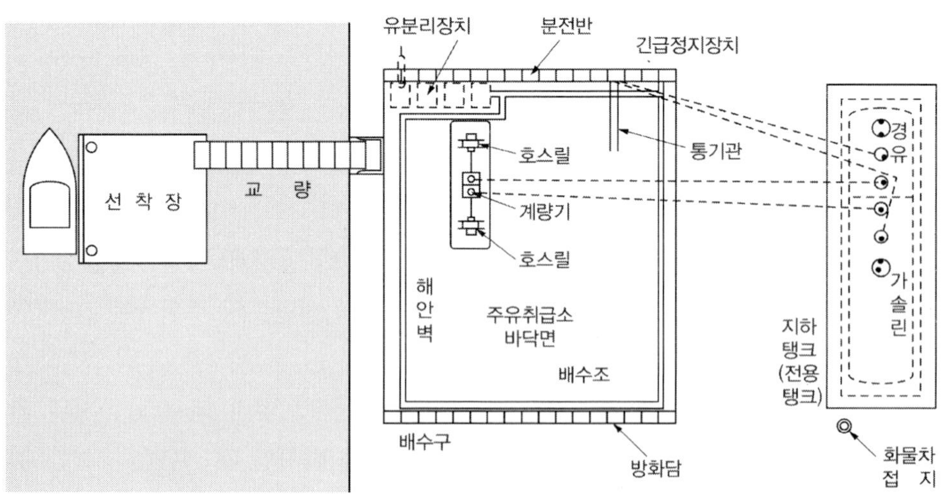

그림 4.52 ▌ 소형선박용 주유취급소 예시

(3) (1)에서 규정한 것 외의 고정주유설비를 수상의 구조물에 설치하는 선박주유취급소에 대한 특례는 다음과 같다.

(가) 공지 바닥 구조 및 고정주유설비 또는 고정급유설비 설치기준(I 제2호 및 Ⅳ 제4호)를 적용하지 않을 것

(나) 선박주유취급소에는 선박에 직접 주유하는 주유작업과 선박의 계류를 위한 수상구조물을 다음의 기준에 따라 설치할 것

1) 수상구조물은 철재·목재 등의 견고한 재질이어야 하며, 그 기둥을 해저 또는 하저에 견고하게 고정시킬 것

2) 선박의 충돌로부터 수상구조물의 손상을 방지할 수 있는 철재로 된 보호구조물을 해저 또는 하저에 견고하게 고정시킬 것

(다) 수상구조물에 설치하는 고정주유설비의 주유작업 장소의 바닥은 불침윤성·불연성의 재료로 포장을 하고, 그 주위에 새어나온 위험물이 외부로 유출되지 않도록 집유설비를 다음의 기준에 따라 설치할 것

1) 새어나온 위험물을 직접 또는 배수구를 통하여 집유설비로 수용할 수 있는 구조로 할 것

2) 집유설비는 수시로 용이하게 개방하여 고여있는 빗물과 위험물을 제거할 수 있는 구조로 할 것

(라) 수상구조물에 설치하는 고정주유설비는 다음의 기준에 따라 설치할 것

1) 주유호스의 선단부에 수동개폐장치를 부착한 주유노즐을 설치하고, 개방한 상태로 고정시키는 장치를 부착하지 않을 것

2) 주유노즐은 선박의 연료탱크가 가득 찬 경우 자동적으로 정지시키는 구조일 것

3) 주유호스는 200kg 중[89] 이하의 하중에 의하여 파단 또는 이탈되어야 하고, 파단 또는 이탈된 부분으로부터의 위험물 누출을 방지할 수 있는 구조일 것

(마) 수상구조물에 설치하는 고정주유설비에 위험물을 공급하는 배관계에 위험물 차단밸브를 다음의 기준에 따라 설치할 것. 다만, 위험물을 공급하는 탱크의 최고액표면의 높이가 해당 배관계의 높이보다 낮은 경우에는 제외된다.

1) 고정주유설비의 인근에서 주유작업자가 직접 위험물의 공급을 차단할 수 있는 수동식의 차단밸브를 설치할 것

2) 배관 경로 중 육지 내의 지점에서 위험물의 공급을 차단할 수 있는 수동식의

---

89) 힘(무게)의 단위(1kgf=1kg×9.8m/s=9.8N)이다.

차단밸브를 설치할 것

(바) 긴급한 경우에 고정주유설비의 펌프를 정지시킬 수 있는 긴급제어장치를 설치할 것

(사) 지하식의 고정주유설비를 이용하여 주유하는 경우에는 항공기주유취급소 특례의 지하식 고정주유설비(Ⅹ 제2호 라목)을 준용할 것

(아) 주유배관의 선단부에 접속하는 호스기기를 이용하여 주유하는 경우에는 항공기주유취급소 특례의 주유배관(Ⅹ 제2호 마목)을 준용할 것

(자) 선박주유취급소에는 위험물이 유출될 경우 회수 등의 응급조치를 강구할 수 있는 설비를 다음의 기준에 따라 준비하여 둘 것

1) 오일펜스 : 수면 위로 20cm 이상 30cm 미만으로 노출되고, 수면 아래로 30cm 이상 40cm 미만으로 잠기는 것으로서, 60m 이상의 길이일 것

2) 유처리제, 유흡착제 또는 유겔화제 : 다음의 계산식을 충족하는 양 이상일 것

$$20X + 50Y + 15Z = 10,000$$

여기서, X는 유처리제의 양(L), Y는 유흡착제의 양(kg) Z는 유겔화제의 양[액상(L), 분말(kg)]이다.

2.10.6 고객이 직접 주유하는 주유취급소의 특례

고객이 직접 자동차 등의 연료탱크 또는 용기에 위험물을 주입하는 고정주유설비 또는 고정급유설비(셀프용 고정주유설비 또는 셀프용 고정급유설비)를 설치하는 주유취급소의 특례는 다음과 같다.

(1) 셀프용 고정주유설비의 기준은 다음과 같다.

(가) 주유호스의 선단부에 수동개폐장치를 부착한 주유노즐을 설치할 것. 다만, 수동개폐장치를 개방한 상태로 고정시키는 장치가 부착된 경우에는 다음의 기준에 적합하여야 한다.

1) 주유작업을 개시함에 있어서 주유노즐의 수동개폐장치가 개방상태에 있는 때에는 당해 수동개폐장치를 일단 폐쇄시켜야만 다시 주유를 개시할 수 있는 구조로 할 것

2) 주유노즐이 자동차 등의 주유구로부터 이탈된 경우 주유를 자동적으로 정지시키는 구조일 것

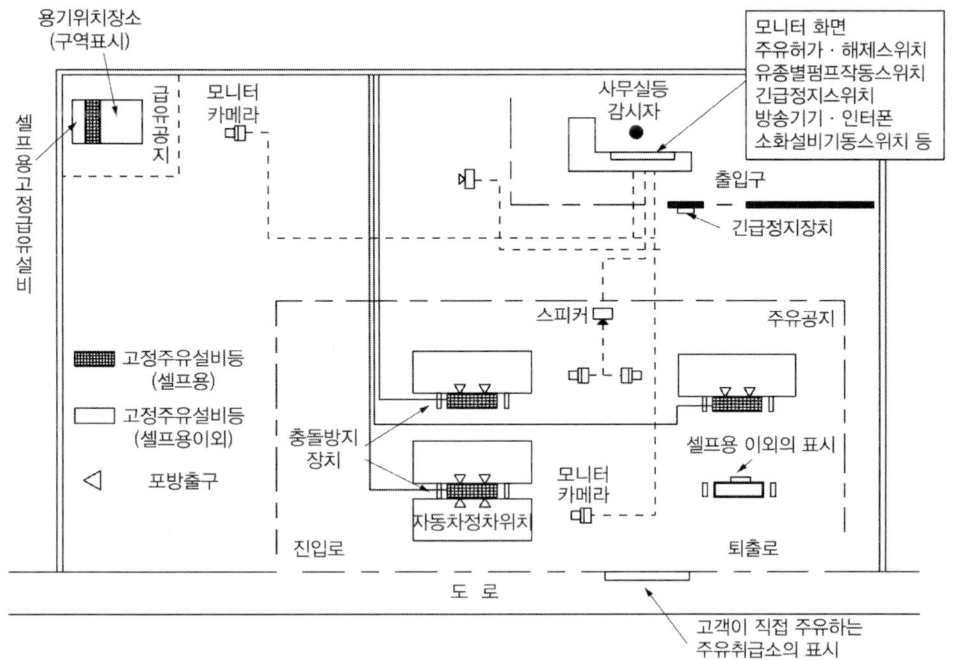

그림 4.53 ▌ 셀프용 주유취급소 설치 예시

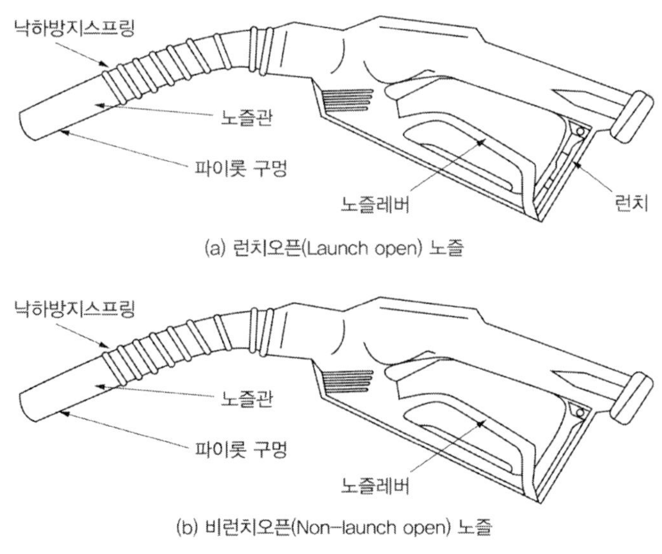

그림 4.54 ▌ 노즐 형식

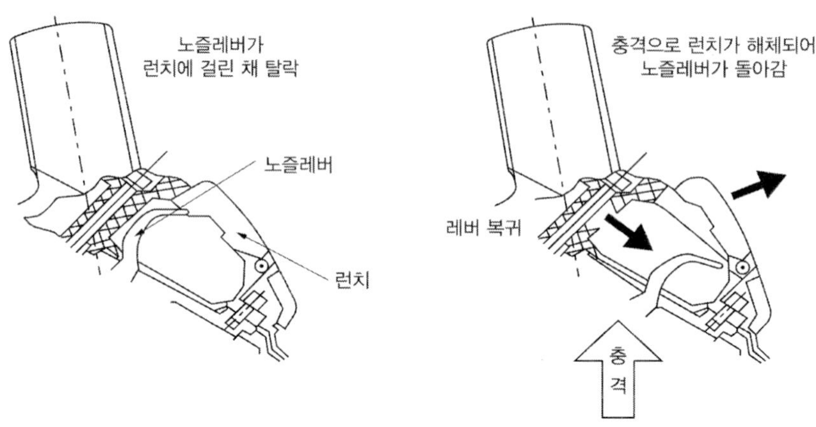

그림 4.55 ▌ 정지제어장치 예시

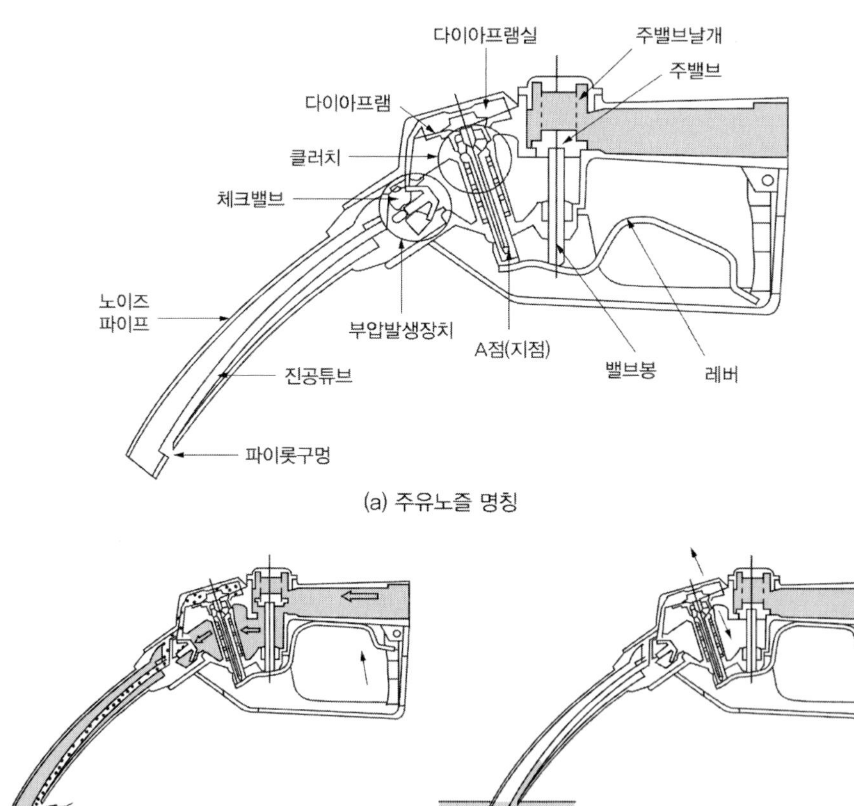

(a) 주유노즐 명칭

(b) 주유 중

(c) 정지 후

그림 4.56 ▌ 만량제어장치 예시

(나) 주유노즐은 자동차 등의 연료탱크가 가득 찬 경우 자동적으로 정지시키는 구조일 것

액면이 상승하여 파이롯구멍을 막으면 공기 공급이 막혀 부압이 급격히 증가한다. 이 때 다이어프램은 부압에 의해 위로 이동하여 클러치록이 해제된 레버는 지지점을 잃는다. 주밸브 날개의 힘에 의해 주밸브가 닫히고 액체의 흐름이 멈춘다. 레버를 원래의 위치를 돌리면 주유전 상태로 된다.

(다) 주유호스는 200kg중 이하의 하중에 의하여 파단 또는 이탈되어야 하고, 파단 또는 이탈된 부분으로부터의 위험물 누출을 방지할 수 있는 구조일 것

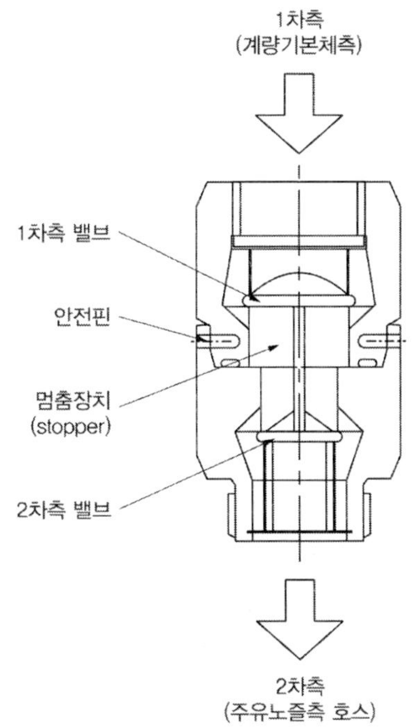

그림 4.57 ▌ 긴급이탈커플링 구조 예시

(라) 휘발유와 경유 상호 간의 오인에 의한 주유를 방지할 수 있는 구조일 것

(마) 1회의 연속주유량 및 주유시간의 상한을 미리 설정할 수 있는 구조일 것. 이 경우 주유량의 상한은 휘발유는 100L 이하, 경유는 200L 이하로 하며, 주유시간의 상한은 4분 이하로 한다.

(2) 셀프용 고정급유설비의 기준은 다음과 같다.

(가) 급유호스의 선단부에 수동개폐장치를 부착한 급유노즐을 설치할 것

(나) 급유노즐은 용기가 가득찬 경우에 자동적으로 정지시키는 구조일 것

(다) 1회의 연속급유량 및 급유시간의 상한을 미리 설정할 수 있는 구조일 것 이 경우 급유량의 상한은 100L 이하, 급유시간의 상한은 6분 이하로 한다.

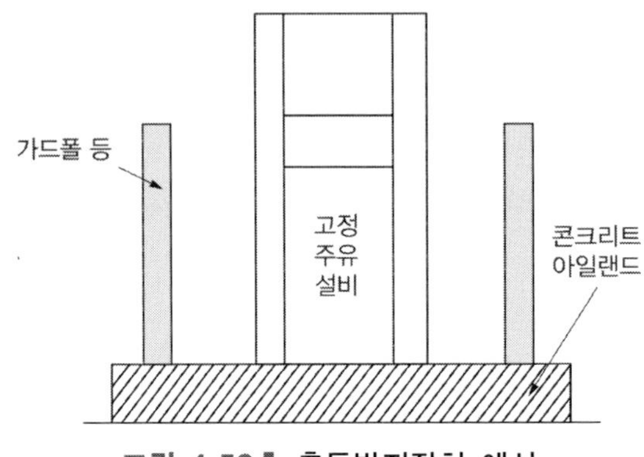

그림 4.58 ▌ 충돌방지장치 예시

(3) 셀프용 고정주유설비 또는 셀프용 고정급유설비의 주위에는 다음에 의하여 표시를 하여야 한다.

(가) 셀프용 고정주유설비 또는 셀프용 고정급유설비의 주위의 보기 쉬운 곳에 고객이 직접 주유할 수 있다는 의미의 표시를 하고 자동차의 정차위치 또는 용기를 놓는 위치를 표시할 것

그림 4.59 ▌ 셀프용 고정주유설비의 표시 예시

(나) 주유호스 등의 직근에 호스기기 등의 사용방법 및 위험물의 품목을 표시할 것

사용방법	
1. 주유구 캡을 풀고 캡을 따로 놓아둔다. 2. 선택한 유종의 노즐을 잡는다. 3. 노즐을 주유구에 꽂고 레버를 당긴다.	4. 주유 중 레버는 움켜쥔 상태로 유지한다. 5. 주유를 마치면 노즐을 제자리에 놓는다. 6. 주유구 캡을 잠근다.

그림 4.60 ▮ 사용방법 및 위험물 표시 예시

(다) 셀프용 고정주유설비 또는 셀프용 고정급유설비와 셀프용이 아닌 고정주유설비 또는 고정급유설비를 함께 설치하는 경우에는 셀프용이 아닌 것의 주위에 고객이 직접 사용할 수 없다는 의미의 표시를 할 것

그림 4.61 ▮ 셀프용 외의 고정주유설비등 표시 예시

(4) 고객에 의한 주유작업을 감시・제어하고 고객에 대한 필요한 지시를 하기 위한 감시대와 필요한 설비를 다음의 기준에 의하여 설치하여야 한다.

(가) 감시대는 모든 셀프용 고정주유설비 또는 셀프용 고정급유설비에서의 고객의 취급작업을 직접 볼 수 있는 위치에 설치할 것

(나) 주유 중인 자동차 등에 의하여 고객의 취급작업을 직접 볼 수 없는 부분이 있는 경우에는 당해 부분의 감시를 위한 카메라를 설치할 것

(다) 감시대에는 모든 셀프용 고정주유설비 또는 셀프용 고정급유설비로의 위험물 공급을 정지시킬 수 있는 제어장치를 설치할 것

(라) 감시대에는 고객에게 필요한 지시를 할 수 있는 방송설비를 설치할 것

2.10.7 수소충전설비를 설치한 주유취급소의 특례

전기를 원동력으로 하는 자동차 등에 수소를 충전하기 위한 설비(압축수소를 충전하는 설비에 한정)를 설치하는 주유취급소[옥내주유취급소 외의 주유취급소에 한정(압축수소 충전설비 설치 주유취급소)]의 특례는 다음과 같다.

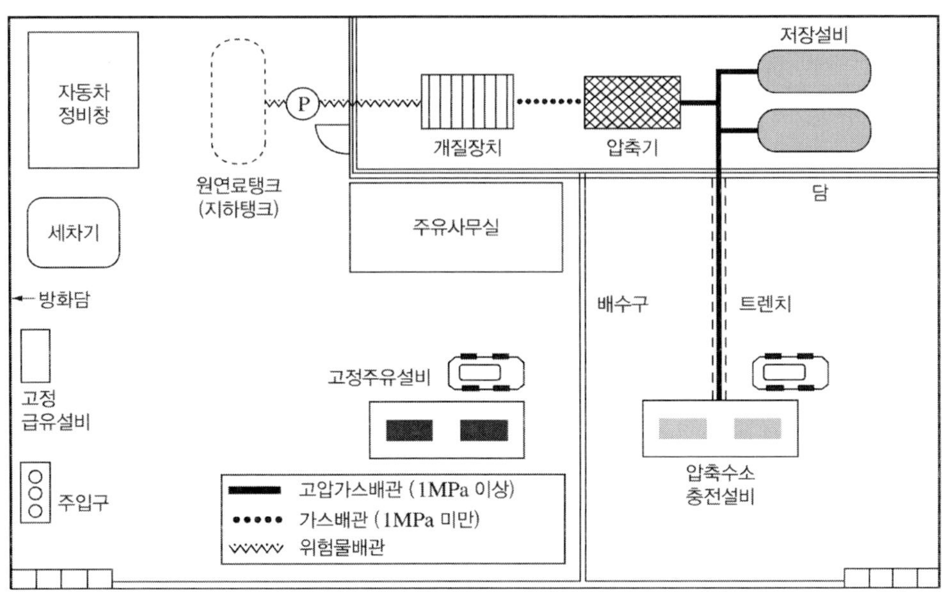

그림 4.62 ▌ 수소충전설비를 설치한 주유취급소 예시

(1) 압축수소충전설비 설치 주유취급소에는 탱크설지 및 최대용량(Ⅲ 제1호)의 규정에 불구하고 인화성 액체를 원료로 하여 수소를 제조하기 위한 개질장치改質裝置에 접속하는 원료탱크(50,000L 이하의 것에 한정)를 설치할 수 있다. 이 경우 원료탱크는 지하에 매설하되, 그 위치, 구조 및 설비는 지하에 매설하는 전용탱크 또는 폐유탱크 등 기준(Ⅲ 제3호가목)을 준용한다.

(2) 압축수소충전설비 설치 주유취급소에 설치하는 설비의 기술기준은 다음과 같다.

(가) 개질장치의 위치, 구조 및 설비는 제조소의 옥외설비 바닥, 누출・비산방지구조, 온도측정장치, 가열건조설비, 압력계 및 안전장치, 정전기 제거설비 및 전동기등과 배관([별표 4] Ⅶ, Ⅷ 제1호부터 제4호까지, 제6호 및 제8호와 Ⅹ)에서 정하는 사항 외에 다음의 기준에 적합하여야 한다.

1) 개질장치는 자동차 등이 충돌할 우려가 없는 옥외에 설치할 것
2) 개질원료 및 수소가 누출된 경우에 개질장치의 운전을 자동으로 정지시키는 장치를 설치할 것
3) 펌프설비에는 개질원료의 토출압력이 최대상용압력을 초과하여 상승하는 것을 방지하기 위한 장치를 설치할 것
4) 개질장치의 위험물 취급량은 지정수량의 10배 미만일 것

(나) 압축기는 다음의 기준에 적합하여야 한다.

1) 가스의 토출압력이 최대상용압력을 초과하여 상승하는 경우에 압축기의 운전을 자동으로 정지시키는 장치를 설치할 것
2) 토출측과 가장 가까운 배관에 역류방지밸브를 설치할 것
3) 자동차 등의 충돌을 방지하는 조치를 마련할 것

(다) 충전설비는 다음의 기준에 적합하여야 한다.

1) 위치는 주유공지 또는 급유공지 외의 장소로 하되, 주유공지 또는 급유공지에서 압축수소를 충전하는 것이 불가능한 장소로 할 것
2) 충전호스는 자동차 등의 가스충전구와 정상적으로 접속하지 않는 경우에는 가스가 공급되지 않는 구조로 하고, 200kg중 이하의 하중에 의하여 파단 또는 이탈되어야 하며, 파단 또는 이탈된 부분으로부터 가스 누출을 방지할 수 있는 구조일 것
3) 자동차 등의 충돌을 방지하는 조치를 마련할 것
4) 자동차 등의 충돌을 감지하여 운전을 자동으로 정지시키는 구조일 것

(라) 가스배관은 다음의 기준에 적합하여야 한다.

1) 위치는 주유공지 또는 급유공지 외의 장소로 하되, 자동차 등이 충돌할 우려가 없는 장소로 하거나 자동차 등의 충돌을 방지하는 조치를 마련할 것
2) 가스배관으로부터 화재가 발생한 경우에 주유공지・급유공지 및 전용탱크・폐유탱크 등・간이탱크의 주입구로의 연소확대를 방지하는 조치를 마련할 것
3) 누출된 가스가 체류할 우려가 있는 장소에 설치하는 경우에는 접속부를 용접할 것. 다만, 당해 접속부의 주위에 가스누출 검지설비를 설치한 경우에는 그러하지 아니하다.
4) 축압기蓄壓器로부터 충전설비로의 가스 공급을 긴급히 정지시킬 수 있는 장치를 설치할 것. 이 경우 당해 장치의 기동장치는 화재발생 시 신속히 조작할 수 있는 장소에 두어야 한다.

(마) 압축수소의 수입설비受入設備는 다음의 기준에 적합하여야 한다.

1) 위치는 주유공지 또는 급유공지 외의 장소로 하되, 주유공지 또는 급유공지에서 가스를 수입하는 것이 불가능한 장소로 할 것
2) 자동차 등의 충돌을 방지하는 조치를 마련할 것

(3) 압축수소충전설비 설치 주유취급소의 기타 안전조치의 기술기준은 다음과 같다

(가) 압축기, 축압기 및 개질장치가 설치된 장소와 주유공지, 급유공지 및 전용탱크・폐유탱크 등・간이탱크의 주입구가 설치된 장소 사이에는 화재가 발생한 경

우에 상호 연소확대를 방지하기 위하여 높이 1.5m 정도의 불연재료의 담을 설치할 것

(나) 고정주유설비·고정급유설비 및 전용탱크·폐유탱크 등·간이탱크의 주입구로부터 누출된 위험물이 충전설비·축압기·개질장치에 도달하지 않도록 깊이 30cm, 폭 10cm의 집유 구조물을 설치할 것

(다) 고정주유설비(현수식의 것을 제외)·고정급유설비(현수식의 것을 제외) 및 간이탱크의 주위에는 자동차 등의 충돌을 방지하는 조치를 마련할 것

(4) 압축수소충전설비와 관련된 설비의 기술기준은 (2)부터 (4)까지에서 규정한 사항 외에 「고압가스 안전관리법 시행규칙」 [별표 5](고압가스자동차 충전의 시설·기술·검사 기준)에서 정하는 바에 따른다.

2.10.8 판매취급소

판매취급소는 점포에서 위험물을 용기에 담아 판매하기 위하여 지정수량의 40배 이하의 위험물을 취급하는 장소를 말한다. 판매취급소에서 위험물의 취급수량은 일 취급량에 상관없이 용기 등에 담겨있는 보유량으로 하고 이러한 수량에 따라 제1종 판매취급소와 제2종 판매취급소로 구분한다. 일반적으로 위험물을 용기에 담아 판매하는 시설에는 도료류 판매점, 석유가게, 화공약품점, 농약판매점 등이 있다.

위험물을 용기에 담아 보관하고 판매하는 시설은 외관상 옥내저장소와 유사하지만, 저장을 목적으로 하는 옥내저장소와 달리 판매취급소는 기술기준의 설정에 있어서 위험물의 배합작업에 관한 고려가 있고 비위험물 또는 유별이 다른 위험물을 함께 보관하는 것에 관한 제한이 없다.

판매취급소는 지정수량의 40배 이하의 위험물을 취급하는 시설이므로 40배를 초과하여 취급하고자 하는 경우에는 보관·판매시설 전체를 일반취급소로 규제하거나 저장시설과 배합시설을 분리하여 옥내저장소와 일반취급소로 규제한다.

(1) 저장 또는 취급하는 위험물의 수량이 지정수량의 20배 이하인 판매취급소(제1종 판매취급소)의 위치·구조 및 설비의 기준은 다음과 같다.

(가) 제1종 판매취급소는 건축물의 1층에 설치할 것

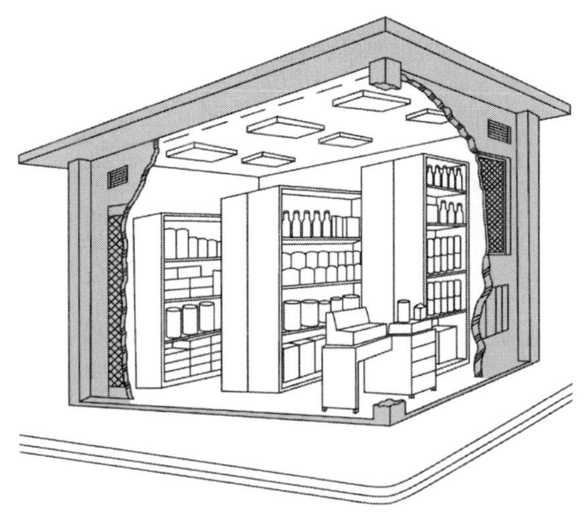

그림 4.63 ▌ 판매취급소 예시

(나) 제1종 판매취급소에는 제조소의 표시 및 게시판(별표 4 Ⅲ제1호, 제2호)의 기준에 따라 보기 쉬운 곳에 "위험물 판매취급소(제1종)"라는 표시를 한 표지와 방화에 관하여 필요한 사항을 게시한 게시판을 설치하여야 한다.

그림 4.64 ▌ 표지 예시

(다) 제1종 판매취급소의 용도로 사용되는 건축물의 부분은 내화구조 또는 불연재료로 하고, 판매취급소로 사용되는 부분과 다른 부분과의 격벽은 내화구조로 할 것

(라) 제1종 판매취급소의 용도로 사용하는 건축물의 부분은 보를 불연재료로 하고, 천장을 설치하는 경우에는 천장을 불연재료로 할 것

(마) 제1종 판매취급소의 용도로 사용하는 부분에 상층이 있는 경우에 있어서는 그 상층의 바닥을 내화구조로 하고, 상층이 없는 경우에 있어서는 지붕을 내화구조 또는 불연재료로 할 것

(바) 제1종 판매취급소의 용도로 사용하는 부분의 창 및 출입구에는 갑종방화문 또는 을종방화문을 설치할 것

(사) 제1종 판매취급소의 용도로 사용하는 부분의 창 또는 출입구에 유리를 이용하는 경우에는 망입유리로 할 것

(아) 제1종 판매취급소의 용도로 사용하는 건축물에 설치하는 전기설비는 전기사업법에 의한 전기설비기술기준에 의할 것

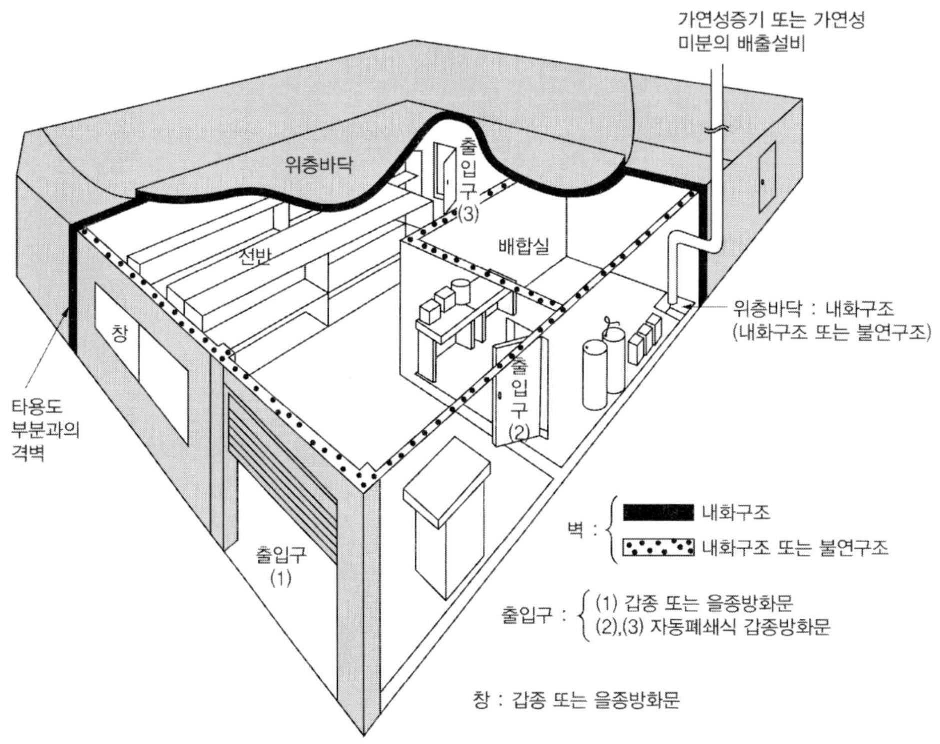

그림 4.65 ▌ 제1종 판매취급소 구조 예시

(자) 위험물을 배합하는 실은 다음에 의할 것

1) 바닥면적은 $6m^2$ 이상 $15m^2$ 이하로 할 것
2) 내화구조 또는 불연재료로 된 벽으로 구획할 것
3) 바닥은 위험물이 침투하지 않는 구조로 하여 적당한 경사를 두고 집유설비를 할 것
4) 출입구에는 수시로 열 수 있는 자동폐쇄식의 갑종방화문을 설치할 것
5) 출입구 문턱의 높이는 바닥면으로부터 0.1m 이상으로 할 것
6) 내부에 체류한 가연성의 증기 또는 가연성의 미분을 지붕 위로 방출하는 설비를 할 것

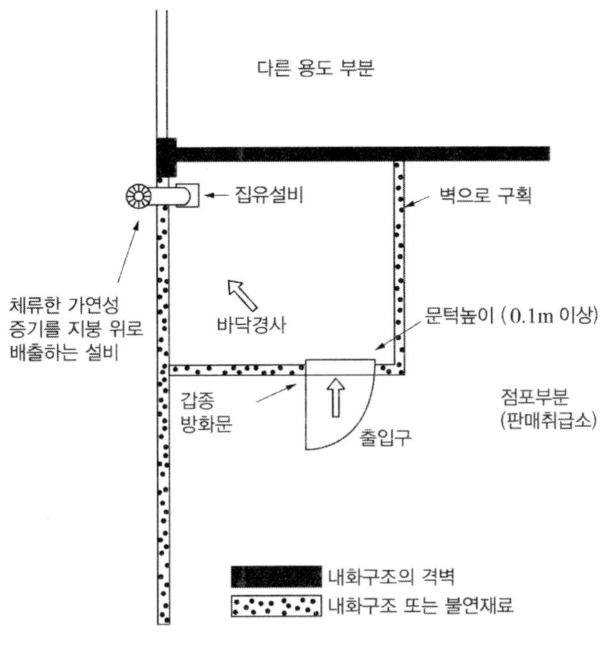

그림 4.66 ▌ 배합실의 설치 예시

(2) 저장 또는 취급하는 위험물의 수량이 지정수량의 40배 이하인 판매취급소(제2종 판매취급소)의 위치 · 구조 및 설비의 기준은 (1) (가) · (나) 및 (사) 내지 (자)의 규정을 준용하는 외에 다음의 기준에 의한다.

그림 4.67 ▌ 표지 예시

(가) 제2종 판매취급소의 용도로 사용하는 부분은 벽 · 기둥 · 바닥 및 보를 내화구조로 하고, 천장이 있는 경우에는 이를 불연재료로 하며, 판매취급소로 사용되는 부분과 다른 부분과의 격벽은 내화구조로 할 것

(나) 제2종 판매취급소의 용도로 사용하는 부분에 상층이 있는 경우에 있어서는 상층의 바닥을 내화구조로 하는 동시에 상층으로의 연소를 방지하기 위한 조치를 강구하고, 상층이 없는 경우에는 지붕을 내화구조로 할 것

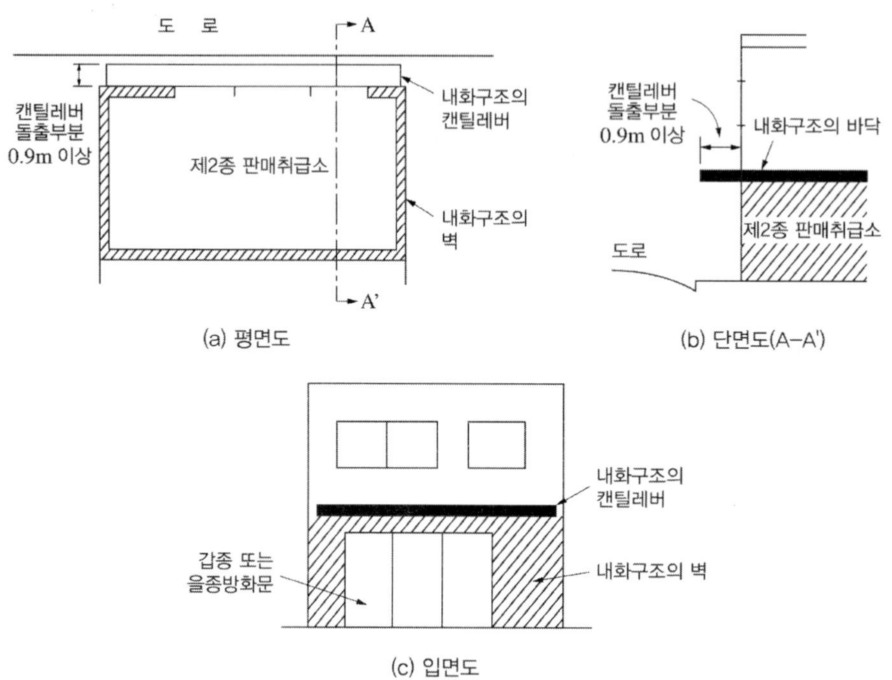

(a) 평면도

(b) 단면도(A-A')

(c) 입면도

그림 4.68 ▌ 상층 연소방지조치 예시

(다) 제2종 판매취급소의 용도로 사용하는 부분 중 연소의 우려가 없는 부분에 한하여 창을 두되, 당해 창에는 갑종방화문 또는 을종방화문을 설치할 것

(라) 제2종 판매취급소의 용도로 사용하는 부분의 출입구에는 갑종방화문 또는 을종방화문을 설치할 것. 다만, 당해 부분 중 연소의 우려가 있는 벽 또는 창의 부분에 설치하는 출입구에는 수시로 열 수 있는 자동폐쇄식의 갑종방화문을 설치하여야 한다.

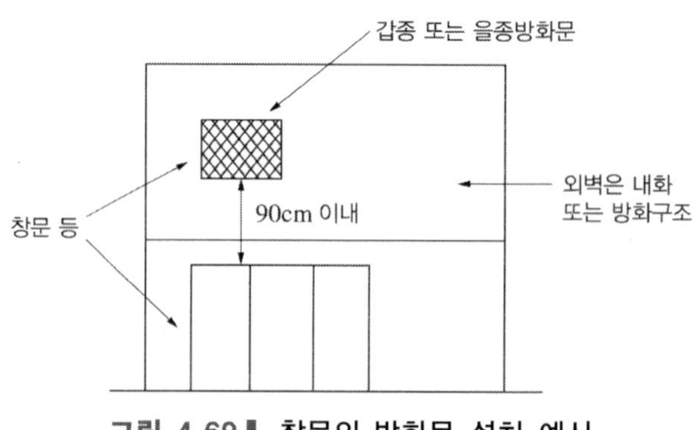

그림 4.69 ▌ 창문의 방화문 설치 예시

✔ 연소의 우려가 있는 외벽(세부기준 제41조)

제41조(연소의 우려가 있는 외벽) 규칙 [별표 4] Ⅳ제2호의 규정에 의한 연소延燒의 우려가 있는 외벽은 다음 각호의 1에 정한 선을 기산점으로 하여 3m(제조소 등이 2층 이상인 경우에는 5m) 이내에 있는 제조소 등의 외벽을 말한다. 다만, 방화상 유효한 공터, 광장, 하천, 수면 등에 면한 외벽은 제외한다.

1. 제조소 등이 설치된 부지의 경계선

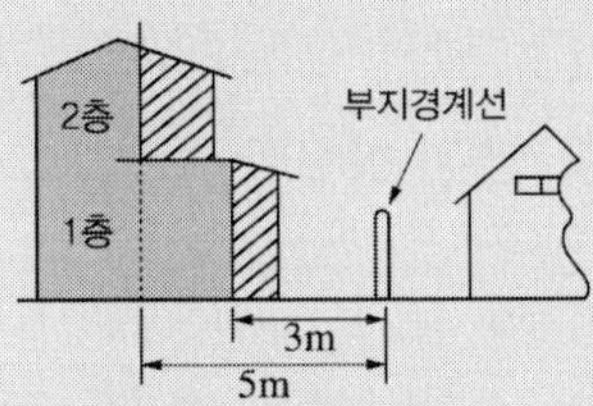

2. 제조소 등에 인접한 도로의 중심선

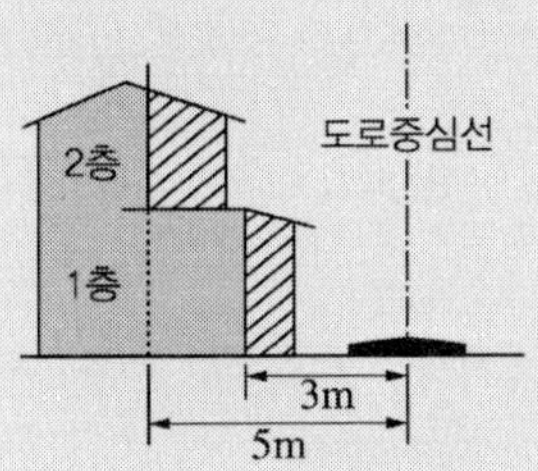

3. 제조소 등의 외벽과 동일부지 내의 다른 건축물의 외벽간의 중심선

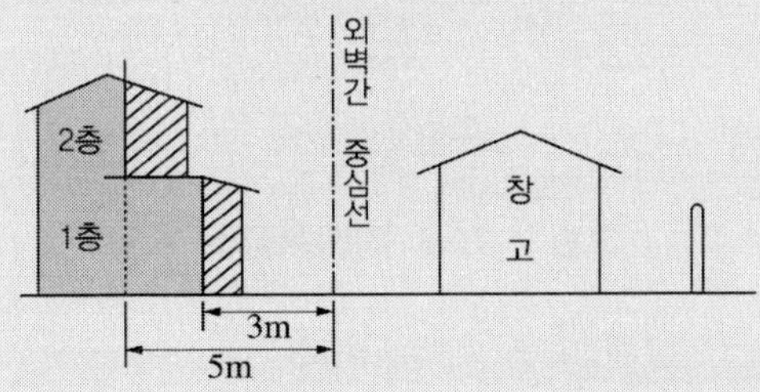

3. 이송취급소

이송취급소는 배관 및 이에 부속하는 설비에 의하여 위험물을 이송하는 취급소로서 일종의 파이프라인 시설이다. 이송배관이 제3자의 부지 등을 통과하므로 이송취급소의 규제범위는 이송이 시작되는 설비에서 이송이 종료되는 설비까지이다.

이송취급소의 위험물 최대취급량은 1일에 이송하는 양을 기준(제조소 등의 단위 및 저장 취급량 산정에 관한 업무지침)으로 하고, 복수의 배관으로 허가를 한 것에 있어서는 각각의 배관에서 이송되는 위험물의 양을 합산한 수량으로 한다.

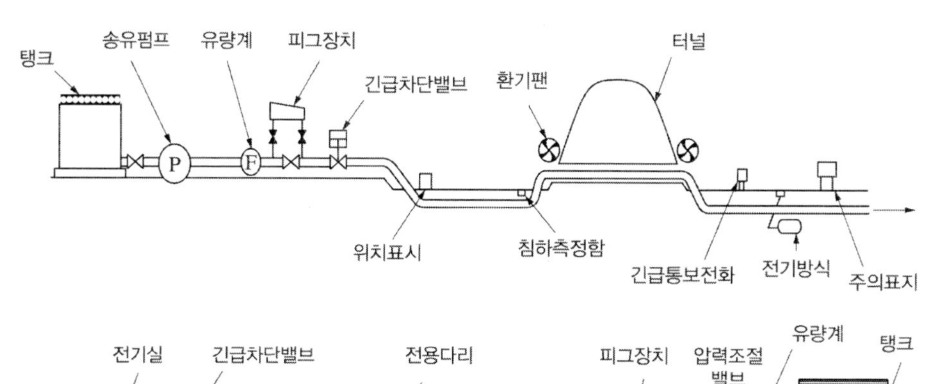

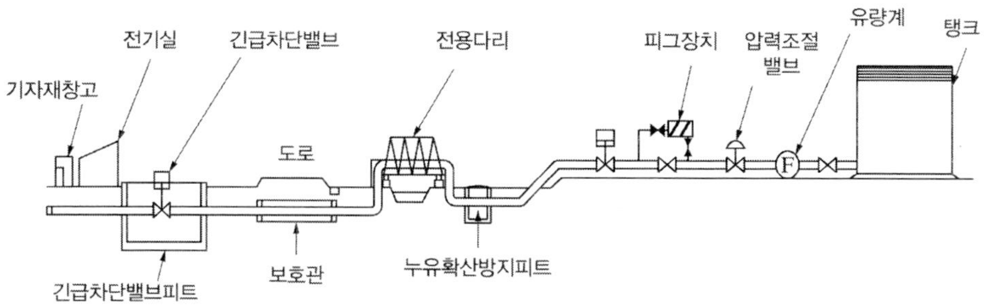

그림 4.70 ▮ 이송취급소 개요

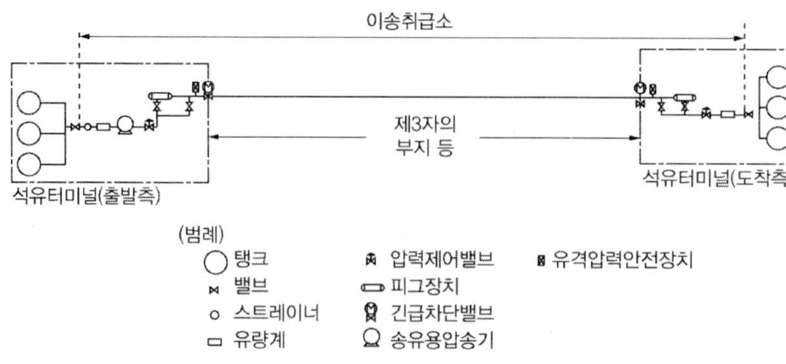

그림 4.71 ▮ 이송취급소의 규제범위

3.1 이송취급소의 범위

배관 및 펌프 그리고 이에 부속되는 설비가 다음의 구조를 갖춘 것은 이송취급소에 해당하지 않는다.

(1) 위험물 송출시설에서 주입시설까지의 사이에 배관이 하나의 도로 또는 제3자(위험물 송출시설 또는 주입시설이 있는 사업소와 관련 또는 유사한 사업을 행하는 것에 한함)의 부지를 통과하는 것으로 다음의 요건을 만족하는 경우

(가) 도로를 배관이 횡단하는 것일 것

(나) 제3자의 부지를 통과하는 배관의 길이가 100m 이하일 것

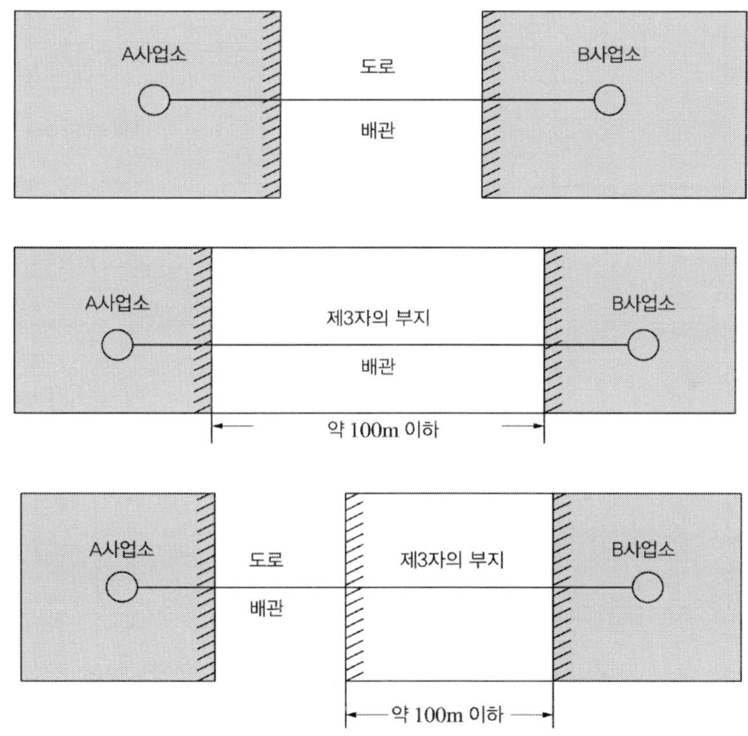

그림 4.72 ▌ 이송취급소에 해당하지 않는 경우 1

(2) 해상구조물에 설치된 배관으로서 안벽(선박의 접안을 위한 콘크리트벽)에서 배관(제1석유류를 이송하는 배관의 내경이 300mm 이상인 것을 제외)의 길이가 30m 이하인 경우

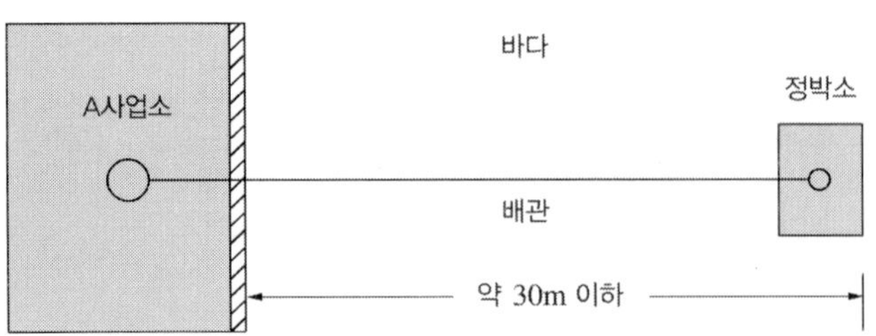

그림 4.73 ▌ 이송취급소에 해당하지 않는 경우 2

(3) 상기의 (1) 및 (2)의 요건을 동시에 충족하는 경우

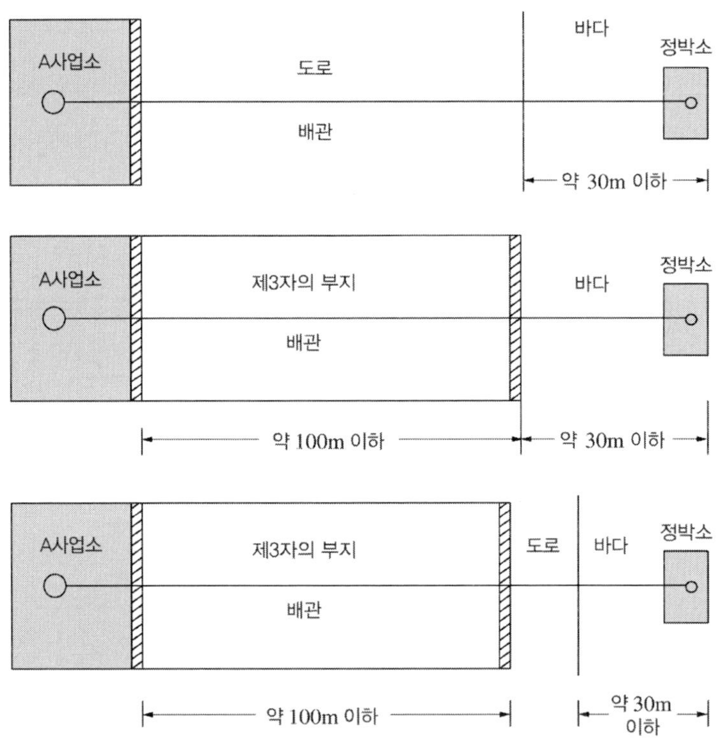

그림 4.74 ▌ 이송취급소에 해당하지 않는 경우 3

위에서 명시하는 취급소 및 위험물 이송에 관한 시설(배관 제외) 부지 내의 취급소는 일반취급소로서 규제를 받거나 또는 다른 제조소 등의 부속설비로서 규제된다. 또한 「송유관안전관리법」의 적용을 받는 송유관시설에 대해서는 「위험물안전관리법」의 적용을 받지 않는다.

3.2 설치장소

(1) 이송취급소는 다음의 장소 외의 장소에 설치하여야 한다.

(가) 철도 및 도로의 터널 안

(나) 고속국도 및 자동차전용도로(「도로법」에 따라 지정된 도로)의 차도 · 길어깨 및 중앙분리대

(다) 호수 · 저수지 등으로서 수리의 수원이 되는 곳

(라) 급경사지역으로서 붕괴의 위험이 있는 지역

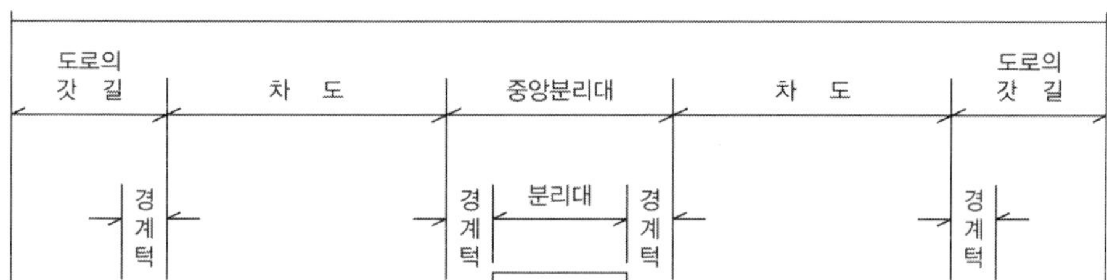

그림 4.75 ▌ 도로의 구성 요소

(2) (1)에 불구하고 다음에 해당하는 경우에는 (1)의 장소에 이송취급소를 설치할 수 있다.

(가) 지형상황 등 부득이한 사유가 있고 안전에 필요한 조치를 하는 경우

(나) (1) (나) 또는 (다)의 장소에 횡단하여 설치하는 경우

3.3 배관 등의 재료 및 구조

(1) 배관 · 관이음쇠 및 밸브(배관 등)의 재료는 다음의 규격에 적합한 것으로 하거나 이와 동등 이상의 기계적 성질이 있는 것으로 하여야 한다.

(가) 배관 : 고압배관용 탄소강관(KS D 3564), 압력배관용 탄소강관(KS D 3562), 고온배관용 탄소강관(KS D 3570) 또는 배관용 스테인레스강관(KS D 3576)

(나) 관이음쇠 : 배관용강제 맞대기용접식 관이음쇠(KS B 1541), 철강재 관플랜지 압력단계(KS B 1501), 관플랜지의 치수허용차(KS B 1502), 강제 용접식 관플랜지(KS B 1503), 철강재 관플랜지의 기본치수(KS B 1511)또는 관플랜지의 개스킷자리치수(KS B 1519)

(다) 밸브 : 주강 플랜지형 밸브(KS B 2361)

(2) 배관 등의 구조는 다음 하중에 의하여 생기는 응력에 대한 안전성이 있어야 한다(세부기준 제112조 내지 제120조 참조).

(가) 위험물의 중량, 배관 등의 내압, 배관 등과 그 부속설비의 자중, 토압, 수압, 열차하중, 자동차하중 및 부력 등의 주하중[90)]

(나) 풍하중, 설하중, 온도변화의 영향, 진동의 영향, 지진의 영향, 배의 닻에 의한 충격의 영향, 파도와 조류의 영향, 설치공정상의 영향 및 다른 공사에 의한 영향 등의 종하중[91)]

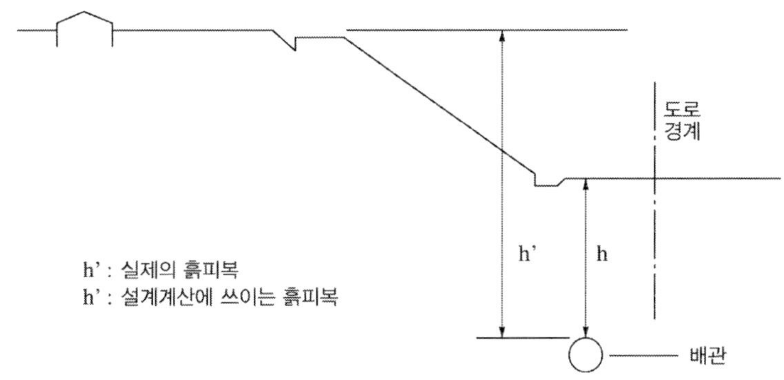

그림 4.76 ▌ 도로 밑에 매설하는 경우의 배관깊이

(3) 교량에 설치하는 배관은 교량의 굴곡・신축・진동 등에 대하여 안전한 구조로 하여야 한다.

(4) 배관의 두께는 배관의 외경에 따라 다음 표에 정한 것 이상으로 하여야 한다.

표 4.2 배관 두께

배관의 외경(단위 mm)	배관의 두께(단위 mm)
114.3 미만	4.5
114.3 이상 139.8 미만	4.9
139.8 이상 165.2 미만	5.1
165.2 이상 216.3 미만	5.5
216.3 이상 355.6 미만	6.4
356.6 이상 508.0 미만	7.9
508.0 이상	9.5

90) 상시 연속적, 장기적으로 작용하는 하중을 말한다.

91) 일시적, 단기적으로 작용하는 하중을 말한다.

(5) (2) 내지 (4)의 규정한 것 외에 배관 등의 구조에 관하여 필요한 사항은 소방청장이 정하여 고시한다.

(6) 배관의 안전에 영향을 미칠 수 있는 신축[92]이 생길 우려가 있는 부분에는 그 신축을 흡수하는 조치를 강구하여야 한다.

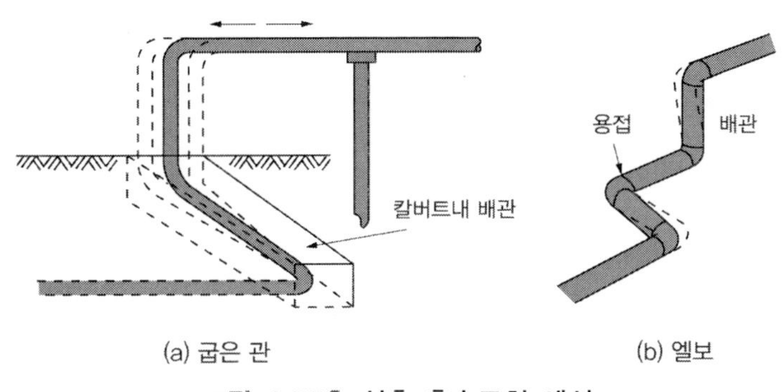

그림 4.77 ▌ 신축 흡수조치 예시

(7) 배관 등의 이음은 아크용접 또는 이와 동등 이상의 효과를 갖는 용접방법에 의하여야 한다. 다만, 용접에 의하는 것이 적당하지 않은 경우는 안전상 필요한 강도가 있는 플랜지이음으로 할 수 있다.

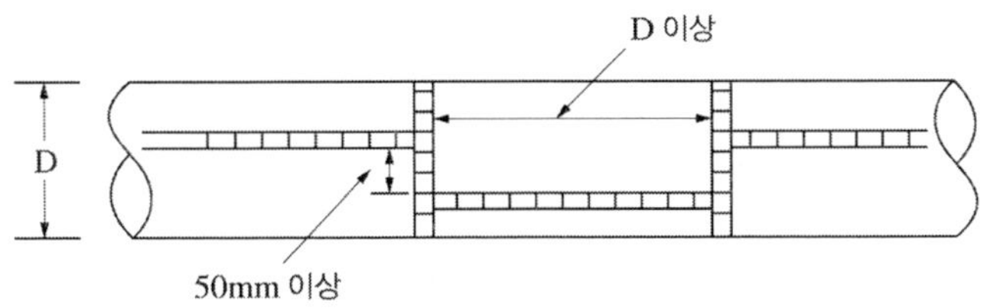

그림 4.78 ▌ 용접이음의 위치(맞대기용접)

(8) 플랜지이음을 하는 경우에는 당해 이음부분의 점검을 하고 위험물의 누설확산을 방지하기 위한 조치를 하여야 한다. 다만, 해저 입하배관의 경우에는 누설확산방지조치를 하지 않을 수 있다.

92) 온도변화에 따른 신축 또는 부등 침하의 우려가 있는 부분 등에서 발생하는 압축 인장 굴곡 및 전단의 각 응력 또는 합성응력의 어느 하나가 허용응력을 초과하는 경우를 말한다.

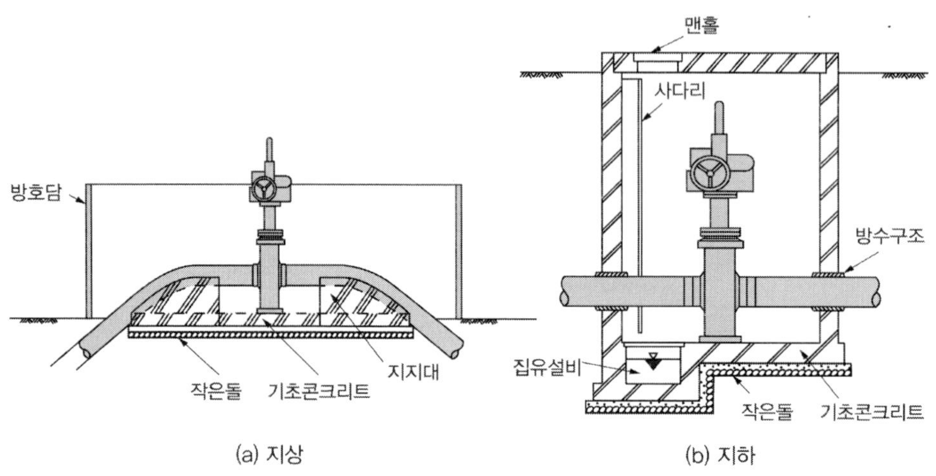

그림 4.79 ▌ 플랜지 접합부 예시

(9) 지하 또는 해저에 설치한 배관 등에 다음의 기준에 내구성이 있고 전기절연저항이 큰 도복장재료를 사용하여 외면부식을 방지하기 위한 조치를 하여야 한다.

(가) 도장재塗裝材 및 복장재覆裝材는 다음의 기준 또는 이와 동등 이상의 방식효과를 갖는 것으로 할 것

1) 도장재는 수도용강관아스팔트도복장방법(KS D 8306)에 정한 아스팔트 에나멜, 수도용강관콜타르에나멜도복장방법(KS D 8307)에 정한 콜타르 에나멜

2) 복장재는 수도용강관아스팔트도복장방법(KS D 8306)에 정한 비니론크로즈, 글라스크로즈, 글라스매트 또는 폴리에틸렌, 헤시안크로즈, 타르에폭시, 페트로라튬테이프, 경질염화비닐라이닝강관, 폴리에틸렌열수축튜브, 나이론12 수지

(나) 방식피복의 방법은 수도용강관아스팔트도복장방법(KS D 8306)에 정한 방법, 수도용강관콜타르에나멜도복장방법(KS D 8307)에 정한 방법 또는 이와 동등 이상의 부식방지효과가 있는 방법에 의할 것

(10) 지상 또는 해상에 설치한 배관 등에는 외면부식을 방지하기 위한 도장을 실시하여야 한다.

(11) 지하 또는 해저에 설치한 배관 등에는 다음의 기준에 의하여 전기방식조치를 하여야 한다. 이 경우 근접한 매설물 그 밖의 구조물에 대하여 영향을 미치지 않도록 필요한 조치를 하여야 한다.

(가) 방식전위는 포화황산동전극 기준으로 마이너스 0.8V 이하로 할 것

(나) 적절한 간격(200m 내지 500m)으로 전위측정단자를 설치할 것

(다) 전기철로 부지 등 전류의 영향을 받는 장소에 배관 등을 매설하는 경우에는 강제배류법 등에 의한 조치를 할 것

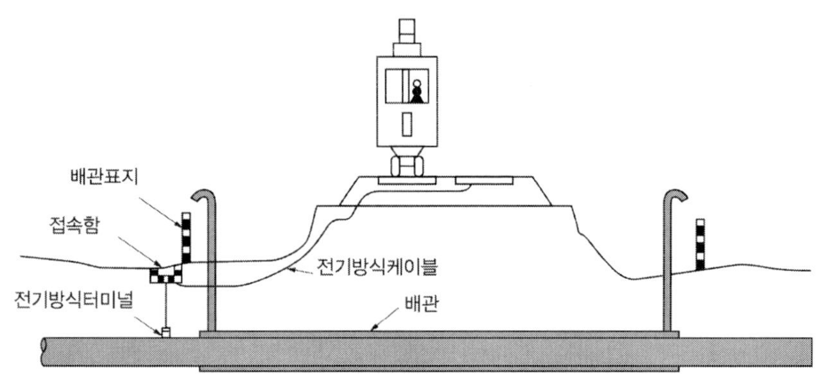

그림 4.80 ▌ 전기방식의 시공 예시

(12) 배관 등에 가열 또는 보온하기 위한 설비를 설치하는 경우에는 화재예방상 안전하고 다른 시설물에 영향을 주지 않는 구조로 하여야 한다.

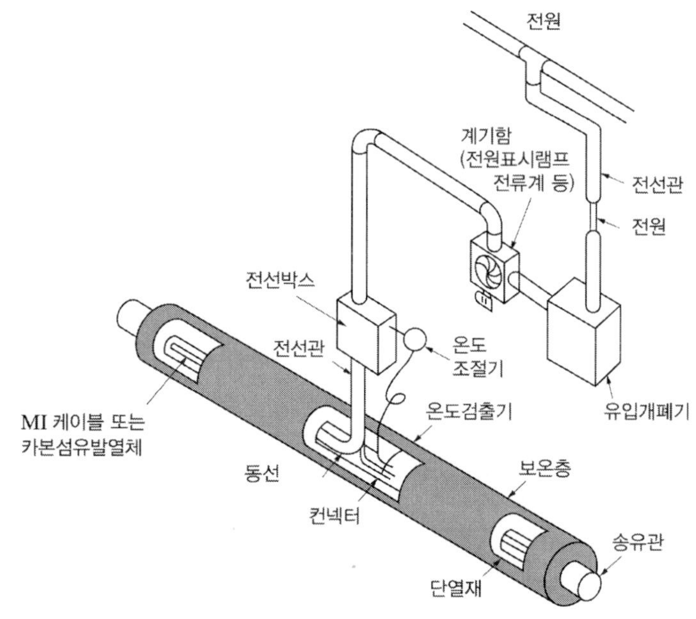

(a) 전기가열방식(발열전선 또는 테이프히터)

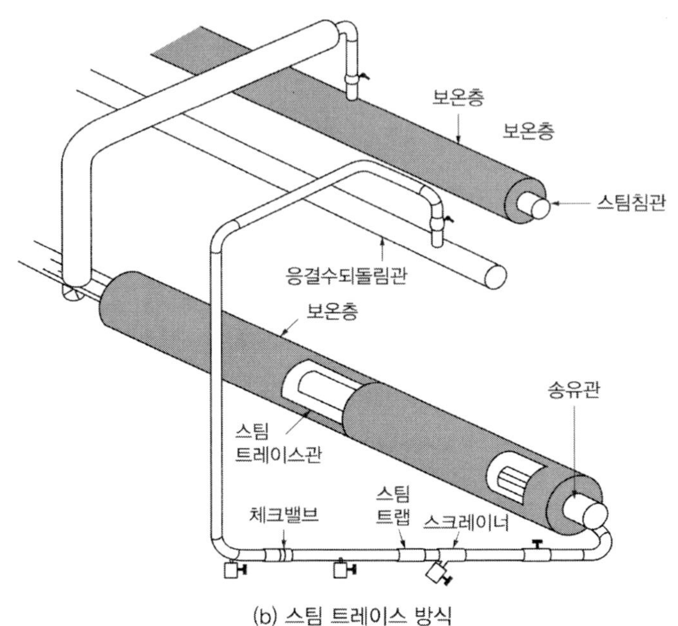

(b) 스팀 트레이스 방식

그림 4.81 ▌ 가열 및 보온 설비 예시

3.4 배관설치의 기준

3.4.1 지하매설

배관을 지하에 매설하는 경우에는 다음의 기준에 의하여야 한다.

(가) 배관은 그 외면으로부터 건축물 · 지하가 · 터널 또는 수도시설까지 각각 다음의 규정에 의한 안전거리를 둘 것. 다만, 2) 또는 3)의 공작물에 있어서는 적절한 누설확산방지조치를 하는 경우에 그 안전거리를 1/2의 범위 안에서 단축할 수 있다.

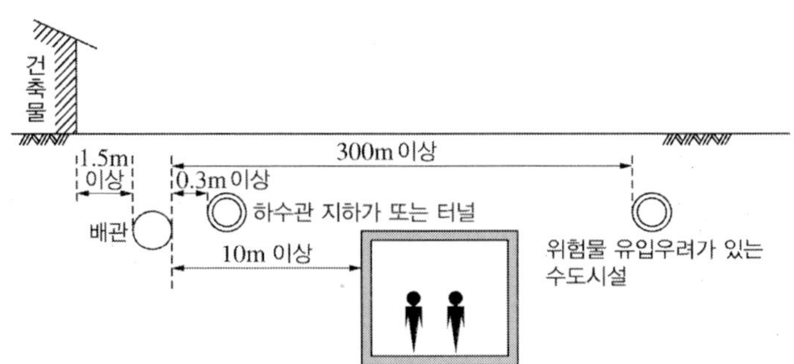

그림 4.82 ▌ 배관과 건축물 등과의 안전거리

1) 건축물(지하가 내의 건축물 제외) : 1.5m 이상
2) 지하가 및 터널 : 10m 이상
3) 「수도법」에 의한 수도시설(위험물의 유입우려가 있는 것) : 300m 이상

(나) 배관은 그 외면으로부터 다른 공작물에 대하여 0.3m 이상의 거리를 보유 할 것. 다만, 0.3m 이상의 거리를 보유하기 곤란한 경우로서 당해 공작물의 보전을 위하여 필요한 조치를 하는 경우에는 제외된다.

(다) 배관의 외면과 지표면과의 거리는 산이나 들[93]에 있어서는 0.9m 이상, 그 밖의 지역에 있어서는 1.2m 이상으로 할 것. 다만, 당해 배관을 각각의 깊이로 매설하는 경우와 동등 이상의 안전성이 확보되는 견고하고 내구성이 있는 구조물(방호구조물) 안에 설치하는 경우에는 제외된다.

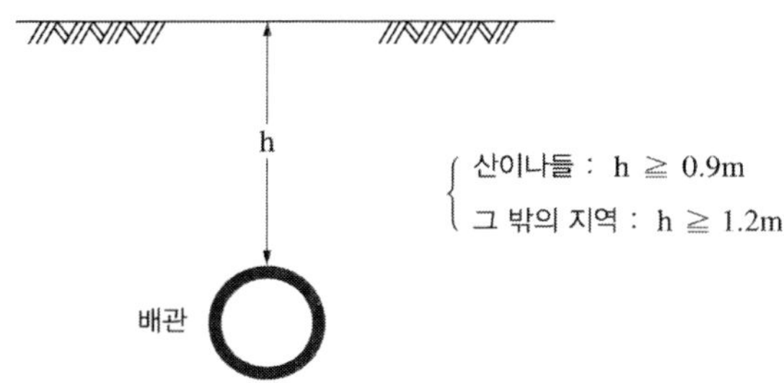

그림 4.83 ▌ 배관 외면과 지표면과의 거리

(라) 배관은 지반의 동결로 인한 손상을 받지 않는 적절한 깊이로 매설할 것

(마) 성토 또는 절토를 한 경사면의 부근에 배관을 매설하는 경우에는 경사면의 붕괴에 의한 피해가 발생하지 않도록 매설할 것

(바) 배관의 입상부, 지반의 급변부 등 지지조건이 급변하는 장소에 있어서는 굽은관을 사용하거나 지반개량 그 밖에 필요한 조치를 강구할 것

(사) 배관의 하부에는 사질토 또는 모래로 20cm(자동차 등의 하중이 없는 경우에는 10cm) 이상, 배관의 상부에는 사질토 또는 모래로 30cm(자동차 등의 하중에 없는 경우에는 20cm) 이상 채울 것

93) 표고가 높은 곳으로서 토지이용이 가능하지 않는 지역을 말한다. 현재의 토지이용 상황이 산이나 들이라 할지라도 「국토의 계획 및 이용에 관한 법률」상의 도시지역, 농업지역 등과 같이 토지이용계획이 수립되어 있는 경우에는 "그 밖의 지역"으로서 취급한다.

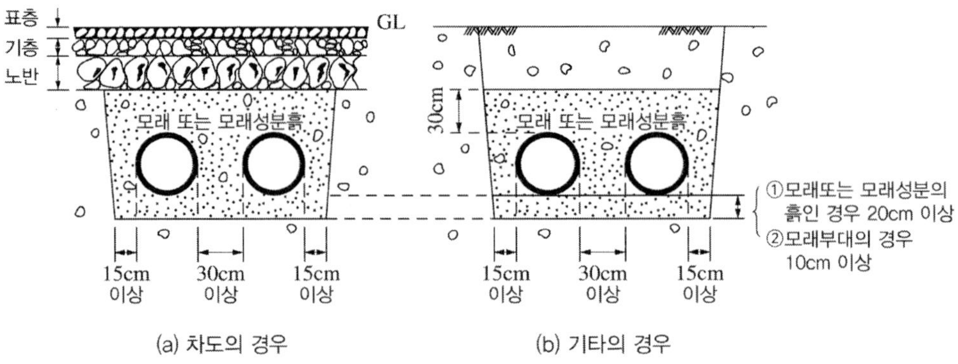

그림 4.84 ▌ 메움 방법

3.4.2 도로 밑 매설

배관을 도로 밑에 매설하는 경우에는 (1)((나) 및 (다) 제외)의 규정에 의하는 외에 다음 기준에 의하여야 한다.

(가) 배관은 원칙적으로 자동차하중의 영향이 적은 장소[94]에 매설할 것

(나) 배관은 그 외면으로부터 도로의 경계에 대하여 1m 이상의 안전거리를 둘 것

(다) 시가지[95] 도로의 밑에 매설하는 경우에는 배관의 외경보다 10cm 이상 넓은 견고하고 내구성이 있는 재질의 판(보호판)을 배관의 상부로부터 30cm 이상 위에 설치할 것. 다만, 방호구조물 안에 설치하는 경우에는 제외된다.

여기서, 보호판이란 다른 공사에 의한 배관의 손상방지의 한 방법으로 설치하는 것으로 강철판 또는 철근콘크리트판이 해당된다.

방호구조물이란 열차, 자동차 등의 하중 및 부등침하에 의한 하중을 배관이 직접받는 것을 방지하기 위하여 설치하는 시설물을 말하며, 강철제보호관, 철근콘크리트제 칼버트 등이 해당된다. 또한 방호구조물은 토사의 유입방지, 양단부의 지반붕괴방지, 지반침하방지, 배관부식방지, 누설확산방지 등을 위하여 양쪽으로 설치한다.

(라) 배관[96]은 그 외면으로부터 다른 공작물에 대하여 0.3m 이상의 거리를 보유할 것. 다만, 배관의 외면에서 다른 공작물에 대하여 0.3m 이상의 거리를 보유하기 곤란한 경우로서 당해 공작물의 보전을 위하여 필요한 조치를 하는 경우에는 제외된다.

---

94) 토압 이외의 외력이 더해지는 빈도가 적은 보도, 갓길, 분리대, 정차지대, 경사면 등이 해당한다.

95) 「국토의 계획 및 이용에 관한 법률」 제6조제1호의 규정에 의한 도시지역을 말한다. 다만, 동법 제36조제1항제1호 다목의 규정에 의한 공업지역을 제외한다.

96) 보호판 또는 방호구조물에 의하여 배관을 보호하는 경우에는 당해 보호판 또는 방호구조물을 말한다.

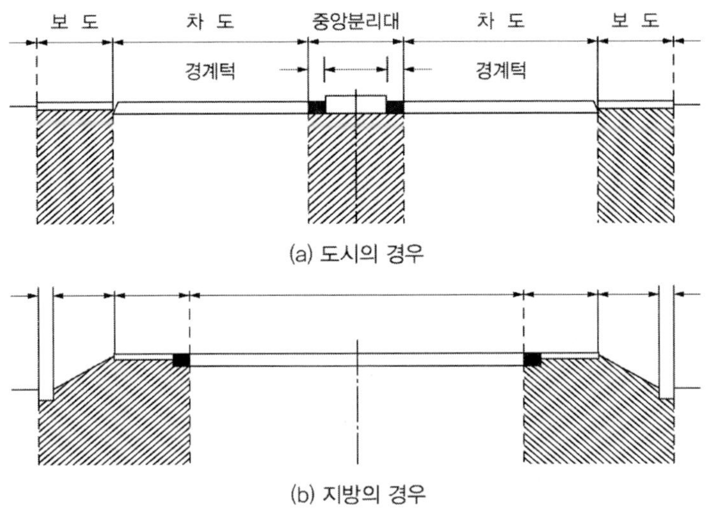

(a) 도시의 경우

(b) 지방의 경우

그림 4.85 ▌ 자동차하중의 영향이 적은 장소

(마) 시가지 도로의 노면 아래에 매설하는 경우에는 배관(방호구조물의 안에 설치된 것을 제외)의 외면과 노면과의 거리는 1.5m 이상, 보호판 또는 방호구조물의 외면과 노면과의 거리는 1.2m 이상으로 할 것

(바) 시가지 외의 도로의 노면 아래에 매설하는 경우에는 배관의 외면과 노면과의 거리는 1.2m 이상으로 할 것

(사) 포장된 차도에 매설하는 경우에는 포장부분의 노반[97]의 밑에 매설하고, 배관의 외면과 노반의 최하부와의 거리는 0.5m 이상으로 할 것

(아) 노면 밑 외의 도로 밑[98]에 매설하는 경우에는 배관의 외면과 지표면과의 거리는 1.2m[보호판 또는 방호구조물에 의하여 보호된 배관에 있어서는 0.6m(시가지의 도로 밑에 매설하는 경우에는 0.9m)] 이상으로 할 것

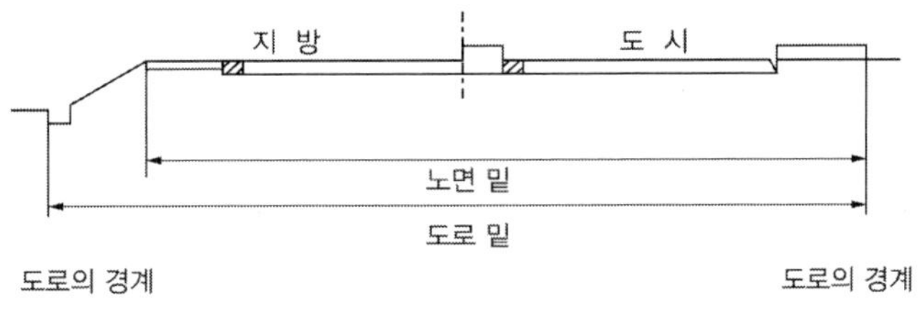

그림 4.86 ▌ 노면 및 도로 밑 예시

97) 차단층이 있는 경우는 당해 차단층을 말한다.
98) 길옆 경사면, 도랑(측구) 등의 장소에 해당한다.

(자) 전선 · 수도관 · 하수도관 · 가스관 또는 이와 유사한 것이 매설되어 있거나 매설할 계획이 있는 도로에 매설하는 경우에는 이들의 상부에 매설하지 않을 것. 다만, 다른 매설물의 깊이가 2m 이상인 때에는 제외된다.

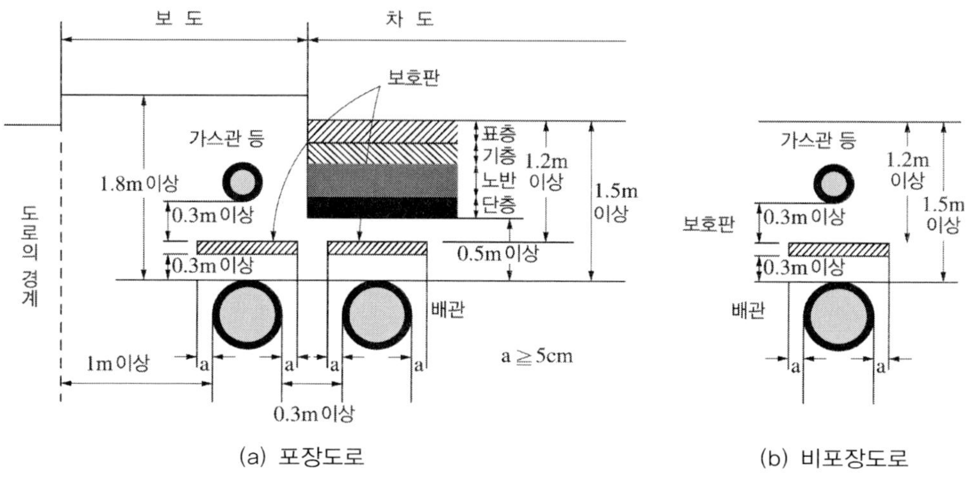

(a) 포장도로 (b) 비포장도로

그림 4.87 ▌ 시가지 도로의 노면 밑 매설방법

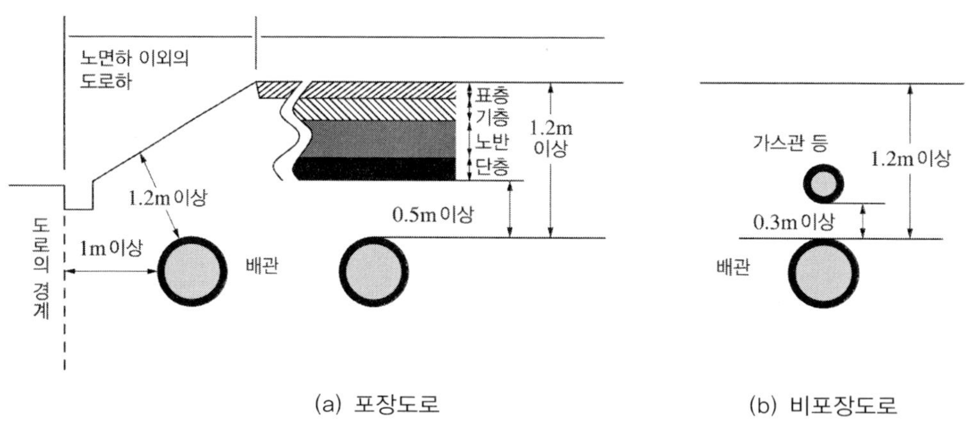

(a) 포장도로 (b) 비포장도로

그림 4.88 ▌ 시가지 이외의 도로 밑 매설방법

3.4.3 철도부지 밑 매설

배관을 철도부지[99]에 인접하여 매설하는 경우에는 (1)((다) 제외)의 규정에 의하는 외에 다음의 기준에 의하여야 한다.

99) 철도차량을 운행하기 위한 궤도와 이를 받치는 노반 또는 공작물로 구성된 시설을 설치하거나 설치하기 위한 용지를 말한다.

(가) 배관은 그 외면으로부터 철도 중심선에 대하여는 4m 이상, 당해 철도부지(도로에 인접한 경우를 제외)의 용지경계에 대하여는 1m 이상의 거리를 유지할 것. 다만, 열차하중의 영향을 받지 않도록 매설하거나 배관의 구조가 열차하중에 견딜 수 있도록 된 경우에는 제외된다.

(나) 배관의 외면과 지표면과의 거리는 1.2m 이상으로 할 것

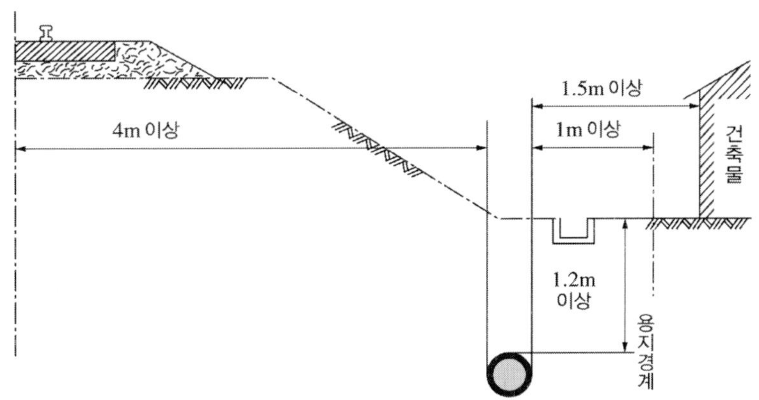

그림 4.89 ▌ 철도부지 밑 매설방법

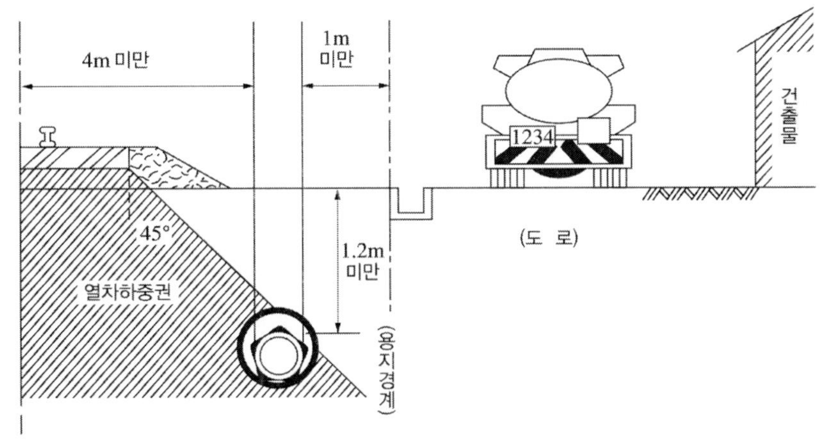

그림 4.90 ▌ 철도부지 밑 매설 특례

선로 사이의 매설 등 선로에 근접하여 매설하는 경우에는 보호관 또는 강철재콘크리트재의 둥근 프리캐스트(Precast) 재료 등 방호구조물을 이용하여 열차하중의 영향을 받지 않도록 한다. 또한 배관의 외면과 궤도중심선 및 용지경계와의 수평거리를 단축할 수 있다(그림 4.91 참조).

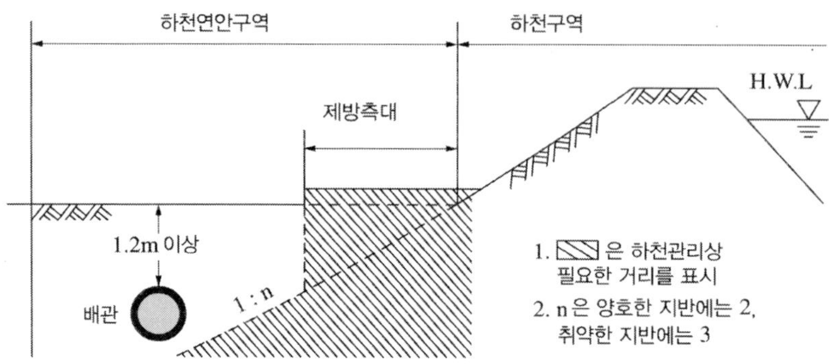

그림 4.91 ▌ 제방 끝의 안전거리

3.4.4 하천 홍수관리구역 내 매설

배관을 「하천법」 제12조에 따라 지정된 홍수관리구역 내에 매설하는 경우에는 (1)의 규정을 준용하는 것 외에 제방堤防 또는 호안護岸이 하천 홍수관리구역의 지반면과 접하는 부분으로부터 하천관리상 필요한 거리를 유지하여야 한다.

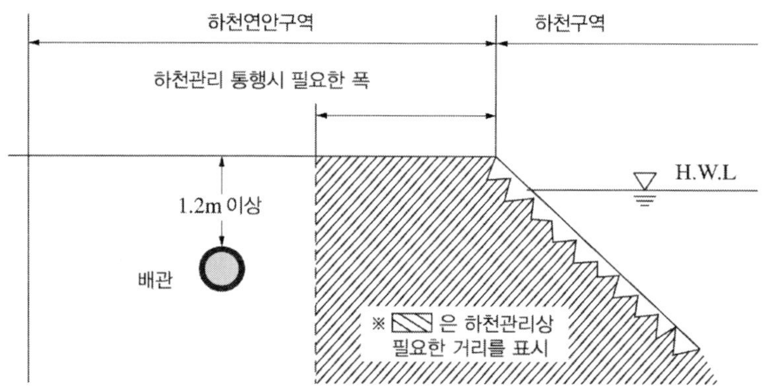

그림 4.92 ▌ 호안 어깨(편평한 곳)의 안전거리

3.4.5 지상설치

배관을 지상에 설치하는 경우에는 다음의 기준에 의하여야 한다.

(가) 배관이 지표면에 접하지 않도록 할 것

(나) 배관(이송기지[100]의 구내에 설치되어진 것을 제외)은 다음의 기준에 의한 안전거리를 둘 것

1) 철도(화물수송용으로만 쓰이는 것을 제외) 또는 도로 (「국토의 계획 및 이용

100) 펌프에 의하여 위험물을 보내거나 받는 작업을 행하는 장소를 말한다.

에 관한 법률」에 의한 공업지역 또는 전용공업지역에 있는 것을 제외)의 경계선으로부터 25m 이상

2) 학교 · 병원 · 극장 그 밖에 다수인을 수용하는 시설([별표 4] Ⅰ 제1호 나목1) · 2) · 3) 또는 4))로부터 45m 이상

3) 유형문화재와 기념물 중 지정문화재([별표 4] Ⅰ 제1호 다목) 시설로부터 65m 이상

4) 고압가스, 액화석유가스 또는 도시가스를 저장 또는 취급하는 시설([별표 4] Ⅰ 제1호 라목1) · 2) · 3) · 4) 또는 5))로부터 35m 이상

5) 「국토의 계획 및 이용에 관한 법률」에 의한 공공공지 또는 「도시공원법」에 의한 도시공원으로부터 45m 이상

6) 판매시설 · 숙박시설 · 위락시설 등 불특정다중을 수용하는 시설 중 연면적 1,000m^2 이상인 것으로부터 45m 이상

7) 1일 평균 20,000명 이상 이용하는 기차역 또는 버스터미널로부터 45m 이상

8) 「수도법」에 의한 수도시설 중 위험물이 유입될 가능성이 있는 것으로부터 300m 이상

9) 주택 또는 1) 내지 8)과 유사한 시설 중 다수의 사람이 출입하거나 근무하는 것으로부터 25m 이상

(다) 배관(이송기지의 구내에 설치된 것을 제외)의 양측면으로부터 당해 배관의 최대상용압력[101]에 따라 다음 표 4.3에 의한 너비(「국토의 계획 및 이용에 관한 법률」에 의한 공업지역 또는 전용공업지역에 설치한 배관에 있어서는 그 너비의 1/3)의 공지를 보유할 것. 다만, 양단을 폐쇄한 밀폐구조의 방호구조물 안에 배관을 설치하거나 위험물의 유출확산을 방지할 수 있는 방화상 유효한 담을 설치하는 등 안전상 필요한 조치를 하는 경우에는 제외된다.

표 4.3 보유공지

배관의 최대상용압력	공지의 너비
0.3MPa 미만	5m 이상
0.3MPa 이상 1MPa 미만	9m 이상
1MPa 이상	15m 이상

101) 정상 운전시 이송취급소의 최고운전압력을 말한다.

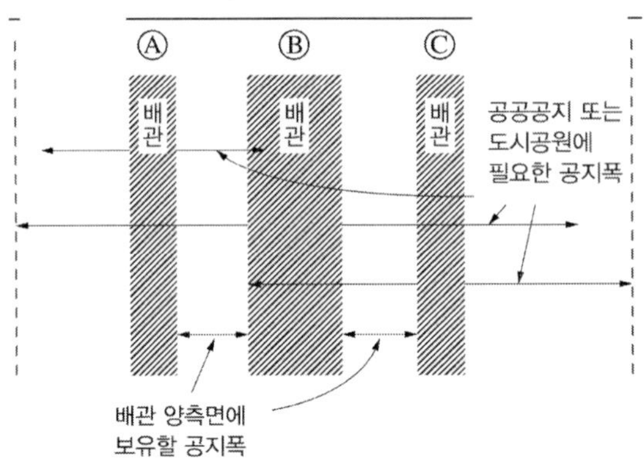

그림 4.93 ▌ 배관 양측에 보유할 공지

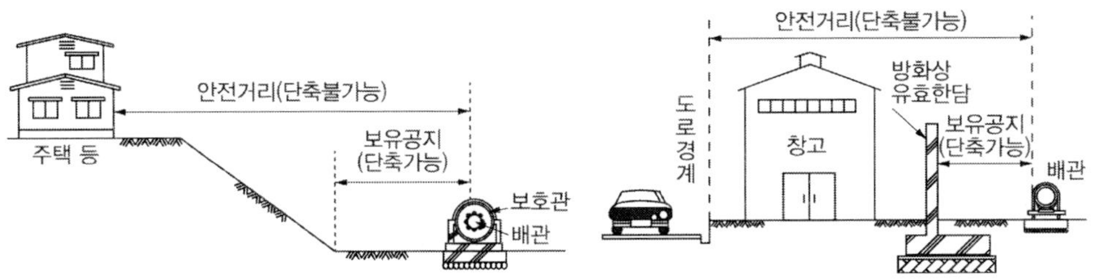

그림 4.94 ▌ 보유공지의 단축 예시

(라) 배관은 지진・풍압・지반침하・온도변화에 의한 신축 등에 대하여 안전성이 있는 철근콘크리트조 또는 이와 동등 이상의 내화성이 있는 지지물에 의하여 지지되도록 할 것. 다만, 화재에 의하여 당해 구조물이 변형될 우려가 없는 지지물에 의하여 지지되는 경우에는 제외된다.

(마) 자동차・선박 등의 충돌에 의하여 배관 또는 그 지지물이 손상을 받을 우려가 있는 경우에는 견고하고 내구성이 있는 보호설비를 설치 할 것

(바) 배관은 다른 공작물(당해 배관의 지지물을 제외)에 대하여 배관의 유지관리상 필요한 간격을 가질 것

(사) 단열재 등으로 배관을 감싸는 경우에는 일정구간마다 점검구를 두거나 단열재 등을 쉽게 떼고 붙일 수 있도록 하는 등 점검이 쉬운 구조로 할 것

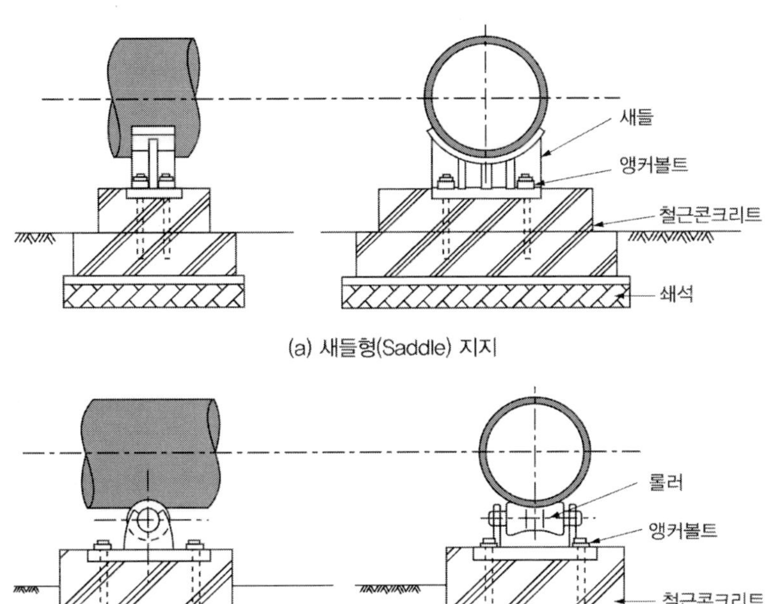

(a) 새들형(Saddle) 지지

(b) 롤러스탠드형(Roller stand) 지지

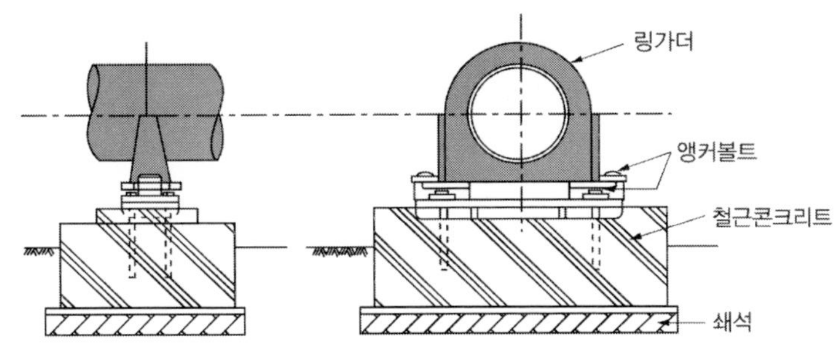

(c) 링가드형(Ring guard) 지지물

그림 4.95 ▮ 배관의 지지물 유형

3.4.6 해저설치

배관을 해저에 설치하는 경우에는 다음의 기준에 의하여야 한다.

해저배관의 부설공법에는 해저예항법, 부설선공법 등이 있다. 해저예항법은 수심이 낮아 작업선도 근접할 수 없는 경우에 이용하는 공법으로 부설선을 앵커(Anchor)에 의해 해상에 고정하고 육상의 윈치를 이용하여 부설선상에서 접합한 배관을 윈치를 사용하여 육지방향으로 잡아당겨서 배관을 바다 밑에 부설하는 공법이다. 부설선공법은 수심 5m 깊이의 근해부분에 이용하는 공법으로 앵커 조작에 의해 부설선을 앞바다 방향으로 이동시키면서 배관을 바다 밑에 부설하는 방법이다.

(가) 배관은 해저면 밑에 매설할 것. 다만, 선박의 닻 내림 등에 의하여 배관이 손상을 받을 우려가 없거나 그 밖에 부득이한 경우에는 제외된다.

(나) 배관은 이미 설치된 배관(위험물 배관 외에 고압가스배관 등)과 교차하지 말 것. 다만, 교차가 불가피한 경우로서 배관의 손상을 방지하기 위한 방호조치를 하는 경우에는 제외된다.

(다) 배관은 원칙적으로 이미 설치된 배관에 대하여 30m 이상의 안전거리를 둘 것

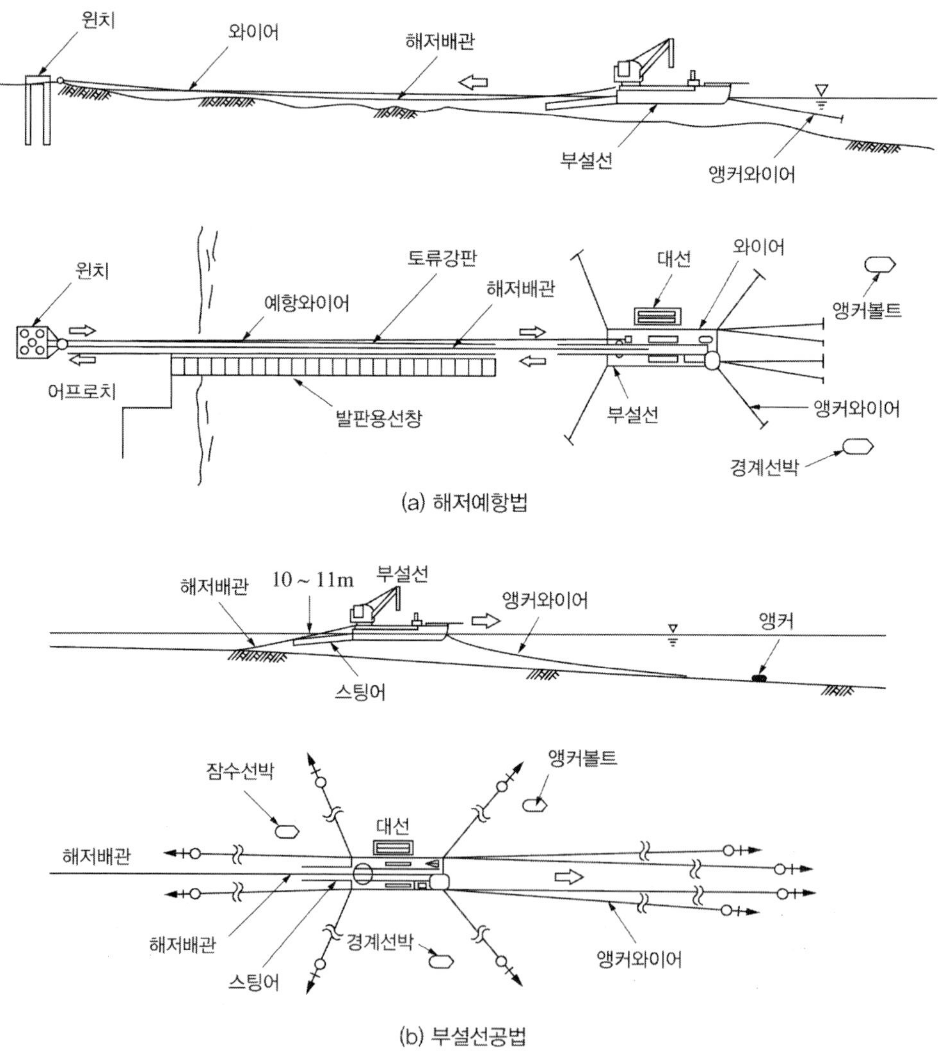

그림 4.96 ▌ 해저배관의 부설공법

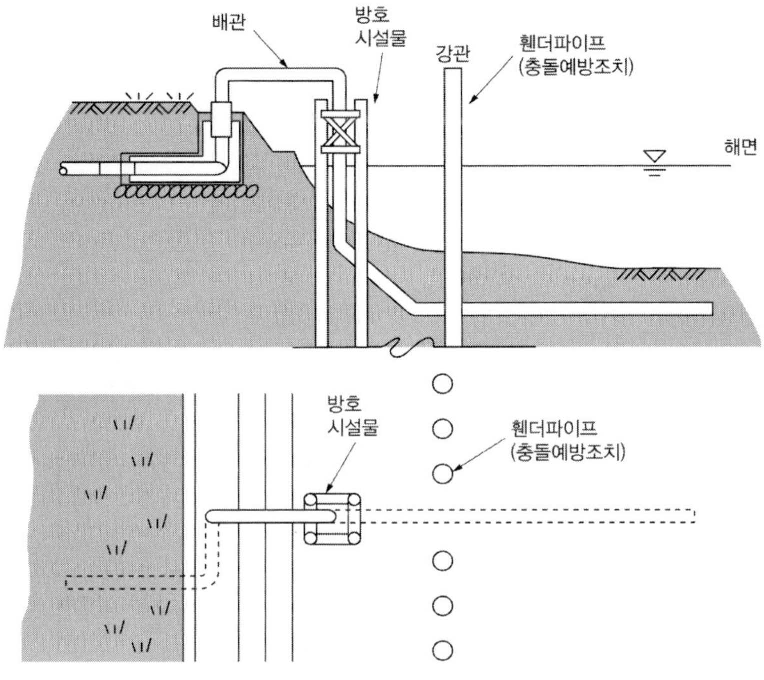

그림 4.97 ▌방호시설물과 충돌예방조치

(라) 2본 이상의 배관을 동시에 설치하는 경우에는 배관이 상호 접촉하지 않도록 필요한 조치를 할 것

(마) 배관의 입상부에는 방호시설물을 설치할 것. 다만, 계선부표繫船浮標[102)]에 도달하는 입상배관이 강제 외의 재질인 경우에는 제외된다.

(바) 배관을 매설하는 경우에는 배관외면과 해저면[103)]과의 거리는 닻 내림의 충격, 토질, 매설하는 재료, 선박교통사정 등을 감안하여 안전한 거리로 할 것

(사) 패일 우려가 있는 해저면 아래에 매설하는 경우에는 배관의 노출을 방지하기 위한 조치를 할 것

---

102) 충분한 부력 및 강도를 가진 강철판으로 된 원형부표로 물 위에 뜨며 몇 개의 앵커 및 체인으로 해저에 고정되어 있다. 부표에는 계선(선박을 메어둠)장치, 액체화물하역용 플렉시블호스 등이 탑재되어 있으며 이들은 부표를 중심으로 360° 회전할 수 있다. 플렉시블호스 말단을 계류 중인 유조선의 매니폴드(Manifold)에 연결함으로서 즉시 하역을 할 수 있을 뿐만 아니라 바람 및 조류에 의해 유조선은 부표주변을 자유롭게 회전하여 이들 저항이 최소가 되도록 함으로써 상당한 강풍이나 강한 조류에도 안전하게 계선 및 하역을 행할 수 있다.

103) 당해 배관을 매설하는 해저에 대한 준설계획이 있는 경우에는 그 계획에 의한 준설 후 해저면의 0.6m 아래를 말한다.

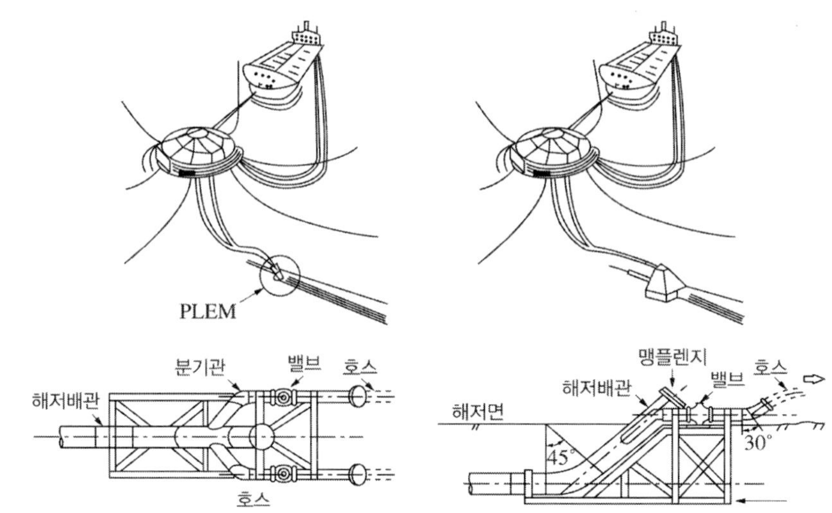

그림 4.98 ▌ 계선부포 및 PLEM(Pipeline end manifold)

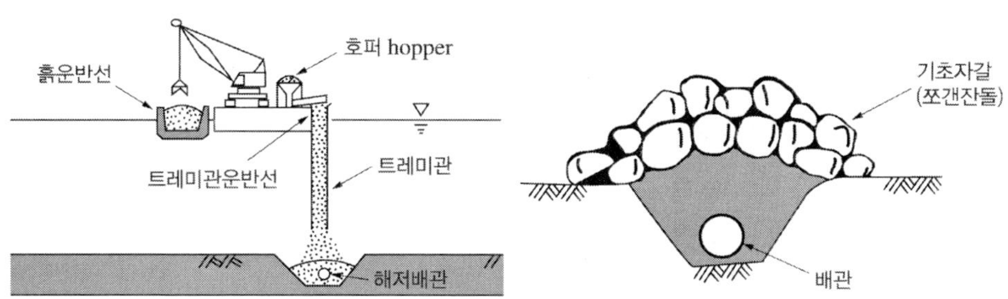

그림 4.99 ▌ 해저배관의 매설 및 노출방지조치(패임방지) 예시

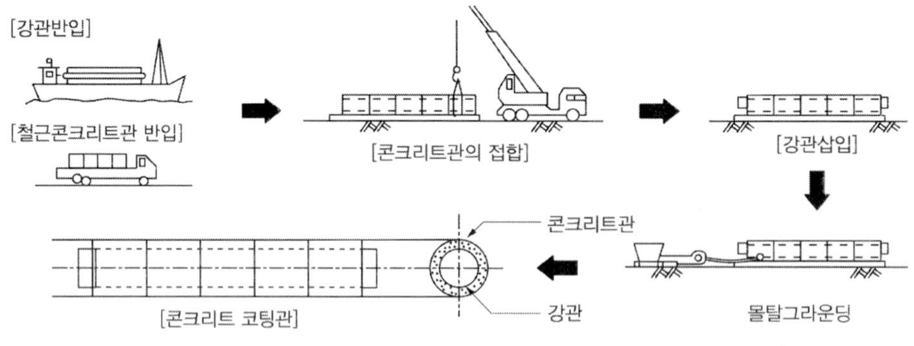

그림 4.100 ▌ 부상이나 이동 방지 방법(콘크리트코팅)

(아) 배관을 매설하지 않고 설치하는 경우에는 배관이 연속적으로 지지되도록 해저 면을 고를 것

(자) 배관이 부양 또는 이동할 우려가 있는 경우[104]에는 이를 방지하기 위한 조치를 할 것

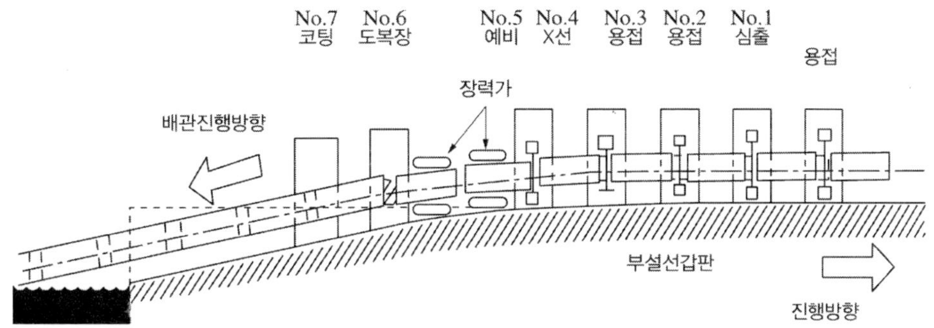

그림 4.101 ▌ 부설선 위에서의 배관접합

3.4.7 해상설치

배관을 해상에 설치하는 경우에는 다음의 기준에 의하여야 한다.

(가) 배관은 지진・풍압・파도 등에 대하여 안전한 구조의 지지물에 의하여 지지할 것

(나) 배관은 선박 등의 항행航行에 의하여 손상을 받지 않도록 해면과의 사이에 필요한 공간을 확보하여 설치할 것

(다) 선박의 충돌 등에 의해서 배관 또는 그 지지물이 손상을 받을 우려가 있는 경우에는 견고하고 내구력이 있는 보호설비를 설치할 것

(라) 배관은 다른 공작물(당해 배관의 지지물을 제외)에 대하여 배관의 유지관리상 필요한 간격을 보유할 것

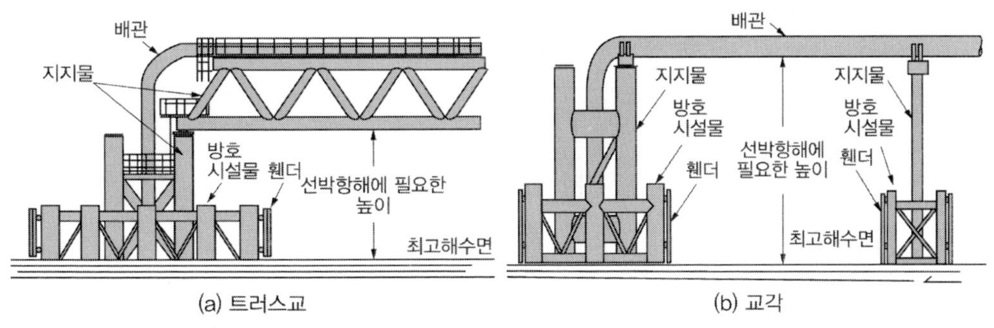

그림 4.102 ▌ 배관의 해상설치시 지지 예시

104) 부설선(바지선)에 의한 배관부설인 경우 등 배관을 빈 상태로 부설하는 경우가 해당한다.

3.4.8 도로횡단설치

도로를 횡단하여 배관을 설치하는 경우에는 다음의 기준에 의하여야 한다.

(가) 배관을 도로 아래에 매설할 것. 다만, 지형의 상황 그 밖에 특별한 사유에 의하여 도로 상공 외의 적당한 장소가 없는 경우에는 안전상 적절한 조치를 강구하여 도로상공을 횡단하여 설치할 수 있다.

(나) 배관을 매설하는 경우에는 (2)((가) 및 (나) 제외)의 규정을 준용하되, 배관을 금속관 또는 방호구조물 안에 설치할 것

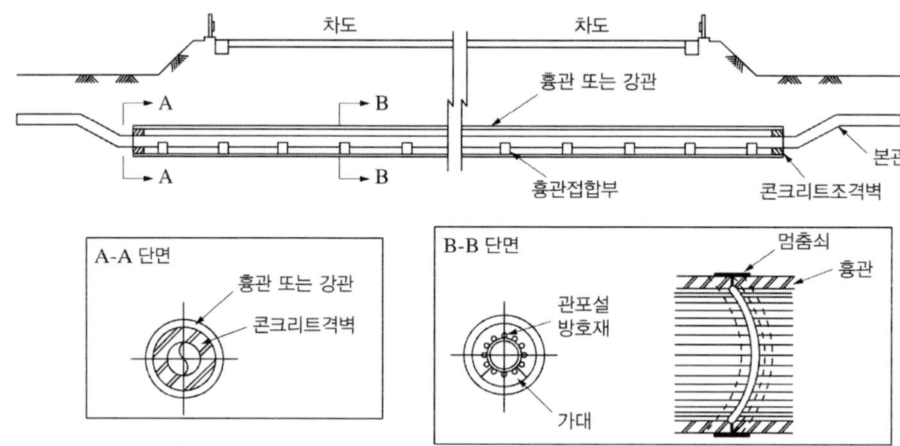

그림 4.103 ▌ 보호관 횡단부

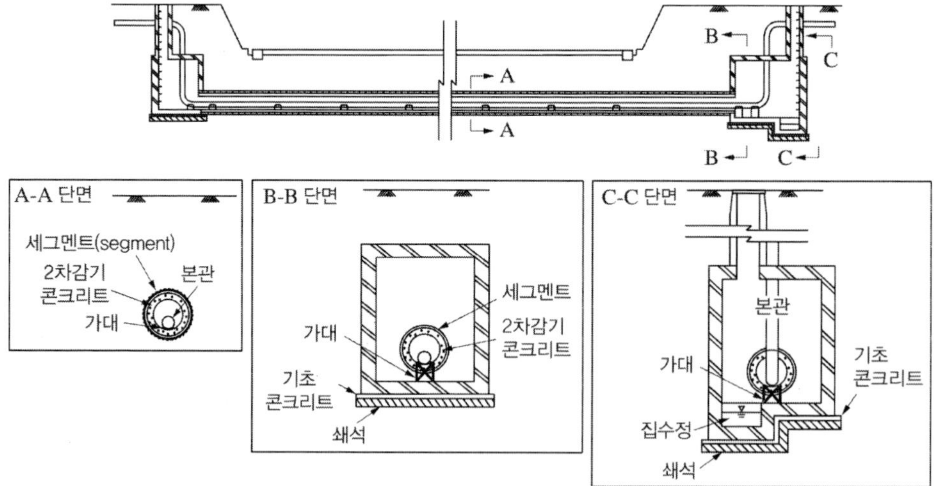

그림 4.104 ▌ 박스형 칼버트 횡단부

(다) 배관을 도로상공을 횡단하여 설치하는 경우에는 (5)((가) 제외)의 규정을 준용하되, 배관 및 당해 배관에 관계된 부속설비는 그 아래의 노면과 5m 이상의 수직거리를 유지할 것

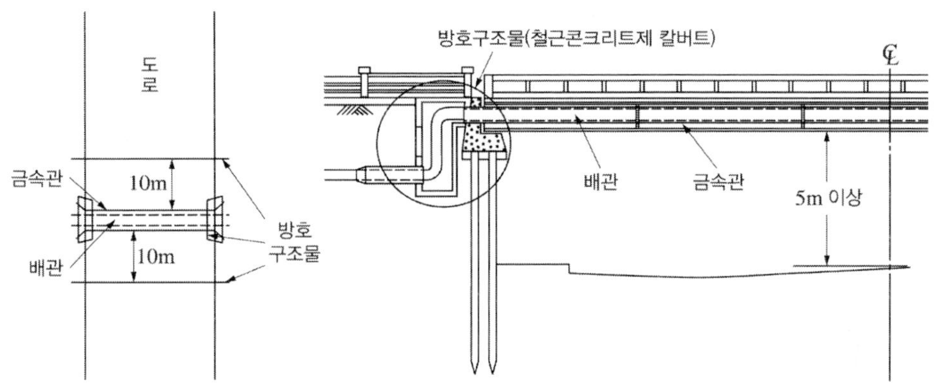

그림 4.105 ▌ 방호설비 예시

3.4.9 철도 밑 횡단매설

철도부지를 횡단하여 배관을 매설하는 경우에는 3.4.3((가) 제외) 및 3.4.8 (나)의 규정을 준용한다.

3.4.10 하천 등 횡단설치

하천 또는 수로를 횡단하여 배관을 설치하는 경우에는 다음의 기준에 의하여야 한다.

(가) 하천 또는 수로를 횡단하여 배관을 설치하는 경우에는 배관에 과대한 응력이 생기지 않도록 필요한 조치를 하여 교량에 설치할 것. 다만, 교량에 설치하는 것이 적당하지 않은 경우에는 하천 또는 수로의 밑에 매설할 수 있다.

(나) 하천 또는 수로를 횡단하여 배관을 매설하는 경우에는 배관을 금속관 또는 방호구조물 안에 설치하고, 당해 금속관 또는 방호구조물의 부양이나 선박의 닻 내림 등에 의한 손상을 방지하기 위한 조치를 할 것

(다) 하천 또는 수로의 밑에 배관을 매설하는 경우에는 배관의 외면과 계획하상(계획하상이 최심하상보다 높은 경우에는 최심하상)과의 거리는 다음의 규정에 의한 거리 이상으로 하되, 호안 그 밖에 하천관리시설의 기초에 영향을 주지 않고 하천바닥의 변동・패임 등에 의한 영향을 받지 않는 깊이로 매설하여야 한다.

1) 하천을 횡단하는 경우 : 4.0m

2) 수로를 횡단하는 경우

가) 「하수도법」에 따른 하수도(상부가 개방되는 구조로 된 것에 한함) 또는 운하 : 2.5m

나) 가)의 규정에 의한 수로에 해당되지 않는 좁은 수로(용수로 그 밖에 유사한 것을 제외) : 1.2m

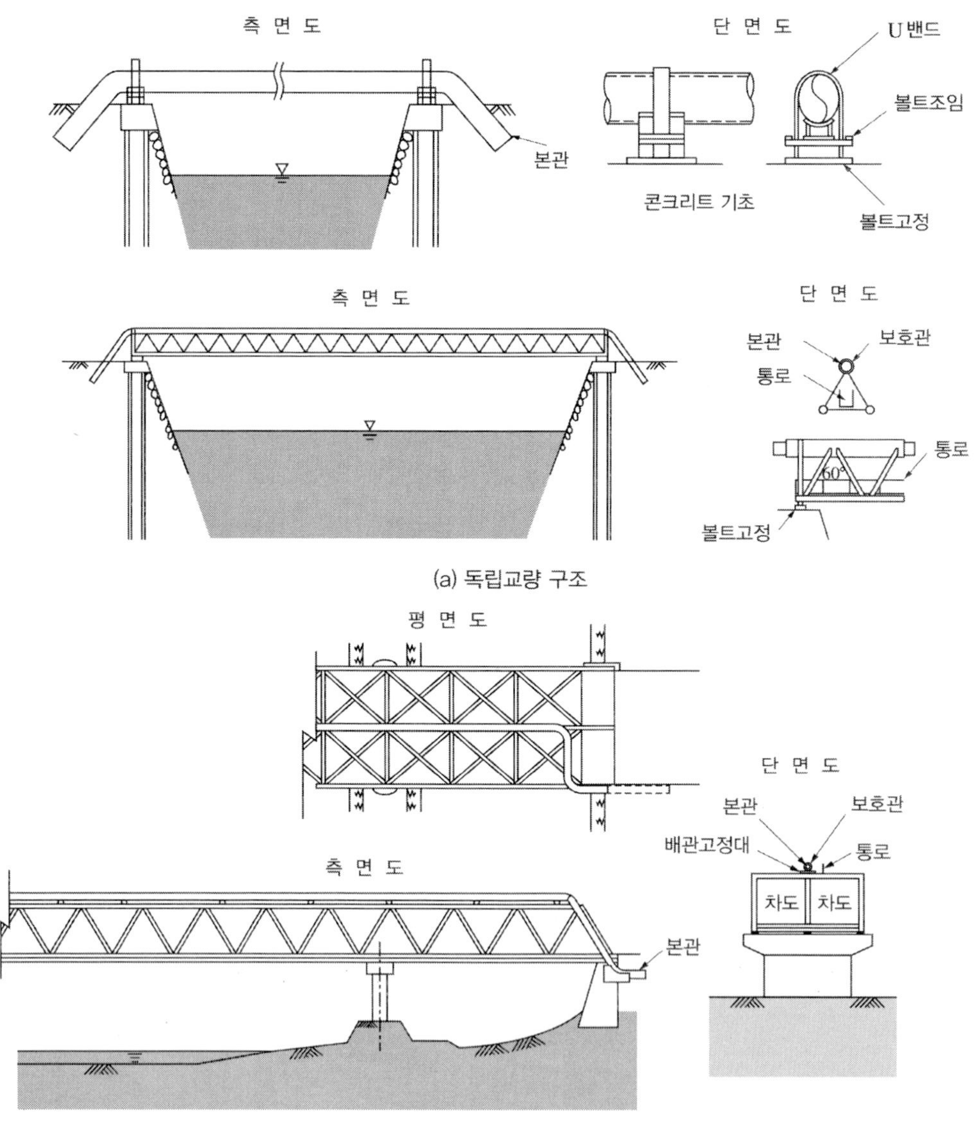

(a) 독립교량 구조

(b) 기존 교량 설치구조

그림 4.106 ▌ 교량 구조

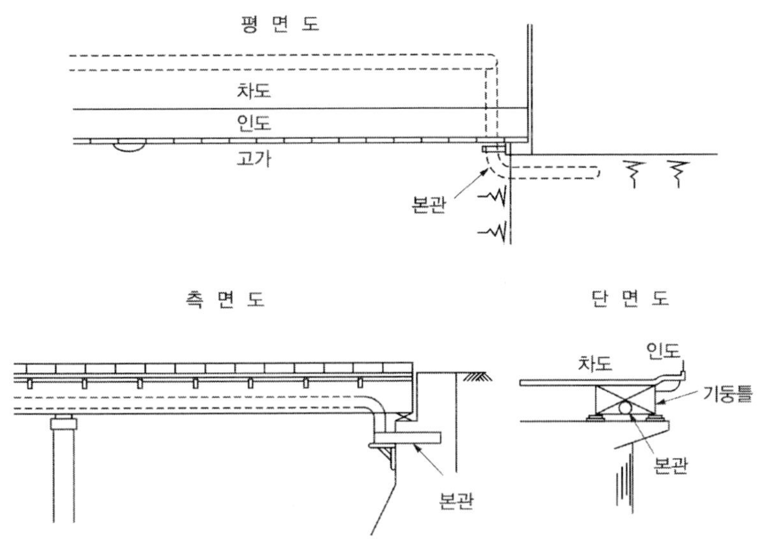

그림 4.107 ▌ 기존 교량 틀 내의 설치구조 예시

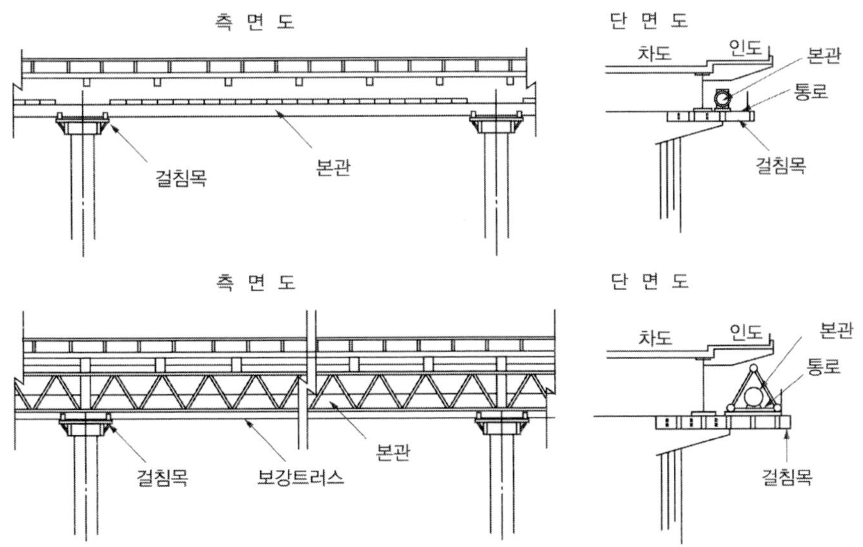

그림 4.108 ▌ 기존 교량 틀 외의 설치구조 예시

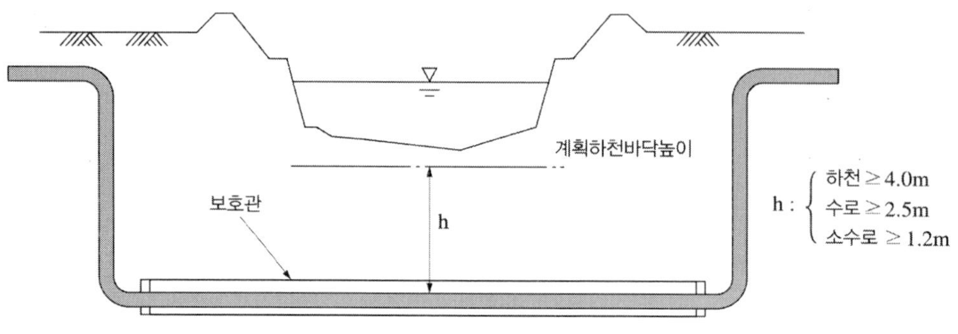

그림 4.109 ▌ 하천, 수로 등의 횡단부

(라) 하천 또는 수로를 횡단하여 배관을 설치하는 경우에는 (가) 내지 (다)의 규정에 의하는 외에 (2)((나)·(다) 및 (사) 제외) 및 (5)((가) 제외)의 규정을 준용할 것

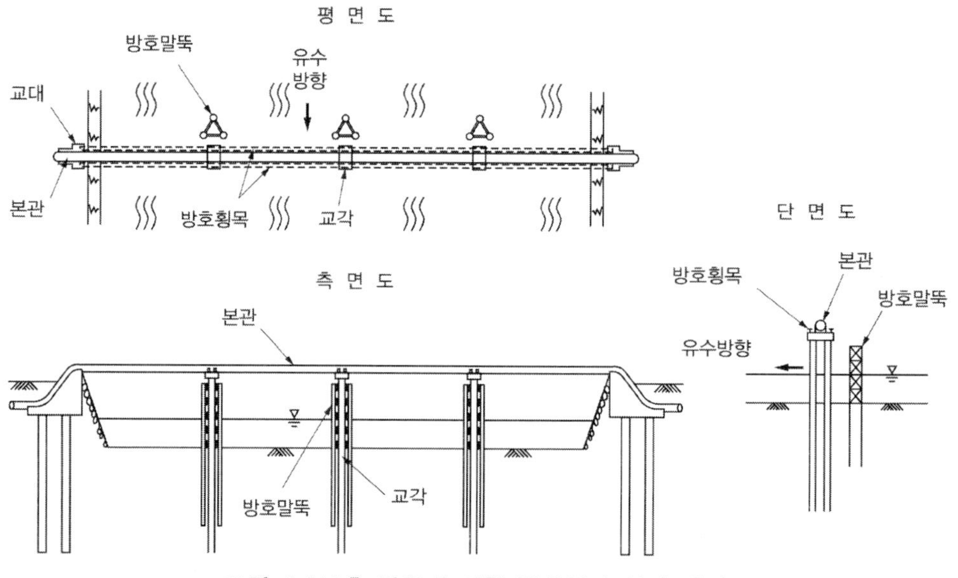

그림 4.110 ▌ 말뚝에 의한 방호설비 설치 예시

3.5 기타 설비 등

3.5.1 누설확산방지조치

배관을 시가지·하천·수로·터널·도로·철도 또는 투수성透水性 지반에 설치하는 경우에는 누설된 위험물의 확산을 방지할 수 있는 강철제의 관·철근콘크리트조의 방호구조물 등 견고하고 내구성이 있는 구조물의 안에 설치하여야 한다.

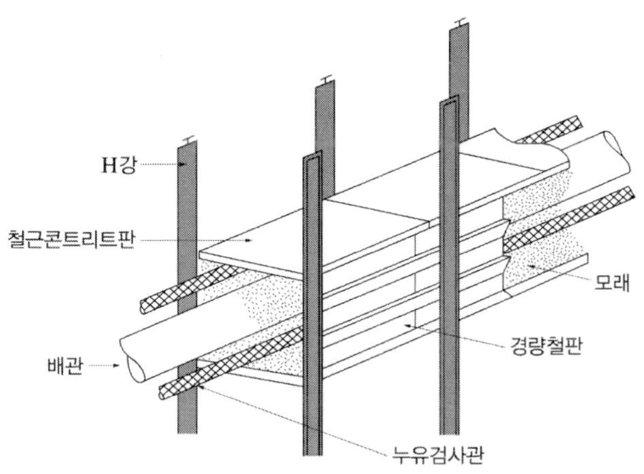

그림 4.111 ▌ 누설확산방지조치

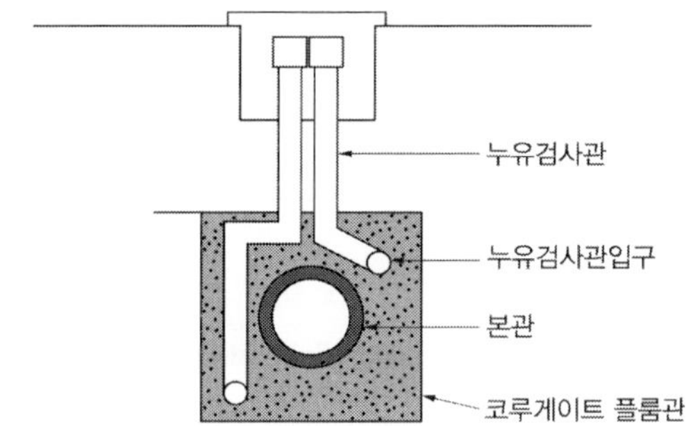

그림 4.112 ▌ 코루게이트 · 플룸관을 이용한 예시

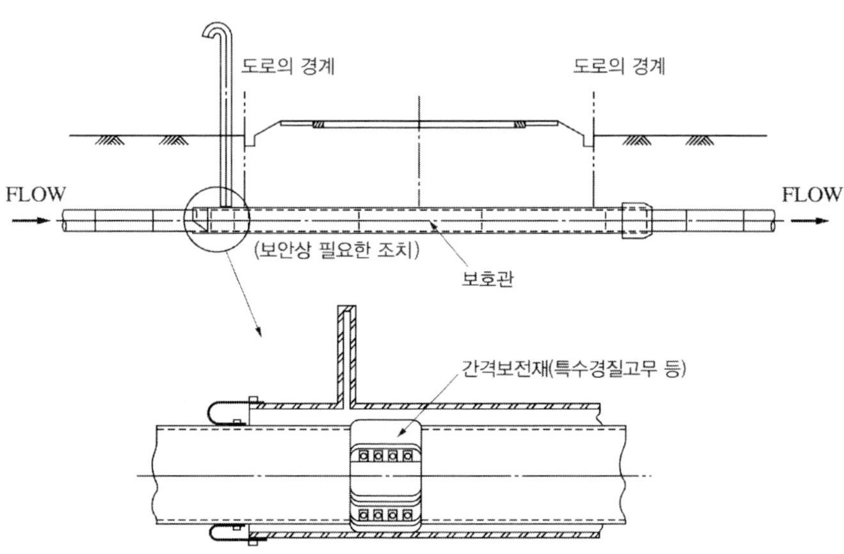

그림 4.113 ▌ 강철제 보호관을 이용한 예시

3.5.2 가연성 증기의 체류방지 조치

배관을 설치하기 위하여 설치하는 터널(높이 1.5m 이상인 것에 한함)에는 가연성 증기의 체류를 방지하는 조치[105]를 하여야 한다.

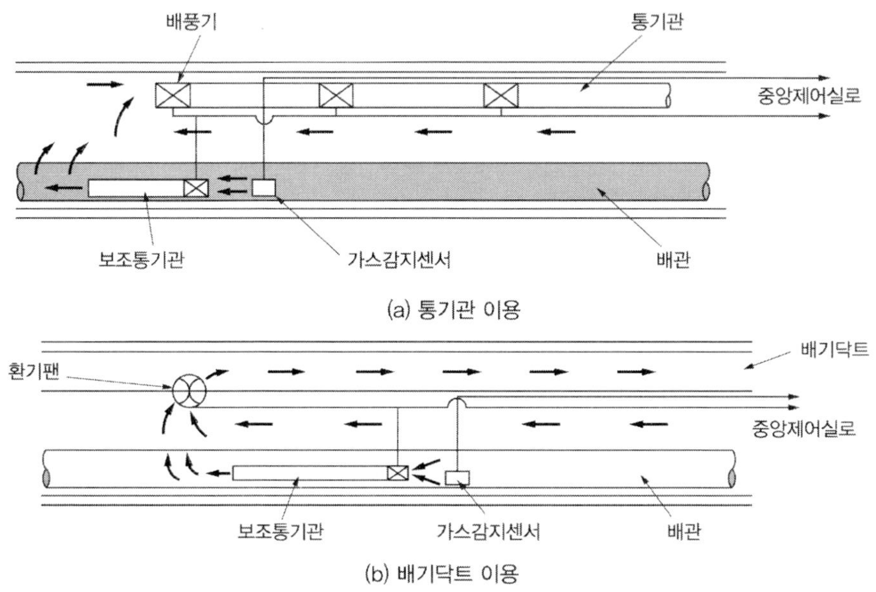

그림 4.114 ▌ 가연성 증기 체류방지조치

3.5.3 부등침하 등의 우려가 있는 장소에 설치하는 배관

부등침하 등 지반의 변동이 발생할 우려가 있는 장소에 배관을 설치하는 경우에는 배관이 손상을 받지 않도록 필요한 조치를 하여야 한다.

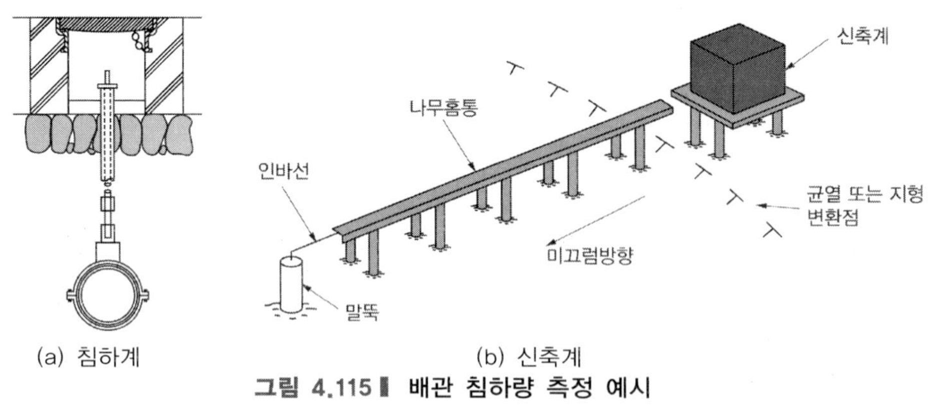

그림 4.115 ▌ 배관 침하량 측정 예시

105) 작동설정값은 가연성 증기의 폭발하한계의 25% 농도가 적당하다.

3.5.4 굴착에 의하여 주위가 노출된 배관의 보호

굴착에 의하여 주위가 일시 노출되는 배관은 손상되지 않도록 적절한 보호조치를 하여야 한다.

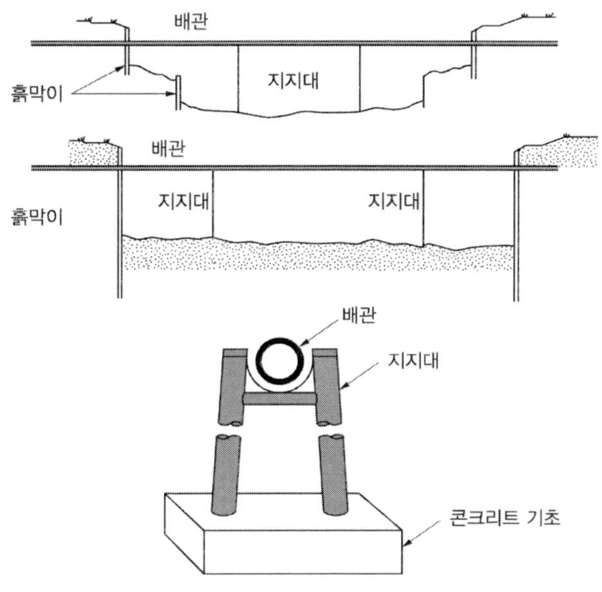

그림 4.116 ▌ 노출된 기존 배관의 임시보호조치 예시

3.5.5 비파괴시험(세부기준 제121조~제123조)

(가) 배관 등의 용접부는 비파괴시험을 실시하여 합격할 것. 이 경우 이송기지 내의 지상에 설치된 배관 등은 전체 용접부의 20% 이상을 발췌하여 시험할 수 있다.

표 4.4 비파괴시험 대상 구분

용접부 종별	배관두께	시험
진동, 충격, 온도변화 등에 의해 손상의 우려가 있는 용접부	6mm 미만	자분탐상시험 또는 침투탐상시험 방사선투과시험
	6mm 이상	자분탐상시험 또는 침투탐상시험 초음파 탐상시험 방사선투과시험
상기 이외의 용접부	6mm 미만	방사선투과시험 부적당한 경우 : 자분탐상시험 또는 침투탐상시험
	6mm 이상	방사선투과시험 부적당한 경우 : 자분탐상시험 또는 침투탐상시험 그리고 초음파 탐상시험

(나) (가)의 규정에 의한 비파괴시험의 방법, 판정기준 등은 소방청장이 정하여 고시하는 바에 의할 것

3.5.6 내압시험(세부기준 제124조)

(가) 배관 등은 최대상용압력의 1.25배 이상의 압력으로 4시간 이상 수압을 가하여 누설 그 밖의 이상이 없을 것. 다만, 수압시험을 실시한 배관 등의 시험구간 상호간을 연결하는 부분 또는 수압시험을 위하여 배관 등의 내부공기를 뽑아낸 후 폐쇄한 곳의 용접부는 3.5.5의 비파괴시험으로 갈음할 수 있다.

(나) (가)의 규정에 의한 내압시험의 방법, 판정기준 등은 소방청장이 정하여 고시하는 바에 의할 것

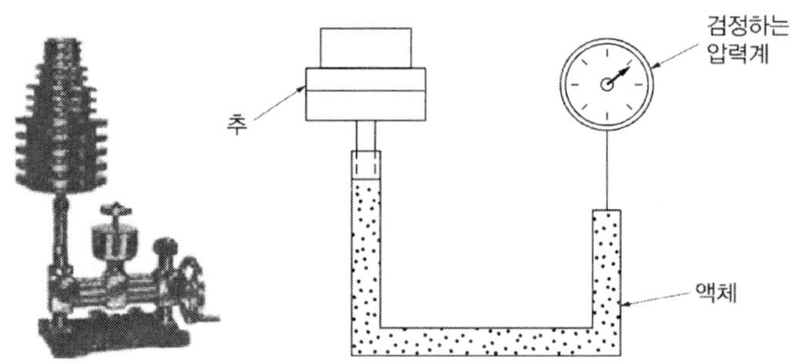

그림 4.117 ▌ 압력 시험기 및 작동원리(중량평형식)

3.5.7 운전상태의 감시장치

(가) 배관계[106]에는 펌프 및 밸브의 작동상황 등 배관계의 운전상태를 감시하는 장치를 설치할 것

(나) 배관계에는 압력 또는 유량의 이상변동 등 이상한 상태가 발생하는 경우에 그 상황을 경보하는 장치를 설치할 것

3.5.8 안전제어장치

배관계에는 다음에 정한 제어기능이 있는 안전제어장치를 설치하여야 한다.

(가) 압력안전장치 · 누설검지장치 · 긴급차단밸브 그 밖의 안전설비의 제어회로가 정상으로 있지 않으면 펌프가 작동하지 않도록 하는 제어기능

106) 배관 등 및 위험물 이송에 사용되는 일체의 부속설비를 말한다.

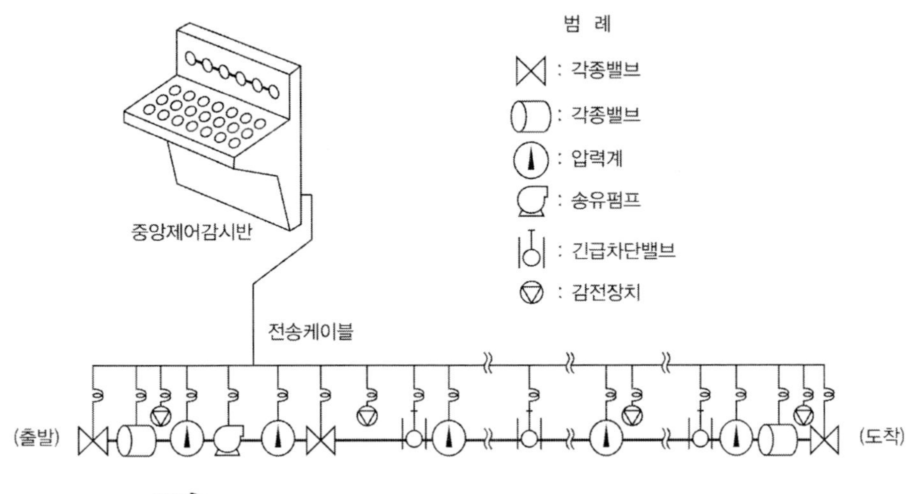

그림 4.118 ▌ 배관계의 감시장치 개념도

(나) 안전상 이상상태가 발생한 경우에 펌프 · 긴급차단밸브 등이 자동 또는 수동으로 연동하여 신속히 정지 또는 폐쇄되도록 하는 제어기능

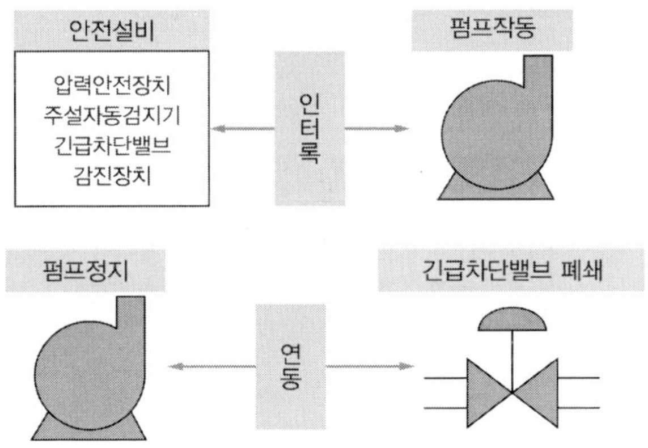

그림 4.119 ▌ 안전제어장치(인터록) 예시

3.5.9 압력안전장치

(가) 배관계에는 배관내의 압력이 최대상용압력을 초과하거나 유격작용 등에 의하여 생긴 압력이 최대상용압력의 1.1배를 초과하지 않도록 제어하는 장치(압력안전장치)를 설치할 것

(나) 압력안전장치의 재료 및 구조는 배관 등의 재료 및 구조(Ⅱ 제1호 내지 제5호)의 기준에 의할 것

(다) 압력안전장치[107]는 배관계의 압력변동을 충분히 흡수할 수 있는 용량을 가질 것

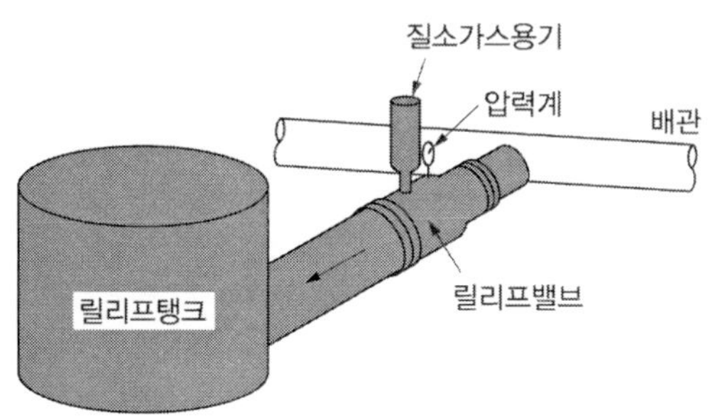

그림 4.120 ▌ 이상압력방출기구 예시

3.5.10 누설검지장치 등

(가) 배관계에는 다음의 기준에 적합한 누설검지장치를 설치할 것

1) 가연성 증기를 발생하는 위험물을 이송하는 배관계의 점검상자에는 가연성 증기를 검지하는 장치

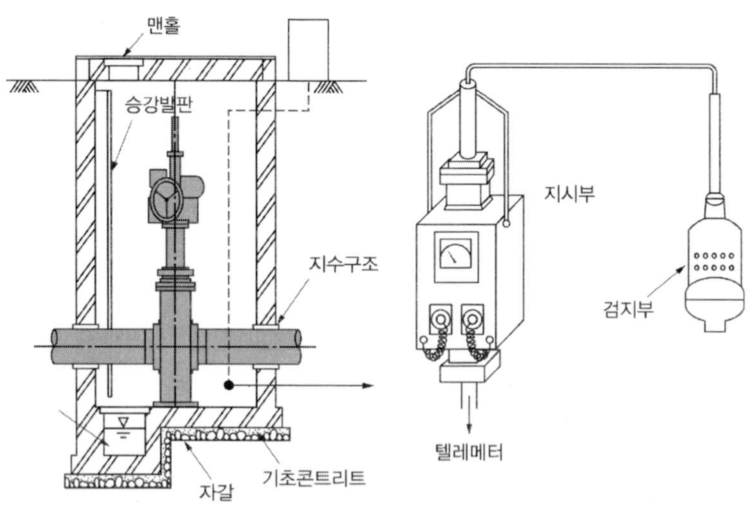

그림 4.121 ▌ 가스검지 경보시스템 구성 예시

107) 유격압력안전장치에는 압력방출장치 또는 라인의 말단 혹은 중간에서 압력의 급격한 상승을 검지한 경우 펌프를 자동으로 정지하는 장치 등이 이용된다.

2) 배관계 내의 위험물의 양을 측정하는 방법에 의하여 자동적으로 위험물의 누설을 검지하는 장치 또는 이와 동등 이상의 성능이 있는 장치

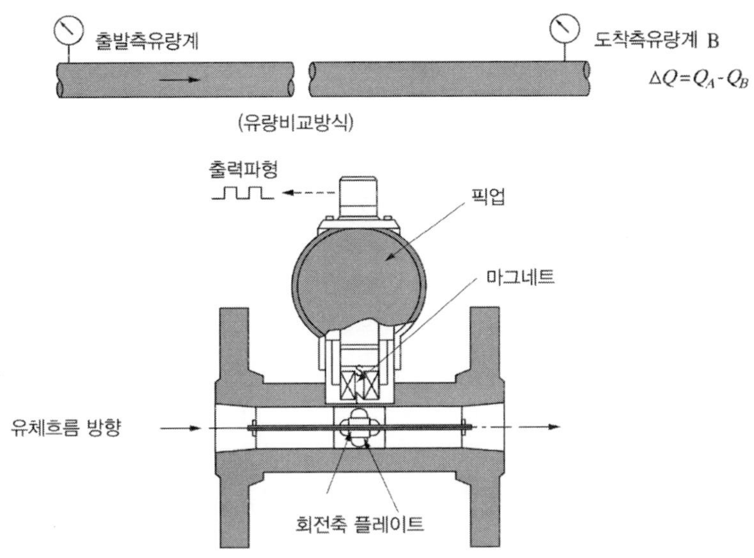

그림 4.122 ▮ 상시 검지방법(터빈식 유량계) 예시

3) 배관계 내의 압력을 측정하는 방법에 의하여 위험물의 누설을 자동적으로 검지하는 장치 또는 이와 동등 이상의 성능이 있는 장치
4) 배관계 내의 압력을 일정하게 정지시키고 당해 압력을 측정하는 방법에 의하여 위험물의 누설을 검지하는 장치 또는 이와 동등 이상의 성능이 있는 장치

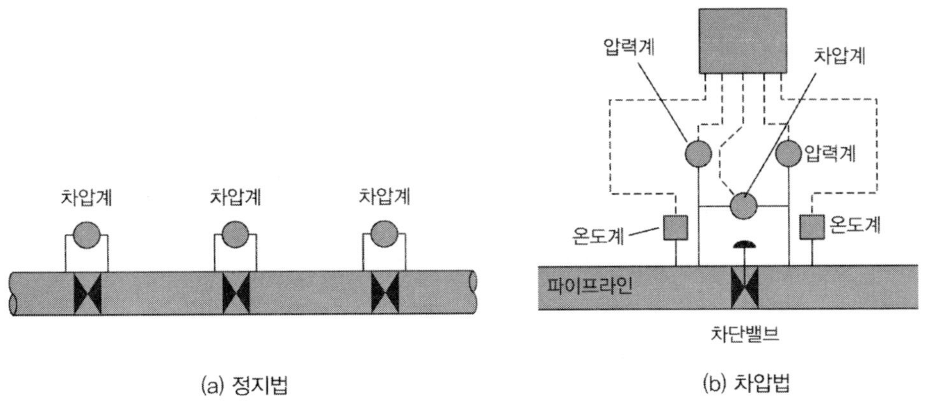

그림 4.123 ▮ 라인팩(Line-pack) 방식

(나) 배관을 지하에 매설한 경우에는 안전상 필요한 장소[108]에 누설검지구를 설치할 것. 다만, 배관을 따라 일정한 간격으로 누설을 검지할 수 있는 장치를 설치하는 경우에는 제외된다.

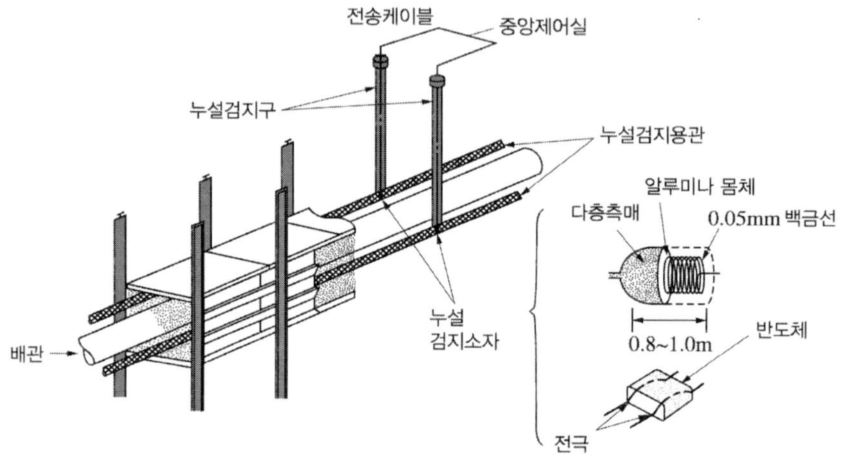

그림 4.124 ▌ 누설검지용관

3.5.11 긴급차단밸브

(가) 배관에는 다음의 기준에 의하여 긴급차단밸브를 설치할 것. 다만, 2) 또는 3)에 해당하는 경우로서 당해 지역을 횡단하는 부분의 양단의 높이 차이로 인하여 하류측으로부터 상류측으로 역류될 우려가 없는 때에는 하류측에는 설치하지 않을 수 있으며, 4) 또는 5)에 해당하는 경우로서 방호구조물을 설치하는 등 안전상 필요한 조치를 하는 경우에는 설치하지 않을 수 있다.

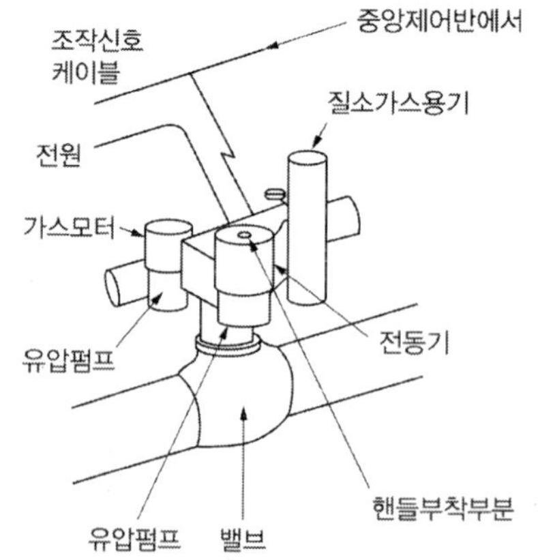

그림 4.125 ▌ 긴급차단밸브 예시

108)하천 등의 아래에 매설한 경우에는 금속관 또는 방호구조물의 안을 말한다.

1) 시가지에 설치하는 경우에는 약 4km의 간격
2) 하천 · 호소 등을 횡단하여 설치하는 경우에는 횡단하는 부분의 양 끝
3) 해상 또는 해저를 통과하여 설치하는 경우에는 통과하는 부분의 양 끝
4) 산림지역에 설치하는 경우에는 약 10km의 간격
5) 도로 또는 철도를 횡단하여 설치하는 경우에는 횡단하는 부분의 양 끝

(나) 긴급차단밸브는 다음의 기능이 있을 것
1) 원격조작 및 현지조작에 의하여 폐쇄되는 기능
2) 누설검지장치(3.5.10 참조)에 의하여 이상이 검지된 경우에 자동으로 폐쇄되는 기능

(다) 긴급차단밸브는 그 개폐상태가 당해 긴급차단밸브의 설치장소에서 용이하게 확인될 수 있을 것

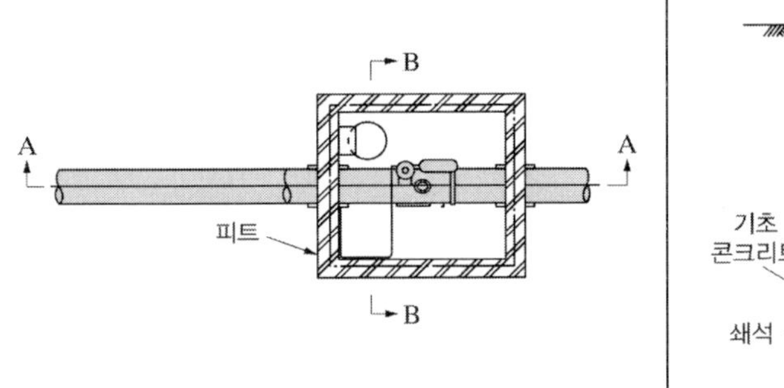

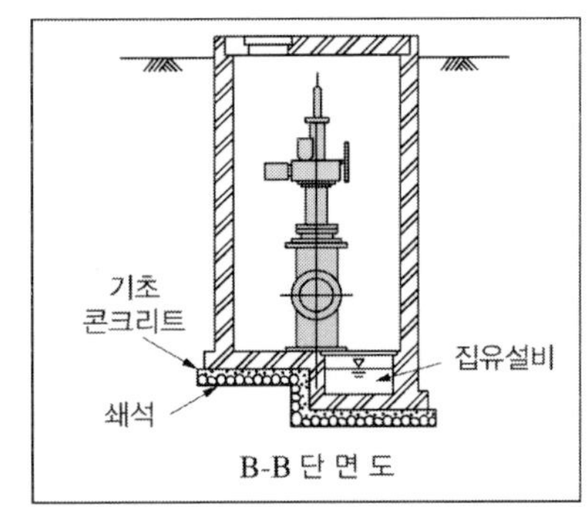

(a) 지하설치

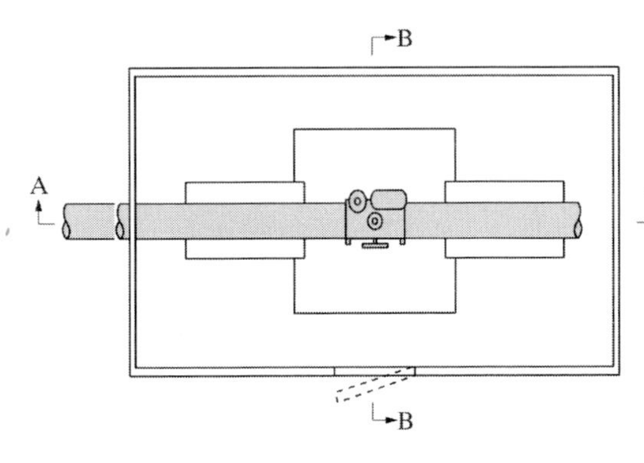

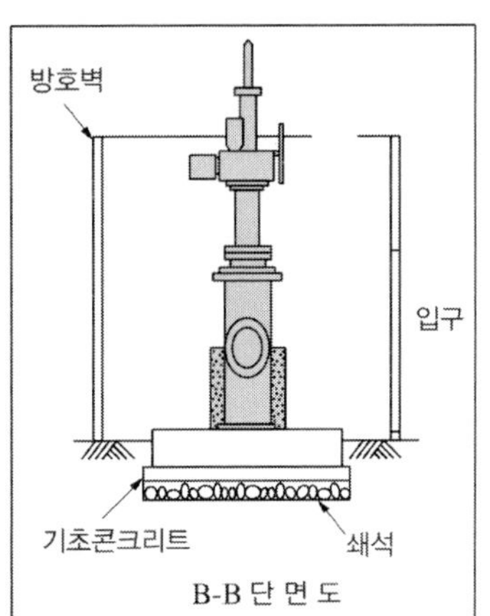

(b) 지상설치

그림 4.126 ▌ 긴급차단밸브 설치 예시

(라) 긴급차단밸브를 지하에 설치하는 경우에는 긴급차단밸브를 점검상자 안에 유지할 것. 다만, 긴급차단밸브를 도로 외의 장소에 설치하고 당해 긴급차단밸브의 점검이 가능하도록 조치하는 경우에는 제외된다.

(마) 긴급차단밸브는 당해 긴급차단밸브의 관리에 관계하는 자 외의 자가 수동으로 개폐할 수 없도록 할 것

3.5.12 위험물 제거조치

배관에는 서로 인접하는 2개의 긴급차단밸브 사이의 구간마다 당해 배관 안의 위험물을 안전하게 물 또는 불연성 기체로 치환할 수 있는 조치를 하여야 한다.

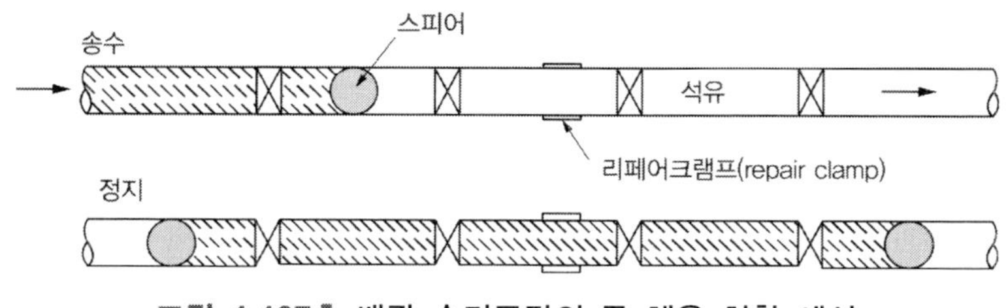

그림 4.127 ▌ 배관 수리구간의 물 체움 치환 예시

✔ 배관계통에 있어서 누설사고 시 응급조치

- 송유를 정지하고 긴급차단밸브를 잠그고 누설구간을 격리한다.
- 누설장소의 도장재료를 벗기고 리페어 클램프 등을 이용하여 누설장소를 처리한다.

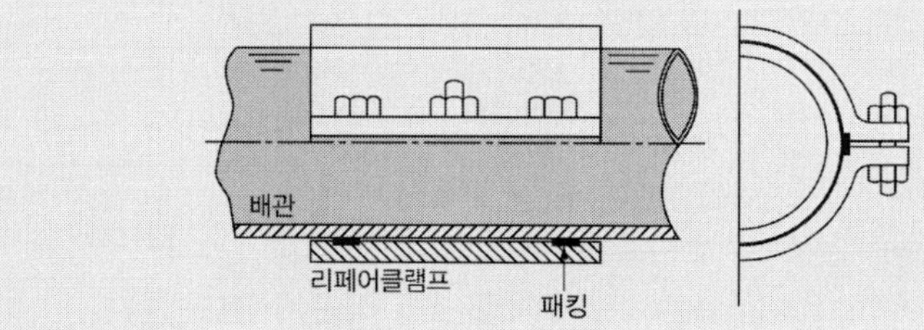

3.5.13 감진장치 등

배관의 경로에는 안전상 필요한 장소와 25km의 거리마다 감진장치[109] 및 강진계[110]를 설치하여야 한다.

---

109) 감진장치는 설정값 이상의 지진요동이 발생하는 경우 감진장치의 검출용 접점이 작동하여 릴레이회로를 움직여 경보 또는 제어용 신호를 발하는 지진계이다.

110) 강진계는 설정값 이상의 지진요동이 발생하는 경우 전후, 좌우 및 상하진동 3성분의 가속도를 기록하는 장치로서 지진요동의 해석에 이용된다.

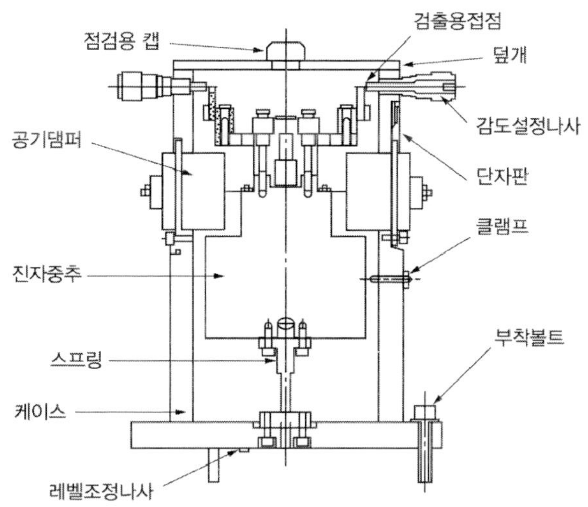

그림 4.128 ▌ 감진장치 구조 예시

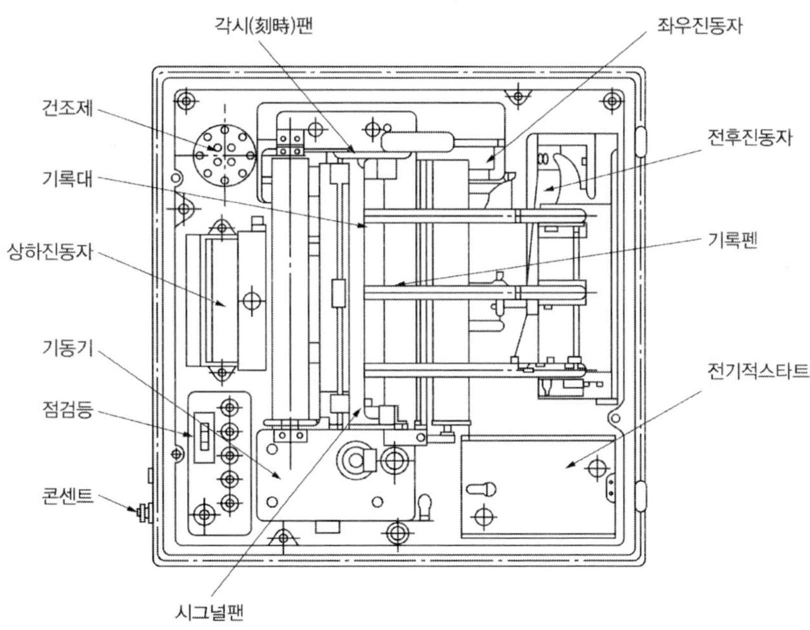

그림 4.129 ▌ 강진계 구조 예시

3.5.14 경보설비

이송취급소에는 다음의 기준에 의하여 경보설비를 설치하여야 한다.

(가) 이송기지에는 비상벨장치 및 확성장치를 설치할 것

(나) 가연성 증기를 발생하는 위험물(인화점이 40℃ 미만인 위험물을 지칭함)을 취급

하는 펌프실 등에는 가연성 증기 경보설비를 설치할 것

3.5.15 순찰차 등

배관의 경로에는 다음의 기준에 따라 순찰차를 배치하고 기자재창고를 설치하여야 한다.

(가) 순찰차

1) 배관계의 안전관리상 필요한 장소에 둘 것

2) 평면도 · 종횡단면도 그 밖에 배관 등의 설치상황을 표시한 도면, 가스탐지기, 통신장비, 휴대용조명기구, 응급누설방지기구, 확성기, 방화복(또는 방열복), 소화기, 경계로프, 삽, 곡괭이 등 점검 · 정비에 필요한 기자재를 비치할 것

(나) 기자재창고

1) 이송기지, 배관경로(5km 이하인 것 제외)의 5km 이내 마다의 방재상 유효한 장소 및 주요한 하천 · 호소 · 해상 · 해저를 횡단하는 장소의 근처에 각각 설치할 것. 다만, 특정이송취급소 외의 이송취급소에 있어서는 배관경로에는 설치하지 않을 수 있다.

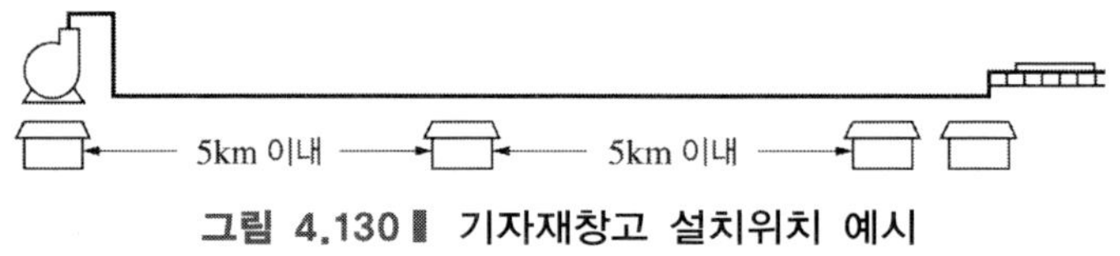

그림 4.130 ▌ 기자재창고 설치위치 예시

2) 기자재창고에는 다음의 기자재를 비치할 것

가) 3%로 희석하여 사용하는 포소화약제 400L 이상, 방화복(또는 방열복) 5벌 이상, 삽 및 곡괭이 각 5개 이상

나) 유출한 위험물을 처리하기 위한 기자재 및 응급조치를 위한 기자재

3.5.16 비상전원

운전 상태의 감시장치 · 안전제어장치 · 압력안전장치 · 누설검지장치 · 긴급차단밸브 · 소화설비 및 경보설비에는 상용전원이 고장인 경우에 자동적으로 작동할 수 있는 비상전원을 설치하여야 한다.

3.5.17 접지 등

(가) 배관계는 안전상 필요에 따라 접지 등의 설비를 할 것
(나) 배관계는 안전상 필요에 따라 지지물 그 밖의 구조물로부터 절연할 것
(다) 배관계는 안전상 필요에 따라 절연용 접속을 할 것
(라) 피뢰설비의 접지장소에 근접하여 배관을 설치하는 경우에는 절연을 위하여 필요한 조치를 할 것

3.5.18 피뢰설비

이송취급소(위험물을 이송하는 배관 등의 부분 제외)에는 피뢰설비를 설치하여야 한다. 다만, 주위의 상황에 의하여 안전상 지장이 없는 경우에는 제외된다.

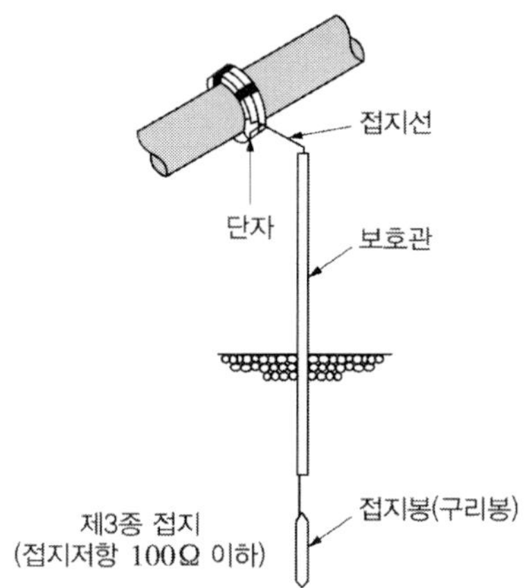

그림 4.131 ▌ 접지 예시

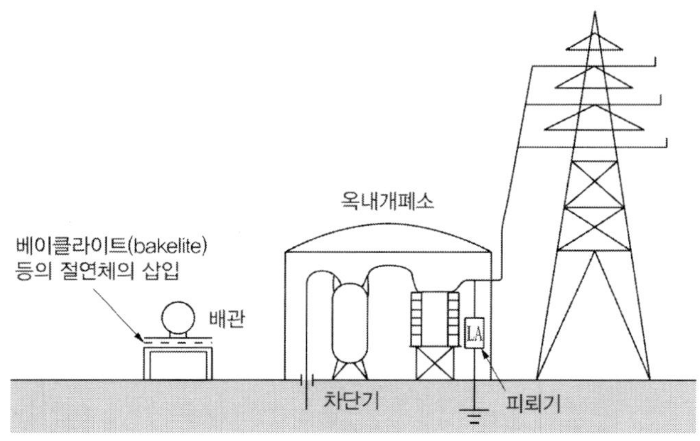

그림 4.132 ▌ 피뢰기 접지장소의 절연 예시

3.5.19 전기설비

이송취급소에 설치하는 전기설비는 「전기사업법」에 의한 전기설비기술기준에 의하여야 한다.

3.5.20 표지 및 게시판(세부기준 제125조 참조)

(가) 이송취급소(위험물을 이송하는 배관 등의 부분 제외)에는 제조소의 표지 및 게시판([별표 4] Ⅲ 제1호, 제2호)의 기준에 따라 보기 쉬운 곳에 "위험물 이송취급소"라는 표시를 한 표지와 방화에 관하여 필요한 사항을 게시한 게시판을 설치하여야 한다.

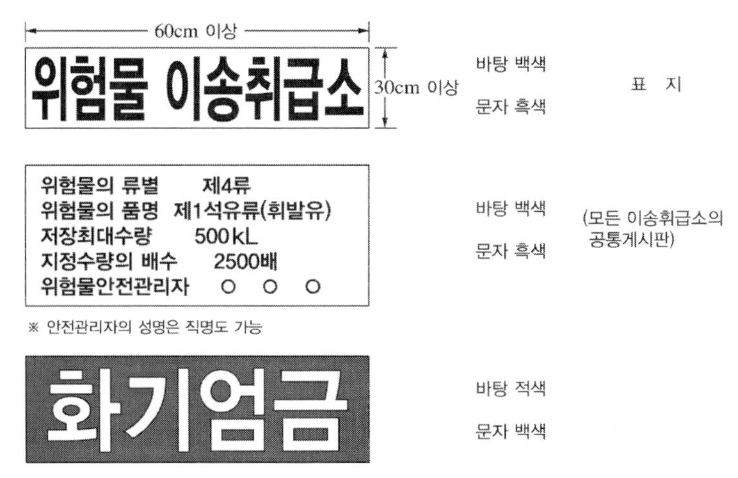

그림 4.133 표지 및 게시판 예시

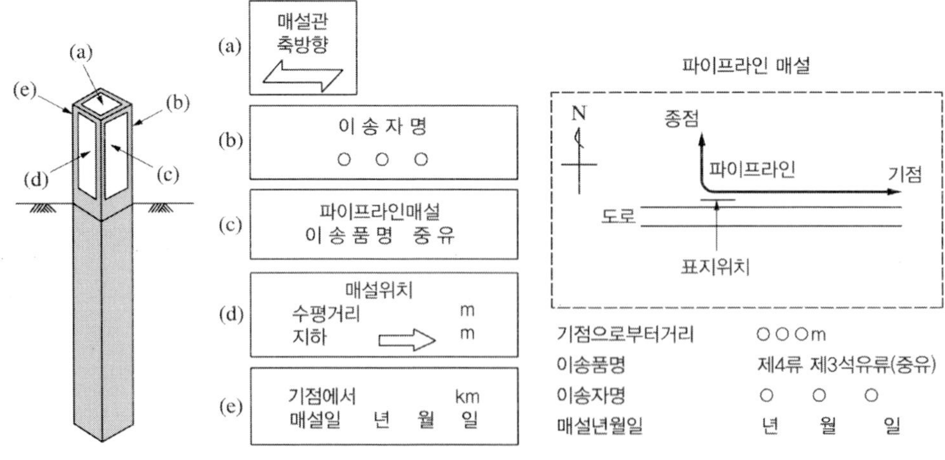

그림 4.134 위치표지 예시

(나) 배관의 경로에는 소방청장이 정하여 고시하는 바에 따라 위치표지·주의표시 및 주의표지를 설치하여야 한다.

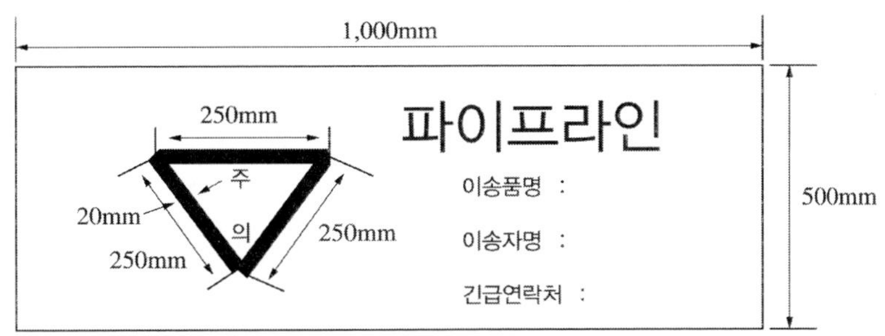

그림 4.135 ▌ 주의표지 예시

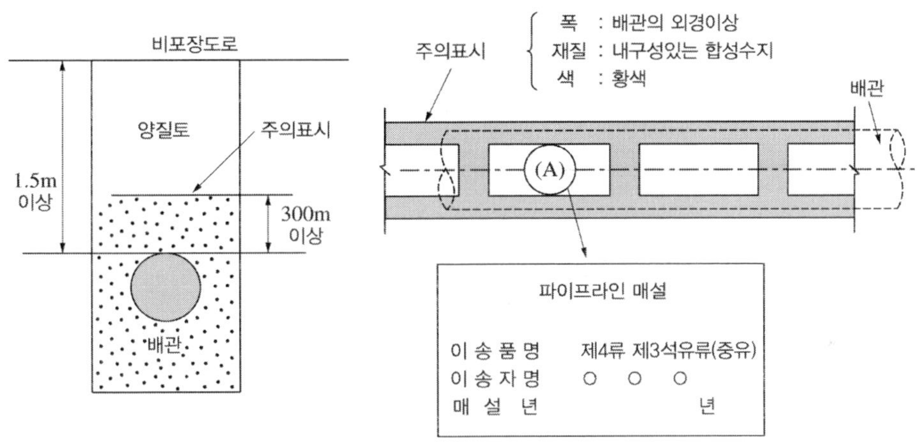

그림 4.136 ▌ 주의표시 예시

3.5.21 안전설비의 작동시험(세부기준 제126조 참조)

안전설비로서 소방청장이 정하여 고시하는 것은 소방청장이 정하여 고시하는 방법에 따라 시험을 실시하여 정상으로 작동하는 것이어야 한다.

표 4.5 안전설비 시험방법

안전설비	시험방법
배관 내 압력경보장치 누설(유량측정)경보장치 누설(압력측정)경보장치 긴급차단밸브기능불량 경보장치 지진경보장치	이상사태에 상당하는 모의신호를 부여하여 작동을 확인

안전설비		시험방법
안전제어기능	보안설비와 펌프와의 인터록	제어회로를 차단하여 펌프의 기동조작을 한다.
	펌프와 긴급차단밸브 등이 연동하여 정지, 폐쇄	• 누설검지장치에 모의신호를 부여, • 긴급차단밸브를 폐쇄하기 위한 제어회로를 차단하며, • 감진장치 등에 지진요동 상당의 모의신호를 부여하여 작동을 확인한다.
압력안전제어장치(압력제어밸브)		압력제어밸브의 하류측 밸브를 순서대로 폐쇄하여 작동을 확인한다.
유격압력안전장치		압력제어밸브의 기능을 정지시키며, 이동상태의 압력도피(빼기) 밸브의 하류측 밸브를 순서대로 폐쇄하여 작동을 확인한다.
누설자동검지장치(유량측정방식, 압력측정방식)		이송에 의해 이행하든지 또는 이송에 상당하는 모의신호를 부여한다.
비상동력원		상용전력원을 차단하며, 자동적으로 비상동력원으로 전환되어 유효하게 작동하는 것을 확인한다.

3.5.22 선박에 관계된 배관계의 안전설비 등

위험물을 선박으로부터 이송하거나 선박에 이송하는 경우의 배관계의 안전설비 등에 있어서 (7) 내지 (21)의 규정에 의하는 것이 현저히 곤란한 경우에는 다른 안전조치를 강구할 수 있다.

3.5.23 펌프 등

펌프 및 그 부속설비(펌프 등)를 설치하는 경우에는 다음의 기준에 의하여야 한다.

(가) 펌프 등[111]은 그 주위에 표 4.6에 의한 공지를 보유할 것. 다만, 벽·기둥 및 보를 내화구조로 하고 지붕을 폭발력이 위로 방출될 정도의 가벼운 불연재료로 한 펌프실에 펌프를 설치한 경우에는 공지 너비의 1/3로 할 수 있다.

(나) 펌프 등은 배관의 지상설치(Ⅲ 제5호나목)의 규정에 준하여 그 주변에 안전거리를 둘 것. 다만, 위험물의 유출확산을 방지할 수 있는 방화상 유효한 담 등의 공작물을 주위상황에 따라 설치하는 등 안전상 필요한 조치를 하는 경우에는 제외된다.

111) 펌프를 펌프실 내에 설치한 경우에는 당해 펌프실을 말한다.

표 4.6 보유공지

펌프등의 최대상용압력	공지의 너비
1MPa 미만	3m 이상
1MPa 이상 3MPa 미만	5m 이상
3MPa 이상	15m 이상

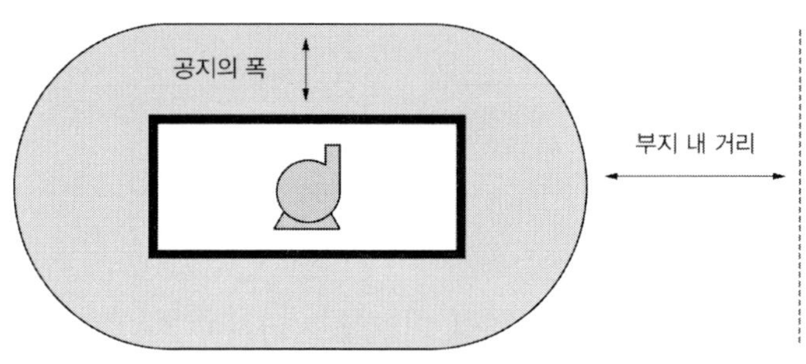

그림 4.137 ▌ 보유공지 예시

(다) 펌프는 견고한 기초 위에 고정하여 설치할 것

(라) 펌프를 설치하는 펌프실은 다음의 기준에 적합하게 할 것

1) 불연재료의 구조로 할 것. 이 경우 지붕은 폭발력이 위로 방출될 정도의 가벼운 불연재료이어야 한다.
2) 창 또는 출입구를 설치하는 경우에는 갑종방화문 또는 을종방화문으로 할 것
3) 창 또는 출입구에 유리를 이용하는 경우에는 망입유리로 할 것
4) 바닥은 위험물이 침투하지 않는 구조로 하고 그 주변에 높이 20cm 이상의 턱을 설치할 것
5) 누설한 위험물이 외부로 유출되지 아니하도록 바닥은 적당한 경사를 두고 그 최저부에 집유설비를 할 것
6) 가연성 증기가 체류할 우려가 있는 펌프실에는 배출설비를 할 것
7) 펌프실에는 위험물을 취급하는데 필요한 채광・조명 및 환기 설비를 할 것

(마) 펌프 등을 옥외에 설치하는 경우에는 다음의 기준에 의할 것

1) 펌프 등을 설치하는 부분의 지반은 위험물이 침투하지 않는 구조로 하고 그 주위에는 높이 15cm 이상의 턱을 설치할 것
2) 누설한 위험물이 외부로 유출되지 않도록 배수구 및 집유설비를 설치할 것

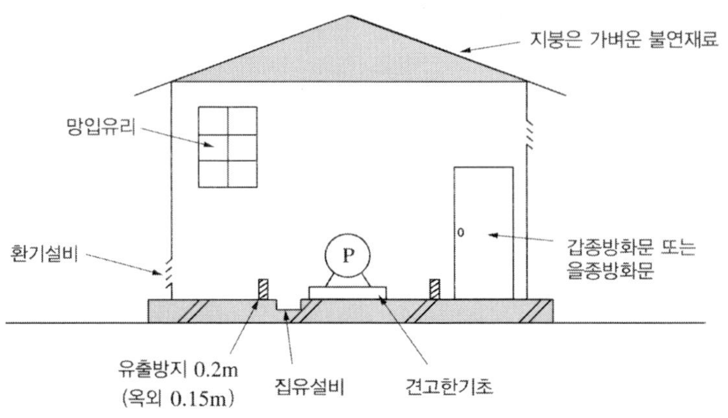

그림 4.138 ▌ 펌프실의 구조 예시

3.5.24 피그(Pig)[112]장치

피그장치를 설치하는 경우에는 다음의 기준에 의하여야 한다.

피그장치는 여러 종류의 유류수송에 있어서 유류의 혼합을 억제하는 피그 배관을 청소하는 피그, 위험물의 제거조치용에 사용하는 피그 등을 보내거나 받는 장치로서 구형피그, 우산형 피그, 포탄형 피그 등이 있다.

(가) 피그장치는 배관의 강도와 동등 이상의 강도를 가질 것

(나) 피그장치는 당해 장치의 내부압력을 안전하게 방출할 수 있고 내부압력을 방출한 후가 아니면 피그를 삽입하거나 배출할 수 없는 구조로 할 것

(다) 피그장치는 배관 내에 이상응력이 발생하지 않도록 설치할 것

(라) 피그장치를 설치한 장소의 바닥은 위험물이 침투하지 않는 구조로 하고 누설한 위험물이 외부로 유출되지 않도록 배수구 및 집유설비를 설치할 것

그림 4.139 ▌ 피그의 종류 예시

112) 배관 내의 유체(가스, 오일, 물 등)의 흐름을 이용하여 피그를 진행시켜 배관의 상태를 파악하는 장비로서 배관 내부의 청소, 내용물 분리, 배관 내의 이상유무와 이의 위치를 정확히 파악하기 위한 용도로 사용된다.

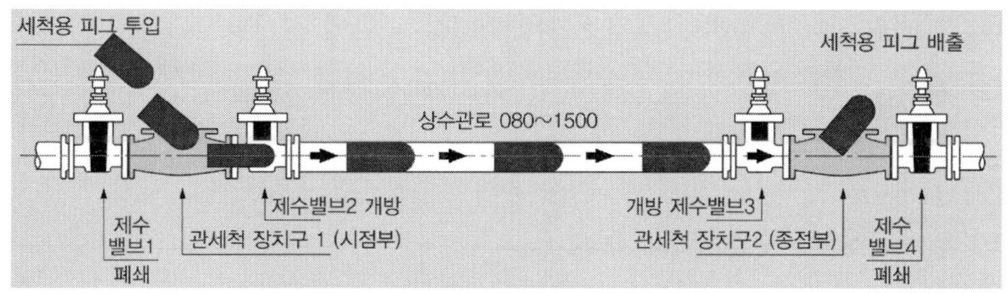

그림 4.140 ▌ 세척작업 시 피그장치 개략도

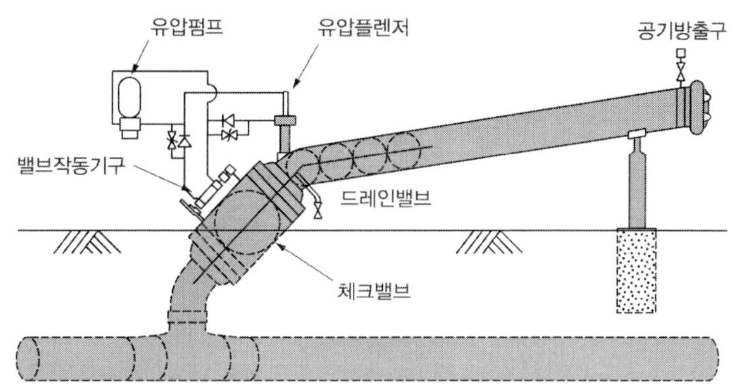

그림 4.141 ▌ 체크밸브타입의 피그 발사기

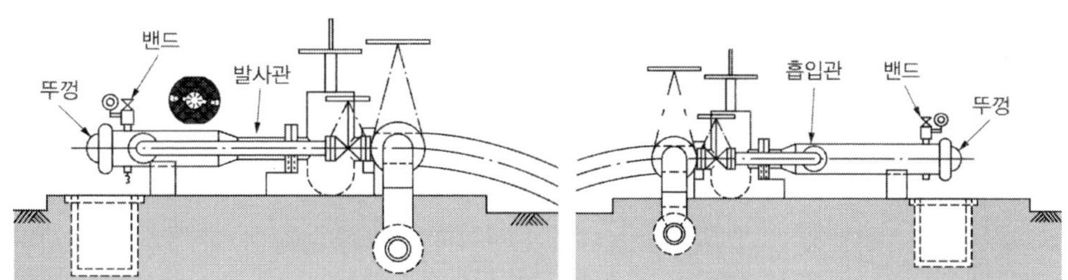

그림 4.142 ▌ 피그장치 구성 예시

(마) 피그장치의 주변에는 너비 3m 이상의 공지를 보유할 것. 다만, 펌프실 내에 설치하는 경우에는 제외된다.

3.5.25 밸브

교체밸브 · 제어밸브 등은 다음의 기준에 의하여 설치하여야 한다.

(가) 밸브는 원칙적으로 이송기지 또는 전용부지 내에 설치할 것

(나) 밸브는 그 개폐상태가 당해 밸브의 설치장소에서 쉽게 확인할 수 있도록 할 것

(다) 밸브를 지하에 설치하는 경우에는 점검상자 안에 설치할 것
(라) 밸브는 당해 밸브의 관리에 관계하는 자가 아니면 수동으로 개폐할 수 없도록 할 것

3.5.26 위험물의 주입구 및 토출구

위험물의 주입구 및 토출구는 다음의 기준에 의하여야 한다.

(가) 위험물의 주입구 및 토출구는 화재예방상 지장이 없는 장소에 설치할 것
(나) 위험물의 주입구 및 토출구는 위험물을 주입하거나 토출하는 호스 또는 배관과 결합이 가능하고 위험물의 유출이 없도록 할 것
(다) 위험물의 주입구 및 토출구에는 위험물의 주입구 또는 토출구가 있다는 내용과 화재예방과 관련된 주의사항을 표시한 게시판을 설치할 것
(라) 위험물의 주입구 및 토출구에는 개폐가 가능한 밸브를 설치할 것

3.5.27 이송기지의 안전조치

(가) 이송기지의 구내에는 관계자 외의 자가 함부로 출입할 수 없도록 경계표시를 할 것. 다만, 주위의 상황에 의하여 관계자 외의 자가 출입할 우려가 없는 경우에는 제외된다.
(나) 이송기지에는 다음의 기준에 의하여 당해 이송기지 밖으로 위험물이 유출되는 것을 방지할 수 있는 조치를 할 것

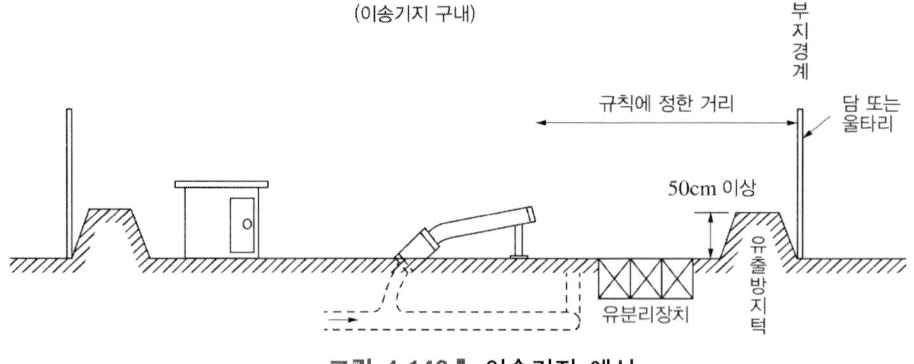

그림 4.143 ▮ 이송기지 예시

표 4.7 보유공지

배관의 최대상용압력	공지의 너비
0.3MPa 미만	3m 이상
0.3MPa 이상 1MPa 미만	9m 이상
1MPa 이상	15m 이상

1) 위험물을 취급하는 시설(지하에 설치된 것 제외)은 이송기지의 부지경계선으로부터 당해 배관의 최대상용압력에 따라 표 4.7에 정한 거리(「국토의 계획 및 이용에 관한 법률」에 의한 전용공업지역 또는 공업지역에 설치하는 경우에는 당해 거리의 1/3의 거리)를 둘 것
2) 제4류 위험물(온도 20℃의 물 100g에 용해되는 양이 1g 미만인 것에 한함)을 취급하는 장소에는 누설한 위험물이 외부로 유출되지 않도록 유분리장치를 설치할 것
3) 이송기지의 부지경계선에 높이 50cm 이상의 방유제를 설치할 것

3.6 이송취급소의 기준의 특례

(1) 위험물을 이송하기 위한 배관의 연장[113]이 15km를 초과하거나 위험물을 이송하기 위한 배관에 관계된 최대상용압력이 950kPa 이상이고 위험물을 이송하기 위한 배관의 연장이 7km 이상인 것(특정이송취급소)이 아닌 이송취급소에 대하여는 운전상태감시장치, 안전제어장치, 누설검지장치, 감진장치 등(Ⅳ 제7호 가목, 제8호 가목, 제10호 가목2) 및 3)과 제13호)의 규정은 적용하지 않는다.
(2) 압력안전장치(Ⅳ 제9호 가목)의 규정은 유격작용 등에 의하여 배관에 생긴 응력이 주하중에 대한 허용응력도를 초과하지 않는 배관계로서 특정이송취급소 외의 이송취급소에 관계된 것에는 적용하지 않는다.
(3) 누설검지장치 등(Ⅳ 제10호 나목)의 규정은 위험물을 이송하기 위한 배관에 관계된 최대상용압력이 1MPa 미만이고 내경이 100mm 이하인 배관으로서 특정이송취급소 외의 이송취급소에 관계된 것에는 적용하지 않는다.
(4) 특정이송취급소 외의 이송취급소에 설치된 배관의 긴급차단밸브는 긴급차단밸브(Ⅳ

113) 당해 배관의 기점 또는 종점이 2이상인 경우에는 임의의 기점에서 임의의 종점까지의 당해 배관의 연장 중 최대의 것을 말한다.

제11호 나목1))의 규정에 불구하고 현지조작에 의하여 폐쇄하는 기능이 있는 것으로 할 수 있다. 다만, 긴급차단밸브가 다음에 해당하는 배관에 설치된 경우에는 제외된다.

(가) 「하천법」에 따른 국가하천·하류부근에 「수도법」에 따른 수도시설(취수시설에 한함)이 있는 하천 또는 계획하폭이 50m 이상인 하천으로서 위험물이 유입될 우려가 있는 하천을 횡단하여 설치된 배관

(나) 해상·해저·호소 등을 횡단하여 설치된 배관

(다) 산 등 경사가 있는 지역에 설치된 배관

(라) 철도 또는 도로 중 산이나 언덕을 절개하여 만든 부분을 횡단하여 설치된 배관

(5) (1) 내지 (4)에 규정하지 않는 것으로서 특정이송취급소가 아닌 이송취급소의 기준의 특례에 관하여 필요한 사항은 소방청장이 정하여 고시 할 수 있다.

4. 일반취급소

일반취급소는 위험물을 취급하기 위한 시설을 설치한 주유취급소, 판매취급소, 이송취급소 외의 장소(유사석유제품에 해당하는 위험물을 취급하는 장소 제외)를 지칭하는 것으로 기타의 취급에 해당한다. 위험물을 원료로 하여 여러 가지 화학반응을 동반하는 등 제조소와 유사한 시설이면서 최종제품이 위험물이 아니면 일반취급소로 규제된다. 제조공정을 가지고 있다고 하더라도 생산제품이 위험물이 아닌 점에서 제조소와 구별된다.

4.1 위험물 취급수량 및 규제

4.1.1 위험물 취급수량 및 배수

일반취급소에 있어서 위험물의 취급수량 및 배수의 산정은 제조소에 준해서 실시하며, 산정 등의 방법에 대해서는 일반취급소의 형태에 따라 다른데 제조소 등의 단위 및 저장·취급량 산정에 관한 업무지침을 근거한다.

(1) 위험물을 원료로 비위험물을 제조하는 일반취급소

원료인 위험물의 1일 최대사용량을 기준으로 하며, 최대사용량의 산정기준은 공정의 형태에 따라 제조소의 산정기준을 준용한다.

(2) 보일러 등으로 위험물을 소비하는 일반취급소

1일 최대소비량을 기준으로 하며(비상발전기의 경우는 2시간 사용량을 기준으로 함), 소비량 산정에 있어 취급탱크가 있는 경우에는 취급탱크의 용량의 합과 최대소비량 중 큰 것을 기준으로 한다.

(3) 충전하는 일반취급소

1일 최대취급량을 기준으로 한다.

(4) 옮겨 담는 일반취급소

1일 최대취급량과 지하전용탱크의 용량 중 큰 것을 기준으로 한다.

(5) 위험물을 유압・순환장치 등을 설치하는 일반취급소

해당 설비의 순간 최대정체량을 기준으로 한다.

(6) 그 외의 일반취급소

1일 최대취급량을 기준으로 하며, 취급량 산정에 있어 취급탱크가 있는 경우에는 취급탱크의 용량의 합과 취급량 중 큰 것을 기준으로 한다.

4.1.2 일반취급소의 규제 형태

원칙적으로 건물 내에 설치하는 것은 건축물의 동棟단위로, 옥외에 설치하는 것은 일련의 공정단위를 하나의 허가단위로 한다. 그런데 일반취급소 중 제조소의 기술기준을 그대로 준용하면 너무 과도한 규제가 되는 경우가 있으므로 이에 대한 보완책으로 특례 일반취급소의 기술기준을 정하고 있는 것이다.

표 4.8 일반취급소의 형태(시행규칙)

종류		범위	비고
원칙		제조소와 동일	
특례	분무도장작업 등	실단위	
	세정작업	실단위 또는 설비단위	실단위 : 지정수량 30배 미만 설비단위 : 지정수량 10배 미만
	열처리작업 등		실단위 : 지정수량 30배 미만 설비단위 : 지정수량 10배 미만
	보일러 등		실단위 : 지정수량 30배 미만 설비단위 : 지정수량 10배 미만
	충전하는 것	충전설비(출하대・고정급유설비) 및 부속건축물 등을 포괄하는 단위	일반취급소 내의 건축물・공작물 및 출하설비는 부속시설이며, 독립된 제조소 등이 아니다.

종류		범위	비고
	옮겨담는 것	옮겨담는 설비(출하대·고정급유설비), 지하 전용탱크 및 부속건축물 등을 포괄하는 단위	일반취급소 내의 건축물·공작물, 출하설비 및 지하전용탱크는 부속설비이며, 독립된 제조소 등이 아니다.
	유압장치 등	실단위 또는 설비단위	실단위 : 지정수량 50배 미만 설비단위 : 지정수량 30배 미만
	절삭장치 등		실단위 : 지정수량 30배 미만 설비단위 : 지정수량 10배 미만
	열매체유순환	실단위	

(1) 실단위의 규제(주. ( )는 시행규칙 일반취급소 기준의 각목을 표시한 것이다.)

(가) 실단위의 일반취급소 취급형태([별표16] I 제2호)의 설치는 다음과 같다.

1) 동일한 취급형태를 여러 개의 층 또는 동일한 층에 설치하는 경우 다음의 어느 하나의 일반취급소로서 선택할 수 있다.

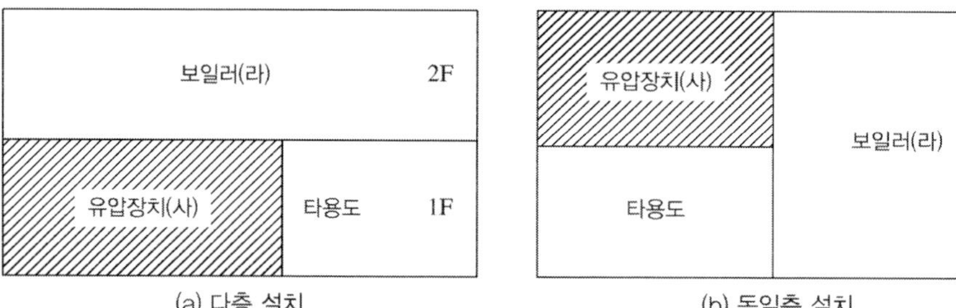

(a) 다층 설치 (b) 동일층 설치

그림 4.144 ▌ 다른 취급형태를 2개의 시설로 설치한 예시

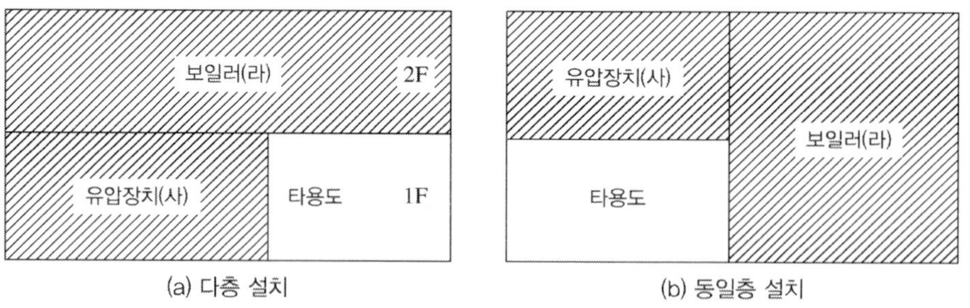

(a) 다층 설치 (b) 동일층 설치

그림 4.145 ▌ 다른 취급형태를 하나의 시설로 설치한 예시

2) 서로 다른 취급형태를 여러 개의 층 또는 동일한 층에 설치하는 경우에는 다음의 어느 하나의 일반취급소로 선택할 수 있다.

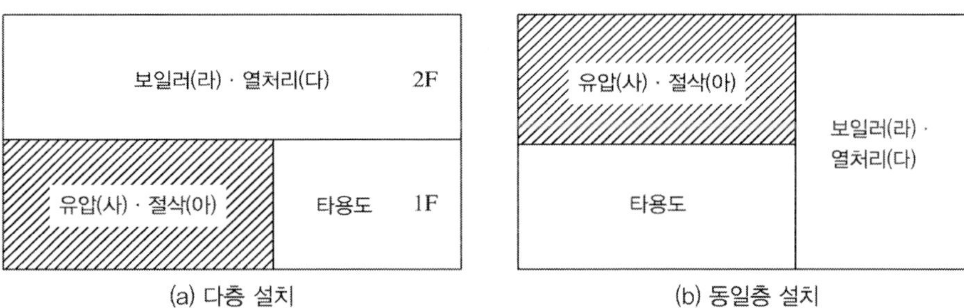

그림 4.146 ▌ 서로 다른 취급형태를 2개의 시설로 설치한 예시

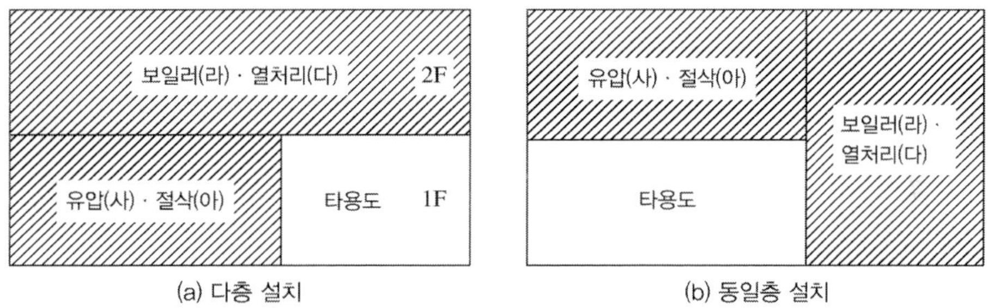

그림 4.147 ▌ 서로 다른 취급형태를 하나의 시설로 설치한 예시

(나) 하나의 일반취급소로서 인정되지 않는 설치([별표16] Ⅰ 제1호의 특례 또는 제2호) 형태는 다음과 같다.

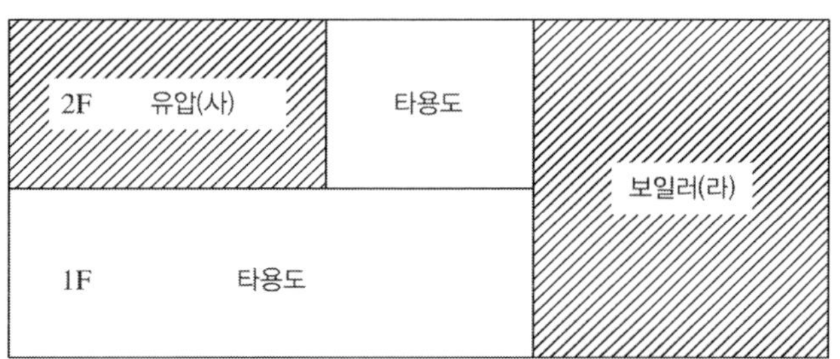

그림 4.148 ▌ 떨어져 설치된 취급형태의 구획실을 포함해서 하나의 일반취급소로 하는 경우

(2) 설비단위의 규제(주. ( )는 시행규칙 일반취급소 기준의 각목을 표시한 것이다.)

(가) 설비단위의 일반취급소 취급형태([별표16] Ⅰ 제2호)의 설치는 다음과 같다.

1) 동일한 취급형태를 단층건물에 설치하는 경우에는 다음의 어느 하나의 일반취급소로 선택할 수 있다.

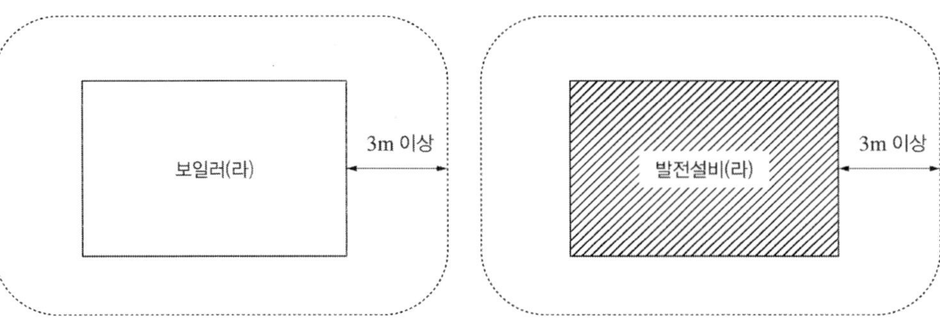

그림 4.149 동일한 취급형태의 것을 2개의 시설로 설치한 예시

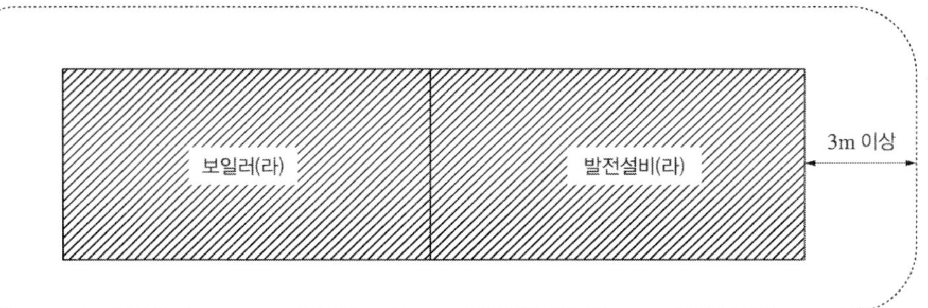

그림 4.150 서로 다른 취급형태를 하나의 시설로 설치한 예시

2) 서로 다른 취급형태를 설치하는 경우에는 다음에 의할 수 있다.

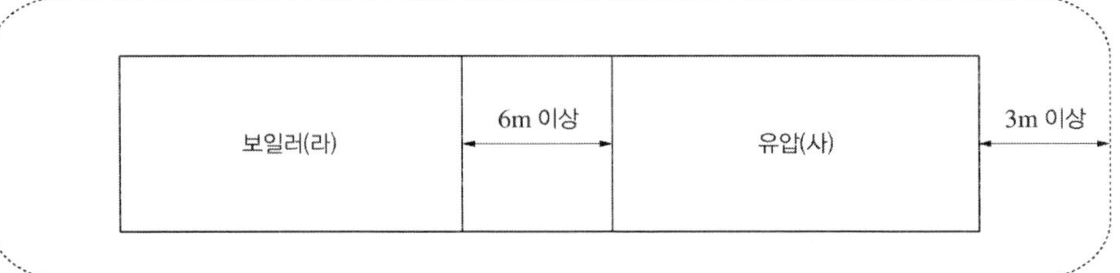

그림 4.151 서로 다른 취급형태를 하나의 시설로 설치한 예시

(나) 일반취급소로서 인정될 수 없는 설치 형태는 다음과 같다.

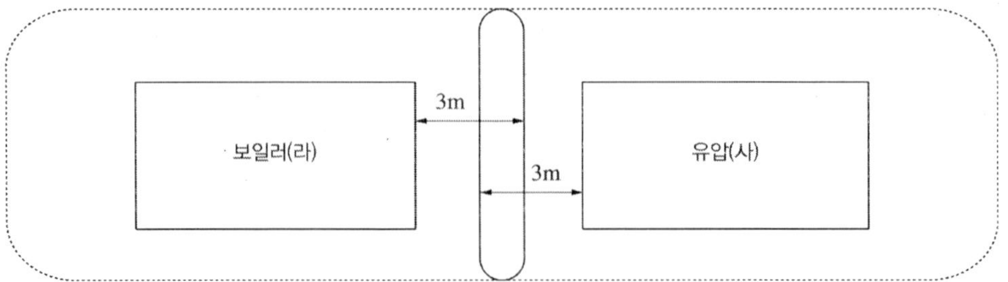

그림 4.152 서로 다른 취급형태의 보유공지를 중복시켜 각각 두 개의 일반취급소로 하는 경우

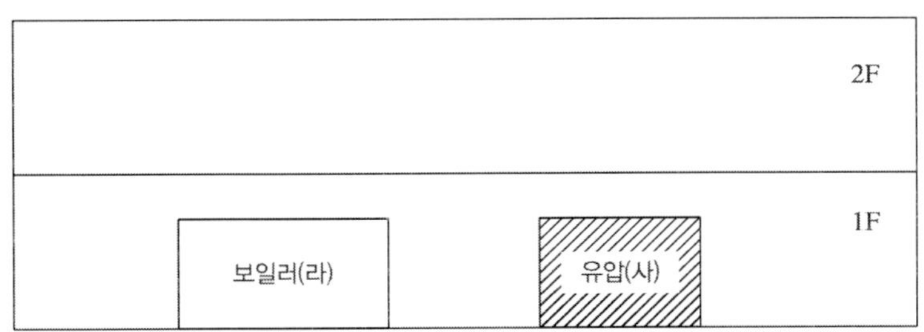

그림 4.153 ▌ 단층건물 이외의 건축물에 설치하는 경우

(3) 옥상의 설치단위의 규제는 다음과 같다(주. ( )는 시행규칙 일반취급소 기준의 각목을 표시한 것이다).

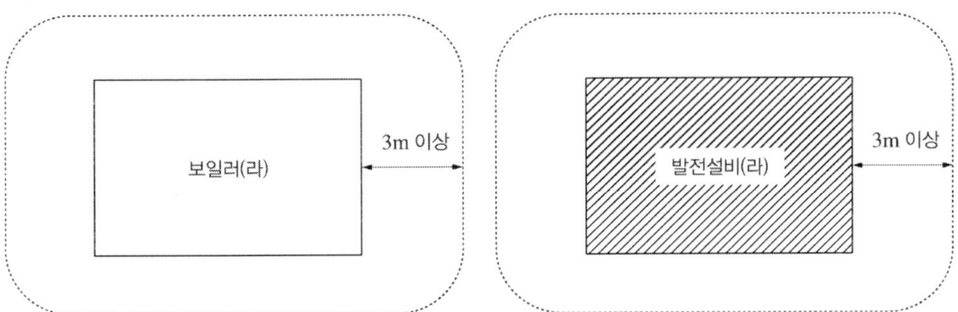

그림 4.154 ▌ 동일한 취급형태를 2개의 시설로 설치한 예시

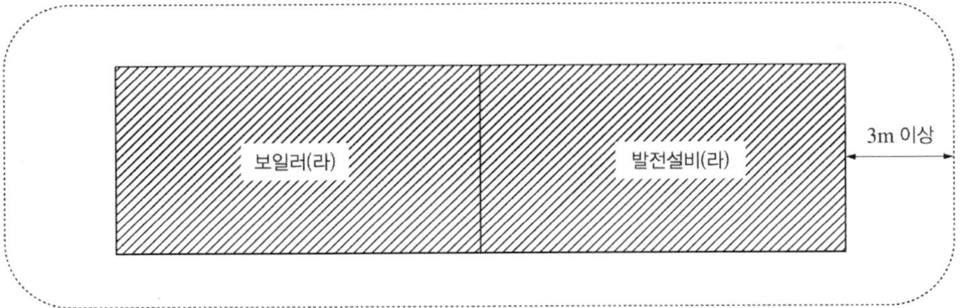

그림 4.155 ▌ 서로 다른 취급형태를 하나의 시설로 설치한 예시

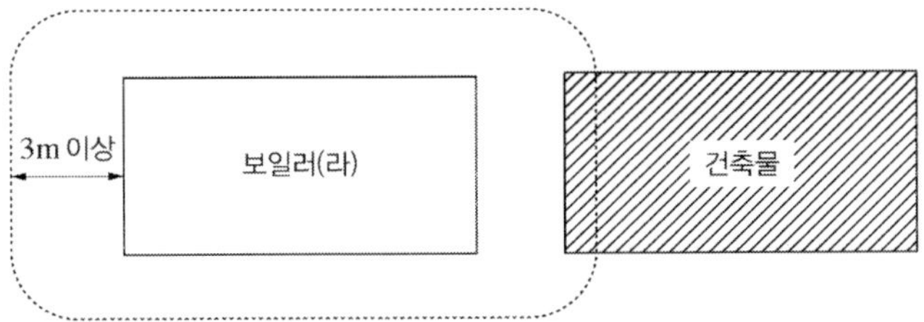

그림 4.156 ▌ 보유공지의 일부가 건축물의 벽 등에 의해 확보할 수 없는 장소에 설치한 예시

(4) 부분규제의 기본사항

(가) 동棟의 건축물 중에서는 일반취급소 위치, 구조 및 설비의 기술상의 기준([별표 16] I 제2호)에 적합한 일반취급소(충전하는 일반취급소, 옮겨 담는 일반취급소는 제외)를 복수로 설치할 수 있고, 또한 알킬알루미늄 등, 아세트알데히드 등 또는 히드록실아민 등을 취급하는 일반취급소 및 발전소·변전소·개폐소 그 밖에 이에 준하는 장소(제4조 및 제5조)의 위험물시설 중 부분규제된 것(실단위의 것)은 동일 건축물 내에 설치할 수 있다.

일반취급소 특례 중 어느 하나의 취급형태를 가지면서 동시에 다른 취급형태를 가지는 일반취급소(복수의 다른 취급형태를 가진 일반취급소)를 실단위 또는 설비단위로 함께 설치할 수 있다.

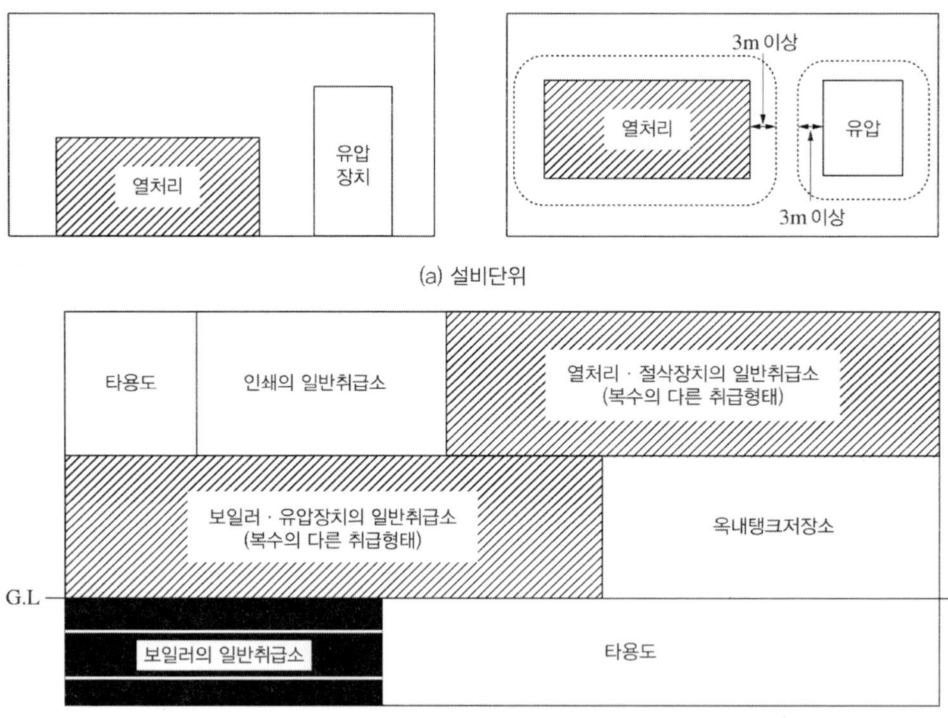

그림 4.157 ▮ 부분규제의 일반취급소의 설치 예시

(나) 설비단위로 규제되는 일반취급소는 일반취급소 특례 중에서 동일한 항목에 속하는 유사한 설비를 복수로 설치할 수 있다. 이 경우 복수의 설비를 하나의 일반

취급소로서 그 주위에 폭 3m 이상의 공지를 보유하면 된다. 다만 다른 복수의 설비를 하나의 일반취급소로 하는 경우에는 그 주위에 폭 3m 이상의 공지를 보유함과 동시에 설비의 간격을 6m 이상 확보하여야 한다.

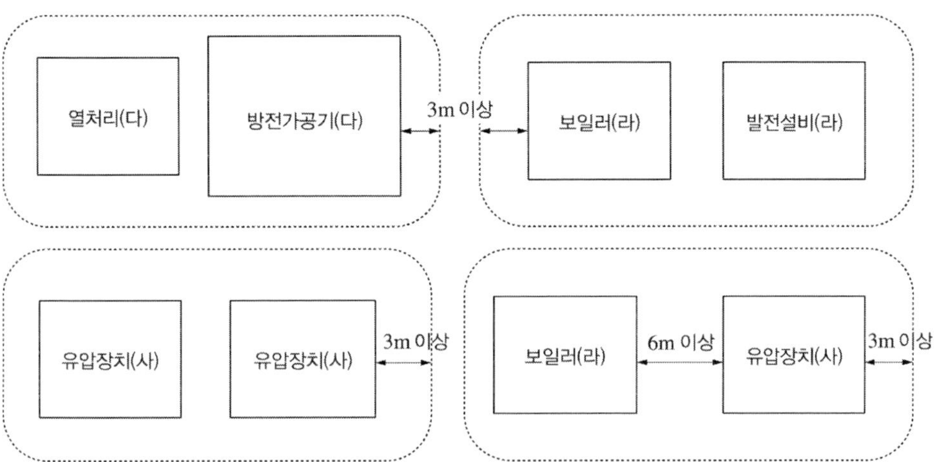

그림 4.158 ▌ 복수의 설비를 하나의 일반취급소로서 규제하는 경우

(다) 동일한 옥내에 설비단위로 규제되는 일반취급소 특례의 서로 다른 일반취급소가 복수로 존재하는 경우 위험물을 취급하는 설비주위에 설치하는 폭 3m 이상의 보유공지는 서로 중복되어서는 안 된다.

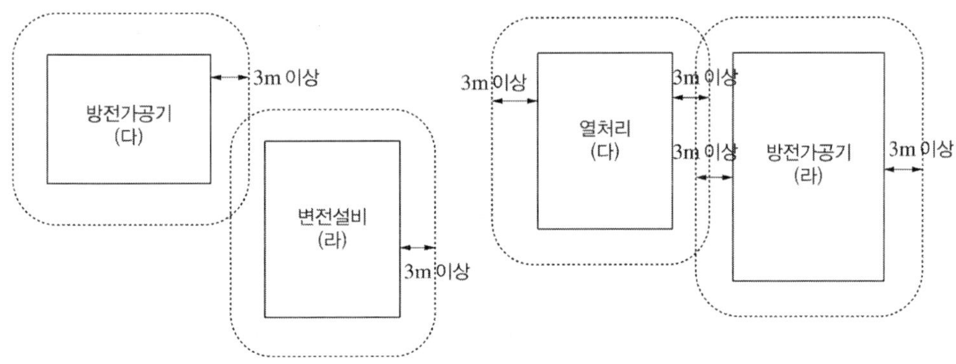

그림 4.159 ▌ 각 설비를 각각 하나의 일반취급소로서 인정할 수 없는 예시

(라) 부분규제를 받는 일반취급소 중 해당 공정과 연속해서 위험물을 취급하지 않는 공정이 있는 경우에는 그 공정을 포함해서 일반취급소 특례에 규정한 일반취급소로 할 수 있다.

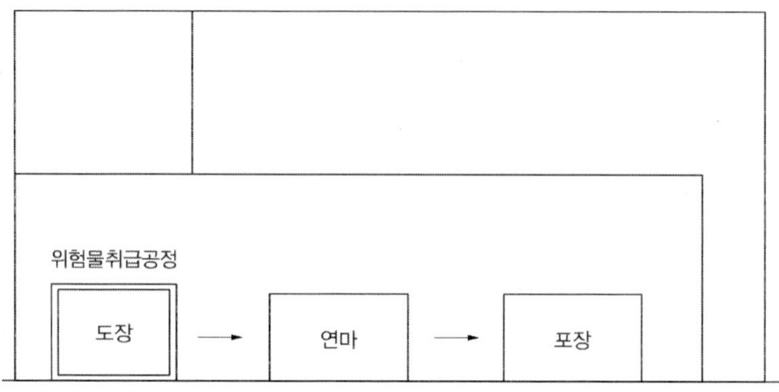

그림 4.160 ▌ 부분규제의 허가범위 예시

(4) 분무도장작업 등, 세정작업, 열처리작업 등, 보일러 등, 유압장치 등, 절삭장치 등, 열매체유 순환장치를 설치하는 일반취급소의 형태를 가진 것을 하나의 건축물 안에 복수로 설치하는 경우는 다음의 어느 하나의 일반취급소로 할 수 있다.

(가) 구획실 단위의 규제가 가능한 경우

그림 4.161 ▌ 건축물 전체가 일반취급소인 경우

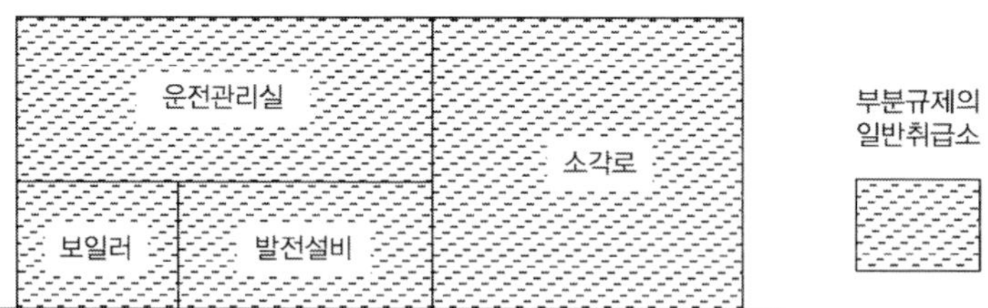

그림 4.162 ▌ 건축물 전체가 보일러 등으로 위험물을 소비하는 일반취급소인 경우

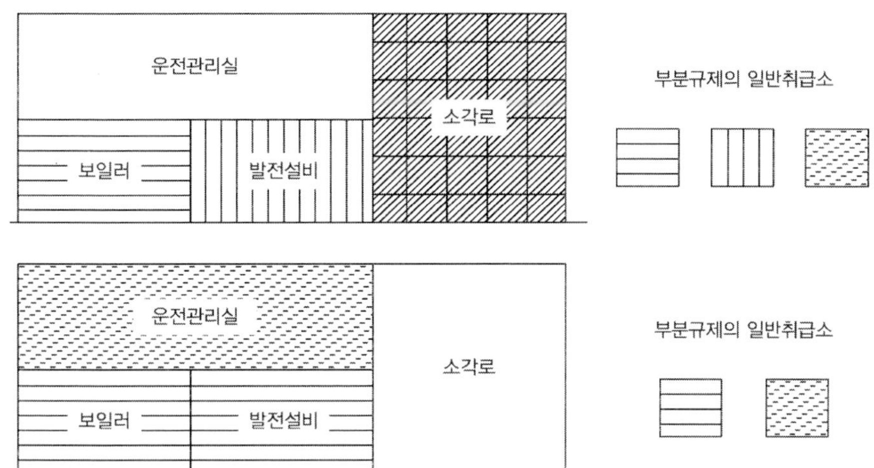

그림 4.163 ▌ 위험물을 소비하는 실 또는 인접한 복수의 실을 구획단위로 하여 별개의 일반취급소로 하는 경우

(나) 설비 단위의 규제가 가능한 경우

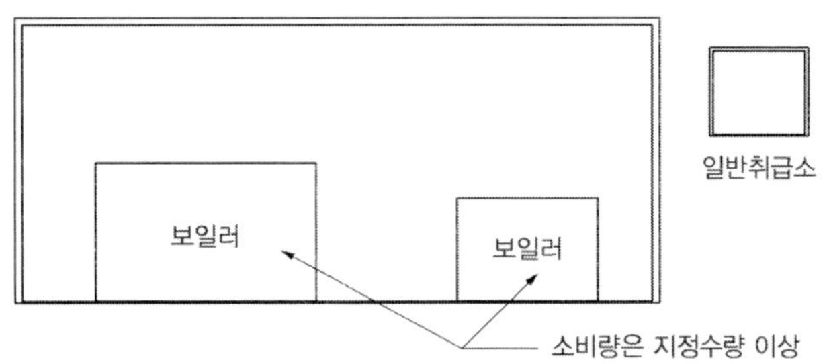

그림 4.164 ▌ 건축물 전체가 일반취급소인 경우

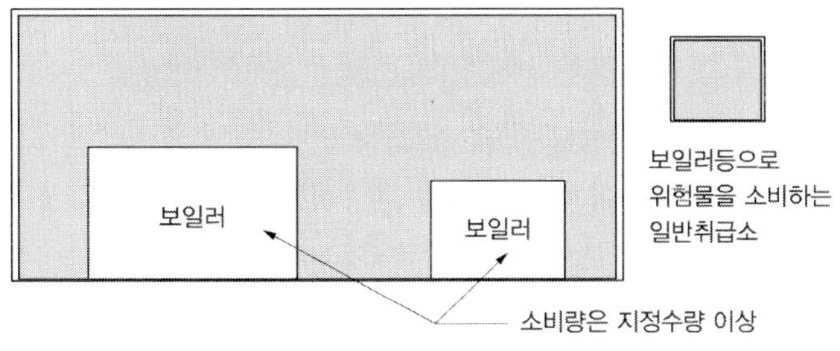

그림 4.165 ▌ 건축물 전체가 보일러 등으로 위험물을 소비하는 일반취급소인 경우

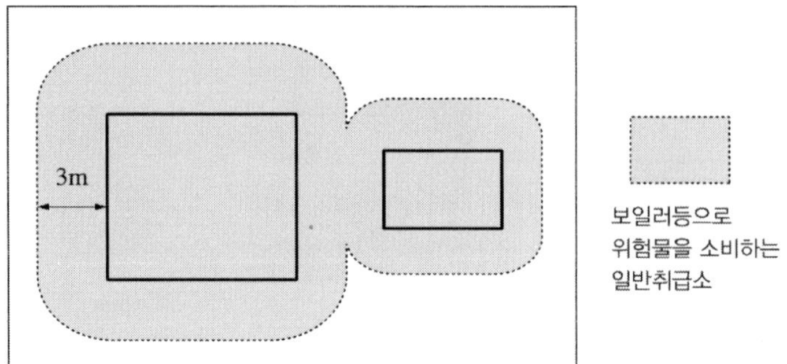

그림 4.166 ▌ 양쪽의 보일러가 위험물을 소비하는 일반취급소인 경우

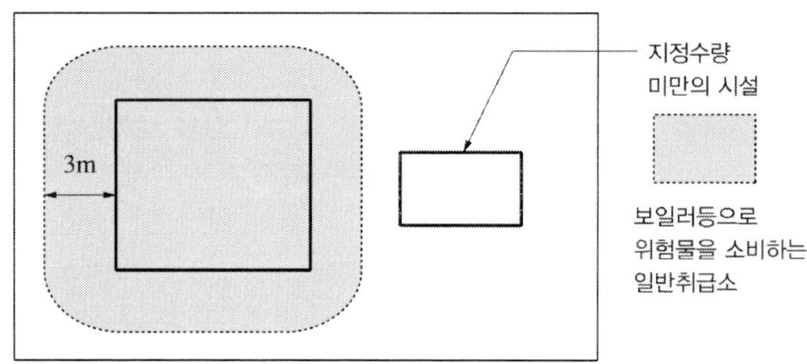

그림 4.167 ▌ 지정수량에 따른 규제(지정수량 이상은 일반취급소, 미만은 시도조례)

4.2 일반취급소의 기준

(1) 제조소의 안전거리부터 배관([별표 4] Ⅰ부터 Ⅹ)까지의 규정은 일반취급소의 위치·구조 및 설비의 기술기준에 대하여 준용한다.

(2) (1)에도 불구하고 다음에 정하는 일반취급소에 대하여는 각각 분무도장작업 등의 특례부터 화학실험의 특례(Ⅱ부터 Ⅹ까지 및 Ⅹ의2)에서 정한 특례에 의할 수 있다.

(가) 도장, 인쇄 또는 도포를 위하여 제2류 위험물 또는 제4류 위험물(특수인화물 제외)을 취급하는 일반취급소로서 지정수량의 30배 미만의 것(위험물을 취급하는 설비를 건축물에 설치하는 것)[분무도장작업 등의 일반취급소]

(나) 세정을 위하여 위험물(인화점이 40℃ 이상인 제4류 위험물에 한함)을 취급하는 일반취급소로서 지정수량의 30배 미만의 것(위험물을 취급하는 설비를 건축물에 설치하는 것)[세정작업의 일반취급소]

(다) 열처리작업 또는 방전가공을 위하여 위험물(인화점이 70℃ 이상인 제4류 위험물에 한함)을 취급하는 일반취급소로서 지정수량의 30배 미만의 것(위험물을 취급하는 설비를 건축물에 설치하는 것)[열처리작업 등의 일반취급소]

(라) 보일러, 버너 그 밖의 이와 유사한 장치로 위험물(인화점이 38℃ 이상인 제4류 위험물에 한함)을 소비하는 일반취급소로서 지정수량의 30배 미만의 것(위험물을 취급하는 설비를 건축물에 설치하는 것)[보일러 등으로 위험물을 소비하는 일반취급소]

(마) 이동저장탱크에 액체위험물(알킬알루미늄 등, 아세트알데히드 등 및 히드록실아민 등 제외)을 주입하는 일반취급소(액체위험물을 용기에 옮겨 담는 취급소를 포함)[충전하는 일반취급소]

(바) 고정급유설비에 의하여 위험물(인화점이 38℃ 이상인 제4류 위험물에 한함)을 용기에 옮겨 담거나 4,000L 이하의 이동저장탱크(용량이 2,000L를 넘는 탱크에 있어서는 그 내부를 2,000L 이하마다 구획한 것)에 주입하는 일반취급소로서 지정수량의 40배 미만인 것[옮겨 담는 일반취급소]

(사) 위험물을 이용한 유압장치 또는 윤활유 순환장치를 설치하는 일반취급소(고인화점 위험물만을 100℃ 미만의 온도로 취급하는 것에 한함)로서 지정수량의 50배 미만의 것(위험물을 취급하는 설비를 건축물에 설치하는 것)[유압장치 등을 설치하는 일반취급소]

(아) 절삭유의 위험물을 이용한 절삭장치, 연삭장치 그 밖의 이와 유사한 장치를 설치하는 일반취급소(고인화점 위험물만을 100℃ 미만의 온도로 취급하는 것)로서 지정수량의 30배 미만의 것(위험물을 취급하는 설비를 건축물에 설치하는 것)[절삭장치 등을 설치하는 일반취급소]

(자) 위험물 외의 물건을 가열하기 위하여 위험물(고인화점 위험물에 한함)을 이용한 열매체유 순환장치를 설치하는 일반취급소로서 지정수량의 30배 미만의 것(위험물을 취급하는 설비를 건축물에 설치하는 것)[열매체유 순환장치를 설치하는 일반취급소]

(차) 화학실험을 위하여 위험물을 취급하는 일반취급소로서 지정수량의 30배 미만의 것(위험물을 취급하는 설비를 건축물에 설치하는 것)[화학실험의 일반취급소]

(3) (1) 및 (2)의 규정에 불구하고 고인화점 위험물만을 고인화점 위험물의 일반취급소의 특례(Ⅺ)의 규정에 의한 바에 따라 취급하는 일반취급소에 있어서는 고인화점 위험물의 일반취급소의 특례(Ⅺ)에 정하는 특례에 의할 수 있다.

(4) 알킬알루미늄 등, 아세트알데히드 등 또는 히드록실아민 등을 취급하는 일반취급소는 (1)의 규정에 의하되, 당해 위험물의 성질에 따라 강화되는 기준은 위험물의 성질에 따른 일반취급소의 특례(Ⅻ)의 규정에 의하여야 한다.

(5) (1)의 규정에 불구하고 발전소・변전소・개폐소 그 밖에 이에 준하는 장소(발전소등)에 설치되는 일반취급소에 대하여는 제조소의 안전거리부터 배관까지(Ⅰ 제1호)의 규정에 의하여 준용되는 제조소의 안전거리・보유공지・건축물의 구조 및 옥외설비의 바닥([별표 4] Ⅰ・Ⅱ・Ⅳ 및 Ⅶ)의 규정을 적용하지 않으며, 발전소등에 설치되는 변압기・반응기・전압조정기・유입개폐기・차단기・유입콘덴서・유입케이블 및 이에 부속된 장치로서 기기의 냉각 또는 절연을 위한 유류를 내장하여 사용하는 것에 대하여는 제조소의 안전거리부터 배관까지(Ⅰ 제1호)의 규정에 의하여 준용되는 제조소의 위치・구조 및 설비기준([별표 4])의 규정을 적용하지 않는다.

4.3 분무도장작업 등의 일반취급소의 특례

분무도장작업[114] 등의 일반취급소 중 위치・구조 및 설비가 다음 기준에 적합한 것에 대하여는 제조소의 안전거리, 보유공지, 건축물의 구조, 채광・조명 및 환기설비 및 배출설비([별표 4] Ⅰ・Ⅱ・Ⅳ・Ⅴ 및 Ⅵ)의 규정은 적용하지 않는다.

제2류 위험물 또는 제4류 위험물(특수인화물 제외)을 취급하는 일반취급소로서 지정수량의 배수가 30 미만의 것에 적용된다. 그리고 내화구조로 구획된 실내에서 취급하는 실 단위의 부분 규제를 받는 일반취급소이다.

(1) 건축물 중 일반취급소의 용도로 사용하는 부분에 지하층이 없을 것

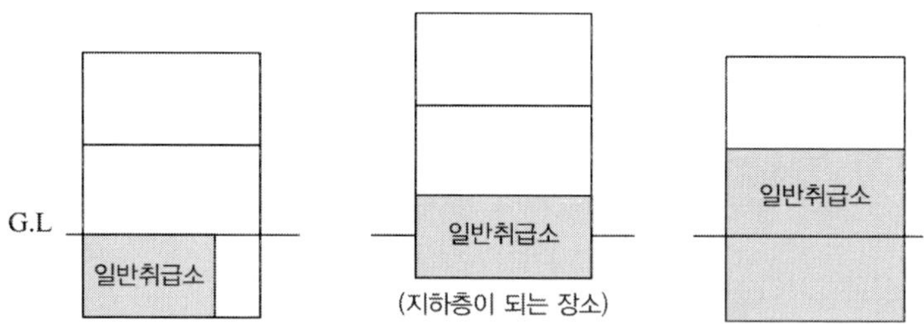

그림 4.168 ▌ 설치할 수 없는 위치 예시

114) 분무도장의 작업형태는 다음과 같은 것이 있으며, 기계부품 등의 세정・세척작업은 포함하지 않는다.
- 가열도장, 정전靜電도장, 붓칠도장, 분무도장, 침지浸漬도장 등의 도장작업
- 철판凸版인쇄, 평판인쇄, 요판凹版인쇄, 그라비아 인쇄 등의 인쇄작업
- 광택가공, 고무풀・접착제 등의 도포작업

(2) 건축물 중 일반취급소의 용도로 사용하는 부분은 벽・기둥・바닥・보 및 지붕(상층이 있는 경우에는 상층의 바닥)을 내화구조로 하고, 출입구 외의 개구부가 없는 두께 70mm 이상의 철근콘크리트조 또는 이와 동등 이상의 강도가 있는 구조의 바닥 또는 벽으로 당해 건축물의 다른 부분과 구획될 것

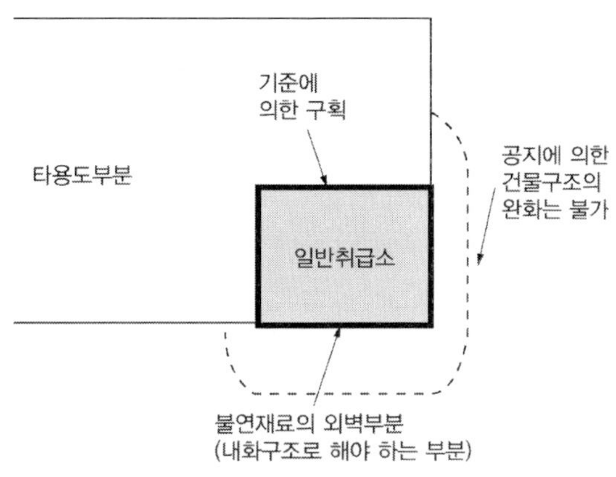

그림 4.169 ▮ 외벽의 구조

(3) 건축물 중 일반취급소의 용도로 사용하는 부분에는 창을 설치하지 않을 것

(4) 건축물 중 일반취급소의 용도로 사용하는 부분의 출입구에는 갑종방화문을 설치하되, 연소의 우려가 있는 외벽 및 당해 부분 외의 부분과의 격벽에 있는 출입구에는 수시로 열 수 있는 자동폐쇄식의 것으로 할 것

(5) 액상의 위험물을 취급하는 건축물 중 일반취급소의 용도로 사용하는 부분의 바닥은 위험물이 침투하지 않는 구조로 하고, 적당한 경사를 두어 집유설비를 설치할 것

(6) 건축물 중 일반취급소의 용도로 사용하는 부분에는 위험물을 취급하는데 필요한 채광・조명 및 환기의 설비를 설치할 것

(7) 가연성의 증기 또는 가연성의 미분이 체류할 우려가 있는 일반취급소의 용도로 사용하는 부분에는 그 증기 또는 미분을 옥외의 높은 곳으로 배출하는 설비를 설치할 것

(8) 환기설비 및 배출설비에는 방화상 유효한 댐퍼 등을 설치할 것

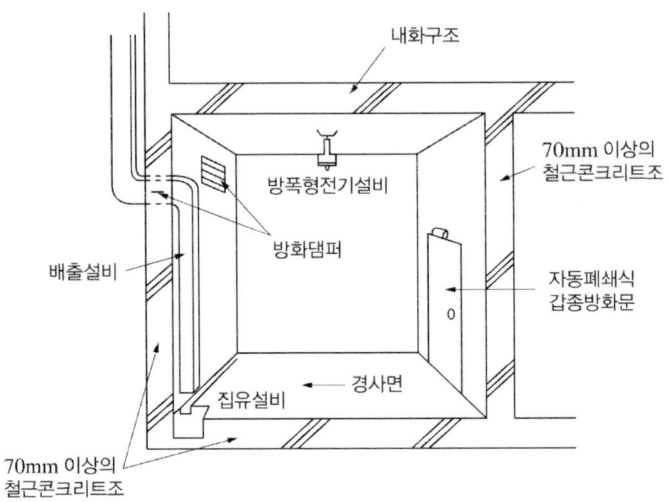

그림 4.170 ▮ 분무도장작업 일반취급소의 구조 예시

4.4 세정작업의 일반취급소의 특례

(1) 세정작업[115]의 일반취급소 중 위치・구조 및 설비가 다음에 정하는 기준에 적합한 것에 대하여는 제조소의 안전거리, 보유공지, 건축물의 구조, 채광・조명 및 환기설비 및 배출설비([별표 4] Ⅰ・Ⅱ・Ⅳ・Ⅴ 및 Ⅵ)의 규정은 적용하지 않는다.

세정작업의 일반취급소는 건축물에 있어서 세정을 위해 인화점 40℃ 이상의 4류 위험물을 취급하는 것으로, 지정수량의 배수가 30 미만에 한한다.

(가) 위험물을 취급하는 탱크(용량이 지정수량의 1/5 미만인 것을 제외)의 주위에는 방유턱([별표 4] Ⅸ 제1호 나목1))을 설치할 것

(나) 위험물을 가열하는 설비에는 위험물의 과열을 방지할 수 있는 장치[116]를 설치할 것

(다) 분무도장작업 등의 일반취급소(Ⅱ 각호)의 기준에 적합할 것

115) 위험물을 뿜어 칠하는 것, 위험물에 담그는 것, 위험물과 함께 교반하는 것 등이 있고, 세정되는 대상은 원칙적으로 비위험물의 고체에 한정된다.

116) 과열되는 설비를 온도제어장치에 의해 일정온도 이상이 된 경우에 정지시키는 것, 오일쿨러(수냉, 공냉 등), 저온액체 또는 기체 내에 코일배관을 삽입하여 온도를 저하시키는 장치 등이 있다.

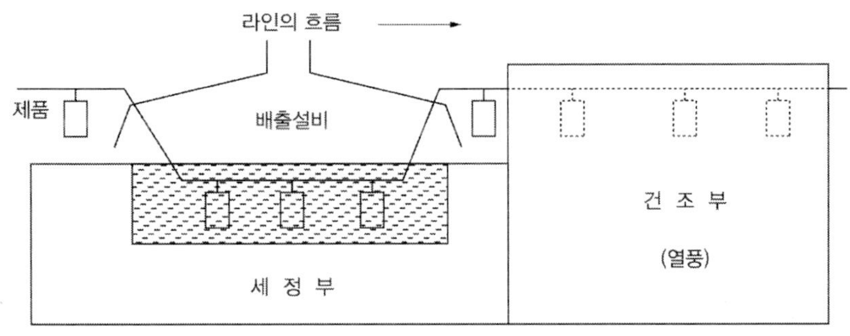

(a) 위험물에 담그는 것

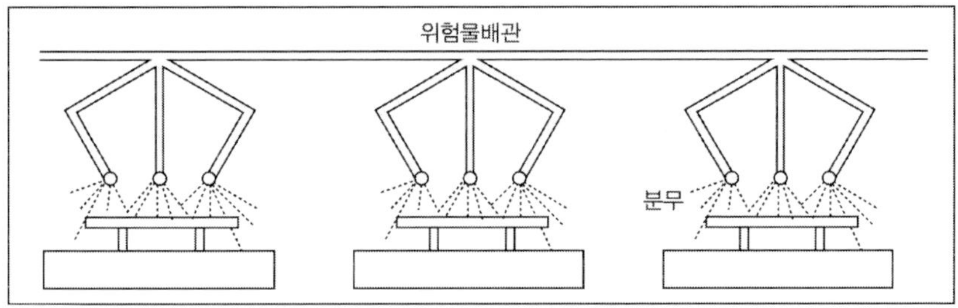

(b) 위험물을 뿜어서 행하는 것

그림 4.171 ▌ 세정작업의 예시

(2) 세정작업의 일반취급소 중 지정수량의 10배 미만의 것으로서 위치・구조 및 설비가 다음에 정하는 기준에 적합한 것에 대하여는 제조소의 안전거리, 보유공지, 건축물의 구조, 채광・조명 및 환기설비 및 배출설비([별표 4] Ⅰ・Ⅱ・Ⅳ・Ⅴ 및 Ⅵ)의 규정은 적용하지 않는다.

불연재료로 만들어진 천장이 없는 단층건물 내에 위험물을 취급하는 설비의 주위에 3m 이상의 공지를 보유하는 설비단위의 부분규제의 일반취급소에 해당된다.

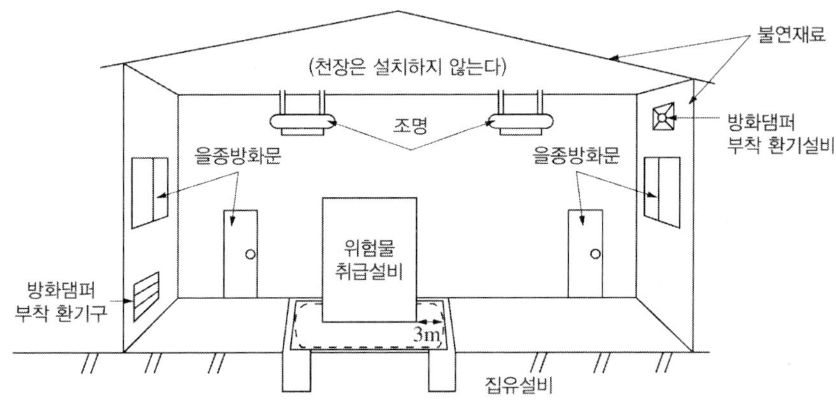

그림 4.172 ▌ 세정작업 일반취급소의 구조 예시

(가) 일반취급소는 벽・기둥・바닥・보 및 지붕이 불연재료(그림 4.169 참조)로 되어 있고, 천장이 없는 단층 건축물에 설치할 것

(나) 위험물을 취급하는 설비(위험물을 이송하기 위한 배관을 제외)는 바닥에 고정하고, 당해 설비의 주위에 너비 3m 이상의 공지를 보유할 것. 다만, 당해 설비로부터 3m 미만의 거리에 있는 건축물의 벽(수시로 열 수 있는 자동폐쇄식의 갑종방화문이 달려 있는 출입구 외의 개구부가 없는 것에 한함) 및 기둥이 내화구조인 경우에는 당해 설비에서 당해 벽 및 기둥까지의 공지를 보유하는 것으로 할 수 있다.

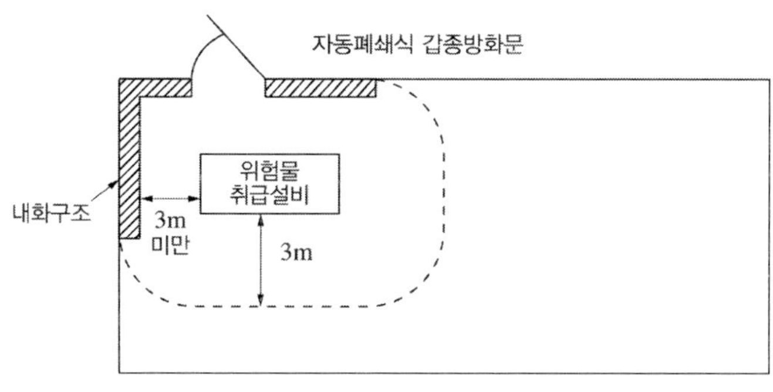

그림 4.173 ▌ 보유 공지의 예시

(다) 건축물 중 일반취급소의 용도로 사용하는 부분((나)의 공지를 포함)의 바닥은 위험물이 침투하지 않는 구조로 하고 적당한 경사를 두어 집유설비를 설치하는 한편, 집유설비 및 당해 바닥의 주위에 배수구를 설치할 것

(라) 위험물을 취급하는 설비는 당해 설비의 내부에서 발생한 가연성의 증기 또는 가연성의 미분이 당해 설비의 외부에 확산하지 않는 구조로 할 것. 다만, 그 증기 또는 미분을 직접 옥외의 높은 곳으로 유효하게 배출할 수 있는 설비를 설치하는 경우에는 제외된다.

(마) (라)의 설비에는 방화상 유효한 댐퍼 등을 설치할 것

(바) 분무도장작업 등의 특례 중 채광・조명 및 환기의 설비, 배출설비, 댐퍼(Ⅱ 제6호 내지 제8호), (1) (가) 및 (나)의 기준에 적합할 것

4.5 열처리작업 등의 일반취급소의 특례

건축물 내에서 열처리 또는 방전가공 작업을 하기 위해 인화점이 70℃ 이상의 제4류

위험물을 취급하는 일반취급소로서 지정수량 30배 미만의 것에 적용된다.

(1) 열처리작업[117] 등의 일반취급소 중 위치·구조 및 설비가 다음에 정하는 기준에 적합한 것에 대하여는 제조소의 안전거리, 보유공지, 건축물의 구조, 채광·조명 및 환기설비 및 배출설비([별표 4] Ⅰ·Ⅱ·Ⅳ·Ⅴ 및 Ⅵ)의 규정은 적용하지 않는다. 건축물의 다른 부분과 구획하여 그 실내에서 위험물을 취급하는 실단위의 부분 규제를 받는 일반취급소이다.

(가) 건축물 중 일반취급소의 용도로 사용하는 부분은 벽·기둥·바닥 및 보를 내화구조로 하고, 출입구 외의 개구부가 없는 두께 70mm 이상의 철근콘크리트조 또는 이와 동등 이상의 강도가 있는 구조의 바닥 또는 벽으로 당해 건축물의 다른 부분과 구획될 것

(나) 건축물 중 일반취급소의 용도로 사용하는 부분은 상층이 있는 경우에 있어서는 상층의 바닥을 내화구조로 하고, 상층이 없는 경우에 있어서는 지붕을 불연재료로 할 것

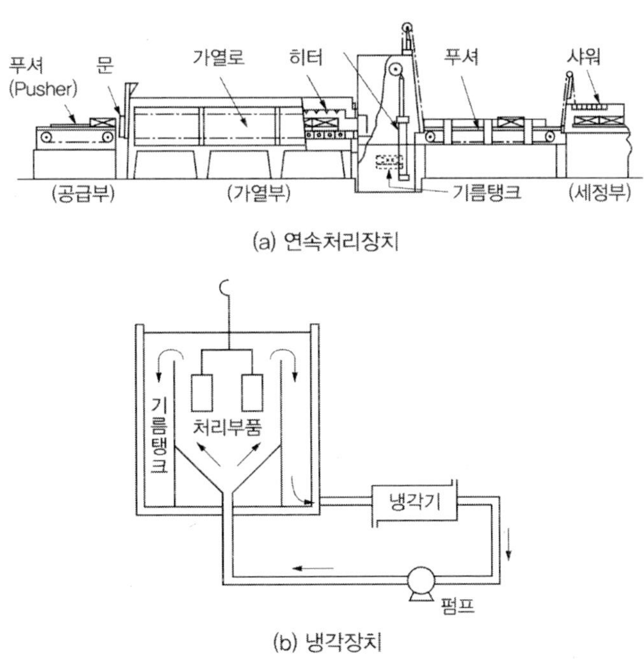

그림 4.174 ▮ 열처리장치의 예시

117) 열처리작업이란 주로 철강제 기계부품의 내피로성, 내마찰성의 향상 등을 목적으로 하는 공정으로, 기름, 가스, 전기를 열원으로 하는 가열로와 기름, 물, 용융염을 이용하는 냉각장치로 구성된다. 열처리 장치란 인화점이 70℃ 이상의 제4류 위험물을 사용하는 것에 한정된다.

(다) 건축물 중 일반취급소의 용도로 사용하는 부분에는 위험물이 위험한 온도에 이르는 것을 경보할 수 있는 장치를 설치할 것

(라) 분무도장작업 등의 일반취급소(Ⅱ (제2호를 제외))의 기준에 적합할 것

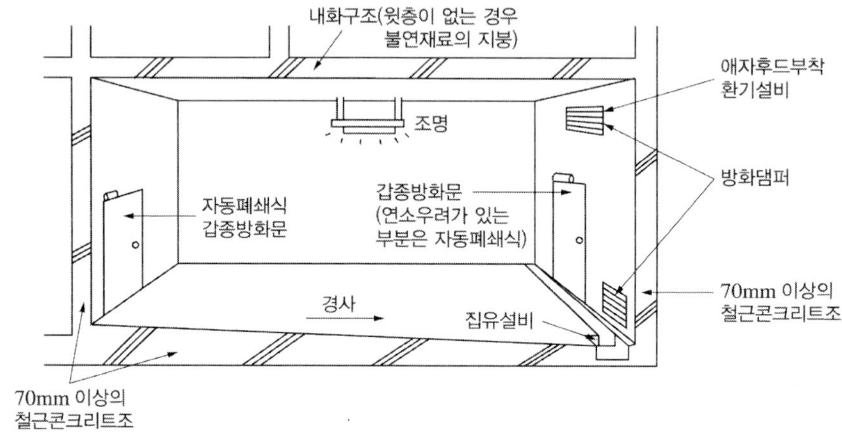

그림 4.175 ▌ 열처리작업 등 일반취급소의 구조 예시

(2) 열처리작업 등의 일반취급소 중 지정수량의 10배 미만의 것으로서 위치·구조 및 설비가 다음에 정하는 기준에 적합한 것에 대하여는 제조소의 안전거리, 보유공지, 건축물의 구조, 채광·조명 및 환기설비 및 배출설비([별표 4] Ⅰ·Ⅱ·Ⅳ·Ⅴ 및 Ⅵ)의 규정은 적용하지 않는다.

일반취급소는 지정수량의 배수가 10 미만의 것은 설비단위 규제를 받는다.

(가) 위험물을 취급하는 설비(위험물을 이송하기 위한 배관을 제외)는 바닥에 고정하고, 당해 설비의 주위에 너비 3m 이상의 공지를 보유할 것. 다만, 당해 설비로부터 3m 미만의 거리에 있는 건축물의 벽(수시로 열 수 있는 자동폐쇄식의 갑종방화문이 달려 있는 출입구 외의 개구부가 없는 것에 한함) 및 기둥이 내화구조인 경우에는 당해 설비에서 당해 벽 및 기둥까지의 공지를 보유하는 것으로 할 수 있다(그림 4.173 참조).

(나) 건축물 중 일반취급소의 용도로 사용하는 부분((가)의 공지를 포함)의 바닥은 위험물이 침투하지 않는 구조로 하고 적당한 경사를 두어 집유설비를 설치하는 한편, 집유설비 및 당해 바닥의 주위에 배수구를 설치할 것

(다) 분무도장작업 등의 특례 중 채광·조명 및 환기의 설비, 배출설비, 댐퍼(Ⅱ 제6호 내지 제8호) 그리고 (2)(가) 및 (1)(다)의 기준에 적합할 것

4.6 보일러 등으로 위험물을 소비하는 일반취급소의 특례

보일러, 냉온수기, 급탕설비, 소각로, 발전설비 등으로 인화점이 38℃ 이상의 제4류 위험물만을 소비하는 일반취급소로서 취급하는 위험물의 총량이 지정수량 30배 미만의 것이 적용된다.

(1) 보일러 등으로 위험물을 소비하는 일반취급소 중 위치・구조 및 설비가 다음에 정하는 기준에 적합한 것에 대하여는 제조소의 안전거리, 보유공지, 건축물의 구조, 채광・조명 및 환기설비 및 배출설비([별표 4] Ⅰ・Ⅱ・Ⅳ・Ⅴ 및 Ⅵ)의 규정은 적용하지 않는다.

일반취급소로 사용하는 부분은 내화구조로 구획하고 그 실내에서 위험물을 취급하는 실단위의 부분규제를 받는 일반취급소이다(그림 4.175 참조).

(가) 분무도장작업 등의 특례 중 창문 내지 댐퍼(Ⅱ 제3호 내지 제8호) 및 열처리작업 등의 특례 중 건축물 구조 및 재료(Ⅳ 제1호 가목 및 나목)의 규정에 의한 기준에 적합할 것

(나) 건축물 중 일반취급소의 용도로 제공하는 부분에는 지진시 및 정전시 등의 긴급시에 보일러, 버너 그 밖에 이와 유사한 장치(비상용전원과 관련되는 것을 제외)에 대한 위험물의 공급을 자동적으로 차단하는 장치[118]를 설치할 것

(다) 위험물을 취급하는 탱크는 그 용량의 총계를 지정수량 미만으로 하고, 당해 탱크(용량이 지정수량의 1/5 미만의 것을 제외)의 주위에 방유턱([별표 4] Ⅸ 제1호 나목1)을 설치할 것

(2) 보일러 등으로 위험물을 소비하는 일반취급소 중 지정수량의 10배 미만의 것으로서 위치・구조 및 설비가 다음에 정하는 기준에 적합한 것에 대하여는 제조소의 안전거리, 보유공지, 건축물의 구조, 채광・조명 및 환기설비 및 배출설비([별표 4] Ⅰ・Ⅱ・Ⅳ・Ⅴ 및 Ⅵ)의 규정은 적용하지 않는다.

불연재료로 된 천장이 없는 단층 건축물 내에서 위험물을 취급하는 설비의 주위에 3m의 공지를 두는 설비단위의 부분규제를 받는 일반취급소이다.

(가) 위험물을 취급하는 설비(위험물을 이송하기 위한 배관을 제외)는 바닥에 고정하고, 당해 설비의 주위에 너비 3m 이상의 공지를 보유할 것. 다만, 당해 설비로부터 3m 미만의 거리에 있는 건축물의 벽(수시로 열 수 있는 자동폐쇄식의 갑종방

118) 지진이나 정전 등의 긴급 시에 위험물의 공급을 자동적으로 차단하는 장치에는 지진안전장치, 정전안전장치, 불꽃감시장치, 가열방지장치, 과열방지장치 등이 있다.

화문이 달려 있는 출입구 외의 개구부가 없는 것에 한함) 및 기둥이 내화구조인 경우에는 당해 설비에서 당해 벽 및 기둥까지의 공지를 보유하는 것으로 할 수 있다(그림 4.173 참조).

(나) 건축물 중 일반취급소의 용도로 사용하는 부분((가)의 공지 포함)의 바닥은 위험물이 침투하지 않는 구조로 하고 적당한 경사를 두는 한편, 집유설비 및 당해 바닥의 주위에 배수구를 설치할 것

(다) 분무도장작업 등의 특례 중 채광 · 조명 및 환기의 설비, 배출설비, 댐퍼(Ⅱ 제6호 내지 제8호), 세정작업 특례 중 지정수량 10배 미만으로 건축물 구조(Ⅲ 제2호 가목), (1) (나) 및 (다)의 기준에 적합할 것

(3) 보일러 등으로 위험물을 소비하는 일반취급소 중 지정수량의 10배 미만의 것으로서 위치 · 구조 및 설비가 다음 기준에 적합한 것에 대하여는 제조소의 안전거리, 보유공지, 건축물의 구조, 채광 · 조명 및 환기설비 및 배출설비, 옥외설비의 바닥 및 위험물 취급탱크의 방유제([별표 4] Ⅰ · Ⅱ · Ⅳ · Ⅴ · Ⅵ · Ⅶ 및 Ⅸ 제1호 나목)의 규정은 적용하지 않는다.

건축물의 옥상에 설치하는 보일러, 버너 등의 일반취급소에 해당하는 것으로 발전기, 원동기, 연료탱크, 제어장치 및 이들의 부속장치(발전장치 등)에서 위험물(인화점 38℃ 이상의 제4류 위험물에 한함)을 소비하는 일반취급소로 지정수량의 10배 미만이어야 한다.

(가) 일반취급소는 벽 · 기둥 · 바닥 · 보 및 지붕이 내화구조인 건축물의 옥상에 설치할 것

(나) 위험물을 취급하는 설비(위험물을 이송하기 위한 배관을 제외)는 옥상에 고정할 것

그림 4.176 ▌ 보일러 등 일반취급소의 옥상설치 예시

(다) 위험물을 취급하는 설비(위험물을 취급하는 탱크 및 위험물을 이송하기 위한 배관을 제외)는 큐비클식[119]의 것으로 하고, 당해 설비의 주위에 높이 0.15m 이상의 방유턱을 설치할 것

(라) (다)의 설비의 내부에는 위험물을 취급하는데 필요한 채광·조명 및 환기의 설비를 설치할 것

(마) 위험물을 취급하는 탱크는 그 용량의 총계를 지정수량 미만으로 할 것

(바) 옥외에 있는 위험물을 취급하는 탱크의 주위에는 높이 0.15m 이상의 방유턱([별표 4] Ⅸ 제1호 나목1))을 설치할 것

(사) (다) 및 (바)의 방유턱의 주위에 너비 3m 이상의 공지를 보유할 것. 다만, 당해 설비로부터 3m 미만의 거리에 있는 건축물의 벽(수시로 열 수 있는 자동폐쇄식의 갑종방화문이 달려 있는 출입구 외의 개구부가 없는 것에 한함) 및 기둥이 내화구조인 경우에는 당해 설비에서 당해 벽 및 기둥까지의 공지를 보유하는 것으로 할 수 있다.

(아) (다) 및 (바)의 방유턱의 내부는 위험물이 침투하지 않는 구조로 하고, 적당한 경사를 두어 집유설비를 설치할 것. 이 경우 위험물이 직접 배수구에 유입하지 않도록 집유설비에 유분리장치를 설치하여야 한다.

(자) 옥내에 있는 위험물을 취급하는 탱크는 다음의 기준에 적합한 탱크전용실에 설치할 것

1) 옥내탱크저장소의 지붕, 창 및 출입구, 망입유리, 바닥([별표 7] Ⅰ 제1호 너목 내지 머목)의 기준을 준용할 것
2) 탱크전용실은 바닥을 내화구조로 하고, 벽·기둥 및 보를 불연재료로 할 것
3) 탱크전용실에는 위험물을 취급하는데 필요한 채광·조명 및 환기의 설비를 설치할 것
4) 가연성의 증기 또는 가연성의 미분이 체류할 우려가 있는 탱크전용실에는 그 증기 또는 미분을 옥외의 높은 곳으로 배출하는 설비를 설치할 것
5) 위험물을 취급하는 탱크의 주위에는 방유턱([별표 4] Ⅸ 제1호 나목1))을 설치하거나 탱크전용실 출입구의 턱 높이를 높게 할 것

(차) 환기설비 및 배출설비에는 방화상 유효한 댐퍼 등을 설치할 것

(카) (1) (나)의 기준에 적합할 것

119)강판으로 만들어진 보호상자에 수납되어 있는 방식을 말한다.

4.7 충전하는 일반취급소의 특례

충전하는 일반취급소 중 위치 · 구조 및 설비가 다음 기준에 적합한 것에 대하여는 제조소의 건축물의 구조, 채광 · 조명 및 환기설비, 배출설비, 옥외설비의 바닥([별표 4] Ⅳ 제2호 내지 제6호 · Ⅴ · Ⅵ 및 Ⅶ)의 규정은 적용하지 않는다.

그림 4.177 ▌ 충전하는 일반취급소 예시

(1) 건축물을 설치하는 경우에 있어서 당해 건축물은 벽 · 기둥 · 바닥 · 보 및 지붕을 내화구조 또는 불연재료로 하고, 창 및 출입구에 갑종방화문 또는 을종방화문을 설치하여야 한다.

(2) (1)의 건축물의 창 또는 출입구에 유리를 설치하는 경우에는 망입유리로 하여야 한다.

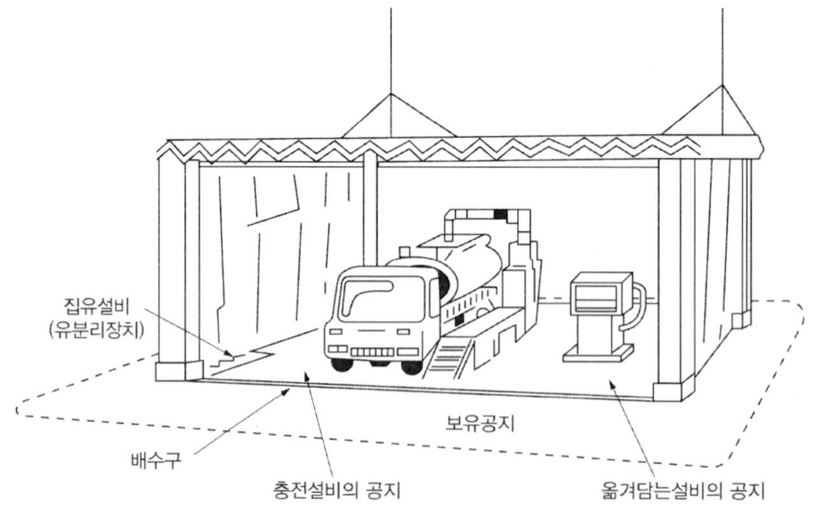

그림 4.178 ▌ 충전하는 일반취급소 예시

(3) (1)의 건축물의 2 방향 이상은 통풍을 위하여 벽을 설치하지 않아야 한다.

(4) 위험물을 이동저장탱크에 주입하기 위한 설비(위험물을 이송하는 배관을 제외)의 주위에 필요한 공지를 보유하여야 한다.

(5) 위험물을 용기에 옮겨 담기 위한 설비를 설치하는 경우에는 당해 설비(위험물을 이송하는 배관을 제외)의 주위에 필요한 공지를 (4)의 공지 외의 장소에 보유하여야 한다.

(6) (4) 및 (5)의 공지는 그 지반면을 주위의 지반면보다 높게 하고, 그 표면에 적당한 경사를 두며, 콘크리트 등으로 포장하여야 한다.

(7) (4) 및 (5)의 공지에는 누설한 위험물 그 밖의 액체가 당해 공지 외의 부분에 유출하지 않도록 집유설비 및 주위에 배수구를 설치하여야 한다. 이 경우 제4류 위험물(온도 20℃의 물 100g에 용해되는 양이 1g 미만인 것)을 취급하는 공지에 있어서는 집유설비에 유분리장치를 설치하여야 한다.

4.8 옮겨 담는 일반취급소의 특례

옮겨 담는 일반취급소 중 위치・구조 및 설비가 다음 기준에 적합한 것에 대하여는 제조소의 안전거리, 보유공지, 건축물의 구조, 채광・조명 및 환기설비, 배출설비, 옥외설비의 바닥, 기타설비 및 위험물 취급탱크([별표 4] Ⅰ・Ⅱ・Ⅳ・Ⅴ 내지 Ⅶ・Ⅷ(제5호 제외) 및 Ⅸ)의 규정은 적용하지 않는다.

고정된 주유설비에 의해서 인화점이 38℃ 이상의 제4류 위험물을 용기에 옮겨 담거나 차량에 고정된 용량 4,000L 이하의 탱크(용량 2,000L을 넘는 탱크에 있어서는 그 내부를 2,000L 이하마다 칸막이를 한 것)에 주입하는 일반취급소로 지정수량의 40배 미만인 것이 적용된다.

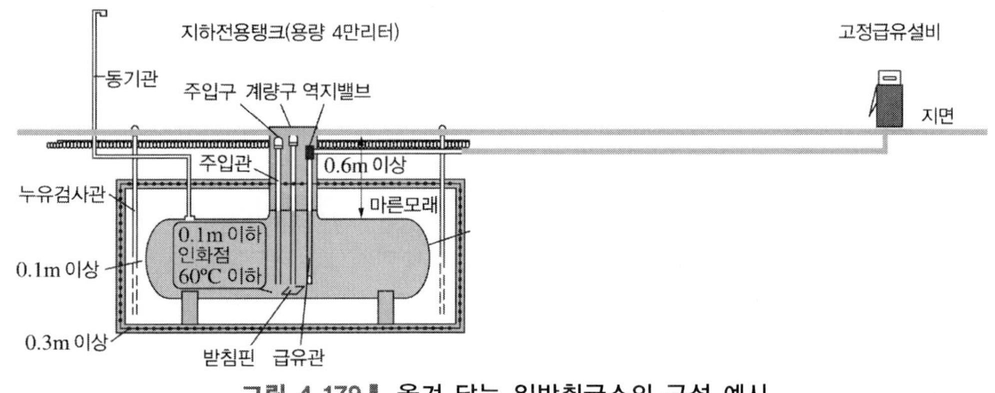

그림 4.179 ▌ 옮겨 담는 일반취급소의 구성 예시

(1) 일반취급소에는 고정급유설비 중 호스기기의 주위(현수식의 고정급유설비에 있어서는 호스기기의 아래)에 용기에 옮겨 담거나 탱크에 주입하는데 필요한 공지를 보유하여야 한다.

(2) (1)의 공지는 그 지반면을 주위의 지반면보다 높게 하고, 그 표면에 적당한 경사를 두며, 콘크리트 등으로 포장하여야 한다.

(3) (1)의 공지에는 누설한 위험물, 그 밖의 액체가 당해 공지 외의 부분에 유출하지 않도록 배수구 및 유분리장치를 설치하여야 한다.

(4) 일반취급소에는 고정급유설비에 접속하는 용량 40,000L 이하의 지하의 전용탱크(지하전용탱크)를 지반면 하에 매설하는 경우 외에는 위험물을 취급하는 탱크를 설치하지 않아야 한다.

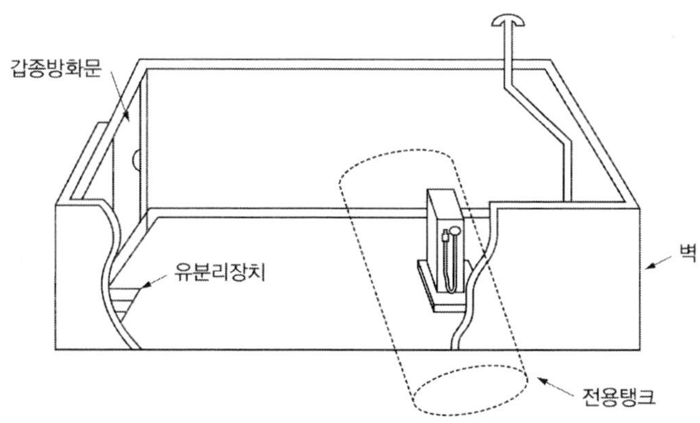

그림 4.180 ▌ 옮겨 담는 일반취급소 구조

(5) 지하전용탱크의 위치·구조 및 설비는 지하탱크저장소 기준·이중벽탱크의 지하탱크저장소 기준 또는 특수누설방지구조의 지하탱크저장소 기준 중 표지 및 게시판, 주입구, 펌프설비, 전기설비 제외([별표 8] Ⅰ·[별표 8] Ⅱ 또는 [별표 8] Ⅲ [[별표 8] Ⅰ 제5호·제10호(게시판에 관한 부분에 한함)·제11호·제14호를 제외])의 규정에 의한 지하저장탱크의 위치·구조 및 설비의 기준을 준용하여야 한다.

(6) 고정급유설비에 위험물을 주입하기 위한 배관은 당해 고정급유설비에 접속하는 지하전용탱크로부터의 배관만으로 하여야 한다.

(7) 고정급유설비는 주유취급소의 고정주유설비 또는 고정급유설비의 기준([별표 13] Ⅳ(제4호를 제외))을 준용하여야 한다.

(8) 고정급유설비는 도로경계선으로부터 다음 표 4.9에 정하는 거리 이상, 건축물의 벽으

로부터 2m(일반취급소의 건축물의 벽에 개구부가 없는 경우에는 당해 벽으로부터 1m) 이상, 부지경계선으로부터 1m 이상의 간격을 유지하여야 한다. 다만, 호스기기와 분리하여 주유취급소의 펌프실 등의 구조([별표 13] Ⅸ)의 기준에 적합하고 벽·기둥·바닥·보 및 지붕(상층이 있는 경우에는 상층의 바닥)이 내화구조인 펌프실에 설치하는 펌프기기 또는 액중펌프기기에 있어서는 제외된다.

(9) 현수식의 고정급유설비를 설치하는 일반취급소에는 당해 고정급유설비의 펌프기기를 정지하는 등에 의하여 지하전용탱크로부터의 위험물의 이송을 긴급히 중단할 수 있는 장치를 설치하여야 한다.

표 4.9 안전거리

고정급유설비의 구분		거리
현수식의 고정급유설비		4m
그 밖의 고정급유설비	고정급유설비에 접속되는 급유호스 중 그 전체길이가 최대인 것의 전체길이(최대급유호스길이)가 3m 이하의 것	4m
	최대급유호스길이가 3m 초과 4m 이하의 것	5m
	최대급유호스길이가 4m 초과 5m 이하의 것	6m

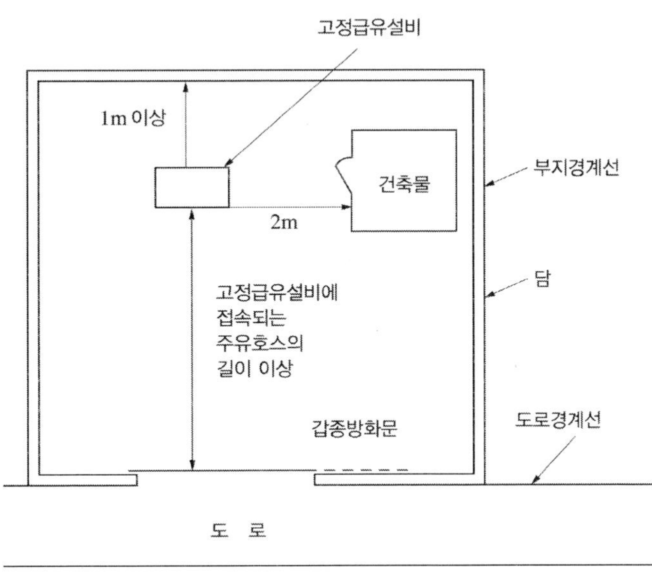

그림 4.181 ▌ 고정급유설비의 설치 위치

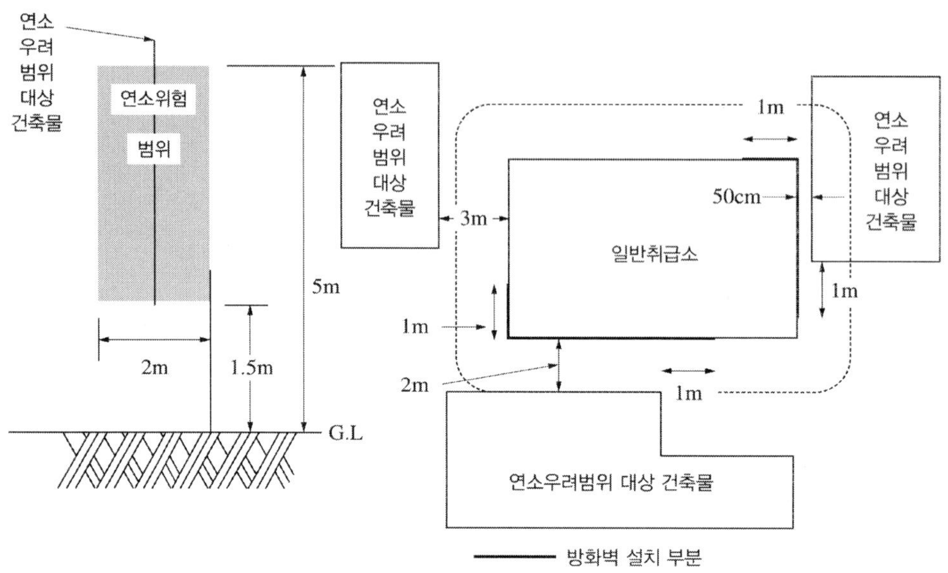

그림 4.182▌ 연소 위험범위 및 담을 높게 하는 범위 예시

(10) 일반취급소의 주위에는 높이 2m 이상의 내화구조 또는 불연재료로 된 담 또는 벽을 설치하여야 한다. 이 경우 당해 일반취급소에 인접하여 연소의 우려가 있는 건축물[120]이 있을 때에는 담 또는 벽을 주유취급소의 담 또는 벽([별표 13] Ⅶ 제1호)의 규정에 준하여 방화상 안전한 높이로 하여야 한다(방화벽 높이에 대한 것은 세부기준 제111조 참조).

(11) 일반취급소의 출입구에는 갑종방화문 또는 을종방화문을 설치하여야 한다.

(12) 펌프실 그 밖에 위험물을 취급하는 실은 주유취급소의 펌프실 그 밖에 위험물을 취급하는 실([별표 13] Ⅸ)의 기준을 준용하여야 한다.

(13) 일반취급소에 지붕, 캐노피 그 밖에 위험물을 옮겨 담는데 필요한 건축물(지붕 등)을 설치하는 경우에는 지붕 등은 불연재료로 하여야 한다.

(14) 지붕 등의 수평투영면적은 일반취급소의 부지면적의 1/3 이하여야 한다.

120) 일반취급소의 주위에 설치한 담 등에 직접 면하는 건축물 중 일반취급소의 담 등과의 수평거리가 2m 이하이고, 지반면의 높이가 1.5m 초과 5m 이하가 되는 범위(연소위험범위) 안에 접하는 부분이 있는 건축물을 말한다. 다만 연소 위험범위 내의 부분이 내화구조(개구부에 방화문 설치 포함)로 되어 있는 경우에는 제외한다.

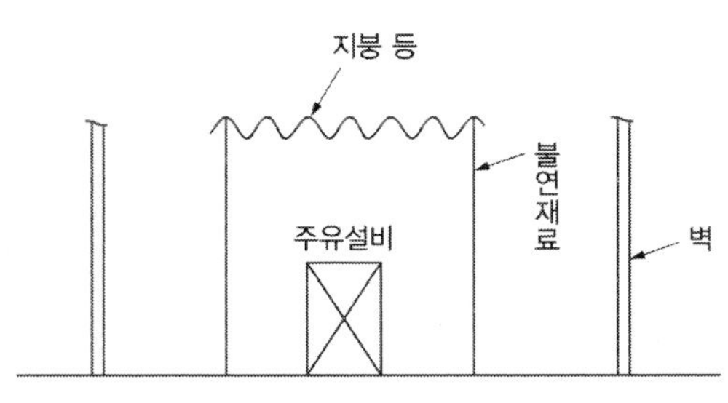

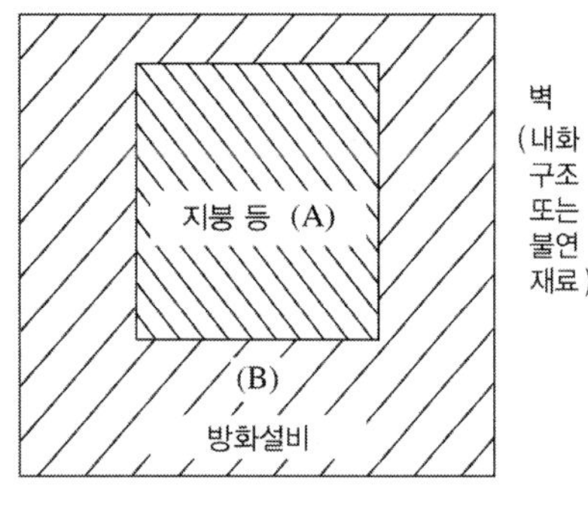

그림 4.183 ▌ 수평투영면적 예시

4.9 유압장치 등을 설치하는 일반취급소의 특례

건축물 내에 있어서 유압장치 및 대형기계의 전동기축, 공작 기계 등에 사용되는 윤활유 순환장치 등에 인화점 100℃ 이상의 제4류 위험물을 100℃ 미만의 온도에서 취급하는 일반취급소로서 지정수량의 배수가 50 미만인 것이 적용된다.

(1) 유압장치 등을 설치하는 일반취급소 중 위치 · 구조 및 설비가 다음 기준에 적합한 것에 대하여는 제조소의 안전거리, 보유공지, 건축물의 구조, 채광 · 조명 및 환기설비, 배출설비, 기타설비 중 정전기제거 및 피뢰설비([별표 4] Ⅰ · Ⅱ · Ⅳ · Ⅴ · Ⅵ 및 Ⅷ 제6호 · 제7호)의 규정은 적용하지 않는다.

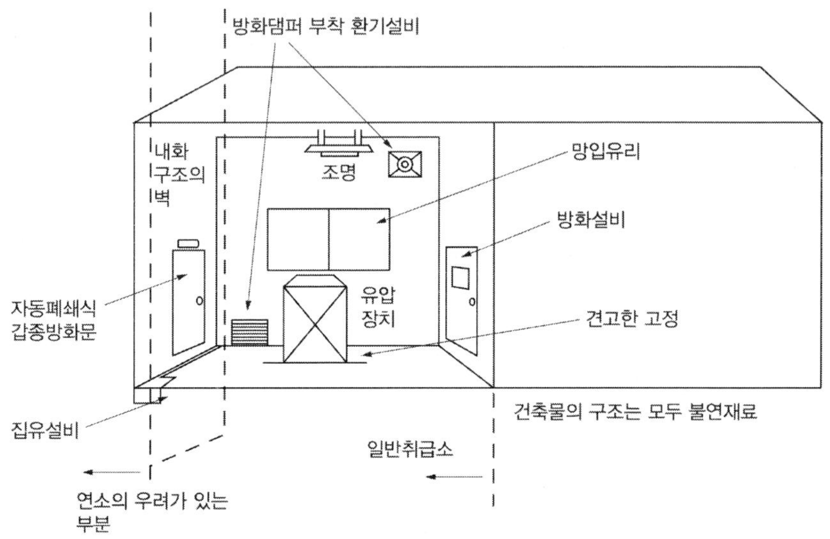

그림 4.184 ▌ 유압장치 등을 설치하는 일반취급소 구조 예시1

불연재료로 만들어진 단층의 건축물 일부에 불연재료의 벽 등으로 구획한 실을 설치하고 그 실내에 위험물을 취급하는 실단위의 부분규제를 받는 일반취급소이다.

(가) 일반취급소는 벽・기둥・바닥・보 및 지붕이 불연재료로 만들어진 단층의 건축물에 설치할 것

(나) 건축물 중 일반취급소의 용도로 사용하는 부분은 벽・기둥・바닥・보 및 지붕을 불연재료로 하고, 연소의 우려가 있는 외벽은 출입구 외의 개구부가 없는 내화구조의 벽으로 할 것

(다) 건축물 중 일반취급소의 용도로 사용하는 부분의 창 및 출입구에는 갑종방화문 또는 을종방화문을 설치하고, 연소의 우려가 있는 외벽에 있는 출입구에는 수시로 열 수 있는 자동폐쇄식의 갑종방화문을 설치할 것

(라) 건축물 중 일반취급소의 용도로 사용하는 부분의 창 또는 출입구에 유리를 이용하는 경우에는 망입유리로 할 것

(마) 위험물을 취급하는 설비(위험물을 이송하기 위한 배관을 제외)는 건축물 중 일반취급소의 용도로 사용하는 부분의 바닥에 견고하게 고정할 것

(바) 위험물을 취급하는 탱크(용량이 지정수량의 1/5 미만인 것을 제외)의 직하에는 방유턱([별표 4] Ⅸ 제1호 나목1))을 설치하거나 건축물 중 일반취급소의 용도로 사용하는 부분의 문턱의 높이를 높게 할 것

(사) 분무도장작업 등의 특례 중 바닥 및 집유설비, 채광・조명 및 환기의 설비, 배출설비, 댐퍼(Ⅱ제5호 내지 제8호)의 기준에 적합할 것

(2) 유압장치 등을 설치하는 일반취급소 중 위치・구조 및 설비가 다음 기준에 적합한 것에 대하여는 제조소의 안전거리, 보유공지, 건축물의 구조, 채광・조명 및 환기설비, 배출설비, 기타설비 중 정전기제거 및 피뢰설비([별표 4] Ⅰ・Ⅱ・Ⅳ・Ⅴ・Ⅵ 및 Ⅷ제6호・제7호의 규정)를 적용하지 않는다.

건축물의 일부에 출입구 및 환기설비 이외의 개구부를 갖지 않는 내화구조의 벽, 바닥 등으로 구획된 실을 설치하고 그 실내에서 위험물을 취급하는 실단위의 부분규제의 일반취급소이다

(가) 건축물 중 일반취급소의 용도로 사용하는 부분은 벽・기둥・바닥 및 보를 내화구조로 할 것

(나) 분무도장작업 등의 특례 중 창문, 출입구, 바닥, 채광・조명 및 환기의 설비, 배출설비, 댐퍼(Ⅱ 제3호 내지 제8호), 열처리작업 등의 특례 중 상층 바닥 또는 지붕(Ⅳ 제1호 나목) 및 (1) (바)의 기준에 적합할 것

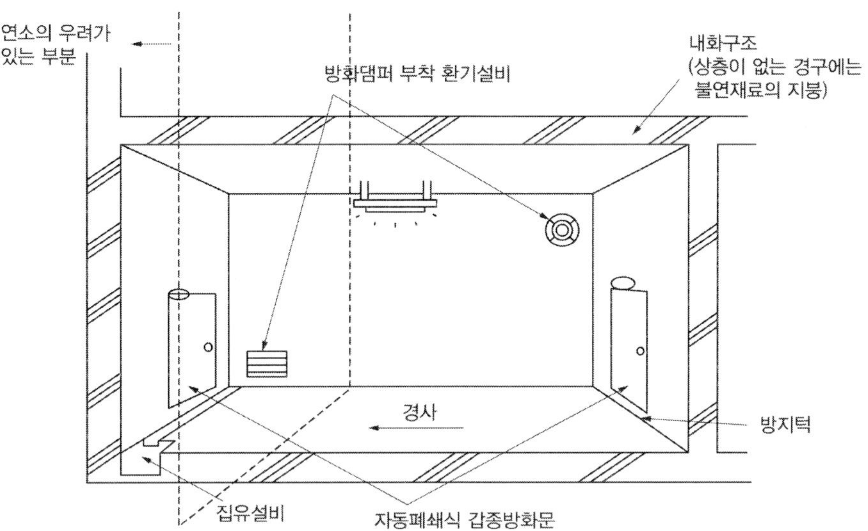

그림 4.185 ▌ 유압장치 등을 설치하는 일반취급소 구조 예시2

(3) 유압장치 등을 설치하는 일반취급소 중 지정수량의 30배 미만의 것으로서 위치・구조 및 설비가 다음 기준에 적합한 것에 대하여는 제조소의 안전거리, 보유공지, 건축물의 구조, 채광・조명 및 환기설비, 배출설비, 기타설비 중 정전기제거 및 피뢰설비([별표 4] Ⅰ・Ⅱ・Ⅳ・Ⅴ・Ⅵ 및 Ⅷ 제6호・제7호)의 규정은 적용하지 않는다. 천장이 없고 외벽이 불연재로 만들어진 단층의 건축물 내에서 위험물을 취급하는 설비 주위에 3m의 공지를 설치하는 설비단위의 부분규제를 받는 일반 취급소이다.

(가) 위험물을 취급하는 설비는 바닥에 고정하고, 당해 설비의 주위에 너비 3m 이상의 공지를 보유할 것. 다만, 당해 설비로부터 3m 미만의 거리에 있는 건축물의 벽(수시로 열 수 있는 자동폐쇄식의 갑종방화문이 달려 있는 출입구 외의 개구부가 없는 것에 한함) 및 기둥이 내화구조인 경우에는 당해 설비에서 당해 벽 및 기둥까지의 공지를 보유하는 것으로 할 수 있다.

(나) 건축물 중 일반취급소의 용도로 사용하는 부분((가)의 공지 포함)의 바닥은 위험물이 침투하지 않는 구조로 하고, 적당한 경사를 두어 집유설비 및 당해 바닥의 주위에 배수구를 설치할 것

(다) 위험물을 취급하는 탱크(용량이 지정수량의 1/5 미만의 것을 제외)의 직하에는 방유턱([별표 4] Ⅸ 제1호 나목1))을 설치할 것

(라) 분무도장작업 등의 특례 중 채광・조명 및 환기의 설비, 배출설비, 댐퍼(Ⅱ 제6호 내지 제8호) 및 세정작업의 특례 중 지정수량 10배 미만의 단층건물(Ⅲ 제2

호 가목)의 기준에 적합할 것

4.10 절삭장치 등을 설치하는 일반취급소의 특례

(1) 절삭장치 등[121]을 설치하는 일반취급소 중 위치・구조 및 설비가 분무도장작업 등의 특례 중 지하층, 창문, 출입구, 바닥, 채광・조명 및 환기의 설비, 배출설비, 댐퍼(Ⅱ 제1호 및 제3호 내지 제8호), 열처리작업 등의 특례 중 상층 바닥 또는 지붕(Ⅳ 제1호 나목) 및 유압장치 등의 설치 특례 중 방유턱 또는 문턱・건축물 구조(Ⅷ 제1호 바목・제2호 가목)의 규정에 의한 기준에 적합한 것에 대하여는 제조소의 안전거리, 보유공지, 건축물의 구조 및 기타설비 중 정전기제거 및 피뢰설비([별표 4] Ⅰ・Ⅱ・Ⅳ 및 Ⅷ 제6호・제7호)의 규정은 적용하지 않는다.

건축물 내에 있어서 절삭, 연삭을 위해 고인화점위험물만을 100℃ 미만의 온도에서 취급하는 것으로 지정수량의 30배 미만인 것에 적용한다.

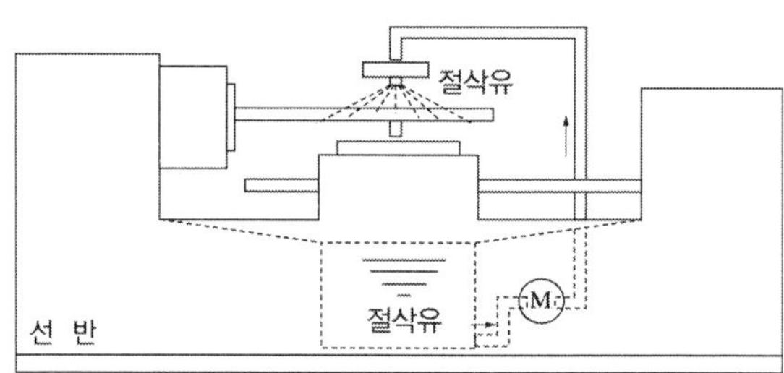

그림 4.186 ▌ 절삭장치 예시

(2) 절삭장치 등을 설치하는 일반취급소 중 지정수량의 10배 미만의 것으로서 위치・구조 및 설비가 다음 기준에 적합한 것에 대하여는 제조소의 안전거리, 보유공지, 건축물의 구조 및 기타설비 중 정전기제거 및 피뢰설비([별표 4] Ⅰ・Ⅱ・Ⅳ 및 Ⅷ 제6호・제7호)의 규정은 적용하지 않는다.

천장(반자)이 없고 불연재료로 된 단층의 건물에 설치하는 설비단위의 부분규제를 받는 일반취급소에 속한다.

(가) 위험물을 취급하는 설비(위험물을 이송하기 위한 배관을 제외)는 바닥에 고정하고, 당해 설비의 주위에 너비 3m 이상의 공지를 보유할 것. 다만, 당해 설비로부

121) 선반, 드릴링머신, 프레이즈(Fraise)반, 연삭반 등의 공작기계 등이 있고, 이 장치에 절삭, 연삭유 등의 위험물을 이용한다.

터 3m 미만의 거리에 있는 건축물의 벽(수시로 열 수 있는 자동폐쇄식의 갑종방화문이 달려 있는 출입구 외의 개구부가 없는 것에 한함) 및 기둥이 내화구조인 경우에는 당해 설비에서 당해 벽 및 기둥까지의 공지를 보유하는 것으로 할 수 있다.

(나) 건축물 중 일반취급소의 용도로 사용하는 부분((가)의 공지 포함)의 바닥은 위험물이 침투하지 않는 구조로 하고, 적당한 경사를 두어 집유설비 및 당해 바닥의 주위에 배수구를 설치할 것

(다) 분무도장작업 등의 특례 중 채광・조명 및 환기의 설비, 배출설비, 댐퍼(Ⅱ 제6호 내지 제8호), 세정작업의 특례 중 지정수량 10배 미만의 단층건물(Ⅲ 제2호 가목) 및 유압장치 등의 설치 특례 중 지정수량 30배 미만의 것에 방유턱(Ⅷ 제3호 다목)의 기준에 적합할 것

4.11 열매체유 순환장치를 설치하는 일반취급소의 특례

열매체유 순환장치를 설치하는 일반취급소 중 위치・구조 및 설비가 다음 기준에 적합한 것에 대하여는 제조소의 안전거리, 보유공지, 건축물의 구조, 채광・조명 및 환기설비, 배출설비([별표 4] Ⅰ・Ⅱ・Ⅳ・Ⅴ 및 Ⅵ)의 규정은 적용하지 않는다.

건축물 내에서 고인화점위험물을 사용하여 반응탱크 등을 가열하는 것으로, 지정수량의 30배 미만의 것에 적용한다.

(1) 위험물을 취급하는 설비는 위험물의 체적팽창에 의한 위험물의 누설을 방지할 수 있는 구조[122]의 것으로 하여야 한다.

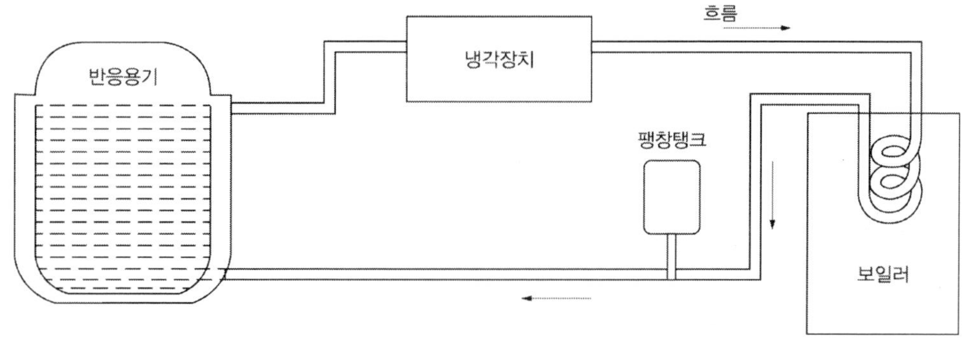

그림 4.187 ▌ 열매체유 순환장치의 설치 예시

122) 탱크를 사용하는 경우에 있어 지정수량의 배수가 1/5 이상의 탱크는 위험물취급탱크에 해당한다.

(2) 분무도장작업 등의 특례 중 지하층, 창문, 출입구, 바닥, 채광・조명 및 환기설비, 배출설비, 댐퍼(Ⅱ 제1호・제3호 내지 제8호), 세정작업의 특례 중 방유턱, 과열방지장치(Ⅲ 제1호 가목・나목) 및 열처리작업 등의 특례 중 건축물 구조, 상층 바닥 및 지붕(Ⅳ 제1호 가목・나목)에 의한 기준에 적합하여야 한다.

4.12 화학실험의 일반취급소의 특례

화학실험의 일반취급소 중 위치・구조 및 설비가 다음에 정한 기준에 적합한 것에 대해서는 제조소의 안전거리, 보유공지, 건축물의 구조, 채광・조명 및 환기설비, 배출설비, 옥외설비의 바닥, 기타설비(전기설비 제외), 위험물 취급탱크, 배관([별표 4] Ⅰ・Ⅱ・Ⅳ・Ⅴ・Ⅵ・Ⅶ・Ⅷ(제5호 제외)・Ⅸ 및 Ⅹ)의 규정은 준용하지 않는다.

(1) 화학실험의 일반취급소는 벽・기둥・바닥 및 보가 내화구조인 건축물의 지하층 외의 층에 설치할 것

(2) 건축물 중 화학실험의 일반취급소의 용도로 사용하는 부분은 벽・기둥・바닥・보 및 지붕(상층이 있는 경우에는 상층의 바닥)을 내화구조로 하고, 벽에 설치하는 창 또는 출입구에 관한 기준은 다음 기준에 모두 적합할 것
   (가) 해당 건축물의 다른 용도 부분(복도를 제외)과 구획하는 벽에는 창 또는 출입구를 설치하지 않을 것
   (나) 해당 건축물의 복도 또는 외부와 구획하는 벽에 설치하는 창은 망입유리 또는 방화유리로 하고, 출입구에는 수시로 열 수 있는 자동폐쇄식의 갑종방화문을 설치할 것

(3) 건축물 중 화학실험의 일반취급소의 용도로 사용하는 부분에는 위험물을 취급하는데 필요한 채광・조명 및 환기를 위한 설비를 설치할 것

(4) 가연성의 증기 또는 가연성의 미분이 체류할 우려가 있는 화학실험의 일반취급소의 용도로 사용하는 부분에는 그 증기 또는 미분을 옥외의 높은 곳으로 배출하는 설비를 설치하고, 배출덕트가 관통하는 벽부분의 바로 가까이에 화재 시 자동으로 폐쇄되는 방화댐퍼를 설치할 것

(5) 위험물을 보관하는 설비는 외장을 불연재료로 하되, 제3류 위험물 중 자연발화성 물질 또는 제5류 위험물을 보관하는 설비는 다음의 기준에 모두 적합한 것으로 할 것
   (가) 외장을 금속재질로 할 것
   (나) 보냉장치를 갖출 것

(다) 밀폐형 구조로 할 것
(라) 문에 유리를 부착하는 경우에는 망입유리 또는 방화유리로 할 것

4.13 고인화점 위험물의 일반취급소의 특례

인화점이 100℃ 이상의 제4류 위험물만을 100℃ 미만의 온도에서 취급하는 동棟단위 규제의 일반취급소이고, 제조소의 일부기준에 적합한 경우 일반취급소 기준의 일부가 완화되어 적용된다.

(1) 고인화점 위험물의 일반취급소 중 위치 및 구조가 고인화점 위험물의 제조소 특례([별표 4] XI) 기준에 적합한 것에 대하여는 제조소의 안전거리, 보유공지, 건축물의 구조, 기타설비(정전기제거 및 피뢰설비), 위험물취급탱크 방유제([별표 4] Ⅰ·Ⅱ·Ⅳ 제1호·제3호 내지 제5호·Ⅷ 제6호·제7호 및 Ⅸ 제1호 나목2))에 의하여 준용하는 옥외탱크저장소의 방유제([별표 6] Ⅸ 제1호 나목)의 규정은 적용하지 않는다.

(2) 고인화점 위험물의 일반취급소 중 충전하는 일반취급소로서 위치·구조 및 설비가 다음 기준에 적합한 것에 대하여는 제조소의 안전거리, 보유공지, 건축물의 구조, 채광·조명 및 환기설비, 배출설비 내지 옥외설비 바닥, 기타설비(정전기제거 및 피뢰설비) 및 위험물취급탱크 방유제([별표 4] Ⅰ·Ⅱ·Ⅳ·Ⅴ 내지 Ⅶ·Ⅷ 제6호·제7호 및 Ⅸ제1호나목2))에 의하여 준용하는 옥외탱크저장소의 방유제([별표 6] Ⅸ 제1호 나목)의 규정은 적용하지 않는다.
   (가) 제조소의 옥내 및 옥외에 있는 위험물 취급탱크([별표 4] XI 제1호·제2호) 및 충전하는 일반취급소 특례 중 벽의 통풍 내지 집유설비 및 배수구(Ⅵ 제3호 내지 제7호)의 규정에 의한 기준에 적합할 것
   (나) 건축물을 설치하는 경우에 있어서는 당해 건축물은 벽·기둥·바닥·보 및 지붕을 내화구조 또는 불연재료로 하고, 창 및 출입구에는 갑종방화문·을종방화문 또는 불연재료나 유리로 된 문을 설치할 것

4.14 위험물의 성질에 따른 일반취급소의 특례

(1) 위험물 성질에 따른 알킬알루미늄 등[123]을 취급하는 제조소 특례([별표 4] XII 제2호)의 규정은 알킬알루미늄 등을 취급하는 일반취급소에 대하여 강화되는 기준에 있어

123) 제3류 위험물 중 알킬알루미늄, 알킬리튬 또는 이중 어느 하나 이상을 함유하는 것을 말한다.

서 준용한다.

(2) 위험물 성질에 따른 아세트알데히드 등[124)]을 취급하는 제조소 특례([별표 4] XII 제3호)의 규정은 아세트알데히드 등을 취급하는 일반취급소에 대하여 강화되는 기준에 있어서 준용한다.

(3) 위험물 성질에 따른 히드록실아민 등[125)]을 취급하는 제조소 특례([별표 4] XII 제4호)의 규정은 히드록실아민 등을 취급하는 일반취급소에 대하여 강화되는 기준에 있어서 준용한다.

---

124) 제4류 위험물 중 특수인화물의 아세트알데히드, 산화프로필렌 또는 이중 어느 하나 이상을 함유하는 것을 말한다.

125) 제5류 위험물 중 히드록실아민, 히드록실아민염류 또는 이중 어느 하나 이상을 함유하는 것을 말한다.

연습문제

01 주유취급소의 고정주유설비 주위에는 자유를 받으려는 자동차 등이 출입할 수 있도록 하는 주유공지의 크기는?

① 12m 이상, 3m 이상
② 12m 이상, 6m 이상
③ 15m 이상, 3m 이상
④ 15m 이상, 6m 이상

02 고정주유설비 또는 고정급유설비의 설치 위치로 알맞은 것은?

① 고정주유설비의 중심선을 기점으로 도로경계선까지 2m 이상
② 고정주유설비의 중심선을 기점으로 건축물의 벽까지 1m 이상
③ 고정주유설비의 중심선을 기점으로 부지경계선까지 2m 이상
④ 고정급유설비의 중심선을 기점으로 담까지 2m 이상

03 주유취급소에서"주유 중 엔진정지" 표시를 하는 게시판의 색은?

① 흰색바탕 – 흑색문자
② 흑색바탕 – 흰색문자
③ 황색바탕 – 흑색문자
④ 흰색바탕 – 황색문자

04 주유취급소의 위치 · 구조 · 설비의 규정이 틀린 것은?

① 주유취급소의 주유공지는 너비 15m 길이 6m 이상
② 고정주유설비와 고정급유설비의 사이는 4m 이상의 거리 유지
③ 고정급유설비의 주유관 길이는 3m 이내
④ 주유원 간이대기실의 바닥면적은 $2.5m^2$ 이하

05 주유취급소 건축물 중 사무실 그 밖의 화기를 사용하는 곳의 출입구나 사이 통로의 문턱 높이는?

① 5cm 이상 ② 10cm 이상
③ 15cm 이상 ④ 20cm 이상

06 셀프용 고정급유설비의 1회의 연속급유량 및 급유시간은?

① 급유량의 상한은 100L 이하, 급유시간의 상한은 6분 이하
② 급유량의 상한은 150L 이하, 급유시간의 상한은 4분 이하
③ 급유량의 상한은 200L 이하, 급유시간의 상한은 6분 이하
④ 급유량의 상한은 250L 이하, 급유시간의 상한은 4분 이하

07 제1종 판매취급소에서 위험물을 배합하는 실의 기준으로 맞는 것은?

① 출입구 문턱의 높이는 바닥면으로부터 0.15m 이상으로 할 것
② 출입구에는 갑종방화문 또는 을종방화문을 설치할 것
③ 내회구조 또는 불연재료로 된 벽으로 구획할 것
④ 바닥면적은 $6m^2$ 이상 $16m^2$ 이하로 할 것

정답 1. ④ 2. ③ 3. ③ 4. ③ 5. ③ 6. ① 7. ③

08 2종 판매취급소의 지정수량은?

① 10배 이하 ② 10배 이상
③ 40배 이하 ④ 40배 이상

09 제2종 판매취급소의 설치기준으로 틀린 것은?

① 벽 · 기둥 · 바닥 및 보, 천장은 내화구조로 할 것
② 판매취급소로 사용되는 부분과 다른 부분과의 격벽은 내화구조로 할 것
③ 출입구에는 갑종 또는 을종방화문을 설치할 것
④ 연소의 우려가 있는 벽 또는 창의 부분에 설치하는 출입구에는 수시로 열 수 있는 자동폐쇄식의 갑종방화문을 설치할 것

10 이송취급소의 경우 지하 · 하천 등에 매설하는 이송배관 공사의 완공검사 신청시기는 언제인가?

① 이송배관 공사의 전체를 완료한 후
② 이송배관 공사의 일부를 완료한 후
③ 이송배관을 매설하기 전
④ 비파괴시험을 실시한 후

11 이송취급소를 설치할 수 있는 곳은?

① 철도 및 도로의 터널 안
② 호수 · 저수지 등으로서 수리의 수원이 되는 곳
③ 고속도로 및 자동차전용도로의 차도 · 길어깨 및 중앙 분리대
④ 지형상황 등 부득이한 사유가 있고 안전에 필요한 조치를 한 곳

12 이송취급소의 배관을 지하에 매설하는 경우 지하가 및 터널의 안전거리는?

① 0.9m 이상 ② 1.5m 이상
③ 10m 이상 ④ 300m 이상

13 이송취급소의 비파괴시험에 대한 기준으로 적절한 것은?

① 이송기지 내의 지상에 설치된 배관 등은 전체 용접부의 10% 이상을 발췌하여 시험
② 이송기지 내의 지상에 설치된 배관 등은 전체 용접부의 20% 이상을 발췌하여 시험
③ 이송기지 내의 지상에 설치된 배관 등은 전체 용접부의 30% 이상을 발췌하여 시험
④ 이송기지 내의 지상에 설치된 배관 등은 전체 용접부의 40% 이상을 발췌하여 시험

14 이송취급소의 배관을 설치하는 터널의 경우 가연성 증기의 체류를 방지하는 조치를 해야 하는 것은?

① 터널 높이 1.0m 이상인 것
② 터널 높이 1.2m 이상인 것
③ 터널 높이 1.5m 이상인 것
④ 터널 높이 1.8m 이상인 것

15 이송취급소의 긴급차단밸브 설치기준 중 틀린 것은?

① 시가지에 설치하는 경우에 약 3km의 간격
② 하천 · 호소 등을 횡단하여 설치하는 경우에는 횡단하는 부분의 양 끝
③ 산림지역에 설치하는 경우에는 약 10 km의 간격
④ 도로 또는 철도를 횡단하여 설치하는 경우에는 횡단하는 부분의 양 끝

정답 8. ③ 9. ① 10. ③ 11. ④ 12. ③ 13. ② 14. ③ 15. ①

CHAPTER 05

위험물 제조소 등의 소방시설

1. 위험물시설의 소화설비

소방관련 법령상 소화설비, 경보설비 및 피난설비에 관한 법적규제의 경우에는 위험물시설에 대한 소화설비의 설치기준은 「위험물안전관리법」에 의해 설치하도록 되어 있고, 위험물시설의 구분・규모・저장취급 위험물의 양 등을 바탕으로 「위험물안전관리법 시행규칙」[별표 17] 및 「위험물안전관리에 관한 세부기준」에서 기준을 정하고 있다.

위험물시설 이외의 건축물(특정소방대상물)에 대한 설치기준은 「화재의 예방 및 안전관리에 관한 법률」, 「소방시설 설치 및 관리에 관한 법률」에 의해 설치하도록 되어 있으며, 건축물 등의 용도에 따라 면적・층수 등을 토대로 소화설비의 종류별로 「화재안전기준」에서 정하고 있다.

「위험물안전관리법」과 「화재안전기준」은 기본적으로 같은 소화설비에 대한 기준이지만, 위험물시설에 대하여는 「위험물안전관리법」 기준을 적용하여 더 강화된 소화설비를 설치하도록 하고 「화재안전기준」을 적용하지 않는다. 다만,「위험물안전관리법」에 의한 기준에 정하지 않은 사항은 「소방시설설치유지 및 안전관리에 관한 법률」의 「화재안전기준」을 적용한다.

2. 소화설비 설치기준

2.1 소화설비의 기준

(1) 제조소 등에는 화재발생 시 소화가 곤란한 정도에 따라 그 소화에 적응성이 있는 소화설비를 설치하여야 한다.

(2) (1)의 규정에 의한 소화가 곤란한 정도에 따른 소화난이도는 소화난이도 등급Ⅰ, 소화난이도 등급 Ⅱ 및 소화난이도 등급 Ⅲ으로 구분하되, 각 소화난이도 등급에 해당하는 제조소 등의 규모, 저장 또는 취급하는 위험물의 품명 및 최대수량 등과 그에 따라 제조소 등별로 설치하여야 하는 소화설비의 종류, 각 소화설비의 적응성 및 소화설비의 설치기준을 따른다.

(3) 표 5.1에서 "○"표시는 당해 소방대상물 및 위험물에 대하여 소화설비가 적응성이 있음을 표시하고, "△"표시는 제4류 위험물을 저장 또는 취급하는 장소의 살수기준면적에 따라 스프링클러설비의 살수밀도가 표 5.2에 정하는 기준 이상인 경우에는 당해 스프링클러설비가 제4류 위험물에 대하여 적응성이 있음을, 제6류 위험물을 저장 또는 취급하는 장소로서 폭발의 위험이 없는 장소에 한하여 이산화탄소소화기가 제6류 위험물에 대하여 적응성이 있음을 각각 표시한다.

표 5.1 소화설비의 적응성

소화설비의 구분 \ 대상물 구분			건축물 그밖의 공작물	전기설비	제1류 위험물		제2류 위험물			제3류 위험물		제4류 위험물	제5류 위험물	제6류 위험물
					알칼리금속과산화물등[126]	그 밖의 것	철분금속분마그네슘등[127]	인화성고체	그 밖의 것	금수성물품	그 밖의 것			
옥내소화전 또는 옥외소화전설비			○			○		○	○		○		○	○
스프링클러설비			○			○		○	○		○	△	○	○
물분무등소화설비	물분무소화설비		○	○		○		○	○		○	○	○	○
	포소화설비		○			○		○	○		○	○	○	○
	불활성가스소화설비			○				○				○		
	할로겐화합물소화설비			○				○				○		
	분말소화설비	인산염류등[128]	○	○		○		○	○			○		○
		탄산수소염류등[129]		○	○		○	○		○		○		
		그 밖의 것			○		○			○				
대형·	봉상수소화기		○			○		○	○		○		○	○
	무상수소화기		○	○		○		○	○		○		○	○
	봉상강화액소화기		○			○		○	○		○		○	○

소화설비의 구분 \ 대상물 구분			건축물 그밖의 공작물	전기설비	제1류 위험물: 알칼리금속과산화물등126)	제1류 위험물: 그 밖의 것	제2류 위험물: 철분 금속분 마그네슘 등127)	제2류 위험물: 인화성고체	제2류 위험물: 그 밖의 것	제3류 위험물: 금수성물품	제3류 위험물: 그 밖의 것	제4류 위험물	제5류 위험물	제6류 위험물
소형수동식소화기	무상강화액소화기		○	○		○		○	○		○	○	○	○
소형수동식소화기	포소화기		○			○		○	○		○	○	○	○
소형수동식소화기	이산화탄소소화기			○				○				○		△
소형수동식소화기	할로겐화합물소화기			○				○				○		
소형수동식소화기	분말소화기	인산염류소화기	○	○		○		○	○			○		○
소형수동식소화기	분말소화기	탄산수소염류소화기		○	○		○	○		○		○		
소형수동식소화기	분말소화기	그 밖의 것			○		○			○				
기타	물통 또는 수조		○			○		○	○		○		○	○
기타	건조사				○	○	○	○	○	○	○	○	○	○
기타	팽창질석 또는 팽창진주암				○	○	○	○	○	○	○	○	○	○

표 5.2 스프링클러설비의 살수밀도

살수기준면적(m^2)	방사밀도(L/m^2분) 인화점 38℃ 미만	방사밀도(L/m^2분) 인화점 38℃ 이상	비고
279 미만	16.3 이상	12.2이상	살수기준면적은 내화구조의 벽 및 바닥으로 구획된 하나의 실의 바닥면적을 말하고, 하나의 실의 바닥면적이 465m^2 이상인 경우의 살수기준면적은 465m^2로 한다. 다만, 위험물의 취급을 주된 작업내용으로 하지 않고 소량의 위험물을 취급하는 설비 또는 부분이 넓게 분산되어 있는 경우에는 방사밀도는 8.2L/m^2분 이상, 살수기준 면적은 279m^2 이상으로 할 수 있다.
279 이상 372 미만	15.5 이상	11.8 이상	
372이상 465 미만	13.9 이상	9.8 이상	
465 이상	12.2이상	8.1 이상	

126) 알칼리금속의 과산화물 및 알칼리금속의 과산화물을 함유한 것을 말한다.
127) 철분·금속분·마그네슘과 철분·금속분 또는 마그네슘을 함유한 것을 말한다.
128) 인산염류, 황산염류 그 밖에 방염성이 있는 약제를 말한다.
129) 탄산수소염류 및 탄산수소염류와 요소의 반응생성물을 말한다.

2.2 소화설비의 설치기준

위험물 제조소 등에 화재가 발생할 경우 필요한 소화설비는 각각의 시설에 따라 설치하도록 되어있지만, 일반적으로 필요한 소화설비를 평가하는 것으로 소요단위를 사용한다. 소요단위의 산정은 건축물 등의 규모와 위험물의 수량에 의하지만 제조소 및 취급소는 일반적으로 저장소에 비해 소화가 곤란하므로 건축물 등의 규모에 의한 평가에 따라 차이를 두어 설치하도록 하고 있다(세부기준 제128조 참조).

2.2.1 전기설비의 소화설비

제조소 등에 전기설비(전기배선, 조명기구 등은 제외)가 설치된 경우[130]에는 당해 장소의 면적 $100m^2$마다 소형수동식소화기를 1개 이상 설치할 것

2.2.2 소요단위 및 능력단위

(가) 소요단위 : 소화설비의 설치대상이 되는 건축물 그 밖의 공작물의 규모 또는 위험물의 양의 기준단위

(나) 능력단위 : 소요단위에 대응하는 소화설비의 소화능력의 기준단위

2.2.3 소요단위의 계산방법

건축물 그 밖의 공작물 또는 위험물의 소요단위의 계산방법은 다음의 기준에 의하여 계산한다.

(가) 제조소 또는 취급소의 건축물은 외벽이 내화구조인 것은 연면적[131] $100m^2$를 1소요단위로 하며, 외벽이 내화구조가 아닌 것은 연면적 $50m^2$를 1소요단위로 할 것

(나) 저장소의 건축물은 외벽이 내화구조인 것은 연면적 $150m^2$를 1소요단위로 하고, 외벽이 내화구조가 아닌 것은 연면적 $75m^2$를 1소요단위로 할 것

(다) 제조소 등의 옥외에 설치된 공작물은 외벽이 내화구조인 것으로 간주하고 공작물의 최대수평투영면적을 연면적으로 간주하여 (가) 및 (나)의 규정에 의하여 소요단위를 산정할 것

(라) 위험물은 지정수량의 10배를 1소요단위로 할 것

---

130) 분전반, 전동기 등이 있는 장소를 의미하며 전기배선, 조명기구 등만 있는 장소는 해당되지 않는다.

131) 제조소 등의 용도로 사용되는 부분 외의 부분이 있는 건축물에 설치된 제조소 등에 있어서는 당해 건축물 중 제조소 등에 사용되는 부분의 바닥면적의 합계를 말한다.

2.2.4 소화설비의 능력단위

(가) 수동식소화기의 능력단위는 수동식소화기의 형식승인 및 검정기술기준에 의하여 형식승인 받은 수치로 할 것

(나) 기타 소화설비의 능력단위는 표 5.3에 의할 것

표 5.3 소화설비의 능력단위

소화설비	용량(L)	능력단위
소화전용물통	8	0.3
수조(소화전용물통 3개 포함)	80	1.5
수조(소화전용물통 6개 포함)	190	2.5
마른 모래(삽 1개 포함)	50	0.5
팽창질석 또는 팽창진주암(삽 1개 포함)	160	1.0

2.2.5 옥내소화전설비의 설치기준

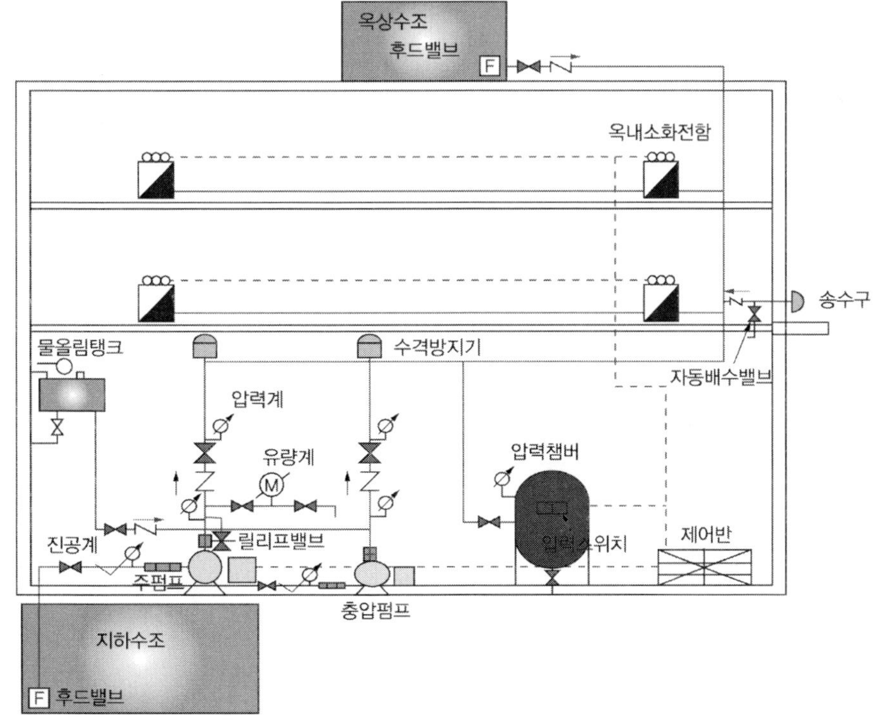

그림 5.1 옥내소화전설비 계통도

(가) 옥내소화전은 제조소 등의 건축물의 층마다 당해 층의 각 부분에서 하나의 호스 접속구까지의 수평거리가 25m 이하가 되도록 설치할 것. 이 경우 옥내소화전은 각층의 출입구 부근에 1개 이상 설치하여야 한다.

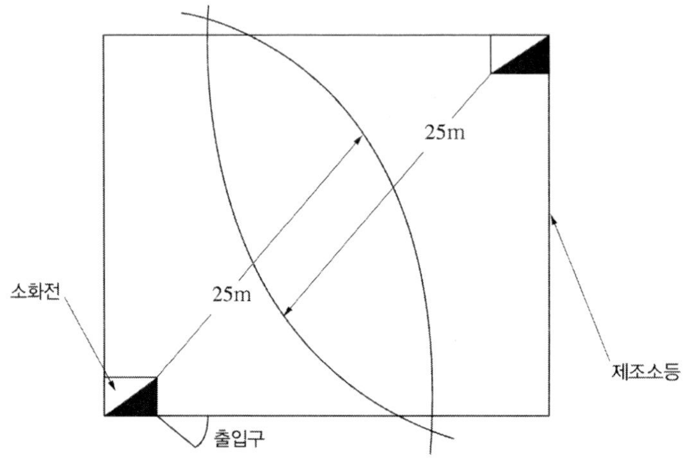

그림 5.2 ▌ 소화전 설치 및 설치위치 예시

(나) 수원의 수량은 옥내소화전이 가장 많이 설치된 층의 옥내소화전 설치개수(설치개수가 5개 이상인 경우는 5개)에 $7.8m^3$를 곱한 양 이상이 되도록 설치할 것

(다) 옥내소화전설비는 각층을 기준으로 하여 당해 층의 모든 옥내소화전(설치개수가 5개 이상인 경우는 5개의 옥내소화전)을 동시에 사용할 경우에 각 노즐선단의 방수압력이 350kPa 이상이고 방수량이 1분당 260L 이상의 성능이 되도록 할 것

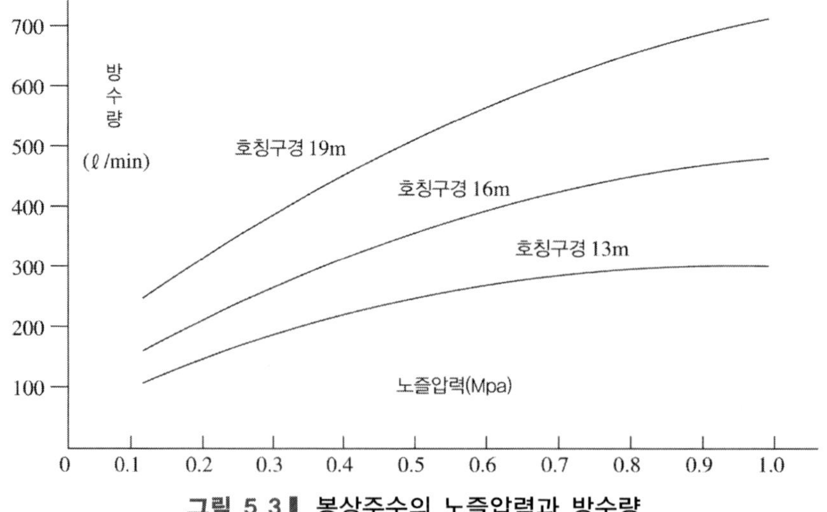

그림 5.3 ▌ 봉상주수의 노즐압력과 방수량

(라) 옥내소화전설비에는 비상전원을 설치할 것

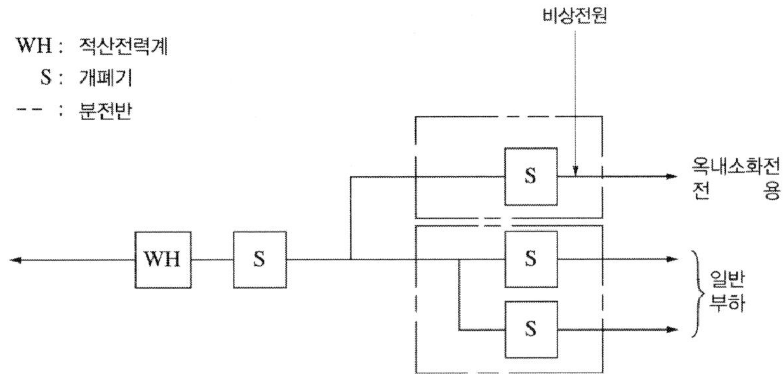

그림 5.4 ▌ 전용 비상전원 예시

2.2.6 옥외소화전설비의 설치기준

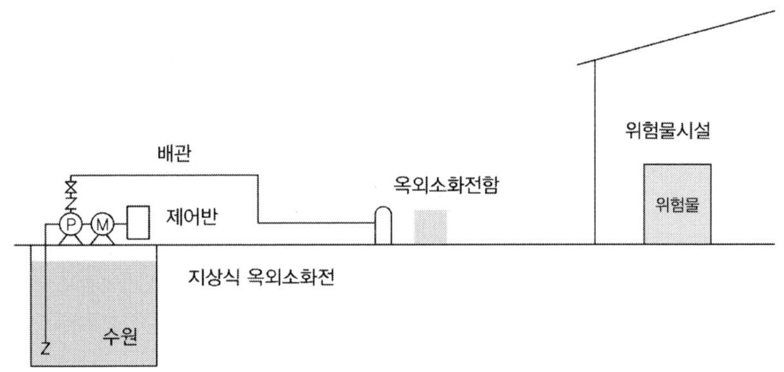

그림 5.5 ▌ 옥외소화전설비 계통도

(가) 옥외소화전은 방호대상물[132]의 각 부분(건축물의 경우에는 당해 건축물의 1층 및 2층의 부분에 한함)에서 하나의 호스접속구까지의 수평거리가 40m 이하가 되도록 설치할 것. 이 경우 그 설치개수가 1개일 때는 2개로 하여야 한다.

(나) 수원의 수량은 옥외소화전의 설치개수(설치개수가 4개 이상인 경우는 4개의 옥외소화전)에 13.5m^3를 곱한 양 이상이 되도록 설치할 것

(다) 옥외소화전설비는 모든 옥외소화전(설치개수가 4개 이상인 경우는 4개의 옥외소화전)을 동시에 사용할 경우에 각 노즐선단의 방수압력이 350kPa 이상이고,

132) 당해 소화설비에 의하여 소화하여야 할 제조소 등의 건축물, 그 밖의 공작물 및 위험물을 말한다.

방수량이 1분당 450L 이상의 성능이 되도록 할 것

(라) 옥외소화전설비에는 비상전원을 설치할 것

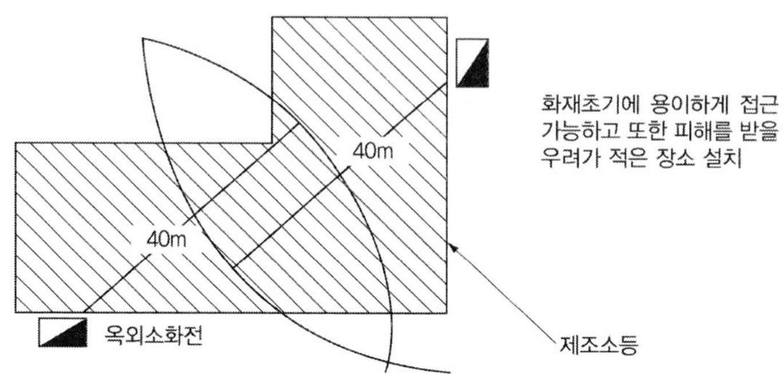

그림 5.6 ▌ 옥외소화전 설치 및 설치위치 예시

2.2.7 스프링클러설비의 설치기준

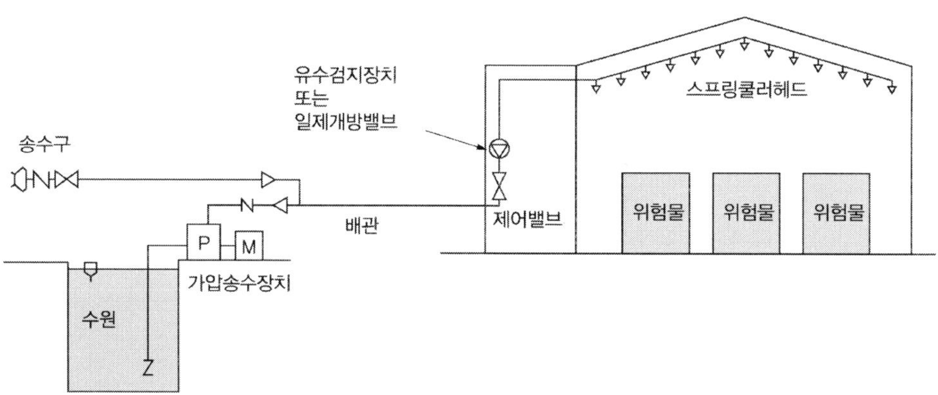

그림 5.7 스프링클러설비 계통도

(가) 스프링클러헤드는 방호대상물의 천장 또는 건축물의 최상부 부근(천장이 설치되지 않은 경우)에 설치하되, 방호대상물의 각 부분에서 하나의 스프링클러헤드까지의 수평거리가 1.7m(표 5.2에 정한 살수밀도의 기준을 충족하는 경우에는 2.6m) 이하가 되도록 설치할 것

(나) 개방형 스프링클러헤드를 이용한 스프링클러설비의 방사구역[133]은 150m^2 이상(방호대상물의 바닥면적이 150m^2 미만인 경우에는 당해 바닥면적)으로 할 것

133) 하나의 일제개방밸브에 의하여 동시에 방사되는 구역을 말한다.

(다) 수원의 수량은 폐쇄형 스프링클러헤드를 사용하는 것은 30(헤드의 설치개수가 30 미만인 방호대상물인 경우에는 당해 설치개수), 개방형 스프링클러헤드를 사용하는 것은 스프링클러헤드가 가장 많이 설치된 방사구역의 스프링클러헤드 설치개수에 2.4m^3를 곱한 양 이상이 되도록 설치할 것

(라) 스프링클러설비는 (다)의 규정에 의한 개수의 스프링클러헤드를 동시에 사용할 경우에 각 선단의 방사압력이 100kPa(표 5.2에 정한 살수밀도의 기준을 충족하는 경우에는 50kPa) 이상이고, 방수량이 1분당 80L(표 5.2에 정한 살수밀도의 기준을 충족하는 경우에는 56L) 이상의 성능이 되도록 할 것

(마) 스프링클러설비에는 비상전원을 설치할 것

2.2.8 물분무소화설비의 설치기준

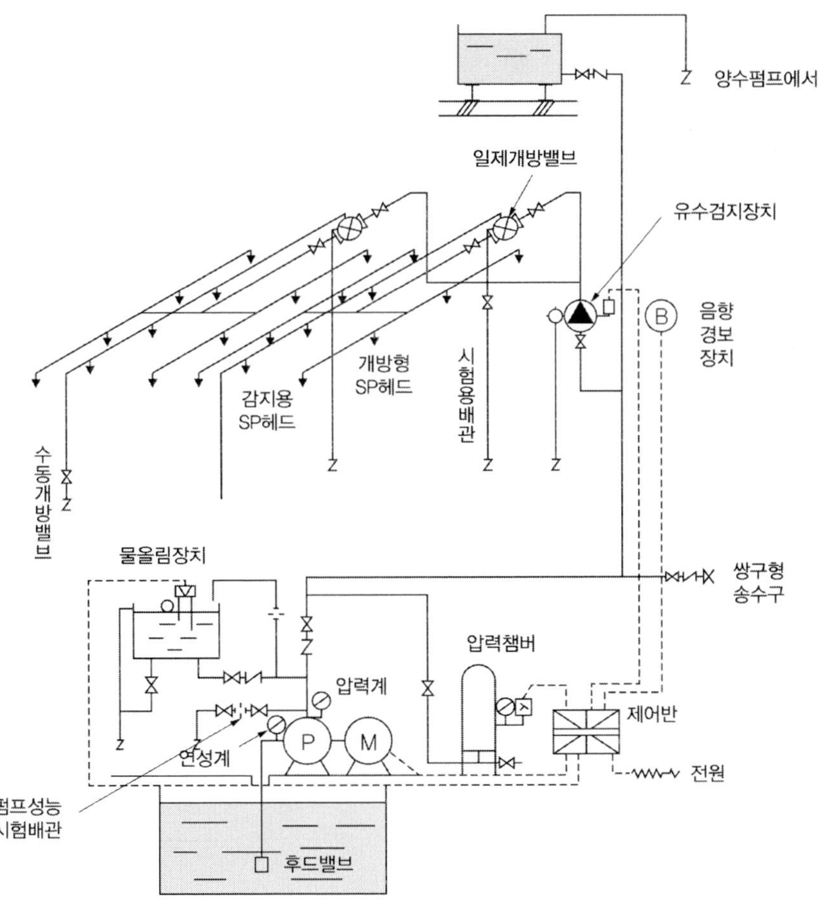

그림 5.8 ▌ 물분무소화설비 계통도

물분무소화설비의 분무입자는 일반적으로 0.02～2.5mm로서 대상물의 종류・형태와 기능에 따라 분무입자의 크기를 선택한다. 위험물화재에 직접 분사하는 경우에는 0.1mm 미만의 분무입자가 적절하며 탱크의 외면에 냉각용으로 분사하는 경우에는 그 이상이어도 무방하다.

(가) 분무헤드의 개수 및 배치는 다음에 의할 것

1) 분무헤드로부터 방사되는 물분무에 의하여 방호대상물의 모든 표면을 유효하게 소화할 수 있도록 설치할 것

2) 방호대상물의 표면적(건축물에 있어서는 바닥면적) $1m^2$당 (다)의 규정에 의한 양의 비율로 계산한 수량을 표준방사량[134]으로 방사할 수 있도록 설치할 것

그림 5.9 ▌ 물분무헤드의 종류

(나) 물분무소화설비의 방사구역은 $150m^2$ 이상(방호대상물의 표면적이 $150m^2$ 미만인 경우에는 당해 표면적)으로 할 것

(다) 수원의 수량은 분무헤드가 가장 많이 설치된 방사구역의 모든 분무헤드를 동시에 사용할 경우에 당해 방사구역의 표면적 $1m^2$당 1분당 20L의 비율로 계산한 양으로 30분간 방사할 수 있는 양 이상이 되도록 설치할 것

(라) 물분무소화설비는 (다)의 규정에 의한 분무헤드를 동시에 사용할 경우에 각 선단의 방사압력이 350kPa 이상으로 표준방사량을 방사할 수 있는 성능이 되도록 할 것

(마) 물분무소화설비에는 비상전원을 설치할 것

134) 당해 소화설비의 헤드의 설계압력에 의한 방사량을 말한다.

2.2.9 포소화설비의 설치기준

(가) 고정식 포소화설비의 포방출구 등은 방호대상물의 형상, 구조, 성질, 수량 또는 취급방법에 따라 표준방사량으로 당해 방호대상물의 화재를 유효하게 소화할 수 있도록 필요한 개수를 적당한 위치에 설치할 것

(나) 이동식 포소화설비[135]의 포소화전은 옥내에 설치하는 것은 2.2.5(가), 옥외에 설치하는 것은 2.2.6(가)의 규정을 준용할 것

(다) 수원의 수량 및 포소화약제의 저장량은 방호대상물의 화재를 유효하게 소화할 수 있는 양 이상이 되도록 할 것

(라) 포소화설비에는 비상전원을 설치할 것

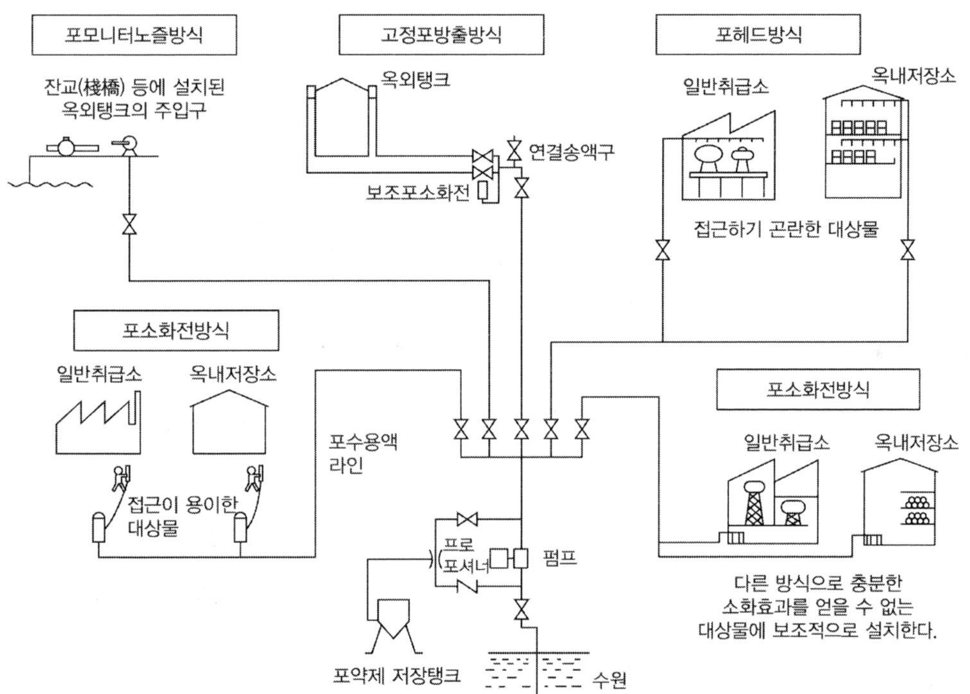

그림 5.10 ▌ 포소화설비의 종류

135) 포소화전 등 고정된 포수용액 공급장치로부터 호스를 통하여 포수용액을 공급받아 이동식 노즐에 의하여 방사하도록 된 소화설비를 말한다.

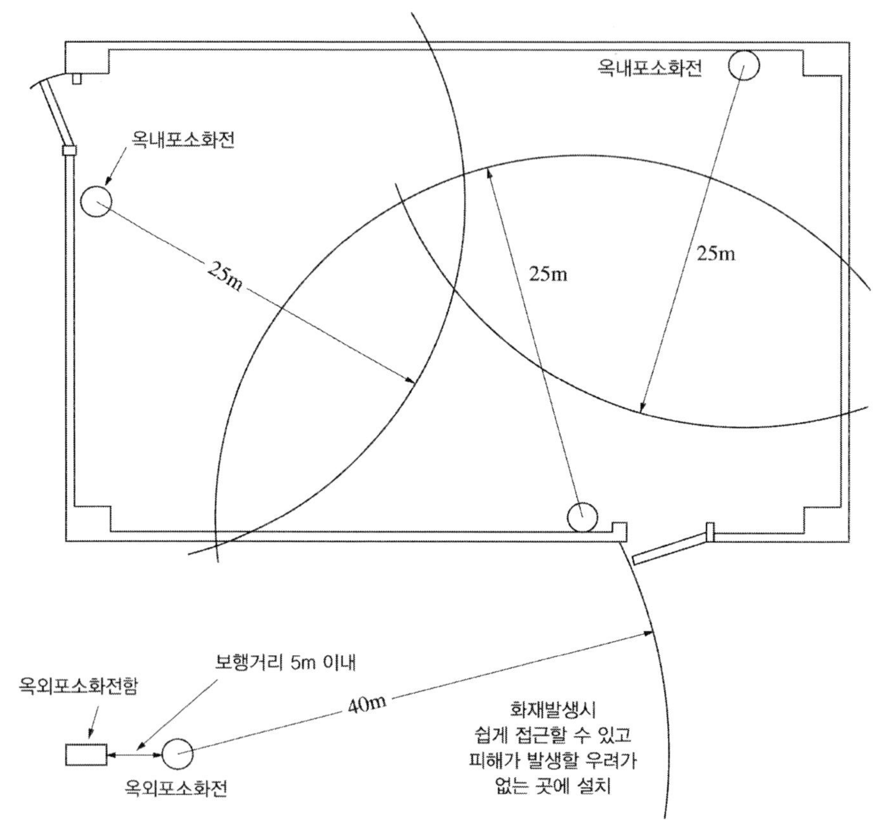

그림 5.11 ▌ 포소화전 설치

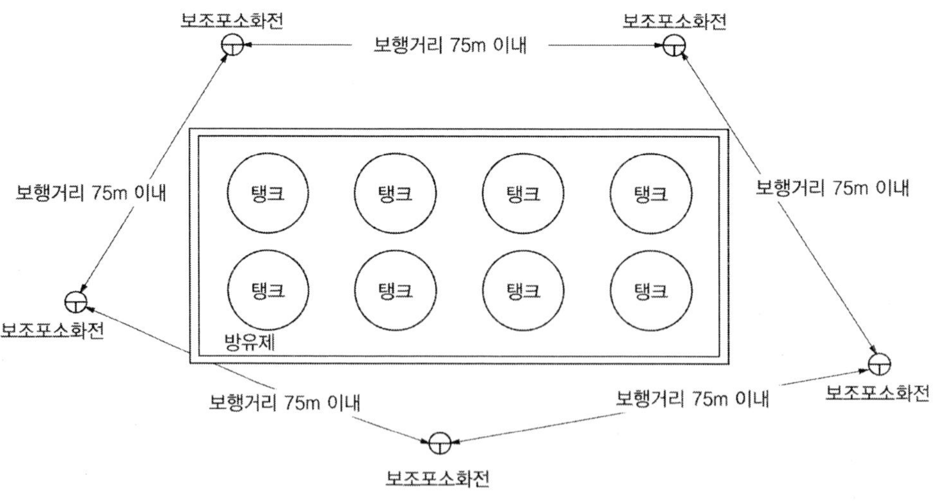

그림 5.12 ▌ 보조포소화전의 설치 예시

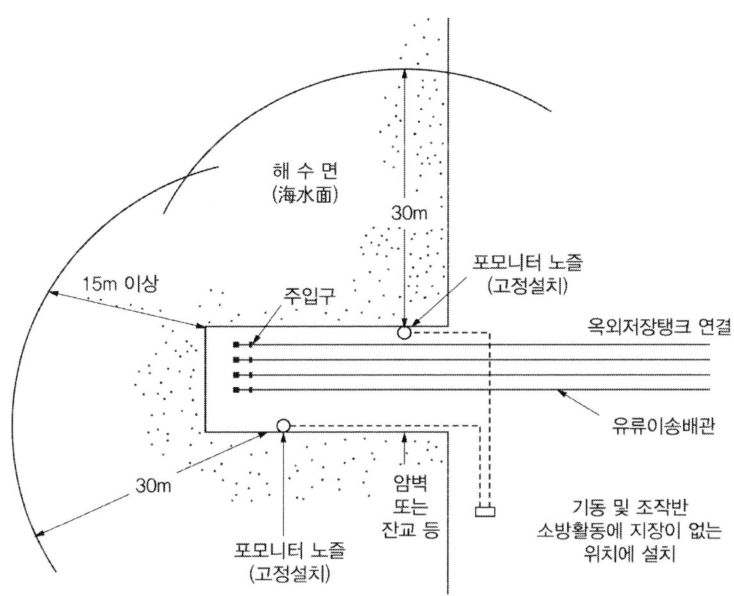

그림 5.13 ▌ 포모니터노즐의 설치 예시

2.2.10 불활성가스소화설비의 설치기준

(가) 전역방출방식 불활성가스소화설비의 분사헤드는 불연재료의 벽・기둥・바닥・보 및 지붕(천장이 있는 경우에는 천장)으로 구획되고 개구부에 자동폐쇄장치[136]가 설치되어 있는 부분(방호구역)에 당해 부분의 용적 및 방호대상물의 성질에 따라 표준방사량으로 방호대상물의 화재를 유효하게 소화할 수 있도록 필요한 개수를 적당한 위치에 설치할 것. 다만, 당해 부분에서 외부로 누설되는 양 이상의 불활성가스소화약제를 유효하게 추가하여 방출할 수 있는 설비가 있는 경우는 당해 개구부의 자동폐쇄장치를 설치하지 않을 수 있다.

136) 갑종방화문, 을종방화문 또는 불연재료의 문으로 이산화탄소소화약제가 방사되기 직전에 개구부를 자동적으로 폐쇄하는 장치를 말한다.

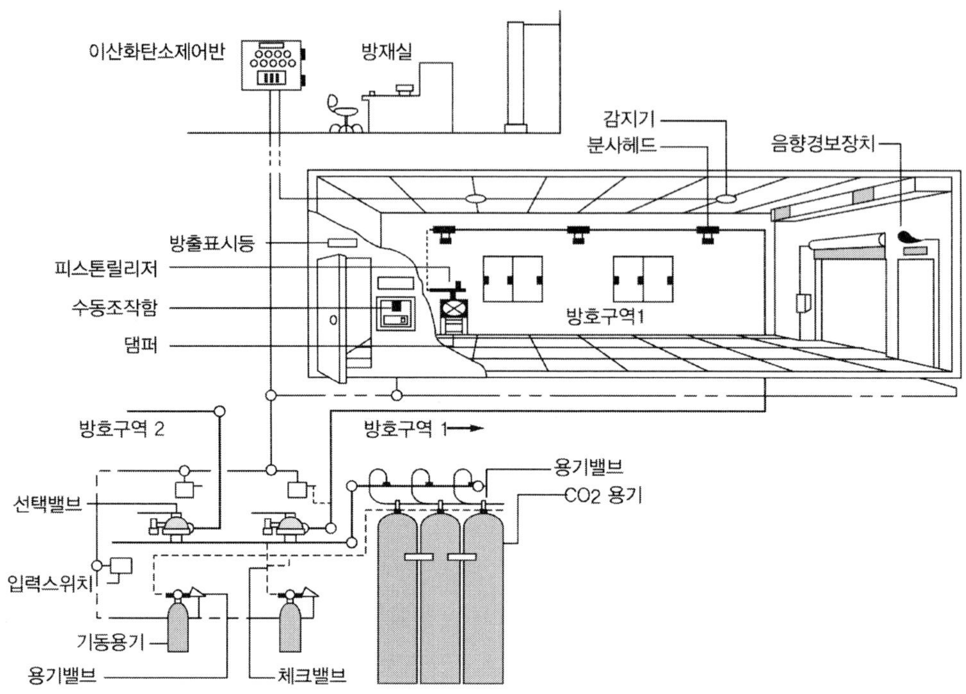

그림 5.14 이산화탄소소화설비 계통도

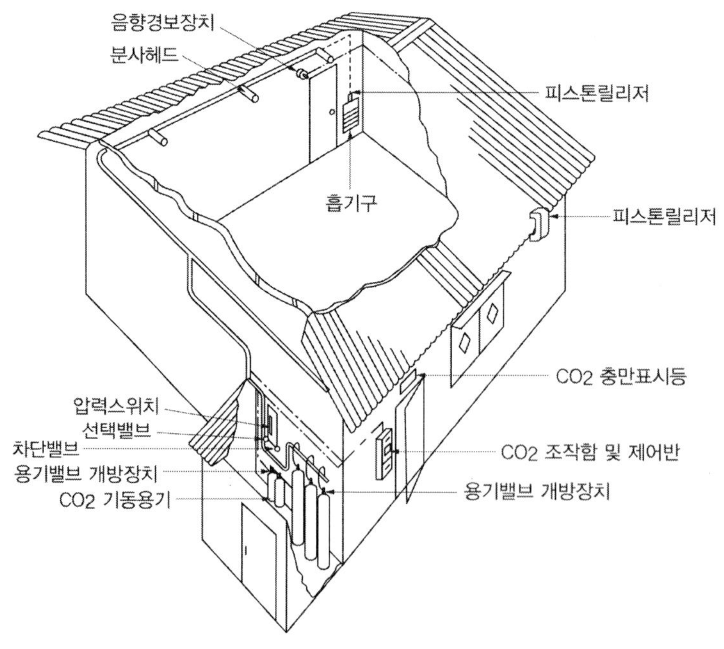

그림 5.15 ▌ 전역방출방식

(나) 국소방출방식 불활성가스소화설비의 분사헤드는 방호대상물의 형상, 구조, 성질, 수량 또는 취급방법에 따라 방호대상물에 이산화탄소소화약제를 직접 방사하여 표준방사량으로 방호대상물의 화재를 유효하게 소화할 수 있도록 필요한 개수를 적당한 위치에 설치할 것

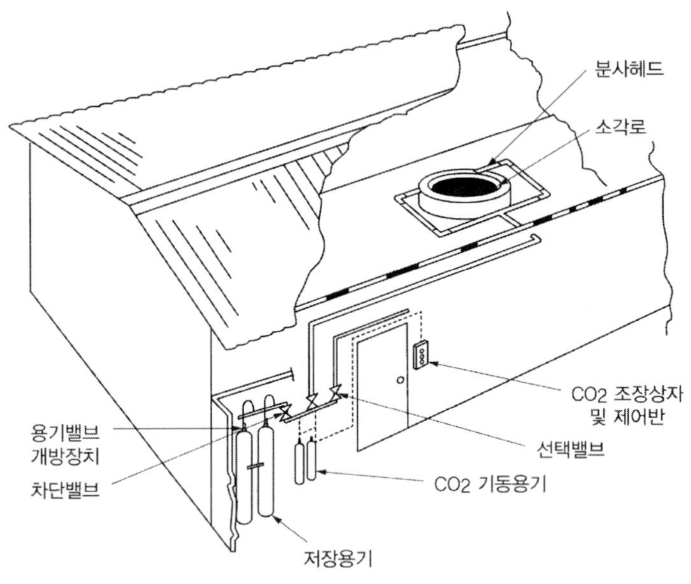

그림 5.16 ▌ 국소방출방식

(다) 이동식 불활성가스소화설비[137]의 호스접속구는 모든 방호대상물에 대하여 당해 방호 대상물의 각 부분으로부터 하나의 호스접속구까지의 수평거리가 15m 이하가 되도록 설치할 것

(라) 불활성가스소화약제용기에 저장하는 불활성가스소화약제의 양은 방호대상물의 화재를 유효하게 소화할 수 있는 양 이상이 되도록 할 것

(마) 전역방출방식 또는 국소방출방식의 불활성가스소화설비에는 비상전원을 설치할 것

137) 고정된 이산화탄소소화약제 공급장치로부터 호스를 통하여 이산화탄소소화약제를 공급받아 이동식 노즐에 의하여 방사하도록 된 소화설비를 말한다.

2.2.11 할로겐화합물소화설비와 분말소화설비의 설치기준은 (2.2.10)의 불활성가스소화설비의 기준을 준용한다.

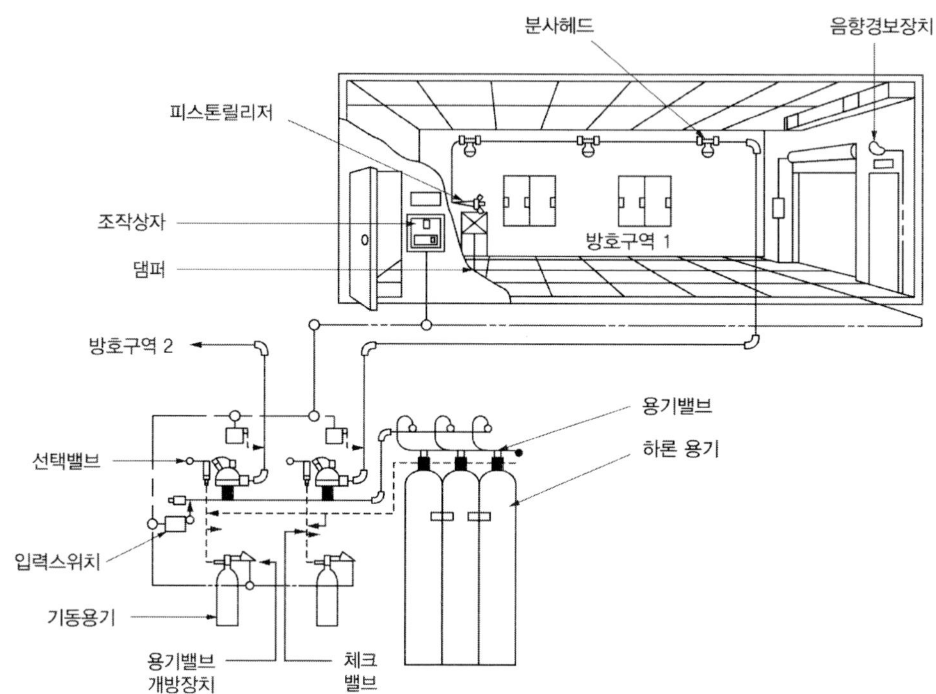

그림 5.17 ▌ 할로겐화합물소화설비(하론 1301)

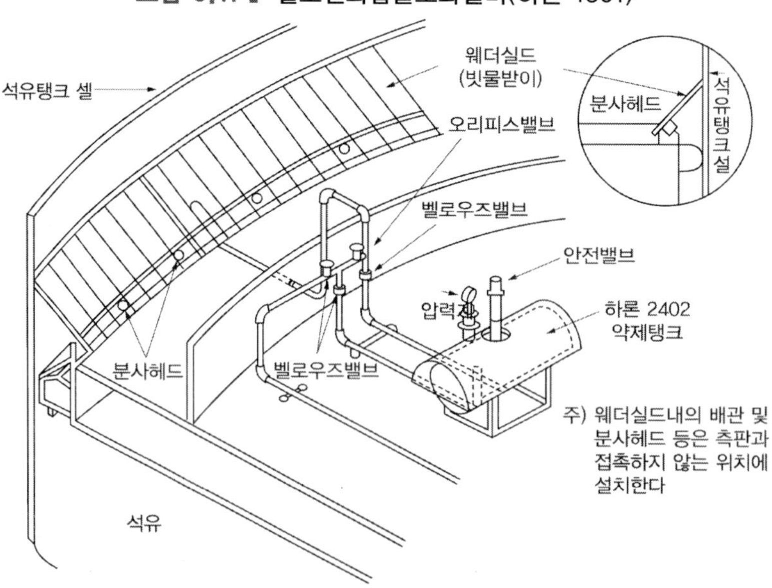

그림 5.18 ▌ 부상지붕탱크소화설비 설치 예시(하론 2402)

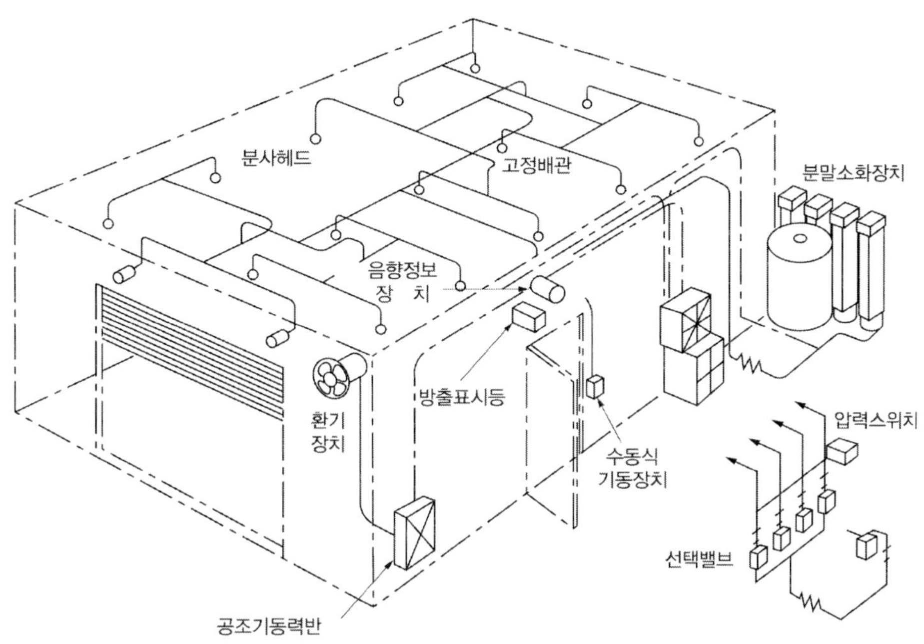

그림 5.19 ▌ 분말소화설비의 설치 예시

2.2.12 대형수동식소화기의 설치기준

방호대상물의 각 부분으로부터 하나의 대형수동식소화기까지의 보행거리가 30m 이하가 되도록 설치할 것. 다만, 옥내소화전설비, 옥외소화전설비, 스프링클러설비 또는 물분무등소화설비와 함께 설치하는 경우에는 제외된다.

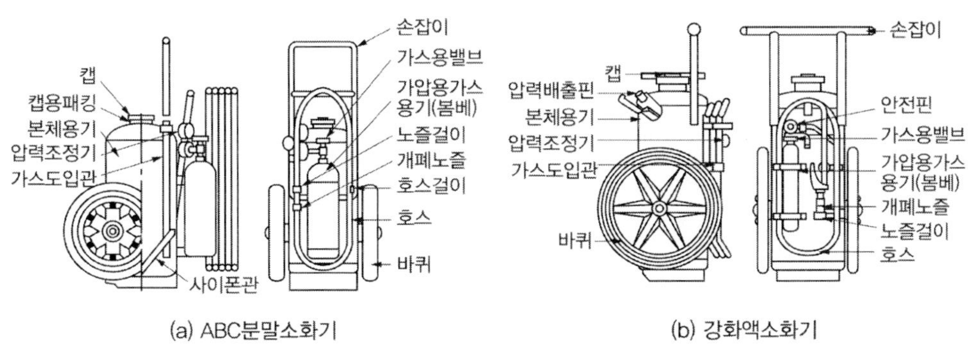

(a) ABC분말소화기 (b) 강화액소화기

그림 5.20 ▌ 대형수동식소화기의 종류

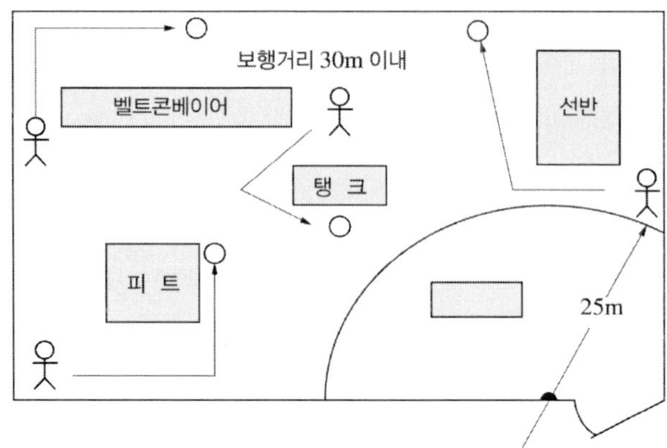

그림 5.21 ▌ 대형수동식소화기의 설치 예시

2.2.13 소형수동식소화기 등의 설치기준

소형수동식소화기 또는 그 밖의 소화설비는 지하탱크저장소, 간이탱크저장소, 이동탱크저장소, 주유취급소 또는 판매취급소에서는 유효하게 소화할 수 있는 위치에 설치하여야 하며, 그 밖의 제조소 등에서는 방호대상물의 각 부분으로부터 하나의 소형수동식소화기까지의 보행거리가 20m 이하가 되도록 설치할 것. 다만, 옥내소화전설비, 옥외소화전설비, 스프링클러설비, 물분무등소화설비 또는 대형수동식소화기와 함께 설치하는 경우에는 제외된다.

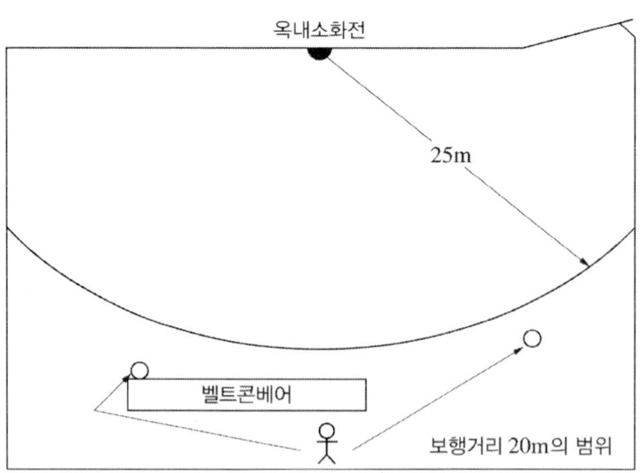

그림 5.22 ▌ 소형수동식소화기 설치 예시

2.3 시설규모에 따른 소화설비

제조소 등의 소화설비는 소화난이도 등급의 구분을 한다. 즉, 제조소 등의 구분에 따라 정해진 소화난이도 등급 판정조건 중 어느 하나에 해당하면 해당 소화난이도 등급으로 선정한다. 소화난이도 등급의 연면적에 관한 조건은 건축물 내에 설치된 제조소 등에 적용한다. 소화난이도 등급 조건상 일정한 경우에 대하여 단서규정(제외조건)을 두어 해당 소화난이도 등급에서 제외하는 규정을 두고 있다.

그리고 제조소 등의 소화난이도등급을 결정한 후에는 해당 제조소 등에 설치하여야 하는 소화설비로 규정된 것 중 적응성이 있는 것을 한 가지 선택하여 설치한다. 또한 소화난이도등급의 분류에 포함되지 않은 것도 있는데 이러한 대상은 소화설비를 설치할 필요가 없다.

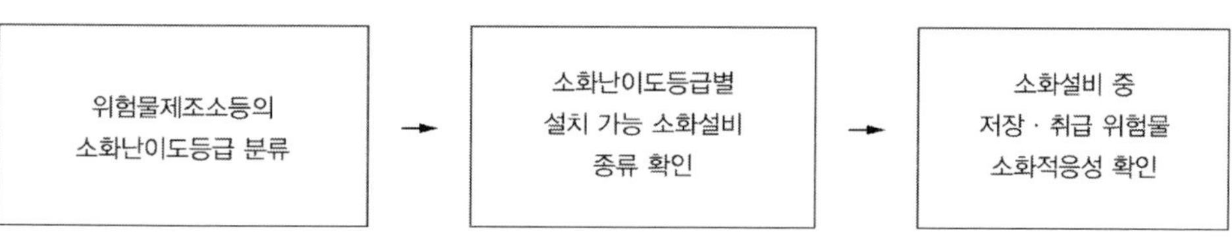

그림 5.23 ▌ 소화설비 적용 절차

2.3.1 소화난이도 등급 Ⅰ의 제조소 등 및 소화설비

(가) 소화난이도 등급 Ⅰ의 제조소 등

표 5.4 소화난이도 등급 Ⅰ의 제조소 등

제조소 등의 구분	제조소 등의 규모, 저장 또는 취급하는 위험물의 품명 및 최대수량 등
제조소 일반취급소	연면적 1,000m^2 이상인 것
	지정수량의 100배 이상인 것(고인화점위험물만을 100℃ 미만의 온도에서 취급하는 것 및 화학류에 해당하는 위험물(제48조)을 취급하는 것은 제외)
	지반면으로부터 6m 이상의 높이에 위험물 취급설비가 있는 것(고인화점위험물만을 100℃ 미만의 온도에서 취급하는 것은 제외)
	일반취급소로 사용되는 부분 외의 부분을 갖는 건축물에 설치된 것(내화구조로 개구부[138] 없이 구획 된 것[139], 고인화점위험물만을 100℃ 미만의 온도에서 취급하는 것 및 화학실험의 일반취급소([별표 16] Ⅹ의2)는 제외)
주유취급소	주유취급소의 직원 외의 자가 출입하는 업무 사무소, 점검 및 간이정비 작업장, 점포·휴게음식점 또는 전시장([별표 13] Ⅴ제2호)에 따른 면적의 합이 500m^2를 초과하는 것

제조소 등의 구분	제조소 등의 규모, 저장 또는 취급하는 위험물의 품명 및 최대수량 등
옥내 저장소	지정수량의 150배 이상인 것(고인화점위험물만을 저장하는 것 및 화학류에 해당하는 위험물(제48조)을 저장하는 것은 제외)
	연면적 150m²를 초과하는 것(150m² 이내마다 불연재료로 개구부없이 구획된 것 및 인화성 고체 외의 제2류 위험물 또는 인화점 70℃ 이상의 제4류 위험물만을 저장하는 것은 제외)
	처마높이가 6m 이상인 단층건물의 것
	옥내저장소로 사용되는 부분 외의 부분이 있는 건축물에 설치된 것(내화구조로 개구부없이 구획된 것 및 인화성 고체 외의 제2류 위험물 또는 인화점 70℃ 이상의 제4류 위험물만을 저장하는 것은 제외)
옥외 탱크저장소	액표면적이 40m² 이상인 것(제6류 위험물을 저장하는 것 및 고인화점위험물만을 100℃ 미만의 온도에서 저장하는 것은 제외)
	지반면으로부터 탱크 옆판의 상단까지 높이가 6m 이상인 것(제6류 위험물을 저장하는 것 및 고인화점위험물만을 100℃ 미만의 온도에서 저장하는 것은 제외)
	지중탱크 또는 해상탱크로서 지정수량의 100배 이상인 것(제6류 위험물을 저장하는 것 및 고인화점위험물만을 100℃ 미만의 온도에서 저장하는 것은 제외)
	고체위험물을 저장하는 것으로서 지정수량의 100배 이상인 것
옥내 탱크저장소	액표면적이 40m² 이상인 것(제6류 위험물을 저장하는 것 및 고인화점위험물만을 100℃ 미만의 온도에서 저장하는 것은 제외)
	바닥면으로부터 탱크 옆판의 상단까지 높이가 6m 이상인 것(제6류 위험물을 저장하는 것 및 고인화점위험물만을 100℃ 미만의 온도에서 저장하는 것은 제외)
	탱크전용실이 단층건물 외의 건축물에 있는 것으로서 인화점 38℃ 이상 70℃ 미만의 위험물을 지정수량의 5배 이상 저장하는 것(내화구조로 개구부없이 구획된 것은 제외한다)
옥외 저장소	덩어리 상태의 유황을 저장하는 것으로서 경계표시 내부의 면적(2 이상의 경계표시가 있는 경우에는 각 경계표시의 내부의 면적을 합한 면적)이 100m² 이상인 것
	인화성 액체, 제1석유류 또는 알코올류의 옥외저장소 특례([별표 11] Ⅲ)의 위험물을 저장하는 것으로서 지정수량의 100배 이상인 것
암반 탱크저장소	액표면적이 40m² 이상인 것(제6류 위험물을 저장하는 것 및 고인화점위험물만을 100℃ 미만의 온도에서 저장하는 것은 제외)
	고체위험물만을 저장하는 것으로서 지정수량의 100배 이상인 것
이송취급소	모든 대상

138) 일체의 뚫린 부분을 의미하므로 갑종방화문의 설치 여부에 관계없이 출입구도 포함되는 개념이다.
139) 제조소 등으로 사용되는 부분이 건축물의 다른 용도 부분과 창 또는 출입구 없이 완전히 구획된 경우를 의미하며, 결과적으로 제조소 등의 출입구가 건물의 외부로 직접 통하는 경우를 말한다.

(나) 소화난이도 등급 I 의 제조소 등에 설치하여야 하는 소화설비

1) 표 5.5의 소화설비를 설치함에 있어서는 당해 소화설비의 방사범위가 당해 제조소, 일반취급소, 옥내저장소, 옥외탱크저장소, 옥내탱크저장소, 옥외저장소, 암반탱크저장소(암반탱크에 관계되는 부분을 제외) 또는 이송취급소(이송기지 내에 한함)의 건축물, 그 밖의 공작물 및 위험물을 포함하도록 하여야 한다. 다만, 고인화점위험물만을 100℃ 미만의 온도에서 취급하는 제조소 또는 일반취급소의 경우에는 당해 제조소 또는 일반취급소의 건축물 및 그 밖의 공작물만 포함하도록 할 수 있다.

2) 고인화점위험물만을 100℃ 미만의 온도에서 취급하는 제조소 또는 일반취급소의 위험물에 대해서는 대형수동식소화기 1개 이상과 당해 위험물의 소요단위에 해당하는 능력단위의 소형수동식소화기를 설치하여야 한다. 다만, 당해 제조소 또는 일반취급소에 옥내・외소화전설비, 스프링클러설비 또는 물분무등소화설비를 설치한 경우에는 당해 소화설비의 방사능력범위 내에는 대형수동식소화기를 설치하지 않을 수 있다.

3) 가연성 증기 또는 가연성 미분이 체류할 우려가 있는 건축물 또는 실내에는 대형수동식소화기 1개 이상과 당해 건축물, 그 밖의 공작물 및 위험물의 소요단위에 해당하는 능력단위의 소형수동식소화기 등을 추가로 설치하여야 한다.

4) 제4류 위험물을 저장 또는 취급하는 옥외탱크저장소 또는 옥내탱크저장소에는 소형수동식소화기 등을 2개 이상 설치하여야 한다.

5) 제조소, 옥내탱크저장소, 이송취급소, 또는 일반취급소의 작업공정상 소화설비의 방사능력범위 내에 당해 제조소 등에서 저장 또는 취급하는 위험물의 전부가 포함되지 않는 경우에는 당해 위험물에 대하여 대형수동식소화기 1개 이상과 당해 위험물의 소요단위에 해당하는 능력단위의 소형수동식소화기 등을 추가로 설치하여야 한다.

표 5.5 소화난이도 등급 I 의 제조소 등에 설치하는 소화설비

제조소 등의 구분	소화설비
제조소 및 일반취급소	옥내소화전설비, 옥외소화전설비, 스프링클러설비 또는 물분무등소화설비(화재발생 시 연기가 충만할 우려가 있는 장소에는 스프링클러설비 또는 이동식 외의 물분무등소화설비에 한함)

제조소 등의 구분			소화설비
주유취급소			스프링클러설비(건축물에 한정), 소형수동식소화기등(능력단위의 수치가 건축물 그 밖의 공작물 및 위험물의 소요단위의 수치에 이르도록 설치할 것)
옥내 저장소	처마높이가 6m 이상인 단층건물 또는 다른 용도의 부분이 있는 건축물에 설치한 옥내저장소		스프링클러설비 또는 이동식 외의 물분무등소화설비
	그 밖의 것		옥외소화전설비, 스프링클러설비, 이동식 외의 물분무등소화설비 또는 이동식 포소화설비(포소화전을 옥외에 설치하는 것에 한함)
옥외 탱크 저장소	지중탱크 또는 해상탱크 외의 것	유황만을 저장 취급하는 것	물분무소화설비
		인화점 70℃ 이상의 제4류 위험물만을 저장취급하는 것	물분부소화설비 또는 고정식 포소화설비
		그 밖의 것	고정식 포소화설비(포소화설비가 적응성이 없는 경우에는 분말소화설비)
옥내 탱크 저장소	유황만을 저장취급하는 것		물분무소화설비
	인화점 70℃ 이상의 제4류 위험물만을 저장취급하는 것		물분무소화설비, 고정식 포소화설비, 이동식 이외의 불활성가스소화설비, 이동식 이외의 할로겐화합물소화설비 또는 이동식 이외의 분말소화설비
	그 밖의 것		고정식 포소화설비, 이동식 이외의 불활성가스소화설비, 이동식 이외의 할로겐화합물소화설비 또는 이동식 이외의 분말소화설비
옥외저장소 및 이송취급소			옥내소화전설비, 옥외소화전설비, 스프링클러설비 또는 물분무등소화설비(화재발생 시 연기가 충만할 우려가 있는 장소에는 스프링클러설비 또는 이동식 이외의 물분무등소화설비에 한함)
암반 탱크 저장소	유황만을 저장취급하는 것		물분무소화설비
	인화점 70℃ 이상의 제4류 위험물만을 저장취급하는 것		물분부소화설비 또는 고정식 포소화설비
	그 밖의 것		고정식 포소화설비(포소화설비가 적응성이 없는 경우에는 분말소화설비)

2.3.2 소화난이도 등급Ⅱ의 제조소 등 및 소화설비

(가) 소화난이도 등급Ⅱ의 제조소 등

표 5.6에서 제조소 등의 구분별로 오른쪽란에 정한 제조소 등의 규모, 저장 또는

취급하는 위험물의 수량 및 최대수량 등의 어느 하나에 해당하는 제조소 등은 소화난이도등급Ⅱ에 해당하는 것으로 한다.

표 5.6 소화난이도 등급Ⅱ의 제조소 등

제조소 등의 구분	제조소 등의 규모, 저장 또는 취급하는 위험물의 품명 및 최대수량 등
제조소 일반취급소	연면적 600m^2 이상인 것
	지정수량의 10배 이상인 것(고인화점위험물만을 100℃ 미만의 온도에서 취급하는 것 및 화학류에 해당하는 위험물(제48조)을 취급하는 것은 제외)
	분무도장작업, 세정작업, 열처리작업, 보일러 등으로 위험물 소비, 유압장치 등을 설치, 절삭장치 등을 설치, 열매체유 순환장치를 설치, 화학실험([별표 16] Ⅱ · Ⅲ · Ⅳ · Ⅴ · Ⅷ · Ⅸ · Ⅹ 또는 Ⅹ의2)의 일반취급소로서 소화난이도 등급 I 의 제조소 등에 해당하지 않는 것(고인화점위험물만을 100℃ 미만의 온도에서 취급하는 것은 제외)
옥내저장소	단층건물 이외의 것
	다층건물 또는 지정수량 50배 이하인 소규모(저창창고 처마높이가 6m 미만)([별표 5] Ⅱ 또는 Ⅳ 제1호)의 옥내저장소
	지정수량의 10배 이상인 것(고인화점위험물만을 저장하는 것 및 화학류에 해당하는 위험물(제48조)을 저장하는 것은 제외)
	연면적 150m^2 초과인 것
	복합용도 건축물의([별표 5] Ⅲ)의 옥내저장소로서 소화난이도 등급 I 의 제조소 등에 해당하지 않는 것
옥외 및 옥내 탱크저장소	소화난이도 등급 I 의 제조소 등 외의 것(고인화점위험물만을 100℃ 미만의 온도로 저장하는 것 및 제6류 위험물만을 저장하는 것은 제외)
옥외저장소	덩어리 상태의 유황을 저장하는 것으로서 경계표시 내부의 면적(2이상의 경계표시가 있는 경우에는 각 경계표시의 내부의 면적을 합한 면적)이 5m^2 이상 100m^2 미만인 것
	인화성 고체, 제1석유류 또는 알코올류의 옥외저장소의 특례([별표 11] Ⅲ)의 위험물을 저장하는 것으로서 지정수량의 10배 이상 100배 미만인 것
	지정수량의 100배 이상인 것(덩어리 상태의 유황 또는 고인화점위험물을 저장하는 것은 제외)
주유취급소	옥내주유취급소로서 소화난이도 등급 I 의 제조소 등에 해당하지 않는 것
판매취급소	제2종 판매취급소

표 5.7 소화난이도 등급Ⅱ의 제조소 등에 설치하는 소화설비

제조소 등의 구분	소화설비
제조소 옥내저장소 옥외저장소 주유취급소 판매취급소 일반취급소	방사능력범위 내에 당해 건축물, 그 밖의 공작물 및 위험물이 포함되도록 대형수동식소화기를 설치하고, 당해 위험물의 소요단위의 1/5 이상에 해당되는 능력단위의 소형수동식소화기 등[140]을 설치할 것
옥외탱크저장소 옥내탱크저장소	대형수동식소화기 및 소형수동식소화기 등을 각각 1개 이상 설치할 것

(나) 소화난이도 등급Ⅱ의 제조소 등에 설치하여야 하는 소화설비

옥내소화전설비, 옥외소화전설비, 스프링클러설비 또는 물분무등소화설비를 설치한 경우에는 당해 소화설비의 방사능력범위 내의 부분에 대해서는 대형수동식소화기를 설치하지 않을 수 있다.

2.3.3 소화난이도 등급Ⅲ의 제조소 등 및 소화설비

표 5.8 소화난이도 등급Ⅲ의 제조소 등

제조소 등의 구분	제조소 등의 규모, 저장 또는 취급하는 위험물의 품명 및 최대수량등
제조소 일반취급소	화학류에 해당하는 위험물(제48조)을 취급하는 것
	화학류에 해당하는 위험물(제48조) 외의 것을 취급하는 것으로서 소화난이도 등급Ⅰ 또는 소화난이도 등급Ⅱ의 제조소 등에 해당하지 않는 것
옥내저장소	화학류에 해당하는 위험물(제48조)을 취급하는 것
	화학류에 해당하는 위험물(제48조) 외의 것을 취급하는 것으로서 소화난이도 등급Ⅰ 또는 소화난이도 등급Ⅱ의 제조소 등에 해당하지 않는 것
지하, 간이 및 이동 탱크저장소	모든 대상
옥외저장소	덩어리 상태의 유황을 저장하는 것으로서 경계표시 내부의 면적(2이상의 경계표시가 있는 경우에는 각 경계표시의 내부의 면적을 합한 면적)이 $5m^2$ 미만인 것
	덩어리 상태의 유황 외의 것을 저장하는 것으로서 소화난이도 등급Ⅰ 또는 소화난이도 등급Ⅱ의 제조소 등에 해당하지 않는 것
주유취급소	옥내주유취급소 외의 것으로서 소화난이도 등급Ⅰ의 제조소 등에 해당하지 않는 것
제1종 판매취급소	모든 대상

140) 소형수동식소화기 또는 기타 소화설비를 말한다.

(가) 소화난이도 등급Ⅲ의 제조소 등

제조소 등의 구분별로 오른쪽란에 정한 제조소 등의 규모, 저장 또는 취급하는 위험물의 수량 및 최대수량 등의 어느 하나에 해당하는 제조소 등은 소화난이도 등급Ⅲ에 해당하는 것으로 한다.

(나) 소화난이도 등급Ⅲ의 제조소 등에 설치하여야 하는 소화설비

알킬알루미늄 등을 저장 또는 취급하는 이동탱크저장소에 있어서는 자동차용소화기를 설치하는 외에 마른모래나 팽창질석 또는 팽창진주암을 추가로 설치하여야 한다. 특히, 이동탱크저장소에 설치하여야 하는 자동차용소화기의 규격은 건축물에 설치하는 소화기의 규격이 다르다. 그리고 하나의 소화기 규격이므로 용량이 적은 소화기를 다수 설치하는 방법은 허용되지 않는다.

표 5.9 소화난이도 등급Ⅲ의 제조소 등에 설치하는 소화설비

제조소 등의 구분	소화설비	설치기준	
지하탱크 저장소	소형수동식 소화기 등	능력단위의 수치가 3 이상	2개 이상
이동탱크 저장소	자동차용소화기	무상의 강화액 8L 이상	2개 이상
		이산화탄소 3.2kg 이상	
		일브롬화일염화이플루오르화메탄 (CF_2CIBr) 2L 이상	
		일브롬화삼플루오르화메탄 (CF_3Br) 2L 이상	
		이브롬화사플루화메탄 ($C_2F_4BR_2$) 1L 이상	
		소화분말 3.3kg 이상	
	마른 모래 및 팽창질석 또는 팽창진주암	마른모래 150L 이상	
		팽창질석 또는 팽창진주암 640L 이상	
그 밖의 제조소 등	소형수동식 소화기 등	능력단위의 수치가 건축물 그 밖의 공작물 및 위험물의 소요단위의 수치에 이르도록 설치할 것. 다만, 옥내소화전설비, 옥외소화전설비, 스프링클러설비, 물분무등소화설비 또는 대형수동식소화기를 설치한 경우에는 당해 소화설비의 방사능력 범위 내의 부분에 대하여는 수동식소화기 등을 그 능력단위의 수치가 당해 소요단위의 수치의 1/5 이상이 되도록 하는 것으로 족하다.	

이동탱크저장소에 설치하는 자동차용소화기의 규격 환산은 일브롬화일염화이플루오르화메탄 2L 이상은 3.66kg 이상, 일브롬화삼플루오르화메탄 2L 이상은 3.22kg 이상, 이브롬화사플루화메탄 1L 이상은 2.18kg 이상이 된다.

3. 경보설비

(1) 제조소 등별로 설치하여야 하는 경보설비의 종류

경보설비는 지정수량의 10배 이상의 위험물을 저장 또는 취급하는 제조소 등(이동탱크저장소를 제외)에는 화재발생 시 이를 알릴 수 있는 경보설비를 설치해야 한다.

경보설비는 자동화재탐지설비 · 비상경보설비(비상벨장치 또는 경종을 포함) · 확성장치(휴대용확성기를 포함) 및 비상방송설비로 구분하되, 제조소 등별로 설치하여야 하는 경보설비의 종류 및 자동화재탐지설비의 설치기준은 표 5.10과 같다. 자동신호장치를 갖춘 스프링클러설비 또는 물분무등소화설비를 설치한 제조소 등에 있어서는 자동화재탐지설비를 설치한 것으로 본다.

표 5.10 제조소 등별로 설치하는 경보설비

제조소 등의 구분	제조소 등의 규모, 저장 또는 취급하는 위험물의 종류 및 최대수량 등	경보설비
제조소 및 일반취급소	• 연면적 500m^2 이상인 것 • 옥내에서 지정수량의 100배 이상을 취급하는 것(고인화점 위험물만을 100℃ 미만의 온도에서 취급하는 것을 제외) • 일반취급소로 사용되는 부분 외의 부분이 있는 건축물에 설치된 일반취급소(일반취급소와 일반취급소 외의 부분이 내화구조의 바닥 또는 벽으로 개구부 없이 구획된 것을 제외)	자동화재 탐지설비
옥내저장소	• 지정수량의 100배 이상을 저장 또는 취급하는 것(고인화점 위험물만을 저장 또는 취급하는 것 제외) • 저장창고의 연면적이 150m^2를 초과하는 것[당해 저장창고가 연면적 150m^2 이내마다 불연재료의 격벽으로 개구부 없이 완전히 구획된 것과 제2류 또는 제4류의 위험물(인화성고체 및 인화점이 70℃ 미만인 제4류 위험물 제외)만을 저장 또는 취급하는 것에 있어 저장창고의 연면적이 500m^2 이상의 것에 한함] • 처마높이가 6m 이상인 단층건물의 것	

제조소 등의 구분	제조소 등의 규모, 저장 또는 취급하는 위험물의 종류 및 최대수량 등	경보설비
	• 옥내저장소로 사용되는 부분 외의 부분이 있는 건축물에 설치된 옥내저장소[옥내저장소와 그 외의 부분이 내화구조의 바닥 또는 벽으로 개구부 없이 구획된 것과 제2류 또는 제4류 위험물(인화성 고체 및 인화점이 70℃ 미만인 제4류 위험물 제외)만을 저장 또는 취급하는 것 제외]	
옥내 탱크저장소	단층건물 외의 건축물에 설치된 옥내탱크저장소로서 소화난이도 등급 I 에 해당하는 것	
주유취급소	옥내주유취급소	
위의 자동화재탐지설비 설치 대상에 해당하지 않는 제조소 등	지정수량의 10배 이상을 저장 또는 취급하는 것	자동화재 탐지설비, 비상경보설비, 확성장치 또는 비상방송설비 중 1종 이상
이송취급소	이송취급소 위치·구조 및 설비 기준의 기타설비 중 경보설비([별표 15] Ⅳ제14호) 규정에 따름	비상벨장치 및 확성장치(이송기지), 가연성 증기 경보설비

(2) 자동화재탐지설비의 설치기준

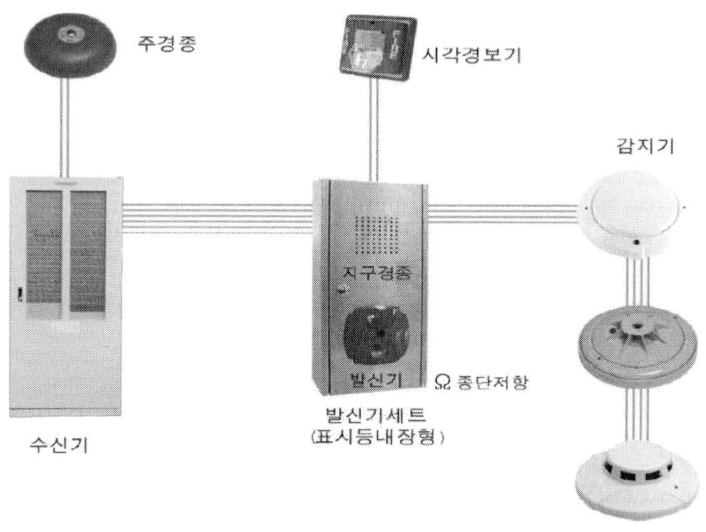

그림 5.24 ▌ 자동화재탐지설비 계통도

(가) 자동화재탐지설비의 경계구역[141]은 건축물 그 밖의 공작물의 2이상의 층에 걸

치지 않도록 할 것. 다만, 하나의 경계구역의 면적이 500m^2 이하이면서 당해 경계구역이 두 개의 층에 걸치는 경우이거나 계단・경사로・승강기의 승강로 그 밖에 이와 유사한 장소에 연기감지기를 설치하는 경우에는 제외된다.

(나) 하나의 경계구역의 면적은 600m^2 이하로 하고 그 한 변의 길이는 50m(광전식분리형 감지기를 설치할 경우에는 100m) 이하로 할 것. 다만, 당해 건축물 그 밖의 공작물의 주요한 출입구에서 그 내부의 전체를 볼 수 있는 경우에 있어서는 그 면적을 1,000m^2 이하로 할 수 있다.

(다) 자동화재탐지설비의 감지기는 지붕(상층이 있는 경우에는 상층의 바닥) 또는 벽의 옥내에 면한 부분(천장이 있는 경우에는 천장 또는 벽의 옥내에 면한 부분 및 천장의 뒷 부분)에 유효하게 화재의 발생을 감지할 수 있도록 설치할 것

(라) 자동화재탐지설비에는 비상전원을 설치할 것

4. 피난설비

(1) 주유취급소 중 건축물의 2층 이상의 부분을 점포・휴게음식점 또는 전시장의 용도로 사용하는 것에 있어서는 당해 건축물의 2층 이상으로부터 주유취급소의 부지 밖으로 통하는 출입구와 당해 출입구로 통하는 통로・계단 및 출입구에 유도등을 설치하여야 한다.

(2) 옥내주유취급소에 있어서는 당해 사무소 등의 출입구 및 피난구와 당해 피난구로 통하는 통로・계단 및 출입구에 유도등을 설치하여야 한다.

(3) 유도등에는 비상전원을 설치하여야 한다.

141) 화재가 발생한 구역을 다른 구역과 구분하여 식별할 수 있는 최소단위의 구역을 말한다.

연습문제

01 제조소 등의 경보설비 설치기준으로 적합한 것은?

① 지정수량의 10배 이상의 위험물을 저장 또는 취급하는 제조소 등
② 지정수량의 20배 이상의 위험물을 저장 또는 취급하는 제조소 등
③ 지정수량의 30배 이상의 위험물을 저장 또는 취급하는 제조소 등
④ 지정수량의 40배 이상의 위험물을 저장 또는 취급하는 제조소 등

02 소화난이도 등급 Ⅰ에 해당되지 않는 것은?

① 연면적 600m^2 이상인 일반취급소
② 지정수량 100배 이상인 일반취급소
③ 연면적 150m^2 초과하는 옥내저장소
④ 지중탱크로서 지정수량 100배 이상인 옥외탱크저장소

03 주유취급소 중 점포 · 휴게음식점으로 사용하는 것과 옥내주유취급소에 설치하는 피난설비 기준은?

① 건축물의 1층 이상
② 건축물의 2층 이상
③ 건축물의 3층 이상
④ 건축물의 4층 이상

04 소화난이도 등급 Ⅱ에 해당되지 않는 것은?

① 연면적 600m^2 이상인 제조소
② 단층건물의 옥내저장소
③ 지정수량 10배 이상인 일반취급소
④ 지정수량의 10배 이상인 옥내저장소

05 소화난이도 등급 Ⅲ에 해당하는 지하탱크저장소의 소화설비와 설치기준은?

① 능력단위의 수치가 2이상인 소형수동식 소화기 1개 이상
② 능력단위의 수치가 2이상인 대형수동식 소화기 2개 이상
③ 능력단위의 수치가 3이상인 소형수동식 소화기 2개 이상
④ 능력단위의 수치가 3이상인 대형수동식 소화기 4개 이상

06 알킬알루미늄을 저장 또는 취급하는 이동탱크저장소에 자동차용소화기 2개 이상을 설치한 후 추가로 설치해야 하는 마른 모래의 양은?

① 10L 이상　② 50L 이상
③ 150L 이상　④ 640L 이상

07 제조소의 건축물 외벽이 내화구조인 경우 소요단위 1단위에 해당하는 면적은?

① 연면적 50m^2　② 연면적 75m^2
③ 연면적 100m^2　④ 연면적 150m^2

정답 1. ① 2. ① 3. ② 4. ② 5. ③ 6. ③ 7. ③

08 방호대상물의 각 부분으로부터 하나의 대형수동식 소화기까지 보행거리는?

① 보행거리 15m 이하
② 보행거리 30m 이하
③ 반경 15m 마다
④ 반경 35m 마다

09 제조소에 설치된 전기설비 면적이 300 m^2인 경우 소형수동식소화기는 몇 개가 필요한가?

① 3개 이상 ② 5개 이상
③ 6개 이상 ④ 9개 이상

정답 8. ② 9. ①

CHAPTER 06

위험물의 저장, 취급 및 운반기준

1. 위험물의 저장 및 취급기준

1.1 저장 · 취급의 공통기준

(1) 제조소 등에서 허가(법 제6조제1항) 및 신고(법 제6조제2항)와 관련되는 품명 외의 위험물 또는 이러한 허가 및 신고와 관련되는 수량 또는 지정수량의 배수를 초과하는 위험물을 저장 또는 취급하지 않아야 한다(중요기준).

(2) 위험물을 저장 또는 취급하는 건축물 그 밖의 공작물 또는 설비는 당해 위험물의 성질에 따라 차광 또는 환기를 실시하여야 한다.

(3) 위험물은 온도계, 습도계, 압력계 그 밖의 계기를 감시하여 당해 위험물의 성질에 맞는 적정한 온도, 습도 또는 압력을 유지하도록 저장 또는 취급하여야 한다.

(4) 위험물을 저장 또는 취급하는 경우에는 위험물의 변질, 이물의 혼입 등에 의하여 당해 위험물의 위험성이 증대되지 아니하도록 필요한 조치를 강구하여야 한다.

(5) 위험물이 남아 있거나 남아 있을 우려가 있는 설비, 기계 · 기구, 용기 등을 수리하는 경우에는 안전한 장소에서 위험물을 완전하게 제거한 후에 실시하여야 한다.

(6) 위험물을 용기에 수납하여 저장 또는 취급할 때에는 그 용기는 당해 위험물의 성질에 적응하고 파손 · 부식 · 균열 등이 없는 것으로 하여야 한다.

(7) 가연성의 액체 · 증기 또는 가스가 새거나 체류할 우려가 있는 장소 또는 가연성의 미분이 현저하게 부유할 우려가 있는 장소에서는 전선과 전기기구를 완전히 접속하고 불꽃을 발하는 기계 · 기구 · 공구 · 신발 등을 사용하지 않아야 한다.

(8) 위험물을 보호액 중에 보존하는 경우에는 당해 위험물이 보호액으로부터 노출되지 않도록 하여야 한다.

1.2 위험물의 유별 저장 · 취급의 공통기준(중요기준)

(1) 제1류 위험물은 가연물과의 접촉 · 혼합이나 분해를 촉진하는 물품과의 접근 또는 과열 · 충격 · 마찰 등을 피하는 한편, 알칼리금속의 과산화물 및 이를 함유한 것에 있어서는 물과의 접촉을 피하여야 한다.

(2) 제2류 위험물은 산화제와의 접촉 · 혼합이나 불티 · 불꽃 · 고온체와의 접근 또는 과열을 피하는 한편, 철분 · 금속분 · 마그네슘 및 이를 함유한 것에 있어서는 물이나 산과의 접촉을 피하고 인화성 고체에 있어서는 함부로 증기를 발생시키지 않아야 한다.

(3) 제3류 위험물 중 자연발화성 물질에 있어서는 불티 · 불꽃 또는 고온체와의 접근 · 과열 또는 공기와의 접촉을 피하고, 금수성 물질에 있어서는 물과의 접촉을 피하여야 한다.

(4) 제4류 위험물은 불티 · 불꽃 · 고온체와의 접근 또는 과열을 피하고, 함부로 증기를 발생시키지 않아야 한다.

(5) 제5류 위험물은 불티 · 불꽃 · 고온체와의 접근이나 과열 · 충격 또는 마찰을 피하여야 한다.

(6) 제6류 위험물은 가연물과의 접촉 · 혼합이나 분해를 촉진하는 물품과의 접근 또는 과열을 피하여야 한다.

(7) (1) 내지 (6)의 기준은 위험물을 저장 또는 취급함에 있어서 당해 각호의 기준에 의하지 않는 것이 통상인 경우는 당해 각호를 적용하지 않는다. 이 경우 당해 저장 또는 취급에 대하여는 재해의 발생을 방지하기 위한 충분한 조치를 강구하여야 한다.

1.3 저장의 기준

(1) 저장소에는 위험물 외의 물품을 저장하지 않아야 한다. 다만, 다음에 해당하는 경우에는 제외된다(중요기준).

(가) 옥내저장소 또는 옥외저장소에서 다음에 의한 위험물과 위험물이 아닌 물품을 함께 저장하는 경우에는 위험물과 위험물이 아닌 물품은 각각 모아서 저장하고 상호 간에는 1m 이상의 간격을 두어야 한다.

1) 위험물(제2류 위험물 중 인화성 고체와 제4류 위험물 제외)과 당해 위험물이 속하는 물품 즉, 산화성 고체의 어느 하나 이상을 함유한 것, 인화성 고체를 제외한 어느 하나 이상을 함유한 것, 자연발화성 및 금수성 물질의 어느 하

나 이상을 함유한 것, 자기반응성 물질의 어느 하나 이상을 함유한 것, 산화성 액체의 어느 하나 이상을 함유한 것(영 [별표 1] 제1류 제11호, 제2류 제8호, 제3류 제12호, 제5류 제11호 및 제6류 제5호에 의한 물품 제외)을 주성분으로 함유한 것으로서 위험물에 해당하지 않는 물품

2) 제2류 위험물 중 인화성 고체와 위험물에 해당하지 않는 고체 또는 액체로서 인화점을 갖는 것 또는 합성수지류[142](합성수지류 등) 또는 이들 중 어느 하나 이상을 주성분으로 함유한 것으로서 위험물에 해당하지 않는 물품

3) 제4류 위험물과 합성수지류 등 또는 인화성 액체(영 [별표 1]의 제4류)를 주성분으로 함유한 것으로서 위험물에 해당하지 않는 물품

4) 제4류 위험물 중 유기과산화물 또는 이를 함유한 것과 유기과산화물 또는 유기과산화물만을 함유한 것으로서 위험물에 해당하지 않는 물품

5) 화약류에 해당하는 위험물의 특례(염소산염류・과염소산염류・질산염류・유황・철분・금속분・마그네슘・질산에스테르류・니트로화합물)(제48조)의 규정에 의한 위험물과 위험물에 해당하지 않는 화약류[143]

6) 위험물과 위험물에 해당하지 않는 불연성의 물품(저장하는 위험물 및 위험물외의 물품과 위험한 반응을 일으키지 않는 것에 한함)

(나) 옥외탱크저장소・옥내탱크저장소・지하탱크저장소 또는 이동탱크저장소(옥외탱크저장소 등)에서 당해 옥외탱크저장소 등의 구조 및 설비에 나쁜 영향을 주지 않으면서 다음에서 정하는 위험물이 아닌 물품을 저장하는 경우

1) 제4류 위험물을 저장 또는 취급하는 옥외탱크저장소 등
합성수지류 등 또는 제4류(영 [별표 1])의 물품을 주성분으로 함유한 것으로서 위험물에 해당하지 않는 물품 또는 위험물에 해당하지 않는 불연성 물품(저장 또는 취급하는 위험물 및 위험물 외의 물품과 위험한 반응을 일으키지 않는 것에 한함)

2) 제6류 위험물을 저장 또는 취급하는 옥외탱크저장소 등
제6류의 물품(산화성 액체의 어느 하나 이상을 함유한 것 제외)(영 [별표 1] 제6류 제5호 제외)을 주성분으로 함유한 것으로서 위험물에 해당하지 않는 물품 또는 위험물에 해당하지 않는 불연성 물품(저장 또는 취급하는 위험물

142) 「소방기본법 시행령」 [별표 2] 비고 제8호(고형알코올 그 밖에 1기압에서 인화점이 40℃ 미만인 고체)의 합성수지류를 말한다.

143) 「총포・도검・화약류 등 단속법」에 의한 화약류에 해당하는 것을 말한다.

및 위험물 외의 물품과 위험한 반응을 일으키지 않는 것에 한함)

(2) 유별을 달리하는 위험물(영 [별표 1])은 동일한 저장소(내화구조의 격벽으로 완전히 구획된 실이 2이상 있는 저장소에 있어서는 동일한 실)에 저장하지 않아야 한다. 다만, 옥내저장소 또는 옥외저장소에 있어서 다음에 의한 위험물을 저장하는 경우로서 위험물을 유별로 정리하여 저장하는 한편, 서로 1m 이상의 간격을 두는 경우에는 제외된다(중요기준).

(가) 제1류 위험물(알칼리금속의 과산화물 또는 이를 함유한 것 제외)과 제5류 위험물을 저장하는 경우

(나) 제1류 위험물과 제6류 위험물을 저장하는 경우

(다) 제1류 위험물과 제3류 위험물 중 자연발화성 물질(황린 또는 이를 함유한 것에 한함)을 저장하는 경우

(라) 제2류 위험물 중 인화성 고체와 제4류 위험물을 저장하는 경우

(마) 제3류 위험물 중 알킬알루미늄 등과 제4류 위험물(알킬알루미늄 또는 알킬리튬을 함유한 것에 한함)을 저장하는 경우

(바) 제4류 위험물 중 유기과산화물 또는 이를 함유하는 것과 제5류 위험물 중 유기과산화물 또는 이를 함유한 것을 저장하는 경우

(3) 제3류 위험물 중 황린 그 밖에 물 속에 저장하는 물품과 금수성 물질은 동일한 저장소에서 저장하지 않아야 한다(중요기준).

(4) 옥내저장소에 있어서 위험물은 1.5의 규정에 의한 바에 따라 용기에 수납하여 저장하여야 한다. 다만, 덩어리 상태의 유황과 화약류에 해당하는 위험물의 특례(제48조)의 규정에 의한 위험물에 있어서는 제외된다.

(5) 옥내저장소에서 동일 품명의 위험물이더라도 자연발화할 우려가 있는 위험물 또는 재해가 현저하게 증대할 우려가 있는 위험물을 다량 저장하는 경우에는 지정수량의 10배 이하마다 구분하여 상호 간 0.3m 이상의 간격을 두어 저장하여야 한다. 다만, 화약류에 해당하는 위험물의 특례(제48조)의 규정에 의한 위험물 또는 기계에 의하여 하역하는 구조로 된 용기에 수납한 위험물에 있어서는 제외된다(중요기준).

(6) 옥내저장소에서 위험물을 저장하는 경우에는 다음 높이를 초과하여 용기를 겹쳐 쌓지 않아야 한다.

(가) 기계에 의하여 하역하는 구조로 된 용기만을 겹쳐 쌓는 경우에 있어서는 6m

(나) 제4류 위험물 중 제3석유류, 제4석유류 및 동식물유류를 수납하는 용기만을 겹쳐 쌓는 경우에 있어서는 4m

(다) 그 밖의 경우에 있어서는 3m

(7) 옥내저장소에서는 용기에 수납하여 저장하는 위험물의 온도가 55℃를 넘지 않도록 필요한 조치를 강구하여야 한다(중요기준).

(8) 옥외저장탱크·옥내저장탱크 또는 지하저장탱크의 주된 밸브[144] 및 주입구의 밸브 또는 뚜껑은 위험물을 넣거나 빼낼 때 외에는 폐쇄하여야 한다.

(9) 옥외저장탱크의 주위에 방유제가 있는 경우에는 그 배수구를 평상시 폐쇄하여 두고, 당해 방유제의 내부에 유류 또는 물이 괴었을 때에는 지체 없이 이를 배출하여야 한다.

(10) 이동저장탱크에는 당해 탱크에 저장 또는 취급하는 위험물의 위험성을 알리는 표지를 부착하고 잘 보일 수 있도록 관리하여야 한다.

(11) 이동저장탱크 및 그 안전장치와 그 밖의 부속배관은 균열, 결합불량, 극단적인 변형, 주입호스의 손상 등에 의한 위험물의 누설이 일어나지 않도록 하고, 당해 탱크의 배출밸브는 사용 시 외에는 완전하게 폐쇄하여야 한다.

(12) 피견인자동차에 고정된 이동저장탱크에 위험물을 저장할 때에는 당해 피견인자동차에 견인자동차를 결합한 상태로 두어야 한다. 다만, 다음 기준에 따라 피견인자동차를 철도·궤도상의 차량에 싣거나 차량으로부터 내리는 경우에는 제외된다.

(가) 피견인자동차를 싣는 작업은 화재예방상 안전한 장소에서 실시하고, 화재가 발생하였을 경우에 그 피해의 확대를 방지할 수 있도록 필요한 조치를 강구할 것

(나) 피견인자동차를 실을 때에는 이동저장탱크에 변형 또는 손상을 주지 않도록 필요한 조치를 강구할 것

(다) 피견인자동차를 차량에 싣는 것은 견인자동차를 분리한 즉시 실시하고, 피견인자동차를 차량으로부터 내렸을 때에는 즉시 당해 피견인자동차를 견인자동차에 결합할 것

(13) 컨테이너식 이동탱크저장소외의 이동탱크저장소에 있어서는 위험물을 저장한 상태로 이동저장탱크를 옮겨 싣지 않아야 한다(중요기준).

(14) 이동탱크저장소에는 당해 이동탱크저장소의 완공검사필증 및 정기점검기록을 비치하여야 한다.

(15) 알킬알루미늄 등을 저장 또는 취급하는 이동탱크저장소에는 긴급 시의 연락처, 응급조치에 관하여 필요한 사항을 기재한 서류, 방호복, 고무장갑, 밸브 등을 죄는 결

---

144)액체의 위험물을 이송하기 위한 배관에 설치된 밸브중 탱크의 바로 옆에 있는 것을 말한다.

합공구 및 휴대용 확성기를 비치하여야 한다.

(16) 옥외저장소((19)의 규정에 의한 경우 제외)에 있어서 위험물은 1.5에 정하는 바에 따라 용기에 수납하여 저장하여야 한다.

(17) 옥외저장소에서 위험물을 저장하는 경우에 있어서는 (6)에 의한 높이를 초과하여 용기를 겹쳐 쌓지 아니하여야 한다.

(18) 옥외저장소에서 위험물을 수납한 용기를 선반에 저장하는 경우에는 6m를 초과하여 저장하지 않아야 한다.

(19) 유황을 용기에 수납하지 않고 저장하는 옥외저장소에서는 유황을 경계표시의 높이 이하로 저장하고, 유황이 넘치거나 비산하는 것을 방지할 수 있도록 경계표시 내부의 전체를 난연성 또는 불연성의 천막 등으로 덮고 당해 천막 등을 경계표시에 고정하여야 한다.

(20) 알킬알루미늄 등, 아세트알데히드 등 및 디에틸에테르 등[145)]의 저장기준은 (1) 내지 (19)의 규정에 의하는 것 외에 다음과 같다(중요기준).

(가) 옥외저장탱크 또는 옥내저장탱크 중 압력탱크[146)]에 있어서는 알킬알루미늄 등의 취출에 의하여 당해 탱크 내의 압력이 상용압력 이하로 저하하지 않도록 압력탱크 외의 탱크에 있어서는 알킬알루미늄 등의 취출이나 온도의 저하에 의한 공기의 혼입을 방지할 수 있도록 불활성의 기체를 봉입할 것

(나) 옥외저장탱크・옥내저장탱크 또는 이동저장탱크에 새롭게 알킬알루미늄 등을 주입하는 때에는 미리 당해 탱크안의 공기를 불활성 기체와 치환하여 둘 것

(다) 이동저장탱크에 알킬알루미늄 등을 저장하는 경우에는 20kPa 이하의 압력으로 불활성의 기체를 봉입하여 둘 것

(라) 옥외저장탱크・옥내저장탱크 또는 지하저장탱크 중 압력탱크에 있어서는 아세트알데히드 등의 취출에 의하여 당해 탱크 내의 압력이 상용압력 이하로 저하하지 않도록 하며 압력탱크 외의 탱크에 있어서는 아세트알데히드 등의 취출이나 온도의 저하에 의한 공기의 혼입을 방지할 수 있도록 불활성 기체를 봉입할 것

(마) 옥외저장탱크・옥내저장탱크・지하저장탱크 또는 이동저장탱크에 새롭게 아세트알데히드 등을 주입하는 때에는 미리 당해 탱크안의 공기를 불활성 기체와 치환하여 둘 것

(바) 이동저장탱크에 아세트알데히드 등을 저장하는 경우에는 항상 불활성의 기체

---

145) 디에틸에테르 또는 이를 함유한 것을 말한다.

146) 최대상용압력이 대기압을 초과하는 탱크를 말한다.

를 봉입하여 둘 것

(사) 옥외저장탱크·옥내저장탱크 또는 지하저장탱크 중 압력탱크 외의 탱크에 저장하는 디에틸에테르 등 또는 아세트알데히드 등의 온도는 산화프로필렌과 이를 함유한 것 또는 디에틸에테르 등에 있어서는 30℃ 이하로, 아세트알데히드 또는 이를 함유한 것에 있어서는 15℃ 이하로 각각 유지할 것

(아) 옥외저장탱크·옥내저장탱크 또는 지하저장탱크 중 압력탱크에 저장하는 아세트알데히드 등 또는 디에틸에테르 등의 온도는 40℃ 이하로 유지할 것

(자) 보냉장치가 있는 이동저장탱크에 저장하는 아세트알데히드 등 또는 디에틸에테르 등의 온도는 당해 위험물의 비점 이하로 유지할 것

(차) 보냉장치가 없는 이동저장탱크에 저장하는 아세트알데히드 등 또는 디에틸에테르 등의 온도는 40℃ 이하로 유지할 것

1.4 취급의 기준

(1) 위험물의 취급 중 제조에 관한 기준은 다음과 같다(중요기준).

(가) 증류공정에 있어서는 위험물을 취급하는 설비의 내부압력의 변동 등에 의하여 액체 또는 증기가 새지 않도록 할 것

(나) 추출공정에 있어서는 추출관의 내부압력이 비정상으로 상승하지 않도록 할 것

(다) 건조공정에 있어서는 위험물의 온도가 국부적으로 상승하지 않는 방법으로 가열 또는 건조할 것

(라) 분쇄공정에 있어서는 위험물의 분말이 현저하게 부유하고 있거나 위험물의 분말이 현저하게 기계·기구 등에 부착하고 있는 상태로 그 기계·기구를 취급하지 않을 것

(2) 위험물의 취급 중 용기에 옮겨 담는데 대한 기준은 다음과 같다.

(가) 위험물을 용기에 옮겨 담는 경우에는 1.5에 정하는 바에 따라 수납할 것

(3) 위험물의 취급 중 소비에 관한 기준은 다음과 같다(중요기준).

(가) 분사도장작업은 방화상 유효한 격벽 등으로 구획된 안전한 장소에서 실시할 것

(나) 담금질 또는 열처리작업은 위험물이 위험한 온도에 이르지 않도록 하여 실시할 것

(라) 버너를 사용하는 경우에는 버너의 역화를 방지하고 위험물이 넘치지 않도록 할 것

(4) 주유취급소・판매취급소・이송취급소 또는 이동탱크저장소에서의 위험물의 취급기준은 다음과 같다.

(가) 주유취급소(항공기・선박 및 철도 주유취급소를 제외)에서의 취급기준

1) 자동차 등에 주유할 때에는 고정주유설비를 사용하여 직접 주유할 것(중요기준)

2) 자동차 등에 인화점 40℃ 미만의 위험물을 주유할 때에는 자동차 등의 원동기를 정지시킬 것. 다만, 연료탱크에 위험물을 주유하는 동안 방출되는 가연성 증기를 회수하는 설비가 부착된 고정주유설비에 의하여 주유하는 경우에는 제외된다.

3) 이동저장탱크에 급유할 때에는 고정급유설비를 사용하여 직접 급유할 것

4) 고정주유설비 또는 고정급유설비에 접속하는 탱크에 위험물을 주입할 때에는 당해 탱크에 접속된 고정주유설비 또는 고정급유설비의 사용을 중지하고, 자동차 등을 당해 탱크의 주입구에 접근시키지 않을 것

5) 고정주유설비 또는 고정급유설비에는 해당 설비에 접속한 전용탱크 또는 간이탱크의 배관 외의 것을 통하여서는 위험물을 공급하지 않을 것

6) 자동차 등에 주유할 때에는 고정주유설비 또는 고정주유설비에 접속된 탱크의 주입구로부터 4m 이내의 부분(주유취급소의 점검 및 간이정비, 세정 작업장([별표 13] Ⅴ 제1호 다목 및 라목)의 용도에 제공하는 부분 중 바닥 및 벽에서 구획된 것의 내부를 제외)에, 이동저장탱크로부터 전용탱크에 위험물을 주입할 때에는 전용탱크의 주입구로부터 3m 이내의 부분 및 전용탱크 통기관의 선단으로부터 수평거리 1.5m 이내의 부분에 있어서는 다른 자동차 등의 주차를 금지하고 자동차 등의 점검・정비 또는 세정을 하지 않을 것

7) 주유원 간이대기실 내에서는 화기를 사용하지 않을 것

8) 전기자동차 충전설비를 사용하는 때에는 다음의 기준을 준수할 것

가) 충전기기와 전기자동차를 연결할 때에는 연장코드를 사용하지 않을 것

나) 전기자동차의 전지・인터페이스 등이 충전기기의 규격에 적합한지 확인한 후 충전을 시작할 것

다) 충전 중에는 자동차 등을 작동시키지 않을 것

(나) 항공기주유취급소에서의 취급기준은 (가)[1) 및 5)는 제외]의 규정을 준용하는 외에 다음의 기준에 의할 것

1) 항공기에 주유하는 때에는 고정주유설비, 주유배관의 선단부에 접속한 호스

기기, 주유호스차 또는 주유탱크차를 사용하여 직접 주유할 것(중요기준)

2) 고정주유설비에는 당해 주유설비에 접속한 전용탱크 또는 위험물을 저장 또는 취급하는 탱크의 배관 외의 것을 통하여서는 위험물을 주입하지 않을 것

3) 주유호스차 또는 주유탱크차에 의하여 주유하는 때에는 주유호스의 선단을 항공기의 연료탱크의 급유구에 긴밀히 결합할 것. 다만, 주유탱크차에서 주유호스 선단부에 수동개폐장치를 설치한 주유노즐에 의하여 주유하는 때에는 제외된다.

4) 주유호스차 또는 주유탱크차에서 주유하는 때에는 주유호스차의 호스기기 또는 주유탱크차의 주유설비를 접지하고 항공기와 전기적인 접속을 할 것

(다) 철도주유취급소에서의 취급기준은 (가)[1) 및 5)는 제외]의 규정 및 (나)2)의 규정을 준용하는 외에 다음의 기준에 의할 것

1) 철도 또는 궤도에 의하여 운행하는 차량에 주유하는 때에는 고정주유설비 또는 주유배관의 선단부에 접속한 호스기기를 사용하여 직접 주유할 것(중요기준)

2) 철도 또는 궤도에 의하여 운행하는 차량에 주유하는 때에는 콘크리트 등으로 포장된 부분에서 주유할 것

(라) 선박주유취급소에서의 취급기준은 (가)[1) 및 5)는 제외]의 규정 및 (나)2)의 규정을 준용하는 외에 다음의 기준에 의할 것

1) 선박에 주유하는 때에는 고정주유설비 또는 주유배관의 선단부에 접속한 호스기기를 사용하여 직접 주유할 것(중요기준)

2) 선박에 주유하는 때에는 선박이 이동하지 않도록 계류시킬 것

3) 수상구조물에 설치하는 고정주유설비를 이용하여 주유작업을 할 때에는 5m 이내에 다른 선박의 정박 또는 계류를 금지할 것

4) 수상구조물에 설치하는 고정주유설비의 주위에 설치하는 집유설비 내에 고인 빗물 또는 위험물은 넘치지 않도록 수시로 수거하고, 수거물은 유분리장치를 이용하거나 폐기물 처리 방법에 따라 처리할 것

5) 수상구조물에 설치하는 고정주유설비를 이용한 주유작업은 위험물을 공급하는 배관·펌프 및 그 부속 설비의 안전을 확인한 후에 시작할 것(중요기준)

6) 수상구조물에 설치하는 고정주유설비를 이용한 주유작업이 종료된 후에는 차단밸브(수상구조물에 설치하는 고정주유설비에 위험물을 공급하는 배관계의 위험물 차단밸브([별표 13] XⅣ 제3호마목))를 모두 잠글 것(중요기준)

7) 수상구조물에 설치하는 고정주유설비를 이용한 주유작업은 총 톤수가 300 미만인 선박에 대해서만 실시할 것(중요기준)

(마) 고객이 직접 주유하는 주유취급소에서의 기준

1) 셀프용 고정주유설비 및 셀프용 고정급유설비 외의 고정주유설비 또는 고정급유설비를 사용하여 고객에 의한 주유 또는 용기에 옮겨 담는 작업을 행하지 않을 것(중요기준)

2) 감시대에서 고객이 주유하거나 용기에 옮겨 담는 작업을 직시하는 등 적절한 감시를 할 것

3) 고객에 의한 주유 또는 용기에 옮겨 담는 작업을 개시할 때에는 안전상 지장이 없음을 확인 한 후 제어장치에 의하여 호스기기에 대한 위험물의 공급을 개시할 것

4) 고객에 의한 주유 또는 용기에 옮겨 담는 작업을 종료한 때에는 제어장치에 의하여 호스기기에 대한 위험물의 공급을 정지할 것

5) 비상시 그 밖에 안전상 지장이 발생한 경우에는 제어장치에 의하여 호스기기에 위험물의 공급을 일제히 정지하고, 주유취급소 내의 모든 고정주유설비 및 고정급유설비에 의한 위험물 취급을 중단할 것

6) 감시대의 방송설비를 이용하여 고객에 의한 주유 또는 용기에 옮겨 담는 작업에 대한 필요한 지시를 할 것

7) 감시대에서 근무하는 감시원은 안전관리자 또는 위험물안전관리에 관한 전문지식이 있는 자일 것

(바) 판매취급소에서의 취급기준

1) 판매취급소에서는 도료류, 제1류 위험물 중 염소산염류 및 염소산염류만을 함유한 것, 유황 또는 인화점이 38℃ 이상인 제4류 위험물을 배합실에서 배합하는 경우 외에는 위험물을 배합하거나 옮겨 담는 작업을 하지 않을 것

2) 위험물은 위험물 운반기준 중 운반용기([별표 19] Ⅰ)에 수납한 채로 판매할 것

3) 판매취급소에서 위험물을 판매할 때에는 위험물이 넘치거나 비산하는 계량기(액용되를 포함)를 사용하지 않을 것

(사) 이송취급소에서의 취급기준

1) 위험물의 이송은 위험물을 이송하기 위한 배관·펌프 및 그에 부속한 설비[147]의 안전을 확인한 후에 개시할 것(중요기준)

2) 위험물을 이송하기 위한 배관·펌프 및 이에 부속한 설비의 안전을 확인하

기 위한 순찰을 행하고, 위험물을 이송하는 중에는 이송하는 위험물의 압력 및 유량을 항상 감시할 것(중요기준)

3) 이송취급소를 설치한 지역의 지진을 감지하거나 지진의 정보를 얻은 경우에는 소방청장이 정하여 고시하는 바에 따라 재해의 발생 또는 확대를 방지하기 위한 조치를 강구할 것

(아) 이동탱크저장소(컨테이너식 이동탱크저장소 제외)에서의 취급기준

1) 이동저장탱크로부터 위험물을 저장 또는 취급하는 탱크에 액체의 위험물을 주입할 경우에는 그 탱크의 주입구에 이동저장탱크의 주입호스를 견고하게 결합할 것. 다만, 주입호스의 선단부에 수동개폐장치를 한 주입노즐(수동개폐장치를 개방상태로 고정하는 장치를 한 것을 제외)을 사용하여 지정수량 미만의 양의 위험물을 저장 또는 취급하는 탱크에 인화점이 40℃ 이상인 위험물을 주입하는 경우에는 제외된다.

2) 이동저장탱크로부터 액체위험물을 용기에 옮겨 담지 않을 것. 다만, 주입호스의 선단부에 수동개폐장치를 한 주입노즐(수동개폐장치를 개방상태로 고정하는 장치를 한 것은 제외)을 사용하여 위험물 운반기준 중 운반용기([별표 19] Ⅰ)에 인화점 40℃ 이상의 제4류 위험물을 옮겨 담는 경우에는 제외된다.

3) 이동저장탱크로부터 위험물을 저장 또는 취급하는 탱크에 인화점이 40℃ 미만인 위험물을 주입할 때에는 이동탱크저장소의 원동기를 정지시킬 것

4) 이동저장탱크로부터 직접 위험물을 자동차[148]의 연료탱크에 주입하지 말 것. 다만, 건설공사[149](「건설산업기본법」)를 하는 장소에서 주입설비([별표 10] Ⅳ 제3호)를 부착한 이동탱크저장소로부터 해당 건설공사와 관련된 자동차(건설기계(「건설기계관리법」) 중 덤프트럭과 콘크리트믹서트럭으로 한정함)의 연료탱크에 인화점 40℃ 이상의 위험물을 주입하는 경우에는 제외

147) 위험물을 운반하는 선박으로부터 육상으로 위험물의 이송취급을 하는 이송취급소에 있어서는 위험물을 이송하기 위한 배관 및 그에 부속된 설비를 말한다.

148) 「자동차관리법」 제2조제1호의 규정에 의한 자동차와 「건설기계관리법」 제2조제1항제1호의 규정에 의한 건설기계 중 덤프트럭 및 콘크리트믹서트럭을 말한다.

149) 토목공사, 건축공사, 산업설비공사, 조경공사, 환경시설공사, 그 밖에 명칭에 관계없이 시설물을 설치・유지・보수하는공사(시설물을 설치하기 위한 부지조성공사를 포함) 및 기계설비나 그 밖의 구조물의 설치 및 해체공사 등을 말한다. 다만, 전기공사, 정보통신공사, 소방시설공사, 문화재 수리공사는 포함되지 않는다.

된다.

5) 휘발유·벤젠 그 밖에 정전기에 의한 재해발생의 우려가 있는 액체의 위험물을 이동저장탱크에 주입하거나 이동저장탱크로부터 배출하는 때에는 도선으로 이동저장탱크와 접지전극 등과의 사이를 긴밀히 연결하여 당해 이동저장탱크를 접지할 것

6) 휘발유·벤젠·그 밖에 정전기에 의한 재해발생의 우려가 있는 액체의 위험물을 이동저장탱크의 상부로 주입하는 때에는 주입관을 사용하되, 당해 주입관의 선단을 이동저장탱크의 밑바닥에 밀착할 것

7) 휘발유를 저장하던 이동저장탱크에 등유나 경유를 주입할 때 또는 등유나 경유를 저장하던 이동저장탱크에 휘발유를 주입할 때에는 다음의 기준에 따라 정전기 등에 의한 재해를 방지하기 위한 조치를 할 것

   가) 이동저장탱크의 상부로부터 위험물을 주입할 때에는 위험물의 액표면이 주입관의 선단을 넘는 높이가 될 때까지 그 주입관 내의 유속을 초당 1m 이하로 할 것

   나) 이동저장탱크의 밑부분으로부터 위험물을 주입할 때에는 위험물의 액표면이 주입관의 정상부분을 넘는 높이가 될 때까지 그 주입배관 내의 유속을 초당 1m 이하로 할 것

   다) 그 밖의 방법에 의한 위험물의 주입은 이동저장탱크에 가연성 증기가 잔류하지 않도록 조치하고 안전한 상태로 있음을 확인한 후에 할 것

8) 이동탱크저장소는 상치장소([별표 10] Ⅰ)에 주차할 것. 다만, 원거리 운행 등으로 상치장소에 주차할 수 없는 경우에는 다음의 장소에도 주차할 수 있다.

   가) 다른 이동탱크저장소의 상치장소

   나) 「화물자동차 운수사업법」에 의한 일반화물자동차운송사업을 위한 차고로서 상치장소([별표 10] Ⅰ)의 규정에 적합한 장소

   다) 「물류시설의 개발 및 운영에 관한 법률」에 따른 물류터미널의 주차장으로서 상치장소([별표 10] Ⅰ)의 규정에 적합한 장소

   라) 「주차장법」에 의한 주차장 중 노외의 옥외주차장으로서 상치장소([별표 10] Ⅰ)의 규정에 적합한 장소

   마) 제조소 등이 설치된 사업장 내의 안전한 장소

   바) 도로(길어깨 및 노상주차장을 포함) 외의 장소로서 화기취급장소 또는 건축물로부터 10m 이상 이격된 장소

사) 벽・기둥・바닥・보・서까래 및 지붕이 내화구조로 된 건축물의 1층으로서 개구부가 없는 내하구조의 격벽 등으로 당해 건축물의 다른 용도의 부분과 구획된 장소

아) 소방본부장 또는 소방서장으로부터 승인을 받은 장소

9) 이동저장탱크를 8)에 의한 상치장소 등에 주차시킬 때에는 완전히 빈 상태로 할 것. 다만, 당해 장소가 옥외탱크저장소의 안전거리, 보유공지 및 방유제([별표 6] Ⅰ・Ⅱ 및 Ⅸ)의 규정에 적합한 경우에는 제외된다.

10) 이동저장탱크로부터 직접 위험물을 선박의 연료탱크에 주입하는 경우에는 다음의 기준에 따를 것

가) 선박이 이동하지 않도록 계류繫留시킬 것

나) 이동탱크저장소가 움직이지 않도록 조치를 강구할 것

다) 이동탱크저장소의 주입호스의 선단을 선박의 연료탱크의 급유구에 긴밀히 결합할 것. 다만, 주입호스 선단부에 수동개폐장치를 설치한 주유노즐로 주입하는 때에는 제외된다.

라) 이동탱크저장소의 주입설비를 접지할 것. 다만, 인화점 40℃ 이상의 위험물을 주입하는 경우에는 제외된다.

(자) 컨테이너식 이동탱크저장소에서의 위험물취급은 (아)[1) 제외]의 규정을 준용하는 외에 다음의 기준에 의할 것

1) 이동저장탱크에서 위험물을 저장 또는 취급하는 탱크에 액체위험물을 주입하는 때에는 주입구에 주입호스를 긴밀히 연결할 것. 다만, 주입호스의 선단부에 수동개폐장치를 설비한 주입노즐(수동개폐장치를 개방상태로 고정하는 장치를 한 것을 제외)에 의하여 지정수량 미만의 탱크에 인화점이 40℃ 이상인 제4류 위험물을 주입하는 때에는 제외된다.

2) 이동저장탱크를 체결금속구, 변형금속구 또는 샤시프레임에 긴밀히 결합한 구조의 유(U)볼트를 이용하여 차량에 긴밀히 연결할 것

(6) 알킬알루미늄 등 및 아세트알데히드 등의 취급기준은 (1) 내지 (5)에 정하는 것 외에 당해 위험물의 성질에 따라 다음에 정하는 바에 의한다(중요기준).

(가) 알킬알루미늄 등의 제조소 또는 일반취급소에 있어서 알킬알루미늄 등을 취급하는 설비에는 불활성의 기체를 봉입할 것

(나) 알킬알루미늄 등의 이동탱크저장소에 있어서 이동저장탱크로부터 알킬알루미늄 등을 꺼낼 때에는 동시에 200kPa 이하의 압력으로 불활성의 기체를 봉입할 것

(다) 아세트알데히드 등의 제조소 또는 일반취급소에 있어서 아세트알데히드 등을 취급하는 설비에는 연소성 혼합기체의 생성에 의한 폭발의 위험이 생겼을 경우에 불활성의 기체 또는 수증기[아세트알데히드 등을 취급하는 탱크(옥외에 있는 탱크 또는 옥내에 있는 탱크로서 그 용량이 지정수량의 1/5 미만의 것을 제외)에 있어서는 불활성의 기체]를 봉입할 것

(라) 아세트알데히드 등의 이동탱크저장소에 있어서 이동저장탱크로부터 아세트알데히드 등을 꺼낼 때에는 동시에 100kPa 이하의 압력으로 불활성의 기체를 봉입할 것

1.5 위험물의 용기 및 수납

(1) 옥내저장소 및 옥외저장소에 있어서 위험물을 용기에 수납할 때(Ⅲ 제4호 및 제17호) 또는 위험물의 취급 중 위험물을 용기에 옮겨 담을 때(Ⅳ 제2호가목)에는 다음에 정하는 용기의 구분에 따라 정하는 바에 의한다. 다만, 제조소 등이 설치된 부지와 동일한 부지 내에서 위험물을 저장 또는 취급하기 위하여 다음에 정하는 용기 외의 용기에 수납하거나 옮겨 담는 경우에 있어서 당해 용기의 저장 또는 취급이 화재의 예방상 안전하다고 인정될 때에는 제외된다.

(가) (나)에 정하는 용기 외의 용기

고체의 위험물에 있어서는 표 6.1, 액체의 위험물에 있어서는 표 6.2에 정하는 기준에 적합한 내장용기(내장용기의 용기의 종류란이 공란인 것에 있어서는 외장용기) 또는 저장 또는 취급의 안전상 이러한 기준에 적합한 용기와 동등 이상이라고 인정하여 소방청장이 정하여 고시하는 것(내장용기 등)으로서 수납([별표 19] Ⅱ 제1호)의 기준에 적합할 것

(나) 기계에 의하여 하역하는 구조로 된 용기[150)]

기계에 의하여 하역하는 구조로 된 운반용기([별표 19] Ⅰ 제3호나목)로서 기계에 의하여 하역하는 구조로 된 운반용기에 대한 수납([별표 19] Ⅱ 제2호)의 기준에 적합할 것

(2) (1) (가)의 내장용기 등[151)]에 있어서는 위험물의 적재 시 품명, 수량 등의 표시([별표 19] Ⅱ 제8호)를, (1) (나)의 용기에 있어서는 위험물의 적재 시 품명, 수량 등의 표시

---

150) 기계에 의하여 들어 올리기 위한 고리 · 기구 · 포크리프트포켓 등이 있는 용기를 말한다.

151) 내장용기 등을 다른 용기에 수납하는 경우에 있어서는 당해 용기를 포함한다.

및 기계에 의하여 하역하는 구조로 된 운반용기 외부에 행하는 표시([별표 19] Ⅱ 제8호 및 제13호)를 각각 보기 쉬운 위치에 하여야 한다.

(3) (2)의 규정에 불구하고 제1류 · 제2류 또는 제4류의 위험물(위험등급 I 의 위험물([별표 19] Ⅴ제1호)을 제외)의 내장용기 등으로서 최대용적이 1L 이하의 것에 있어서는 위험물 적재 시 위험물의 품명 · 위험등급 · 화학명 · 수용성 및 위험성([별표 19] Ⅱ 제8호가목 및 다목)의 표시를 각각 위험물의 통칭명 및 위험성 표시와 동일한 의미가 있는 다른 표시로 대신할 수 있다.

(4) (2) 및 (3)의 규정에 불구하고 제4류 위험물에 해당하는 화장품(에어졸 제외)의 내장용기 등으로서 최대용적이 150ml 이하의 것에 있어서는 위험물 적재 시 위험물의 품명 · 위험등급 · 화학명 · 수용성 및 위험성([별표 19] Ⅱ제8호가목 및 다목)표시를 하지 않을 수 있고, 최대용적이 150ml 초과 300ml 이하의 것에 있어서는 위험물 적재 시 위험물의 품명 · 위험등급 · 화학명 · 수용성([별표 19] Ⅱ 제8호가목)표시를 하지 않을 수 있으며, 위험물 적재 시 위험성([별표 19] Ⅱ 제8호다목)의 주의사항은 위험성 표시와 동일한 의미가 있는 다른 표시로 대신할 수 있다.

(5) (2) 및 (3)의 규정에 불구하고 제4류 위험물에 해당하는 에어졸의 내장용기 등으로서 최대 용적이 300ml 이하의 것에 있어서는 위험물 적재 시 위험물의 품명 · 위험등급 · 화학명 · 수용성([별표 19] Ⅱ 제8호가목)에 대한 표시를 하지 않을 수 있고, 위험물 적재 시 위험성([별표 19] Ⅱ 제8호다목)의 주의사항을 위험성 표시와 동일한 의미가 있는 다른 표시로 대신할 수 있다.

(6) (2) 및 (3)의 규정에 불구하고 제4류 위험물 중 동식물유류의 내장용기 등으로서 최대용적이 3L 이하의 것에 있어서는 위험물 적재 시 위험물의 품명 · 위험등급 · 화학명 · 수용성 및 위험성([별표 19] Ⅱ 제8호가목 및 다목)의 표시를 각각 당해 위험물의 통칭명 및 위험성 표시와 동일한 의미가 있는 다른 표시로 대신할 수 있다.

1.6 중요기준 및 세부기준(법 제5조제3항)의 구분

(1) 중요기준 : 1.1 내지 1.5의 저장 또는 취급기준 중 "중요기준"이라 표기한 것

(2) 세부기준 : 중요기준 외의 것

2. 위험물의 운반 및 운송에 관한 기준

2.1 운반용기

(1) 운반용기의 재질은 강판・알루미늄판・양철판・유리・금속판・종이・플라스틱・섬유판・고무류・합성섬유・삼・짚 또는 나무로 한다.

(2) 운반용기는 견고하여 쉽게 파손될 우려가 없고, 그 입구로부터 수납된 위험물이 샐 우려가 없도록 하여야 한다.

(3) 운반용기의 구조 및 최대용적은 다음 용기의 구분에 따라 정하는 바에 의한다.

(가) (나)의 규정에 의한 용기 외의 용기

고체의 위험물을 수납하는 것에 있어서는 표 6.1, 액체의 위험물을 수납하는 것에 있어서는 표 6.2에 정하는 기준에 적합할 것. 다만, 운반의 안전상 이러한 기준에 적합한 운반용기와 동등 이상이라고 인정하여 소방청장이 정하여 고시하는 것에 있어서는 제외된다.

표 6.1 고체위험물 운반용기의 최대용적 또는 중량

운반용기				수납 위험물의 종류									
내장용기[152]		외장용기		제1류			제2류		제3류			제5류	
용기의 종류	최대용적 또는 중량	용기의 종류	최대용적 또는 중량	I	II	III	II	III	I	II	III	I	II
유리용기 또는 플라스틱 용기	10L	나무상자 또는 플라스틱 상자(필요에 따라 불활성의 완충재를 채울 것)	125kg	○[153]	○	○	○	○	○	○	○	○	○
			225kg		○	○		○		○	○		○
		파이버판상자(필요에 따라 불활성의 완충재를 채울 것)	40kg	○	○	○	○	○	○	○	○	○	○
			55kg		○	○		○		○	○		○
금속제 용기	30L	나무상자 또는 플라스틱 상자	125kg	○	○	○	○	○	○	○	○	○	○
			225kg		○	○		○		○	○		○
		파이버판상자	40kg	○	○	○	○	○	○	○	○	○	○
			55kg		○	○		○		○	○		○
플라스틱 필름포대 또는	5kg	나무상자 또는 플라스틱 상자	50kg	○	○	○	○	○		○	○	○	○
	50kg		50kg	○	○	○	○	○					○
	125kg		125kg		○	○	○	○					
	225kg		225kg			○		○					

운반용기				수납 위험물의 종류									
내장용기[152]		외장용기		제1류			제2류		제3류			제5류	
용기의 종류	최대용적 또는 중량	용기의 종류	최대용적 또는 중량	Ⅰ	Ⅱ	Ⅲ	Ⅱ	Ⅲ	Ⅰ	Ⅱ	Ⅲ	Ⅰ	Ⅱ
종이포대	5kg	파이버판상자	40kg	○	○	○	○	○		○	○	○	○
	40kg		40kg	○	○	○	○	○					○
	55kg		55kg			○		○					
[154]		금속제용기(드럼 제외)	60L	○	○	○	○	○	○	○	○	○	○
		플라스틱용기(드럼 제외)	10L		○	○	○	○		○	○		○
			30L			○		○					○
		금속제드럼	250L	○	○	○	○	○	○	○	○	○	○
		플라스틱드럼 또는 파이버드럼(방수성이 있는 것)	60L	○	○	○	○	○	○	○	○	○	○
			250L		○	○		○		○	○		○
		합성수지포대(방수성이 있는 것), 플라스틱필름포대, 섬유포대(방수성이 있는 것) 또는 종이포대(여러 겹으로서 방수성이 있는 것)	50kg		○	○	○	○		○	○		○

표 6.2 고체위험물 운반용기의 최대용적 또는 중량

운반용기				수납위험물의 종류								
내장용기		외장용기		제3류			제4류			제5류		제6류
용기의 종류	최대용적 또는 중량	용기의 종류	최대용적 또는 중량	Ⅰ	Ⅱ	Ⅲ	Ⅰ	Ⅱ	Ⅲ	Ⅰ	Ⅱ	Ⅰ
유리용기	5L	나무 또는 플라스틱상자(불활성의 완충재를 채울 것)	75kg	○[155]	○	○	○	○	○	○	○	○
	10L		125kg		○	○		○	○		○	
			225kg						○			
	5L	파이버판상자(불활성의 완충재를 채울 것)	40kg	○	○	○	○	○	○	○	○	○
	10L		55kg						○			

152) 외장용기에 수납하여야 하는 용기로서 위험물을 직접 수납하기 위한 것을 말한다.

153) ○표시는 수납위험물의 종류별 각란에 정한 위험물에 대하여 당해 각란에 정한 운반용기가 적응성이 있음을 표시한다.

154) 공란은 외장용기에 위험물을 직접 수납하거나 유리용기, 플라스틱용기, 금속제용기, 폴리에틸렌포대 또는 종이포대를 내장용기로 할 수 있음을 표시한다.

운반용기				수납위험물의 종류								
내장용기		외장용기		제3류			제4류			제5류		제6류
용기의 종류	최대용적 또는 중량	용기의 종류	최대용적 또는 중량	I	II	III	I	II	III	I	II	I
플라스틱 용기	10L	나무 또는 플라스틱상자(필요에 따라 불활성의 완충재를 채울 것)	75kg	○	○	○	○	○	○	○	○	○
			125kg		○	○		○	○		○	
			225kg						○			
		파이버판상자(필요에 따라 불활성의 완충재를 채울 것)	40kg	○	○	○	○	○	○	○	○	○
			55kg						○			
금속제 용기	30L	나무 또는 플라스틱상자	125kg	○	○	○	○	○	○	○	○	○
			225kg						○			
		파이버판상자	40kg	○	○	○	○	○	○	○	○	○
			55kg		○	○		○	○		○	
156)		금속제용기(금속제드럼제외)	60L		○	○		○	○		○	
		플라스틱용기(플라스틱드럼제외)	10L		○	○		○	○		○	
			20L					○	○			
			30L						○		○	
		금속제드럼(뚜껑고정식)	250L	○	○	○	○	○	○	○	○	○
		금속제드럼(뚜껑탈착식)	250L					○	○			
		플라스틱또는파이버드럼(플라스틱내용기부착의 것)	250L		○	○			○		○	

(나) 기계에 의하여 하역하는 구조로 된 용기

고체의 위험물을 수납하는 것에 있어서는 표 6.3, 액체의 위험물을 수납하는 것에 있어서는 표 6.4에서 정하는 기준 및 1) 내지 6)에 정하는 기준에 적합할 것. 다만, 운반의 안전상 이러한 기준에 적합한 운반용기와 동등 이상이라고 인정하여 소방청장이 정하여 고시하는 것과 UN의 위험물 운송에 관한 권고(RTDG,

155) ○표시는 수납위험물의 종류별 각 란에 정한 위험물에 대하여 해당 각란에 정한 운반용기가 적응성이 있음을 표시한다.

156) 공란은 외장용기에 위험물을 직접 수납하거나 유리용기, 플라스틱용기 또는 금속제용기를 내장용기로 할 수 있음을 표시한다.

Recommendations on the Transport of Dangerous Goods)에서 정한 기준에 적합한 것으로 인정된 용기에 있어서는 제외된다.

표 6.3 고체위험물의 기계하역 구조로 된 운반용기의 최대용적

운반용기		수납위험물의 종류									
종류	최대용적	제1류			제2류		제3류			제5류	
		I	II	III	II	III	I	II	III	I	II
금속제	3,000L	○[157]	○	○	○	○	○	○	○		○
플렉시블(flexible) 합성수지제	3,000L		○	○	○	○		○	○		○
플렉시블(flexible) 플라스틱필름제	3,000L		○	○	○	○		○	○		○
플렉시블(flexible) 섬유제	3,000L		○	○	○	○		○	○		○
플렉시블(flexible) 종이제(여러 겹의 것)	3,000L		○	○	○	○		○	○		○
경질플라스틱제	1,500L	○	○	○	○	○		○	○		○
	3,000L		○	○	○	○		○	○		○
플라스틱 내용기 부착	1,500L	○	○	○	○	○		○	○		○
	3,000L		○	○	○	○		○	○		○
파이버판제	3,000L		○	○	○	○		○	○		○
목제(라이닝부착)	3,000L		○	○	○	○		○	○		○

비고) 플렉시블제, 파이버판제 및 목제의 운반용기에 있어서는 수납 및 배출방법을 중력에 의한 것에 한한다.

표 6.4 고체위험물의 기계하역 구조로 된 운반용기의 최대용적

운반용기		수납위험물의 종류								
종류	최대용적	제3류			제4류			제5류		제6류
		I	II	III	I	II	III	I	II	I
금속제	3,000L		○	○		○	○		○	
경질플라스틱제	3,000L		○	○		○	○		○	
플라스틱 내 용기부착	3,000L		○	○		○	○		○	

157) ○표시는 수납위험물의 종류별 각 란에 정한 위험물에 대하여 해당 각 란에 정한 운반용기가 적응성이 있음을 표시한다.

1) 운반용기는 부식 등의 열화에 대하여 적절히 보호될 것
2) 운반용기는 수납하는 위험물의 내압 및 취급 시와 운반 시의 하중에 의하여 당해 용기에 생기는 응력에 대하여 안전할 것
3) 운반용기의 부속설비에는 수납하는 위험물이 당해 부속설비로부터 누설되지 아니하도록 하는 조치가 강구되어 있을 것
4) 용기본체가 틀로 둘러싸인 운반용기는 다음의 요건에 적합할 것
   가) 용기본체는 항상 틀 내에 보호되어 있을 것
   나) 용기본체는 틀과의 접촉에 의하여 손상을 입을 우려가 없을 것
   다) 운반용기는 용기본체 또는 틀의 신축 등에 의하여 손상이 생기지 않을 것
5) 하부에 배출구가 있는 운반용기는 다음의 요건에 적합할 것
   가) 배출구에는 개폐위치에 고정할 수 있는 밸브가 설치되어 있을 것
   나) 배출을 위한 배관 및 밸브에는 외부로부터의 충격에 의한 손상을 방지하기 위한 조치가 강구되어 있을 것
   다) 폐지판 등에 의하여 배출구를 이중으로 밀폐할 수 있는 구조일 것. 다만, 고체의 위험물을 수납하는 운반용기에 있어서는 제외된다.
6) 1) 내지 5)에 규정하는 것 외의 운반용기의 구조에 관하여 필요한 사항은 소방청장이 정하여 고시한다.

(4) (3)의 규정에 불구하고 승용차량(승용으로 제공하는 차실 내에 화물용으로 제공하는 부분이 있는 구조의 것을 포함)으로 인화점이 40℃ 미만인 위험물 중 소방청장이 정하여 고시하는 것을 운반하는 경우의 운반용기의 구조 및 최대용적의 기준은 소방청장이 정하여 고시한다.

(5) (3)의 규정에 불구하고 운반의 안전상 제한이 필요하다고 인정되는 경우에는 위험물의 종류, 운반용기의 구조 및 최대용적의 기준을 소방청장이 정하여 고시할 수 있다.

(6) (3) 내지 (5)의 운반용기는 다음 용기의 구분에 따라 각 항목에서 정하는 성능이 있어야 한다.

(가) (나)의 규정에 의한 용기 외의 용기

소방청장이 정하여 고시하는 낙하시험, 기밀시험, 내압시험 및 겹쳐쌓기시험에서 소방청장이 정하여 고시하는 기준에 적합할 것. 다만, 수납하는 위험물의 품명, 수량, 성질과 상태 등에 따라 소방청장이 정하여 고시하는 용기에 있어서는 제외된다.

(나) 기계에 의하여 하역하는 구조로 된 용기

소방청장이 정하여 고시하는 낙하시험, 기밀시험, 내압시험, 겹쳐쌓기시험, 아랫부분 인상시험, 윗부분 인상시험, 파열전파시험, 넘어뜨리기시험 및 일으키기시험에서 소방청장이 정하여 고시하는 기준에 적합할 것. 다만, 수납하는 위험물의 품명, 수량, 성질과 상태 등에 따라 소방청장이 정하여 고시하는 용기에 있어서는 제외된다.

2.2 적재방법

(1) 위험물은 운반용기(2.1 참조)에 다음의 기준에 따라 수납하여 적재하여야 한다. 다만, 덩어리 상태의 유황을 운반하기 위하여 적재하는 경우 또는 위험물을 동일구 내에 있는 제조소 등의 상호 간에 운반하기 위하여 적재하는 경우에는 제외된다(중요기준).

(가) 위험물이 온도변화 등에 의하여 누설되지 않도록 운반용기를 밀봉하여 수납할 것. 다만, 온도변화 등에 의한 위험물로부터의 가스의 발생으로 운반용기 안의 압력이 상승할 우려가 있는 경우(발생한 가스가 독성 또는 인화성을 갖는 등 위험성이 있는 경우를 제외)에는 가스의 배출구(위험물의 누설 및 다른 물질의 침투를 방지하는 구조로 된 것에 한함)를 설치한 운반용기에 수납할 수 있다.

(나) 수납하는 위험물과 위험한 반응을 일으키지 않는 등 당해 위험물의 성질에 적합한 재질의 운반용기에 수납할 것

(다) 고체위험물은 운반용기 내용적의 95% 이하의 수납율로 수납할 것

(라) 액체위험물은 운반용기 내용적의 98% 이하의 수납율로 수납하되, 55℃의 온도에서 누설되지 않도록 충분한 공간용적을 유지하도록 할 것

(마) 하나의 외장용기에는 다른 종류의 위험물을 수납하지 않을 것

(바) 제3류 위험물은 다음의 기준에 따라 운반용기에 수납할 것

1) 자연발화성 물질에 있어서는 불활성 기체를 봉입하여 밀봉하는 등 공기와 접하지 않도록 할 것

2) 자연발화성 물질 외의 물품에 있어서는 파라핀·경유·등유 등의 보호액으로 채워 밀봉하거나 불활성 기체를 봉입하여 밀봉하는 등 수분과 접하지 않도록 할 것

3) (라)의 규정에 불구하고 자연발화성 물질 중 알킬알루미늄 등은 운반용기의 내용적의 90% 이하의 수납율로 수납하되, 50℃의 온도에서 5% 이상의 공간용적을 유지하도록 할 것

(2) 기계에 의하여 하역하는 구조로 된 운반용기에 대한 수납은 (1)((다) 제외)을 준용하는 것 외에 다음의 기준에 따라야 한다(중요기준).

(가) 다음의 규정에 의한 요건에 적합한 운반용기에 수납할 것

1) 부식, 손상 등 이상이 없을 것

2) 금속제의 운반용기, 경질플라스틱제의 운반용기 또는 플라스틱 내 용기 부착의 운반용기에 있어서는 다음에 정하는 시험 및 점검에서 누설 등 이상이 없을 것

가) 2년 6개월 이내에 실시한 기밀시험(액체의 위험물 또는 10kPa 이상의 압력을 가하여 수납 또는 배출하는 고체의 위험물을 수납하는 운반용기에 한함)

나) 2년 6개월 이내에 실시한 운반용기의 외부의 점검・부속설비의 기능점검 및 5년 이내의 사이에 실시한 운반용기의 내부의 점검

(나) 복수의 폐쇄장치가 연속하여 설치되어 있는 운반용기에 위험물을 수납하는 경우에는 용기본체에 가까운 폐쇄장치를 먼저 폐쇄할 것

(다) 휘발유, 벤젠 그 밖의 정전기에 의한 재해가 발생할 우려가 있는 액체의 위험물을 운반용기에 수납 또는 배출할 때에는 당해 재해의 발생을 방지하기 위한 조치를 강구할 것

(라) 온도변화 등에 의하여 액상이 되는 고체의 위험물은 액상으로 되었을 때 당해 위험물이 새지 않는 운반용기에 수납할 것

(마) 액체위험물을 수납하는 경우에는 55℃ 온도에서의 증기압이 130kPa 이하가 되도록 수납할 것

(바) 경질플라스틱제의 운반용기 또는 플라스틱 내 용기 부착의 운반용기에 액체위험물을 수납하는 경우에는 당해 운반용기는 제조된 때로부터 5년 이내의 것으로 할 것

(사) (가) 내지 (바)에 규정하는 것 외에 운반용기에의 수납에 관하여 필요한 사항은 소방청장이 정하여 고시한다.

(3) 위험물은 당해 위험물이 전락轉落하거나 위험물을 수납한 운반용기가 전도・낙하 또는 파손되지 않도록 적재하여야 한다(중요기준).

(4) 운반용기는 수납구를 위로 향하게 하여 적재하여야 한다(중요기준).

(5) 적재하는 위험물의 성질에 따라 일광의 직사 또는 빗물의 침투를 방지하기 위하여 유효하게 피복하는 등 다음에 정하는 기준에 따른 조치를 하여야 한다(중요기준).

(가) 제1류 위험물, 제3류 위험물 중 자연발화성 물질, 제4류 위험물 중 특수인화물, 제5류 위험물 또는 제6류 위험물은 차광성이 있는 피복으로 가릴 것

(나) 제1류 위험물 중 알칼리금속의 과산화물 또는 이를 함유한 것, 제2류 위험물 중 철분·금속분·마그네슘 또는 이들 중 어느 하나 이상을 함유한 것 또는 제3류 위험물 중 금수성 물질은 방수성이 있는 피복으로 덮을 것

(다) 제5류 위험물 중 55℃ 이하의 온도에서 분해될 우려가 있는 것은 보냉 컨테이너에 수납하는 등 적정한 온도관리를 할 것

(라) 액체위험물 또는 위험등급Ⅱ의 고체위험물을 기계에 의하여 하역하는 구조로 된 운반용기에 수납하여 적재하는 경우에는 당해 용기에 대한 충격 등을 방지하기 위한 조치를 강구할 것. 다만, 위험등급Ⅱ의 고체위험물을 플렉서블(Flexible)의 운반용기, 파이버판제의 운반용기 및 목제의 운반용기 외의 운반용기에 수납하여 적재하는 경우에는 제외된다.

(6) 위험물은 다음에 따라 종류를 달리하는 그 밖의 위험물 또는 재해를 발생시킬 우려가 있는 물품과 함께 적재하지 않아야 한다(중요기준).

(가) 표 6.5의 규정에서 혼재가 금지되고 있는 위험물

(나) 「고압가스 안전관리법」에 의한 고압가스(소방청장이 정하여 고시하는 것 제외)

표 6.5 유별을 달리하는 위험물의 혼재기준

위험물의 구분	제1류	제2류	제3류	제4류	제5류	제6류
제1류		×	×	×	×	○
제2류	×		×	○	○	×
제3류	×	×		○	×	×
제4류	×	○	○		○	×
제5류	×	○	×	○		×
제6류	○	×	×	×	×	

비고 1. × 표시는 혼재할 수 없음을 표시한다.
2. ○ 표시는 혼재할 수 있음을 표시한다.
3. 지정수량의 1/10 이하의 위험물에 대하여는 적용하지 않는다.

(7) 위험물을 수납한 운반용기를 겹쳐 쌓는 경우에는 그 높이를 3m 이하로 하고, 용기의 상부에 걸리는 하중은 당해 용기 위에 당해 용기와 동종의 용기를 겹쳐 쌓아 3m의 높이로 하였을 때에 걸리는 하중 이하로 하여야 한다(중요기준).

(8) 위험물은 그 운반용기의 외부에 다음에 정하는 바에 따라 위험물의 품명, 수량 등을 표시하여 적재하여야 한다. 다만, UN의 위험물 운송에 관한 권고(RTDG, Recommendations on the Transport of Dangerous Goods)에서 정한 기준 또는 소방청장이 정하여 고시하는 기준에 적합한 표시를 한 경우에는 제외된다.

(가) 위험물의 품명 · 위험등급 · 화학명 및 수용성(수용성표시는 제4류 위험물로서 수용성인 것에 한함)

(나) 위험물의 수량

(다) 수납하는 위험물에 따라 다음에 의한 주의사항

1) 제1류 위험물 중 알칼리금속의 과산화물 또는 이를 함유한 것에 있어서는 "화기 · 충격주의", "물기엄금" 및 "가연물접촉주의", 그 밖의 것에 있어서는 "화기 · 충격주의" 및 "가연물접촉주의"

2) 제2류 위험물 중 철분 · 금속분 · 마그네슘 또는 이들 중 어느 하나 이상을 함유한 것에 있어서는 "화기주의" 및 "물기엄금", 인화성 고체에 있어서는 "화기엄금", 그 밖의 것에 있어서는 "화기주의"

3) 제3류 위험물 중 자연발화성 물질에 있어서는 "화기엄금" 및 "공기접촉엄금", 금수성 물질에 있어서는 "물기엄금"

4) 제4류 위험물에 있어서는 "화기엄금"

5) 제5류 위험물에 있어서는 "화기엄금" 및 "충격주의"

6) 제6류 위험물에 있어서는 "가연물접촉주의"

(9) (8)의 규정에 불구하고 제1류 · 제2류 또는 제4류 위험물(위험등급 I 의 위험물을 제외)의 운반용기로서 최대용적이 1L 이하인 운반용기의 품명 및 주의사항은 위험물의 통칭명 및 당해 주의사항과 동일한 의미가 있는 다른 표시로 대신할 수 있다.

(10) (8) 및 (9)의 규정에 불구하고 제4류 위험물에 해당하는 화장품(에어졸 제외)의 운반용기 중 최대용적이 150ml 이하인 것에 대하여는 (8) (가) 및 (다)의 규정에 의한 표시를 하지 않을 수 있고, 최대용적이 150ml 초과 300ml 이하의 것에 대하여는 (8) (가)의 규정에 의한 표시를 하지 않을 수 있으며, (다)의 규정에 의한 주의사항을 당해 주의사항과 동일한 의미가 있는 다른 표시로 대신할 수 있다.

(11) (8) 및 (9)의 규정에 불구하고 제4류 위험물에 해당하는 에어졸의 운반용기로서 최대용적이 300ml 이하의 것에 대하여는 (8) (가)의 규정에 의한 표시를 하지 않을 수 있으며, (다)의 규정에 의한 주의사항을 당해 주의사항과 동일한 의미가 있는 다른 표시로 대신할 수 있다.

(12) (8) 및 (9)의 규정에 불구하고 제4류 위험물 중 동식물유류의 운반용기로서 최대용적이 3ℓ 이하인 것에 대하여는 (8) (가) 및 (다)의 표시에 대하여 각각 위험물의 통칭명 및 동호의 규정에 의한 표시와 동일한 의미가 있는 다른 표시로 대신할 수 있다.

(13) 기계에 의하여 하역하는 구조로 된 운반용기의 외부에 행하는 표시는 (8)의 규정에 의하는 외에 다음 사항을 포함하여야 한다. 다만, UN의 위험물 운송에 관한 권고(RTDG, Recommendations on the Transport of Dangerous Goods)에서 정한 기준 또는 소방청장이 정하여 고시하는 기준에 적합한 표시를 한 경우에는 제외된다.

(가) 운반용기의 제조연월 및 제조자의 명칭

(나) 겹쳐쌓기시험하중

(다) 운반용기의 종류에 따라 다음의 규정에 의한 중량

1) 플렉서블 외의 운반용기 : 최대총중량[158)]

2) 플렉서블 운반용기 : 최대수용중량

(라) (가) 내지 (다)에 규정하는 것 외에 운반용기의 외부에 행하는 표시에 관하여 필요한 사항으로서 소방청장이 정하여 고시하는 것

2.3 운반방법

(1) 위험물 또는 위험물을 수납한 운반용기가 현저하게 마찰 또는 동요를 일으키지 않도록 운반하여야 한다(중요기준).

(2) 지정수량 이상의 위험물을 차량으로 운반하는 경우에는 해당 차량에 소방청장이 정하여 고시하는 바에 따라 운반하는 위험물의 위험성을 알리는 표지를 설치하여야 한다.

(3) 지정수량 이상의 위험물을 차량으로 운반하는 경우에 있어서 다른 차량에 바꾸어 싣거나 휴식・고장 등으로 차량을 일시 정차시킬 때에는 안전한 장소를 택하고 운반하는 위험물의 안전확보에 주의하여야 한다.

(4) 지정수량 이상의 위험물을 차량으로 운반하는 경우에는 당해 위험물에 적응성이 있는 소형수동식소화기를 당해 위험물의 소요단위에 상응하는 능력단위 이상 갖추어야 한다.

(5) 위험물의 운반도중 위험물이 현저하게 새는 등 재난발생의 우려가 있는 경우에는 응급조치를 강구하는 동시에 가까운 소방관서, 그 밖의 관계기관에 통보하여야 한다.

158) 최대수용중량의 위험물을 수납하였을 경우의 운반용기의 전중량을 말한다.

(6) (1) 내지 (5)의 적용에 있어서 품명 또는 지정수량을 달리하는 2 이상의 위험물을 운반하는 경우에 있어서 운반하는 각각의 위험물의 수량을 당해 위험물의 지정수량으로 나누어 얻은 수의 합이 1 이상인 때에는 지정수량 이상의 위험물을 운반하는 것으로 본다.

2.4 중요기준 및 세부기준

(1) 중요기준 : 운반용기(2.1) 내지 운반방법(2.2)의 운반기준 중 "중요기준"이라 표기한 것
(2) 세부기준 : 중요기준 외의 것

2.5 위험물의 위험등급

위험물의 위험등급은 위험등급Ⅰ・위험등급Ⅱ 및 위험등급Ⅲ으로 구분하며, 각 위험등급에 해당하는 위험물은 다음과 같다.

(1) 위험등급Ⅰ의 위험물
  (가) 제1류 위험물 중 아염소산염류, 염소산염류, 과염소산염류, 무기과산화물 그 밖에 지정수량이 50kg인 위험물
  (나) 제3류 위험물 중 칼륨, 나트륨, 알킬알루미늄, 알킬리튬, 황린 그 밖에 지정수량이 10kg 또는 20kg인 위험물
  (다) 제4류 위험물 중 특수인화물
  (라) 제5류 위험물 중 유기과산화물, 질산에스테르류 그 밖에 지정수량이 10kg인 위험물
  (마) 제6류 위험물
(2) 위험등급Ⅱ의 위험물
  (가) 제1류 위험물 중 브롬산염류, 질산염류, 요오드산염류 그 밖에 지정수량이 300kg인 위험물
  (나) 제2류 위험물 중 황화린, 적린, 유황 그 밖에 지정수량이 100kg인 위험물
  (다) 제3류 위험물 중 알칼리금속(칼륨 및 나트륨을 제외) 및 알칼리토금속, 유기금속화합물(알킬알루미늄 및 알킬리튬을 제외) 그 밖에 지정수량이 50kg인 위험물
  (라) 제4류 위험물 중 제1석유류 및 알코올류
  (마) 제5류 위험물 중 (1) (라)에 정하는 위험물 외의 것

(3) 위험등급Ⅲ의 위험물

(1) 및 (2)에 정하지 않은 위험물

| 연습문제

01 액체위험물과 고체위험물의 적재방법에서 운반용기 내용적의 얼마 이하의 수납율로 각각 수납하여야 하는가?

① 90%, 95% ② 95%, 98%
③ 95%, 90% ④ 98%, 95%

02 위험물 운반에 관한 기술기준 내용에 포함되지 않아도 되는 것은?

① 지정수량 ② 용기
③ 적재방법 ④ 운반방법

03 위험물 운반에 관한 설명 중 옳은 것은?

① 운반은 용기・적재방법 및 운반방법에 관한 중요기준과 세부기준에 따라 행해야 한다.
② 시・도지사는 운반용기를 제작하거나 수입한 자 등의 신청에 따라 운반용기를 검사할 수 있다.
③ 중요기준과 세부기준은 대통령령으로 정한다.
④ 중요기준은 화재 등 위해의 예방과 응급조치에 있어서 큰 영향을 미치거나 그 기준을 위반하는 경우 직접적으로 화재를 일으킬 가능성이 큰 기준이다.

04 위험물을 적재하는 운반용기의 피복조치를 차광성 피복으로 해야 하는 물질은?

① 금속분
② 마그네슘
③ 특수인화물
④ 알칼리금속의 과산화물

05 운반용기 외부에 표시해야 하는 사항이 아닌 것은?

① 위험물 품명 ② 위험물 수량
③ 위험물 위험등급 ④ 위험물 제조일자

06 위험물 운송책임자의 자격기준으로 맞는 것은?

① 위험물의 취급에 관한 국가기술자격을 취득하고 관련 업무에 1년 이상 종사한 경력이 있는 자
② 위험물의 취급에 관한 국가기술자격을 취득하고 관련 업무에 2년 이상 종사한 경력이 있는 자
③ 위험물의 운송에 관한 안전교육을 수료하고 관련 업무에 3년 이상 종사한 경력이 있는 자
④ 위험물의 운송에 관한 안전교육을 수료하고 관련 업무에 4년 이상 종사한 경력이 있는 자

07 운송책임자의 감독・지원을 받아 운송하여야 하는 위험물은?

① 알킬알루미늄 ② 황린
③ 유기과산화물 ④ 산화프로필렌

08 위험등급 Ⅰ에 해당하는 것은?

① 특수인화물 ② 황화린
③ 알칼리금속 ④ 알코올류

정답 1. ④ 2. ① 3. ③ 4. ③ 5. ④ 6. ① 7. ① 8. ①

APPENDIX 부 록

1. 경고표지

[화학물질의 분류표시 및 물질안전보건자료에 관한 기준, 고용노동부 고시]

1.1 물리적 위험성

(1) 폭발성 물질

구분	불안정한 폭발성 물질	등급 1.1	등급 1.2	등급 1.3	등급 1.4	등급 1.5	등급 1.6
그림문자						주황색 바탕에 숫자 1.5	주황색 바탕에 숫자 1.6
신호어	위험	위험	위험	위험	경고	위험	
유해·위험 문구	H200	H201	H202	H203	H204	H205	

(2) 인화성 가스

구분	1	2
그림문자		
신호어	위험	경고
유해·위험 문구	H220	H221

(3) 인화성 에어로졸

구분	1	2
그림문자		
신호어	위험	경고
유해·위험 문구	H222/H229	H223/H229

(4) 산화성 가스

구분	1
그림문자	
신호어	위험
유해·위험 문구	H270

(5) 고압가스

구분	압축가스	액화가스	냉동액화가스	용해가스
그림문자				
신호어	경고	경고	경고	경고
유해·위험 문구	H280	H280	H281	H280

(6) 인화성 액체

구분	1	2	3
그림문자			
신호어	위험	위험	경고
유해·위험 문구	H224	H225	H226

(7) 인화성 고체

구분	1	2
그림문자		
신호어	위험	경고
유해 · 위험 문구	H228	H228

(8) 자기반응성 물질 및 혼합물

구분	형식 A	형식 B	형식 C 및 D	형식 E 및 F	형식 G
그림문자					
신호어	위험	위험	위험	경고	
유해 · 위험 문구	H240	H241	H242	H242	

(9) 자연발화성 액체

구분	1
그림문자	
신호어	위험
유해 · 위험 문구	H250

(10) 자연발화성 고체

구분	1
그림문자	
신호어	위험
유해 · 위험 문구	H250

(11) 자기발열성 물질 및 혼합물

구분	1	2
그림문자		
신호어	위험	경고
유해・위험 문구	H251	H252

(12) 물반응성 물질 및 혼합물

구분	1	2	3
그림문자			
신호어	위험	위험	경고
유해・위험 문구	H260	H261	H261

(13) 산화성 액체

구분	1	2	3
그림문자			
신호어	위험	위험	경고
유해・위험 문구	H271	H272	H272

(14) 산화성 고체

구분	1	2	3
그림문자			
신호어	위험	위험	경고
유해・위험 문구	H271	H272	H272

(15) 유기과산화물

구분	형식 A	형식 B	형식 C 및 D	형식 E 및 F	형식 G
그림문자					
신호어	위험	위험	위험	경고	
유해·위험 문구	H240	H241	H242	H242	

(16) 금속부식성 물질

구분	1
그림문자	
신호어	경고
유해·위험 문구	H290

1.2 건강유해성

(1) 급성 독성

구분		1	2	3	4
그림문자					
신호어		위험	위험	위험	경고
유해·위험 문구	경구	H300	H300	H301	H302
	경피	H310	H310	H311	H312
	흡입	H330	H330	H331	H332

(2) 피부 부식성/피부 자극성

구분	1	2
그림문자		
신호어	위험	경고
유해・위험 문구	H314	H315

(3) 심한 눈 손상성/눈 자극성

구분	1	2
그림문자		
신호어	위험	경고
유해・위험 문구	H318	H319

(4) 호흡기 과민성

구분	1
그림문자	
신호어	위험
유해・위험 문구	H334

(5) 피부 과민성

구분	1
그림문자	
신호어	경고
유해・위험 문구	H317

(6) 생식세포 변이원성

구분	1A	1B	2
그림문자			
신호어	위험	위험	경고
유해·위험 문구	H340	H340	H341

(7) 발암성

구분	1A	1B	2
그림문자			
신호어	위험	위험	경고
유해·위험 문구	H350	H350	H351

(8) 생식독성

구분	1A	1B	2	수유독성
그림문자				
신호어	위험	위험	경고	
유해·위험 문구	H360	H360	H361	H362

(9) 특정표적장기 독성 – 1회 노출

구분	1	2	3
그림문자			
신호어	위험	경고	경고
유해·위험 문구	H370	H371	H335(호흡기계 자극인 경우) H336(마취작용인 경우)

(10) 특정표적장기 독성 – 반복 노출

구분	1	2
그림문자		
신호어	위험	경고
유해・위험 문구	H372	H373

(11) 흡인 유해성

구분	1	2
그림문자		
신호어	위험	경고
유해・위험 문구	H304	H305

1.3 환경 유해성

(1) 수생환경 유해성

구분	급성 1	만성 1	만성 2	만성 3	만성 4
그림문자					
신호어	경고	경고			
유해위험문구	H400	H410	H411	H412	H413

(2) 오존층 유해성

구분	1
그림문자	
신호어	경고
유해・위험 문구	H420

2. 안전·보건표지의 종류와 형태

[산업안전보건법 시행규칙]

2.1 금지표시

101 출입금지	102 보행금지	103 차량통행금지	104 사용금지

105 탑승금지	106 금연	107 화기금지	108 물체이동금지

2.2 경고표지

201 인화성물질 경고	202 산화성물질 경고	203 폭발성물질 경고	204 급성독성물질 경고	205 부식성물질 경고

206 방사성물질 경고	207 고압전기 경고	208 매달린 물체 경고	209 낙하물 경고	210 고온 경고

211 저온 경고	212 몸균형 상실 경고	213 레이저광선 경고	214 발암성 · 변이원성 · 생식독성 · 전신독성 · 호흡기과민성 물질 경고	215 위험장소 경고

2.3 지시표지

301 보안경 착용	302 방독마스크 착용	303 방진마스크 착용	304 보안면 착용	305 안전모 착용

306 귀마개 착용	307 안전화 착용	308 안전장갑 착용	309 안전복 착용	

2.4 안내표지

401 녹십자표지	402 응급구호표지	403 들것	404 세안장치
		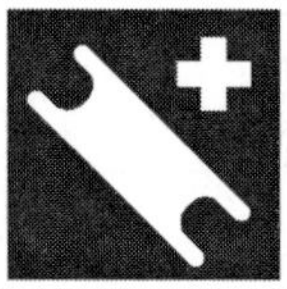	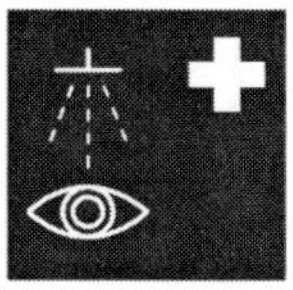
405 비상용기구	406 비상구	407 좌측비상구	408 우측비상구
 비상용 기구			

2.5 관계자외 출입금지

501 허가대상물질 작업장	502 석면취급/해체 작업장	503 금지대상물질의 취급 실험실 등
관계자외 출입금지 **(허가물질 명칭)** **제조/사용/보관 중** 보호구/보호복 착용 흡연 및 음식물 섭취 금지	**관계자외 출입금지** **석면 취급/해체 중** 보호구/보호복 착용 흡연 및 음식물 섭취 금지	**관계자외 출입금지** **발암물질 취급 중** 보호구/보호복 착용 흡연 및 음식물 섭취 금지

2.6 문자추가시 예시문

	▶ 내 자신의 건강과 복지를 위하여 안전을 늘 생각한다. ▶ 내 가정의 행복과 화목을 위하여 안전을 늘 생각한다. ▶ 내 자신의 실수로써 동료를 해치지 않도록 안전을 늘 생각한다. ▶ 내 자신이 일으킨 사고로 인한 회사의 재산과 손실을 방지하기 위하여 안전을 늘 생각한다. ▶ 내 자신의 방심과 불안전한 행동이 조국의 번영에 장애가 되지 않도록 하기 위하여 안전을 늘 생각한다.

INDENX 찾아보기

ㄱ

ㄴ

ㄷ

ㅈ

| 저자 소개 |

■ 이종호

충북대학교 안전공학과 공학박사
한국안전학회 편집위원
국가위기관리학회 기획이사
현) 미래창조과학부 우수연구실 인증심사위원
전북 소방특별조사 선정위원회 위원
원광대학교 소방행정학과 교수

■ 송영호

충북대학교 안전공학과 공학박사
현) 과학기술정보통신부 연구실 사고 조사위원(소방분야)
대전과학기술대학교 소방안전관리과 교수

제2판
위험물시설론

1판 1쇄 발행 2018년 3월 10일
2판 1쇄 발행 2023년 3월 2일

지은이 이종호·송영호
발행인 서철종
발행처 도서출판 지우북스
주소 경기도 파주시 문발로 115 세종출판벤처타운 209호
전화 031-915-6670(代)
팩스 031-915-6671
이메일 jwbooks@nate.com
홈페이지 www.jwbooks.co.kr
출판등록 제406-251002017-000032호
ISBN 979-11-92639-06-2 93560

정가 28,000원